"十二五"普通高等教育本科国家级规划教材

大学计算机基础教育规划教材

"高等教育国家级教学成果奖"、"陕西省精品课程"主讲教材

2013陕西普通高等学校优秀教材一等奖

C程序设计

姜学锋 曹光前 编著

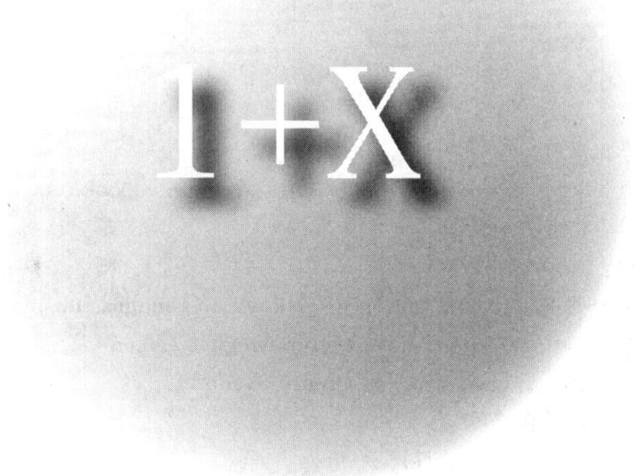

清华大学出版社
北京

内容简介

本书以C语言为基础，系统地介绍程序语言、算法与数据结构以及高级编程技术。全书由13章组成，以程序设计语言、程序设计方法和程序设计技术三大主题组织教材内容，采用了"数据表示"和"程序实现"双线索知识体系，优化了程序设计知识的安排。

本书结构清晰、语言通俗易懂，示例代码具有专业的编程风格；内容由浅入深、知识循序渐进，例题丰富，体现了程序设计和算法、数据结构的紧密结合。本书注重典型案例的精选与提炼。本书的高级编程技术内容便于开展课程设计和研究型学习。本书配套有经过多年教学实践的程序设计综合训练平台。

本书可作为高等院校理工类专业和信息技术类培训机构"程序设计"、"软件开发技术"课程的教材，也可作为计算机程序设计爱好者学习程序开发和编程技术的自学教材。

图书在版编目(CIP)数据

C程序设计/姜学锋等编著. —北京：清华大学出版社，2012.3(2021.8重印)
(大学计算机基础教育规划教材)
ISBN 978-7-302-28011-8

Ⅰ. ①C… Ⅱ. ①姜… Ⅲ. ①C语言－程序设计－高等学校－教材 Ⅳ. ①TP312

中国版本图书馆CIP数据核字(2012)第019884号

责任编辑：张　民　战晓雷
封面设计：傅瑞学
责任校对：李建庄
责任印制：朱雨萌

出版发行：清华大学出版社
网　　址：http://www.tup.com.cn，http://www.wqbook.com
地　　址：北京清华大学学研大厦A座　　**邮　　编**：100084
社 总 机：010-62770175　　**邮　　购**：010-62786544
投稿与读者服务：010-62776969，c-service@tup.tsinghua.edu.cn
质量反馈：010-62772015，zhiliang@tup.tsinghua.edu.cn
课件下载：http://www.tup.com.cn，010-83470236
印 刷 者：北京富博印刷有限公司
装 订 者：北京市密云县京文制本装订厂
经　　销：全国新华书店
开　　本：185mm×260mm　　**印　　张**：33　　**字　　数**：821千字
版　　次：2012年3月第1版　　**印　　次**：2021年8月第14次印刷
定　　价：59.00元

产品编号：041690-02

序

进入21世纪,社会信息化不断向纵深发展,各行各业的信息化进程不断加速。我国的高等教育也进入了一个新的历史发展时期,尤其是高校的计算机基础教育,正在步入更加科学、更加合理、更加符合21世纪高校人才培养目标的新阶段。

为了进一步推动高校计算机基础教育的发展,教育部高等学校计算机科学与技术教学指导委员会近期发布了《关于进一步加强高等学校计算机基础教学的意见暨计算机基础课程教学基本要求》(以下简称《教学基本要求》)。《教学基本要求》针对计算机基础教学的现状与发展,提出了计算机基础教学改革的指导思想;按照分类、分层次组织教学的思路,《教学基本要求》的附件提出了计算机基础课教学内容的知识结构与课程设置。《教学基本要求》认为,计算机基础教学的典型核心课程包括大学计算机基础、计算机程序设计基础、计算机硬件技术基础(微机原理与接口、单片机原理与应用)、数据库技术及应用、多媒体技术及应用、计算机网络技术与应用。《教学基本要求》中介绍了上述六门核心课程的主要内容,这为今后的课程建设及教材编写提供了重要的依据。在下一步计算机课程规划工作中,建议各校采用"1+X"的方案,即"大学计算机基础"+ 若干必修或选修课程。

教材是实现教学要求的重要保证。为了更好地促进高校计算机基础教育的改革,我们组织了国内部分高校教师进行了深入的讨论和研究,根据《教学基本要求》中的相关课程教学基本要求组织编写了这套"大学计算机基础教育规划教材"。

本套教材的特点如下:

(1) 体系完整,内容先进,符合大学非计算机专业学生的特点,注重应用,强调实践。

(2) 教材的作者来自全国各个高校,都是教育部高等学校计算机基础课程教学指导委员会推荐的专家、教授和教学骨干。

(3) 注重立体化教材的建设, 除主教材外,还配有多媒体电子教案、习题与实验指导,以及教学网站和教学资源库等。

(4) 注重案例教材和实验教材的建设,适应教师指导下的学生自主学习的教学模式。

(5) 及时更新版本,力图反映计算机技术的新发展。

本套教材将随着高校计算机基础教育的发展不断调整,希望各位专家、教师和读者不吝提出宝贵的意见和建议,我们将根据大家的意见不断改进本套教材的组织、编写工作,为我国的计算机基础教育的教材建设和人才培养作出更大的贡献。

"大学计算机基础教育规划教材"丛书主编

教育部高等学校计算机基础课程教学指导委员会副主任委员

冯博琴

前 言

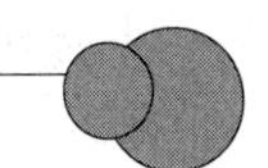

程序设计是大学计算机基础教育和计算机专业基础的核心课程，它既为其他技术课程奠定程序开发基础，又是其他专业课或实践环节的软件工具，因此成为各类专业的必修课程。程序设计覆盖面广、影响大，是卓越工程师教育培养计划的通识教育基础，同时也是大学生参加课程设计、毕业设计、创新实验、科技制作和学科竞赛等活动的重要平台。

C 语言是国内外广泛使用的计算机程序设计语言。其功能强大、灵活自由、数据表示丰富、代码运行效率高、可移植性好，囊括了高级语言和低级语言各自的优点，适合编写系统软件和各类应用程序。世界上大多数软件都是由 C 语言和 C++ 语言开发的，在 TIOBE 编程语言排行榜上，C 语言、C++ 语言及其衍生发展起来的 Java 语言多年来始终处在前三位。学习程序设计从 C 语言入手，对于培养算法设计与分析能力、抽象数据描述与表示能力以及利用计算机求解现实问题的计算思维能力具有其他语言无法比拟的优点。而且在完全掌握了 C 语言之后，再学习其他程序语言就会轻车熟路。

然而，C 语言的学习难度也是很大的。很多学生往往是“考完即忘”，学了后面的忘了前面的，低年级时学习的程序设计到了高年级即处于犹如从未学过的状态，更谈不上利用程序设计解决实际应用问题。而且面对庞大、复杂的 C 语言知识系统，不少学生甚至教师在教与学的过程中始终感觉“只见树木，不见森林”，对学过的程序思路不甚了解、数据描述不清楚、算法设计不到位，最后连最基本的语言知识也掌握不住，最基本的开发环境也不会使用。缺少以技能为目标的程序设计教材是造成这一局面的重要原因之一。

现有的 C 语言和 C++ 程序设计类的教材多偏重语言知识，罗列语法多、千篇一律、大同小异，在如何应用程序解决实际问题方面下的工夫少；程序设计方法与语言结合少，缺少推动学生计算思维的训练；生硬的例子与实际应用脱节，缺少应用编程技术的展开。教学中尽管有诸如“案例教学”、“项目驱动”的做法，但由于缺少成熟的教学平台和系统化、规范化的教学资源，难以培养和提高学生应用程序设计解决实际问题的技能。

需要知道，人类学自然语言时，学的不仅是听还有说；学字时，学的不仅是读还有写。随着人们向一个越来越数字化的信息世界迈进，不仅应该学会如何使用程序，还要学会如何编写程序。当语言知识转化为编程技能时，就没有知识会遗忘了，应用程序设计解决实际问题的计算能力如同学习语言时的听、说、读、写一般。

为此，我们在多年程序设计课程的一线教学经验和软件开发科研工作基础上，结合自主研发的程序设计综合训练平台和系列教育软件，推出以语言知识为工具、以技能培养为目标、以编程技术为核心的系列程序设计教材。

本教材遵循我们多年提倡的"精讲多练、注重技能、开拓设计"教学理念编写。在程序语言知识体系的选取与深度的把握上，在算法、数据结构与程序设计的结合上精心设计，力图适合高等院校和专业计算机培训的教学目标与知识结构的要求，体现了以下几个特色。

(1) 首创双线索的程序设计知识体系。

任何一本程序设计教材必然是以程序语言为背景的，本书也不例外。然而 C 语言具有庞大的语言知识内容，因此以语言知识为教学线索必然是整体感凌乱。表现为教学学时始终处在不够的"高压状态"，学生学习始终抓不住主次。

本教材的双线索程序设计知识体系以"数据表示"和"程序实现"作为教学上的两条主线索，螺旋上升、交叉，推进，如图 0.1 所示。

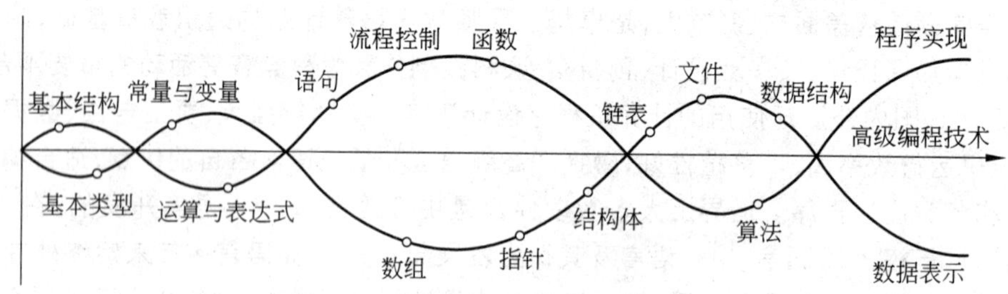

图 0.1　双螺旋线索 C 语言知识体系示意

首先，教材通过简单程序引出程序基本结构，以编程为目标给出两条线索：数据表示和程序实现。其次，从引入简单数据开始，逐步解决运算和程序组织，进而上升到程序模块化的实现。然后，从基本类型提高到复杂数据类型，上升到数据结构层面的数据表示，程序模块进阶到算法实现。最后，两条线索交汇到高级编程技术应用专题，揭示程序设计与应用软件开发的一般规律。

实际教学效果表明，双线索程序语言知识体系突出了程序设计方法学，使程序语言成为服务于编程的工具而不是目标，学习者既能获取语言知识，又能掌握编程技能。

(2) 优化程序设计知识安排。

多数现有教材中的知识安排导致以技能为目标的程序设计难于实现，出现教学瓶颈。表现在语言阶段冗长，使得以函数、自定义类型等内容为教学中心的编程阶段在实际教学中接近课程末期，从而让应用程序设计教学目标落空。

本教材在程序语言知识方面采用了"快节奏"，在程序设计方法和编程技术方面采用了"慢节奏"，解决了多年来程序设计教与学的难题和瓶颈问题。"快节奏"体现为语言基础知识学时被大幅度压缩，从一开始即以简单程序框架展开程序知识，直接进入以程序模块化为主的教与学环境。方便教师精讲知识，学生早早练习进而多练，教材不在语言细节、小片段程序上反复循环。"慢节奏"体现为以(较难的)编程技术为研究专题展开(费时的)编程方法教学，方便教师组织技能训练，学生获取编程技巧。本教材将软件开发中的结构化、面向对象、组件模型和敏捷思想融入每个章节，让学习者接受专业化训练。

如图 0.2 所示是本教材的知识安排，与传统的 C 语言教学相比，增加了"设计阶段"的教学。显然，优化的知识体系使教师在教学时能够"抓大"(设计方法)"放小"(语言知识)，学生学习时能够得到最大化的"饱满感"编程训练。

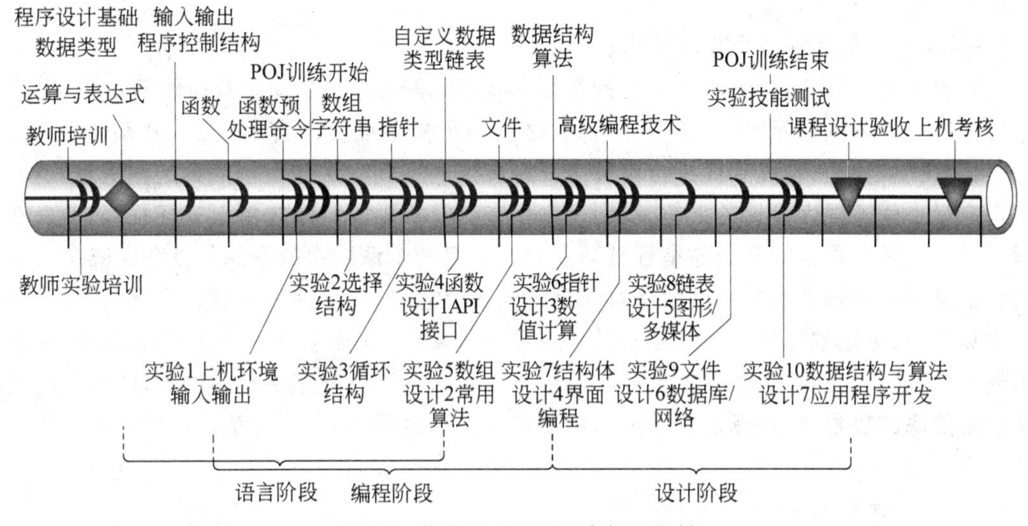

图 0.2 优化的 C 语言程序知识安排

(3) 首创高级编程技术教学新思想。

由于没有更高层次的应用程序开发内容，许多教材的实际教学效果就是教师和学生都集中在做题上面。如数学一般，将程序设计演变成"程序语言 + 计算方法"，C 语言成了数学工具。殊不知计算方法(数值计算、非数值计算)仅是程序设计方法的一种，程序方法学中还有诸如操作系统、人机界面、图形图像、多媒体、网络通信、数据库、硬件接口等技术领域，每个领域都有独特的编程技术和精巧的解决方法。

衡量程序设计教学效果有两个重要指标：编程累计行数(TLOC)和单个程序行数(SLOC)。以解题为主的编程训练能提高 TLOC，但却止步于 SLOC。即使将习题做上百题，虽然 TLOC 指标上去了，但 SLOC 却不见长。一般地，在专业的软件开发技术领域，SLOC 小于 300 行时很难让人体会到应用开发的"感觉"。

高级编程技术是本教材主要的创新成果之一。通过研究型专题的技术教学，拓宽了学生的知识面，使其充分认识到程序是如何解决应用问题的，有极大的兴趣展开研究型学习。在这样的教与学环境下，才能从根本上提高 SLOC，提升技能训练层次。

(4) 注重程序设计和算法、数据结构的紧密结合。

程序设计与算法、数据结构实际上是一个统一体，不应该也不可能将它们对立与分割。我国计算机基础教育的实际情况是，不少非计算机专业在程序设计课程后不再涉及算法和数据结构。即使是计算机专业开设有专门的算法和数据结构课程，也是"自说自话"，并不是站在软件系统开发(SSD)的角度使之有机地联系在一起。

算法和数据结构是程序设计的理论升华，是培养学生向应用程序开发转型的主要工具。本教材给出算法和数据结构的初步知识，克服了简单罗列算法、数据结构内容和算法与程序设计脱节、数据结构与程序数据表示脱节的问题。在讲述每一种常用算法和数据结构的基本思路与设计步骤的基础上，落实到每一个案例求解，从案例的提出到算法设计与数据描述、从程序实现到案例结果的讨论与分析，环环相扣，融为一体，力求理论与实际相结合，数据描述与数据表示、算法与程序实现相统一，切实提高对所学算法、数据结构的理解和掌握。

(5) 注重典型案例的精选与提炼。

培养学生的学习兴趣，激发学生的学习热情，不是一两句空洞说教所能奏效的，必须通过一些有价值的实际案例来引导。本教材设计了初等难度语言示范型、中等难度算法和数据结构应用型、较高难度综合设计型三种梯度的案例。这些案例的精选与提炼，有利于提高学生学习程序设计的兴趣，有利于学生在计算机现实问题求解上开阔视野，使之在程序设计方法和思路的开拓与编程技巧的应用上有一个深层次的锻炼与提高。其中难度较大的高级编程技术综合设计案例可作为课程设计、大作业与课后专题研究选用。

算法、数据结构与程序设计都不是一成不变的，可以实施多层次多方位的变通，变通出效果，变通长能力。本教材的部分示例给出了算法改进与程序优化的过程，既是提高案例求解效率的过程，也是算法设计能力培养与提高的过程，更是优化意识与创新能力增强的过程。

(6) 注重编程风格。

本书使用 ISO/IEC 9899:1999 C 语言标准(简称 C99 标准)，充分体现了程序语言的最新进展和当前业界的最佳实践。

书中广泛采纳各专业软件公司编程规范的优点，无论语法语义、书写形式、示例代码等，均采用专业编程风格编写，潜移默化地引导学习者与专业化接轨。

书中所有程序均在 Visual C++ 6.0 和 GCC 4.x(Code::Blocks)上调试通过。同时，教材中的所有源程序与各章习题的完整代码均可在清华大学出版社网站下载。

(7) 配套程序设计教学平台、系列教育软件和教学资源。

学习程序设计，上机实验是重要的环节。而实验环节重要的是什么呢？是性能优越的计算机或者环境良好的机房吗？答案不是。那种在实验课上做题、讲题的教学模式是很难培养程序设计技能的，本质上这种模式一开始就是奔期末考试(等级考试)去的。

程序设计实验环节最重要的是要有优秀的教学平台、教育软件和完整的教学资源。以技能培养为目标、以编程技术为核心的教学模式不是传统实验手段自发实现的，而是通过高集成度的程序设计综合训练平台，全程自动化辅助教学和教学管理来实现的。

自 2001 年以来，基于专业的软件开发科研优势，结合一线教学和课程改革的经验，围绕课堂、实验、作业、设计、考核 5 个教学环节，我们开发了系列教育软件。例如，"程序设计在线评测系统 INPOJ"采用计算机应用系统使学生通过大量习题的训练提高解题速度(POJ 训练)以解决 TLOC；"软件设计协同开发平台 DevForge"按专业软件开发方式引导、跟踪、自动评阅学生课程设计程序和报告以解决 SLOC；"远程网络考试系统 inTest"实现技能测试和实践考核，等等。这些教学平台的使用，使得实验机房变成了学生讨论、思考、相互教授的研究场所，形成数字化课堂教学、网络辅助教学、电子教室、智能答疑、综合训练等立体化教学环境，为落实教学理念和教学目标提供了先进工具。

使用本教材的高等院校和培训机构想要进一步了解有关程序设计综合训练平台和系列教育软件更多的信息，请与作者(jxf@ nwpu.edu.cn)联系。

本书有两本配套的教学参考书：

(1)《C程序设计实验教程》。该书分为4部分。前两部分详细介绍了Visual C++和GCC开发工具的使用方法和程序调试技术;第三部分是与教材知识体系相对应的实验内容,分为验证型实验和设计型实验,主要突出综合性实验,并结合算法、数据结构知识设计了一些有难度的实验题目;第四部分是课程设计专题研究实验内容,其目的是使读者能够训练应用程序开发,获取设计C程序项目的初步知识和工程经验,掌握高级编程技术。

(2)《C程序设计习题与解析》。该书主要包括3个方面的内容:知识点与考点提炼、经典例题解析、典型习题与解答。内容紧扣课程教材和实验教材,对课程的讲授、学习以及考查起到积极的指导和辅助作用,其目的是使读者加强程序语言知识的掌握。

此外,向使用本书的教师提供讲课的电子演示文稿和素材,以节省教师的备课时间。向使用本书的高校和培训机构提供"程序设计课程教学指南",方便组织教学、实施课程管理。

本书第1～7章和第13章由姜学锋编写,第8～12章由曹光前、姜学锋编写,全书由姜学锋主编并统稿。在书稿的编著过程中,得到了多位专家的关心和热情支持,西北工业大学计算机学院的同事们提出了许多宝贵的意见和建议,清华大学出版社对本书的出版十分重视并做了周到的安排。在此,对所有鼓励、支持和帮助过本书编写工作的领导、专家、同事和广大读者表示真挚的谢意!

由于时间紧迫以及作者水平有限,书中难免有错误、疏漏之处,恳请读者批评指正。

姜学锋

2011年7月于西北工业大学

C 程序设计

目　录

第1章 程序设计基础

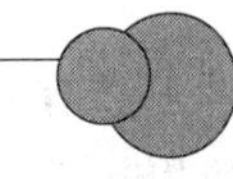

自1946年世界上第一台计算机ENIAC诞生以来，计算机及其应用已渗透到人类社会的各个领域，有力地推动了整个信息化社会的发展。

计算机(computer)最初用于科学计算并因此得名。今天，计算机已经延伸到数据处理、电子商务、实时控制、辅助设计与制造和人工智能等领域，能够处理数值、文字、图形、图像、动画、声音和视频等多种形式的数据。**一个完整的计算机系统由硬件系统和软件系统两部分组成**。硬件是物理设备，是计算机完成各项工作的物质基础；软件指令计算机完成特定的工作，是计算机系统的灵魂。计算机的功能不仅取决于硬件系统，更大程度上是由所安装的软件系统决定的，没有软件系统的计算机几乎是没有用的。而所有的软件都是用计算机程序语言编写的，**掌握程序设计才能真正发挥出计算机的巨大作用**。

1.1 计算机系统和工作原理

1.1.1 计算机系统的组成

现代计算机系统的体系结构和基本工作原理最初由冯·诺依曼于1946年提出，以此为基础的计算机统称为冯·诺依曼计算机，它的主要特点归纳为以下两点。

(1) 计算机由5个基本部分组成，分别是运算器、控制器、存储器、输入设备和输出设备，其结构如图1.1所示。当计算机在工作时，有两种信息在流动：数据流和控制流。

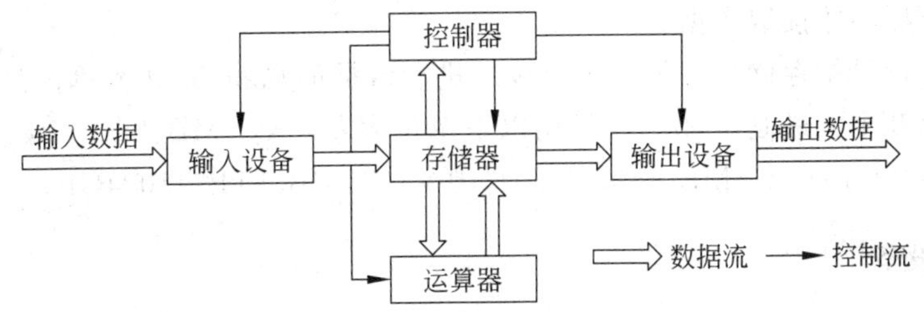

图1.1 计算机的基本结构

(2) 采用“存储程序”思想，程序和数据均以二进制表示，以相同方式存放在存储器中，按地址寻访。

1. 运算器

运算器又称算术逻辑单元 ALU(arithmetic logic unit),主要功能是进行算术运算和逻辑运算。运算器由一个加法器、几个寄存器和一些控制线路组成。加法器接收寄存器传来的数据,进行运算并将结果传送给寄存器,寄存器用于存放参与运算的数据、中间结果和最终结果。运算器中的数据取自内存,运算的结果又送回内存,运算器对内存的读写操作是在控制器的控制之下进行的。

在计算机中,算术运算是指加、减、乘、除等基本运算,逻辑运算是指逻辑判断、关系比较以及“与”、“或”、“非”等基本逻辑运算。也就是说,运算器只能做这些简单的基本运算,复杂的计算都要通过基本运算一步步实现。然而运算器的运算速度非常快,使得计算机有高速的信息处理能力。

2. 控制器

控制器由程序计数器 PC、指令寄存器 IR、指令译码器 ID 和时序控制电路等组成,指挥计算机的各个部件按照计算机指令的要求协调地工作。

程序计数器指示下一条执行指令的存储地址,从存储器中取得指令存放在指令寄存器,由指令译码器将指令中的操作码翻译成相应的控制信号,再由控制部件将时序控制电路产生的时钟脉冲与控制信号组合起来,控制各个部件完成相应的操作。计算机在控制器的控制下,能够自动、连续地按照编制好的程序完成一系列指定的操作。

中央处理器 CPU(central processing unit)是计算机中最重要的一个部件,由运算器和控制器组成。

3. 存储器

存储器是计算机用来存放数据的记忆装置,通常分为内存储器和外存储器。内存储器简称为内存或主存,用来存放执行的程序及其数据。内存划分为很多单元,称为“内存单元”,存放一定数量的二进制数据。每个内存单元都有唯一的编码,称为内存单元的地址。当计算机要从某个内存单元存取数据时,首先要提供地址信息,进而查找到相应的内存单元(称为寻址)才读取数据。

存储器容量是指存储器中最多可存放二进制数据的总和,其基本单位是字节(byte),每个字节包含 8 个二进制位(bit)。常用以下单位表示:KB、MB、GB、TB,它们之间的换算关系是:1KB=1024B、1MB=1024KB、1GB=1024MB、1TB=1024GB。

4. 输入设备

输入设备用来接受用户输入的程序和数据信息,将它们转换为计算机可以处理的二进制形式数据存放到内存中。常见的输入设备有键盘、鼠标、触摸屏、手写板、扫描仪、光笔、数字化仪和 A/D 转换器等。

5. 输出设备

输出设备用来将存放在内存中的计算机处理结果以人们能够识别的形式表现出来。常见的输出设备有显示器、打印机、绘图仪和D/A转换器等。

随着计算机技术的发展和应用的推动，计算机的类型越来越多样化，主要有高性能计算机、微型计算机、工作站、服务器和嵌入式计算机等。高性能计算机在过去称为巨型机或大型机，是指速度最快、处理能力最强的计算机。微型计算机又称个人计算机PC (personal computer)，因其小巧轻便、价格便宜等优点迅速发展成为计算机的主流。PC主要分为4类：台式计算机(desktop computer)、笔记本计算机(notebook computer)、平板计算机(tablet computer)和便携移动计算机(mobile computer)。工作站是指专长数据处理和高性能图形功能的计算机。服务器是应用在网络环境中对外提供服务的计算机系统。嵌入式计算机是指作为一个信息处理部件嵌入到应用系统之中的计算机。

1.1.2 指令与程序

1. 指令

指令(instruction)是计算机执行某种操作的机器命令，它可以被计算机硬件直接识别和执行。计算机指令常用二进制代码表示，一条指令通常由如下两个部分组成：

操作码	操作数

操作码指示该指令要完成的具体操作，如取数、加法、移位、比较等。操作数指明操作对象的数据或所在的内存单元地址，可以是源操作数的存放地址，也可以是操作结果的存放地址。按操作数的个数划分，指令可分为单操作数指令、双操作数指令、三操作数指令和无操作数指令。

一台计算机所有指令的集合称为指令系统。不同类型的计算机，指令类型和数量是不同的，例如80x86系列(Intel公司16/32位CPU)、TMS320系列(德州仪器公司16/32位DSP)、ARM9TDMI(ARM公司32位RISC处理器)等。指令系统一般应具有以下功能的指令：

(1) 数据传送指令：将数据在CPU与内存之间进行传送。

(2) 数据处理指令：对数据进行算术、逻辑、比较、位运算。

(3) 程序控制指令：控制程序中指令的执行顺序，例如条件跳转、无条件跳转、调用、返回、停机、中断和异常处理等。

(4) 输入输出指令：实现外部设备与主机之间的数据传输。

(5) 硬件管理指令：对计算机硬件进行管理。

(6) 其他指令：特殊功能处理，如多媒体、DSP、通信、图形渲染等。

2. 计算机的工作原理

计算机的工作过程实际上是快速执行指令的过程，指令的执行过程分为以下3个步骤：

(1) 取指令：按照程序计数器中的地址，从内存中取出指令送到指令寄存器中。

(2) 分析指令：对指令寄存器中存放的指令进行分析，由指令译码器对操作码进行译码，转换成相应的控制信号并确定操作数地址。

(3) 执行指令：由执行部件完成该指令所要求的操作，例如执行加法操作，将寄存器的值与累加器的值相加，结果依然放在累加器中。

一条指令执行完成，程序计数器加 1 或将跳转地址送入程序计数器，继续重复上述步骤执行下一条指令。

早期的计算机是串行地执行指令的，即在任何时刻只执行一条指令，完成后才能执行下一条指令。在此过程中访问某个功能部件时，其他部件是不工作的。为了提高计算机执行指令的速度，现代的计算机普遍使用指令流水线技术来并行执行指令。

图 1.2 为 3 条指令的流水线执行过程示意。当程序生成的指令很多时，流水线技术并行执行的理论速度是串行执行的 3 倍。

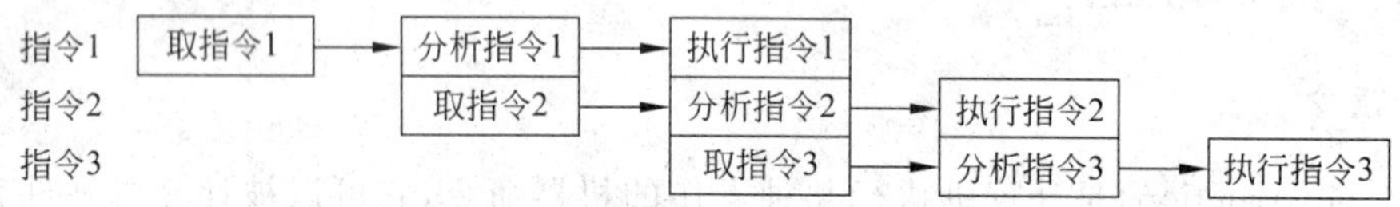

图 1.2　流水线技术的指令执行示意

显然，流水线方式的控制是复杂的，硬件成本较高。

3. 程序

计算机程序(computer program)是指**完成一定功能的指令的有序集合**。运行一个程序的过程就是依次执行每条指令的过程，一条指令执行完成后，为执行下一条指令做好准备，即形成下一条指令地址，继续执行，直到遇到结束程序的指令为止。程序执行的过程如图 1.3 所示。

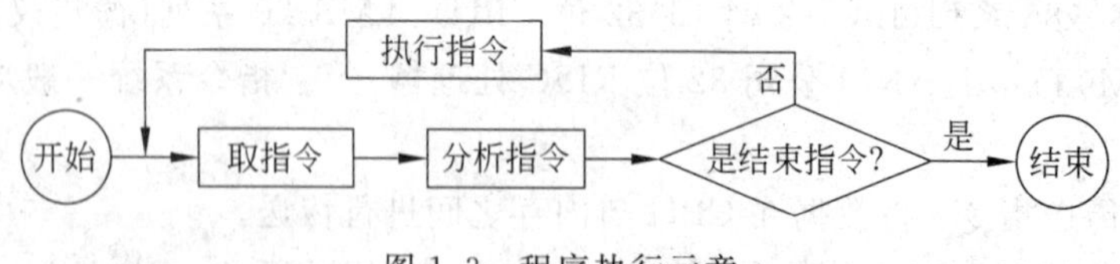

图 1.3　程序执行示意

计算机每一条指令的功能是有限的，但是在人们精心编制下的一系列指令组成的程序可以完成的任务是无限多的。好比多米诺骨牌游戏，每块骨牌倒下的表现是单一的，但在游戏者精心的设计安排下，多块骨牌连锁反应、依次倒下形成的整体表现是变化万千的。

编写程序(programming，也称为程序设计)不仅考验程序员的体力、耐力和意志力，而且还需要程序员的智力、想象力和创造力。

计算机程序是数据流和控制流的工作过程。数据流是指对数据形式的表示和描述，即程序所使用数据的数据结构和组织形式。控制流是对数据所进行操作的描述，即指定操作的步骤和方法，称为算法(algorithm)。因此一个程序包含算法和数据两部分，没有数据，程序就没有运算处理的对象，而处理数据对象的算法是程序的灵魂。

简单来说，准确描述数据和设计正确算法是程序设计的两个关键点。以它们作为重要线索出发，结合科学的程序设计方法，就能设计出完成指定任务的程序。因此有：

程序设计＝算法＋数据结构＋程序设计方法

4. 软件

软件(software)是指**程序、程序运行所需要的数据以及开发、使用和维护这些程序所需要的文档的集合**。

计算机软件极为丰富，一般将其分为系统软件和应用软件两大类。系统软件是指控制计算机的运行、管理计算机的各种资源，并为应用软件提供支持和服务的一类软件，通常包括操作系统、语言处理程序和各种实用程序。利用计算机的软、硬件资源为某一专门的应用目的而开发的软件称为应用软件，包括办公软件、图形图像处理软件、数据库系统、网络软件、多媒体处理软件以及娱乐与学习软件等。

程序设计是现实问题求解的过程，是软件开发中的重要组成部分。程序设计往往以某种程序语言为工具，包括分析(analysis)、设计(design)、编码(coding)、测试(test)和排错(debug)等不同阶段。

软件开发过程分为需求分析、概要设计与详细设计、编制程序、软件测试和软件维护 5 个阶段。无论从规模或是质量方面，软件开发对程序员都提出了更高的要求。

1.2　信息的表示与存储

各种信息进入计算机，都要转换成“0”和“1”的二进制形式。计算机采用二进制的原因为以下 3 点。

(1) 物理上容易实现，可靠性高。电子元器件大都具有两种稳定的状态：电压的高和低、晶体管的导通和截止等。这两种状态恰好用来表示二进制的两个数码 0 和 1。

(2) 运算简单，通用性强。二进制数的运算规则比十进制数的运算规则少很多。

(3) 便于表示和进行逻辑运算。二进制数的 0 和 1 与逻辑量“假”和“真”吻合。

1.2.1　计算机的数字系统

十进制数是人类日常生活中使用的计数法，它的数字符号有 10 个：0、1、2、…、9，逢十进位。计算机中使用的是二进制数 0 和 1，逢二进位。无论哪种数制，都采用进位计数制方式和使用位置表示法，即每一种数制都有固定的基本符号(称为数码)，处于不同位置的数码所代表的值是不同的。

例如，十进制数 123.45 可表示为：

$$123.45 = 1\times10^2 + 2\times10^1 + 3\times10^0 + 4\times10^{-1} + 5\times10^{-2}$$

在数字系统中，用 r 个基本符号$(0,1,2,\cdots,r-1)$表示数值，称其为 r 进制数(radix-r

number system)，r 称为该数制的基数(radix)，而数制中每个位置对应的单位值称为位权。表 1.1 列出了常用的几种数字系统。表 1.2 列出了二进制数、八进制数、十六进制数与十进制数之间的关系。

表 1.1 计算机中常用的数字系统

进　制	二 进 制	十 进 制	八 进 制	十 六 进 制
进位规则	逢二进一	逢十进一	逢八进一	逢十六进一
基数 r	2	10	8	16
基本符号	0,1	0,1,2,…,9	0,1,2,…,7	0,1,2,…,9,A,B,C,D,E,F
位权	2^i	10^i	8^i	16^i
表示符号	B(binary)	D(decimal)	O(octal)	H(hexadecimal)

表 1.2 二进制数、八进制数、十六进制数与十进制数之间的关系

十进制	二进制	八进制	十六进制	十进制	二进制	八进制	十六进制
0	0	0	0	8	1000	10	8
1	1	1	1	9	1001	11	9
2	10	2	2	10	1010	12	A
3	11	3	3	11	1011	13	B
4	100	4	4	12	1100	14	C
5	101	5	5	13	1101	15	D
6	110	6	6	14	1110	16	E
7	111	7	7	15	1111	17	F

使用位置表示法，各种进位计数制的权值正好是 r 的某次幂。因此，任何一种进位计数制表示的数都可以写成一个多项式之和，即任意一个 r 进制数 N 可以表示为：

$$\begin{aligned}N &= a_{n-1}a_{n-2}\cdots a_1a_0.a_{-1}a_{-2}\cdots a_{-m}\\ &= a_{n-1}\times r^{n-1}+a_{n-2}\times r^{n-2}+\cdots+a_1\times r^1+a_0\times r^0+a_{-1}\\ &\quad \times r^{-1}+a_{-2}\times r^{-2}+\cdots+a_{-m}\times r^{-m}\\ &= \sum_{i=-m}^{n-1}a_i\times r^i \qquad (1\text{-}1)\end{aligned}$$

其中 a_i 是数码，r 是基数，r^i 是位权。

1.2.2 进位计数制的转换

1. 十进制数转换成 r 进制数

由于整数和小数的转换方法不同，将十进制数转换为 r 进制数时，可分别按整数部分和小数部分转换，然后将结果加起来即可。

(1) 十进制整数转换成 r 进制数。

设有十进制整数 I,根据式(1-1)有:

$$I = a_{n-1} \times r^{n-1} + a_{n-2} \times r^{n-2} + \cdots + a_2 \times r^2 + a_1 \times r^1 + a_0 \times r^0 \tag{1-2}$$

式子两边各除以 r,得:

$$\frac{I}{r} = \frac{a_{n-1} \times r^{n-1} + a_{n-2} \times r^{n-2} + \cdots + a_2 \times r^2 + a_1 \times r^1}{r} + \frac{a_0 \times r^0}{r} \tag{1-3}$$

由于 $a_i < r$,因此 $\frac{a_0 \times r^0}{r}$ 是 I 除以 r 的纯小数或 0,即 a_0 是 I 除以 r 的余数。显然 $\frac{a_{n-1} \times r^{n-1} + a_{n-2} \times r^{n-2} + \cdots + a_2 \times r^2 + a_1 \times r^1}{r} = a_{n-1} \times r^{n-2} + a_{n-2} \times r^{n-3} + \cdots + a_2 \times r^1 + a_1 \times r^0$ 是 I 除以 r 的商,是一个整数。通过这一步的计算求出了 a_0。

若令 I 除以 r 的商为 I',则:

$$I' = a_{n-1} \times r^{n-2} + a_{n-2} \times r^{n-3} + \cdots + a_2 \times r^1 + a_1 \times r^0 \tag{1-4}$$

比较式(1-2)和式(1-4),重复上述步骤可以依次求出 $a_0, a_1, \cdots, a_{n-1}$,即实现了十进制整数转换成 r 进制数。

总结来说,十进制整数转换成 r 进制数的方法是除 r 取余法:即将十进制整数不断除以 r 取余数,直到商为 0,先得到的余数是 a_0,最后得到的余数是 a_{n-1},则 $a_{n-1}a_{n-2}\cdots a_1a_0$ 就是转换后的 r 进制数。

(2) 十进制小数转换成 r 进制小数。

设有十进制小数 f,根据式(1-1)有:

$$f = a_{-1} \times r^{-1} + a_{-2} \times r^{-2} + \cdots + a_{-(m-1)} \times r^{-(m-1)} + a_{-m} \times r^{-m} \tag{1-5}$$

式子两边各乘以 r,得:

$$r \times f = a_{-1} \times r^0 + a_{-2} \times r^{-1} + \cdots + a_{-(m-1)} \times r^{-(m-2)} + a_{-m} \times r^{-(m-1)} \tag{1-6}$$

显然 $a_{-1} \times r^0$ 是个整数,因此 a_{-1} 是 $r \times f$ 的整数部分,由此求出了 a_{-1}。若令 $r \times f - a_{-1}$ 为 f',则:

$$f' = a_{-2} \times r^{-1} + \cdots + a_{-(m-1)} \times r^{-(m-2)} + a_{-m} \times r^{-(m-1)} \tag{1-7}$$

比较式(1-5)和式(1-7),重复上述步骤可以依次求出 a_{-1}、a_{-2}、$\cdots$,即实现了十进制小数转换成 r 进制小数。需要注意的是,r 乘式(1-7)左边的结果的小数部分可能永远不会为 0,因此上述步骤可能是无限的。由于计算机物理设备的限制,所以十进制小数转换成 r 进制小数时不可能是无限的二进制位。实际上会根据精度要求对转换结果保留若干二进制位,其余截断,这说明了小数转换时可能是不精确的。

总结来说,十进制小数转换成 r 进制数的方法是乘 r 取整法:即将十进制小数不断乘以 r 取整数,直到小数部分为 0 或达到要求的精度为止,先得到的整数是 a_{-1},自左向右排列,则 $a_{-1}a_{-2}\cdots$ 就是转换后的 r 进制小数。

【例 1.1】 将十进制数 $(123.45)_D$ 转换成二进制数。

解:转换结果为 $(123.45)_D = (1111011.011100)_B$。注意,小数部分的转换是不精确的,这里根据精度要求保留 6 位小数。转换步骤如下:

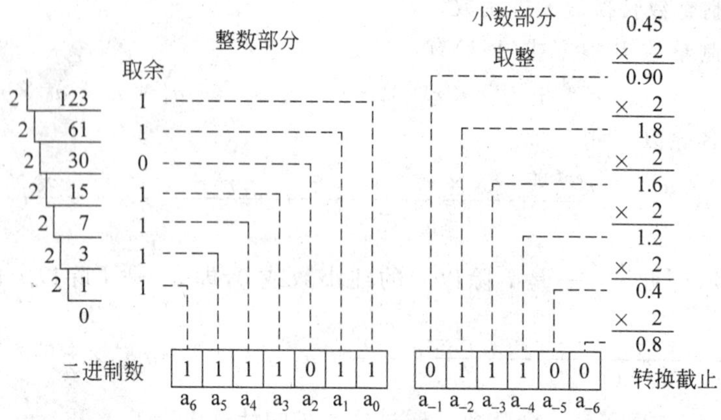

【例 1.2】 将十进制数$(12345)_D$转换成二进制数。

解：由于转换的十进制数较大，所以使用除 2 取余法转换步骤比较多，这里根据二进制位权关系实现快速转换。图 1.4 是 16 位二进制数的位权示意图。

2^{15}	2^{14}	2^{13}	2^{12}	2^{11}	2^{10}	2^{9}	2^{8}	2^{7}	2^{6}	2^{5}	2^{4}	2^{3}	2^{2}	2^{1}	2^{0}
1	1	1	1	1	1	1	1	1	1	1	1	1	1	1	1
32768	16384	8192	4096	2048	1024	512	256	128	64	32	16	8	4	2	1

图 1.4　二进制位权

因为：$12345=8192+4096+32+16+8+1$

所以：$(12345)_D=(11000000111001)_B$

【例 1.3】 将十进制数$(123)_D$转换成二进制数。

解：由于 123 靠近 $2^7(128)$，所以可以使用二进制减法来转换。即

$$123=128-5=(10000000)_B-(101)_B=(1111011)_B$$

二进制减法步骤如下。

$$\begin{array}{r} 10000000 \\ -\quad\quad 101 \\ \hline 1111011 \end{array}$$

2. *r* 进制数转换成十进制数

将任意 *r* 进制数按照式(1-1)写成按位权展开的多项式，各位数码乘以各自的权值且累加起来，就得到该 *r* 进制数对应的十进制数。

例如：

$$(100101.11)_B=1\times2^5+0\times2^4+0\times2^3+1\times2^2+0\times2^1+1\times2^0+1\times2^{-1}+1\times2^{-2}=(37.75)_D$$

$$(377.65)_O=3\times8^2+7\times8^1+7\times8^0+6\times8^{-1}+5\times8^{-2}=(255.828125)_D$$

$$(7FFF)_H=7\times16^3+15\times16^2+15\times16^1+15\times16^0=(32767)_D$$

3. 二、八、十六进制数相互转换

从前面的例子可以看到，等值的二进制数比十进制数位数要长很多。为了方便起见，在理论分析和程序设计时人们更多使用八进制和十六进制数。

二进制、八进制、十六进制之间存在特殊关系：$8^1=2^3$、$16^1=2^4$，即1位八进制数相当于3位二进制数，1位十六进制数相当于4位二进制数。根据这种对应关系，可以得到它们之间的转换方法：

(1) 二进制数转换成八进制数时，以小数点为中心向左右两边分组，每3位为一组转换成相应的八进制数，两头不足3位用0补足；

(2) 二进制数转换成十六进制数时，以小数点为中心向左右两边分组，每4位为一组转换成相应的十六进制数，两头不足4位用0补足；

(3) 八进制数转换成十六进制数或十六进制数转换成八进制数时，可以借助于二进制。

例如：

$(\underset{3}{\underline{0011}}\ \ \underset{A}{\underline{1010}}\ \ \underset{5}{\underline{0101}}.\underset{D}{\underline{1101}}\ \ \underset{4}{\underline{0100}})_B=(3A5.D4)_H$ （整数高位和小数低位补0）

$(\underset{1}{\underline{001}}\ \ \underset{6}{\underline{110}}\ \ \underset{4}{\underline{100}}\ \ \underset{5}{\underline{101}}.\underset{6}{\underline{110}}\ \ \underset{5}{\underline{101}})_B=(1645.65)_O$ （整数高位补0）

$(512.E)_H=(\underset{5}{\underline{0101}}\ \ \underset{1}{\underline{0001}}\ \ \underset{2}{\underline{0010}}.\underset{E}{\underline{1110}})_B$ （整数前的高位0和小数后的低位0可取消）

$(177.73)_O=(\underset{1}{\underline{001}}\ \ \underset{7}{\underline{111}}\ \ \underset{7}{\underline{111}}.\underset{7}{\underline{111}}\ \ \underset{3}{\underline{011}})_B$ （整数前的高位0可取消）

$(7F)_H=(\underset{7}{\underline{0111}}\ \ \underset{F}{\underline{1111}})_B=(\underset{1}{\underline{001}}\ \ \underset{7}{\underline{111}}\ \ \underset{7}{\underline{111}})_B=(177)_O$ （借助二进制转换）

1.2.3 数值数据的表示

1. 整数在计算机中的表示

由于计算机只有0和1的数据形式，因此数的正(+)、负(−)号也要用0和1编码。通常将一个数的最高二进制位定义为符号位，称为数符，用0表示正数，1表示负数，其余位表示数值。

在计算机中，作为整体参与运算、处理和传送的一串二进制的位数称为字长，字长一般是8的倍数，例如8位、16位、32位、64位等。一个数在计算机中的表示形式称为机器数。假定字长为8位，5的机器数为00000101，−5的机器数为10000101。

当一个带有符号位的数参与运算时，有时会产生错误的结果，例如00000101+10000101的结果并不是0。若在运算时额外考虑符号问题，会增加计算机实现的难度，于是促使人们去寻找更好的表示方法。

下面介绍原码、反码和补码，为了简单起见，以下假定字长为8位。

(1) 原码。

整数 X 的原码是数符位 0 表示正，1 表示负，数值部分是 X 绝对值的二进制表示，记为 $(X)_{原}$。原码表示的计算公式为：

$$(X)_{原}=\begin{cases}X & 0\leqslant X<2^{n-1}\\ 2^{n-1}+|X| & -2^{n-1}<X\leqslant 0\end{cases} \tag{1-8}$$

其中 n 为字长，原码表示数的范围是 $-(2^{n-1}-1)\sim 2^{n-1}-1$。

例如：

$(+1)_{原}=00000001$，$(+127)_{原}=01111111$，$(+0)_{原}=00000000$

$(-1)_{原}=10000001$，$(-127)_{原}=11111111$，$(-0)_{原}=10000000$

由此可知，8 位原码表示的最大值为 127，最小值为 -127，表示数的范围是 $-127\sim127$，其中 0 有两种表示形式。

原码表示法编码简单，但它的缺点是运算时要单独考虑符号位和判别 0，增加了运算规则的复杂性。

(2) 反码。

整数 X 的反码是：对于正数，反码就是原码；对于负数，数符位为 1，其数值位为原码中的数值位按位取反。X 的反码记为 $(X)_{反}$。反码表示的计算公式为：

$$(X)_{反}=\begin{cases}X & 0\leqslant X<2^{n-1}\\ 2^{n}-1-|X| & -2^{n-1}<X\leqslant 0\end{cases} \tag{1-9}$$

其中 n 为字长，反码表示数的范围是 $-(2^{n-1}-1)\sim 2^{n-1}-1$。

例如：

$(+1)_{反}=00000001$，$(+127)_{反}=01111111$，$(+0)_{反}=00000000$

$(-1)_{反}=11111110$，$(-127)_{反}=10000000$，$(-0)_{反}=11111111$

由此可知，8 位反码表示的最大值、最小值和数的范围与原码相同，其中 0 也有两种表示形式。

反码运算也不方便，很少使用，一般用来求补码。

(3) 补码。

整数 X 的补码是：对于正数，补码与反码、原码相同；对于负数，数符位为 1，其数值位为反码加 1。X 的补码记为 $(X)_{补}$。补码表示的计算公式为：

$$(X)_{补}=\begin{cases}X & 0\leqslant X<2^{n-1}\\ 2^{n}-|X| & -2^{n-1}<X\leqslant 0\end{cases} \tag{1-10}$$

其中 n 为字长，补码表示数的范围是 $-2^{n-1}\sim 2^{n-1}-1$。

例如：

$(+1)_{补}=00000001$，$(+127)_{补}=01111111$，$(+0)_{补}=(-0)_{补}=00000000$

$(-1)_{补}=11111111$，$(-127)_{补}=10000001$，$(-128)_{补}=10000000$

由此可知，8 位补码表示的最大值为 127，最小值为 -128，表示数的范围是 $-128\sim127$，其中 0 有唯一的编码形式。

补码的实质就是对负数的表示进行不同的编码，从而方便地实现正负数的加法运算且规则简单。在数的有效表示范围内，符号位如同数值一样参与运算，也允许最高位的进位(被丢弃)。需要记住,机器数、原码、反码和补码等编码总是在特定字长下讨论的。

【例 1.4】 计算(−9)+9 的值。

解:

```
     11110111   ……  −9 的补码
 +   00001001   ……  9 的补码
 ------------
    100000000   ……  最高位进位丢弃
```

丢弃最高位 1,运算结果为 0。

【例 1.5】 计算(−9)+8 的值。

解:

```
     11110111   ……  −9 的补码
 +   00001000   ……  8 的补码
 ------------
     11111111   ……  −1 的补码
```

运算结果为−1。

【例 1.6】 计算 65+66 的值。

解:

```
     01000001   ……  65 的补码
 +   01000010   ……  66 的补码
 ------------
     10000011   ……  −125 的补码
```

两个正数相加,从结果的符号位可知运算结果是一个负数(−125),其原因是结果(131)超出了数的有效表示范围(−128~127)。由此可见,利用补码进行运算,当运算结果超出表示范围时,会产生不正确的结果。

【例 1.7】 求补码 10000000 对应的十进制数。

解: 从符号位判断该数为一个负数,根据式(1-10)可知:$(|X|)_{补}+(-|X|)_{补}=2^n$,则:

$$(|X|)_{补}=2^n-(-|X|)_{补}=100000000\text{B}-10000000\text{B}=10000000\text{B}=(128)_{\text{D}}$$

所以补码 10000000 对应的十进制数为−128。

(4) 无符号整数

无符号整数是指没有正负之分的整数。无符号整数总是大于等于 0 的,其数的表示范围是 $0\sim2^n-1$,即二进制的每一位都是数值位。显然,在一定字长情况下,无符号整数的数值比有符号整数的数值大。

【例 1.8】 计算无符号整数 65+66 的值。

解: 从前面得到 $65+66=(10000011)_{\text{B}}$,由于是无符号整数,故直接转换成十进制数为 131。

2. 浮点数在计算机中的表示

数学中的实数在计算机中称为浮点数,是指小数点不固定的数。浮点数用二进制表示,但表示方法比整数复杂得多。

为便于软件的移植,目前大多数计算机都遵守 1985 年制定的 IEEE754 浮点数标准

(最新标准为 IEEE754-2008)，主要有单精度浮点数(float 或 single)和双精度浮点数(double)格式。按二进制数据形式，单精度格式具有 24 位有效数字，总共占用 32 位；双精度格式具有 53 位有效数字精度，总共占用 64 位，相对应的十进制有效数字分别为 7 位和 17 位。下面以单精度浮点数为例，介绍浮点数在计算机中的表示。

按 IEEE754 的规定，浮点数使用下列形式的规格化表示：

$$\text{规格化数} = (-1)^s \times 2^E \times 1.f \tag{1-11}$$

其中 s 为符号，E 为指数，f 为小数。

单精度浮点数存储时占用 4 个字节，即 32 位，各位的意义和布局如图 1.5 所示。

1位	8位	23位
s	e[23:30]	f[0:22]

图 1.5 单精度浮点数存储格式

说明：

(1) 0:22 位是 23 位小数 f，其中第 0 位是小数的最低有效位，第 22 位是最高有效位。小数中的“1.”不用存储，目的是为了节省存储空间。23 位小数加上隐含前导有效位提供了 24 位精度。

(2) 23:30 位是 8 位 e，其中第 23 位是 e 的最低有效位，第 30 位是最高有效位，$0<e<255$。指数 $E=e-127$，其范围为 $-126\sim127$。

(3) 最高的第 31 位是符号位 s，0 表示正，1 表示负。

表 1.3 为单精度存储格式及其表示的数值。

表 1.3 单精度存储格式位模式及其 IEEE 值

通用名称	位模式(十六进制)	十进制值
+0	00000000	0.0
−0	80000000	−0.0
1	3F800000	1.0
最大正数	7F7FFFFF	$3.40282347\times10^{+38}$
最小正数	00800000	1.17549435×10^{-38}
+∞	7F800000	正无穷
−∞	FF800000	负无穷
非数	7FC00000	NAN

【例 1.9】 求单精度浮点数 50.0 在计算机中的表示。

解：格式化表示：$50.0=110010.0\text{B}=(-1)^0\times2^5\times1.100100\text{B}$，因此 $s=0,E=5,f=0.100100$。

指数：$e=E+127=132=10000100\text{B}$

所以 50.0 在计算机中的表示为 42480000(十六进制)，其存储格式如图 1.6 所示。

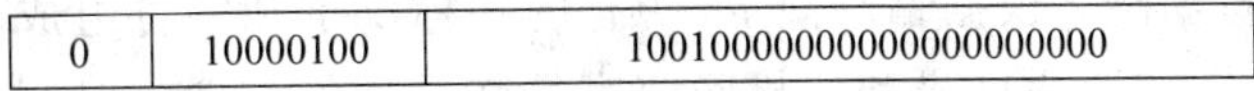

0	10000100	10010000000000000000000

图 1.6 单精度浮点数 50.0 的存储格式

【例 1.10】 求单精度浮点数−2.5 在计算机中的表示。

解：格式化表示：$-2.5=-10.1B=(-1)^1\times2^1\times1.01B$，因此 $s=1, E=1, f=0.01$。

指数：$e=E+127=128=10000000B$

所以−2.5 在计算机中的表示为 C0200000(十六进制)，其存储格式如图 1.7 所示。

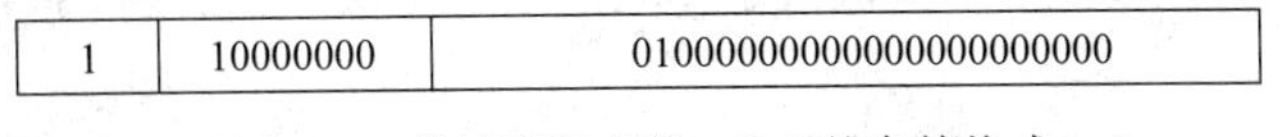

1	10000000	01000000000000000000000

图 1.7 单精度浮点数−2.5 的存储格式

双精度浮点数在计算机中的表示与单精度浮点数类似，只有两点区别：一是双精度浮点数存储时占用 8 个字节，即 64 位。其中 s 占 1 位，E 占 11 位，f 占 52 位；二是指数 $E=e-1023$。

1.2.4 非数值数据的表示

1. 西文字符

西文字符包含英文字符、数字和各种符号，是不可做数学运算的数据。西文字符按特定的规则进行二进制编码才能进入计算机，最常用的是美国信息交换标准代码 ASCII (American Standard Code for Information Interchange)。ASCII 码使用 7 位二进制编码，编码值为 0～127，可以表示 2^7 即 128 个字符。参考本书附录 A，“DEC”列表示编码的十进制值，“HEX”列表示编码的十六进制值，“字符”列为编码所表示的符号。

在 ASCII 码对照表中，十进制值 0～31 和 127 共 33 个字符称为控制字符，32～126 共 95 个字符称为图形字符(又称为可打印字符)，128～255 共 128 个字符称为扩展字符。

在图形字符中，0～9、A～Z 和 a～z 都是顺序排列的，小写字母比对应的大写字母十进制码值大 32。一般地，只要记住字符“0”和“A”的码值，其余数字和字母可以推算出来；另外，空格字符的十进制编码是 32。

计算机存储与处理一般以字节为单位，因此西文字符的一个字符在计算机内部实际是用 8 位表示的。

2. 汉字字符

汉字字符种类多，编码上比西文字符复杂。在汉字处理系统中，需要在输入、内部处理及输出时对汉字字符编码及转换。因此汉字字符编码有输入码、字形码、国标码、机内码之分。输入码是键盘输入汉字时所用的编码，字形码用于汉字的显示和打印输出。

汉字国标码是指我国在 1980 年发布的《中华人民共和国国家标准信息交换汉字编码》GB2312—80，它把最常用的 6763 个汉字和 682 个非汉字图形符号按汉语拼音顺序和偏旁部首排列。每个汉字的编码占两个字节，使用每个字节的低 7 位，合计 14 位，可以有

2^{14}即16 384个字符编码。根据编码规定，所有的国标汉字和字符组成一个94×94的矩阵，即94个区和94个位，由区号和位号确定字符在区中的位置，共同构成区位码。例如“汉”位于第26区第26位，区位码为2626，十六进制为1A1AH。

汉字国标码与区位码的关系是：汉字国标码＝区位码＋2020H。所以“汉”的国标码为3A3AH。为了在计算机内部方便区分汉字编码和ASCII码，将国标码的每个字节的最高位设置成1，变换后的国标码称为汉字机内码，即：

汉字机内码＝汉字国标码＋8080H＝区位码＋A0A0H

这样在文字处理系统中，字节值大于128的字符是汉字机内码，字节值小于128的字符是ASCII码。

除了GB2312国标码外，汉字内码还有UCS码、Unicode码、GBK码、GB18030码和BIG5码等。

3. 多媒体信息

除数值和文字数据外，计算机也可以处理图形、图像、音频和视频信息。这些媒体信息的表现方式可以说是多种多样，但是在计算机中它们都是通过二进制编码表示的。

数字音频是由A/D(模拟/数字)转换器用一定采样频率采样、量化音频信号，然后使用固定二进制位记录量化值以数字声波文件的形式存储在计算机中。若要输出数字声音，必须通过D/A(数字/模拟)转换器将数字信号转换成模拟信号输出。

数字图像分图形(graph)和图像(image)。图形一般是指由直线、圆、圆弧、任意曲线等图元组成的画面，以矢量图形文件形式存储，记录描述各个图元的大小、位置、形状、颜色、维数等属性。图像是以像素点矩阵组成的位图形式存储，记录每个像素点的亮度、颜色和位图分辨率信息。

数字视频由一系列静态图像按一定顺序排列组成，每一幅图像称为帧(frame)。数字视频处理基于音频、图像处理。

1.3 程序设计语言

程序设计语言是用来编写计算机程序的工具。只有用机器语言编写的程序才能被计算机直接执行，其他任何语言编写的程序都需要翻译成机器语言。按照程序设计语言的发展历程，大致可分为机器语言、汇编语言和高级语言3类。

1.3.1 机器语言与汇编语言

机器语言是由二进制0和1按一定规则组成的、能被计算机直接理解和执行的指令集合。机器语言中的每一条语句实质上是一条指令。

例如计算16＋10的机器语言程序如下：

```
10110000 00010000          ;往寄存器 AL 送 16(10H)
00000100 00001010          ;寄存器 AL 加 10(0AH),且送回到 AL 中
11110100                   ;结束,停机
```

显然,机器语言编写的程序难写、难记、难阅读。不同的计算机指令系统也不同,因此机器语言通用性差。当然,机器语言也有优点,就是编写的程序代码不用翻译,直接执行。因此,机器语言程序占用存储空间少、运行速度快。

为了解决机器语言的缺点,人们设计出汇编语言,将机器指令的代码用英文助记符来表示,如 MOV 表示数据传送、ADD 表示加、JMP 表示程序跳转、HLT 表示停机等。

例如,计算 16+10 的汇编语言程序如下:

```
MOV    AL,10                    ;往寄存器 AL 送 16(10H)
ADD    AL,0A                    ;寄存器 AL 加 10(0AH),且送回到 AL 中
HLT                             ;结束,停机
```

由此可见,汇编语言一定程度上克服了机器语言难读难写的缺点,同时保持了占用存储空间少、执行效率高的优点。在一些实时性、执行性能要求较高的场合,如嵌入式控制、视频播放、图像渲染、直接硬件处理、机器指令调试等,仍经常使用汇编语言。

机器语言和汇编语言是面向机器的,对大多数人来说,使用它们编写程序不是一件简单的事情。更关键的在于,由于它们不能适应现代大规模软件生产对开发周期、维护成本、可移植性、可读性和通用性的高要求,使得它们逐渐淡出。

1.3.2 高级语言

高级语言是一种接近人的自然语言和数学公式的程序设计语言。它力求使语言脱离具体机器,不必了解机器的指令系统。这样,程序员就可以集中精力解决问题本身而不必受机器制约,极大地提高了编程的效率。但是,用高级语言编写的程序不能直接在计算机上识别和运行,必须将它翻译成计算机能够识别的机器指令才能执行,翻译程序的方式有编译方式和解释方式两种。

编译(compile)是用**编译器**(compiler)程序把高级语言所编写的源程序(source code)翻译成用机器指令表示的目标代码,使目标代码和源程序在功能上完全等价,通过**连接器**(**linker**)程序将目标程序与相关库连接成一个完整的可执行程序。其优点是执行速度快,产生的可执行程序可以脱离编译器和源程序独立存在,反复执行。

解释(interpret)是用**解释器**(**interpreter**)程序将高级语言编写的源程序逐句进行分析翻译,解释一句,执行一句。当源程序解释完成时目标程序也执行结束,下次运行程序时还需要重新解释执行。其优点是移植到不同平台时不用修改程序代码,只要有合适的解释器即可。

高级语言的种类繁多,目前应用广泛的主要有以下几种语言。

(1) FORTRAN 语言。1954 年推出,是世界上最早出现的高级语言,主要用于科学计算。

(2) C/C++ 语言。1972 年推出的 C 语言功能丰富、使用灵活,代码执行速度快,可移植性强,且具有与硬件打交道的底层处理能力。1983 年推出的 C++ 语言完全兼容 C 语言,并引入了面向对象概念,对程序设计思想和方法进行了彻底的变革。C/C++ 语言适合各类应用程序的开发,是系统软件的主流开发语言。

(3) BASIC/Visual Basic 语言。1964 年推出 BASIC 初学者语言,1991 年 Microsoft 公司推出了可视化的、基于对象的 Visual Basic,给非计算机专业的广大用户开发应用程序带来了便利,发展到现在的 Visual Basic. NET 则是完全面向对象的。

(4) Java 语言。1995 年推出,是一种跨平台的面向对象程序设计语言,主要用于 Internet 应用开发。Java 语言编写的源程序既被编译生成为 Java 字节编码,又被解释运行,因而可以运行在任何环境下,例如 Windows、Linux、Andriod 系统。Java 语言目前已成为移动计算和云计算环境下的主流开发语言。

(5) C# 语言。2000 年推出,是一种易用的、安全的面向对象程序设计语言,专门为. NET 应用而设计。它吸收了 C++、Visual Basic、Delphi 和 Java 等语言的优点,体现了最新程序设计技术的功能和精华。

TPCI(TIOBE programming community index)指数是每月更新一次的编程语言排行榜,作为编程语言流行程度的业内指标,所依据的数据调查自世界范围内的资深软件工程师和软件厂商。在 2001—2010 年间,排行前三位的始终是 C、C++、Java 语言。读者可以通过互联网查询最新的 TPCI,从中了解编程语言的发展趋势。

1.4 程序设计概述

1.4.1 计算机问题求解的基本特点

利用计算机解决现实问题称为**问题求解**(**problem solving**)。问题求解时,必须事先对各类具体问题进行仔细分析,确定解决问题的具体方法和步骤。并依据该方法和步骤选择程序语言,按照该语言的编码规则编制出程序,使计算机按照人们指定的步骤和操作有效地工作。

程序针对某个事务处理设计为一系列操作步骤,每一步的具体内容由计算机能够理解的指令或语句描述,这些指令或语句指示计算机"做什么"和"怎么做"。程序控制着计算机,使其按顺序执行一系列动作。显然,这些动作是由程序员指定的。因此,程序员的工作是确定完成问题求解该有什么动作,以什么样的顺序执行动作,并精心编排出来。

计算机问题求解的基本步骤如下。

(1) 确定数学模型或数据结构。程序将以数据处理的方式解决问题,因此在程序设计之初,首先应该将实际问题用数学语言描述出来,形成一个抽象的、具有一般性的数学问题,从而给出问题的抽象数学模型,给出该模型对应的数据结构和组织形式。

(2) 算法分析和描述。有了数学模型,就可以制定解决该模型所代表的数学问题的算法,分析算法的性能优劣,采用合适的方法描述出算法,且尽可能利于用程序语言实现。

(3) 编写程序。根据上述的数据结构,定义符合程序语言语法的数据,将非形式化的算法描述转变为形式化的由程序语言表达的算法。

(4) 程序测试。程序编写完成后必须经过科学的、严格的测试,才能确保程序的正确性。

1.4.2 算法的定义与特性

算法是为了**求解问题而采取确定的、按照一定次序进行的操作步骤**，它的基本要素是完成什么操作以及完成操作的顺序如何控制。一个好的算法将会产生高质量的程序。

算法具备以下5个特性：

(1) 有穷性，一个算法应包含有限的操作步骤，而不能是无限的。

(2) 确定性，算法中每一个步骤都应当是确定的，而不应当是含糊的或模棱两可的。

(3) 有效性，算法中每一个步骤都应当能有效地执行，并得到确定的结果。

(4) 算法可以有零个、一个或多个输入，这些输入取自特定对象的数据集合。

(5) 算法可以有一个或多个输出，没有输出的算法没有任何实际意义。

1.4.3 算法的表示

1. 用自然语言表示算法

自然语言是人们日常使用的语言，可以是汉语、英语或其他语言。用自然语言表示算法通俗易懂，可以方便地描述算法设计思想。但是，由于自然语言含义不精确，不适合严格的算法。而且自然语言描述的使用范围非常有限，所以只用来对算法作辅助说明。

2. 用流程图表示算法

流程图用一些图元表示各种操作，直观形象，易于理解。图1.8是美国国家标准协会ANSI(American National Standards Institute)规定的常用流程图符号，已被广泛使用。

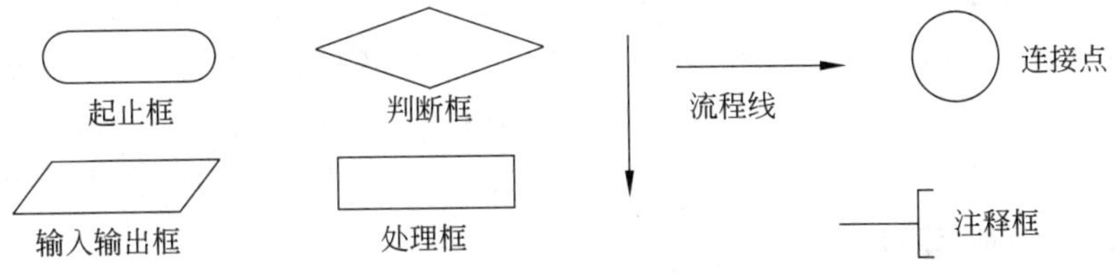

图1.8 流程图框图元素

这些框图通过流程线连接在一起，构成一个完整的算法逻辑。大多数框图都有一个入口和一个出口，流程线就是连接在一个框图的出口和另一个框图的入口之间，使用箭头指明流程的走向。

传统的流程图用流程线指出各框的执行顺序，但对流程线的使用且没有严格的限制。如果使流程随意地转来转去，则流程图变得毫无规律，增加了人们理解算法逻辑的难度。1966年，Bohra和Jacopini针对传统流程图的弊端，提出了用3种基本结构作为表示算法的基本单元，分别是**顺序结构、选择结构和循环结构**，如图1.9所示。

实践证明，采用3种基本结构的顺序处理和嵌套处理，能够描述任何可计算问题的处理流程，解决任何复杂的问题。由基本结构所组成的算法是结构化算法。

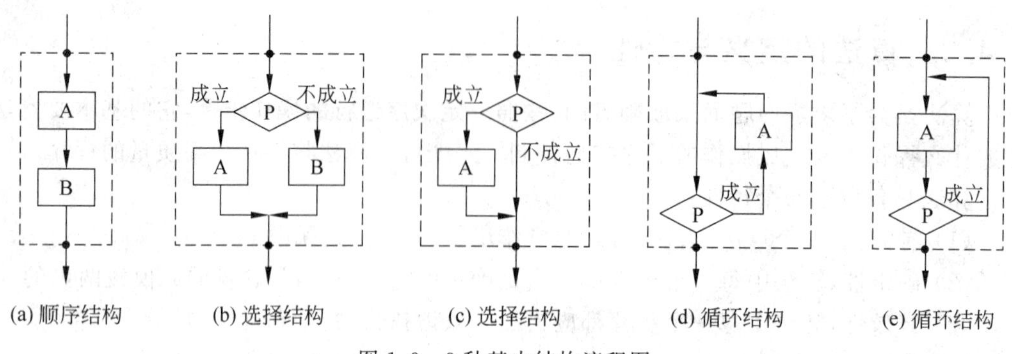

图 1.9　3 种基本结构流程图

3. 用 N-S 图表示算法

既然用基本结构的顺序组合可以表示任何复杂的算法，那么，基本结构之间的流程线就是多余的。为了避免流程图在描述算法逻辑时的随意转向，1973 年，I. Nassi 和 B. Shneiderman 提出了一种新的流程图形式。在这种流程图中，去掉了流程线，全部算法写在一个矩形框内，在框内还可以包含其他从属于它的框。这种流程图称为 N-S 图(又称为盒图或 CHAPIN 图)，非常适于结构化程序设计。

N-S 图使用的流程图符号如图 1.10 所示。

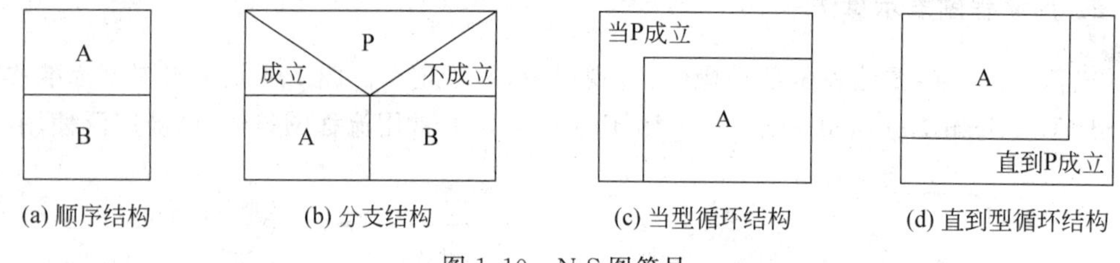

图 1.10　N-S 图符号

4. 用伪代码表示算法

用流程图和 N-S 图表示算法直观易懂，但画起来比较费事，而且设计算法时反复修改流程图也是比较麻烦的。因此，流程图适宜表示一个算法，但在设计算法过程中常用伪代码(pseudo code)工具。

伪代码是用介于自然语言和计算机语言之间的文字和符号来描述算法。因此，伪代码书写方便、比较好懂，特别是易于向程序过渡。表 1.4 为伪代码语句，可以大小写。

表 1.4　伪代码语句

开始，结束，赋值，相等判断	BEGIN，END，←，=
条件语句	IF/THEN /ELSE/ENDIF
循环语句	REPEAT/UNTIL/ENDREPEAT，FOR i←0 to n ENDFOR，DO/WHILE /ENDDO
分支语句	CASE_OF/ WHEN/ SELECT/ WHEN/ SELECT/ENDCASE

5. UML

统一建模语言UML(unified modeling language)是用来对软件系统进行可视化建模的一种语言。**UML的目标是以面向对象图的方式来描述任何类型的系统,最常用的是建立软件系统的模型**,但它同样可以用于描述非软件领域的系统,如机械系统、企业机构或业务过程,以及处理复杂数据的信息系统、具有实时要求的工业系统或工业过程等。

UML定义了包含类图(class diagram)、对象图(object diagram)等13种图示,是面向对象程序设计常用的分析和建模工具。UML不是程序设计语言,而是一个标准的图形表示法,它仅仅是一组符号而已。

【例1.11】 用流程图、N-S图和伪代码表示$1-\frac{1}{2}+\frac{1}{3}-\frac{1}{4}+\frac{1}{5}+\cdots+\frac{1}{99}-\frac{1}{100}$的求解算法。

解:用流程图表示的算法如图1.11(a)所示,用N-S图表示的算法如图1.11(b)所示,用伪代码表示的算法如图1.11(c)所示。

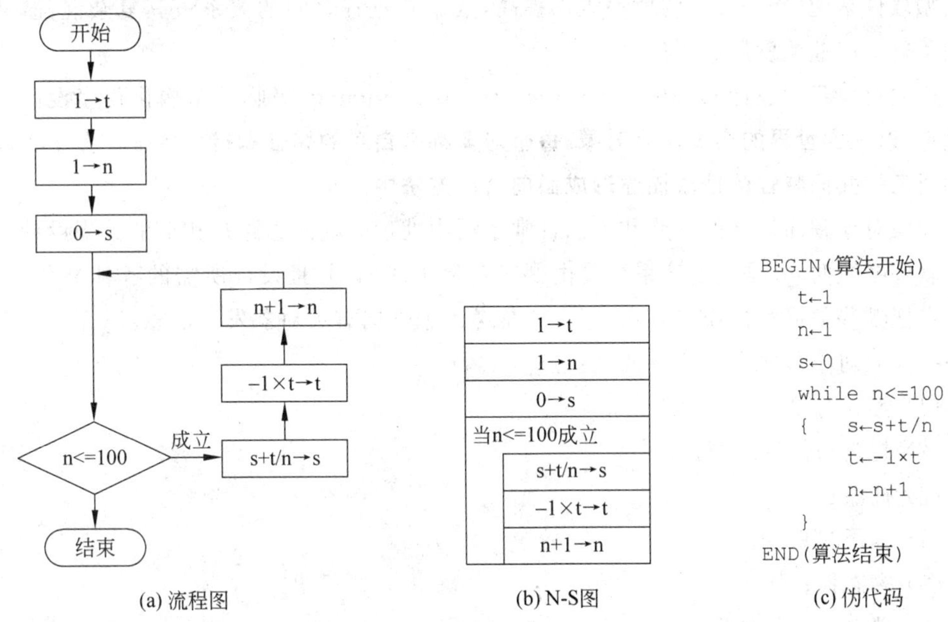

(a) 流程图 (b) N-S图 (c) 伪代码

图1.11 用流程图、N-S图和伪代码表示例1.11的算法

1.4.4 结构化程序设计

结构化程序设计(structured programming)是进行**以模块功能和处理过程设计为主的详细设计的基本原则**。其概念最早由E. W. Dijikstra在1965年提出,是软件发展的一个重要里程碑。目前,结构化程序设计已经成为程序设计的主流方法,它的产生和发展形成了现代软件工程的基础。

结构化程序设计的基本思想是:

(1) 自顶向下、逐步细化;

(2) 模块化设计;

(3) 使用3种基本结构。

结构化程序设计的显著特点是代码和数据分离,程序各个模块除了必要的信息交换外彼此独立。这种结构化方式可使程序层次清晰,便于使用、维护和调试。此外,对大型程序的开发,可以将不同的功能模块分给不同的编程人员去完成。

到目前为止,许多应用程序的开发仍在采用结构化程序设计技术和方法,即便是今天流行的面向对象程序设计中也不能完全脱离结构化程序设计。

1.4.5 面向对象程序设计

结构化程序设计方法作为面向过程的设计方法,将解决问题的重点放在描述实现过程的细节上,使数据和对数据的操作分离,淡化了数据的主体地位。如果软件需要对数据结构进行修改或对程序进行扩充,那么所有与之对应的操作过程必将随之进行修改。对于大型软件来说,程序开发的效率难以提高,数据和过程之间的关系极其复杂混乱,从而限制了软件产业的发展。

面向对象程序设计 OOP(object oriented programming)吸收了结构化程序设计的全部优点,**以现实世界的实体作为对象,每个对象都有自身的属性和行为特征。多个相同类型的对象的共同特性的抽象描述形成面向对象方法中的类。**

面向对象程序设计的思路和人们日常生活中处理问题的思路是相似的。当设计一个复杂软件系统时,一是确定该系统是由哪些对象组成的,并且设计所需的各种类和对象,即决定把哪些数据和操作封装在一起;二是考虑怎样向有关对象发送消息,以完成所需的任务。面向对象程序方法的特征是:

(1) 类和对象;

(2) 封装与信息隐蔽;

(3) 抽象;

(4) 继承与重用;

(5) 多态性;

(6) 消息传送与处理。

面向对象程序设计方法与面向过程结构化程序设计方法相比较,面向对象方法至少有3个优点:

(1) 面向对象技术采用对象描述现实问题;比较符合人类认识问题、分析问题和解决问题的一般规律;

(2) 通过信息隐藏、抽象、继承和重载技术,可以很容易修改、添加或删除现有对象属性,创建符合要求的对象;

(3) 由于类包装了对象的实现细节,在使用过程中只需要了解对象向外提供的接口,降低了使用代码的复杂性。

1.4.6　程序设计技术前沿

1. 并行程序设计

并行计算机是由多个处理器组成的计算机系统。现代微处理器的多核化、多线程提供了并行硬件，由此产生并行程序设计，其基本的计算要素包括任务、进程、线程等基本概念以及同步机制、通信操作等。

并行程序设计远比目前的串行程序设计复杂，其原因有以下 4 点。

(1) 并行程序设计不但包含了串行程序设计，而且还包含了更多富有挑战性的问题；

(2) 串行程序设计仅有一个普遍被接受的冯·诺依曼模型，而并行计算模型虽有好多，但没有一个被共同认可；

(3) 并行程序设计对环境工具的要求远比串行程序设计先进得多；

(4) 串行程序设计比较适合于自然习惯，且人们在过去积累了大量的编程知识和宝贵的软件财富。

2. 组件技术

组件技术是在面向对象技术的基础上发展起来的，可以说是面向对象技术在系统设计级别上的延伸。与面向对象技术相比，组件技术继承了面向对象技术的封装性，而忽略了继承性和多态性。组件是对象的有机结合，不需要关心组件中的对象和实现细节。组件有其固定的特征，即软件重用和互操作性、可扩展性、组件接口的稳定性和组件基础设施稳固性，而且无论是静态还是动态的引用，都可以稳定地提供组件的功能和接口。

常见的组件模型有 COM、COBRA 和 JavaBeans。

3. 面向切面编程

面向切面编程 AOP(aspect oriented programming)是面向对象技术的延续，但弥补了面向对象技术在跨越模块行为上的不足。通过引进切面的概念，将影响多个类的行为封装到一个可重用模块中，消除面向对象引起的代码混乱和分散问题，增强系统的可维护性和代码的可重用性。

1.5　C 语言概述

1.5.1　C 语言的历史与特点

C 语言的前身是 **BCPL 语言**，最初是为了**开发 UNIX 操作系统而设计的工具**。1972 年，美国贝尔实验室的 D. M. Ritchie 设计出 C 语言，并和 Ken Thompson 合作用 C 语言成功改写了 UNIX 操作系统 90% 的内容，形成 UNIX 操作系统第 5 版。随着 UNIX 操作系统的广泛使用，C 语言的突出优点引起人们普遍关注，其后得到迅速发展与普及。

C 语言在发展过程中形成了下面几个重要版本。

(1) **经典 C 语言**。1978 年 Brian. W. Kernighan 和 D. M. Ritchie 以 UNIX 第 7 版中

的C编译程序为基础，合著了影响深远的经典著作《The C Programming Language》，成为后来各个版本C语言的基础，称为K&R经典C语言。

（2）**C89标准**。1988年，随着微型计算机的日益普及，C语言出现了许多版本。由于认识到标准化将有助于C语言的普及和发展，ANSI为C语言制定了ANSI C标准，成为流行的标准C语言。1990年，国际标准化组织ISO接受ANSI C为ISO C的标准（ANSI/ISO 9899-1990），简称C89。

（3）**C99标准**。ISO从1995年起对C语言开始了更大的修订，在1999年完成并获得批准。新标准ISO/IEC 9899:1999简称C99。它充分吸收了C++的功能，增加了许多新特性，得到主流编译器的广泛支持。本书使用C99标准。

C语言一直是业界主要的开发语言，具有很强的生命力。它的主要特点如下。

（1）语言简洁、功能强大。C语言只有32个关键字、9种控制语句，语法限制少，使用灵活，程序设计自由度大，易于阅读和维护。

（2）具有丰富的数据类型和运算符。C语言不仅提供了大量内置数据类型，还允许用户自定义类型，数据结构扩展能力强，指针的使用使程序访问复杂数据结构效率更高。

（3）结构化的程序设计语言。C语言提供基本结构的控制语句，用函数作为模块化设计的基本单位。

（4）适合开发系统软件。C语言既有高级语言易学、易用、可移植性强的特点，又有接近汇编语言的执行效率，生成的代码质量高，允许直接与硬件打交道。

（5）具有丰富的函数库。C语言拥有大量的函数库供程序员直接调用，省去了重复编码的时间，提高了程序设计效率并且能够保证程序的质量。

1.5.2 C语言基本词法

1. C语言字符集

C语言语法允许使用的字符的集合称为C语言字符集。C99标准的字符集如下：

（1）小写字母26个：a b c d e f g h i j k l m n o p q r s t u v w x y z

（2）大写字母26个：A B C D E F G H I J K L M N O P Q R S T U V W X Y Z

（3）数字字符10个：0 1 2 3 4 5 6 7 8 9

（4）符号29个：_ { } [ ] # ( ) < > % : ; . ? * + - / ^ & | ~ ! = , \ " '

（5）空白符5个：空格　Tab　回车换行　Ctrl+L　Ctrl+K

需要注意，@、$、`、非ASCII码西文字符、汉字和日韩文字等不是C语言合法的字符。

2. 空白符

空白符（white-space character）作为**C语言语法间隔的符号**。C99标准规定了5个空白符，并且注释可以当作语法间隔。

例如，“ABCD”是一个词语，而“AB CD”是两个词语。值得一提的是，对文字词语来说，符号字符也可以当作分隔符，例如“AB+CD”被“+”号分隔为两个词语。

C语言语法规定，连续多个空白符（同一个或多个任意组合）实际被看做是一个，如连续多个空格与一个空格的间隔效果是一样的，一个 Tab 与一个空格的间隔效果是一样的，以此类推。

3. 三元符

C99 标准定义了三元符（trigraph sequence），可以替代有些国家计算机系统基本字符集中没有包含的某些合法字符，如表 1.5 所示。

表 1.5 C99 标准定义的三元符

三 元 符	替换字符	三 元 符	替换字符	三 元 符	替换字符
??=	#	??(	[	??/	\
??)	]	??'	^	??<	{
??!	|	??>	}	??-	~

4. 关键字

关键字又称为保留字，是C语言规定的有特定含义的词语。C99 标准定义了 37 个关键字，如本书附录 B 所列，主要是关于数据类型和语句的词语。

5. 标识符

与自然语言类似，C语言使用各种词语描述名字要素。除关键字外，所有用来标识变量名、常量名、语句标号、函数名、数组名和类型名的字符序列称为标识符（identifier）。

关于C语言标识符的规定如下：

(1) 标识符只能由大小写字母、数字和下划线组成，且第一个字符必须是字母或下划线。

(2) 字母是大小写区分的，即大写字母和小写字母被认为是两个不同的字符。

(3) 标识符不能是C语言的关键字。

(4) C语言标准没有具体规定标识符长度的限制，但各个C语言编译器都有自己的规定。例如，Visual C++ 和 GCC 最大允许 32 个字符，超出这个长度的标识符编译器不识别。

(5) C语言编译规律是从程序文件第一行开始直至结束，逐一扫描程序代码，检查任何词语在之前是否有明确的定义或声明，若没有则报告出错。因此C语言对标识符的使用遵循“先说明，后使用”的规律，即在程序中使用了标识符，那么应该确定之前已有该标识符的定义或声明，否则导致语法错误。

下面是合法的标识符：

```
a,b,sum,tagDATA,Student,nCount,MAX_SIZE,_LABEL,foo,func,DATE
```

下面是不合法的标识符：

john@nwpu.edu.cn,8849,#123,3abc,a>b

在实际编程中,标识符取名时应尽量做到“见其名知其意”,以增加程序的可读性。

1.5.3 简单的C程序

下面介绍几个简单的C程序,从中分析C程序的基本结构。

【例1.12】 经典C程序,出自K&R的名著《*The C Programming Language*》。

```
1    #include<stdio.h>                 /*标准输入输出函数库*/
2    int main()                         /*主函数*/
3    {
4        printf("hello,world\n");       /*输出*/
5        return 0;                      /*主函数正常结束返回0*/
6    }
```

其中,左侧数字表示行号,行号右边是程序代码。请注意,行号不是程序的代码内容,仅是一个标注。本书给出行号标注,目的是使程序代码更清晰。

将上面的程序代码输入计算机,保存到源程序文件中,经过对源程序文件编译、连接、运行后在屏幕上输出以下信息:

```
hello,world
```

程序第1行#include是C语言预处理命令,尖括号内是一个文件名,称为头文件。在编译程序之前,预处理命令#include将头文件stdio.h中的内容包含到程序中。由于程序使用了标准库函数printf,而头文件stdio.h中有printf函数的声明,根据C语言“先声明,后使用”的语法要求,需要在使用printf函数之前包含其所在的头文件。同理,标准输入函数scanf也要求如此。#include命令一般习惯写在程序的开始位置。

第2行main是C程序的启动函数,称为主函数。每个C程序都是从启动函数开始执行的,启动函数结束就代表整个程序的运行结束。一个C程序由一个或多个函数组成,但它必须有且只能有一个main函数,其他函数都是直接或间接地被main函数调用的。根据C99标准,main函数的写法要求如下:

```
int main()
{
   …
   return 0;
}
```

其中一对大括号{}称为函数体,省略号…表示函数体内的程序代码。

第5行return 0;表示main函数结束并返回0值,表示程序运行结束。通常,程序正常结束要求返回0值。

第4行printf是标准输出函数,其作用是将双引号内的字符串原样输出,(\n)是换行符,即在输出“hello,world”后光标换行。

第4、5行是C语言语句,都需要用分号(;)结尾。其他部分不是语句,因此不能用分号(;)结尾。

程序中的/ * …… * /称为注释,即以斜线星号(/ *)开始,以星号斜线(* /)结束的整块内容是注释。注释只是对程序代码的说明,对编译和运行不起任何作用。注释可以用英语、拼音、汉字或其他文字书写,可以写在程序中任何位置,语义上相当于一个空白符。

【例1.13】 编写求两个数之和的程序。

```
1   #include<stdio.h>                       //标准输入输出函数库
2   int main()                              //主函数
3   {
4       int a, b, sum;                      //定义3个变量
5       scanf("%d%d", &a, &b);              //输入两个数
6       sum=a+b;                            //计算两个数之和
7       printf("a+b=%d\n", sum);            //输出结果
8       return 0;                           //主函数正常结束返回0
9   }
```

程序第4行是main函数的声明部分,定义a、b、sum为整型变量。第5行scanf是标准输入函数,作用是输入a和b的值。&a和&b中的"&"的含义是"取地址",是scanf函数要求的写法。"%d"是标准输入输出的格式说明,表示此位置是十进制整数。第5行的含义是输入两个十进制整数,分别送到a和b变量中。第6行计算a+b并送到变量sum中。第7行的含义是输出"a+b="和十进制整数形式的sum值,并在最后输出一个换行。

本例使用了C99标准的另一种注释语法,即以双斜线(//)开始直至行末的内容是注释。在实际编程中,简单注释使用//,多行注释使用/ * …… * /。

程序运行时从键盘上输入:

```
123 456↙
```

本书用"↙"表示输入回车,屏幕上输出以下信息:

```
a+b=579
```

【例1.14】 编写求$\sqrt{a-b}$的程序。

```
#include<stdio.h>                       //标准输入输出函数库
#include<math.h>                        //数学函数库
double root(double x, double y)         //root函数求x-y的平方根
{
    if (x>=y) return sqrt(x-y);         //只有在x大于等于y时计算x-y的平方根
    else return 0;                      //否则返回0
}
int main()                              //主函数
{
    double a, b;                        //定义两个浮点型变量
    scanf("%lf%lf", &a, &b);            //输入两个数
```

```
12        printf("%lf\n", root(a,b));        //输出 a-b 的平方根
13        return 0;                          //主函数正常结束返回 0
14    }
```

由于程序使用了求平方根的数学函数 sqrt，因此第 2 行包含 sqrt 函数所在的头文件 math. h。一般地，C 程序若使用了库函数，那么需要包含相应的头文件。

第 10 行是 main 函数的声明部分，定义了两个浮点型变量，为的是做数学运算。第 11 行调用 scanf 输入两个浮点数，送到 a 和 b 中，其中%lf 表示输入浮点型数据。第 12 行调用自定义函数 root 计算 a－b 的平方根并输出。

程序第 3～7 行是自定义函数 root。之所以将 a－b 的平方根写成函数，是因为求 a－b 的平方根是有前提条件的（即 a≥b）。第 3 行是 root 函数头，前面的 double 说明 root 返回浮点型；括号内是函数的形式参数，表示调用 root 函数需要提供两个参数。第 4～7 行是 root 函数体，第 5、6 行判断 a≥b 是否成立，若成立则计算 a－b 平方根，否则返回 0。

程序运行情况如下：

```
19 3↙
4.000000
```

1.5.4 C 程序基本结构

通过上述几个例子可以看到，一个 C 程序是由函数构成的，每个函数由若干语句组成。

1. 函数结构

C 程序的任何函数（包括主函数）都是由函数头和函数体两部分组成。一般形式为：

```
返回类型   函数名(形式参数列表)
{   //函数体
    声明部分
    执行语句
}
```

函数头由返回类型、函数名和形式参数列表组成。其中，返回类型是该函数返回值的类型，如果省略则为整型；函数名代表该函数，其后紧跟一对圆括号()，括号内表示该函数的调用参数。函数可以没有参数，但一对圆括号不能省略。

函数体由一对大括号{}括起来，包括声明部分和执行语句，且声明部分必须放置在任何可执行语句的前面。

函数是 C 程序的**基本单位**，用来实现特定的功能，程序的所有工作都是由函数完成的。C 语言的这种特点容易实现程序的模块化。

2. 文件结构

C 源程序文件包含预处理命令和若干个函数。

一个 C 程序**有且只有一个 main 函数**。C 程序的执行总是**从 main 函数开始，并在 main 函数结束**。如果 C 程序由若干个函数组成，函数的书写顺序是任意的，main 函数可以放在文件的开始或者最后。

除 main 函数之外的其他函数是由程序调用执行的。如果调用 C 语言库函数，必须用预处理命令 #include 包含库函数所在的头文件，向编译器提供必要的信息。C 语言拥有庞大的常规处理、科学计算、图形、多媒体、网络和数据库等库函数可以使用。

3. C 程序结构

从逻辑上讲，C 程序是函数的集合。从组织结构上看，一个 C 程序可以书写在单个文件中，也可以书写在多个文件中，即 C 程序包含若干源程序文件。

每个源程序文件可以单独编译，多个文件分别编译后通过连接把它们合并成一个可执行程序。对于大型程序来说，分成多个源程序文件会显著提高编译效率。

1.5.5 C 程序开发步骤

为了编译、连接和运行 C 程序，**必须要有相应的编译器**。目前常用的编译器有：

(1) Visual C++，简称为 VC，版本有 6.0、2005、2008 等，适用于 Windows 操作系统。

(2) GNU Compiler Collection，简称为 GCC，适用于 Windows 和 Linux 操作系统。

这些编译器都是集成开发环境 IDE(integrated development environment)的，将程序的编辑、编译、连接和运行、调试等操作集中到一个界面上，功能丰富，使用简捷，直观易用。本书推荐使用 VC 和 GCC，这两个编译器的操作界面如图 1.12 所示，其中 GCC 集成开发环境使用的是 Code::Blocks(简称 CodeBlocks)。

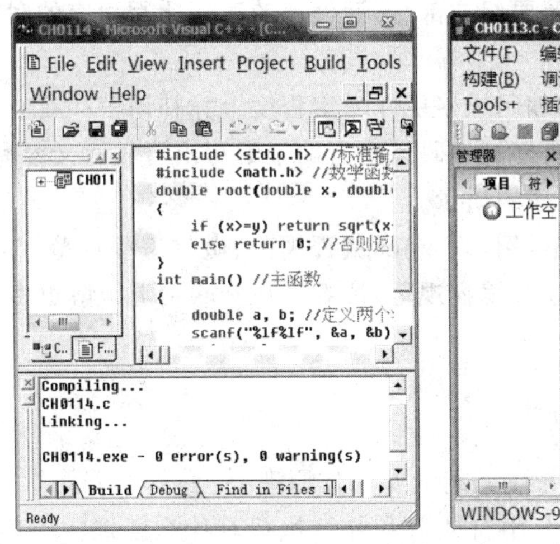

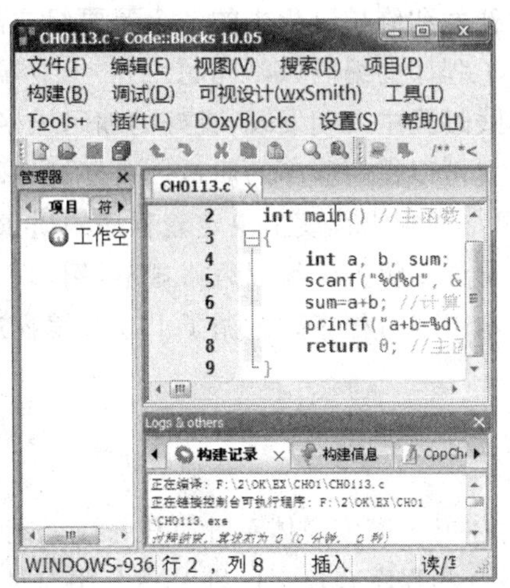

图 1.12 Visual C++ 6.0 与 Code::Blocks 10.05(GCC)集成开发环境

使用 C 语言开发一个应用程序大致经过以下步骤。

(1) 程序设计。

首先要根据实际问题确定编程的思路，包括选用适当的数学模型和数据描述。

(2) 设计代码。

根据前述思路或数学模型编写程序。除了非常简单的问题可以直接写出相应的C程序之外(在值得使用计算机解决的应用问题中,这种情况并不多见),一般都采用结构化程序设计方法来编程。

(3) 编辑源程序。

将源程序输入计算机中,这项工作可以通过任何一种文本编辑工具(如VC或CodeBlocks)完成。输入的源程序一般以文件的形式存放在磁盘上,后缀名往往是.c、.cpp和.cc,后面两种是C++的后缀名,它兼容C语言。

(4) 编译和连接。

编译器(VC或GCC)对源程序文件先进行预处理,然后将源程序编译成目标代码,后缀名为.obj(VC)或.o(GCC)等;连接器将目标代码连接成可执行文件,后缀名为.exe。在这个过程中,若出现编译错误和连接错误,则需要重复步骤(3)和(4)直到修正了所有错误。

(5) 运行和调试。

通过反复运行和调试程序,直到消除所有运行错误。在调试过程中应该精心选择典型数据进行试算,避免因调试数据不能反映实际数据的特征而引起计算偏差和运行错误。

1.5.6 C程序编码风格

编码风格(coding style)是指编写程序代码的基本原则。

随着软件规模的增大,程序复杂性有了增加。程序员需要经常阅读程序,特别是在软件测试阶段和维护阶段,编程人员和参与测试、维护的人员都要阅读程序。显然,**阅读程序是软件开发和维护过程中的一个重要组成部分,读程序的时间比写程序的时间还要多**。因此产生了程序的编码风格问题。

在实践过程中人们发现,良好的编码风格能在一定程度上弥补语言存在的缺陷,因此注意风格就可以提高程序的质量。良好的编码风格有助于编写出可靠而又容易维护的程序,编码风格在很大程度上决定着程序的质量。

目前有许多优秀的编码风格规范,例如Linux编程规范、微软编程规范、Google编程规范等。本书书写程序时遵循了Linux编程规范,读者可从互联网上了解更多信息。

习题

1. 简述冯·诺依曼体系计算机系统的组成及工作原理。

2. 指令和程序有什么区别?指令串行执行和并行执行有什么区别?简述执行指令的过程。

3. 简述机器语言、汇编语言和高级语言各自的特点。从互联网上查询目前编程语言的排行情况。

4. 简述编译和解释的区别。编译器、连接器和解释器分别是什么?

5. 将215、127、32767、90.625转换为二进制、八进制和十六进制;将7FH、100H、

55AAH、FFFFH 转换为二进制和十进制；将八进制数 123、670、37777 转换为二进制、十进制和十六进制。将 10110101101011B、11111111000011B 转换为十进制和十六进制。

6. 假设机器数占 16 位，写出 −20000 的补码，FEDCH 表示的十进制数是多少？

7. 比较各种算法表示的特点，给出 3 种基本结构的算法表示。

8. 简述 C 语言标识符的语法规则。

9. 简述 C 程序的基本结构和开发步骤。

10. 将本章的例 1.12～例 1.14 分别在 VC 和 CodeBlocks 上完成编译、连接和运行。

第2章 数据类型与表达式

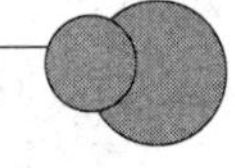

利用计算机求解问题，首先需要**将实际问题的数据引入到计算机中**，即在程序中描述这些数据。根据前一章的知识我们知道，由于计算机存储和处理上的特点，数据是以某种特定的形式存在的（如整数、浮点数或字符信息等），不同的数据之间还存在某些联系。程序语言通过数据类型描述不同的数据形式，数据类型不同，求解问题的算法也会不同。类型是所有程序的基础，它告诉我们数据代表什么意思以及对数据可以执行哪些操作。

求解问题的基本处理是运算。通过C语言丰富的运算符及其表达式构成实现算法的基本步骤，在不同程序结构的控制下有机地组织在一起形成程序。

2.1 数据类型

C语言可以使用的数据类型如下：

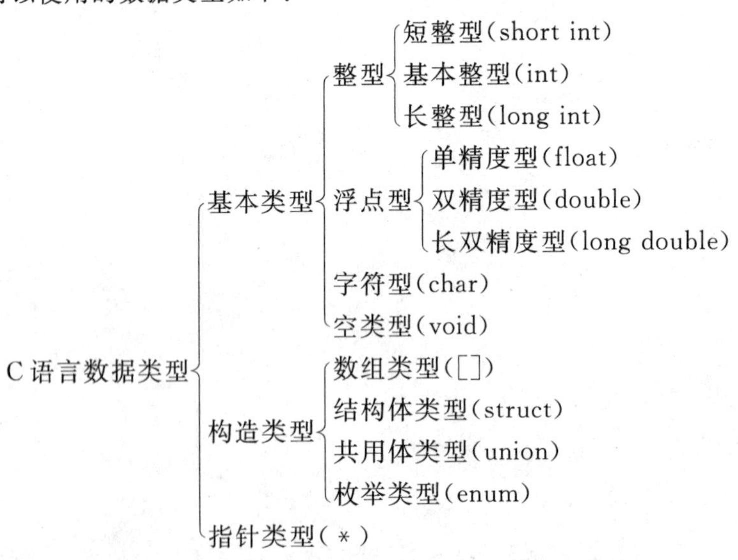

这些数据类型统称为C语言**内置数据类型**，它们是C语言固有的。由这些内置数据类型还可以构造出自定义数据类型，例如，利用指针和结构体类型可以构成表、队列、栈、树和图等复杂的数据结构。

基本类型是C语言重要的和常用的数据类型，它们也是数组、结构体、共用体和指针等类型的基本元素。空类型表示无指定数据类型，用在特定场合。

C语言的数据包括常量与变量，常量与变量都是有类型的。C语言没有统一规定各种数据类型的内存长度（即数据占用内存单元的字节数）、数值范围和精度，各个编译器有相近但又各自独立的安排。表2.1列出了VC/GCC基本类型数据的情况。

表 2.1　基本类型数据的内存长度和数值范围

类　型	类型标识符	内存长度（字节）	数值范围	精　度
整型	[signed] int	4(由系统决定)	−2 147 483 648～+2 147 483 647	
无符号整型	unsigned [int]	4(由系统决定)	0～4 294 967 295	
短整型	[signed] short [int]	2	−32 768～+32 767	
无符号短整型	unsigned short [int]	2	0～65 535	
长整型	[signed] long [int]	4	−2 147 483 648～+2 147 483 647	
无符号长整型	unsigned long [int]	4	0～4 294 967 295	
字符型	[signed] char	1	−128～+127	
无符号字符型	unsigned char	1	0～255	
单精度型	float	4	$3.4\times10^{-38}\sim3.4\times10^{38}$	7
双精度型	double	8	$1.7\times10^{-308}\sim1.7\times10^{308}$	16
长双精度型	long double	同上/12	同上/$1.2\times10^{-4932}\sim1.2\times10^{4932}$	同上/19

2.1.1　整型

C语言的整型分为长整型（long int）、基本整型（int）和短整型（short int），其中long int可以简写为long、short int可以简写为short。int型数据的内存长度与系统平台相关，通常int型为机器的一个字长，short型不比int型长，long型不比int短。例如，VC中规定int型数据占用4个字节、32位。

整型数据的存储方式为二进制补码形式，例如，短整型数123在内存中的存储形式为

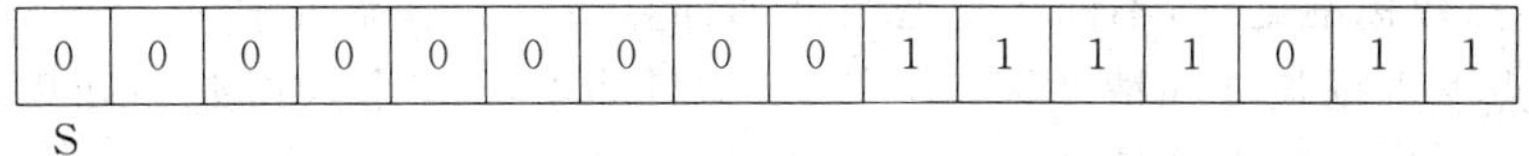

0	0	0	0	0	0	0	0	0	1	1	1	1	0	1	1

S

短整型数−123在内存中的存储形式为

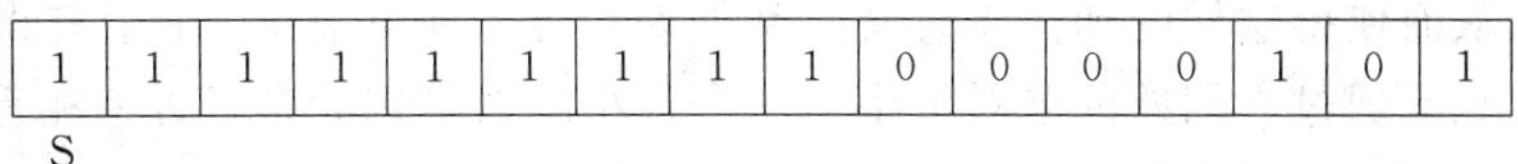

1	1	1	1	1	1	1	1	1	0	0	0	0	1	0	1

S

其中最高位为符号位S，0表示正数，1表示负数。

整型还分有符号（signed）和无符号（unsigned）类型，其中signed书写时可以省略。例如，int表示有符号整型，unsigned int（或unsigned）表示无符号整型。由于最高位是数

值位,因此无符号整型的正数范围比有符号整型的要大一倍。如有符号短整型能存储的最大值为 $2^{15}-1$,即 32 767,最小值为 $-32\ 768$;无符号短整型能存储的最大值为 $2^{16}-1$,即 65 535,最小值为 0,具体情况如图 2.1 所示。

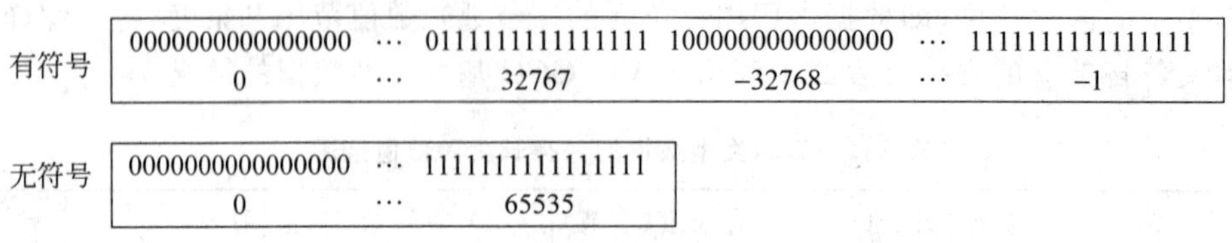

图 2.1 有符号和无符号短整型的数值范围

一般地,由于计算机处理整型速度快,因此若运算不涉及小数,就尽量选用整型。而那些没有负值的整数,如学号、逻辑值、字节值、地址和索引值等选用 unsigned 类型。

不同的数据类型规定了不同的机器数长度,决定了对应数据的数值范围,当一个整数超出此范围时计算机会将其转换为在数值范围内所允许的一个数,称为整型数据的溢出处理。一般地,超过最大值的有符号整型数值会向上溢出变成负数,超过最小值的数据会向下溢出变成正数。因此,在实际编程中要合理选择整型类型,避免运算结果值超出数值范围发生溢出,产生不可预料的计算结果。图 2.2 以 short 型为例演示数据溢出,即 32767+1 的结果是 −32768,−32768−1 的结果是 32767。

```
  0111111111111111  …    32767             1000000000000000  …   -32768
+ 0000000000000001  …  +     1            +1111111111111111  …  -     1
  1000000000000000  …   -32768 (补码)     [1]0111111111111111 …   32767

        (a) 向上溢出                                (b) 向下溢出
```

图 2.2 short 型的溢出

2.1.2 浮点型

C 语言浮点型又称实型,分为单精度(float)、双精度(double)和长双精度(long double) 3 种。在 VC 中规定 float 型在内存中占用 4 个字节,提供 7 位有效数字;double 型和 long double 型在内存中占用 8 个字节,提供 16 位有效数字。在 GCC 中 long double 型在内存中占用 12 个字节,提供 19 位有效数字。浮点型数据在内存中的存储方式按 IEEE 754 浮点数标准处理,不同于整型数据那样直接以二进制表示。

因为浮点型数据长度和精度是有限的,所以浮点数存在舍入误差和计算误差。虽然浮点数精度越高计算结果越精确,但其处理时间也长。

如一个较大的浮点数与一个很小的浮点数做加法时,由于精度限制,使得很小的浮点数被忽略了,从而使得这样的加法无意义。又如两个浮点数做比较,由于有误差,很难做到绝对相等,只能通过它们差的绝对值小于一个很小的数来判断是否近似相等。

实际编程中 float 隐含的精度损失是不能忽视的,使用 double 的代价相对于 float 可以忽略,甚至有些机器上 double 的计算速度比 float 快得多。long double 的精度通常没有必要考虑,而且还需要承担额外的运行代价。在 VC 和 GCC 中,浮点型推荐用 double。

一般地,实际问题的数学运算、物理运算涉及的数据选用浮点型(double)。

【例 2.1】 浮点型数据的误差。

```
#include<stdio.h>
int main()
{
    float  a=0.00000678f, b=0.00000123f;
    double c=0.00000678, d=0.00000123;
    double e=10000000000000000000.0;
    a=a+111111.111f;                     //精度范围外的大浮点数与小浮点数相加
    b=b+111111.111f;                     //精度范围外的大浮点数与小浮点数相加
    c=c+111111.111;                      //精度范围内的大浮点数与小浮点数相加
    d=d+111111.111;                      //精度范围内的大浮点数与小浮点数相加
    e=e+111111.111f;                     //精度范围外的大浮点数与小浮点数相加
    printf("a=%.16f, b=%.16f\n",a,b);  //输出单精度浮点型 a、b
    printf("c=%.16lf, d=%.16lf\n",c,d);    //输出双精度浮点型 c、d
    printf("e=%lf\n",e);                 //输出双精度浮点型 e
    return 0;
}
```

程序运行结果如下：

```
a=111111.1093750000000000, b=111111.1093750000000000
c=111111.1110067800000000, d=111111.1110012300100000
e=10000000000000110000.000000
```

a、b 有效数字为 7 位，其余位没有意义。c、d、e 有效数字为 16 位，其余位没有意义。

2.1.3 字符型

C 语言字符型分为有符号(signed char)和无符号(unsigned char)两种，其中 signed 书写时可以省略。字符型数据在内存中占用 1 个字节，采用二进制形式存储。

字符型数据可以存储整型数值，有时也称为字节型。字符型数据存储整数时的内存形式与整型一样，只不过其数值范围要小得多。

字符型数据可以存储单字节字符，如 ASCII 码，此时在内存中的数据是字符的 ASCII 码值。例如字符'A'在内存中的存储形式为

0	1	0	0	0	0	0	1	'A'的 ASCII 码值

在 C 语言中字符型数据和整型数据之间可以通用。一个字符数据可以赋给整型变量，一个整型数据也可以赋给字符型变量，还可以对字符型数据进行算术运算。

一般地，单字节字符和小范围的整型，如月份、日期、逻辑值和性别等使用字符型。C 语言没有多字节字符(如汉字)数据类型，描述这些数据需要使用字符数组来构造。

【例 2.2】 字符型数据与整型数据的赋值与运算。

```
#include<stdio.h>
```

```
int main()
{
    int  i, j;
    char c1,c2;
    c1='a';                                   //字符数据赋值给字符型
    c2=98;                                    //整数数据赋值给字符型
    i='A';                                    //字符数据赋值给整型
    j=66;                                     //整数数据赋值给整型
    printf("i=%d, j=%d, c1=%c, c2=%c\n",i,j,c1,c2);
    printf("c1-32=%c\n",c1-32);          //字符型可以进行减法运算
    return 0;
}
```

程序运行结果如下：

```
i=65, j=66, c1=a, c2=b
c1-32=A
```

2.2 常量

常量(constant)是指程序中其值不能被修改的数据，分为**字面常量**和**符号常量**。

从字面形式即可识别的常量称为字面常量(literal constant)，例如 64、3.1415926 和 'A'等。每个字面常量都具有数据类型，由它的书写形式和值来决定。

2.2.1 整型常量

一个整型常量可以用 3 种不同的方式表示：

(1) 十进制整数。以非零十进制数 1～9 组成的整数，如 13 579、－24 680 等。

(2) 八进制整数。以 0 开头和八进制数 0～7 组成的整数，例如 0、012、0177 等。

(3) 十六进制整数。以 0x 或 0X 开头和十六进制数 0～9、A～F 或 a～f 组成的整数(字母大小写任意)，如 0x1234、0xab、0xCF 等。

例如整数 18 可以写成下面任意一种：

```
18        //十进制表示
022       //八进制表示
0x12      //十六进制表示
```

整型常量从字面上区分数据类型的方法如下。

(1) 整型常量默认的类型为 int 型。根据系统平台，若 int 和 long 型数据占用内存大小相同，则一个 int 型常量也是 long 型常量。若 int 和 short 型数据占用内存大小相同，则一个 int 型常量也是 short 型常量。

(2) 一个整数如果其值在－32 768～＋32 767 范围内，则它是 short 型。

(3) 一个整数如果其值超出上述范围，但在－2 147 483 648～＋2 147 483 647 范围

内,则它是long型。

(4) 在一个整数值后面加一个字母l或L,则它是long型。例如,123是int型,123L是long型。后缀符号一般用L而不用小写的l,以避免与数字1混淆。

(5) 整数默认是signed型,在一个整数后面加一个字母u或U,则它是unsigned型。例如:

```
0               //signed int
168             //signed int
168U            //unsigned int
2147483647      //signed long
-1L             //signed long
65535Lu         //unsigned long
```

2.2.2 浮点型常量

一个浮点型常量可以用两种不同的方式表示:

(1) 小数形式。由小数点、十进制整数和小数组成的浮点数,如1.234、-567.89等。整数和小数可以省略其中之一,但不能省略小数点,如.123、123.、0.0等。

(2) 指数形式,又称科学记数法表示。以fEn或fen格式组成的浮点数,其中E或e表示以10为底的幂,n为指数且必须是整型,f可以是整数或小数。

如3.1415926可以写成下面任意一种:

```
3.1415926                                                  //小数形式
0.31415926e+1,314.15926E-2,3.1415926E0,3.1415926e0         //指数形式
```

浮点型常量默认为double型。若在浮点数后面加一个字母f或F,则它是float型。若在浮点数后面加一个字母l或L,则它是long double型。例如:

```
3.1415926                        //double类型常量
3.1415926F,3.1415926f            //float类型常量
3.1415926E0f                     //指数形式 float类型常量
.0012L                           //long double类型常量
1.2e-2L                          //指数形式 long double类型常量
```

2.2.3 字符常量

一个字符常量可以用3种不同的方式表示。

1. 用字面常量表示字符常量

以一对单引号(' ')括起来的一个字符表示字符常量,如'A'、'0'、'&'等。字符常量表示的是一个字符,存储的是该字符的ASCII码值。例如'A'表示英文字符A,数据值是65;'2'表示数字字符2,数据值是50。单引号是字符常量的边界符,它只能包括一个字符,如'AB'的写法就是错误的。

字符'2'和整数 2 的写法是有区别的，前者是字符常量，后者是整型常量，它们的含义和在内存中的存储形式是完全不同的。

2. 用转义字符表示字符常量

以反斜线(\)开头，后跟一个或几个字符序列表示的字符称为转义字符，如\n 表示换行符。转义字符中的字符序列已转换成另外的含义，故称之为“转义”。如\n 中的 n 不代表字母 n 而是换行符。

采用转义字符可以表示 ASCII 字符集中不可打印或不方便输入的控制字符和其他特定功能的字符。如用于字符常量边界符的单引号(')，若直接用(''')表示是错误的。因为 C 语言中的单引号要么表示字符常量开始，要么表示字符常量结束，不能作为一个字符来使用，所以(''')就会导致语义不明确。如果使用转义字符(\')，由于它是一个整体，则('\'')是一个单引号字符。同理，用于字符串常量边界符的双引号(")以及用于转义字符前缀的反斜线(\)都必须用转义字符来表示。常用的转义字符及其含义见表 2.2。

表 2.2 转义字符及其含义

转义字符形式	含　义	ASCII 码值
\a	响铃符	7
\b	退格符	8
\f	进纸符，将光标位置移到下一页开头	12
\n	换行符，将光标位置移到下一行开头	10
\r	回车符，将光标位置移到本行开头	13
\t	水平制表符，光标跳到下一个 Tab 位置	9
\v	垂直制表符	11
\'	单引号	39
\"	双引号	34
\\	反斜线	92
\?	问号	63
\0	空字符	0
\ooo	用 1～3 位八进制数 ooo 为码值所对应的字符	ooo(八进制)
\xhh	用 1～2 位十六进制数 hh 为码值所对应的字符	hh(十六进制)

\ooo 和\xhh 称为通用转义字符，其中 ooo 表示可以用 1～3 位八进制数作为码值表示一个 ASCII 字符，hh 表示可以用 1～2 位十六进制数作为码值表示 ASCII 字符。C 语言规定通用转义字符在 3 位或不足 3 位的第一个非八进制数处结束，或在 2 位或不足 2 位的第一个非十六进制数处结束。例如\1234 被识别为“\123 和 4”，\128 被识别为“\12 和 8”，\19 被识别为“\1 和 9”，而\9 是错误的。初学者需要注意不要将\xhh 写成\0xhh。

由于字符型数据在内存中只占用 1 个字节，即使按无符号处理，其最大值也仅是 255

(八进制为 377),因此 ooo 的数值范围为 0～377(八进制),其他值将使字符型数据溢出。同理,hh 的数值范围为 0～FF。

3. 用 ASCII 码值表示字符常量

前面提到字符型数据和整型数据之间是通用的,因此可以用字符的码值(一个整型数据)来表示字符。例如用十进制整数 65(或八进制整数 0101,或十六进制整数 0x41)表示大写字母'A'。

使用整型数据表示字符的优点是让字符也能做算术运算,缺点是"丢失"了数据的字符特性,从字符角度来看不直观。

例如,字符'A'的各种表示如下:

```
'A'                               //字面常量形式
65,0101,0x41                      //ASCII 码值形式
'\101'                            //通用转义字符形式,101(八进制)=65(十进制)
'\x41'                            //通用转义字符形式,41(十六进制)=65(十进制)
```

【例 2.3】 转义字符的使用。

```
#include<stdio.h>
int main()
{
    printf("ab␣c\t␣de\rf\tg\n");
    printf("h\ti\b\bj␣k\n123\'\"\\\x41\102CDE\n");
    return 0;
}
```

本书用␣表示空格。上述程序的运行结果如下:

```
f␣␣␣␣␣␣␣gde
h␣␣␣␣␣␣j␣k
123'"\ABCDE
```

2.2.4 字符串常量

以一对双引号(" ")括起来的零个或多个字符组成的字符序列称为字符串常量,ASCII 字符集或多字节字符集(如汉字、日韩文字等)都可以组成字符串。双引号是字符串常量的边界符,不是字符串的一部分,如果在字符串中要出现双引号应使用转义字符(\")。

例如:

```
""                            //空字符串(0 个字符)
" "                           //包含一个空格的字符串
"Hello,World\n"               //包含 Hello,World 和换行符的字符串
"xyz\101\x42"                 //包含 x y z A(101) B(x42)的字符串
"\\\'\"\n"                    //包含反斜线(\\) 单引号(\')和双引号(\")的字符串
"\"a/b\" isn\'t a\\b"         //字符串"a/b" isn't a\b
```

字符串常量是数组的一种常量形式，请不要将字符串常量与字符常量混淆，二者相比有很大的区别，表现在以下几方面。

(1) 边界符不同。字符串常量使用双引号作为边界符，字符常量使用单引号。

(2) 字符数不同。字符串常量允许零个或多个字符包含其中，字符常量有且只有1个字符。

(3) 在内存中的存储形式不同。字符常量固定地占用1个字节，字符串常量至少占用1个字节。C语言会在每个字符串常量后面自动增加一个\0字符(称为空字符)作为字符串结尾标记，因此零长度的字符串至少包含1个空字符(占用1个字节)，包含n个字符的字符串占用$n+1$个字节。

如'A'是一个字符常量，在内存中占用1个字节。"A"是一个字符串常量，在内存中占用2个字节。

字符串常量中如果包含不可打印字符或其他特定功能的字符，需要使用转义字符表示字符。当使用通用转义字符\ooo或\xhh时，需要注意C语言总是按规则取尽可能的最多位。例如：

```
"\12345"   //由 3 个字符\123、4、5 组成的字符串，而不是\1、2、3、4、5 字符
"\378"     //由 2 个字符\37、8 组成的字符串，因为 8 不是八进制数，故转义字符序列在 8 停止
"\389"     //由 3 个字符\3、8、9 组成的字符串，转义字符序列在 8 停止
"\89"      //错误
```

书写字符串常量时，不能在左右双引号"…"之间换行，例如：

```
printf("C Programming
 Language");
```

是错误的。

C语言允许将两个相邻的仅由空格、Tab或换行分开的字符串常量连接成一个新字符串常量。这使得可以用多行书写长的字符串常量，如写法

```
printf("C" " Programming"
" Language");
```

与写法

```
printf("C Programming Language");
```

效果完全相同。

2.2.5 符号常量

为了编程和阅读的方便，C程序中常用一个符号名称代表一个常量，称为符号常量，即以标识符形式出现的常量。

符号常量本质上是第5章的预处理命令，其定义形式为：

```
#define 标识符 常量
```

其中＃define是宏定义命令，作用是将标识符定义为常量值，在程序中所有出现该标识符的地方均用常量替换。

【例 2.4】 编程计算圆的周长和面积。

程序代码如下：

```
#include<stdio.h>
#define PI 3.1415926                               //3.1415926 即为圆周率 π
int main()
{
    double r=5.0;
    printf("L=%f, S=%f\n",2*PI*r,PI*r*r);     //PI 替换为 3.1415926
    return 0;
}
```

程序运行结果如下：

```
L=31.415926, S=78.539815
```

符号常量不是变量，一经定义，它所代表的常量值在其作用域内不能改变，也不能对其赋值。符号常量名要符合标识符的命名规则，一般用大写英文字母表示，使之以与变量名等其他标识符有明显区别。

使用符号常量可以简化书写格式，提高程序的可读性。更重要的是，符号常量通过标识符使得一个数值有清晰的内涵，便于程序的调试和维护。

2.3　变量

2.3.1　变量的概念

在程序运行期间其值可以改变的量称为变量(variable)。由计算机工作原理可知，程序运行中出现的中间结果、计算数据等都需要使用存储器。**变量实际上就是计算机中的一个内存单元**。

使用计算机内存中的某个单元，需要明确两件事：一是该内存单元在哪里；二是内存单元长度，以便运算和处理时有明确的数据对象。

C语言规定变量应该有一个名字，用变量名代表内存单元。在程序编译过程中系统给每个变量分配相应的内存单元，并将程序中对变量的存取转换成对该内存单元的存取，即通过变量名找到相应的存储单元。从编程的角度上看，定义变量即是分配内存单元，且用变量名与之关联，此后通过变量名来使用内存单元。

C语言通过定义变量时指定其数据类型来确定内存单元的大小，不同的数据类型有不同的数据形式和存储形式，需要一定数量(单位为字节)的内存单元。

除变量名和数据类型之外，变量还有地址、作用域和生命周期等属性。

2.3.2　定义变量

C语言变量必须“**先定义，后使用**”，定义变量的一般形式是

```
变量类型 变量名列表;
```

变量类型可以是C语言基本类型,也可以是指针类型以及用户自定义类型。变量名列表是一个或多个变量的序列,各变量之间用逗号(,)分隔,最后必须用分号(;)结束。变量名是标识符的一种,取名必须遵循标识符的命名规则。例如:

```
double a, b, c, d;                          //定义变量
```

定义了4个double型变量。

定义相同类型的多个变量,可以用一个定义或多个定义形式;定义不同类型的多个变量,则需要多个定义形式。例如:

```
int i, j, k;                                //在一个定义中同时定义多个 int 型变量
char m, n;                                  //不同类型需要多个定义
int a, char c;                              //错误
```

C语言规定变量定义的位置必须在所有执行语句之前,并且在同一个作用域内不能出现同名的标识符。例如:

```
int a;
double a;                                   //错误,变量名不能重复
```

变量定义后,就可以按变量名来使用其对应的内存单元。变量名代表内存单元,而变量值指的是内存单元中的数据。在重新给变量赋值之前,变量会一直保持它的值不变。给予新的变量值后,旧的变量值就被覆盖。

本书也使用对象(object)一词来描述变量,意指一个占用内存单元的数据对象,如普通对象(变量)、临时对象、数组对象和结构体对象等。

2.3.3 使用变量

变量定义后,变量值是未确定的(除了第4章的静态存储情形),即变量值是随机的。直接使用此时的变量参与运算,运算结果也是随机的。例如:

```
int x, y;
y=x+1;                                      //x 是不确定的值,计算后 y 也是不确定的值
```

因此,使用变量之前需要使它有明确的值,方法有两种:初始化或对其赋值。

1. 变量初始化

在变量定义的同时给变量一个初值,称为变量初始化(initialized),一般形式为:

```
变量类型 变量名=初值;
```

或

```
变量类型 变量名 1=初值 1, 变量名 2=初值 2, 变量名 3=初值 3, …;
```

等号(=)表示将初值数据送到变量中,初值只能是常量或常量表达式,即必须是明确

的数据。例如：

```
double pi=3.1415926;              //正确,初始化 pi 为 3.1415926
int x, y, k=10;                   //正确,可以只对部分变量初始化
int a=1, b=1, c=1;                //正确,可以同时初始化多个变量
int d=a, e=a+b;                   //错误,初值不能是变量或表达式
int m=n=z=5;                      //错误,不能对变量连续初始化
```

2. 给变量赋值

定义变量后,可以通过赋值语句为变量赋予新的数据,一般形式为：

```
变量名=表达式;
```

表示先计算表达式,将其结果送到变量中。赋值后,无论变量原来的值是多少,都将被新值替代。例如：

```
int k;
k=5;                              //对 k 赋值 5
⋮                                 //k 保持不变
k=10;                             //重新对 k 赋值 10,k 已改变,不再是 5
```

2.3.4 存储类别

在变量定义时可以使用存储类别修饰符 auto、static 和 register 来限定变量的存储类别,使用 extern 来声明变量的外部连接属性。存储类别是指变量的存储空间分配方式,auto 是变量默认的存储类别,称为自动变量;static 是静态存储类别的变量,称为静态变量;register 称为寄存器变量。例如：

```
int i=3;                          //默认为自动变量,等价于 auto int i=3;
static int m=5;                   //静态变量
register n=6;                     //寄存器变量
```

关于这些修饰符的详细用法将在第 4 章介绍。

2.3.5 类型限定

在变量定义时可以使用 const 和 volatile 修饰来限定变量的存取行为。

1. const 限定

在变量定义前加上 const 修饰,这样的变量称为**只读变量**(read-only variable)或**常变量**(constant variable),它在程序运行期间不能被修改。其定义的一般形式为

```
const 变量类型 变量名列表;
```

变量一经 const 限定,就不能对其进行修改操作,如对其赋值或自加自减运算,例如：

```
int x;
const int i=6, j=10;
x=i+1;                                   //正确,可以使用 const 变量
i=10;                                    //错误,不可以给 const 变量赋值
j++;                                     //错误,不可以修改 const 变量
```

因为只读变量在定义后不能被修改,所以 const 限定的变量必须在定义时初始化,例如:

```
const int i=6;                           //正确
const int m;                             //错误
```

本质上,只读变量仍然是变量而不是常量,只是其存取行为像常量。const 限定是通过编译器来实现的,即 const 限定过的变量在编译过程中若发现有修改的操作时会报告编译错误,从而"阻止"对变量的修改。

变量的主要特征就是变化的量,那为什么要对变量进行只读限定呢?

const 限定是从应用程序设计的角度提出的,为避免程序员不经意地对重要数据进行错误修改而引发软件故障,有时要求某些变量的值不允许被修改,如函数的参数等。使用 const 限定强制实现对象的最低访问权限,是现代软件开发的设计原则之一。

2. volatile 限定

在变量定义前加上 volatile 修饰,这样的变量称为**隐式存取变量**,它表示变量在程序运行期间会隐式地(不明显地)被修改。其定义的一般形式为:

```
volatile 变量类型 变量名列表;
```

编译器在编译程序过程中一般会对变量的存储进行优化,以提高存储使用效率。某些程序如硬件中断服务程序对变量的存取不是明显的直接引用,而是按地址方式间接进行的,称为隐式引用。一旦对这样的变量进行存储优化,而不相应地改变隐式引用方式,就会使得隐式引用得不到当前值。为避免编译器对可能存在隐式引用的变量进行优化,可以在变量定义前加上 volatile 修饰,"阻止"编译器对这样的变量进行优化。例如:

```
int x=5, m, n;
volatile int y=6;
m=x*x;          //两次读取 x 被编译器优化为只读一次,m 是 x 的平方
n=y*y;          //不允许优化,则先取一次 y,再取一次 y
                //若两次读取之间 y 发生变化,n 不一定是 y 的平方
```

在硬件中断服务程序、并行设备寄存器、多线程任务共享和嵌入式系统中经常使用 volatile 修饰。

2.4 运算符与表达式

2.4.1 运算符与表达式的概念

C 语言的运算符(operator)十分丰富,其运算功能强大且灵活方便。运算符描述对运

算对象(operand)执行的操作,按功能分为算术运算符、关系运算符、逻辑运算符、位运算符、赋值运算符、成员运算符和指针运算符等。详尽的 C 语言运算符见本书附录 C。

1. 运算对象的数目

运算符所连接的运算对象的数目称为**运算符的目**,C 语言运算符的目有 3 种。

(1) 单目运算符(unary operator)。只有一个运算对象,其表达式形式分为两种,即前缀单目运算符

```
op expr
```

和后缀单目运算符

```
expr op
```

其中 expr 表示运算对象,op 表示运算符。如:

```
&expr          //前缀单目运算符: 取地址运算
expr++         //后缀单目运算符: 后置自增运算
```

(2) 双目运算符(binary operator)。包含两个运算对象,其表达式形式为:

```
expr1 op expr2
```

其中 expr1 和 expr2 表示运算对象,分置在运算符左边和右边,如加法运算 expr1 + expr2。

(3) 三目运算符(ternary operator)。包含三个运算对象,C 语言中只有一个三目运算符,即条件运算符,其表达式形式为:

```
expr1 ? expr2 : expr3
```

其中 expr1、expr2 和 expr3 表示运算对象,问号(?)和冒号(:)一起成为条件运算符。

有的运算符既可以表示单目运算符,又可以表示双目运算符,如符号(+)既可以作为单目取正值运算符,又可以作为双目加法运算符,两种用法相互独立、各不相关。对于这类运算符,需要根据该符号所处的上下文来确定它是单目还是双目运算符。

2. 运算符的优先级

同一个式子中不同的运算符进行计算时,其运算次序存在先后之分,称为**运算符的优先级**(precedence)。运算时先处理优先级高的运算符,再处理优先级低的运算符。例如:

```
a+b/c          //先计算 b 除以 c,然后将计算结果与 a 相加
```

不同的表达式则按式子出现的先后次序决定运算次序,例如:

```
x=a+b;         //先计算
y=a-b;         //后计算
```

本书使用不同大小的整数描述优先级,优先级最高者记为 1 级,数值越大优先级越

低。一般地,单目运算符的优先级比双目运算符高,附录C列出了所有运算符的优先级。

3. 运算符的结合性

在一个式子中如果有两个以上同一优先级的运算符,其运算次序是按运算符的结合性(associativity)来处理的。C语言运算符分为左结合(方向)和右结合(方向),左结合自左向右处理,右结合自右向左处理。

在C语言中,赋值运算符、条件运算符以及几乎所有的单目运算符都是自右向左,其余都是自左向右。

4. 运算符对类型的要求

C语言运算符对运算对象的数据类型有要求。例如求余运算符要求两个运算对象必须是整型,否则产生编译错误。

对于双目运算符,通常要求它的两个运算对象具有相同的数据类型,或者其类型可以自动转换为同一种数据类型。大部分的自动类型转换能得到预期的结果,例如整型和浮点型之间的转换,但指针类型不能与基本类型进行转换。

5. 表达式

由运算符和运算对象组成的式子称为表达式(expression),最简单的表达式仅包含一个常量或变量,含有两个或更多运算符的表达式称为复合表达式(compound expression)。

表达式有如下特性。

(1) 表达式的运算对象可以是常量、变量、函数调用和嵌套的表达式等。例如:

```
5+6,a+b/c,max(m,n)/min(m,n),((a1+a2)*10+a3)*10+a4,x+y>a+b
```

(2) 表达式的计算是按步骤执行的,称为表达式求值顺序(order of evaluation)。如果表达式只是单个的常量、变量或函数调用,其计算结果就是常量、变量或函数调用值。而在复合表达式中,运算符和运算对象的结合方式决定了整个表达式的值,表达式的计算将按优先级和结合性规定的次序进行。例如:

```
b=x+y>m-n;          //先计算算术运算 x+y 和 m-n,再计算关系运算>,最后赋值
```

多数编译器在不影响计算结果时采用从左向右的数学习惯处理表达式的求值顺序,而且结合最多的运算符号。例如:

```
10+'a'+i*f-m/d      //尽管乘除比加减优先级高,但先计算 10+'a'不会影响整个表达式的值
x+++y               //等价于 x++ + y
```

(3) 表达式的运算需要考虑参与运算的数据对象是否具有合法的数据类型以及是否需要进行类型转换。例如:

```
k=10+'a'+i*5.0-d/100.5; //数据类型不同,需要进行类型转换
```

(4) 每个表达式的结果除了确定的值之外，还有确定的数据类型。在处理表达式运算时，C 语言内部用一个临时的内存单元（称为临时对象）来存放计算结果。显而易见，这个临时对象的内存长度由运算对象的数据类型决定。同时，这个临时对象只能临时存放运算结果，在下一个表达式运算时，旧的运算结果将不复存在。一般地，用赋值将表达式的结果保存到变量中以便后面能使用。例如：

```
k=a*x*x+b*x+c;                    //计算表达式并将结果保存到 k 中,k 即是表达式的结果
```

C 语言表达式要求写在同一个语句中，即中间不能用分号(;)分隔。由于运算符本身可以作为语法分隔符，因此运算符与运算对象之间可以有也可以没有空白符。例如：

```
x*-x+y/z-m%n,(x * -x+y / z)-m %n         //均正确,用空格和括号会使表达式更清晰
```

而由两个字符组成的运算符之间不能有空白符，例如：

```
++,--,<<,>>,<=,>=,==,!=,&&,||                //正确
+=,-=,*=,/=,%=,&=,^=,|=,<<=,>>=              //正确
+ +,- -,< <,> >,< =,> =,= =,! =,& &,| |      //错误
+ =,- =,* =,/ =,% =,& =,^ =,| =,<< =,>> =    //错误
```

2.4.2 算术运算符

算术运算符见表 2.3。

表 2.3　算术运算符

运　算　符	功　　能	目	结　合　性	用　　法
＋	取正值	单目	自右向左	＋expr
－	取负值	单目	自右向左	－expr
*	乘法	双目	自左向右	expr1 * expr2
/	除法	双目	自左向右	expr1 / expr2
%	整数求余/模数运算	双目	自左向右	expr1 % expr2
＋	加法	双目	自左向右	expr1 ＋ expr2
－	减法	双目	自左向右	expr1 － expr2

算术运算符中，取正、取负运算符的优先级最高，乘法、除法、整数求余运算符的优先级比加法、减法高。取正、取负运算符得到运算对象的正值、负值结果（运算对象本身不改变），加法、减法、乘法、除法执行四则算术运算，整数求余又称模数运算，a%b 的结果是 a 除以 b 的余数，与下式等价：

```
a-a/b*b //先计算 a/b 得到整数商,再乘以 b 得到不含余数的结果,再相减得到 a 除以 b 的余数
```

例如：

```
35 %6                     //结果为 5,与 35-35/6*6 等价
35 %7                     //结果为 0,与 35-35/7*7 等价
-35 %8                    //结果为-3,与-35-(-35)/-8*-8 等价
```

```
35%-8                                   //结果为3,与35-35/-8*-8等价
-35%-8                                  //结果为-3,与-35-(-35)/-8*-8等价
```

由算术运算符和运算对象组成的表达式称为算术表达式，如已知 int x=4, y=7, z=3, m=12, n=5，则算术表达式 x*-x+y/z-m%n 的结果为-16。

使用算术运算符时需要注意以下几点。

(1) 算术运算符中的运算对象可以是常量、变量或表达式，通常是数值类型，如整型、浮点型和字符型等。整数求余要求两个运算对象必须都是整型，包括 char、short、int、long 以及对应的 unsigned 类型，不能为其他类型。例如：

```
8%3                                     //正确,结果为2
8.5%3                                   //错误
```

(2) 除法(/)运算中，除数不能为0或接近0，否则会发生除0异常错误。

(3) 若两个运算对象是相同的数据类型，则算术运算结果是该数据类型。若运算对象是不同的数据类型，则需要先进行类型转换再计算，运算结果是转换后的类型。特别地，两个整型进行除法(/)运算，其结果仍为整型，如1/3结果为0,3/2结果为1。如果整型与浮点型进行运算，则结果为浮点型，如5.0/2的结果为2.5。

【例2.5】 已知 int x=1234，求 x 的千位、百位、十位和个位数。

解：x/1000 为千位数，x%10 为个位数，x/10%10 为十位数，x/100%10 为百位数。

【例2.6】 已知每45行文字要用一页纸来写，求 $n(n\geqslant1)$ 行文字需要多少页。

解：令 n 为整型，设需要 pages 页，则 pages=(n-1)/45+1。

2.4.3 自增自减运算符

1. 自增自减运算符及其表达式

自增自减运算符见表2.4。

表2.4 自增自减运算符

运算符	功能	目	结合性	用法
++	后置自增	单目	自右向左	lvalue++
--	后置自减	单目	自右向左	lvalue--
++	前置自增	单目	自右向左	++lvalue
--	前置自减	单目	自右向左	--lvalue

自增自减运算符中，后置自增自减运算符的优先级比前置自增自减运算符的优先级高，自增自减运算符的优先级比算术运算符高，lvalue 必须是变量。自增运算的功能是使变量增1，自减运算的功能是使变量减1。前置自增自减运算是“先运算后使用”，即使用变量之前先使变量加1或减1。后置自增自减运算是“先使用后运算”，即使用变量之后，变量再加1或减1。例如：

```
int m=4, n;
① n=++m;                    //m先增1,m为5,然后表达式使用m的值,赋值给n,n为5
```

```
② n=--m;                //m先减1,m为4,然后表达式使用m的值,赋值给n,n为4
③ n=m++;                //表达式先使用m的值,赋值给n,n为4,然后m增1,m为5
④ n=m--;                //表达式先使用m的值,赋值给n,n为4,然后m减1,m为3
```

显然,前置和后置自增自减运算对变量本身来说作用是一样的,但对于使用它的表达式来说是有区别的。当表达式仅为自增自减运算时,前置和后置的效果完全相同。例如:

```
int n=4, m=4;
n++;                    //运算后n为5
++m;                    //运算后m为5
```

自增自减的运算对象可以是字符型、整型和指针类型的变量,不能是常量、const变量、表达式和函数调用等。例如:

```
const int k=6;
5++;                    //错误
--(a+b);                //错误
k++;                    //错误
max(a,b)--;             //错误
```

2. 自增自减运算符的求值顺序

当一个表达式中对同一个变量进行多次自增自减运算,例如:

```
k=i+++i+++i++           //写法不直观,应写成k=(i++)+(i++)+(i++)
k=(i++)+(++i)+(++i)     //可读性差,难于明确求值顺序
```

不仅表达式的可读性差,而且不同编译器对这样的表达式求值顺序的处理也不尽相同,使得运算结果不明确。在实际编程中,一个表达式中尽量不要出现过多的++或--运算,如果需要多个连续的自增自减运算,可以拆成多个表达式来写。

2.4.4 关系运算符

1. 关系运算符及其表达式

关系运算符见表2.5。

表2.5 关系运算符

运 算 符	功 能	目	结 合 性	用 法
<	小于比较	双目	自左向右	expr1 < expr2
<=	小于等于比较	双目	自左向右	expr1 <= expr2
>	大于比较	双目	自左向右	expr1 > expr2
>=	大于等于比较	双目	自左向右	expr1 >= expr2
==	相等比较	双目	自左向右	expr1 == expr2
!=	不等比较	双目	自左向右	expr1 != expr2

关系运算符中,小于(<)、小于等于(<=)、大于(>)和大于等于(>=)的优先级比

等于(==)和不等于(!=)高,整个关系运算符的优先级低于算术运算符。关系运算符的运算规则是:若关系成立,结果为真;关系不成立,结果为假。C 语言中用数值 1 表示真,用数值 0 表示假。例如:

```
int a=5,b=6,c=6,k;
3>4             //结果为假
a<b             //结果为真
k=b!=c          //k 为 0
k=b>=c          //k 为 1
```

关系表达式由关系运算符(<、<=、>、>=、==、!=)和运算对象组成,其运算结果为逻辑值(真或假),类型为整型(1 或 0)。

使用关系运算符时需要注意以下几点。

(1) 关系运算符的运算对象可以是常量、变量或表达式,可以是数值类型或指针类型等。数值数据按大小进行比较,字符数据按 ASCII 码值大小进行比较。

(2) 判断相等应使用双等号(==),不要误写成作为赋值运算符的单个等号(=)。

(3) 由于计算机存储的浮点数与数学上的实数有一定的误差,因此对浮点数不能用(==、!=)做相等或不等的比较运算,而是比较相对误差。例如,已知浮点型 x、x0:

```
x==x0           //即使数学上是相等的 x 和 x0,这样的 C 语言写法也可能永远得不到"真"
fabs(x-x0)<1e-6 //通过比较 x 和 x0 差的绝对值小于一个非常小的数来判定 x 和 x0 相等
```

(4) 关系运算符主要用于比较判定、选择语句或循环语句中。例如,根据 x%3==0 式子的真假来判定 x 是否被 3 整除,根据 m%2!=0 判定 m 是否是奇数。

2. 关系运算符的求值顺序

关系运算符很少有如 a>b>c 这样的连续比较。因为按关系运算符的结合性先计算 a>b,得到的结果是个逻辑值,将这个逻辑值再与后面的 c 比较,不合常理。而且用 a>b>c 的运算结果并不能判定 b 是否在 a 和 c 之间。例如:

若 a=5,b=0,c=-5,则

```
a>b>c           //b 在 a 和 c 之间,表达式为真
```

若 a=5,b=9,c=-5,则

```
a>b>c           //b 不在 a 和 c 之间,表达式也为真
```

实际上 a>b 的结果按数值来看,要么为 0(假),要么为 1(真)。

2.4.5 逻辑运算符

1. 逻辑运算符及其表达式

逻辑运算符见表 2.6。

表 2.6　逻辑运算符

运　算　符	功　　能	目	结　合　性	用　　法
!	逻辑非	单目	自右向左	!expr
&&	逻辑与	双目	自左向右	expr1 && expr2
‖	逻辑或	双目	自左向右	expr1 ‖ expr2

在逻辑运算符中，逻辑非(!)的优先级最高，逻辑与(&&)的优先级次之，逻辑或(‖)的优先级最低。逻辑非的优先级高于算术运算符，而逻辑与(&&)和逻辑或(‖)的优先级低于算术运算符和关系运算符。逻辑运算规则按真值表确定，见表 2.7。

表 2.7　真值表

expr1	expr2	expr1 && expr2	expr1 ‖ expr2	!expr1	!expr2
假(0)	假(0)	假(0)	假(0)	真(1)	真(1)
假(0)	真(非 0)	假(0)	真(1)	真(1)	假(0)
真(非 0)	假(0)	假(0)	真(1)	假(0)	真(1)
真(非 0)	真(非 0)	真(1)	真(1)	假(0)	假(0)

逻辑表达式由逻辑运算符(!、&&、‖)和运算对象组成，其运算结果为逻辑值(真或假)，类型为整型(1 或 0)。

使用逻辑运算符时需要注意以下几点。

(1) 逻辑运算符的运算对象可以是常量、变量或表达式，按逻辑值对待。在 C 语言中，非 0 数据当作真，0 当作假。一般情况下，逻辑运算符的运算对象应是关系运算或逻辑运算的结果。因为这两种运算的结果是逻辑值，符合其要求。

(2) 逻辑运算符主要用于逻辑判断、选择语句或循环语句中，通常和关系运算符一起使用。如 a＞b&&b＞c，如果式子为“真”，则说明 a＞b 和 b＞c 是同时成立的，反之则说明至少有一个不成立。于是可以根据 a＞b && b＞c 的真假来判定 b 是否在 a 和 c 之间，根据'z'＞＝ch && ch＞＝'a'的真假判定 ch 是否为小写字母。

(3) 表达式 expr!＝0 与 expr 的写法是等价的，可以相互替代。因为当 expr 为非 0 时，expr!＝0 结果为真，expr 结果也为真；当 expr 为 0 时，expr!＝0 结果为假，expr 结果也为假。同理，表达式 expr＝＝0 与!expr 的写法是等价的。

C 语言逻辑值的类型是整数类型，初学者常常混淆数值和逻辑值之间的转换。请记住：当表达式计算出的结果是逻辑值时，用 1 表示真，用 0 表示假。将数值数据当作逻辑值时，非 0 当作真，0 当作假。

2. 逻辑运算符的求值顺序

C 语言逻辑与表达式 expr1 && expr2 的执行过程是：先计算 expr1 的值，若 expr1 的值为真，则计算 expr2 的值，并根据 expr2 的值结合真值表决定 expr1 && expr2 的结果(当 expr2 为真时结果为真，否则结果为假)；若 expr1 的值为假，则不再计算 expr2 的值，直接得到 expr1 && expr2 的结果为假，如图 2.3(a)所示。

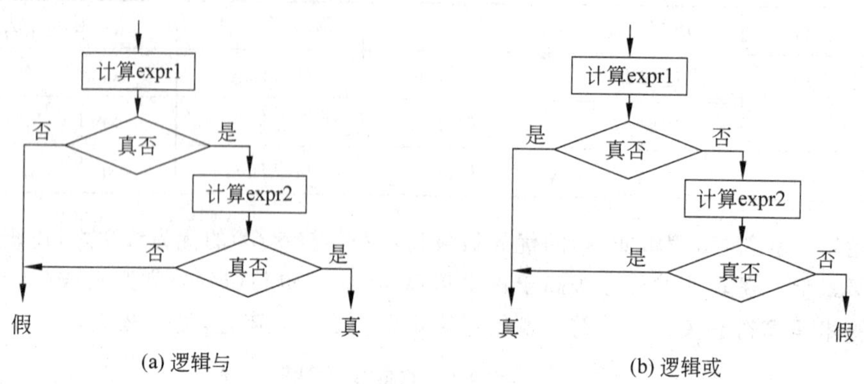

图 2.3 逻辑与和逻辑或的求值顺序

C 语言逻辑或表达式 expr1 || expr2 的执行过程是：先计算 expr1 的值，若 expr1 的值为假，则计算 expr2 的值，并根据 expr2 的值结合真值表决定 expr1 || expr2 的结果(当 expr2 为假时结果为假，否则结果为真)；若 expr1 的值为真，则不再计算 expr2 的值，直接得到 expr1 || expr2 的结果为真，如图 2.3(b)所示。

上述两个执行过程提醒编程者注意：在执行逻辑与(expr1 && expr2)、逻辑或(expr1 || expr2)表达式时，expr2 有可能没有得到执行。在实际编程中需要考虑 expr1 和 expr2 的左右顺序。例如：

```
b!=0 && a/b==5     //正确，当 b 是 0 时 a/b 不执行，避免了除数为 0
a/b==5 && b!=0     //错误
```

2.4.6 条件运算符

1. 条件运算符及其表达式

条件运算符见表 2.8。

表 2.8 条件运算符

运算符	功能	目	结合性	用法
?:	条件运算	三目	自右向左	expr1 ? expr2 : expr3

条件运算符是 C 语言唯一的一个三目运算符，其优先级低于算术运算符、关系运算符和逻辑运算符，仅高于赋值运算符和逗号运算符。条件运算符的执行过程是：先计算 expr1，若 expr1 结果为真则继续计算 expr2，并将 expr2 的结果作为条件运算的结果；若 expr1 结果为假则计算 expr3，并将 expr3 的结果作为条件运算的结果。换言之，条件运算符的结果是 expr2 或 expr3，数据类型是 expr2 或 expr3 的类型，究竟是 expr2 或 expr3 哪一个，由 expr1 来决定。

使用条件运算符时需要注意以下几点：

(1) 条件运算符的运算对象可以是常量、变量或表达式，可以是任意数据类型。无论类型和结果如何，expr1 总是按逻辑值对待。

(2) 当使用条件运算符的结果时，expr2 和 expr3 常常要统一数据含义，否则运算结果就有二义性，例如：

```
r=a>b ?length : volume      //若 length 是长度,volume 是体积时,则结果 r 出现二义性
```

当不使用关系运算符的结果时，expr2 和 expr3 是可以各自独立的，例如：

```
a>b ?L=length : V=volume  //根据 a>b 的真假选择两个赋值之一
```

利用条件运算符可以实现分项处理、分段函数计算等。

【例 2.7】 写出分段函数 $y=\begin{cases} ax+b & x\geqslant 0 \\ x & x<0 \end{cases}$ 的 C 语言表达式。

解：

```
y=x>=0 ?a*x+b : x ;
```

2. 条件运算符的求值顺序

虽然条件运算符的结合性为自右向左，但是条件表达式(expr1 ? expr2 : expr3)本身的求值顺序却是先求解 expr1，再求解 expr2 或者 expr3，其运算符结合性和运算符求值顺序是两个不同的概念。例如：

```
x>0 ?a=6*x : x==0 ?b=7*y+x : c=x/4-y
```

执行过程是：

(1) 计算 x>0，若为真计算 a=6 * x。

(2) 否则计算 x==0，若为真计算 b=7 * y+x。

(3) 否则计算 c=x/4−y。

2.4.7 位运算符

位运算是指数据以二进制位形式进行的运算，C 语言提供的位运算符见表 2.9。在编写硬件、操作系统、检测和嵌入式控制领域的程序时，位运算是非常有用的。

表 2.9　位运算符

运　算　符	功　　能	目	结　合　性	用　　法
～	按位取反	单目	自右向左	～expr
<< >>	按位左移 按位右移	双目 双目	自左向右 自左向右	expr1 << expr2 expr1 >> expr2
&	按位与	双目	自左向右	expr1 & expr2
^	按位异或	双目	自左向右	expr1 ^ expr2
|	按位或	双目	自左向右	expr1 | expr2

在位运算符中，按位取反(～)优先级最高，位移运算(>>、<<)优先级次之，按位与

(&)、按位异或(^)、按位或(|)优先级低。

由于是按二进制位进行运算，所以位运算符的运算对象应是整型数据。如果是有符号整型，位运算操作会连同符号位一起执行，使得符号发生不正常的变化。所以位运算符一般使用无符号整型，如字节(unsigned char)、字(unsigned short)、双字(unsigned int)等。

下面以 unsigned char 字节型为例分别介绍各个位运算符，读者可自行推广到其他整型。

1. 按位与运算符(&)

参加运算的两个数据按二进制位进行与运算，运算规则是：

0 & 0=0,0 & 1=0,1 & 0=0,1 & 1=1

例如，7&9 的结果是 1，运算过程为：

```
  00000111    ……    7
& 00001001    ……    9
-------------------------
  00000001    ……    1
```

如果参加运算的是负数，则以补码形式进行位与运算。例如，－7&－9 的结果是－15，运算过程为：

```
  11111001    ……    -7
& 11110111    ……    -9
-------------------------
  11110001    ……    -15
```

从上例中可以看出，位运算与算术运算有很大区别，符号位的处理更是有天壤之别。另外，按位与和逻辑与也是不同的。例如 1&2 按位与的结果是 0，而 1&&2 逻辑与的结果是 1(真)；4&7 按位与的结果是 4，而 4&&7 逻辑与的结果是 1(真)。

按位与能够实现如下一些特殊要求的运算。

(1) 指定的二进制位清零。假设某二进制位为 X(0 或 1)，显然 0 & X = 0,1 & X = X。利用这个特点可以将整数中指定的二进制位清零，方法是构造一个与之按位与的整数，清零位为 0，其余位为 1。例如将 170(10101010)的 D3、D4 位清零(最右边为 D0 位)，运算过程为：

```
  10101010    ……    170
& 11100111    ……    231
-------------------------
  10100010    ……    162
```

(2) 取整数中的指定二进制位。构造一个整数，所取位为 1，其余位为 0，则按位与后能得到指定的二进制位。例如取 170 的低 4 位，运算过程为：

```
  10101010    ……    170
& 00001111    ……    15
-------------------------
  00001010    ……    10
```

(3) 保留指定位。构造一个整数，保留位为 1，其余位为 0，则按位与后能将指定二进制位保留下来。例如保留 170 的最高位，运算过程为：

```
  10101010   ……  170
& 10000000   ……  128
------------------------
  10000000   ……  128
```

2. 按位或运算符(|)

参加运算的两个数据按二进制位进行或运算，运算规则是：

```
0|0=0,0|1=1,1|0=0,1|1=1
```

例如，7|9 的结果是 15，运算过程为：

```
  00000111   ……    7
| 00001001   ……    9
------------------------
  00001111   ……   15
```

按位或和逻辑或是不同的。例如 1|2 按位或的结果是 3，而 1 ‖ 2 逻辑或的结果是 1(真)；4|7 按位或的结果是 7，而 4 ‖ 7 逻辑或的结果是 1(真)。

假设某二进制位为 X(0 或 1)，显然 0|X=X，1|X=1。因此按位或常用来设置一个整数中指定二进制位为 1，方法是构造一个与之按位或的整数，设置位为 1，其余位为 0。例如将 170(10101010)的 D6 位置 1，运算过程为：

```
  10101010   ……  170
| 01000000   ……   64
------------------------
  11101010   ……  234
```

3. 按位异或运算符(^)

参加运算的两个数据按二进制位进行异或运算，所谓异或是指两个二进制数相同为 0，相异为 1，运算规则是：

```
0^0=0,0^1=1,1^0=1,1^1=0
```

例如，7^9 的结果是 14，运算过程为：

```
  00000111   ……    7
^ 00001001   ……    9
------------------------
  00001110   ……   14
```

特别地，a&b+a^b 等于 a|b。

假设某二进制位为 X(0 或 1)，显然 0^X=X，1&X=$\bar{X}$，X^X=0。$\bar{X}$ 是 X 的翻转，即当 X 是 0 时，$\bar{X}$ 是 1；当 X 是 1 时，$\bar{X}$ 是 0。

异或的作用是判断两个对应的位是否为异，按位异或能够实现如下一些特殊要求的运算。

(1) 使指定位翻转。方法是构造一个与之按位异或的整数，翻转位为 1，其余位为 0。例如将 170 低 4 位翻转，运算过程为：

```
          10101010   ······   170
  ^       00001111   ······    15
  ---------------------------------
          10100101   ······   165
```

(2) 将两个值互换。假设 a=7,b=9,下面的赋值语句可以将 a 和 b 的值相互交换,互换后 a=9,b=7。

```
a=a^b, b=b^a, a=a^b;
```

其运算过程为:

① 前两个表达式执行后,b=b^(a^b),而 b^(a^b)等于 a^b^b,因此 b 的值等于 a^0,即 a;

② 由于 a=a^b,b=b^a^b,第 3 个表达式执行后,a=(a^b)^(b^a^b),即 a 的值等于 a^a^b^b^b,等于 b。

4. 按位取反运算符(~)

~是单目运算符,将一个整数中所有二进制位按位取反,即 0 变 1,1 变 0。例如,7 按位取反的结果是 248,运算过程为:

```
          00000111   ······     7
  ~           ↓      ······
  ---------------------------------
          11111000   ······   248
```

无论是何种整型数据,-1 按补码形式存储时二进制位全是 1,因此一个整数 m 与~m 的加法或者按位或结果必然是-1,即:m+~m=-1,m|~m=-1。

5. 左移运算符(<<)

(expr1 << expr2)的作用是将 expr1 的所有二进制位向左移 expr2 位,左边 expr2 位被移除,右边补 expr2 位 0。例如整数 7(00000111)左移两位,即 7<<2 的结果是 28(00011100)。

左移 1 位相当于 expr1 乘以 2,因此 7<<2 相当于 7*4=28。计算机内部处理中左移比乘法运算快得多,因此乘以 2^n 的幂运算可以用左移 n 位替代。

上述结论仅针对无符号类型,若是有符号类型,由于向左移位会使符号位发生变化,结论不成立。例如-128(10000000)向左移 1 位,即-128<<1 的结果是 0,不是-128*2=-256。

6. 右移运算符(>>)

(expr1>>expr2)的作用是将 expr1 的所有二进制位向右移 expr2 位,右边 expr2 位被移除,左边补 expr2 位 0。例如整数 9(00001001)右移两位,即 9>>2 的结果是 2(0000010)。

右移 1 位相当于 expr1 除以 2,因此 9>>2 相当于 9/4=2(整型)。计算机内部处理中右移比除法运算快得多,因此除以 2^n 的幂运算可以用右移 n 位替代。

【例 2.8】 取一个字节型整数的 D3～D5 位。

解：令整数为 m，其二进制位形式为 XXnnnXXX，nnn 为 D3～D5 位，X 为其余位。

首先使 m 右移 3 位，将 nnn 移到低位，m>>3 的结果是 000XXnnn。

其次将结果与 7(00000111)按位与，(m>>3) & 7 的结果是 00000nnn，得到 m 的 D3～D5 位。

【例 2.9】 将一个字节型整数 m 循环移动 n 位。

解：循环移位是指将 m 向右或向左移动 n 位，移除的位放在 m 的左边或右边。如 XXXXXXnn 循环右移 2 位的结果是 nnXXXXXX，nnnXXXXX 循环左移 3 位的结果是 XXXXXnnn。

(1) m 循环右移 n 位

首先 m 右移 n 位，如 XXXXXXnn 右移 2 位得到 00XXXXXX，然后 m 左移 8－n 位，如 XXXXXXnn 左移 8－2 位得到 nn000000，将两个结果按位或即得到 nnXXXXXX，表达式为：

```
m>>n | m<<8-n
```

(2) m 循环左移 n 位

首先 m 左移 n 位，如 nnnXXXXX 左移 3 位得到 XXXXX000，然后 m 右移 8－n 位，如 nnnXXXXX 右移 8－3 位得到 00000nnn，将两个结果按位或即得到 XXXXXnnn，表达式为：

```
m<<n | m>>8-n
```

2.4.8 赋值运算符

1. 赋值运算符及其表达式

赋值运算符见表 2.10。

表 2.10　赋值运算符

运　算　符	功　能	目	结合性	用　　法
=	赋值	双目	自右向左	lvalue=expr
+=　－=　*=	复合赋值	双目	自右向左	lvalue+=expr　lvalue－=expr　lvalue*=expr
/=　%=				lvalue/=expr　lvalue%=expr
&=　^=　|=				lvalue&=expr　lvalue^=expr　lvalue|=expr
<<=　>>=				lvalue<<=expr　lvalue>>=expr

赋值运算符的优先级在所有运算符中较低，仅高于逗号运算符。其作用是将运算符右侧的 expr 表达式的值赋给左侧的 lvalue 变量，并且将该值作为整个表达式的值。例如：

```
int k,i=7,j=-8;
k=i*i*i-2*j;        //运算后 k 的值以及整个表达式的结果为 i*i*i- 2*j 的结果
```

复合赋值运算符的含义如表 2.11 所示。

表 2.11　复合赋值运算符的含义

复 合 赋 值	等价表达式	含　　义
lvalue＋＝expr	lvalue＝lvalue＋(expr)	先执行加法运算,然后执行赋值
lvalue－＝expr	lvalue＝lvalue－(expr)	先执行减法运算,然后执行赋值
lvalue＊＝expr	lvalue＝lvalue＊(expr)	先执行乘法运算,然后执行赋值
lvalue/＝expr	lvalue＝lvalue/(expr)	先执行除法运算,然后执行赋值
lvalue％＝expr	lvalue＝lvalue％(expr)	先执行求余运算,然后执行赋值
lvalue&＝expr	lvalue＝lvalue&(expr)	先执行按位与运算,然后执行赋值
lvalue^＝expr	lvalue＝lvalue^(expr)	先执行按位异或运算,然后执行赋值
lvalue|＝expr	lvalue＝lvalue|(expr)	先执行按位或运算,然后执行赋值
lvalue<<＝expr	lvalue＝lvalue<<(expr)	先执行左移位运算,然后执行赋值
lvalue>>＝expr	lvalue＝lvalue>>(expr)	先执行右移位运算,然后执行赋值

例如：

```
int a=6,c=10,m=21,n=32;
a=a-1;                    //正确,a减1后再赋值给a,等价于--a
c*=m+n;                   //正确,等价于c=c*(m+n),不是c=c*m+n
```

使用赋值运算符时需要注意以下几点。

(1) 赋值运算符与运算对象构成的式子称为赋值表达式。赋值表达式除完成赋值功能外,它本身也可以当作一个普通的表达式项参与运算,例如：

```
int a,b,c,m=25;
c=(a=12)%(b=5);       //正确,运算结果a为12,b为5,c为2,等价于a=12,b=5,c=a%b
m=m+=m*=m-=15;        //正确,运算结果m为200
```

但表达式中包含过多的赋值表达式时会降低程序的可读性,理解困难,故不宜提倡。

(2) 赋值运算符要求运算对象 expr 的类型应与 lvalue 类型相同,如果不相同会自动将 expr 的类型转换成 lvalue 的类型再赋值。转换过程中可能会产生精度丢失、数据错误等,例如：

```
char a;
a=4.2;                    //a为4,精度丢失,发生在浮点型转换成整型时
a=400;                    //a为-112,数据错误,发生在数据溢出时
```

2. 左值与右值

左值(lvalue)是指可以出现在赋值表达式左边或右边的表达式,右值(rvalue)是指只能出现在赋值表达式右边而不能出现在左边的表达式。

C 语言中只有变量、下标运算([])和间接引用运算(*)才能作为左值,下标运算和间接引用运算将在后面章节讲到,在此之前我们可以将左值简单地理解为变量。常量、const 变量、表达式和函数调用均不能作为左值,而右值可以是常量、变量、函数调用或表达式。例如:

```
int k=95,a=6,b=101;
const int n=6;
b-a=k;                    //错误,b-a==k 的写法为合法的关系运算
5=b-a;                    //错误
n=b-a*k;                  //错误
```

赋值运算左边的运算对象、自增自减运算的运算对象要求必须是左值。能成为左值的数据对象必须是有内存单元的对象。

2.4.9　取长度运算符

取长度运算符见表 2.12。

表 2.12　取长度运算符

运　算　符	功　　能	目	结　合　性	用　　法
sizeof	取长度运算	单目	自左向右	sizeof expr、sizeof(expr)或 sizeof(typename)

sizeof 是单目运算符,用来计算数据类型、变量或表达式的内存长度(即内存单元的的字节数)。sizeof 有 3 种形式:

```
sizeof (typename)         //取类型 typename 的长度
sizeof (expr)             //取变量、常量或表达式的长度
sizeof expr               //取变量、常量或表达式的长度
```

例如:

```
sizeof (char)             //结果是 char 类型的内存大小,为 1
sizeof (unsigned long)    //结果是 unsigned long 类型的内存大小,为 4
sizeof a                  //结果是变量 a 的内存大小,即 a 的类型的内存大小
sizeof (a+b)              //结果是表达式 a+b 的内存大小,即 a+b 的类型的内存大小
```

sizeof 是在编译时自动确定长度的,运行时 sizeof 表达式实际是一个无符号整型常量。程序中用 sizeof 运算,而不是直接用内存长度值,可以提高程序的可移植性。

2.4.10　逗号运算符

逗号运算符见表 2.13。

表 2.13　逗号运算符

运　算　符	功　　能	目	结　合　性	用　　法
,	逗号运算	双目	自左向右	expr1, expr2

逗号运算符的优先级是所有运算符中最低的，其作用是连接多个表达式项。逗号运算符的运算对象可以是任意类型的表达式，当有多个表达式项时，从左向右依次求出每个表达式的值，整个逗号表达式的值是最右边表达式的值。例如：

```
int i=3,j=5;
k=i++,i+1,j++,j+1;          //k值为3(i++的值),表达式的值为7
k=(i++,i+1,j++,j+1);        //k值为7(j+1的值),表达式的值为7
```

【例 2.10】 将两个整型变量 a 和 b 的值相互交换。

解：方法一，借助第三方变量

```
int t;
t=a, a=b, b=t;              //交换a和b的值
```

方法二，不使用第三方变量

```
a=a+b, b=a-b, a=a-b;        //交换a和b的值
```

2.4.11 圆括号运算符

圆括号运算符见表 2.14。

表 2.14 圆括号运算符

运算符	功能	目	结合性	用法
( )	括号和函数调用	单目	自左向右	(expr)

圆括号运算符的优先级是所有运算符中最高的，其作用是提升其括起来的表达式的优先级。圆括号运算符的运算对象可以是任意类型的表达式，并且允许嵌套使用。嵌套时最内层的括号优先级最高，最外边的括号优先级最低。例如：

```
(((a*x+b)*x+c)*x+d)*x+e          //ax^4+bx^3+cx^2+dx+e
(a+b)/2/x,(a+b)/(2*x)            //(a+b)/(2x),(a+b)/2*x是错误的
```

一般地，为了清楚地表达求值顺序，应该使用圆括号运算符清晰地表明求值顺序，而不是写合法的但难于阅读的表达式。

2.4.12 常量表达式

仅由常量、const 变量和运算符组成的式子称为常量表达式。常量表达式在编译时就确定其值了，因此在程序运行时常量表达式本质上就是一个常量值。例如：

```
const int i=9;
int m;
m=i+10;                 //编译时i+10就已经确定为19,因此运行时这条语句实际为m=19;
```

2.5　类型转换

C 语言表达式是否合法以及合法表达式的含义是由运算对象的数据类型决定的。不同类型的数据混合运算时需要进行类型转换(conversion),即将不同类型的数据转换成相同类型的数据后再进行计算。类型转换有两种:隐式类型转换和显式类型转换。

2.5.1　隐式类型转换

隐式类型转换(implicit type conversion)又称自动类型转换,它是由编译器自动进行的。编译器根据需要,在算术运算、赋值和函数调用过程中将一种数据类型的数据自动转换成另一种数据类型的数据。

1. 何时进行隐式类型转换

编译器在必要时将类型转换规则应用到 C 语言内置数据类型的对象上,在下列情况下,将发生隐式类型转换。

(1) 在混合类型的算术运算、比较运算和逻辑运算表达式中,运算对象被转换成相同的数据类型。如:

```
int m=10,n=20;
m=m*1.5+n*2.7;                          //发生隐式类型转换
m+n>30.5                                //发生隐式类型转换
```

(2) 用表达式初始化变量时,或赋值给变量时,该表达式被转换为该变量的数据类型。如:

```
int x=3.1415926;                        //发生隐式类型转换
x=7.8;                                  //发生隐式类型转换
```

(3) 调用函数的实参被转换为函数形参的数据类型。

2. 混合运算中的隐式类型转换

在表达式中经常有不同类型数据之间的运算,称为混合运算。例如:

```
10+'a'+150/1.5-3.7*'b'
```

算术运算中,如果运算符的两个运算对象是不同的类型,C 语言会在计算表达式之前将其自动转换成同一种类型后才进行运算。转换的规则按“存储空间提升原则”进行,即存储空间小的类型转换成存储空间大的类型,或精度低的类型转换成精度高的类型,以保证运算结果尽可能精确,如图 2.4(a)所示。数值型数据间的混合运算规则为:

(1) 整型数据中字符型(char)和短整型(short)转换成基本整型(int),基本整型(int)转换成长整型(long),有符号(signed)转换成无符号(unsigned)。

(2) 浮点型数据中单精度(float)转换成双精度(double)。

(3) 整型数据与浮点型数据运算时,都转换成双精度(double)。

(4) 类型转换是按步骤执行的,即运算到哪步就转换哪步。

例如,已知

```
int i; float f; double d; long m;
```

表达式 32+'A'+i*f−m/d 的运算步骤如图 2.4(b)所示。

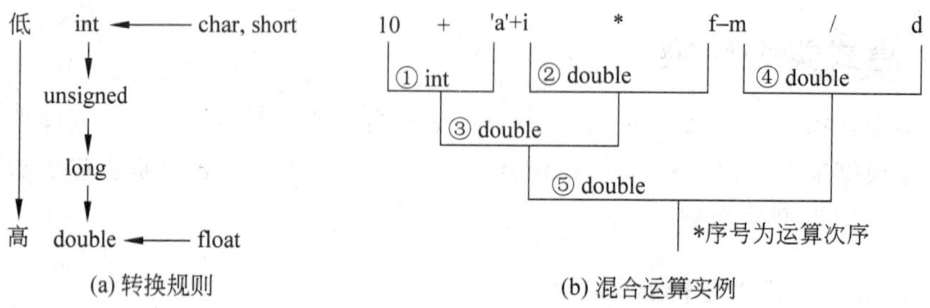

(a) 转换规则　　(b) 混合运算实例

图 2.4　混合运算类型转换

3. 位运算时的类型转换

如果两个不同类型的数据进行位运算时,会按"存储空间提升原则"进行隐式类型转换,即按右端对齐长度小的数据左边进行扩展。当此数为正数时,左边扩展位补满 0;当此数为负数时,左边扩展位补满 1;如果是无符号整数,左边扩展位补满 0。

例如,已知

```
unsigned short A=7;          //A是两个字节,16位
unsigned char B=9;           //B是一个字节,8位
char C=-7;                   //C是一个字节,8位
```

A&B 的运算过程为:

```
    00000000 00000111   ……   A=7
&  [00000000]00001001   ……   B=9(符号扩展)
---------------------------
    00000000 00000001   ……   1
```

A|C 的运算过程为:

```
    00000000 00000111   ……   A=7
|  [11111111]11111001   ……   C=−7(符号扩展)
---------------------------
    11111111 11111111   ……   65535
```

4. 赋值运算中的隐式类型转换

如果赋值运算符左右两边的类型不一致,且都是数值型数据时,在赋值时需要进行隐式类型转换。即先计算等号右侧表达式的值,转换成与左侧变量相同的类型,再赋值。

转换规则如下。

(1) 将浮点型数据赋给整型变量时,舍弃浮点数的小数部分。如 n 是整型变量,n=

6.18 的结果是 n 的值为 6。

(2) 将整型数据赋给浮点型变量时,数值不变,但以浮点数形式存储到变量中。如 78 按 78.0 处理(根据浮点类型分别有 7 位或 16 位有效数字)。

(3) 将 double 型数据赋给 float 变量时,截取前面 7 位有效数字存储到 float 变量。将 float 型数据赋给 double 变量时,数值不变,有效数字扩展到 16 位。

(4) 将 char 型数据赋给 short、int 变量时,数据存储到变量的低 8 位,高位补 0。将 short、int 型数据赋给字符型变量时,只将数据的低 8 位存储到字符型变量中。

(5) 将 unsigned short 型数据赋给 int、long 变量时,数据存入低位,高位补 0。将 short 型数据赋给 int、long 变量时,数据存入低位,高位补 0 或者补 1。

(6) 将存储空间长度大的整型赋值给小的整型时,低字节复制,高字节"丢弃"。将长度相同的无符号和有符号整型相互赋值时,符号位与数值位同时复制。

可以看出,整型数据赋值时,实际上是按内存中的存储形式直接进行的,只不过需要考虑内存单元的长度和补码。

不同类型数据之间的赋值运算,如果右侧数据类型高于左侧变量时,将会丢失一部分数据,从而造成数据精度降低;或者发生数据溢出,导致结果错误。

2.5.2 显式类型转换

不能进行自动类型转换时,或在程序中要指定数据类型时,就要利用类型转换运算符进行强制类型转换,称为显式类型转换(explicit cast)。显式类型转换运算符见表 2.15。

表 2.15 显式类型转换运算符

运算符	功能	目	结合性	用法
(type)	显式类型转换	单目	自右向左	(type)expr

显式类型转换运算符是单目运算符,优先级要高于所有双目运算符,如算术运算符、赋值运算符等。显式类型转换运算的结果是得到将表达式 expr 转换成指定类型的值。

使用显式类型转换运算符时需要注意以下几点。

(1) 显式类型转换运算符的运算对象可以是任意类型的常量、变量或表达式。如果是表达式,一般应该用圆括号确定表达式的起止,否则容易发生歧义。例如:

```
(int)x+y                //将 x 转换成整型
(int)(x+y)              //将 x+y 转换成整型
```

(2) 显式类型转换的目的是人为进行类型转换,使不同类型数据之间的运算进行下去。显式类型转换后会产生一个指定类型的临时数据对象继续参与运算,但 expr 中原有类型和数据值不会改变。例如:

```
(int)x%3                //x 的类型和数据值不变,表达式引用转换成 int 后的 x 值
```

隐式类型转换有时会产生意料之外的结果,而且难于发现。因此实际编程中常使用显式类型转换来避免可能的隐式转换。但使用显式类型转换会占用运行时间,影响程序

运行效率，所以设计程序时还是尽量设计好数据类型及其表达式，以减少不必要的类型转换。

【例 2.11】 将一个浮点型变量 d 保留两位小数(四舍五入)。

解：

```
(int)(d*100+0.5)/100.0  //d=1.2356,d*100=123.56+0.5=(int)124.06=124/100.0=1.24
```

习题

1. 写出下列整数的 C 语言的八进制和十六进制写法。

(1) 10　(2) 31　(3) 65　(4) 127　(5) －128　(6) －625

(7) －111　(8) 12345　(9) －25536　(10) 32767　(11) 65535　(12) 255

2. 将 7 个整数赋给不同整型变量，如表 2.16 所示，写出赋值后数据的内存形式。

表 2.16　数据的内存形式

变量类型	－32768	－128	－1	168	32767	65535	2147483647
int							
unsigned int							
short							
unsigned short							
char							
unsigned char							

3. 简述 C 语言“先定义，后使用”的含义。

4. 计算下列各个表达式的值。

(1) ①45/2＋(int)3.14159/2　②36－36/7＊7

(2) 4&&5－3&&5

(3) ①0x13^0x17　②0x13&0x17　③～(～0<<4)　④10<<3＋1　⑤((4|1)&3)

(4) sizeof(int)＋sizeof(char)＊10＋sizeof(double)

(5) 已知 int k＝7,x＝12,求①x%＝(k%＝5)；②x%＝(k－k%5)；③(x%＝k)－(k%＝5)

(6) 已知 x＝5,a＝17,y＝2.7,求 x＋a%5＊(int)(x＋y)%2/7

(7) 已知 a＝3,求 a＝b＝(c＝a＋＝6)

(8) 已知 int a＝1,b＝2,c＝3,求①a>b>c　②a<b&&b<c　③!a＋1&&!b＋2&&!c＋3

(9) 已知 a＝3,求(int)(a＋6.5)%2＋(a＝b＝5)

(10) 已知 x＝0123,求(5＋(int)(x))&(～2)

(11) 已知 char a=0x95,求①(a & 0x0f)<< 4　②(a & 0xf0)>> 4

(12) 已知 int j=5,求 j+=j-=j*j

(13) 已知 double n=1.23456;int m,求 m=n*100+0.5,n=m/100.0

(14) 已知 int a=3,b=4,c=5,求!(a+b)+c-1&&b+c/2

(15) 已知 int k=6,x=12,求①x%=++k%10　②x-=++k%5　③x-=k++%5

(16) 已知 int a=-3,b=7,c=-1,求(a=a%b<b/c)&&(a==0)

(17) 已知 int a=2,b=3;double x=4.6,求(float)(a+b)/2+(int)x%(int)y

(18) 已知 a=12,求①a+=a　②a-=2　③a*=2+3　④a/=a+a　⑤a<<=1　⑥a+=a-=a*=a/=2

5. 写出符合下面运算要求的C语言表达式:

(1) 求 x、y 之和的立方。

(2) 已知 a、b、c 是一个十进制数的百位、十位和个位,求这个十进制数。

(3) 计算公式① $x^6-2x^5+3x^4+4x^3-5x^2+6x+7$　② $\frac{1}{2}\left(ax+\frac{a+x}{4a}\right)$　③ $\frac{3ae}{bc}$。

(4) 已知 x、y 分别为 a、b、c 中的最大值和最小值,求 a、b、c 的中间值。

(5) 求 a 和 b 的最小值。

(6) 判断 y 能被 4 整除但不能被 100 整除,或 y 能被 400 整除也能被 100 整除。

(7) 判断 x、y、z 中有两个为负数。

(8) 判断 n 是小于 m 的偶数。

(9) 判断 a、b、c 是否为一个等差数列中的连续 3 项。

(10) 判断 n 是否为两位正整数。

第3章 程序控制结构

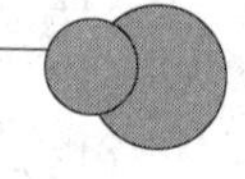

语句(statement)是C程序的最小单位。程序由一条一条语句组成，程序运行过程就是语句逐条执行的过程，而语句执行的次序则称为流程。有了求解问题的算法，还要用程序实现出来。多数情况下，这种实现表现为一定数量的语句和执行流程。

C语言语句分为简单语句、复合语句和控制语句，具有顺序结构、选择结构和循环结构3种基本控制结构。

3.1 语句

3.1.1 简单语句

简单语句包括表达式语句、函数调用语句和空语句。

1. 表达式语句

在任何表达式后面加上一个分号(;)就构成了一个表达式语句(expression statement)，语句形式为：

```
表达式;
```

例如：

```
x=a+b;                          //赋值语句
```

为赋值表达式语句，执行加法和赋值运算。又如：

```
t=a,a=b,b=t;                    //a和b交换
```

为逗号表达式语句，组合了多个赋值运算。

表达式语句用于计算表达式，但下面的语句：

```
a+b+c;                          //能运算但无实际意义
```

却没有任何意义，因为3个变量加起来的结果没有用于赋值或其他用途，计算结果被舍弃了。一般地，表达式语句所包含的表达式应该在计算时对程序的状态或数据有影响，例如赋值、自增自减、输入或输出等操作。

2. 函数调用语句

函数调用语句是由函数调用加分号(;)形成的,语句形式为:

```
函数调用(实参);
```

例如:

```
printf("a+b=%d",a+b);        //输出函数调用语句
```

表达式语句和函数调用语句是程序中用得最多的语句,因为程序多数情况下表现为计算和功能执行。

3. 空语句

仅有一个分号就形成了空语句(null statement),它什么也不做,语句形式为:

```
; //空语句
```

空语句往往用在语法上要求必须有一个语句,而逻辑上不需要做什么的地方,例如循环语句中的循环体。下面语句的功能是从键盘上连续输入多个字符直到输入回车符。

```
while(getchar()!='\n');       //使用空语句
```

这里的循环体就是空语句,因为 while 语句要求必须有循环体,而 getchar()!='\n'已经完成了语句功能,此时的循环体不需要做什么。

由于空语句是一个语句,因此可用在任何允许使用语句的地方。而意外出现的多余分号(即空语句)不是语法错误,不会由编译器报告出来,因而有时容易让程序员忽视而产生难以消除的程序漏洞(bug)。

4. 声明部分

在 C 语言中变量的定义或类型的声明称为声明部分,不能视作语句,尽管看起来它也有分号像语句,例如:

```
int a,b,t;                    //定义整型变量
```

C 语言规定声明部分必须出现在所有可执行语句的前面,即在函数或语句块的开头位置定义变量或进行类型声明,一般形式为:

```
声明部分;
可执行语句;
```

下面的程序代码会产生编译错误:

```
int a,b;                 //正确,定义变量放在所有可执行语句前面
a=10,b=20;
int t;                   //错误,声明和定义不能放在语句中间
t=a,a=b,b=t;
```

因为第 3 行的变量定义放在了第 2 行执行语句的后面。

请注意,目前许多编译器同时支持 C 和 C++,而 C++ 将变量的定义或类型的声明当作语句,允许放在程序的任意位置上,所以上述代码在这些编译器中是合法的(按 C++ 处理)。尽管如此,建议养成将声明部分放在函数或语句块开头位置的习惯。

3.1.2 复合语句

将多个语句组成的语句序列用一对大括号{}括起来组成的语句称为复合语句(compound statement),又称语句块,简称块(block)。语句形式为:

```
{
    [局部声明部分;]
    语句序列;
}
```

其中,"语句序列"表示任意数目的语句,方括号内的局部声明部分是可选的。例如:

```
{   //复合语句
    double s, a=5, b=10, h=8;                //局部声明
    s=(a+b)*h/2.0;
    printf("area=%lf\n", s);
}  //复合语句不需要分号结尾
```

复合语句内的每条语句必须以分号(;)结尾,但复合语句的右大括号(})已表示结尾,因此其后不需要分号。如果在后面添加分号,意思变为一个复合语句与一个空语句。

复合语句内部可以进行变量定义或类型声明,这些定义或声明仅在复合语句内部可以使用,称为块的局部作用域,我们将在第 4 章详细讨论作用域。例如:

```
{
    int t,a=10,b=7;                          //定义局部变量 t、a、b
    t=a,a=b,b=t;                             //仅在这个复合语句里使用
}
```

复合语句允许嵌套,即在复合语句里还可以包含复合语句。例如:

```
{   //复合语句
    double v1,r=5;                           //局部声明
    v1=4*3.1415926*r*r*r/3;
    {   //嵌套的复合语句
        double v2,h=12;                      //嵌套的局部声明
        v2=3.1415926*r*r*h;
        printf("%lf,%lf\n",v1,v2);
    }  //嵌套的复合语句结尾
}  //复合语句结尾
```

使用复合语句嵌套,程序有了更大能力应付复杂的流程处理。

如果复合语句中没有任何内容,如{},称为空复合语句,空复合语句与空语句等价,它

为空语句提供了一种替代语法。

尽管复合语句内部有许多语句，但从语法角度来看，复合语句是一个语句的意思，因此凡是简单语句能出现的地方都可以使用复合语句。使用复合语句的目的是描述长而复杂的语句序列，利于将复杂的语句形式简单化和结构化。

3.1.3 注释

可以在程序中编写注释(comments)，有两种形式：

/*……*/块注释语法形式：

```
/*
注释内容
*/
```

//行注释语法形式：

```
//注释内容
```

说明：

(1) 注释仅是对源程序的说明文字，它不是程序代码，对程序运行没有任何影响。实际上，在编译程序时所有注释内容将被忽略。

(2) /*……*/块注释允许多行注释，以/*开头，以*/结尾，这中间的任何内容均是注释内容。注释可以是任何来自字符集的字符组合，包括换行符，也允许中文等非ASCII字符。/*……*/不允许嵌套，例如：

```
/* 第1个注释
    ……
    /* 第2个注释
       ……
    */
*/
```

是错误的，因为编译器将第2个注释的*/当作第1个注释的结尾，从而使得后续部分出现编译错误。显而易见，编译器一旦遇见/*开头，就表示注释开始，在遇到*/注释时才会结束。因此只给出/*而没有*/也会产生编译错误。

(3) //行注释是C语言新标准允许的另一种注释方法，//注释表示从//开始直到本行末尾的所有字符均是注释内容，例如：

```
s=3.1415926*r*r*h/3;                    //计算圆锥体积
```

显而易见，编译器一旦遇见//开头，就表示注释开始，直至本行末尾。

//注释只能注释一行，如果要注释多行就要写多次。一般//注释适用于短小精简的注释，/*……*/注释适用于大段注释。

(4) 编译器将整个注释理解为一个空白字符，相当于一个空格的作用。在编译阶段，所有的注释均被忽略，所以执行程序不包含注释内容；换言之，注释对于程序的执行是没有任何效用的。例如：

```
1    int/*这里有注释*/t, a, b;
2    //t=a, a=b, b=t;
```

第 1 行在 int 和 t 之间的注释起到了空格的作用，第 2 行实际上没有程序代码。

尽管注释对程序运行没有作用，但编程时还是提倡在适当的地方写注释。这是因为注释出现在程序的源文件中，可以对源程序作出说明，从而增加程序的可读性。而且，从上述程序段第 2 行中，还可以学到将一段程序代码临时“屏蔽”起来，即让某段程序“暂时失效”的调试技巧。

注释内容应该是那些能够确切描述程序代码功能、目的、接口、概括算法、确认数据对象含义以及阐明难以理解的代码段的说明性文字，编程时要养成习惯添加注释，但注释也不是越多越好。一般说来，处理复杂的程序注释多些，简单程序甚至可以不写注释，总之从方便程序的阅读和增强对程序的理解出发。

3.1.4 语句的写法

在 C 语言中，对于语句的写法有以下规定或惯例。

(1) 多数情况下，在一个程序行里只写一个语句，这样的程序写法清晰，便于阅读、理解和调试。

(2) 注意使用空格或 Tab 来作合理的间隔、缩进或对齐，使程序形成逻辑相关的块状结构，养成优美的程序编写风格。

(3) C 语言允许在一行里写多个语句，例如：

```
a=i/100; b=i/10%10; c=i%10;                    //3个语句
```

由于行是多数编译器在编译或调试时的基本单位，即使编译器指明了某一行有错误也不能明确判明是哪个语句出错，因此在一行里写多个语句的风格并不好。

(4) C 语言允许将一个语句拆成多行来写，例如：

```
printf("a=%f,b=%f,c=%f,d=%f,e=%f,f=%f,g=%f,h=%f\n",
a,b,c,d,e,f,g,h);
```

由于计算机屏幕宽度有限，过长的语句拆成多行来写是可能的。但需要注意两点：一是 C 语言规定回车换行也是空白符，所以不能在关键字、标识符等中间拆分，否则人为间隔了这些词语，会产生编译错误；二是在 C 语言中字符串常量是不能从中间拆分的，因为编译器会认为字符串没有正确结束，例如：

```
1    printf("This is a very long
2     string of examples");
```

第 1 行会产生编译错误。

解决字符串常量拆分的办法是使用反斜杠(\)行连接符，行连接符的作用是用程序的下一行(从第一列开始)替换当前的行连接符，例如：

```
1    "one \
2    two \
3    three"
```

第 2 行会替换第 1 行的行连接符\，第 3 行会替换第 2 行的行连接符\，从而第 1、2、3 行实质上合并为一行，故上述写法与下面的写法等价：

```
"one two three"
```

请注意，如果//注释后面不幸地有一个行连接符，那么下一行也依然是注释，例如：

```
int t, a=10, b=7;                    // 本行的注释\
t=a, a=b, b=t;
```

与下面等价：

```
int t, a=10, b=7;                    //本行的注释 t=a, a=b, b=t;
```

3.2　输入与输出

所谓输入是指从外部输入设备（如键盘、鼠标等）向计算机输入数据，输出是指从计算机向外部输出设备（如显示器、打印机等）输出数据。

C 语言本身不提供输入输出语句，其输入输出操作是通过函数实现的。不同的函数能够处理形式多样的输入输出操作，支持不同的输入输出设备。C 语言标准库中定义了标准输入输出函数，以标准的终端设备（键盘和显示器）为输入输出设备，有字符输出 putchar、字符输入 getchar、格式输出 printf 和格式输入 scanf 等函数。

若在程序中调用标准输入输出函数，应该用文件包含命令将头文件 stdio.h 包含到程序中，命令形式为：

```
#include<stdio.h>
```

C 语言输入输出操作本质上是函数调用语句。在不引起概念混淆的情况下，将实现输入功能的函数调用语句称为输入语句，将实现输出功能的函数调用语句称为输出语句。

3.2.1　字符输入与输出

1. 字符输出 putchar 函数

putchar 函数的作用是向显示终端输出一个字符，一般形式为：

```
putchar(c);
```

其中参数 c 为整型，使用低 8 位的值，输出的字符是 c 值对应的 ASCII 符号。函数调用时，c 可以是常量、变量或表达式，可以是整型数据、字符型数据或转义字符。

putchar 函数可以直接输出附录 A 的 ASCII 码对照表中可显示的字符（ASCII 值为 0x20～0x7f），控制字符（ASCII 值为 0x00～0x1f）的输出有特殊的含义。例如，'\n'输出换行符,使光标移到下一行的开头;'\r'输出回车符,使光标回到本行开头。

【例 3.1】 使用 putchar 输出字符。

程序代码如下:

```
#include<stdio.h>
int main()
{
    char a='C', b=6;
    putchar(a);                    //字符型变量,输出 C
    putchar(b+'0');                //整型表达式,输出 6
    putchar('\110');               //转义字符(八进制),输出 H
    putchar('\n');                 //转义字符(换行),输出换行符
    return 0;
}
```

程序运行结果如下:

```
C6H
```

2. 字符输入 getchar 函数

getchar 函数的作用是从键盘终端输入一个字符,一般形式为:

```
getchar()
```

getchar 函数没有参数,函数返回值为输入的字符。通常将 getchar 的返回值赋给一个字符型变量或整型变量,例如:

```
c=getchar();                       //输入字符保存到 c 中,以便后续能使用它(用 c)
```

或者作为表达式的一部分直接使用,例如:

```
putchar( getchar());               //将输入字符直接输出
putchar( c=getchar());             //将输入字符保存到 c 中,并且输出
```

getchar 函数的输入操作步骤如下。

(1) 检查键盘缓冲区是否有字符。

(2) 若有字符则直接从缓冲区中提取一个字符返回,且缓冲区移向下一个字符。

(3) 若没有字符则 getchar 等待键盘输入,直到输入回车结束等待,重复步骤(1)。

例如执行:

```
c=getchar();
```

getchar 将等待键盘输入,如果输入 1↙(本书用↙表示输入回车),则键盘缓冲区有两个字符,c 提取了字符“1”,键盘缓冲区还留有一个字符“↙”。又如执行:

```
c1=getchar();
c2=getchar();
```

执行第 1 行时 getchar 等待键盘输入，如果输入 1 ↙，那么 c1 提取了字符“1”；执行第 2 行时由于键盘缓冲区还有一个字符，故第 2 行不用等待键盘输入，直接提取字符“↙”。

由此可见，getchar 函数执行时从键盘上可以连续输入多个字符，直到回车为止。输入的多个字符放到键盘缓冲区，一次 getchar 函数调用会从缓冲区中提取一个字符，直到缓冲区没有字符时才从键盘上输入。

有时，程序员为调试目的在程序中会写出下面的调用：

```
getchar();
```

其含义是让程序执行到这一行时停下来，便于观察运行情况，按回车继续执行。

【例 3.2】 使用 getchar 输入字符。

程序代码如下：

```
#include<stdio.h>
int main()
{
    char c1, c2, c3;
    c1=getchar(); c2=getchar(); c3=getchar();      //输入字符
    putchar(c1); putchar(c2); putchar(c3);         //输出字符
    return 0;
}
```

程序运行时如果输入：

```
abc↙
```

则 c1 为“a”，c2 为“b”，c3 为“c”。程序运行时如果输入：

```
a↙
bc↙
```

则 c1 为“a”，c2 为“↙”，c3 为“b”。

3.2.2 格式化输出

1. printf 函数

printf 函数的作用是向标准输出设备（显示终端）输出格式化的数据，一般形式为：

```
printf(格式控制,输出项列表);
```

例如：

```
printf("a=%d,b=%d\n",a,b);
```

printf 函数的参数包括两部分。

（1）格式控制

格式控制为字符串形式，称为格式控制串，它主要有两种内容：

① 格式说明。格式说明总是以百分号(%)字符开始,后跟格式控制字符,例如%d、%f 等。它的作用是将输出项转换为指定格式输出。

② 一般字符。除格式说明之外的其他字符,包含转义字符。一般字符根据从左向右的出现顺序直接输出到显示终端上,ASCII 控制字符的输出有特殊的含义。

(2) 输出项列表

输出项列表为将要输出的数据,可以是常量、变量或表达式。输出项可以是零个或多个,但必须与格式说明一一对应,即一个格式说明决定一个输出项。

下面是没有输出项且无格式说明的 printf 函数调用例子:

```
printf("hello,world\n");            //没有输出项,且无格式说明
```

2. 格式控制

格式控制串按照从左向右的顺序,当遇到第 1 个格式说明时,那么第 1 个输出项被转换为指定的格式输出,第 2 个格式说明转换第 2 个输出项,以此类推。如果输出项多于格式说明,则多出的输出项被忽略。如果没有足够的输出项对应所有的格式说明,则输出结果无法预料。

(1) 格式说明域

格式说明由可选(用方括号括起)及必需的域组成,其形式如下:

```
%[flags] [width] [.prec] [h | l | L | F | N] type
```

格式说明域是个表明具体格式选项的单个字符或数字。最简单的格式说明只有百分号和 type 字符(如%s)。可选域出现在 type 字符前,控制格式的其他特征。表 3.1 解释了每个域的含义,如果百分号后的字符作为格式说明域没有意义,则该字符直接输出。

表 3.1 printf 格式说明域含义

域	域选	描述	含　义
type	必需	类型字符	决定输出项转换为字符、字符串还是数值
flags	可选	标志字符	控制输出的对齐、符号、空格及八进制和十六进制前缀。可以出现多个标志
width	可选	宽度说明	指定输出项的最小显示宽度
. prec	可选	精度说明	指定输出项的最大输出字符数或浮点数的小数精度
h/l/L/F/N	可选	大小修饰	指明输出项类型大小或指针的远近

(2) type 类型字符

类型字符是 printf 函数唯一必需的格式说明域。它出现在任何可选域之后,用来确定输出项的类型。表 3.2 列出了常用类型字符的含义。

表 3.2 printf 类型字符含义

字　符	类　型	输出格式
d	int	带符号的十进制整数
u	int	无符号十进制整数
o	int	无符号八进制整数
x 或 X	int	无符号十六进制整数(若输出为字母,x 用 abcdef,X 用 ABCDEF)
f	double	具有[－]dddd. dddd 格式的带符号数值,dddd 为一位或多位十进制数字。小数点前的数字个数取决于数的量级;小数点后的数字个数取决于所要求的精度
e 或 E	double	具有[－]d. dddde[＋/－]ddd 格式的带符号数值,其中 d 为单个十进制数字,dddd 为一位或多位十进制数字,ddd 为 3 位十进制数,用 e 或 E 表示指数
g 或 G	double	以 f 或 e 格式输出的带符号数值,对给出的值及其精度,f 和 e 哪个简洁就用哪个。只有当值的指数小于－4 或大于等于精度说明时才使用 e 格式。尾部的 0 被截断,只有小数点后跟 1 位或多位数字时才出现小数点。用 e 或 E 表示指数
c	char	单个字符
s	字符串指针	直到第一个非空字符('\0')或满足精度的字符串
%		输出百分号'%'

(3) flags 标志字符

标志字符是一个字符,可以调整对齐、符号、空格以及八进制和十六进制前缀,格式说明中可以有多个标志字符。表 3.3 列出了标志字符的含义。

表 3.3 printf 标志字符含义

<table>
<tr><th>标志</th><th colspan="2">意　义</th><th>默　认</th></tr>
<tr><td>－</td><td colspan="2">在给定域宽内左对齐输出结果(右边用空格填充)</td><td>右对齐(左边用空格或 0 填充)</td></tr>
<tr><td>＋</td><td colspan="2">如果输出值是有符号数,则总是加上符号(＋或－)</td><td>只在负数前加－</td></tr>
<tr><td>空格</td><td colspan="2">如果输出值是有符号数或为正数,则以空格作为前缀加到输出值前;如果空格和＋标志同时出现,则忽略空格</td><td>无</td></tr>
<tr><td rowspan="5">#</td><td colspan="2">指明使用如下的“转换样式”转换输出参数</td><td></td></tr>
<tr><td>若类型字符为</td><td>对输出参数的影响</td><td>备　注</td></tr>
<tr><td>x 或 X</td><td>在任何非 0 输出值前加上 0x 或 0X</td><td></td></tr>
<tr><td>e,E,f</td><td>强制在所有情况下输出值总是包含小数点</td><td>只有小数点后面有数字时才显示它</td></tr>
<tr><td>g,G</td><td>同 e 和 E,强制在所有情况下输出值中总是包含小数点并阻止截断尾部的 0</td><td>只有小数点后面有数字时才显示它,截断尾部的 0</td></tr>
</table>

(4) width 宽度说明

宽度说明是非负的十进制整数,它规定输出占位的最小宽度。但在输出大于宽度时按实际值的输出,小的宽度不会引起输出值的截断。表 3.4 列出了宽度说明的含义。

表 3.4 printf 宽度说明含义

宽度说明	对输出域宽度的影响
n	至少有 n 个字符宽度输出,如果输出值中的宽度小于 n 个,则输出用空格填充直到最小宽度规定(如果 flags 为一,则填充在输出值的右边,否则在左边)
0n	至少有 n 个字符宽度输出,如果输出值中的宽度小于 n 个,则输出用 0 填充在输出值的左边(对于左对齐无效)
*	间接设置宽度,此时由输出项列表提供宽度值,且它必须在输出项的前面

(5) .prec 精度说明

精度说明是以圆点(.)开头的非负十进制整数,它规定了输出的最大字符数或有效数字位数。精度说明可以引起输出值的截断,或使浮点数输出值四舍五入。表 3.5 列出了精度的含义。

表 3.5 printf 精度说明含义

精度说明	精度影响	
.n	类型	含义
	e,E,f	精度值指定小数点后数字的个数。四舍五入
	g,G	精度值指定可输出的有效数字的最大数目
	s	精度值指定可输出字符的最大数目,超出精度值范围的字符不予输出
(无)	精度按如下默认值	
	类型	默认值
	e,E,f	6
	g,G	打印 6 个有效数字,尾部的 0 串被截断
	s	输出直到空字符('\0')为止
.0 或仅有.	类型	含义
	e,E,f,g,G	输出不打印小数点(及其后的小数)
	s	无任何字符输出
*	间接设置精度,此时由输出项列表提供精度值,且它必须在输出项的前面。如果宽度说明和精度说明同时使用 *,则先出现宽度值,接着是精度值,然后才是输出项	

一个浮点类型值若是正无穷大、负无穷大或非 IEEE 浮点数时,printf 函数输出 +INF、-INF、+NAN 或-NAN。

(6) 大小修饰

大小修饰指明输出结果的类型大小。表 3.6 列出了常用类型大小修饰的含义。

表3.6 printf类型大小修饰含义

大小修饰	type类型字符	输出参数被解释为
h	d,o,x,X	短整型(short)
	u	无符号短整型(unsigned short)
l	d,o,x,X	长整型(long)
	u	无符号长整型(unsigned long)
	e,E,f,g,G	双精度浮点型(double)
L	e,E,f,g,G	长双精度浮点型(long double)

下面集中给出调用printf函数格式化输出数据的例子。

```
int a=123,b=-1,c=12345; long h=-1; short i=-1,j=32767;
char c1=97; double x=12.3456,y=12,z=12.123456789123;
//①输出整型数据
printf("%d,%u,%x,%X,%o\n",a,a,a,a,a);                //十进制、无符号、十六进制和八进制
//输出结果：123,123,7b,7B,173
printf("%d,%u,%x,%X,%o\n",b,b,b,b,b); //十进制、无符号、十六进制和八进制,负数为补码
//输出结果：-1,4294967295,ffffffff,FFFFFFFF,37777777777
printf("%ld,%lu,%lx,%lo\n",h,h,h,h,h);               //长整型,负数为补码
//输出结果：-1,4294967295,ffffffff,37777777777
printf("%hd,%hu,%hx,%ho\n",i,i,i,i,i);               //短整型,负数为补码
//输出结果：-1,65535,ffff,177777
printf("%hd,%hd\n",j,j+1);                           //短整型,数据溢出
//输出结果：32767,-32768
//②输出带格式的整型数据
printf("[%d],[%4d],[%-4d],[%4d],[%-4d]\n",a,a,a,c,c);
                                                     //宽度、右对齐、左对齐、实际宽度
//输出结果：[123],[ 123],[123 ],[12345],[12345]
printf("[%+d],[%+d],[%d],[%d]\n",a,-a,a,-a);         //填充正负符号、填充空格
//输出结果：[+123],[-123],[ 123],[-123]
printf("[%04d],[%04d],[%04d],[%-04d]\n",a,b,c,a);      //左边填充0,右边不影响
//输出结果：[0123],[-001],[12345],[123 ]
printf("%#d,%#x,%#X,%#o\n",a,a,a,a);                 //填充十六进制、八进制前缀
//输出结果：123,0x7b,0X7B,0173
printf("[%*d]\n",5,a);                               //由输出项指定宽度
//输出结果：[  123]
printf("[%8.2d],[%-8.2d]\n",a,a);                    //精度对整型无作用
//输出结果：[     123],[123     ]
//③输出字符型数据
printf("%d,%c\n",c1,c1);                             //字符型数值、ASCII码
//输出结果：97,a
```

```
//④输出带格式的字符型数据
printf("[%12c],[%012c],[%-012c]\n",c1,c1,c1);      //宽度、右对齐、左对齐
//输出结果：[           a],[00000000000a],[a           ]
//⑤输出浮点型数据
printf("%lf,%e,%g\n",x,x,x);                       //小数格式、指数格式、最简格式
//输出结果：12.345600,1.234560e+001,12.3456
printf("%lf,%e,%g\n",y,y,y);                       //小数格式、指数格式、最简格式
//输出结果：12.000000,1.200000e+001,12
//⑥输出指定精度的浮点型数据
printf("[%lf],[%10lf],[%10.2lf],[%.2lf]\n",x,x,x,x);     //默认精度、宽度、精度
//输出结果：[12.345600],[ 12.345600],[     12.35],[12.35]
//⑦输出带格式的浮点型数据
printf("[%+lf],[%+lf],[%lf],[%lf]\n",y,-y,y,-y);         //填充正负符号、填充空格
//输出结果：[+12.000000],[-12.000000],[ 12.000000],[-12.000000]
printf("[%06.1lf],[%-06.1lf]\n",y,y);              //左边填充 0,右边不影响
//输出结果：[0012.0],[12.0  ]
printf("[%.*f],[%*.*f]\n",6,x,12,3,x);             //由输出项指定宽度、宽度与精度
//输出结果：[12.345600],[      12.346]
//⑧输出字符串
printf("[%s],[%6s],[%-6s]\n","Java","Java","Java");         //宽度对字符串的影响
//输出结果：[Java],[  Java],[Java  ]
printf("[%s],[%.3s],[%6.3s]\n","Basic","Basic","Basic");    //精度对字符串的影响
//输出结果：[Basic],[Bas],[   Bas]
//⑨特殊输出
printf("%%\n",c1); //两个%%表示输出一个%,输出项
//输出结果：%
printf("%d,%d\n",a,b,c);                        //格式数目小于输出项数,忽略多余输出项
//输出结果：123,-1
printf("%d,%d,%d\n",a,b);                       //格式数目大于输出项数,输出结果不确定
//输出结果：123,-1,2367460
printf("%d,%lf\n",x,a);                         //类型不对应,输出结果不确定
//输出结果：2075328197,0.000000
```

3.2.3 格式化输入

1. scanf 函数

scanf 函数的作用是从标准输入设备(键盘终端)读取格式化的数据，一般形式为：

```
scanf(格式控制,输入项列表);
```

例如：

```
scanf("%d%d", &a, &b)
```

scanf 函数将数据读到输入项列表中。每个输入项必须为地址形式(& 变量)。格式

控制可以包含下列情况的一种或多种。

(1) 空白符：①空格('␣')；②Tab('\t')；③换行('\n')。空白符使 scanf 读输入数据中的连续空白符，但不保存它们，直至读到下一个非空白字符为止。格式串中的一个空白字符可以匹配任意数目(包括 0 个)和任意组合的空白符。

(2) 除百分号(%)外的非空白符：非空白符使 scanf 读入一个匹配的非空白字符，但不保存它。如果输入中的字符并不匹配，则立即终止 scanf。

(3) 格式说明符：由百分号%开头。格式说明符使 scanf 读入输入数据中的字符，并将它转换成指定类型的值，该值将保存到输入项中。

格式控制自左向右地处理。遇到第 1 个格式说明符时，读入第 1 个输入数据，并存放到第 1 个输入项中，依此类推，直到格式控制串结束。其他字符用来匹配输入中的字符序列，输入中的匹配字符被读入但不保存；如果输入中某个字符与格式说明相冲突，则 scanf 终止，该字符将留在输入流中，就像没有读过一样。

输入数据被定义为：①下一个空白符之前的所有字符；②下一个不能按格式说明转换的字符之前的所有字符(如在八进制下出现 8)；③到达域宽之前的所有字符。

如果输入项个数比给定的格式说明符多，多余的输入项被忽略；如果输入项个数比格式说明符少，则读入结果是不可预料的。scanf 函数经常会引发灾难性的结果，其原因就是格式说明、输入项与实际输入数据不匹配。

2. 格式控制

(1) 格式说明域

格式说明由可选(用方括号括起)及必需的域组成，其形式如下：

```
%[*][width][h|l|L|F|N]type
```

格式说明域是个表明具体格式选项的单个字符或数字。最简单的格式说明只有百分号和 type 字符(如%s)。如果百分号(%)后面紧跟的字符作为格式控制没有意义，该字符和下一个百分号(%)之前的所有字符被当作必须与输入匹配的字符序列。

(2) type 类型字符

类型字符是 scanf 函数唯一必需的格式说明域。它出现在任何可选域之后，用来确定输入项的类型。表 3.7 列出了常用类型字符的含义。

表 3.7　scanf 类型字符含义

类型字符	期望读入(应输入)的类型
d	十进制整数
o	八进制整数
x 或 X	十六进制整数
u	无符号十进制整数

续表

类型字符	期望读入(应输入)的类型
e,E,f,g,G	由下列成分组成的浮点数：可选的符号＋或－，包括小数点在内的一个或多个十进制数字序列，可选的指数符('e'或'E')其后的带符号整数。[＋/－] dddddddd [.] dddd [E | e] [＋/－] ddd
c	字符。指定 c 后，通常被跳过的空白符将被读入，如果要读下一个非空白符，要使用%1s
s	字符串。默认情况下，输入字符串以空白符作为结束

(3) *禁止字符

*禁止字符的含义是从输入数据中读取类型相当的数据，但跳过这个数据，即不将它保存到输入项中。

(4) 宽度说明

宽度说明控制从输入数据中读出的最大字符数。转换并存放到相应输入项中。如果读 width 个字符前遇到空白符或不能根据指定格式进行转换的字符，则读入的字符个数将少于 width 个。

(5) 大小修饰

大小修饰指明输入的类型大小，与 printf 的大小修饰含义相同。

下面集中给出调用 scanf 函数输入格式化数据的例子。

```
int a,b,c; long h; short i; char k,m; double x,y;
scanf("%d%ld%hd%lf%le",&a,&h,&i,&x,&y);      //输入整型、长整型、短整型、浮点型
//输入：1 2 3 1.23 3.25      结果 a=1,h=2,i=3,x=1.23,y=3.25
//输入：1 -1 32768 12.3 12e5      结果 a=1,h=-1,i=-32768,x=12.3,y=1.2e6
scanf("%d%d%d",&a,&b,&c);                   //连续输入用空格、Tab、回车间隔
//输入：1 2 3      结果 a=1,b=2,c=3
//输入：1,2,3      结果 a=1,b,c 不确定(输入逗号不匹配空白符,scanf 终止)
scanf("%d,%d,%d",&a,&b,&c);                 //输入必须匹配一般字符
//输入：1,2,3      结果 a=1,b=2,c=3
//输入：1 2 3      结果 a=1,b,c 不确定(输入空格不匹配逗号,scanf 终止)
scanf("a=%db=%dc=%d",&a,&b,&c);             //输入必须匹配一般字符
//输入：a=1b=2c=3      结果 a=1,b=2,c=3
//输入：1 2 3      结果 a,b,c 不确定(输入不匹配 a=,scanf 终止)
scanf("%4d%4d",&a,&b);                      //指定宽度
//输入：12 12345      结果 a=12,b=1234
//输入：123456789      结果 a=1234,b=5678
scanf("%1d%*2d%3d",&a,&b);                  //禁止字符
//输入：123456789      结果 a=1,b=456,23 读取但不保存
scanf("%d%c%d%c",&a,&k,&b,&m);              //输入字符型
//输入：12c34a      结果 a=12,k=c,b=34,m=a
//输入：12 c 34 a      结果 a=12,k=空格,b,m 不确定(输入 c 不匹配%d,scanf 终止)
scanf("%d%d",&a,&b,&c);               //格式数目小于输入项数,多余输入项未被输入
```

```
scanf("%d%d%d",&a,&b);                  //格式数目大于输入项数,崩溃性错误
scanf("%d%lf",&x,&a);                   //类型不对应,严重错误
```

printf 和 scanf 函数格式繁杂，读者可以通过上机实验摸索其规律，积累经验，逐步掌握。在实际编程中，使用最多的情形是无格式的 printf 和 scanf 函数调用，即格式说明简单为%type。

3.3 程序顺序结构

3.3.1 顺序执行

通常情况下，语句以其出现的顺序执行，一个语句执行完会自动转到下一个语句开始执行，这样的执行称为顺序执行。顺序执行反映了程序"按部就班"的执行规律，多数情况下，程序的执行就是这样的。

顺序执行的次序是很重要的，例如求圆面积，其执行次序就应该如图 3.1 所示。

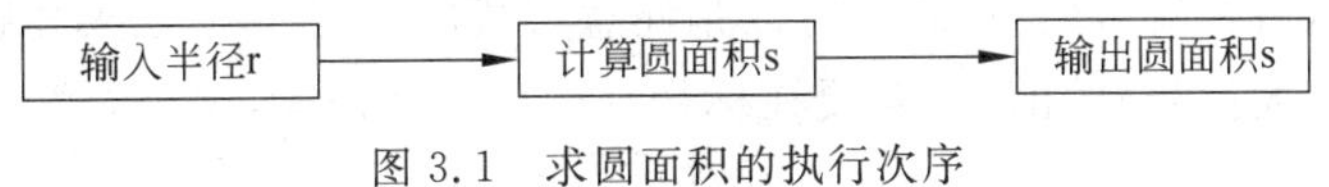

图 3.1 求圆面积的执行次序

显然，3 个步骤中颠倒任意一个次序，结果都不会正确。

顺序执行有一种特殊的情形就是函数执行。程序执行到函数时，会暂停当前的执行流程，进入到函数中开始一段新的执行流程，从函数返回后再继续当前的执行流程。

函数中的执行流程可以是程序流程的任意形式，它似乎是顺序执行中的一段"小插曲"。然而正是这种执行机制使得程序可以由简单的顺序执行激活更多层次、更多嵌套、更复杂的执行流程，从而满足算法求解的执行需要。

3.3.2 跳转执行

除了最简单的程序外，顺序执行对于我们必须要解决的问题来说是不够的。从问题求解的一般过程来看，我们还需要跳转执行。

例如，编程求解 $ax^2+bx+c=0$ 的根时，需要根据 b^2-4ac 的值是否大于 0、等于 0、小于 0 选择相应的代码来分别处理，这是选择。

例如，编程判断 m 是否为素数时，需要对 $2\sim m-1$ 的数逐一判断是否整除，这是循环。

例如，有时需要从最深的嵌套结构中直接退出去，这是直接跳转。

C 语言的控制语句用于控制程序的流程，实现跳转执行，它们由特定的语句组成。C 语言有 9 种控制语句，可分成以下 3 类：

(1) 选择语句：if 语句、switch 语句；

(2) 循环语句：while 语句、do 语句、for 语句；

(3) 跳转语句：goto 语句、break 语句、continue 语句、return 语句。

这里先介绍 goto 语句。

goto 语句的作用是使程序无条件跳转到别的位置,语法形式为:

```
goto 标号;
```

这里的标号是一个自定义的标识符,标号语句形式为:

```
标号: 语句序列
```

其中“语句序列”表示多个语句的意思。

当程序执行到 goto 语句时,就直接跳转到标号语句的位置继续运行,例如:

```
1     goto L1;
⋮     语句序列
10    L1: x=a+b;
⋮     语句序列
```

执行第 1 行时,程序跳转到 L1 标号语句所在的第 10 行继续运行。

C 语言规定,goto 语句只能在函数内部跳转,不能跳转到别的函数中。标号语句的标号一般用大写,后跟冒号(:),后面可以是任意形式的 C 语句。如果要跳转到的位置是语句块的结束,右大括号}的前面,需要在标号后面使用空语句,例如:

```
语句序列
L_END:  ;                       //空语句
}
```

goto 语句不能向前跳过没有被语句块包围的声明部分,例如:

```
int main()
{
L_START:
    int a=10;
    语句序列
    goto L_START;               //错误,跳过声明部分
    return 0;
}
```

早在 1968 年,计算机科学家 Dijkstra 发表了论文“GoTo Statement Considered Harmful”(《GoTo 有害论》),证明了所有 goto 语句都可以改写成不用 goto 语句的程序,提出“一个程序的质量与程序中所含的 GoTo 语句的数量成反比”。因为 goto 语句无条件的跳转破坏了程序的结构化,导致可阅读性降低,所以少用或不用 goto 语句是编程的好习惯。

3.4 程序选择结构

3.4.1 if 语句

if 语句的作用是计算给定的表达式,根据结果选择执行相应的语句,语句形式有两种:

（1）if 形式：

```
if(表达式)语句 1;
```

（2）if-else 形式：

```
if(表达式)语句 1; else 语句 2;
```

其中语句 1 或语句 2 称为子语句，两个转向分支称为 if 分支和 else 分支，圆括号内的表达式称为选择条件。

第一种形式的 if 语句的执行过程是先计算表达式，无论表达式为何种类型，均将这个值按逻辑值处理。如果其值为真，则执行子语句 1，然后执行 if 语句的后续语句；如果其值为假，则什么也不做，直接执行 if 语句的后续语句。其执行流程如图 3.2(a)所示。

第二种形式的 if-else 语句的执行过程是先计算表达式，无论表达式为何种类型均将这个值按逻辑值处理，如果其值为真，则执行子语句 1，然后执行 if 语句的后续语句；如果其值为假，则执行子语句 2，然后执行 if 语句的后续语句。其执行流程如图 3.2(b)所示。

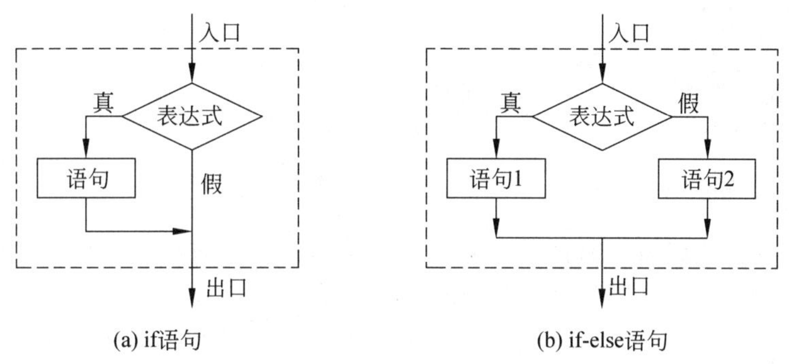

(a) if语句　　(b) if-else语句

图 3.2　两种形式的 if 语句执行流程

if 语句提供了程序选择执行，例如：

```
if(a>b) t=a, a=b, b=t;
```

当 a＞b 时，执行 t＝a，a＝b，b＝t 运算，即 a 和 b 相互交换；若 a⩽b 则什么也不做。总而言之，无论 a 和 b 之前是什么数，执行这段程序后，a 肯定小于等于 b。

下面对 if 语句的用法作详细说明。

（1）if 语句中的子语句既可以是简单语句，又可以是复合语句或控制语句，但必须是“一个语句”的语法形式，例如：

```
1    if (a>b)
2        x=a+b; y=a-b;
3    else
4        x=a-b; y=a+b;
```

第 2 行语法错误，因为 if 分支子语句是两个语句的形式，不符合语法要求；第 4 行虽然没有语法错误，但有写法歧义性问题，即 y＝a＋b；这个语句并不是 else 分支子语句，而是这个 if 语句的后续语句。

(2) 子语句往往会有多条语句,甚至更复杂的情形,这时可以使用复合语句。例如:

```
if (a>b) {
    x=a+b; y=a-b;
}
else {
    x=a-b; y=a+b;
}
```

(3) 从两种形式的 if 语句的执行流程图可知,if 语句都有一个共同的入口和出口,执行流程的不同依赖子语句的不同,这种形式就是程序选择结构。从流程图的虚框上来看,if 语句所形成的选择结构可以抽象为顺序结构的一步。反过来提示我们在编程时可以先抽象设计顺序结构的一步,再使用选择结构细化。

(4) if 语句后面的圆括号是语法规定必须有的,表达式可以是 C 语言的任意表达式;但由于其结果是按逻辑值来处理的,通常情况下,选择条件是关系表达式或逻辑表达式,应该谨慎出现别的表达式。

下面给出几个示例。

情形一,选择条件是赋值表达式,例如:

```
a=5, b=2;
if(a=b)x=a * 10;
```

这时表达式的含义是先将 b 赋值给 a,再将赋的值按逻辑值来处理;C 语言中任何其他类型的值转换为逻辑值的规则是 0 为假、非 0 为真,表达式现在的结果是 2,故选择条件为真,执行子语句。表达式是赋值可能还有一个原因就是误将相等比较写成了赋值,即==少写了一个等号变成了=。例如:

```
a=5, b=2;
if(a==b)x=a * 10;
```

先比较 a 和 b 是否相等,由于不相等选择条件为假,子语句没有执行。

情形二,选择条件是数值、指针值或算术运算,例如:

```
a=5,b=2;
if(a)x=a * 10;
```

这时表达式直接将 a 按逻辑值来处理,故选择条件为真,执行子语句。仔细研究表 3.8,可以得出:按逻辑值处理,写法"a"和"a!=0"是等效的,"!a"和"a==0"是等效的。

表 3.8 数值按逻辑值处理的结果

数 值	逻 辑 值			
a	a	a!=0	!a	a==0
0	假	假	真	真
非 0	真	真	假	假

情形三,选择条件是常量,例如:

```
if(0)x=a*10;
```

这时表达式恒为假,子语句永远也不可能得到执行。这种极端写法通常用来调试,即通过安排表达式为假来“屏蔽”尚未完工的子语句。

(5) if-else 语句和条件运算符似乎很像。例如:

```
if(c1>='A' && c1<='Z') c=c1+32;
else c=c1;
```

和

```
c=(c1>='A' && c1<='Z') ?c1+32 : c1;
```

结果是完全一样的,条件运算符的写法似乎更简捷。实际上 if-else 语句是语句,它可以包含任意多的表达式,或任意多的语句组合。而条件运算符则能力有限,它仅局限于表达式。因此 if-else 语句可以替代条件运算符,反之则不成立。

【例 3.3】 利用下面的 Heron 公式计算三角形面积。

设三角形的三边长为 a、b、c,构成三角形的条件是:$a+b>c$,$b+c>a$,$c+a>b$ 同时成立。则面积:

$$s=\sqrt{t(t-a)(t-b)(t-c)}$$

其中 $t=\frac{a+b+c}{2}$。

程序代码如下:

```
#include<stdio.h>
#include<math.h>
int main()
{
    double a,b,c;
    printf("input a,b,c:");
    scanf("%lf%lf%lf",&a,&b,&c);                //输入三角形三边长
    //判断三边长是否构成三角形
    if (a+b>c && a+c>b && b+c>a) {
        double s,t;
        t=(a+b+c)/2.0;
        s=sqrt(t*(t-a)*(t-b)*(t-c));            //Heron 公式计算三角形面积
        printf("area=%lf\n",s);
    }
    else printf("error\n");
    return 0;
}
```

程序运行情况如下:

```
input a,b,c:3 4 5↙
area=6.000000
```

3.4.2 switch 语句

switch 语句的作用是计算给定的表达式，根据结果选择从多个分支入口执行，语句形式为：

```
switch ( 表达式 ) {
    case 常量表达式 1    :  语句序列 1
    case 常量表达式 2    :  语句序列 2
        ⋮
    case 常量表达式 n    :  语句序列 n
       default           :  默认语句序列
}
```

语法形式中的转向分支约定称为 case 分支和 default 分支，圆括号内的表达式称为分支选择，“语句序列”表示允许多个语句。

switch 语句的执行过程是先计算表达式，然后将该值与 case 的值逐一进行比较。若与某个常量表达式的值相等，就从该 case 分支后的语句序列开始执行，执行完一个语句序列继续下一个语句序列，直到没有语句或遇到 break 语句为止；若均没有相等的值，则转向 default 分支，从默认语句序列开始执行。其执行流程如图 3.3 所示。

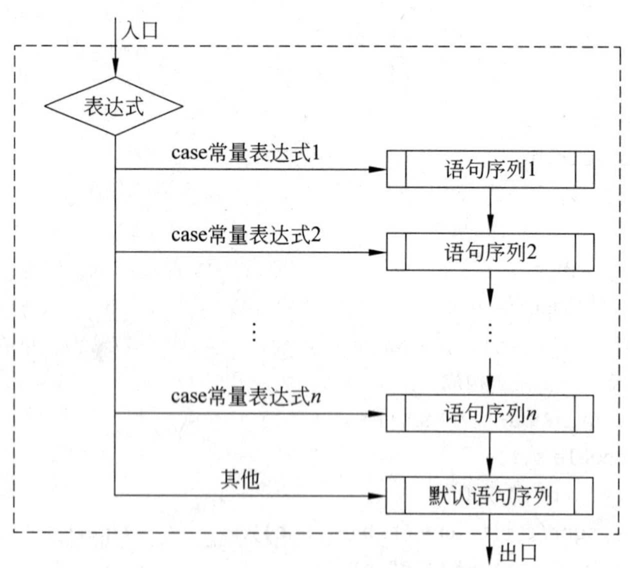

图 3.3　switch 语句执行流程

下面对 switch 语句的用法作详细说明。

(1) switch 语句中 case 分支的语句序列可以是一个语句，也可以是任意多的语句序列，还可以没有语句；既可以是简单语句，又可以是复合语句和控制语句。如果没有语句，

则一旦执行到这个 case 分支,什么也不做,继续往下执行。例如:

```
switch (n) {
    case 7 : printf("step5\n");
    case 6 :
    case 5 : printf("step4\n");
    case 4 :
        {
            printf("step3\n");printf("step2\n");
        }
    case 2 : printf("step1\n");
    default: printf("step0\n");
}
```

case 6 没有语句,执行到这里时直接往下执行,case 4 的语句是复合语句的写法。

(2) switch 语法中各个 case 分支和 default 分支的出现次序在语法上没有规定,但次序的不同安排会影响执行结果。比较下面的程序段:

```
1   //①程序 A                          //②程序 B
2   switch (n) {                       switch (n) {
3       case 1 : printf("1");              default: printf("0");
4       case 2 : printf("2");              case 1 : printf("1");
5       default: printf("0");              case 2 : printf("2");
6   }                                  }
```

但 n 为 3 时,程序 A 输出 0,程序 B 输出 012,因为程序 A 只执行第 5 行,而程序 B 依次执行第 3、4、5 行。

(3) switch 语法中 default 分支是可选的,若没有 default 分支且没有任何 case 标号的值相等时,switch 语句将什么也不做,直接执行其后续语句。

(4) switch 语句后面的圆括号是语法规定必须有的。分支选择可以是 C 语言的任意表达式,但其值必须是整数(含字符类型)、枚举类型,或者包含能转换成这两种类型的类型。如果有其他类型的值,例如浮点数或逻辑型结果,则会产生隐式类型转换;如果不能隐式类型转换,则出现语法错误。通常情况下,分支选择是整型的算术运算表达式,应该谨慎出现别的表达式。例如:

```
switch (k<=12 || k>=65)
{
    case 0: printf("false\n");
    case 1: printf("true\n");
}
```

分支选择为逻辑运算表达式,按整数处理,真为 1,假为 0,除此之外的其他 case 分支是不可能转向去的。

(5) switch 语法中的 case 分支必须是常量表达式且互不相同,即为整型、字符型或枚举类型的常量值,但不能包含变量。例如,若 c 是变量,则“case c>='a' && c<='z': ”的

写法是错的。case 分支后面的冒号是必须的,即使没有后面的语句序列。

从 switch 语句的语法上来看,一旦开始执行某个分支,就会一直执行到没有语句为止;换言之,从某个分支开始执行,也会将另一个分支的语句序列执行到。但实际问题求解中,多分支选择却不是这样的,它往往要求某个分支的语句执行后,switch 就结束,所要求的执行流程如图 3.4 所示。

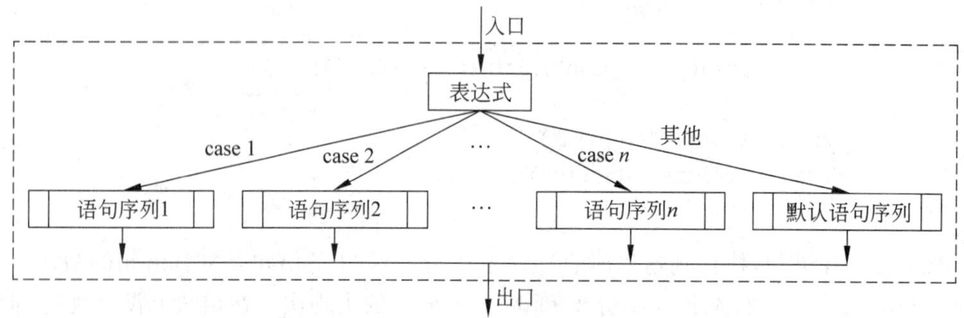

图 3.4 结构化的 switch 流程

为了实现这样的控制流程,可以使用 break 语句,语句形式为:

```
break;
```

在 switch 语句中任意位置上,只要执行到 break 语句,就结束 switch 语句的执行,转到后续语句。所以,更常见的 switch 结构应该如下,它提供了程序多分支选择执行流程。

```
switch (表达式) {
    case 常量表达式 1 :  语句序列 1; break;
    case 常量表达式 2 :  语句序列 2; break;
        ⋮
    case 常量表达式 n :  语句序列 n; break;
    default          :  默认语句序列 ; break;
}
```

最后的分支是可以不用 break 语句的。

3.4.3 选择结构的嵌套

在 if 语句和 switch 语句中,分支的子语句可以是任意的控制语句,当这些子语句是 if 语句或 switch 语句时,就构成了选择结构的嵌套。

1. if 语句的嵌套

(1) 第一种形式,在 else 分支上嵌套 if 语句,语法形式为:

```
if(表达式 1) 语句 1
else if(表达式 2) 语句 2
else if(表达式 3) 语句 3
⋮
```

```
else if(表达式 n) 语句 n
else 语句 m
```

子语句 n 若要执行，则前面的表达式均为假和表达式 n 为真；子语句 m 若要执行，则所有的表达式均为假，其余以此类推，其执行流程如图 3.5 所示。

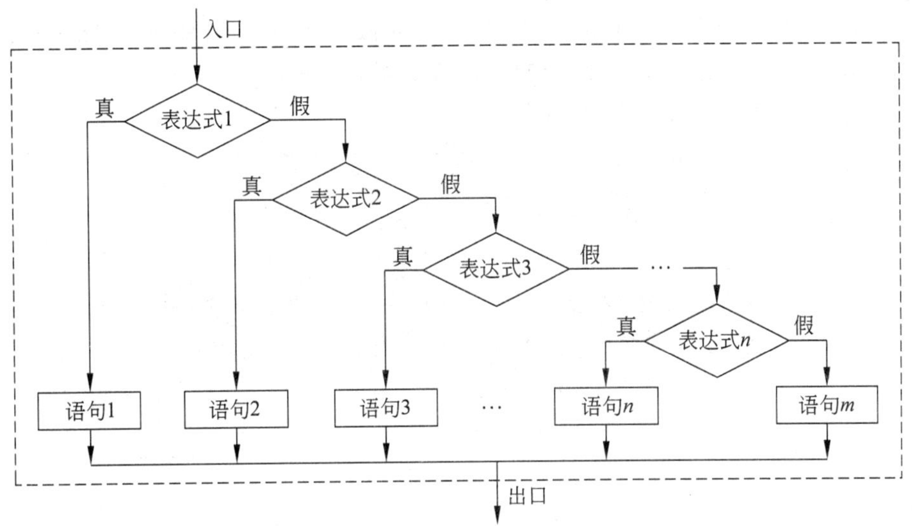

图 3.5　嵌套 if 语句第一种形式的执行流程

【例 3.4】 编程输出成绩分类，90 以上为 A，80～89 为 B，……，60 以下为 E。

分析：如图 3.5 所示。大于 90 以上为一个分支，80～89 为一个分支，以此类推。

程序代码如下：

```
#include<stdio.h>
int main()
{
    int score;
    scanf("%d",&score);
    if (score>=90) printf("A\n");              //90 分以上
    else if (score>=80) printf("B\n");         //80～89 分
    else if (score>=70) printf("C\n");         //70～79 分
    else if (score>=60) printf("D\n");         //60～69 分
    else printf("E\n");                        //60 分以下
    return 0;
}
```

由于前一级判断已经排除大于 90 分以上的情形，所以“score>=80 && score<=89”是可以优化为“score>=80”；显然，逐级判断下去，60 以下对应的是排除“score>=60”的情形。

(2) 第二种形式，在 if 和 else 分支上嵌套 if 语句，语法形式为：

```
if (表达式 1)
```

```
    if (表达式 2) 语句 1
    else 语句 2
else
    if (表达式 3) 语句 3
    else 语句 4
```

子语句 2 若要执行,则表达式 1 为真且表达式 2 为假;子语句 3 若要执行,则表达式 1 为假且表达式 3 为真,其余以此类推,其执行流程如图 3.6 所示。

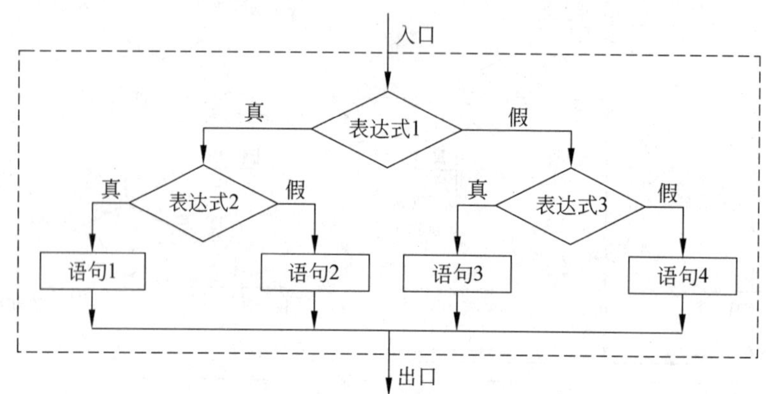

图 3.6　嵌套 if 语句第二种形式的执行流程

if 语句嵌套的层数没有限制,可以形成多重嵌套。多重嵌套的使用扩展了程序选择的分支数目,适应了程序多分支选择流程的需要。但是,嵌套的层数越多,编写和理解代码的难度就越大,所以应尽可能使 if 语句的嵌套层数最少。

① if 多重嵌套容易出现 if 与 else 的配对错误,从而引起二义性。例如:

```
1   if(x>1)
2       if (x>10) y=1;
3   else y=2;                    //第 2 行的 else 分支
```

和

```
1   if(x>1) {
2       if (x>10) y=1;
3   }
4   else y=2;                    //第 1 行的 else 分支
```

嵌套中的 if 与 else 的配对关系原则为:else 总是匹配给上面相邻尚未配对的 if。如果 if 和 else 的数目不对应,使用复合语句来明确配对关系。

② 对选择条件优化可以减少 if 的嵌套层数。例如:

```
1   if(x>1)
2       if (x>10) y=1;
```

是可以这样写的:

```
if(x>1 && x>10) y=1;
```

③ 选择正确的算法可以大幅降低 if 多重嵌套带来的复杂度。

【例 3.5】 输入 4 个数 a、b、c、d，按由小到大的顺序输出。

分析：如果按照逐一比较输出或相似的思路去求解，就会用到 if 多重嵌套，会有 24 个分支（全排列 4!）。这样的嵌套是复杂的，也很难理解。例如：

```
if(a>b && b>c && c>d) printf("%d,%d,%d,%d",a,b,c,d);
else if(a>b && b>c && d>c) printf("%d,%d,%d,%d",a,b,d,c);
……
```

可以采用两两比较交换的思路来做，由于比较完后有交换，对于后面的步骤来说这两个数已经确定了大小关系，比较的次数会越来越少。

程序代码如下：

```
#include<stdio.h>
int main()
{
    int a,b,c,d,t;
    scanf("%d%d%d%d",&a,&b,&c,&d);
    if(a>b) t=a,a=b,b=t;                    //结果 a<=b
    if(a>c) t=a,a=c,c=t;                    //结果 a<=c
    if(a>d) t=a,a=d,d=t;                    //结果 a<=d
    // 结果 a<b,c,d
    if(b>c) t=b,b=c,c=t;                    //结果 b<=c
    if(b>d) t=b,b=d,d=t;                    //结果 b<=d
    // 结果 a<b<c,d
    if(c>d) t=c,c=d,d=t;                    //结果 c<=d
    // 结果 a<b<c<d
    printf("%d,%d,%d,%d\n",a,b,c,d);
    return 0;
}
```

程序运行情况如下：

```
12 7 30 2↙
2,7,12,30
```

2. switch 语句的嵌套

switch 语句是可以嵌套的，例如，下面的程序段：

```
int a=15, b=21, m=0;
switch(a%3) {
    case 0: m++;
        switch(b%2) {
```

```
5                default: m++;
6                case 0 : m++; break;
7            }
8        case 1: m++;
9    }
```

第 3 行 case 分支执行，接下来第 4 行 switch 语句执行，当第 6 行 break 执行时结束“switch(b%2)”语句，转到第 8 行继续执行上一级“switch(a%3)”语句的 case 分支。

从上面的例子看出，switch 语句中的 break 语句仅终止包含它的 switch 语句，而不是嵌套中的所有 switch 语句。使用嵌套的 switch 语句后，程序的分支变得复杂。

3. if 语句和 switch 语句的替换

从逻辑上看，if 语句和 switch 语句是可以相互替换的。switch 语句的分支判定是按相等来处理的，而 if 语句的条件判定就要比它宽广得多。因此，switch 语句可以直接用第一种嵌套形式的 if 语句写出来。但 if 语句用 switch 语句来写就有难度了，原因是用相等判定去代替区间判定有实现上的困难，例如“a＜x＜b”就无法用“x 等于什么”来描述。一般地，switch 语句的程序完全可以用 if 语句写出来，if 语句的程序一定条件下可以用 switch 语句写出来。

使用 switch 语句比用 if-else 语句简洁，可读性高。遇到多分支选择的情形，应当尽量选用 switch 语句，避免采用嵌套较深的 if-else 语句。

3.4.4 选择结构程序举例

【例 3.6】 输入某天的日期(年、月、日)，输出第二天的日期。

分析：设某天为(y、m、d)，那么第二天的日期为(y、m、d+1)。但如果 d+1＞Days 天时，则第二天的日期为(y、m+1、1)；如果 m+1 大于 12 时，则第二天的日期为(y+1、1、1)。当月份为 1、3、5、7、8、10、12 月时，Days 为 31；月份为 4、6、9、11 月时，Days 为 30。平年 2 月 Days 为 28，闰年 2 月 Days 为 29。程序先计算 Days。

程序代码如下：

```
#include<stdio.h>
int main()
{
    int y,m,d,Days;
    printf("input y,m,d:");
    scanf("%d%d%d",&y,&m,&d);                    //输入日期
    switch(m) {                                  //计算每月的天数
        case 2:
            Days=28;
            if ((y%4==0&&y%100!=0)||(y%400==0)) Days++; //闰年 2 月为 29 天
            break;
        case 4 : case 6:
```

```
        case 9 : case 11 : Days=30; break;
        default: Days=31;                       //其余月份为 31 天
    }
    d++;
    if (d>Days) d=1,m++;                        //判断月末
    if (m>12) m=1,y++;                          //判断年末
    printf("%d-%d-%d\n",y,m,d);                 //输出第二天的日期
    return 0;
}
```

程序运行情况如下：

```
input y,m,d:2004 2 28↙
2004-2-29
```

【例 3.7】 输入月份 m 和日期 d，按下面对应关系输出星座。

3.21-4.20 白羊　4.21-5.20 金牛　5.21-6.20 双子　6.21-7.22 巨蟹
7.23-8.22 狮子　8.23-9.22 室女　9.23-10.22 天秤　10.23-11.22 天蝎
11.23-12.22 射手　12.23-1.20 摩羯　1.21-2.20 宝瓶　2.21-3.20 双鱼

分析：显然，可以使用 if 多重嵌套来逐一比较输出。但从图 3.7 可以看到，日期区间是有规律的，如果将大于 21 或 23 的日期的月份加一，则星座对应关系就可以用月份来描述，就可以使用 switch 语句。12 月 23 日后月份加一会有“13 月”，这个“13 月”其实和 1 月是一样的，可以利用 default 分支。

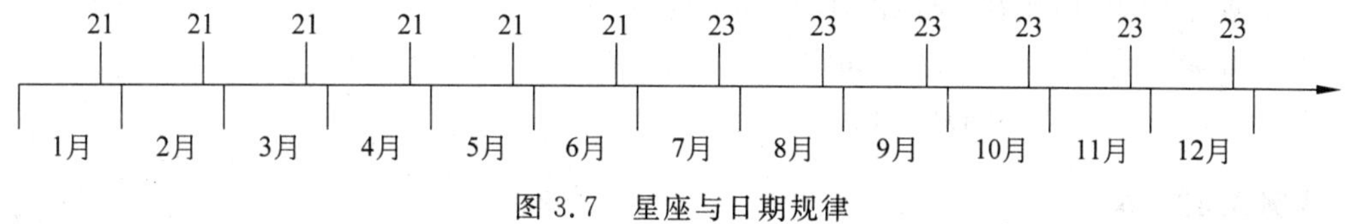

图 3.7 星座与日期规律

程序代码如下：

```
#include<stdio.h>
int main()
{
    int m,d,t;
    printf("input m,d:");
    scanf("%d%d",&m,&d);                    //输入月份和日期
    t=m<7 ?21 : 23;                         //7 月前为 21,7 月后为 23
    if (d>=t) m++;                          // 在一个月的 t 号之后月份加一
    switch(m) {
        case 2  : printf("宝瓶\n");break;
        case 3  : printf("双鱼\n");break;
        case 4  : printf("白羊\n");break;
        case 5  : printf("金牛\n");break;
```

```
        case 6  : printf("双子\n");break;
        case 7  : printf("巨蟹\n");break;
        case 8  : printf("狮子\n");break;
        case 9  : printf("室女\n");break;
        case 10 : printf("天秤\n");break;
        case 11 : printf("天蝎\n");break;
        case 12 : printf("射手\n");break;
        default : printf("摩羯\n");              //13月和1月相同处理
    }
    return 0;
}
```

3.5 程序循环结构

3.5.1 while 语句

while 语句的作用是计算给定的表达式，根据结果判定循环执行语句，语句形式为：

```
while(表达式)语句;
```

其中的语句称为子语句，又称循环体，圆括号内的表达式称为循环条件。

while 语句的执行过程是：

(1) 计算表达式，无论表达式为何种类型均将这个值按逻辑值处理。

(2) 如果值为真，则执行子语句，然后重复(1)。

(3) 如果值为假，则 while 语句结束，执行后续语句。

其执行流程如图 3.8(a)所示。

【例 3.8】 求 $s=\sum_{n=1}^{100} n$，即 $s=1+2+3+\cdots+100$。

用流程图表示算法如图 3.8(b)所示。

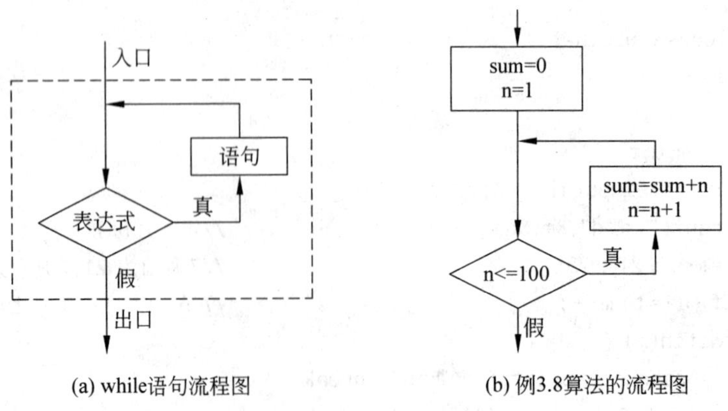

(a) while语句流程图　　(b) 例3.8算法的流程图

图 3.8　while 语句执行流程

根据流程图写出程序如下：

```
1    #include<stdio.h>
2    int main()
3    {
4        int n=1,sum=0;
5        while (n<=100) {                          //循环直到 n 大于 100
6            sum=sum+n;                            //累加和
7            n=n+1;
8        }
9        printf("sum=%d\n",sum);
10       return 0;
11   }
```

程序运行结果如下：

```
sum=5050
```

在上述程序中，第 4 行先做循环前的初始化，n 为 1，sum 为 0。执行第 5 行 while 语句时 n<=100 的结果为真，则执行循环体；循环体是复合语句，先计算 sum 累加，则 sum 变为 0+1 的结果，再让 n 累加 1。然后重复第 5 行的比较和执行过程，则 n 值越来越趋向 100，n<=100 也越来越趋向假，sum 逐渐为 0+1+2+⋯的结果；当 n 为 100 时，n<=100 为真，sum 为 0+1+2+⋯+100 的结果；n 值累加到 101，则 n<=100 为假，while 语句结束。从这里可以看出编写了两行的循环语句，循环体却执行了 100 次。实际上由于计算机速度快，上面的执行过程瞬间完成。

在上述程序中，我们把第 4 行叫循环初始，即进入循环前的初始计算过程。如果不给 n 和 sum 赋初值可不可以？答案是否定的，如果 n 没有确定的值，那么第 5 行的“n<=100”不合逻辑。同理，sum=sum+n 的累加也就成问题。如果 n 和 sum 随意赋值可不可以？答案是否定的，例如 n=2 和 sum=0，则计算结果为 0+2+3+⋯+100，例如 n=1 和 sum=1，则计算结果为 1+1+2+⋯+100，因此 n 和 sum 的值是不可随意给的。如果将 n 和 sum 赋值放到 while 语句中可不可以？答案是否定的，例如：

```
int n,sum;
while (n<=100) {
    n=1,sum=0;                              //在这里赋值，则每次循环均要执行
    sum=sum+n;
    n=n+1;
}
```

每次进入循环体，n 或 sum 就被重新赋值，根本无法累加。如果将 n 和 sum 赋值放到 while 语句后去做可不可以？答案更是否定的。

我们把第 5 行叫循环条件，即判断是否继续循环的条件或循环终止的条件。如果把“while (n<=100)”写成“while (n<=200)”，那么计算结果就是 0+1+2+⋯+200；如果写成“while (n=100)”，由于是把 100 赋给 n 且按逻辑值来理解恒为真，则 while 语句

的循环条件永远为真，循环不能结束了，我们称这样的循环为“死循环”。显然，循环条件也不是随意设定的。

我们把第7行叫循环控制，即让循环条件趋向结束的计算过程。如果没有“n＝n＋1”，那么“while (n＜＝100)”就恒为真，循环同样为死循环；如果改成“n＝n＋2”，那么结果就是0＋1＋3＋5＋…＋99。显然，必须有符合算法要求的循环控制。

第6行是逻辑意义上的循环体，即循环目的的程序步骤。

综上所述，循环结构有三要素：循环初始、循环条件和循环控制。编写循环程序，就要精确设计三要素。循环初始发生在循环之前，使得循环“就绪”；循环条件是循环得以继续或终止的判定，而循环控制是在循环内部实现循环条件的关键过程。循环体可以直接或间接利用三要素来达到计算目的，也可以与三要素无关。

下面对while语句的用法作详细说明。

(1) while语句的循环体既可以是简单语句，又可以是复合语句或控制语句，但必须是“一个语句”的语法形式。在实际编程中，当循环体有多条语句时使用复合语句。

(2) 从while语句的执行流程图可知，while语句有一个入口和出口。从流程图的虚框上来看，while语句所形成的循环结构是可以抽象为顺序结构的一步。反过来提示我们在编程时可以先抽象设计顺序结构的一步，再使用循环结构细化。

(3) 在循环中应该有使while表达式趋向假的操作，否则表达式恒为真，循环永不结束，成为死循环。

有时在while条件后面不小心额外添加分号(;)，往往会彻底改变循环的意图，例如：

```
while (i !=fun()) ;
    i++;
```

这个程序将会无限次循环。由于循环条件后面多了一个分号，因此循环体为空语句，i＋＋自增并不是循环的一部分。

(4) 由于while语句先计算表达式的值，再判断是否循环，所以如果表达式的值始终为假，则循环一次也不执行，失去了循环的意义。

(5) while语句后面的圆括号是语法规定必须有的，循环条件可以是C语言的任意表达式。但由于结果是按逻辑值来处理的，通常情况下，循环条件是关系表达式或逻辑表达式，应该谨慎出现别的表达式。

(6) 从循环结构来看，while语句前应有循环初始，循环体内应有循环控制。

3.5.2 do语句

do语句的作用是先执行语句，然后计算给定的表达式，根据结果判定是否循环执行，语句形式为：

```
do 语句; while (表达式);
```

其中的语句称为子语句，又称循环体，圆括号内的表达式称为循环条件。

do语句的执行过程是：

(1) 执行子语句。

(2) 计算表达式,无论表达式为何种类型均将这个值按逻辑值处理。

(3) 如果值为真,则再次执行(1);如果值为假,则 do 语句结束,执行后续语句。

其执行流程如图 3.9(a)所示。

对于 do 语句有以下两点说明。

(1) do 语句与 while 语句的语法和含义类似。

(2) do 语句的最后必须用分号(;)作为语句结束,循环体的复合语句形式为:

```
do {
    复合语句
} while (表达式);
```

(3) do 语句先执行后判定,while 语句则是先判定后执行;do 语句至少要执行循环体一次,而 while 语句可能一次也不执行。

(4) do 语句结构和 while 语句结构是可以相互替换的。图 3.9(b)就是用 while 语句表示 do 语句的流程图,虚线框内为 while 语句结构。通常情况下,while 语句比 do 语句用得多,而 do 语句使用的情形似乎就是如图 3.9(b)的 while 语句结构。

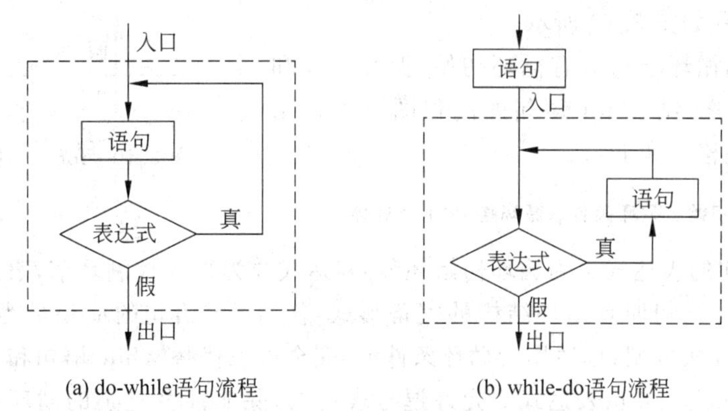

(a) do-while语句流程　　(b) while-do语句流程

图 3.9　do 语句执行流程

【例 3.9】 连续输入多个数据,计算它们的乘积,当输入 0 时结束。

分析:问题是要先输入,才判断是否中止循环的执行,使用 do 循环正好满足这样的需要,它保证循环体至少执行一次。程序代码如下:

```
#include<stdio.h>
int main()
{
    int n=1,k=1;
    do {
        k=k*n;
        scanf("%d",&n);
    } while (n!=0);                          //输入 0 时结束循环
    printf("%d\n",k);                        //输出乘积
    return 0;
}
```

3.5.3 for 语句

for 语句的作用是计算给定的表达式，根据结果判定循环执行语句，for 语句有循环初始和循环控制功能，语句形式为：

```
for (表达式 1; 表达式 2; 表达式 3)语句;
```

其中的语句称为子语句，又称循环体，圆括号内的表达式 2 称为循环条件。

for 语句的执行过程是：

(1) 计算表达式 1。

(2) 计算表达式 2，无论表达式 2 为何种类型均将这个值按逻辑值处理。

(3) 如果值为真，则执行循环体，然后计算表达式 3，再重复(2)。

(4) 如果值为假，则 for 语句结束，执行后续语句。

其执行流程如图 3.10 所示。

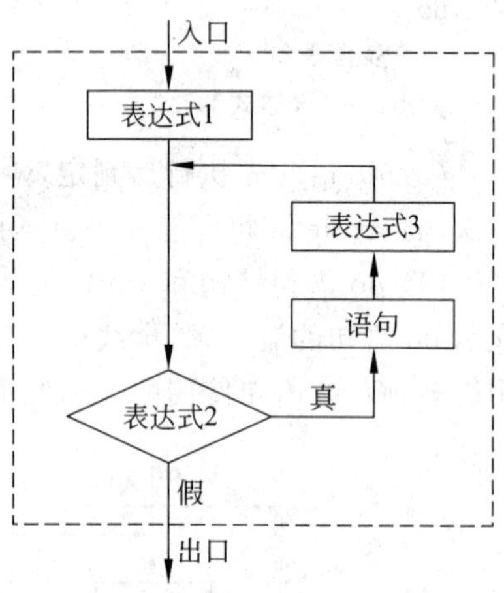

图 3.10 for 语句执行流程

前面提到，循环结构应有循环初始、循环条件和循环控制三要素，结合 for 语句的流程图可以得出 for 语句的应用格式如下：

```
for ( 循环初始; 循环条件; 循环控制 ) 循环体
```

即 for 语句的表达式 1 为循环初始环节，表达式 3 为循环控制环节，表达式 2 为循环条件。因此，for 语句拥有循环结构的完备形式，使得 for 语句的应用最为广泛和灵活。不仅适用于循环次数型，也适用于循环条件型，完全可以代替 while 语句和 do 语句。

for 语句的表达式 1、表达式 3 允许逗号表达式，除非涉及复杂的循环初始计算和循环控制计算，非得用语句实现不可。循环三要素完全可以构造在一个 for 语句中。

前例中的 while 循环，可以用 for 语句实现，例如：

```
for (n=1,sum=0; n<=100; n++) sum=sum+n;
```

显然，应用 for 语句可以使得程序简洁、精炼。

下面给出 for 语句的说明。

(1) for 语句与 while 语句的语法和含义类似。

(2) for 语句中的 3 个表达式，用分号(;)作为间隔，不能把这里的表达式和分号理解为语句。三个表达式均可以省略，但中间的分号不能省略，下面分 5 种情形进行讨论。

情形一。省略表达式 1。

省略表达式 1 就相当于将循环初始计算省略了，此时应在 for 语句之前有循环初始，如 while 语句那样。其执行流程如图 3.11(a)所示。例如：

```
n=1, sum=0;
for ( ; n<=100; n++) sum=sum+n;                    //累加和
```

情形二，省略表达式 2。

C 语言规定，若省略表达式 2，则循环条件始终为真，循环永远执行下去。其执行流程如图 3.11(b)所示。例如：

```
for (n=1,sum=0;  ; n++) sum=sum+n;                //无限循环
```

情形三，省略表达式 3。

省略表达式 3 相当于将循环控制计算省略了，此时应在 for 语句的循环体里有循环控制，如 while 语句那样。其执行流程如图 3.11(c)所示。例如：

```
for (n=1,sum=0; n<=100; ) sum=sum+n, n++;
```

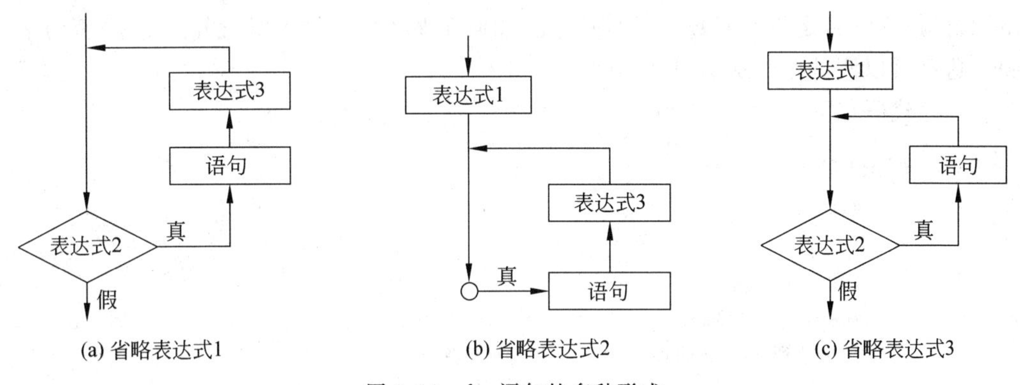

(a) 省略表达式1　　(b) 省略表达式2　　(c) 省略表达式3

图 3.11　for 语句的多种形式

情形四，省略表达式 1 和表达式 3。

此时，for 语句只有充当循环条件的表达式 2，完全等同于 while 语句，由此可见 for 语句比 while 语句功能强。例如：

```
n=1, sum=0;
for ( ; n<=100; ) sum=sum+n, n++;
```

情形五，3 个表达式全部省略。这是一种在少数环境下应用的极端写法，例如：

```
for ( ; ; ) 循环体
```

3.5.4　break 语句

break 语句的作用是结束 switch 语句和循环语句的运行，转到后续语句，语法形式为：

```
break;
```

break 语句只能用在 switch 语句和循环语句(while、do 或 for)中，不得单独使用，而且 break 语句只结束包含它的 switch 语句和循环语句，不会将所有嵌套语句结束。

显然，在循环结构中使用 break 语句的目的就是提前结束循环。C 语言的 3 个循环语句如果循环条件恒为真时，循环会无终止地执行下去，如果在循环体中执行到 break 语

句，循环就会结束，此时的循环就不是死循环。这样一来，循环语句的结束就有两个手段了：一是循环条件，二是应用 break 语句。由于循环体中使用 break 语句通常附带条件，例如：

```
if (m%i==0) break;
```

所以仍可以将 break 的应用理解为循环三要素的循环条件。

【例 3.10】 判断一个数 m 是否素数，如果是输出 Yes，否则输出 No。

分析：所谓素数是指除了 1 和自己外，不能被其他数整除的数，例如 17。判断方法是对 2～m－1 的数逐个检查，如果 m 不能被其中任一个数整除，那么 m 就是素数。实际编程时，前述方法需要对所有数检查一遍。而利用反逻辑，即只要有一个数能被 m 整除，就不用再检查(m 肯定不是素数)。即使如此，如何在循环检查结束时就知道 m 是否为素数呢？这里可以测试循环是如何结束的。

程序代码如下：

```
1   #include<stdio.h>
2   int main()
3   {
4       int i,m;
5       scanf("%d",&m);
6       //从 2 到 m-1 之间逐一检查是否被 m 整除
7       for (i=2; i<=m-1; i++)
8           if (m%i==0) break;                //如果整除则结束检查
9       if (i==m) printf("Yes\n");            //根据循环结束位置判断是否素数
10      else printf("No\n");
11      return 0;
12  }
```

上述程序中，第 8 行判断 m 是否被一个数整除，如果是就结束循环，没有必要再检查下去。但执行到第 9 行时该如何判断 m 是否为素数呢？从第 7、8 行的循环结构可知，能退出这个循环，有两个出口：一是 i<＝m－1 条件为假，二是 break；如果不是 break 退出去的，那么 i<＝m－1 条件必定为假，则此时 i 应是 m，而不是从 break 退出去的正好说明 m 不被任何一个数整除；所以执行到第 9 行时若 i 是 m，则 m 是素数，若 i≤m－1，m 不是素数。

3.5.5 continue 语句

continue 语句的作用是在循环体中结束本次循环，直接进入下一次循环，语句形式为：

```
continue;
```

continue 语句只能用在循环语句(while、do 或 for)中，不能单独使用，而且 continue 语句只对包含它的循环语句起作用。

在while语句和do语句循环体中执行continue语句，程序会转到“表达式”继续运行，在for语句循环体中执行continue语句，程序会转到“表达式3”继续运行，循环体中余下的语句被跳过了。所以continue语句的实际效果就是将一次循环结束，开始新的一次循环。

比较下面两段程序。

```
for (n=1,sum=0; n<=100; n++) {
    if (n%2==0) break;
    sum=sum+n;
}
```

当if语句条件满足时(n为2)，执行break，循环结束，故sum结果为0＋1。

```
for (n=1,sum=0; n<=100; n++) {
    if (n%2==0) continue;
    sum=sum+n;
}
```

当if语句条件满足时(n为偶数)，执行continue，则后面的累加语句被跳过，转到n＋＋继续新的循环，故sum结果为0＋1＋3＋5＋…＋99。

3.5.6 循环结构的嵌套

循环体可以是任意的控制语句，如果一个循环体内包含又一个循环语句时，就构成了循环结构的嵌套。C语言的循环语句(while、do和for)可以互相嵌套，循环嵌套的层数没有限制，可以形成多重循环。多重循环的使用进一步增加程序流程反复执行的次数，程序的循环能力更强。

图3.12是一个双重for循环嵌套，当外层for语句循环条件为真时，内层for语句执行一次，使得“s＝s＋1”执行了100次，进而双重循环使得“s＝s＋1”执行了一万次。图中实线为外层循环的运行流程示意，虚线为内层循环的运行流程示意。双重循环结束后，i和j的值均为101。请思考一下，如果将内层循环改为“for (j＝i; j＜＝100; j＋＋)”，流程如何?

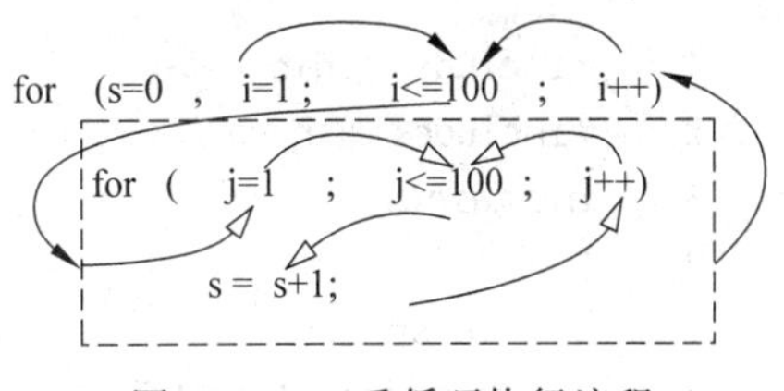

图3.12 双重循环执行流程

3.5.7 循环结构程序举例

1. 计数型循环

计数型循环用于处理已知循环次数的循环过程。在计数型循环中，循环控制是由控制变量来完成的。控制变量在每次循环时都要发生规律性变化(递增或递减)，当控制变量达到预定的循环次数时，循环就结束。计数型循环常使用for语句。

【例 3.11】 求 $\sum_{n=1}^{10} n!$。

根据公式,可以直接编写程序代码如下:

```
#include<stdio.h>
int main()
{
    int s,n,t;
    for (s=0,t=1,n=1; n<=10; n++) {
        t=t * n;                              // t实为n!
        s=s+t;
    }
    printf("%d\n",s);
    return 0;
}
```

程序使用 t 记录 $n!$,由于 $n!=(n-1)!\times n$,因此避免了每次循环重新计算 $n!$。

2. 条件型循环

条件型循环用于处理循环次数未知的循环过程,称为“不定次数循环”。在条件型循环中,由于事先不能准确知道循环的次数,因此循环控制是由条件来判定的。在每次循环时检测这个条件,条件一旦满足,循环就结束。条件型循环常使用 while 语句和 do 语句。

【例 3.12】 用下面的公式求 π 的近似值,直到最后一项的绝对值小于 10^{-7} 为止。

$$\frac{\pi}{4} \approx 1-\frac{1}{3}+\frac{1}{5}-\frac{1}{7}+\cdots$$

根据公式,可以直接编写程序代码如下:

```
#include<stdio.h>
#include<math.h>
int main()
{
    int s=1;
    double pi=0,n=1,t=1;
    while (fabs(t)>1e-7)
        pi=pi+t, n=n+2, s=-s, t=s/n;
    pi=pi * 4;
    printf("%lf\n",pi);
    return 0;
}
```

【例 3.13】 从键盘输入一行字符,直到输入回车时结束。统计其中的字母、数字和空格个数。

程序代码如下:

```
#include<stdio.h>
```

```
int main()
{
    char c;
    int a=0,n=0,s=0;
    printf("input string:");
    while( (c=getchar()) !='\n')
        if ((c>='A' && c<='Z')||
            (c>='a' && c<='z') )  a++;        //字母
        else if (c>='0' && c<='9') n++;       //数字
        else if (c==' ') s++;                 //空格
    printf("%d,%d,%d\n",a,n,s);
    return 0;
}
```

程序运行情况如下：

```
input string:ABC123 456 XY↙
5,6,2
```

表达式"(c=getchar())!= '\n'"表示先调用 getchar 函数得到输入的字符赋给变量 c,然后比较是否为'\n',即回车。

3. 枚举算法

枚举法,也称为穷举法,是指从可能的集合中一一枚举各个元素,用给定的约束条件判定哪些是无用的,哪些是有用的。能使命题成立者即为问题的解。采用枚举算法求解问题的基本思路为：

(1) 确定枚举对象、枚举范围和判定条件。

(2) 一一枚举可能的解,验证是否是问题的解。

【例 3.14】 百钱买百鸡问题：有人有一百块钱,打算买一百只鸡。公鸡一只 5 元,母鸡一只 3 元,小鸡 3 只 1 元,求应各买多少?

分析：显然可以用枚举法。以 3 种鸡的个数为枚举对象(分别设为 x、y、z),以 3 种鸡的总数(x+y+z)和买鸡用的钱的总数(5x+3y+z/3)为判定条件,枚举各种鸡的个数,找到问题的解。

程序代码如下：

```
#include<stdio.h>
int main()
{
    int x,y,z;
    for (x=0; x<=20; x++)                   //枚举公鸡的可能数量,最多为 20
        for (y=0; y<=33; y++)               //枚举母鸡的可能数量,最多为 33
            for (z=0; z<=100; z++)          //枚举小鸡的可能数量,最多为 100
                if (z%3==0 && x+y+z==100 && 5*x+3*y+z/3==100)
                                            //约束条件
```

```
                        printf("公鸡=%d,母鸡=%d,小鸡=%d\n",x,y,z);
    return 0;
}
```

程序运行结果如下：

```
公鸡=0,母鸡=25,小鸡=75
公鸡=4,母鸡=18,小鸡=78
公鸡=8,母鸡=11,小鸡=81
公鸡=12,母鸡=4,小鸡=84
```

循环体执行了 21×34×101=72114 次。

在枚举算法中，枚举对象的选择是非常重要的，它直接影响着算法的时间复杂度，选择适当的枚举对象可以获得更高的效率。在枚举算法中，判定条件的确定也是重要的，如果约束条件不对或者不全面，就枚举不出正确的结果。

前述问题中，由于 3 种鸡的和是固定的，因此只要枚举两种鸡(x、y)，第三种鸡就可以根据约束条件求得(z=100－x－y)，这样就缩小了枚举范围变成双重循环。之所以选择 z，是因为 z 的数量大，优化效果更好，此时循环体执行 21×34=714 次。

如果能从数学角度来考虑枚举算法的进一步优化，程序的效率会大大提高。

根据题意，约束式 $5x+3y+z/3=100$，$x+y+z=100$ 可以消去一个未知数 z，得到 $7x+4y=100$，$x+y+z=100$。于是只要枚举公鸡 x(最多 14)，根据约束条件就可以求得 y 和 z。程序代码如下。

```
#include<stdio.h>
int main()
{
    int x,y,z;
    for (x=0; x<=14; x++) {                    //枚举公鸡的可能数量,最多为 14
        y=100-7*x;
        if (y%4 !=0) continue;                 //由方程知 y 应是 4 的倍数
        y=y/4, z=100-x-y;
        if (z%3 !=0) continue;                 //由方程知 z 应是 3 的倍数
        printf("公鸡=%d,母鸡=%d,小鸡=%d\n",x,y,z);
    }
    return 0;
}
```

循环体执行 14 次，优化效果明显。

枚举算法是用计算机解决问题的一种特色，特点是算法的思路简单，但运算量大。当问题的规模变大，循环嵌套的层数增多，执行速度变慢。如果枚举范围太大，在时间上就难以承受，所以应尽可能考虑对枚举算法进行优化。

4. 迭代算法

迭代法是一种不断用变量的旧值递推新值的求解方法。采用迭代算法求解问题的基本思路为：

(1) 确定迭代变量。在可以用迭代算法解决的问题中，至少存在一个直接或间接地不断由旧值递推出新值的变量，这个变量就是迭代变量。

(2) 建立迭代关系式。所谓迭代关系式，指如何从变量的前一个值推出其下一个值的公式(或关系)。迭代关系式的建立是解决迭代问题的关键，通常可以使用递推或倒推的方法来完成。

(3) 对迭代过程进行控制。迭代过程的控制通常可分为两种情况：一种是所需的迭代次数是个确定的值，可以计算出来，使用计数型循环；另一种是所需的迭代次数无法确定，使用条件型循环。

【例 3.15】 求斐波那契(Fibonacci)数列前 40 个数。斐波那契数列公式为：

$$
\begin{aligned}
&f(1) = 1 && (n = 1)\\
&f(2) = 1 && (n = 2)\\
&f(n) = f(n-1) + f(n-2) && (n > 2)
\end{aligned}
$$

根据公式，可以直接编写程序代码如下。

```
#include<stdio.h>
int main()
{
    int i, f1=0,f2=1,fn;                    //迭代变量
    for(i=1; i<=40; i++) {                  //迭代次数
        fn=f1+f2;                           //迭代关系式
        f1=f2, f2=fn;                       //f1 和 f2 迭代前进
        printf("%d\n",f1);
    }
    return 0;
}
```

习题

1. 使用 printf 实现以下各项的输出功能：

(1) 类型：①输出 128、-128、3456789 的十进制、无符号、八进制和十六进制数据形式；②输出 3.1415926、12345678.123456789 的小数和指数形式；③输出'X'、65 的字符和十进制数据形式；④输出%。

(2) 宽度与对齐：①输出 456、-123、987654，宽度为 5，分别左对齐和右对齐；②输出 55555、666666，宽度为 10，精度为 6，分别左对齐和右对齐；③输出 3.1415926、12.3456，宽度为 14，精度为 6，分别左对齐和右对齐；④输出 98.16054、77.676767，宽度和精度由输入决定，右对齐。

(3) 标志：①输出 1234、-1234、1234.5、-1234.5，结果为 000ddddd.d；②输出 1234、-1234、1234.5、-1234.5，结果为__ddddd.d；③输出 1234、-1234，宽度为 8，结果必须有正负号，为+/-ddddd；④输出 202、117、80、230 的八进制和十六进制数据形

式，结果为 0ddddd 或 0xddddd。

2. 使用 scanf 实现以下各项的输入功能，并且在输入后紧接着用 printf 输出以验证输入的正确性。

(1) 类型：①输入十进制数 128、八进制数 377、十六进制数 78ef 给变量 a、b、c；②输入 3.1415926、12.345678e−2 给变量 d1、d2；③输入'X'、6 字符给变量 c1、c2。

(2) 宽度：①输入 12345678 给变量 e1、e2、e3，宽度为 3；②输入 123.456 给整型变量 f1、浮点型变量 f2；③输入 12345678，变量 g1 得到 12、g2 得到 678。

(3) 连续格式：①输入"12 ␣34 ␣56 ␣78"给变量 h1、h2、h3、h4；②输入"12，34，56−78"给变量 i1、i2、i3、i4；③输入"12:34:56.78"给变量 j1、j2、j3、j4；⑤输入"12c34d"给变量 k1、k2、k3、k4；⑥输入"12 ␣c ␣34 ␣d"给变量 m1、m2、m3、m4；⑦输入"a=12，b=b，c=34，d=d"给变量 n1、n2、n3、n4。

3. 将一个 4 位数(如 5678)逆序(如 8765)。

4. 输入一个字符，判断是数字字符、大写字母、小写字母、算术运算符、关系运算符、逻辑运算符，还是其他字符。

5. 按格式(YYYY-M-D)输入年月日，判断它是这一年的第几天。

6. 输入一个金额，输出对应的人民币大写数字(零壹贰叁肆伍陆柒捌玖拾佰仟万亿元角分整)。

7. 由牛顿迭代法求 $2x^3+4x^2-7x-6=0$ 在 $x=1.5$ 附近的根。

8. 用对分法求方程 $x^2-6x-1=0$ 在区间[−10，10]上的实根。

9. 有一个调和级数不等式 $12<1+1/2+1/3+\cdots+1/m<13$，求满足此不等式的 m。

10. 求 4 个自然数 $p,q,r,s(p\leqslant q\leqslant r\leqslant s)$，使得等式 $1/p+1/q+1/r+1/s=1$ 成立。

11. 用 0～9 可以组成多少无重复的 3 位数。

12. 求一个自然数 n 中各位数字之和(n 由用户输入)。

13. 判断一个数是否回文数。回文数是指一个数和它的逆序是相同的，如 98789。

14. 一个自然数的七进制表达式是一个 3 位数，而这个自然数的九进制表示也是一个 3 位数，且这两个三位数的数码正好相反，编写程序求这个 3 位数。

15. 由近似公式 $\frac{\pi}{2}=\frac{2}{1}\times\frac{2}{3}\times\frac{4}{3}\times\frac{4}{5}\times\frac{6}{5}\times\frac{6}{7}\times\frac{8}{7}\times\frac{8}{9}\times\cdots$ 求圆周率 π(精确到 10^{-6})。

16. 求 1！+2！+3！+…+n！。

17. 计算 e=1+1/1！+1/2！+…+1/n！(精确到 10^{-6})。

18. 求 $a+aa+aaa+\cdots+aa\cdots a$($x$ 个 a)，x 和 a 由键盘输入。

19. 编写程序求级数 $\sum_{j=1}^{n}\frac{(-1)^{j-1}2^j}{[2^j+(-1)^j][2^{j+1}+(-1)^{j+1}]}$ 前 n 项的和，其中 n 从键盘上输入。

20. 某级数的前两项 $A(1)=1$、$A(2)=1$，以后各项有如下关系：$A(n)=A(n-2)+2A(n-1)$。依次对于整数 $M=100$、1000 和 10000 求出对应的 n 值，使其满足 $S(n)<M$ 且 $S(n+1)\geqslant M$。这里 $S(n)=A(1)+A(2)+\cdots+A(n)$。

21. 输出华氏温度 F 和摄氏温度 C 对照表，其计算公式为 $C=9(F-32)/5$。

22. 用"＊"表示一个点，按 8×8 点阵输出"Hello"的图案。

23. 用字符"▩"和空格(ASCII 值 219)输出黑白交错的国际象棋棋盘。

24. 用"＊"表示点，在屏幕上迭加输出 0～2π 的余弦曲线 $\cos x$ 和直线 $y=45(x-1)+31$。

25. 假设银行利息月息为 0.63%。某人将一笔钱存入银行，打算在今后 5 年中每年年底都取出 1000 元，到第 5 年时刚好取完。求存入的钱应是多少？

26. 猴子第一天摘下若干个桃子，当即吃了一半，又多吃了一个；第二天早上又将剩下的桃子吃掉一半，又多吃了一个。以后每天早上都吃了前一天剩下的一半零一个。到第 10 天早上时，只剩下一个桃子。问第一天共摘了多少个桃子？

27. 科学家出了一道这样的数学题：有一条长阶梯，若每步跨 2 阶，则最后剩 1 阶；若每步跨 3 阶，则最后剩 2 阶；若每步跨 5 阶，则最后剩 4 阶；若每步跨 6 阶，则最后剩 5 阶；只有每次跨 7 阶，最后才正好一阶不剩。编写程序求这条阶梯共有多少阶。

28. 张三说李四在说谎，李四说王五在说谎，王五说张三和李四都在说谎。编写程序判断这 3 人中到底谁说的是真话，谁说的是假话。

29. 两个乒乓球队进行比赛，各出 3 人。甲队为 a、b、c 三人，乙队为 x、y、z 三人。已抽签决定比赛名单。有人向队员打听比赛的名单。a 说他不和 x 比，c 说他不和 x、z 比。请编程序找出 3 对赛手的名单。

30. 盒子里共有 12 个球，其中有 3 个红球、3 个白球、6 个黑球。从中任取 6 个球，问至少有一个球是红球的取法有多少种？输出每一种具体的取法。

第4章

函　数

函数(function)是C语言程序中的基本单位，是完成特定任务、实现特定功能的语句序列的集合。在面向过程开发中，函数是应用程序的主体框架；在面向对象开发中，函数是重要的编程模式。

学习函数有两个主要目标：**使用函数**和**设计函数**。

C语言发展至今，已累积了大量的函数库，这些经过多年使用、反复测试、具有强大功能的函数库已成为程序员开发软件不可缺少的工具。使用函数库可以加快开发周期，提高程序可维护性和稳定性，更主要的是让程序员拥有所期望的功能和性能。要准确运用这些函数库，必须掌握函数的使用方法，包括函数接口、函数调用等。

将**语句集合**为函数，将**数据封装**到函数，是结构化程序设计模块化的要求，是面向对象程序设计的必要环节。随着现实问题越来越复杂，程序规模越来越庞大，如何达到"**更多的复用、更少的代码**"是设计函数的主要目的。

从使用的角度来看，函数可以分为**系统函数**和**用户自定义函数**。系统函数包括标准库和专业库函数，软件开发领域的应用程序接口API(application programming interface)和软件开发包工具SDK(software development kit)属于系统函数范畴。

用户自定义函数是程序中自行定义的函数，通常为解决问题的求解模块。

4.1　函数定义

4.1.1　函数定义的一般形式

函数定义的一般形式为：

```
返回类型  函数名(形式参数列表)
{
    函数体
}
```

其中大括号{……}称为函数体，第一行称为函数头。

C语言**不允许在函数体内嵌套定义函数**，例如：

```
返回类型  函数名(形式参数列表)
{
```

```
    返回类型  函数名(形式参数列表)              //错误,不允许嵌套定义
    {
        函数体
    }
}
```

函数定义本质上就是函数的实现,包括:①确定函数名;②确定形式参数列表;③确定返回类型;④编写函数体代码。

1. 函数名

实现函数需要确定函数名,以便使用函数时能够按名引用。函数名遵守 C 语言标识符规则,通常要"见其名知其意"、"名副其实"。如定义求最大值的函数名为 max。

2. 形式参数列表

实现函数需要确定有无形式参数、有多少形式参数以及有什么类型的形式参数。形式参数列表是函数与调用者进行数据交换的途径,其一般形式为:

```
类型 1  参数名 1, 类型 2  参数名 2, …
```

多个参数用逗号(,)分隔,且每个参数都要有自己的类型说明,即使类型相同的参数也是如此。例如:

```
int fun(int x, int y, double m)              //形式参数列表为 3 个参数
{
    return m>12.5 ?x : y;
}
```

函数 fun 有 3 个参数,不能因为 x 和 y 参数类型相同就写为"int fun(int x, y, double m)"。

函数可以没有形式参数,定义形式为:

```
返回类型  函数名()
{
    函数体
}
```

或

```
返回类型  函数名(void)
{
    函数体
}
```

即形式参数列表要么不写,要么写 void。这里的 void 不是指空类型,而是表示没有参数。例如:

```
int fun()
```

或

```
int fun(void)
```

没有形式参数列表的函数称为无参函数,有形式参数列表的函数称为有参函数。

3. 返回类型

实现函数需要确定有无返回数据、返回什么类型的数据。返回值是函数向调用者返回数据的途径之一,本质上函数返回值也起到与调用者进行数据交换的作用,只不过它是单向的,即从函数向调用者传递,故称返回。

返回类型可以是C语言除数组之外的内置数据类型或自定义类型。C语言规定一个函数如果没有给出返回类型,则默认是int型,所以:

```
fun(int x, int y, double m)
```

和

```
int fun(int x, int y, double m)
```

完全是等价的。

函数可以不返回数据,此时返回类型应写成void,表示没有返回值,其形式为:

```
void  函数名(形式参数列表)
{
    函数体
}
```

函数名、形式参数列表和返回类型组成的函数头也称为函数接口(interface),一组适合应用程序开发的函数接口统称为应用程序接口API。若函数A调用函数B,称函数A为主调函数,称函数B为被调函数,将函数A中调用函数B的代码位置称为调用点。

4. 函数体

实现函数最重要的是编写函数体。函数体(function body)包含声明部分和执行语句,是一组能实现特定功能的语句序列的集合。

函数体内部究竟编写什么样的声明和什么样的语句集合,本质上是由函数的功能确定的,即**编写函数体是为了实现函数功能**。在函数体内部可以声明需要用到的数据类型,定义需要的变量或数据对象;可以使用任意结构的程序流程,可以使用简单语句、复合语句、控制语句及语句嵌套,还可以调用别的函数。总之,动用一切程序设计措施,达到实现函数功能的目的。

如果函数体内部无任何内容,称为空函数,定义形式为:

```
返回类型  函数名(形式参数列表)
{
}
```

空函数的意义是先提供一个有函数接口而无功能实现的“假想函数”在程序流程中“占位”,使程序框架完整,其后再逐步完善,这是结构化程序设计的常用方法。

函数体内部没有固定的编写模式,因函数功能实现而异。本章主要讨论函数接口、函数与外部协调、函数组织等相关内容。

【例 4.1】 编写判断 m 是否为素数的函数,并在主函数调用它。

程序代码如下:

```
#include<stdio.h>
int IsPrime(int m)                          //判断素数函数
{   //枚举法求 m 是否素数
    int i;
    for (i=2; i<=m-1; i++)
        if (m%i==0) return 0;               //不是素数返回 0
    return 1;                               //是素数返回 1
}
int main()
{
    int m;
    scanf("%d",&m);
    if (IsPrime(m)) printf("Yes\n");        //是素数输出 Yes
    else  printf("No\n");                   //不是素数输出 No
    return 0;
}
```

4.1.2 函数返回

函数调用时,程序执行流程就跳转到函数中来。在函数内部,执行流程是从函数体的第一个语句开始往下执行,一直执行到函数体右括号}为止,称为自然结束。如果中间遇到 return 语句,函数会立即返回,函数内的执行流程也就结束了。

return 语句有两种形式:

无返回值语句:

```
return;
```

有返回值语句:

```
return 表达式;
```

无论函数是自然结束,或是使用 return 语句结束,返回值总是按返回类型来处理的。

1. 无返回值函数

当函数的返回类型是 void 时,表明函数无返回值,这种情况下,函数是可以自然结束的。而要用 return 语句结束时,只能使用第一种 return 语句形式。

没有返回值的函数在调用处是不能按表达式来调用函数的,只能按语句形式调用函数,因为函数没有返回值也就不能参与表达式运算。

2. 有返回值函数

当函数的返回类型不是 void,表明函数有返回值。这种情况下,函数是可以自然结束的。但由于函数是自然结束,不会明确做什么,此时函数返回的值与返回类型相同,但内容却是随机的一个值。这样的返回值一般无实际意义。

如果要用 return 语句结束,这种情况下只能使用第二种 return 语句形式,即 return 必须返回值。此时函数返回的值是与返回类型相同、由表达式计算出来的一个值。

关于函数返回值的说明如下。

(1) 如果需要函数返回明确的值,就必须将函数定义为非 void 的返回类型,而且函数用第二种 return 语句形式返回。

(2) 如果不需要函数返回值,那么将函数定义为 void 类型,函数既可以自然结束,又可以用第一种 return 语句形式返回。

(3) 一个函数可以使用多个 return 语句,执行到哪个,哪个 return 语句就起作用。

(4) 函数返回值的类型是由函数定义中的返回类型来决定的。当 return 表达式的类型与此不相同时,返回时会进行隐式类型转换;如果不能转换,则出现编译错误。

(5) 函数返回值多数情况下是按值复制的方式处理的,即将返回的数据对象的内存数据完全复制到临时数据对象中。对于数据量大的数据类型,这样的返回是耗时的。

(6) main 函数是由操作系统启动例程调用的,所以 main 函数的 return 语句将结束程序运行。main 函数的返回值用于向操作系统返回程序的退出状态,如果返回 0,表示程序正常退出,否则表示程序异常退出。

4.2 函数参数

大多数函数都是有参数的。本质上,函数参数是为了让主调函数与被调函数能够进行数据交换,如主调函数向被调函数传递一些数据,被调函数向主调函数返回一些数据。函数参数是实现函数时的重要内容,是函数接口的首要任务,围绕这个目标需要研究以下两个问题:

(1) 形式参数的定义与实际参数的提供的对应关系,包括参数的类型、次序和数目。

(2) 函数参数的数据传递机制,包括主调函数与被调函数的双向数据传递。

4.2.1 形式参数

函数定义中的形式参数列表(parameters)简称形参。例如:

```
1    int max(int a, int b)
2    {
3        return a>b ? a : b;
4    }
```

第 1 行 a 和 b 就是形参。

函数定义时指定的形参在未进行函数调用前并不实际占用内存中的存储单元，这也是称它为形式参数的原因，即它们不是实际存在的。只有在发生函数调用时，形参才分配实际的内存单元，接受从主调函数传来的数据，此刻形参是真实存在的，因而可以对它们进行各种操作。当函数调用结束后，形参占用的内存单元被自动释放。此后，形参又是未实际存在的。

形参的类型可以是任意数据类型，换言之，函数允许任意类型的数据传递到函数中。但函数传递不同类型数据的机制不同，所以形参类型的设计一是依据实际需求，二是确保最佳的数据传递。

4.2.2 实际参数

函数调用时提供给被调函数的参数称为实际参数(arguments)，简称实参。

实参必须有确定的值，因为调用函数会将它们传递给形参。实参可以是常量、变量或表达式，还可以是函数的返回值。例如：

```
x=max(a,b);                          //max 函数调用,实参为 a,b
y=max(a+3,128);                      //max 函数调用,实参为 a+3,128
z=max(max(a,b),c);                   //max 函数调用,实参为 max(a,b),c
```

实参是以形参为依据的，即实参的类型、次序和数目要与形参一致。如果参数数目不一致，则出现编译错误；如果参数次序不一致，则传递到被调函数中的数据就不合逻辑，难有正确的程序结果；如果参数类型不一致，则函数调用时按形参类型对实参做隐式类型转换；如果是不能进行隐式类型转换的类型，就会出现编译错误。

更重要的是，实参的数据应与函数接口要求的数据物理意义是一致的，否则即使语法正确，程序的运行结果也是错的。例如调用数学库函数中的 sin 函数求正弦时，函数接口就要求实参必须是弧度的数据。

综上所述，实参数据传递给形参，必须满足语法和应用两方面的要求。

4.2.3 参数传递机制

程序通常有两种函数参数传递机制：值传递和引用传递。

在值传递(pass-by-value)过程中，形参作为被调函数的内部变量来处理，即开辟内存空间以存放由主调函数复制过来的实参的值，从而成为实参的一个副本。值传递的特点是被调函数对形参的任何操作都是对内部变量进行的，不会影响到主调函数的实参变量的值。例如：

```
void fun(int x, int y, int m)                //x,y,m 调用时是 a,b,k 的一个副本
{
    m=x>y ?x : y;                            //仅修改函数内部的 m
}
void caller()                                //主调函数,调用者
{
    int a=10, b=5, k=1;
```

```
    fun(a,b,k);                                    //实参值传递
}
```

在 fun 函数中对形参 m 的赋值不修改 caller 函数中的实参 k。

在引用传递(pass-by-reference)过程中,被调函数的形参虽然也作为内部变量开辟了内存空间,但是这时存放的是由主调函数复制过来的实参的内存地址,从而使得形参为实参的一个别名(形参和实参内存地址相同,则它们实为同一个对象的两个名称)。被调函数对形参的任何操作实际上都是对主调函数的实参进行操作。

在 C 语言中,值传递是唯一的参数传递方式。C++ 则支持引用传递。

值传递时,实参数据传递给形参是单向传递,即只能由实参传递给形参,而不能由形参传回实参,这也是实参可以是常量和表达式的原因(这些数据不是左值)。

值传递存在以下的局限性。

(1) 值传递做不到在被调函数中修改实参。

(2) 对于基本类型,例如整型或字符型,由于数据量不大,传递的时间和空间开销不是问题;但如果要传递的是大型数据对象时,会对函数调用效率产生影响。

(3) 当没有办法实现实参复制到形参时,不能值传递。

此时,有效的解决办法是使用指针。

4.2.4 函数调用栈

有必要了解在函数调用过程中系统做了些什么,对这个问题的透彻理解有助于编写正确的函数,而且加深对函数调用与返回、参数传递机制、嵌套调用和递归调用的认识。

函数调用时,为了能将参数传递到函数中、准确地返回到调用点以及返回函数值,使用了“栈”来管理存储器。栈是内存管理中的一种数据结构,是一种先进后出的数据表,即先进去的数据后出来。栈最常见操作有两种:进栈(push)和出栈(pop)。

打个比方,栈像是有许多门的密室,进入到密室中一定是一扇门一扇门地进去,如果想从密室走出来,那么最先出的是最后进的那扇门,最后出的是最先进的那扇门。进栈好比进门,出栈好比出门。

系统为每次函数调用在“栈”中建立独立的栈框架,称为函数调用栈帧(stack frame),其建立和撤销是自动维护的。下面结合具体的调用例子来说明函数调用栈帧的工作原理。

假设有主调函数和被调函数如下:

```
int fun(int a, int b)                              //被调函数
{
    int x=8, y=2, z;
    z=(a+b)*x+(a-b)*y;
    return z;
}
void caller()                                      //主调函数,调用者
{
```

```
    int m=2, n=3, k;
    k=fun(m,n);                              //函数调用
}
```

(1) 当在 caller 函数中运行时,系统使用 caller 函数栈帧,如图 4.1(a)所示。

调用函数 fun 前,caller 函数首先保护现场,将关键数据进栈,再将传递给 fun 的实参一一进栈。按调用约定,最右边的实参最先进栈,然后调用 fun 并将返回地址进栈,如图 4.1(b)所示。返回地址是 caller 函数中 fun 调用点的下一条指令位置,当 fun 以这个地址返回时,正好回到 caller 函数的下一条指令上。

(2) 进入 fun 函数时,fun 首先建立它自己的栈帧,保存 caller 函数栈帧记录值 EBP,设置自己的 EBP,然后在栈中为局部变量分配空间(只要在栈帧中移动栈顶 top 就留出空间给局部变量,称为分配)。如果变量有初始化,fun 还会一一给它们赋初值,如图 4.1(c)所示。

(3) fun 函数体开始执行了,这其中也许还有进栈、出栈的动作,也许还会调用别的函数,甚至递归地调用 fun 本身,但 fun 通过自己的 EBP 加上下偏移总是可以找到函数形参和局部变量的。

(4) 当 fun 函数执行完后,fun 首先释放局部变量空间(在栈帧中将栈顶 top 向栈底移动收回空间,称为释放),然后恢复 caller 函数 EBP,回到 fun 栈底,取出返回地址返回。回到 caller 函数中,caller 函数获得 fun 函数的返回值,并且按调用约定将原先入栈的参数一一出栈,恢复现场,使栈回到原先的状态,达到栈平衡,如图 4.1(d)所示。

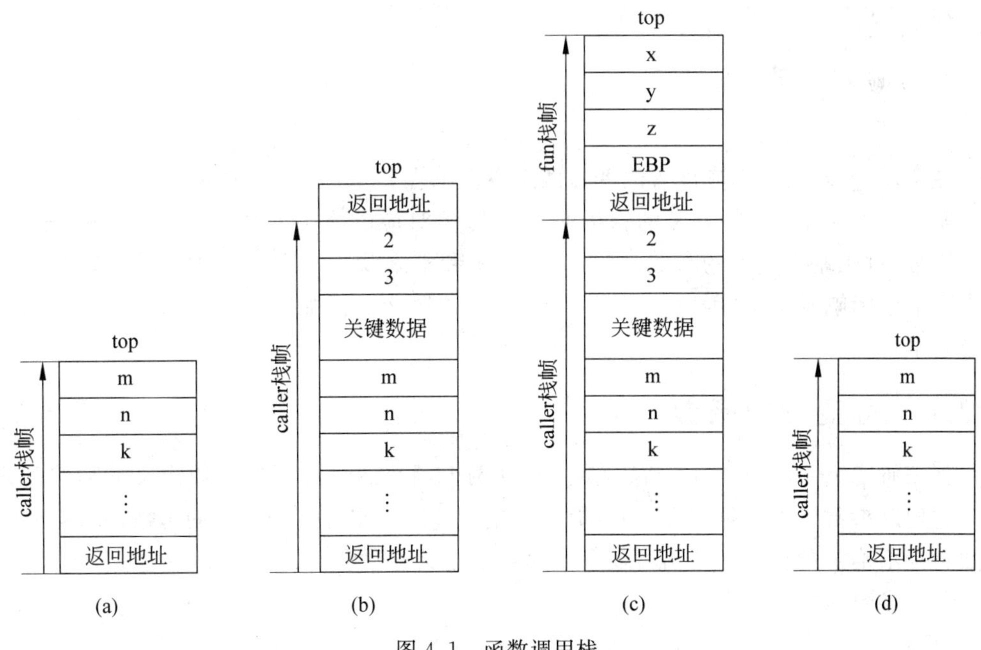

图 4.1 函数调用栈

从上述过程中可以看出:

(1) 实参是通过进栈传递到函数内部的,进栈时需要数据值,所以称为值传递。如

图 4.1(b)所示,分别将 n、m 的值 3、2 进栈成为函数 fun 的形参 b 和 a。

(2) 因为进栈的内存单元长度是由数据类型决定的,所以实参与形参类型必须一致,否则会导致“栈溢出”错误,即超出实际栈空间长度。

(3) 函数调用约定(calling convention)不仅决定了发生函数调用时函数参数的进栈顺序,还决定了是由主调函数还是被调函数负责清除栈中的参数。实际上,函数调用约定的方式有多种,C 语言默认使用 C 调用约定,即实参从右向左依次进栈。换言之,函数调用时实参的运算方向是自右向左的。

(4) 函数内非静态局部变量是进入函数时才分配空间的,函数结束时自动释放。形参的情况与此相似。

4.2.5 const 参数

函数定义时,允许在形参的类型前面加上 const 限定,语法形式为:

```
返回类型  函数名(const 类型 形式参数,…)
{
    函数体
}
```

const 用来限制对一个对象的修改操作,即对象不允许被改变。出现在函数参数中的 const 表示在函数体中不能对这个参数做修改。例如:

```
int strcmp(const char * str1, const char * str2)
{
    函数体
}
```

在 strcmp 函数中不应该有改变这两个参数的操作,否则编译出错。

函数参数使用 const 限定的目的是确保形参对应的实参对象在函数体中不会被修改。通常,对于基本类型的参数,因为形参和实参本来就不是同一个内存单元,即使修改形参也不会影响到实参,因此没有必要加上 const 限定。但如果是数组参数、指针参数就有必要了。

4.2.6 可变参数函数

仔细研究 printf 和 scanf 函数,会发现这两个函数的参数不像函数定义的形参列表,因为它们的参数可以有很多个,而且数目可变。C 语言支持可变参数的函数,允许函数参数数目是不确定的。下面给出可变参数函数的定义方法和举例。

可变参数函数的定义形式为:

```
返回类型  函数名(类型 1  参数名 1, 类型 2  参数名 2, ...)
{
    函数体
}
```

形参可以分为两部分：个数确定的固定参数和个数可变的可选参数。一般来说，至少需要第一个参数是普通的形参，后面用三个点“...”表示可变参数，且只能位于函数形参列表的最后。这里的三个点不是省略的意思，而是可变参数要求的写法。例如：

```
int fun(int a,...)
```

如果没有任何一个普通的形参，则定义的形式如下：

```
int fun(...)
```

那么在函数体中就无法使用任何参数了，因为无法通过宏来提取每个参数。所以除非函数体中的确没有用到参数表中的任何参数，否则在参数表中使用至少一个普通的形参。

在函数体中可以使用 stdarg.h 头文件定义的几个 va_* 的宏来引用可变参数：

(1) va_list arg_ptr：定义一个指向个数可变的参数列表指针。

(2) va_start(arg_ptr, argN)：使参数列表指针 arg_ptr 指向函数参数列表中第一个可选参数，argN 是位于第一个可选参数之前的固定参数，即最后一个固定参数。例如，有一个函数是 int fun(char a,char b,char c,...)，则它的固定参数依次是 a、b、c，最后一个固定参数 argN 即为 c，因此就是 va_start(arg_ptr,c)。

(3) va_arg(arg_ptr, type)：返回参数列表中指针 arg_ptr 所指的参数，返回类型由 type 指定，并使指针 arg_ptr 指向参数列表中的下一个参数。

(4) va_end(arg_ptr)：清空参数列表，并置参数指针 arg_ptr 无效。指针 arg_ptr 被置无效后，可以通过调用 va_start 恢复 arg_ptr。每次调用 va_start 后，必须有相应的 va_end 与之匹配。参数指针可以在参数列表中随意地来回移动，但必须在 va_start～va_end 之间。

【例 4.2】 编写并调用计算若干整数平均值的函数。

程序代码如下：

```
#include<stdio.h>
#include<stdarg.h>                    //可变参数函数需要用到 va_* 的宏定义
double avg(int first, ...)            //返回若干个整数平均值的函数
{
    int count=0,sum=0, i;
    va_list arg_ptr;                  //定义可变参数列表指针
    va_start(arg_ptr, first);         //初始化
    i=first;                          //取第 1 个参数
    while(i!=-1)                      //调用时最后一个参数必须是-1,作为结束标记
    {
        sum+=i;                       //累加多个整数值
        count++;                      //计数
        i=va_arg(arg_ptr, int);       //取下一个参数
    }
    va_end(arg_ptr);                  //清空参数列表
    return (count>0 ?(double)sum/count : 0);          //返回平均值
```

```
}
int main()
{
    printf("%lf\n", avg(1,2,3,-1));         //返回 1~3 的平均值
    printf("%lf\n", avg(7,8,9,10,-1));      //返回 7~10 的平均值
    printf("%lf\n", avg(-1));               //没有计算返回 0
    return 0;
}
```

程序运行结果如下：

```
2.000000
8.500000
0.000000
```

4.3 函数原型与调用

4.3.1 函数声明和函数原型

1. 函数声明

当要调用函数时，C 语言规定在调用一个函数之前必须有该函数的声明。

编译器在编译函数调用时，需要检查函数接口，即检查返回类型、参数类型、参数次序和参数数目是否正确，这样就能避免参数类型或参数数目不一致而引发的错误，保证正确的函数调用栈。而编译器之所以能够发现这些错误，原因就在于它事先有了该函数的声明，进而知道函数接口是如何规定的。

一个函数只能定义一次，但是可以声明多次。定义是函数实现，函数代码一经实现，就不能再来一次。而声明的作用是程序向编译器提供函数的接口信息，因此多次提供接口信息是允许的，但不能提供相互矛盾、语义不一致的接口信息。

C 语言规定函数定义语法既是函数定义，也是函数声明。换言之，只要函数调用是写在函数定义的后面，就自然有了函数声明。但这种方式与 C 语言允许函数定义可放在任意位置的规定相矛盾，而且使用起来也不方便。显然，将函数调用均写在函数定义的后面不是现实的方法。

一般情况下，将函数声明放在头文件(.h)中，将函数实现放在源程序文件中。凡是要调用这个函数的地方，通过＃include 将头文件包含进来即可。

另一方面，C 语言允许调用库函数，所谓库函数是指事先由程序员编制好的函数。多数情况下，基于各种理由，如保护知识产权，这些库函数仅提供二进制形式的目标代码给调用者链接，却没有提供源码形式的函数定义。这种情况下，又如何让调用者进行函数声明呢？方法是使用函数原型。

2. 函数原型

函数原型(function prototype)的作用是提供函数调用所必需的接口信息，使编译器

能够检查函数调用中可能存在的问题，有以下两种形式：

```
返回类型 函数名(类型 1  参数名 1,类型 2  参数名 2, …);
```

或

```
返回类型 函数名(类型 1, 类型 2, …);
```

显然第二种形式是第一种形式的简写，之所以在函数原型中可以不写参数名称，是因为参数名称不是形参与实参对应的依据，因而参数名称不是重要的接口信息，可以省略。语法后面的分号(;)必须要写。

例如：

```
#include<math.h>
double sqrt(double x);
```

是标准库求平方根的函数原型，表示调用它需要：

(1) 包含头文件 math.h，因为 sqrt 函数原型在 math.h 中。

(2) sqrt 函数须提供一个 double 型的实参，返回值也是 double 型。

【例 4.3】 编写求两个数的最大公约数的函数。

程序代码如下：

```
1    #include<stdio.h>
2    int gcd(int m, int n);              //gcd 函数原型,gcd 函数声明在前
3    int main()
4    {
5        int m,n;
6        scanf("%d%d",&m,&n);
7        printf("%d\n",gcd(m,n));        //调用时已有 gcd 函数声明
8        return 0;
9    }
10   int gcd(int m, int n)               //求最大公约数,gcd 函数实现在后
11   {
12       int r;
13       while (n!=0) {                  //欧几里得算法,原理是:
14           r=m%n;                      //r 为 m/n 的余数
15           m=n;                        //则 gcd(m,n)=gcd(n,r)=…
16           n=r;                        //r=0 时 n 即是 gcd
17       }
18       return m;
19   }
```

第 2 行即是 gcd 函数的函数原型，第 10～19 行是 gcd 函数的定义（函数实现）。

函数原型属于 C 语言的声明部分，因此，必须放在函数或语句块中所有执行语句的前面，或者函数外的全局范围内。

函数原型几乎就是函数定义中的函数头，但函数头后面不能有分号，而函数原型没有

函数体。函数定义与函数原型是有区别的，函数定义具有函数原型的声明作用，但它还是函数功能的具体实现，所有函数定义是主体，函数原型像是它的“说明书”。

函数原型通常出现在函数定义的前面，也允许在函数定义的后面，只不过意义不大。编译器在编译时，无论它们哪个在前，均以第一次“看到”的函数接口为准，如果后面的与这个函数接口不一致，就会出现编译错误，所以函数原型要与函数定义匹配。

3. 函数调用

有了函数声明，就可以调用函数，有参数函数调用的形式为：

```
函数名(实参列表)
```

实参可以是常量、变量、表达式和函数调用，各实参之间用逗号(,)分隔。实参的类型、次序和个数应与形参一致。

无参数函数调用的形式为：

```
函数名()
```

函数名后面的括号()必须有，括号内不能有任何参数。

在C语言中，可以用以下几种方式调用函数。

(1) 函数表达式。函数调用作为其中的一项出现在表达式中，以函数返回值参与表达式的运算，这种方式要求函数必须是有返回值的。例如：

```
z=max(x,y)
```

是一个赋值表达式，把max函数的返回值赋给变量z。

当函数返回后，主调函数通过创建一个临时对象(temporary object)来存储返回值。如果不立即使用这个返回值，则临时对象被清除，返回值也就被舍弃，通常的做法是将函数返回值赋给一个变量保存下来。

(2) 函数调用语句。函数调用的语法形式加上分号就构成函数调用语句。例如：

```
printf("area=%lf",s);
```

如果函数没有返回值，则只能使用函数语句的方式调用，而有返回值的函数允许使用函数语句的方式调用，只不过函数的返回值被舍弃不用了。

(3) 函数实参。函数可以作为另一个函数调用的实参出现。这种情况是把该函数的返回值作为实参进行传递，因此要求该函数必须是有返回值的。例如：

```
printf("%d",max(x,y));
```

即是把max调用的返回值又作为printf函数的实参来使用的。

假设max(x,y)返回两个数的最大值，则：

```
max(max(a,b),max(c,d))
```

返回4个数的最大值。

前面述及，函数调用时实参的运算是有方向的，即函数调用对实参的计算是有求值顺序的。运算方向由不同的函数调用约定来决定，C语言默认使用C调用约定，求值顺序是自右向左。与此相反的是Pascal调用约定，求值顺序是自左向右。C程序需要经过特别的设定才能是Pascal调用约定。

例如：

```
int i=1,j=2;
printf("%d,%d,%d\n",i=i+j,j=j+i,i=i+j);       //从右向左计算实参
```

程序输出结果为：

```
8,5,3
```

因为在调用printf函数时，先处理最右边的i=i+j，这个实参值是3；再处理中间的j=j+i，这个实参值是5；最后处理左边的i=i+j，这个实参值是8。

4.3.2 库函数的调用方法

C语言拥有庞大的系统库函数可以使用，既有标准库函数完成基本功能，又有专业库函数实现特定功能。例如图形库OpenGL、DirectX，图形界面库wxWindows、Qt，多媒体库OpenAL，游戏开发库OGRE、Allegro，网络开发库Winsock，数据库开发库ODBC API，科学计算函数库GSL等。同时多数应用软件，如Office、MATLAB和AutoCAD等，均提供了C语言接口，使C/C++通过混合编程用到这些软件的特色功能。

无论使用库函数或是混合编程，对于C/C++程序来说本质上就是在使用函数。这里给出库函数调用的一般方法。

(1) 在程序中添加库函数声明。

多数库函数将自己的函数原型和特殊数据等放在头文件(.h)中，所以应首先使用文件包含命令将这些头文件包含到程序中。例如，欲使用数学库函数，文件包含命令为：

```
#include<math.h>
```

从而使得程序有函数声明，例如：

```
y=sin(x);                                     //求 x(弧度)的正弦
```

该调用就能够通过编译。

(2) 将库函数目标代码连接到程序中。

在连接时，例如使用了sin函数，就必须要有sin函数的实现代码才能生成可执行文件，否则连接出错。要将库函数的目标代码连接到程序中，主要是配置好开发环境的相关参数，然后由连接器处理。

标准库函数的连接在开发环境中是默认的，一般可以不用特别设置。

经过上述两个步骤，可以让程序调用库函数了。但要让库函数发挥作用，实现期望的功能，还需要通过库函数详尽的使用手册了解以下两方面：

(1) 函数的作用、功能和调用参数要求等，例如sin函数要求调用参数是弧度值。

(2) 函数的调用约定，确保正确地实现参数传递和函数返回。

4.3.3 标准库函数

C语言标准提供了一个遵循标准的编译器必须提供的库函数列表，它们是标准所规定的辅助和实用函数，提供基本的或有用的功能，例如数学、输入输出、字符串和时间日期标准库等，而每个标准库中又包括几十到上百个的具体函数。C语言标准库函数如表4.1所示。

表4.1 标准库函数索引

标准库名称	头文件名	标准库名称	头文件名
断言验证	<assert.h>	复数算术运算	<complex.h>
字符类型	<ctype.h>	出错码	<errno.h>
浮点环境	<fenv.h>	浮点常量	<float.h>
整型格式转换	<inttypes.h>	替代记号	<iso646.h>
整型大小	<limits.h>	本地化	<locale.h>
数学	<math.h>	非局部跳转	<setjmp.h>
信号量处理	<signal.h>	可变参数	<stdarg.h>
布尔类型	<stdbool.h>	标准定义	<stddef.h>
整型类型	<stdint.h>	标准输入输出	<stdio.h>
实用函数	<stdlib.h>	字符串	<string.h>
通用类型数学宏	<tgmath.h>	时间日期	<time.h>
扩展多字节和宽字符	<wchar.h>	宽字符分类和映射	<wctype.h>

通常，编译器支持绝大多数的标准库，但也有一些未曾实现。考虑到通用性，本书仅列出常用的函数，如果在编程时需要更多的库和函数，请查阅详细的标准库手册。

在调用标准库函数时，需要在源文件中包含相应的头文件，形式如下：

```
#include<头文件名>
```

1. 数学库

大部分常用的数学函数都定义在数学库中，其头文件为math.h。

(1) acos函数

函数原型：double acos(double x);

函数说明：返回以弧度表示的反余弦值。x要求在[-1,+1]区间，返回值在[0,π]区间。

应用举例：y=acos(0.32696);　　　　　　　　//y=1.237711

(2) asin函数

函数原型：double asin(double x);

函数说明：返回以弧度表示的反正弦值。x要求在[-1,+1]区间，返回值在[-π/2,π/2]区间。

应用举例：y=asin(0.32696); //y=0.333085

(3) atan 函数

函数原型：double atan(double x);
函数说明：返回以弧度表示的反正切值。返回值在[-π/2,π/2]区间。
应用举例：y=atan(-862.42); //y=-1.569637

(4) cos 函数

函数原型：double cos(double x);
函数说明：返回 x 的余弦值。x 要求以弧度为单位。
应用举例：y=cos(3.1415926535/2); //y=0.0

(5) sin 函数

函数原型：double sin(double x);
函数说明：返回 x 的正弦值。x 要求以弧度为单位。
应用举例：y=sin(3.1415926535/2); //y=1.0

(6) tan 函数

函数原型：double tan(double x);
函数说明：返回 x 的正切值。x 要求以弧度为单位。
应用举例：y=tan(3.1415926535/4); //y=1.0

(7) cosh 函数

函数原型：double cosh(double x);
函数说明：返回 x 的双曲余弦值。
应用举例：y=cosh(3.1415926535/2); //y=2.509178

(8) sinh 函数

函数原型：double sinh(double x);
函数说明：返回 x 的双曲正弦值。
应用举例：y=sinh(3.1415926535/2); //y=2.301299

(9) tanh 函数

函数原型：double tanh(double x);
函数说明：返回 x 的双曲正切值。
应用举例：y=tanh(1.0); //y=0.761594

(10) exp 函数

函数原型：double exp(double x);
函数说明：返回 e 的 x 次方 e^x。
应用举例：y=exp(1.0); //y=2.718282

(11) log 函数

函数原型：double log(double x);
函数说明：返回 x 的自然对数。x 要求大于 0。
应用举例：y=log(10.0);　　　　　　　　//y=2.302585

(12) log10 函数

函数原型：double log10(double x);
函数说明：返回 x 以 10 为底的对数。x 要求大于 0。
应用举例：y=log10(100.0);　　　　　　　　//y=2.0

(13) fabs 函数

函数原型：double fabs(double x);
函数说明：返回 x 的绝对值。
应用举例：y=fabs(-4.0);　　　　　　　　//y=4.0

(14) pow 函数

函数原型：double pow(double x,double y);
函数说明：返回 x 的 y 次方 x^y。若 x 为负则 y 必须是整数,若 x 为 0 则 y 必须大于 0。
应用举例：y=pow(4.0,4.0);　　　　　　　　//y=256.0

(15) sqrt 函数

函数原型：double sqrt(double x);
函数说明：返回 x 的平方根$\sqrt{x}$。x 要求大于等于 0。
应用举例：y=sqrt(9.0);　　　　　　　　//y=3.0

【例 4.4】 输出[0,90)区间的正弦表,每隔 0.1°输出一个正弦值。

程序代码如下：

```
#include<stdio.h>
#include<math.h>                              //使用数学库
int main()
{
    double d;
    int i,j;
    for(i=0;i<90;i++) {
        printf("%2d ",i);
        for(j=0;j<10;j++) {
            d=(i+j/10.0)*3.1415926535/180;//角度转换为弧度
            printf("%.4lf ",sin(d));
        }
        printf("\n");
    }
    return 0;
}
```

2. 实用函数库

实用函数库的头文件为 stdlib.h。

(1) rand 函数

函数原型：int rand(void);
函数说明：返回[0,RAND_MAX]区间的随机整数,其中 RAND_MAX 是符号常量,至少为 32 767。
应用举例：srand(1); //以 1 为种子初始化随机数发生器
y=rand(); //得到一个随机整数

(2) srand 函数

函数原型：void srand(unsigned int seed);
函数说明：以 seed 作为种子初始化随机数发生器。如果使用相同的 seed 值调用 srand,则 rand 函数产生的随机数是重复的。如果没有调用过 srand,则 rand 函数会自动调用 1 次 srand(1)。

(3) exit 函数

函数原型：void exit(int status);
函数说明：终止程序运行,且将退出状态 status 返回给启动本程序的程序。
应用举例：exit(0); //程序正常状态终止

【例 4.5】 产生[0,20)、(0,1)区间的 10 组随机数。

分析：使用 rand 函数可以获得随机数。不过每次使用相同的种子调用 srand,则产生的随机数总是一样的。如果用系统流逝时间(间隔大于 1 秒)作为种子,就能产生不同的随机数。为此需要使用 time.h 中的 time(0)调用,它返回从(1970-1-1 0:0:0)起到目前为止所经过的时间,单位为秒。

由于 rand 产生的随机数在[0,RAND_MAX]区间,为了得到[a,b)之间的随机整数,可以使用(rand()%(b−a)+a)式子计算(结果值将含 a 但不含 b)。在 a 为 0 的情况下,简写为 rand()%b。用(rand()/double(RAND_MAX))可以取得 0～1 之间的随机小数。

程序代码如下：

```
#include<stdio.h>
#include<stdlib.h>                          //使用实用函数
#include<time.h>                            //使用时间函数
int main()
{
    double d;
    int i,n,seed;
    seed=time(0);                           //以系统流逝时间为随机数发生器种子
    srand((unsigned int)seed);
    for(i=0;i<10;i++) {
        n=rand()%20;                        //产生[0,20)区间的随机整数
        d=rand()/(double)RAND_MAX;          //产生(0,1)区间的随机小数
        printf("%d %lf\n",n,d);
    }
```

```
        return 0;
}
```

4.4 内联函数

在前面介绍函数调用栈时,我们了解到函数调用时参数需要入栈,调用前要保护现场并保存返回地址,调用后要恢复现场并按原来保存的返回地址继续执行。因此函数调用需要时间和空间的开销,将影响执行效率。对于一些函数体代码不是很大,但又频繁地被调用的函数,准备执行函数的时间竟然比函数执行的时间要多很多。

新版本的C语言标准提供一种提高函数效率的方法,即在编译时将被调函数的代码直接嵌入到主调函数中,取消调用这个环节。这种嵌入到主调函数中的函数称为内联函数(inline function)。请注意,一些早期编译器,如 Visual C++ 6.0 不支持这个新特性。

内联函数的声明是在函数定义的类型前加上 inline 修饰符,定义形式为:

```
inline 返回类型 函数名(形式参数列表)
{
    函数体
}
```

或在函数原型的类型前加上 inline 修饰符,声明形式为:

```
inline 返回类型 函数名(类型1 参数名1,类型2 参数名2,…);
```

内联函数可以同时在函数定义和函数原型中加 inline 修饰符,也可以只在其中一处加 inline 修饰符,但内联的声明必须出现在内联函数第一次被调用之前。

如果使用普通函数,fun 将发生 3 次调用,如图 4.2(a)所示;如果使用内联函数,在调用点已经将 fun 函数代码嵌入进来,故没有发生 fun 的调用,如图 4.2(b)所示。

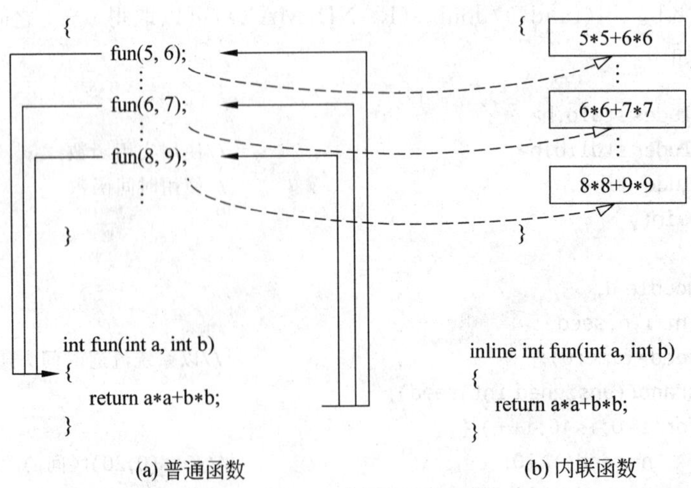

图 4.2 普通函数调用和内联函数示意

所以内联函数的优点是：从源代码层面看，有函数的结构；而在编译后，却没有函数的调用开销(已不是函数了)。

【例4.6】 计算两个数的平方和。

程序代码如下：

```
#include<stdio.h>
inline int fun(int a,int b)                    //内联函数
{
    return a*a+b*b;
}
int main()
{
    int n=5,m=8,k;
    k=fun(n,m);                                //调用点嵌入 a*a+b*b 代码
    printf("k=%d\n",k);
    return 0;
}
```

使用内联函数就没有函数的调用了，因而就不会产生函数来回调用的效率问题。但是由于在编译时函数体中的代码被嵌入到主调函数中，因此会增加目标代码量，进而增加空间开销。可见内联函数是以目标代码的增加为代价来换取运行时间的节省。例如，要调用 max 函数 10 次，则在编译时会先后 10 次将 max 函数代码嵌入到主调函数中，内联函数使用不当会造成代码膨胀。

内联函数中不允许用循环语句和 switch 语句，递归函数也不能被用来做内联函数。当编译器无法对代码进行嵌入时，就会忽略 inline 声明，此时内联失效，这些函数将按普通函数处理。

一般情况下，只是将规模较小、语句不多(1～5 个)、频繁使用的函数声明为内联函数。对一个含有许多语句的函数，函数调用的开销相对来说微不足道，所以也没有必要用内联函数实现。

4.5 函数调用形式

4.5.1 嵌套调用

在调用一个函数的过程中，又调用另一个函数，称为函数嵌套调用，C 语言允许函数多层嵌套调用，只要在函数调用前有函数声明即可。

【例4.7】 函数嵌套调用示例。

程序代码如下。

```
#include<stdio.h>
int fa(int a,int b);                           //fa 函数原型
int fb(int x);                                 //fb 函数原型
```

```
int main()
{
    int a=5,b=10,c;
    c=fa(a,b);
    printf("%d\n",c);
    c=fb(a+b);
    printf("%d\n",c);
    return 0;
}
int fa(int a,int b)
{
    int z;
    z=fb(a*b);
    return z;
}
int fb(int x)
{
    int a=15,b=20,c;
    c=a+b+x;
    return c;
}
```

如图 4.3 所示是上述程序的执行过程。

(1) 执行 main 函数的开头部分。

(2) 调用 fa 函数,流程转去 fa 函数。

(3) 执行 fa 函数的开头部分。

(4) 调用 fb 函数,流程转去 fb 函数。

(5) 执行 fb 函数,直至结束。

(6) fb 函数返回到调用点,即 fa 函数中。

(7) 继续执行 fa 函数余下部分,直至结束。

(8) fa 函数返回到调用点,即 main 函数中。

(9) 继续执行 main 函数。

(10) 调用 fb 函数,流程转去 fb 函数。

(11) 执行 fb 函数,直至结束。

(12) fb 函数返回到调用点,即 main 函数中。

(13) 继续执行 main 函数余下部分,直至结束。

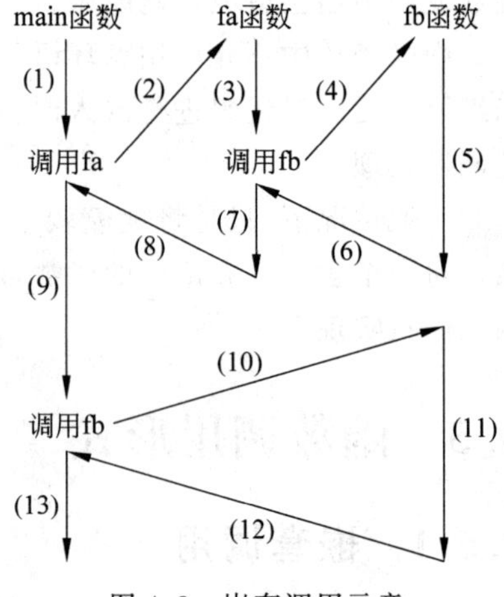

图 4.3 嵌套调用示意

如图 4.4 所示为简化了的函数调用栈示意图,方框内第一行说明是哪个函数栈帧,第二行说明该栈帧有哪些形参和变量。

从图中可以看到:

(1) 函数每调用一次就会有新的函数调用栈建立,返回时函数调用栈释放。

(2) 每个函数调用栈都是独立的,相互不影响。

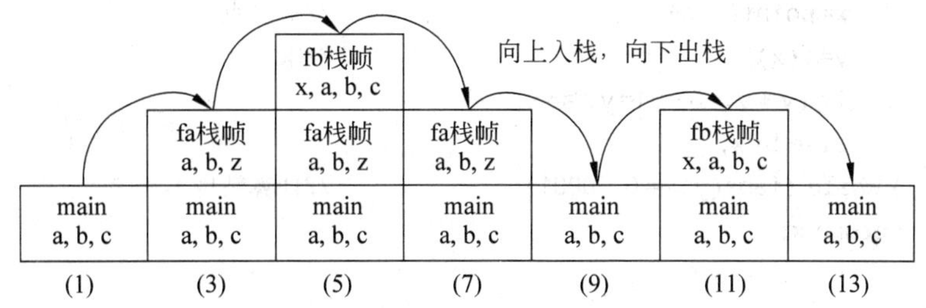

图 4.4 嵌套调用函数调用栈

(3) 尽管 main 函数和 fb 函数都有局部变量 a、b、c，但很明显它们是在不同区域的存储单元，各自独立，互不相干。

【例 4.8】 用弦截法求方程 $f(x)=x^3-5x^2+16x-80$ 的根，精度 $\varepsilon=10^{-6}$。

分析：如图 4.5 所示，设 $f(x)$在$[a,b]$内连续，$f(x)=0$ 在$[a,b]$内有单根 x^*。

用双点弦截法求 $f(x)=0$ 在$[a,b]$的单根 x^* 的方法是：

(1) 过点$(a,f(a))$，$(b,f(b))$作一条直线，与 X 轴相交，设交点横坐标为$\tilde{x}$；

(2) 若 $f(\tilde{x})=0$，则$\tilde{x}$为精确根，迭代结束；否则判断根 x^* 在$\tilde{x}$的哪一侧，排除$[a,b]$中没有根 x^* 的一侧，以$\tilde{x}$为新的有根区间边界，得到新的有根区间，仍记为$[a,b]$。循环执行步骤(2)。

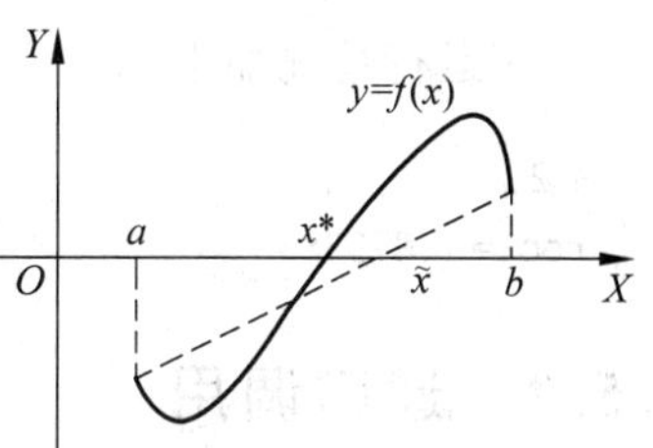

图 4.5 $f(x)$函数曲线

(3) 计算$\tilde{x}$的公式为$\tilde{x}=b-f(b)\dfrac{b-a}{f(b)-f(a)}=\dfrac{af(b)-bf(a)}{f(b)-f(a)}$。

① 设计函数 f 计算 $f(x)$。

② 设计函数 root 求$[a,b]$的根。

程序代码如下：

```
#include<stdio.h>
#include<math.h>
double f(double x)
{    //所要求解的函数公式,可改为其他公式
     return x*x*x-3*x-1;
}
double point(double a,double b)
{  //求解弦与x轴的交点
     return (a*f(b)-b*f(a))/(f(b)-f(a));
}
double root(double a, double b)
{    //弦截法求方程[a,b]区间的根
     double x,y,y1;
     y1=f(a);
     do {
```

```
        x=point(a,b);                          //求交点 x 坐标
        y=f(x);                                //求 y
        if (y * y1>0) y1=y, a=x;
        else b=x;
    } while (fabs(y)>=0.00001);                //计算精度 E
    return x;
}
int main()
{
    double a,b;
    scanf("%lf%lf",&a,&b);
    printf("root=%lf\n",root(a,b));
    return 0;
}
```

程序运行情况如下：

```
1 2↙
root=1.879385
```

4.5.2 递归调用

函数直接或间接调用自己称为递归调用。C 语言允许函数递归调用，如图 4.6(a)所示为直接递归调用，如图 4.6(b)所示为间接递归调用。

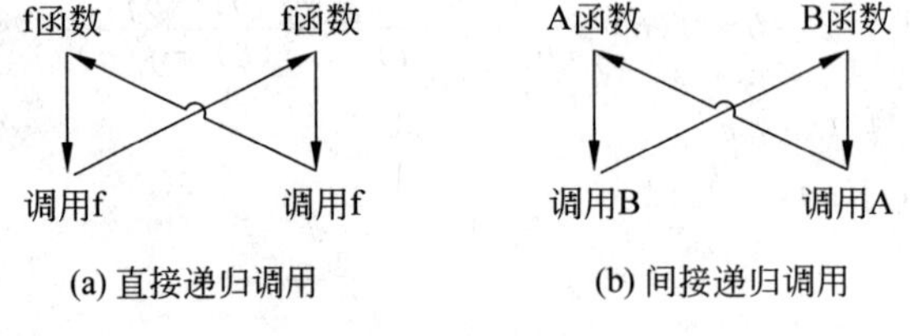

图 4.6 递归调用示意

【例 4.9】 编写求 n 的阶乘的函数。

程序代码如下：

```
#include<stdio.h>
int f(int n)
{
    if (n>1) return f(n-1) * n;              //递归调用
    return 1;
}
int main()
{
    printf("%d\n",f(5));
    return 0;
}
```

这是一个使用函数递归调用求 n!的程序，程序运行结果为 120。

如图 4.7 所示为递归调用执行过程。从图中可以看到，递归调用不是循环结构，也不是 goto 到函数的开始运行；可以这样理解 f 函数调用自己：实际上它在调用自身的一个副本，该副本是具有不同参数的另一个函数，任何时候只有一个副本是活动的，其余的都将被挂起。

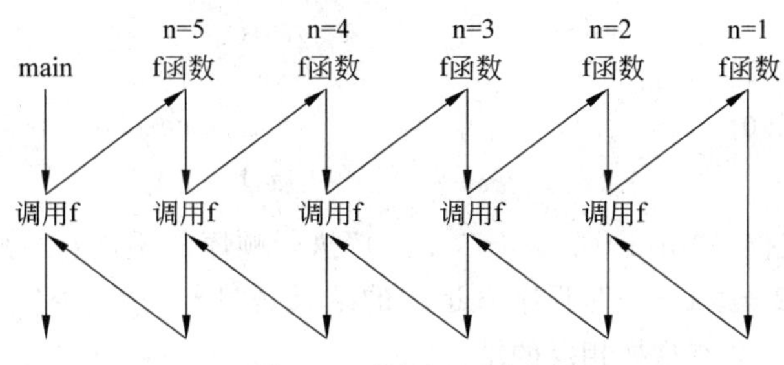

图 4.7　递归调用过程

表 4.2 记录了 f 函数的返回过程。

表 4.2　f 函数的执行跟踪

n	return	n	return
5	f(4) * 5	2	f(1) * 2
4	f(3) * 4	1	1
3	f(2) * 3		

如图 4.8 所示为简化了的函数调用栈示意图，这里仅示意 f 栈帧的情况，方框内是形参 n。从图中可以看到，在函数递归调用时，递归函数每次调用其本身，一个新的函数栈就会被使用，这个新函数栈里的形参、变量和该函数的另一个函数栈里面的形参、变量是完全不同的内存单元。这个结论对设计递归程序很重要。

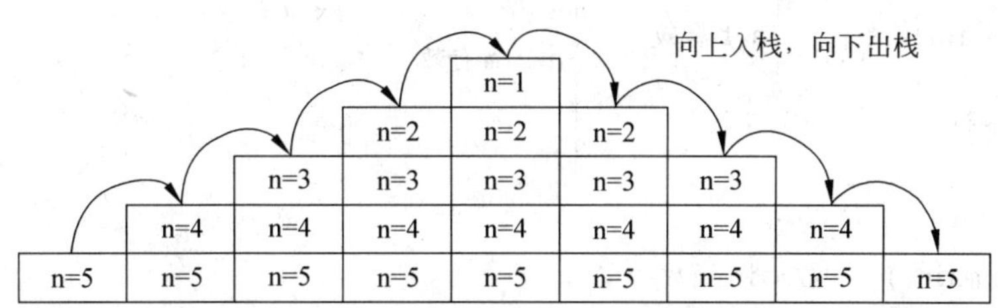

图 4.8　递归调用函数调用栈

从图中还可以看到，递归函数必须定义一个终止条件，否则函数会永远递归下去，直到栈空间耗尽。所以，递归函数内一般都用类似 if 语句来判定终止条件，如果条件成立则继续递归调用，否则函数结束递归，开始返回。

递归的概念不太好理解，这里再举一例：

```
//①程序 A
#include<stdio.h>
```

```
//②程序 B
#include<stdio.h>
```

```
void f(int n)      //递归处理顺序
{
    printf("%d->",n);
    if (n>1) f(n-1);
}
int main()
{
    f(5);
    return 0;
}
```

```
void f(int n)      //递归处理顺序
{
    if (n>1) f(n-1);
    printf("%d->",n);
}
int main()
{
    f(5);
    return 0;
}
```

程序A和程序B仅仅是“printf("%d－＞",n)”执行顺序的不同，程序A运行的结果是“5－＞4－＞3－＞2－＞1－＞”，程序B运行的结果是“1－＞2－＞3－＞4－＞5－＞”，读者自行分析为什么会有这样相反的结果？

4.6 作用域和生命期

本节讨论的作用域(scope)和生命期(lifetimes)不仅适用于前面介绍过的变量，也适用于后面的数组、指针和结构体等对象。

4.6.1 局部变量

在函数内部或复合语句中(简称区域)定义的变量称为局部变量(local variable)，又称为内部变量。例如下面的程序：

```
1   int f1(int x,int y)    //f1函数                      } x、y有效
2   {
3    int a,b,m=100;                          } a、b、m有效
4    if (x>y) {
5        int a,t;          } a、t有效
:        :
20    }
:    :
35  }
36  int main()     //main函数
37 {
38    int a=15,b=10,c,n=200;      } a、b、c有效
39    c=f1(a,b);
      :
```

对局部变量的说明如下。

(1) 局部变量只能在定义它的区域及其子区域中使用。例如main函数可以使用第38行的a、b、c、n，f1函数可以使用第1行的x、y(形参)和第3行的a、b、m，if分支的复合语句可以使用f1函数定义的变量和第5行的a、t；另一方面，main函数就不能使用f1函

数的变量，f1 函数不能使用 main 函数的变量。

(2) 在同一个区域中不能定义相同名字的变量。例如第 1 行有了 x、y，那么在 f1 函数内部就不能再使用 x 和 y 的名字了。

(3) 在不同区域中允许定义相同名字的变量，但本质上它们是不同的变量，例如 main 函数的 a、b 和 f1 函数的 a、b 完全不相干。

(4) 如果一个变量所处区域的子区域中有同名的变量，则该变量在子区域无效，有效的是子区域中的变量，称为定义屏蔽。例如第 3 行的 a 在 f1 函数中，而 if 分支的复合语句是 f1 函数的子区域，并且第 5 行也有 a 定义，所以第 3 行的 a 在复合语句不可见，复合语句的 a 是第 5 行定义的。

4.6.2 全局变量

在源文件中，但**在函数外部定义的变量**，称为全局变量(global variable)，全局变量的有效区域是从定义变量的位置开始到源文件结束。例如下面的程序：

```
1    int m=10,n=5;
2    int f1(int x,int y)     //f1 函数
3    {
4        int m=100;
⋮          ⋮                  x、y、m 有效
10       x=m+n;
⋮          ⋮
20   }                                          m、n 有效
21   int a=8,b=4;
22   int main()     //main 函数
23   {
24       int a=15,n=200,x;    a、n、x 有效    a、b 有效
25       x=a+b+m+n;
⋮          ⋮
30   }
       ⋮
———————————— 文件结束 ————————————
```

第 1 行的 m、n 以及第 21 行的 a、b 是全局变量，其余为局部变量(虚线)。可以看到，全局变量的有效区域比局部变量大，可以跨多个函数，因而可以在多个函数中使用。函数之间可以利用全局变量来交换数据，即一个函数修改了全局变量，那么另一个函数使用的是已经修改过的变量。

程序中的全局变量都处在源文件范围内，所以不能使用相同的名字。全局变量依然有定义屏蔽，例如，第 10 行的 n 是第 1 行定义的，尽管第 1 行的 m 有效范围一直往下，但在 f1 函数这个子区域内定义了同名的 m，则全局变量 m 被屏蔽了，所以第 10 行的 m 是第 4 行定义的。

函数之间的数据传递尽管可以利用全局变量，但这样一来也导致两个函数彼此分不

开，违背了模块化的原则，所以**结构化程序设计提倡少用或不用全局变量**。

4.6.3 作用域

C语言的实体通常有3类：①变量或对象，如基本类型变量、数组对象、指针对象和结构体对象等；②函数；③类型。包含结构体类型和共用体类型。

作用域是程序中的一段区域。在同一个作用域上，C程序中每个名字都与唯一的实体对应；只要在不同的作用域上，那么在程序中就可以多次使用同一个名字，对应不同作用域中的不同实体。

一个C程序可以由任意多的源文件组成，每个源文件可以有任意多的函数，在函数中可以包含任意多的复合语句块，复合语句块中又可以嵌套任意多的复合语句子块；另外，一个程序还可以有任意多的函数原型、结构体类型和共用体类型声明。所以C语言的作用域有如下几个：

(1) 文件作用域(file scope)

文件作用域是指一个C程序中所有源文件的区域。具体到一个源文件中，文件作用域是从文件第一行开始直到文件结束的区域。

(2) 函数作用域(function scope)

函数作用域是指一个函数从函数头开始直到函数的右大括号(})结束之间的区域。不同的函数是不同的函数作用域。一个C程序可以有任意多的函数作用域，但所有的函数作用域都是在文件作用域中的。

(3) 块作用域(block scope)

块作用域是由复合语句的一对大括号{ }界定的区域。不同的复合语句是不同的块作用域，复合语句可以嵌套，因而块作用域也可以嵌套；块作用域只能在函数作用域内，不能直接放在文件作用域上；一个函数作用域内可以有任意多的块作用域，或者嵌套，或者平行，不同函数中的块作用域是各自不同的。

(4) 类型声明作用域(declaration scope)

类型声明作用域是指在结构体类型、共用体类型声明中由一对大括号{ }界定的区域，例如：

```
struct 结构体类型名 {
    成员列表                          //成员列表在结构体类型声明作用域上
}
```

类型声明作用域可以放在文件作用域、函数作用域和块作用域中。

(5) 函数原型作用域(function prototype scope)

函数原型作用域是函数原型中括号内的区域，即形参列表所处的区域，例如：

```
int max(int a,int b,int c);         //a,b,c 在函数原型作用域上
```

函数原型作用域可以放在文件作用域、函数作用域、块作用域和类型声明作用域中。

在上述的几种作用域中，文件作用域是全局作用域，其余为局部作用域。除函数原型作用域外，局部作用域都是用一对大括号{ }界定的。

在C语言中,全局作用域只有一个,而局部作用域可以有多个。

实体在作用域内可以使用,称为可见(visible),又称有效。可见的含义是指实体在作用域上处处可以使用。下面给出C语言实体可见规则。

(1) 规则一。同一个作用域内不允许有相同名字的实体,不同的作用域的实体互不可见,可以有相同名字。

(2) 规则二。实体在包含它的作用域内,从定义或声明的位置开始,按文件行的顺序往后(往下)直到该作用域结束均是可见的,包含作用域内的所有子区域及其嵌套,但往前(往上)不可见,同时包含该作用域的上一级区域也不可见。

(3) 规则三。若实体A在包含它的作用域内的子区域中出现了相同名字的实体B,则实体A被屏蔽(hide),即实体A在子区域不可见,在子区域中可见的是实体B。

(4) 规则四。可以使用extern声明将变量或函数实体的可见区域往前延伸,称为前置声明(forward declaration)。

(5) 规则五。在全局作用域中,变量或函数实体若使用static修饰,则该实体对于其他源文件是屏蔽的,称为私有的(private)。

其中:

① extern声明变量实体的形式为:

```
extern 类型 变量名, …
```

extern声明函数原型的形式为:

```
extern 返回类型 函数名(类型1  参数名1, 类型2  参数名2, …);
extern 返回类型 函数名(类型1, 类型2, …);
```

② static修饰变量实体的形式为:

```
static 类型 变量名[= 初值], …
```

static修饰函数原型的形式为:

```
static 返回类型 函数名(类型1  参数名1, 类型2  参数名2, …);
static 返回类型 函数名(类型1, 类型2, …);
```

实体可见规则适用于对象定义和类型声明,前面的局部变量和全局变量也是按这些规则来处理的。下面通过一个程序例子来说明实体可见规则,该程序有两个源文件file1.c和file2.c,file1文件主要说明实体在文件作用域、函数作用域和块作用域的可见规则,file2文件主要说明实体在全局作用域的可见规则。可以参考注释来分析可见规则。

```
// FILE1.C全局作用域
int a=1, b=2;                 //全局变量
int c=10, d=11;               //全局变量
void f1(int n,int m)          //f1函数作用域
{
    int x=21, y=22,z=23;      //f1局部变量
```

```
        extern int h,k;             //正确,h=60, k=61, 规则四
        n=n+t;                      //错误,t违反规则二
        if (n>100) {                //块作用域
            int x=31,t=20;          //复合语句局部变量
            n=x+y;                  //正确,n=31+22, 规则二、规则三
            if (m>10) {             //嵌套块作用域
                int y=41;           //嵌套的复合语句局部变量
                n=x+y;              //正确,n=31+41, 规则二、规则三
            }
        }
        n=a+x;                      //正确,n=1+21, 规则二
        m=e+f;                      //错误,e,f违反规则二
        n=h+k;                      //正确,n=60+61, 规则四
    }
    int e=50, f=51;                 //全局变量
    int h=60, k=61;                 //全局变量
    void f2(int n,int m)            //f2函数作用域
    {
        n=a+b+e+f;                  //正确,n=1+2+50+51, 规则二
        m=z;                        //错误,z违反规则一
    }
    int f3(int n,int m)             //f3函数作用域
    {
        return n+m;                 //正确,规则二
    }
    int f4(int n,int m)             //f4函数作用域
    {
        return n-m;                 //正确,规则二
    }
    // FILE1.C文件结束
```

```
    // FILE2.C全局作用域
    int a=201, b=202;               //错误,连接时与FILE1.C的变量同名,违反规则一
    void f1(int n,int m)            //错误,连接时与FILE1.C的变量同名,违反规则一
    {
        n=n*m;
    }
    static int c=210, d=212;        //正确,规则五
    static void f2(int n,int m)     //正确,规则五
    {
        n=n/m;
    }
    extern int h, k;                //正确,规则四
    extern int f4(int n,int m);     //正确,规则四
```

```
14  int main()
15  {
16      int p,q,r;               //main 函数局部变量
17      p=c+d;                   //正确,p=210+212,规则二
18      f2(-1,-2);               //正确,不是 FILE1.C 的变量,规则二
19      q=e+f;                   //错误,试图使用 FILE1.C 的变量,违反规则一
20      f3(-10,-12);             //错误,试图使用 FILE1.C 的变量,违反规则一
21      r=h+k;                   //正确,r=60+61,规则四
22      f4(-20,-22);             //正确,规则四
23      return 0;
24  }
25  // FILE2.C 文件结束
```

在 FILE1 文件中：

(1) 第 7 行使用 extern 声明将第 22 行的 h、k 的作用域向前延伸了，故在 f1 函数中可以使用 h、k。

(2) 根据规则二，不能在函数中使用复合语句的变量，第 8 行试图使用第 10 行的变量 t 是错误的。

(3) 根据规则三，第 14 行的 x 是第 10 行定义的，第 14 行的 y 是第 13 行定义的。

(4) 因为全局变量 e 和 f 在第 21 行定义，根据规则二作用域是达不到第 18 行的，除非使用 extern 声明。

(5) 尽管第 6 行定义了 x、y、z，但第 26 行与第 6 行是两个不同的函数，不同的作用域是不能相互访问的。

在 FILE2 文件中：

(1) 编译器是按文件编译的，所以在编译时未发现错误，但连接时会发现第 2 行的 a、b 在全局作用域内已经有定义(在 FILE1 中定义的)。同理，第 3 行的 f1 函数也是如此。

(2) 第 7 行又在全局作用域内定义了 c、d(在 FILE1 中已定义了)，但它有 static 修饰，根据规则五，FILE1 看不到 c、d，所以它是正确的。第 8 行同理。

(3) 根据规则四，第 12 行将 FILE1 中的 h、k 的作用域向前延伸到 FILE2 文件中来，所以可以在 FILE2 第 21 行使用它。

(4) 第 17、18 行使用的是 FILE2 中的定义。

(5) 根据规则四，第 21、22 行使用的是 FILE1 中的定义。

4.6.4　程序映像和内存布局

C 源程序经过编译和连接后，成为二进制形式的可执行文件，称为程序映像。可执行文件采用 ELF 格式(可执行连接格式)存储，内容包含程序指令、已初始化的静态数据和其他一些重要信息，例如未初始化的静态数据空间大小、符号表(symbol table)、调试信息(debugging information)、动态共享库的链接表(linkage tables for dynamic shared libraries)等。可执行文件映像如图 4.9(a)所示。

运行程序时，由操作系统将可执行文件载入到计算机内存中，成为一个进程

(process)。程序在内存中的布局由 5 个段(segment)组成,如图 4.9(b)所示。

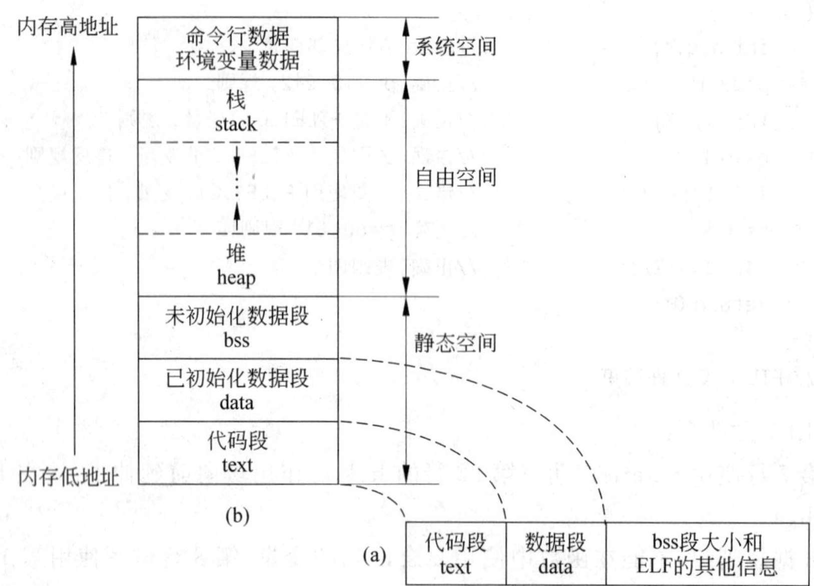

图 4.9 可执行文件映像与内存映像

1. 代码段

代码段(text segment)存放程序执行的机器指令(machine instructions)。通常情况下,text 段是可共享的,使其可共享的目的是,对于频繁被执行的程序,只需要在内存中有一份副本即可。text 段通常也是只读的,使其只读的原因是防止一个程序意外地修改了它的指令。

C 程序的表达式、语句和函数等编译成机器指令就存放于 text 段。程序运行时由操作系统从程序映像中取出 text 段,布局在程序内存地址最低的区域,然后跳转到 text 段的 main 函数开始运行程序,程序结束后由操作系统收回这段内存区域。

2. 已初始化数据段

已初始化数据段(data segment)用来存放 C 程序中所有已赋初值的全局和静态变量、对象,也包括字符串、数组等常量,但基本类型的常量不包含在其中,因为这些常量被编译成指令的一部分存放于 text 段。

程序运行时由操作系统从程序映像中取出 data 段,布局在程序内存地址较低的区域。程序结束后由操作系统收回这段内存区域,即释放 data 段。

显然,data 段的存储单元有与程序代码相同的生命期,它们的初始值实际在编译时就已经确定了。即使程序没有运行,这些存储单元的初始值也固定下来了,当程序开始运行时,这些存储单元是没有初始化的动作。

在程序运行中,data 段的存储单元数据会一直保持到改变为止,或保持到程序结束为止。

3. 未初始化数据段

未初始化数据段(bss segment)用来存放C程序中所有未赋初值的全局和静态变量。

在程序映像中没有存储bss段,只有它的空间大小信息;程序运行前由操作系统根据这个大小信息分配bss段,且数据值全都初始化为0,布局在与data段相邻的区域。程序结束后由操作系统收回这段内存区域,即释放bss段。

显然,bss段的存储单元也有与程序代码相同的生命期,但与data段不同的是如果程序没有运行,bss段的存储空间是不存在的,因而也就不会有初始值。在程序运行前,这些存储单元会初始化为0。此后,bss段的存储单元的性质与data段完全相同。

data段和bss段的存储特点决定了C程序中所有全局和静态变量、对象的存储空间在main函数运行前就已经存在,就有了初始值。程序运行到这些变量和对象的定义处时,是不会再有初始化动作的。在程序运行中这些变量和对象的存储空间不会被释放,一直保持到程序运行结束。期间如果数据被修改,则修改会一直保持。

4. 栈

栈(stack)用来存放C程序中所有局部的非静态型变量、临时变量,包含函数形参和函数返回值。

程序映像中没有栈,在程序开始运行时也不会分配栈。每当一个函数被调用,程序在栈段中按函数栈框架入栈,就分配了局部变量存储空间。如果这些变量有初始化,就会有赋值指令给这些变量送初值,否则变量的值就呈现随机性。当函数调用结束时,函数栈框架出栈,函数局部变量释放存储空间。

栈的存储特点决定了C程序中所有局部的非静态型变量的存储方式是动态的。函数调用开始时得到分配,赋予初值;函数调用结束时释放空间,变量不存在。下次函数调用时再重复这一过程。

5. 堆

堆(heap)用来存放C程序中动态分配的存储空间。

程序映像中没有堆,在程序开始运行时不会分配堆,函数调用时也不会分配堆。堆的存储空间分配和释放是通过指定的程序方式来进行的,即由程序员使用指令分配和释放,若程序员不释放,程序结束可能由操作系统回收。

C语言中可以通过使用指针、动态内存分配和释放函数来实现堆的分配和释放,详见第7章。程序可以通过动态内存分配和释放来使用堆区,堆区有比栈更大的存储空间、更自由的使用方式。

堆和栈的共同点是动态存储,处于这两个区域的存储单元可以随时分配和释放,所以这些存储单元的使用特点呈现临时性的特点。data段的特点是静态存储,处于这个区域的存储单元随程序运行而存在,随程序结束才释放,相对于程序生命期,data段存储单元的使用特点呈现持久性的特点。data段由于持久占有存储空间,因此大小会被操作系统限定,而堆可以达到空闲空间的最大值。

堆和栈的区别是分配方式的不同，栈是编译器根据程序代码自动确定大小，到函数调用时有指令自动完成分配和释放的；堆则完全由程序员指定分配大小、何时分配、何时释放。堆的优点是分配和释放是自由的，缺点是需要程序员自行掌握分配和释放时机，特别是释放时机，假如已经释放了还要使用堆会产生引用错误，或者始终没有释放会产生内存泄漏(memory leak)。

4.6.5 生命期

本书前面部分习惯将存储区称为变量，变量是程序运行期间其值可改变的量，变量提供了程序可以操作的有名字的存储区。实际上，C语言中的存储区有些是没有名字的，如函数返回值，所以这里引入一个新的概念——对象(object)。

对象是内存中具有类型的存储区，可以使用对象来描述程序中可操作的大部分数据，而不管这些数据是基本类型还是构造类型，是有名字的还是没名字的，是可读写的还是只读的。一般而言，变量是有名字的对象。

C语言中，每个名字都有作用域，即可以使用名字的区域，而每个对象都有生命期(lifetimes)，即在程序执行过程中对象存在的时间。

1. 动态存储

动态存储(dynamic storage duration)是指在程序运行期间系统为对象动态地分配存储空间。动态存储的特点是存储空间的分配和释放是动态的，要么由函数调用来自动分配和释放，要么由程序指令来人工分配和释放，在分配至释放之间就是对象的生命期，这个生命期是整个程序运行期的一部分。从4.6.4节可知动态存储是在内存布局中的栈和堆两个段实现的。

动态存储的优点是对象不持久地占有存储空间，释放后让出空闲空间给其他对象的分配。程序中多数对象应该是动态存储方式的，因为程序的执行在一段时期往往局限于部分对象，而不会是所有对象，这样未起作用的对象持久地占有内存空间只会导致内存越来越少，多进程、多任务无从谈起。

动态存储在分配和释放上的形式有两种，一种是由函数调用来自动完成的，称为自动存储(automatic storage)，一种是由程序员通过指令的方式来人工完成的，称为自由存储(free storage)。

自动存储的优点是程序员不用理会对象何时分配、分配多大、何时释放，其生命期完全与函数调用相同。自由存储的优点是生命期由程序员的意愿来决定，因此即使函数已经运行完也可以继续存在，直到释放指令发生。自由存储的缺点是程序员需要操心释放时机，多数情况下程序员会忘记释放，或者忘记已经释放。

自由存储只能通过指针来实现，将在第7章进行讨论。

2. 静态存储

静态存储(static storage duration)是指对象在整个程序运行期持久占有存储空间，其生命期与程序运行期相同。静态存储的特点是对象的数据可以在程序运行期始终保持，直到修改为止，或者程序结束为止。静态存储的分配和释放在编译完成时就决定好了。从 4.6.4 节可知静态存储是在内存布局中的数据段实现的。

现代程序设计的观点是，除非有必要，应尽量少地使用静态存储。

如图 4.10 所示是静态存储和动态存储(自动存储、自由存储)的生命期示意图。

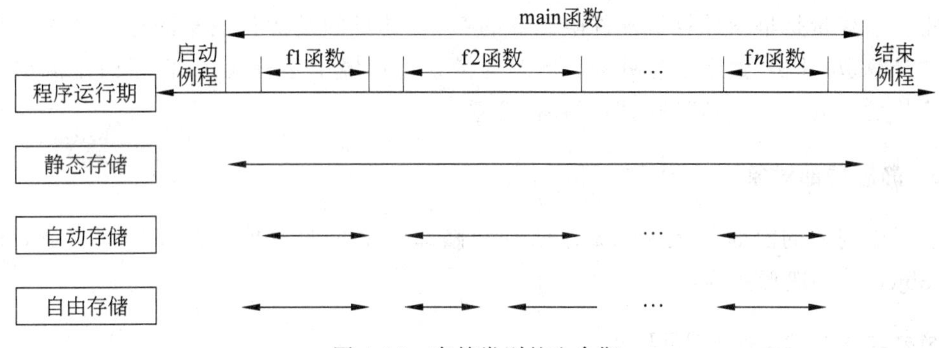

图 4.10　存储类别的生命期

程序运行前由系统自动执行启动例程，做必要的初始化工作；程序运行后由系统自动执行结束例程，做必要的清理工作。从图中可以看到，静态存储生命期最长，自动存储随函数而定，自由存储既可以比函数调用期小，又可以跨多个函数甚至整个程序。特殊的是 main 函数，它与程序运行期相同。

程序中所有的全局对象和静态局部对象都是静态存储的。

3. 自动对象

默认情况下，函数或复合语句中的对象(包含形参)称为自动对象(automatic objects)，其存储方式是自动存储，程序中大多数对象是自动存储。

自动对象进入函数时分配空间，结束函数时释放空间。

可以在对象的前面加上 auto 存储类别修饰来说明对象是自动对象。例如，自动变量的语法形式为：

```
auto 类型 变量名[=初值],…
```

它与不写存储类型修饰的结果是一样，即都是自动对象，换言之，默认的存储类型修饰就是 auto，例如：

```
int a,b,c;
auto int a,b,c;
```

上面的两个语句是等价的。

4. 寄存器变量

C 语言允许用 CPU 的寄存器来存放局部变量，称为寄存器变量，在局部变量前加上 register 存储类别修饰来定义，其形式为：

```
register 类型 变量名[=初值], …
```

寄存器变量不按前述的存储方式来描述，但可以将它理解为动态存储。由于 CPU 的寄存器数目是有限的，因而 register 并不总是每次定义就一定用寄存器来存放局部变量，当编译器不能使用寄存器时，则它会自动地将 register 修饰转换到 auto 修饰。

寄存器变量是早期计算机硬件限制下的产物，其目的是优化变量的存取速度。它在嵌入式计算、单片机、数字信号处理(DSP)等微处理环境中还有应用，但目前主流编译器都有变量优化处理，无需特别指明寄存器变量。

5. 静态局部对象

在局部对象的前面加上 static 存储类别修饰用来指明对象是静态局部对象(static local object)，一般形式为：

```
static 类型 变量名[=初值], …
```

静态局部对象与全局对象一样是按静态存储处理的，即它的生命期与程序运行期相同，所以静态局部对象可以将其值一致保持到程序结束，或者下次修改时。

静态局部对象与全局对象有区别，它的作用域是函数作用域或块作用域，即它只能在局部区域内使用。

静态局部对象是在函数内部或复合语句中定义的，例如：

```
1    int f1(int x,int y)    // f1 函数
2    {
3        int a,b=20;
4        static int m=100;
5        if (x>y) {
6            int a;                          x、y 有效
7            static int t;    a、t 有效    a、b、m 有效
⋮              ⋮
10       }
⋮    ⋮
20   }
```

静态局部对象在还未调用函数前，甚至是程序运行时就进行初始化了。所以每次调用 f1 函数，第 3 行的变量 b 每次都要赋初值，而第 4 行的变量 m 即使是第 1 次调用 f1 函数也不会再有赋初值的动作。静态局部对象如果定义时未赋初值，例如第 7 行的变量 t，那么编译器会自动将它的存储单元用 0 填充，对于数值型来说就是 0 这个值。

当一个函数会多次调用又希望将它的某些对象的值保持住时，就应该使用静态局部对象，但静态局部对象属于持久占有存储空间，所以应持谨慎和适度使用的原则。

【例 4.10】 计算函数调用次数。

程序代码如下：

```
#include<stdio.h>
```

```
2    int fun()
3    {
4        static int cnt=0;        //静态局部变量会保持其值
5        cnt++;
6        return cnt;
7    }
8    int main()
9    {
10       int i,c;
11       for (i=1;i<=10;i++) c=fun();
12       printf("%d\n",c);
13       return 0;
14   }
```

在 main 函数开始执行前，第 4 行的 cnt 赋初值 0，其后不用再赋值；每次调用 fun 函数就执行第 5 行的 cnt 累加，所以 cnt 实际记录的是函数调用的次数。

需要注意，如果在全局对象定义前加上 static 关键字，不是静态的意思（全局对象本身已经是静态的），而是私有的意思，即此时的全局对象的作用域限定在全局对象所处的源文件中，其他文件不可见。

4.7 对象初始化

在本书前面的描述中多次使用“变量赋初值”一说，实际上这样的说法不完整，特别是“赋初值”容易让人联想起“赋值”的概念。从现在开始使用“初始化”这个词语来替代“赋初值”。

1. 初始化概念

对象定义时指定了变量的类型和标识符，也可以为对象提供初始值，定义时指定了初始值的对象被称为是“已初始化的(initialized)”，而创建对象并给它初始值就称为初始化(initialization)。

初始化不是赋值，赋值的含义是擦除对象的当前值并用新值代替，而初始化除了给初值外，之前还创建了对象。

例如：

```
int a=10,b=5,c;
```

将变量 a 和 b 初始化了。

C 语言的初值只能是常量值。

由于使用“=”来初始化变量，使人容易把初始化当成是赋值的一种形式。但是在 C 语言中初始化和赋值的确是两种不同的操作，下面举例说明。

```
#include<stdio.h>
```

```
2    int m=100;                 //全局变量已初始化
3    int n;                     //全局变量未初始化
4    int main()
5    {
6        int a;
7        a=10+m+n;              //a=10+100+0
8        return 0;
9    }
```

第 7 行是赋值运算，执行此语句后变量 a 得到赋值，可是这个程序执行 main 函数，并没有从第 2、3 行执行过去，那 m、n 有值是如何来的呢？显然，"赋"的说法不通。

根据前面的知识，m 是已初始化全局变量，编译器编译第 2 行时将 m 放在已初始化数据段上，且将存储单元设为 100；n 是未初始化全局变量，编译第 3 行时将 n 放在未初始化数据段上；当程序开始运行，执行 main 函数前，m 已有了存储空间且值为 100，启动例程会为未初始化数据段分配空间且存储单元全都填为 0，因此 n 也有了存储空间且值为 0，进入 main 函数时，m、n 已有值。

【例 4.11】 静态局部变量和动态局部变量的比较。

程序代码如下：

```
1    #include<stdio.h>
2    int fun()
3    {
4        static int m=10;       //进入函数前已初始化
5        int n=10;
6        m++,n++;
7        return m+n;
8    }
9    int main()
10   {
11       int i;
12       for(i=1;i<=3;i++)
13           printf("(%d)=%d\n",i,fun());
14       return 0;
15   }
```

程序运行结果如下：

```
(1)=22
(2)=23
(3)=24
```

由于 m 是静态局部变量，编译器编译第 4 行时将 m 放在已初始化数据段 data 上，且将存储单元设为 10；执行 main 函数前，m 已有了存储空间且值为 10，进入 fun 函数时为局部变量 n 分配空间，然后设初值 10，而经过第 4 行不会再为 m 来一次初始化了（m 已经存在）。

2. 对象初始化规则

可以看出,对象什么时候初始化,会有什么样的初值是由它的存储方式来决定。表4.3为对象初始化规则。

表4.3 对象初始化规则

对　象	初　值	初始化时机
全局对象且初始化	设定值	程序运行前已完成
全局对象未初始化	0填充	程序运行前已完成
静态局部对象且初始化	设定值	程序运行前已完成
静态局部对象未初始化	0填充	程序运行前已完成
局部对象且初始化	设定值	每次进入函数时
局部对象未初始化	随机值	

“0填充”是指将对象内存单元所有二进制位设为0,对于数值型来说就是值为0。

4.8 声明与定义

在本书的描述中经常性地使用了两个词语:声明(declarations)和定义(definitions),例如,函数定义和函数声明,变量定义和extern声明等,后面的章节出现得更频繁,因此有必要在这里讨论这两个词语在描述C语言语法时的确切含义。

1. 基本概念

定义用于创建对象并为对象分配实际的存储空间,而且还将一个名字与此对应;在一个程序中,对象有且仅有一个定义。如果定义多次,编译器会提示重复定义错误。

声明用于向程序表明对象的类型和名字,它有两重含义:一是表明名字已在别的地方有定义,二是表明名字已用,别的地方不能再使用这个名字。

作个拟人化的比喻:“定义”告诉编译器想要在存储空间有个位置,于是编译器为它安排了一个位置,且用名字与它对应。如果再次定义,那么编译器会想,这个名字不是已经分配了位置吗?再要就是错误的。“声明”告诉编译器这样的信息:一个名字已经有了一个位置了,是什么什么样的;当编译器遇到这个名字时,它会依据得到的信息去检查使用是否得当,如果不对就会指出用错了。“声明”可以重复地告诉编译器这类信息,只要确保不是不同的信息而让编译器不知如何是好即可。如果编译器从未得到信息,那么它会毫不犹豫地指出使用是错的。“定义”在想要位置且已经得到的时候,实际上也同时向编译器发出了信息,换言之,定义同时也会产生声明。

2. 函数声明和函数定义的区别

前面已经讲过这两个概念,这里再归纳一下。

函数定义包含函数体，即包含实现函数功能的代码，显然这样的代码不能出现两次，否则编译器会出现二义性：究竟用哪一段代码。所以函数重复定义就会编译错误。

因为定义也包含声明，所以函数定义后可以在往下的作用域调用这个函数，那么在函数定义前呢？由于编译器是从文件开始往下编译的，让它没有函数信息就调用函数时，它就会给出“未定义”错误，所以需要在调用前给出函数声明，方法是使用函数原型。但必须确保函数原型与函数定义是一致的，否则同样是二义性错误。

由于编译器对每个文件编译是独立的，所以在一个文件中得到的声明信息不会传到另一个文件中，换言之，需要在另一个文件重新给出声明信息。如果是在与函数定义不同的源文件出现了函数调用，那么就要在那个文件中再次出现函数原型。

3. 对象声明和对象定义的区别

对象定义时就创建了与对象类型对应的存储空间，还可以初始化对象，初始化只能出现在创建对象存储空间的时候。

可以根据前面的作用域规则来使用对象，值得注意的是，对象是不能用在定义时所处作用域的上一级区域的。如函数中定义的变量不能在全局作用域使用，复合语句中定义的变量不能在函数中使用等。

对象定义后，由于定义包含声明，故可以在其后的作用域内使用。如果想要在定义的前面使用对象，就应该在前面给出对象声明。方法是使用 extern，例如：

```
1    extern int a;
2      ⋮
3    int a=10;
```

但如果把第 1 行写成：

```
extern int a=10;
```

则是错误的，因为 extern 是声明，它仅向编译器提供“有一个整型变量 a”这样的信息，它没有实际产生 a 的存储单元，因而也不能初始化。

当 extern 声明出现在全局作用域上，extern 声明允许出现初始化，例如：

```
1    extern int a=100;          //出现在全局作用域是允许的
2      ⋮
3    int a;                     //错误,重复定义
4      ⋮
5    extern int a=100;          //错误,重复定义
```

但此时不能再定义对象，例如第 3 行；随后给出的 extern 声明不能再初始化，例如第 5 行。

综上所述，声明与定义是有区别的。定义创建对象且可以初始化，但定义在程序中只能有且只有一次；声明向编译器提供对象类型和名字的信息，不能初始化，声明可以重复多次，只要信息是统一的即可；在全局作用域上，可以让声明初始化，则此种写法的声明被当作定义，因而只能出现一次。

有了正确的声明与定义，就可以让对象的声明和定义分离，这种做法在单个文件的程序中没有太大作用；但是当程序有多个文件时，声明和定义的分离就是必须的。处理在这种情况的方法是：一个文件含有对象的定义，使用该对象的其他文件则包含该对象的声明。

4.9 变量修饰小结

本章讨论了与变量修饰相关的多种语法，内容较多，对于初学编程的人来说，要完整地、系统性地理解和掌握还需要一定时期的磨练。由于程序中使用变量及其衍生的情况还是较多的，掌握不好不利于编程，特别是编写规模较大的程序，所以本节从应用的角度来总结变量修饰。

(1) 单个文件单个函数的程序。

在前面的章节中，并没有感受到变量修饰的复杂性，原因是我们始终在单个文件单个函数(main 函数)中编写程序。尽管编写十几、几十甚至更多行的代码，但变量的应用是不复杂的，相关语法有：

- 变量先定义后使用(作用域规则)；
- 变量使用前应该赋初值，否则为随机值(初始化规则)；
- 变量定义不能同名(作用域规则)；
- 变量可以在复合语句及嵌套中定义(作用域规则)；
- 变量在复合语句及嵌套中定义允许同名(作用域规则)。

(2) 单个文件多个函数的程序。

本章开始自定义函数，程序除了 main 函数外，会有多个函数出现，变量的应用也多了起来，相关语法有：

- 变量分局部变量和全局变量(作用域规则)；
- 变量分动态存储和静态存储(生命期规则)；
- 变量初始化与存储方式有关(初始化规则)。

局部变量
- 自动变量，即动态局部变量(多数情况下使用)；
- 静态局域变量(函数多次调用仍保持数据值情况下使用)；
- 形式参数(函数间数据传递时使用)；
- 寄存器变量(已有编译器优化工具，极少使用)。

全局变量
- 函数间数据传递，不用或少用。

动态存储
- 自动变量(auto 进入函数分配，函数退出释放)；
- 形式参数(进入函数分配，函数退出释放)；
- 寄存器变量(register 进入函数分配，函数退出释放)。

静态存储
- 静态局部变量(static 修饰)。

初始化
- 设定值(已初始化的全局变量和静态局部变量，运行前一次设置)；
- 设定值(已初始化的动态局部变量，函数调用每次重新设置)；
- 0(未初始化的全局变量和静态局部变量，运行前一次设置)；
- 随机值(未初始化的动态局部变量)。

(3) 多个文件多个函数的程序。

编译器是按文件为单位编译的,现今的编译器都有增量编译的功能,即当编译器发现某个源文件未曾改动,那么就不重新编译它,以节省编译时间,所以即使程序的函数不多,为了提高编译效率也依然要使用多个文件的工程模式。这时变量的应用情况越来越复杂,相关语法有:

- 变量和函数公有使用(作用域规则,允许多个文件中使用);
- 变量和函数私有使用(作用域规则,只限一个文件中使用);
- 实体可见(可见规则)。

公有使用:
- 全局变量(在需要使用的文件中 extern 声明);
- 函数(在需要使用的文件中 extern 声明)。

私有使用:
- 全局变量(在需要限定的变量定义中 static 声明);
- 函数(在需要限定的函数定义中 static 声明)。

实体可见:
- 文件、函数、复合语句、嵌套复合语句区域逐级包含;
- 包含关系中子区域在父区域不可见;
- 包含关系中父区域在子区域同名不可见,不同名可见;
- 同一个父区域的平行区域互不可见;
- 全局实体使用 extern 声明在别的文件可见;
- 全局实体使用 static 声明仅限本文件可见。

(4) 对象保护。

const 限定声明对象是只读的,从而保护对象不会意外修改。

4.10 程序组织结构

4.10.1 内部函数

函数本质上是全局的,在多文件的程序中,在连接时会检查函数在全局作用域内是否名字唯一,如果不是则出现连接错误。

在函数定义前加上 static 修饰,则称为内部函数,定义形式为:

```
static 返回类型 函数名(形式参数列表)
{
    函数体
}
```

按照前面的实体可见规则,内部函数仅在包含它的文件中有效。

之所以使用内部函数的原因是该函数在逻辑上仅限定在一个文件中使用,其他文件不会用到。而且希望连接检查时永远不可能出现该函数名不唯一的连接错误,这在多人编写同一个程序的软件开发模式中是常用的策略。

4.10.2 外部函数

在函数定义前加上 extern 声明,则称为外部函数,定义形式为:

```
extern 返回类型 函数名(形式参数列表)
{
    函数体
}
```

在调用另一个文件中的函数时，需要用 extern 声明此函数是外部函数，声明形式为：

```
extern 返回类型 函数名(类型 1  参数名 1, 类型 2  参数名 2, …);
```

C 语言中所有的函数本质上都是外部函数。因此，上面的 extern 都可以省略。

4.10.3 多文件结构

一个 C 程序允许由多个源文件构成，称为多文件结构程序。使用多文件结构与程序规模、多人协同开发模式有关，但并非全都如此。多文件结构本质上反映面向过程的结构化设计内在要求，同时多文件结构也是高效率的编程模式。

下面介绍编译器和连接器处理多文件结构程序的工作原理。

如图 4.11 所示，编译器编译时的基本单位是源文件。对一个文件的编译是独立的，所谓独立是指编译器不会把前面文件编译的信息自然传到下一个文件中，如头文件包含、宏定义、各种类型声明等信息。

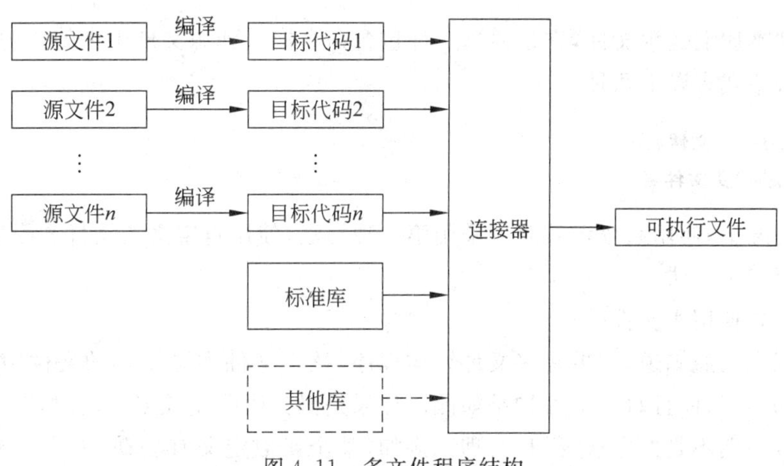

图 4.11 多文件程序结构

例如，如果所有的文件都用到了 sin 函数，那么必须在每个文件中都要包含 math.h 头文件，哪个文件缺少则哪个文件的 sin 函数调用就会因为没有函数声明而出现“未定义”的编译错误。同理，自定义的外部函数也是这样处理的。

但自定义的全局变量必须要加 extern 声明，因为“extern int a;”表示变量已经定义了，可以使用多次，而多个“int a;”的写法则是重复定义。

编译完成后得到目标代码文件，然后连接器开始工作。连接器将多个目标代码和使用到的库函数代码（通常都是二进制形式）逐个连接起来，在这个过程中，它可以发现：

(1) 全局函数或全局变量是否在不同的文件中重复定义，或者在全局范围内是否有相同名字的实体。

(2) 在多个目标代码和库函数中找不到全局函数或全局变量的定义。

若连接器成功处理完所有的连接,则产生可执行文件,一次编译连接的过程宣告完成。

不同的编译器用不同的扩展名来表示文件类型,表 4.4 是 GCC 和 VC 编译器的扩展名。

表 4.4 GCC 和 VC 文件类型及扩展名

	GCC	Visual C++
源文件	C 语言:.c C++ 语言:.cpp、.cc、.cxx	C 语言:.c C++ 语言:.cpp
头文件	.h	.h
目标代码文件	.o	.obj
链接库文件	.a	.lib

4.10.4 头文件与工程文件

1. 头文件

头文件本质上是源文件,它是通过文件包含命令嵌入到源文件中去编译的,文件包含命令的写法格式有以下两种:

```
#include<头文件名>
#include "头文件名"
```

一般情况下,使用系统函数时应采用第一种写法,使用自定义头文件和附加库头文件时应采用第二种写法。

为什么要使用头文件呢?

我们现在已经知道,如果是多文件结构程序,欲在文件中调用别的文件中的函数,需要有函数的声明,而且每个文件均是如此。如果是函数声明比较多的情况,在每个文件中都写上函数声明不是好办法,很难管理。例如,某个函数定义有变动,那么所有含有这个函数声明的调用文件都需要找出来,逐一修改。

使用头文件可以解决这个问题,其工作原理是通过将每个源文件中外部函数的函数声明等信息集中写到一个文件中,称为头文件(有别于源文件),而别的源文件只需用文件包含命令将这个头文件包含进来,则编译时编译器自然就有了函数声明,如图 4.12 所示。

图中虚线表示将 4 个源文件(.c)各自的声明分离到头文件(.h),实线表示头文件被包含到源文件上,例如 main.c 文件有其他 3 个文件的声明集合,换言之,其他 3 个文件的外部函数声明等在 main.c 文件可见。

头文件除了函数声明外,还经常包括全局性常量、宏定义等信息,但头文件一般不包括定义内容,如函数定义和变量定义,而只包含声明内容,这是因为头文件会被多次包含,如果是定义内容会导致重复定义,这是编写自定义头文件的重要原则:定义内容和程序

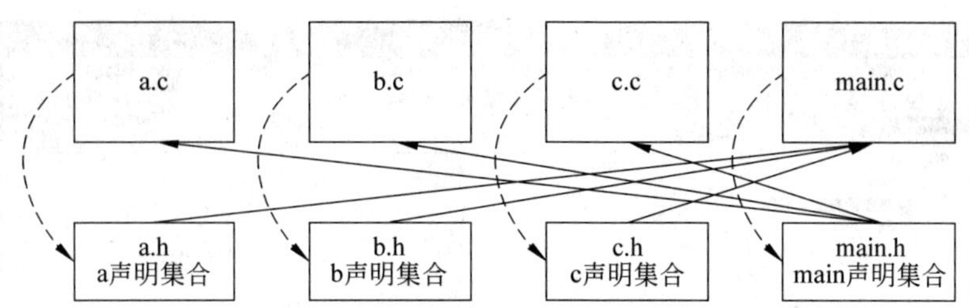

图 4.12 多源文件时头文件的处理示意

实现代码等应放在对应的源文件中。

一般情况下,头文件与源文件是对应的,多个源文件就有多个头文件,文件名与源文件也是相同的,这样自成体系,便于管理。

2. 工程文件

多文件结构程序在编译时需要工程文件来管理,不同的编译器有不同的工程文件格式,但都支持命令行编译 Makefile 文件。

Makefile 文件定义了一系列的规则来指定哪些文件需要先编译,哪些文件需要后编译,哪些文件需要重新编译,编译时使用什么参数,甚至进行更复杂的功能操作。

Makefile 文件使用脚本命令,可以执行操作系统所允许的命令。如下是 GCC 编译系统的 Makefile 文件示例:

```
CFLAGS=-nologo -W3 -Zi -MD -O1 -DWIN32
INCLUDES=
COMPILE_cpp=cl -Fo$@$(CFLAGS) -EHsc $(INCLUDES) -c
COMPILE_c=cl -Fo$@$(CFLAGS) $(INCLUDES) -c
a.o : a.c
    $(COMPILE_c) a.c
b.o : b.c
    $(COMPILE_c) b.c
c.o : c.c
    $(COMPILE_c) c.c
main.o : main.c
    $(COMPILE_c) main.c
```

它指令编译和连接 4 个文件: main.c、a.c、b.c 和 c.c。

集成开发环境的编译器,如 CodeBlocks,允许可视化管理工程文件。如图 4.13 所示,左边的树形结构为多文件列表。

4.10.5 提高编译速度

C 程序代码的运行效率是很高的,但它的编译速度在众多程序语言中算是慢的。一个 C 程序总是要反复编译、运行和调试才得到正确结果,所以,无论是多文件结构或是单文件程序,是大规模程序或是小型程序,提高编译速度是必需的。

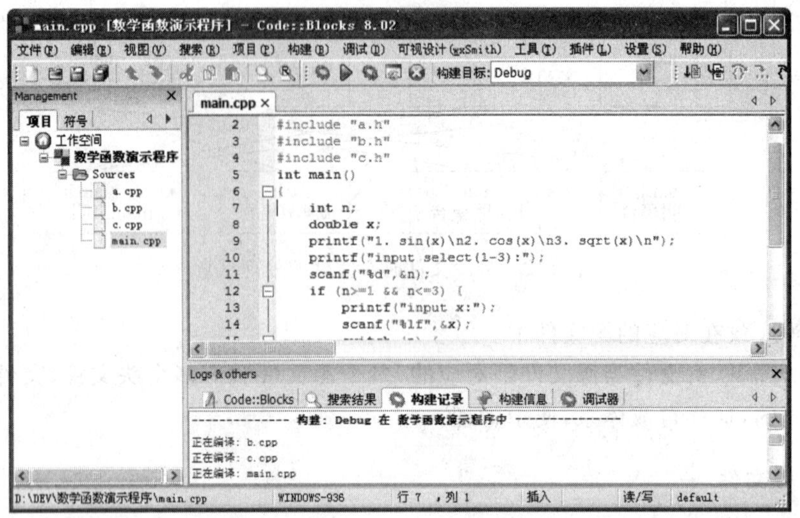

图 4.13 CodeBlocks 工程文件管理

提高编译速度首先要完善程序的代码结构，例如，精简头文件，接口与实现完全分离，高度模块化。如果是单个文件且代码量较大时，为了一点小改动就要重新对大面积代码编译，实在是不划算。高度模块化就是低耦合，就是尽可能地减少相互依赖。例如，函数与函数之间降低相互依赖，则这两个函数就可以分离到不同的文件中；在文件与文件之间，一个头文件的变化，尽量不要引起其他文件的重新编译。

提高编译速度还可以利用编译器的功能，提高编译器的工作效率。现今的编译器一般都有下面的功能。

(1) 预编译头文件。

即使很小的程序都会使用头文件的，特别是那些标准库的头文件，代码量甚至超过程序本身。预编译头文件是指编译器第一次编译文件时将头文件的编译结果缓存下来，如果下次编译时发现没有新的，则它将直接使用缓存结果，不用对头文件再次编译。

(2) 增量编译。

增量编译是指编译器编译得到目标代码后，如果下次编译时发现文件并未经过修改，则使用前一次的目标代码而无需再次编译。在多文件结构程序中，调试修改一般是集中在少数文件上，所以增量编译节省的编译时间是可观的。

(3) 编译缓存。

增量编译是比较目标代码和源文件的时间来决定是否要重新编译。编译缓存是指将前面的编译结果缓存下来，根据文件的内容来判断是否重新编译。例如，对一个文件输入一个没有作用的空格会导致增量编译失效，但编译缓存能判别出增加的这个空格是否足以需要重新编译。

4.11 函数应用程序举例

1. 递归法

在问题求解时,有时将一个不能或不好直接求解的大问题转化为一个或几个与原问题相似的小问题来解决,再把这些小问题进一步分解成更小的小问题来解决,如此分解,直至每个小问题都可以直接解决,在逐步求解小问题后,再返回得到大问题的解,这种方法称为递归法。

递归的运行效率往往很低,会消耗额外的时间和存储空间。但递归也有长处,它能使一个蕴含递归关系且结构复杂的程序简洁精炼,只需要少量的步骤就可描述解题过程中所需要的多次重复计算,所以大大地减少了代码量。

递归算法设计的关键在于找出递归关系式和边界条件(即递归终止条件)。递归关系就是使问题向边界条件转化的过程,所以递归关系必须能使问题越来越简单,规模越来越小。因此递归算法设计通常有以下 3 个步骤:

(1) 分析问题,得出递归关系式。

(2) 设置边界条件,控制递归。

(3) 设计函数,确定参数。

【例 4.12】 Hanoi 塔问题:如图 4.14(a)所示,设有 A、B、C 三个塔座,在塔座 A 上共有 n 个圆盘,这些圆盘自上而下由小到大地叠在一起。现要求将塔座 A 上的这叠圆盘移到塔座 C 上,并仍按同样顺序放置,且在移动过程中遵守规则:①每次只能移动 1 个圆盘;②不允许将较大的圆盘压在较小的圆盘之上;③移动中可以使用 A、B、C 任一塔座上。编出程序显示移动步骤。

分析

(1) 若有一块圆盘时,如图 4.14(b)所示,则直接 A→C。

(2) 若有两块圆盘时,如图 4.14(c)所示,则#1 块 A→B,#2 块直接 A→C,#1 块 B→C。

(3) 若有 n 块圆盘时,如图 4.14(d)所示,可以将上面 $n-1$ 块当作"一块",记为 m,则#m 块 A→B,#n 块直接 A→C,#m 块 B→C;

显然这是符合递归求解的问题,其递归关系式可以如下描述:

$$\begin{cases} f_1(A,B,C) = A \to C \\ f_2(A,B,C) = A \to B, A \to C, B \to C \\ \vdots \\ f_n(A,B,C) = f_{n-1}(A,C,B), A \to C, f_{n-1}(B,A,C) \end{cases}$$

边界条件为 $n=1$。可以定义 Hanoi 函数:

函数原型:void Hanoi(int n, char A, char B, char C);

返回值:无

函数参数:int n :圆盘数目,char A :起始塔,char B :中间塔,char C :目标塔

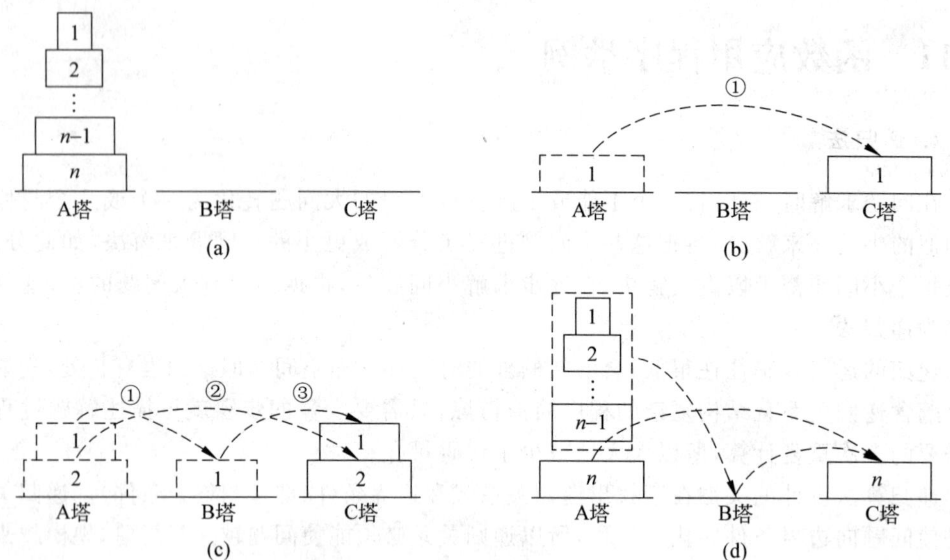

图 4.14　Hanoi 塔求解示意

程序代码如下：

```
#include<stdio.h>
void Hanoi(int n, char A, char B, char C)
{
    if (n==1) printf("%c->%c ",A,C);    //只有一块圆盘,直接 A->C
    else {
        Hanoi(n-1, A, C, B);            //上面 n-1 块圆盘 A->B
        printf("%c->%c ", A, C);        //第 n 块圆盘直接 A->C
        Hanoi(n-1, B, A, C);            //B 塔 n-1 块圆盘 B->C
    }
}
int main(void)
{
    int n;
    printf("input n:");
    scanf("%d",&n);
    Hanoi(n, 'A', 'B', 'C');
    return 0;
}
```

程序运行情况如下：

```
input n:3↙
A->C A->B C->B A->C B->A B->C A->C
```

Hanoi 塔问题是可以用非递归方式实现的，但代码复杂，没有上面的程序清晰易懂。

2. 构建多文件结构程序

【例 4.13】 编写 $\sin x$、$\cos x$、$\mathrm{sqrt}x$ 数学函数演示程序。

分析：本例说明多文件结构程序的编写和步骤。

(1) 首先计划在主程序文件 main.c 中编写 main 函数，功能是输出一个小型菜单让用户选择哪个函数要运算，然后提示输入 x，再根据菜单选择调用函数得到计算结果。

(2) 其次计划将 3 个数学函数的计算安排在 3 个不同的函数中实现，且将这 3 个函数安排到 3 个文件(a.c、b.c、c.c)中编写。

(3) main 函数要调用这 3 个文件中的函数，需要函数声明，具体做法是将 3 个文件对应地写出头文件来，头文件的内容是 3 个函数原型，在 main.c 中包含。

(4) 由于计算角度的 sin(x)、cos(x)需要对 x 进行转换，用到 π，所以对应 main.c 写出头文件 main.h，包含 π 的符号常量，供其他两个文件包含。

程序代码分别为：

```
//①main.c 文件
#include<stdio.h>
#include "a.h"
#include "b.h"
#include "c.h"
int main()
{
    int n;
    double x;
    printf("1. sin(x)\n2. cos(x)\n3. sqrt(x)\ninput select(1-3):");  //菜单
    scanf("%d",&n);                                                   //选择
    printf("input x:");
    scanf("%lf",&x);                    //输入计算数据
    switch (n) {                        //根据 n 分别调用 a.c、b.c、c.c 的函数
        case 1 : printf("sin=%lf\n",fsin(x)); break;
        case 2 : printf("cos=%lf\n",fcos(x)); break;
        case 3 : printf("sqrt=%lf\n",fsqrt(x)); break;
    }
    return 0;
}

//②main.h 文件
#define PI 3.1415926
```

```
//③a.c 文件
#include<math.h>
#include "main.h"
double fsin(double x)
```

```
//④a.h 文件
double fsin(double x);
```

```
{
    return sin(x * PI/180.0);
}
```

```
//⑤b.c 文件
#include<math.h>
#include "main.h"
double fcos(double x)
{
    return cos(x * PI/180.0);
}
```

```
//⑥b.h 文件
double fcos(double x);
```

```
//⑦c.c 文件
#include<math.h>
double fsqrt(double x)
{
    return sqrt(x);
}
```

```
//⑧c.h 文件
double fsqrt(double x);
```

程序运行情况如下：

```
1. sin(x)
2. cos(x)
3. sqrt(x)
input select(1-3):2↙
input x:60↙
cos=0.500000
```

习题

1. 已知 $f(x)=1/(1+x^2)$，编写函数用梯形法计算 $f(x)$ 在区间 $[a,b]$ 的积分。

2. 编写函数计算从 n 个元素中取 m 个元素的组合数 $C(m,n)$。

3. 编写函数计算 x 开 n 次方的正实根 $S(x,n)$，在主函数中输入数据，调用函数输出结果。

4. 编写函数计算 $s=\sum_{i=1}^{n}(x_i-\bar{x})^2$，其中 $\bar{x}$ 为 $x_1,x_2,\cdots,x_n$ 的平均数。

5. 用递归法求解：猴子第一天摘下若干个桃子，当即吃了一半，又多吃了一个；第二天早上又将剩下的桃子吃掉一半，又多吃了一个。以后每天早上都吃了前一天剩下的一半零一个。到第 10 天早上时，只剩下一个桃子。问第一天共摘了多少个桃子？

6. 用递归法求解：将一个 4 位数(如 5678)逆序(如 8765)。

7. 已知 ack 函数对于 m≥0 和 n≥0 有定义：ack(0,n)=n+1、ack(m,0)=ack(m−1,1)、ack(m,n)=ack(m−1,ack(m,n−1))。输入 m 和 n，求解 ack 函数。

8. 编写函数输出杨辉三角形。

9. 编写函数实现将公历转换成农历，在主函数中输入公历日期，调用函数输出农历。

10. 人民币面值有：1、2、5 分，1、2、5 角，1、2、5、10、20、50 元。编写函数 change(m,c)；其中 m 为商品价格，c 为顾客付款。函数输出应给顾客找零的各种面值人民币的总数，且总数之和最少。

11. 某公司采用公用电话传递数据，数据是 4 位的整数，在传递过程中是加密的。加密函数如下：每位数字都加上 5，然后用除以 10 的余数代替该数字，再将第一位和第四位交换，第二位和第三位交换。

12. 编写内联函数 xchg(n)，计算将 unsigned char 型 n 的低 4 位和高 4 位交换后的结果。在主函数中输入数据，调用函数输出结果。

13. 编写函数 getbit(n,k)，求出 n 从右边开始的第 k 位。在主函数中输入数据并调用该函数输出结果。

14. 编写函数实现左右循环移位。函数原型为 int move(int value,int n);，其中 value 为要循环移位的数，n 为移位的位数。如果 n＜0 表示左移，n＞0 表示右移，n＝0 表示不移位。在主函数中输入数据并调用该函数输出结果。

15. 编写函数 getceil(x)，返回大于等于 x 的最小整数，例如，getceil(2.8)为 3.0，getceil (－2.8)为－2.0。

16. 编写函数 getfloor(x)，返回小于等于 x 的最大整数，例如，getfloor(2.8)为 2.0，getfloor(－2.8)为－3.0。

17. 调用 rand 和 srand(time(0))函数产生随机数。由计算机随机出一个 100 以内的整数让人猜，若猜不对则提示是大了或是小了，最多猜 5 次。

18. 编写程序输入一个 x，然后显示一个菜单，根据输入的菜单选项。若选择“退出”则程序运行结束，否则输出数学函数 acos(x)、asin(x)、atan(x)、cos(x)、sin(x)、tan(x)、cosh(x)、sinh(x)、tanh(x)、exp(x)、log(x)、log10(x)、fabs(x)、sqrt(x)的结果。

19. 设有 n 座山，计算机与人为比赛的双方，轮流搬山。规定每次搬山的数不能超过 k 座，谁搬最后一座谁输。游戏开始时，输入山的总数 n 和每次允许搬山的最大数字 k。然后由人开始，等人输入了需要搬走的山的数目后，计算机马上输出它搬多少座山，并提示尚余多少座山。双方轮流搬山，直到最后一座山搬完为止。最后会显示谁是赢家。

20. 编写函数计算随机变量 x 的正态分布函数 $P(a,\sigma,x)=\frac{1}{\sqrt{2\pi}\sigma}\int_{-\infty}^{x}e^{-\frac{(t-a)^2}{2\sigma^2}}\mathrm{d}t$ 。

第5章 预处理命令

C 语言程序编译的处理过程一般为：预处理、编译(及汇编)和连接，如图 5.1 所示。预处理(preprocess)是在程序编译之前，由预处理器(preprocessor)对源程序中各种预处理命令进行先行处理，处理完毕自动进入对源程序的编译。编译时先分析、后综合，分析是指编译器对源程序进行词法分析和语法分析；综合是指代码优化、存储分配和代码生成。为了完成这些分析综合任务，编译器采用对源程序进行多次扫描的办法，每次扫描集中完成一项或几项任务，也有一项任务分散到几次扫描去完成的。大多数的编译器直接产生机器语言的目标代码，但有的编译器则先产生汇编语言的符号代码，然后调用汇编器(assembler)进行翻译加工处理，产生目标代码。连接器将在不同文件中的目标代码和库函数代码经过重定位处理连接成可执行文件。

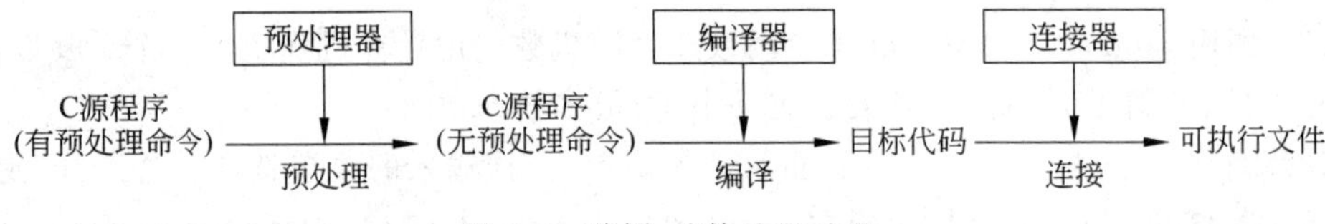

图 5.1 编译、连接处理过程

预处理命令不是 C 语言本身的组成部分，更不是 C 语言语句，它是 C 语言标准规定的可以出现在 C 源程序文件中的命令。这些命令必须以“#”开头，结尾不加分号，可以放置在源程序中的任何位置，其有效范围是从出现位置开始到源程序文件末尾。

预处理命令的操作对象是编译器和连接器，用来设置程序编译和连接时的各种参数，当编译工作完成后，预处理命令的作用即告完成，因而它不会出现在目标代码和可执行文件中。预处理命令是 C 语言的一个重要特点，合理地使用预处理功能，可以优化程序设计环境，提高程序的通用性、可读性和可移植性。

C 语言标准提供了多种预处理命令，如宏定义、文件包含和条件编译等，本章介绍常用的预处理命令。

5.1 宏定义

在 C 源程序中允许用一个标识符来代表一个字符文本，称为宏，标识符为宏名。宏是由宏定义命令事先定义的。预处理时，对程序中所有后续的宏名实例(称为宏引用)，预处理器都用字符文本去替换，称为宏替换或宏展开。

宏定义通常用于定义程序中的符号常量、类型别名、运算式代换和语句代换等，其命令为#define，分为不带参数的宏定义和带参数的宏定义。

5.1.1 不带参数的宏定义

不带参数的宏定义的命令形式为：

```
#define 宏名 字符文本
```

其中：

(1) 宏名按标识符语法取名，习惯上用大写字母，以便与变量等其他名称有所区别。

(2) 字符文本可以为C语言允许的标识符、关键字、常量数值、表达式及各种符号等。

(3) 宏名两侧至少用一个空白符间隔，且这个空白符不属于字符文本。

预处理时，程序中所有的宏名将被字符文本完全替换，然后再进行编译。

例如有宏定义

```
#define PI  3.1415926
```

那么程序代码

```
L=2*PI*r;                               //PI宏引用
```

在预处理时宏替换为

```
L=2*3.1415926*r;
```

又如有宏定义

```
#define M  y*y+5*y
```

那么程序代码

```
S=3*M+4*M+5*M;                          //M宏引用
```

在预处理时宏替换为：

```
S=3*y*y+5*y+4*y*y+5*y+5*y*y+5*y;
```

使用宏定义，可以减少程序中重复书写某些字符文本的工作量，不容易出错；而且程序员习惯性将常量值定义为符号常量，无论是编写程序或是阅读程序都有记忆简单、见其名知其意的优点。

【例5.1】 计算半径为r的圆周长、圆面积、圆球表面积和圆球体积。

程序代码如下：

```
#include<stdio.h>
#define PI 3.1415926                              //不带参数的宏定义
int main()
{
```

```
    double r,L,S,SQ,V;
    scanf("%lf",&r);                          //输入半径
    L=2*PI*r;                                 //计算圆周长
    S=PI*r*r;                                 //计算圆面积
    SQ=4.0*PI*r*r;                            //计算圆球表面积
    V=4.0*PI*r*r*r/3.0;                       //计算圆球体积
    printf("L=%lf,S=%lf,SQ=%lf,V=%lf\n",L,S,SQ,V);
    return 0;
}
```

程序运行情况如下：

```
2.0↙
L=12.566370,S=12.566370,SQ=50.265482,V=33.510321
```

使用不带参数的宏定义需要注意以下几点。

(1) 宏定义用宏名来代表一个字符文本，在宏替换时又以该字符文本取代宏名，这只是一种简单的替换。字符文本中可以包含任何字符，预处理器对它不作任何语法检查，即使有错误，也只有在编译已经宏替换后的源程序时才会发现。因此不要在字符文本中放置任何多余的字符，比如在行末加分号，否则它们也将作为字符文本的组成部分。例如：

```
#define PI 3.1415926;
S=2*PI*r;                     //错误,宏展开为 S=2*3.1415926;*r;
```

特别地，C 语言标准允许在宏定义的字符文本后面出现 C 语言注释，例如：

```
#define E 2.718281828         //自然对数
#define G 9.8                 //重力加速度
```

预处理时会忽略所有这样的注释。

(2) 宏替换时使用完整的字符文本替换宏名，既不会少，也不会增加额外的字符。因此在一些运算式代换中，字符文本中有无括号对宏替换的结果是有影响的。例如：

```
#define M1 a+b
#define M2(a+b)
L=M1*M1;                      //宏展开为 L=a+b*a+b;
L=M2*M2;                      //宏展开为 L=(a+b)*(a+b);
```

(3) 源程序中的字符串常量、注释或标识符的一部分若有与宏名相同的字符，不会进行宏替换。假定已定义 PI 宏，则：

```
printf("PI=%lf\n",xPI*y);     //xPI 是变量名
```

不进行任何宏替换，因为代码中出现的 PI 均不是宏名。

(4) 一个宏名不要重复定义两次以上，否则引用的宏总是最后一次的宏定义；若要进行新的宏定义，应该先使用＃undef 命令。

＃undef 命令的作用是取消已有的宏定义，形式为：

```
#undef 宏名
```

取消以后的宏名不再有定义，程序中若继续引用它将导致错误。例如：

```
#define MXY(x * x+y * y)
#define MXY(x * x+2 * x * y+y * y)             //重复宏定义
printf("%lf\n",MXY);                           //MXY 宏展开为(x * x+2 * x * y+y * y)
#define MAB a+b
printf("%lf\n",MAB);                           //MAB 宏展开为 a+b
#undef MAB                                     //取消 MAB 宏定义
printf("%lf\n",MAB-2);                         //错误,MAB 未定义
#define MAB a * b                              //重新定义 MAB
printf("%lf\n",MAB);                           //MAB 宏展开为 a * b
```

(5) 一个宏的作用范围是从定义位置开始到 ＃undef 命令结束，如果没有对应的＃undef 命令，则宏的作用范围到源程序文件末尾结束。通常将宏定义写在源程序文件的开头或头文件中。

(6) 宏定义允许嵌套，即在宏定义的字符文本中可以引用已经定义的宏名，在宏替换时由预处理器层层替换。例如：

```
#define WIDTH 80
#define LENGTH(WIDTH+10)
L=WIDTH * a;                                   //宏展开为 L=80 * a;
S=LENGTH * b * WIDTH;                          //宏展开为 S=(80+10) * b * 80;
```

5.1.2 带参数的宏定义

带参数的宏定义的命令形式为：

```
#define 宏名(参数表) 字符文本
```

带参数的宏的引用形式为：

```
宏名(引用参数表)
```

其中：

(1) 参数表允许多个参数，用逗号分隔，称为形式参数(不同于函数的形参概念)。

(2) 字符文本中包含所指定的参数文本，出现次序和数目没有任何限制。

(3) 引用参数表与宏定义的形式参数要求一一对应。

预处理时，预处理器先将宏引用的引用参数文本对应地替换宏定义字符文本中的参数，接下来进行宏替换，然后再进行编译。

例如，有如下的宏定义：

```
#define max(a,b)(((a)>(b))?(a):(b))
```

形式参数按顺序为 a 和 b，而程序代码

```
L=max(x-y,x+y);                              //max宏引用
```

引用参数文本按顺序为 x－y 和 x＋y。

先将引用参数文本对应地替换字符文本中的参数，字符文本中其他内容不变，则字符文本置换为

```
(((x-y)>(x+y))?(x-y):(x+y))
```

因此预处理时宏替换为

```
L=(((x-y)>(x+y))?(x-y):(x+y))
```

使用带参数的宏定义需要注意以下 4 点。

(1) 宏名与“(参数表)”之间不能有空白符，否则命令形式会被理解为不带参数的宏定义，而“(参数表)”是字符文本的一部分。例如：

```
#define AREA (r) PI * r * r
```

AREA 被理解为不带参数的宏，“(r) PI * r * r”组成了它的字符文本，因此：

```
S=AREA(x);                                   //AREA宏引用
```

展开为

```
S=(r) PI * r * r(x)
```

显然是不对的。

(2) 字符文本中的参数必须是由各种符号、空白符分隔出来的独立字符文本，例如：

```
#define MSET1(arg) x=Aarg+2;
#define MSET2(arg) x=A+arg;
MSET1(1)                                     //宏替换为 x=Aarg+2;arg没有被替换
MSET2(1)                                     //宏替换为 x=A+1;arg已被替换
```

Aarg 字符文本不会进行 arg 参数替换，因为 Aarg 是一个不可分割的整体。

(3) 引用参数文本替换字符文本中的参数时，只是简单地做文本替换，某些表达式的宏定义中，这种简单处理可能会得到不符合原意的替换结果。例如：

```
#define POWER(a) a * a                       //计算a的平方
```

如果宏引用为：

```
S=POWER(x);                                  //宏替换为 S=x * x
```

这是正确的，但如果宏引用为：

```
S=POWER(x+y);                                //宏替换为 S=x+y * x+y
```

得到的宏扩展“x＋y * x＋y”显然与“(x＋y) * (x＋y)”原意不符。

解决这个问题有两种方法：

一是给引用参数文本加上括号，例如：

```
S=POWER((x+y));                        //宏替换为 S=(x+y)*(x+y)
```

二是在宏定义时给字符文本中的参数加上括号，例如：

```
#define POWER(a) (a)*(a)               //计算 a 的平方
S=POWER(x+y);                          //宏替换为 S=(x+y)*(x+y)
```

在实际编程中，第二种方法更稳妥。

(4) 无论是带参数的宏定义或是不带参数的宏定义，均可以使用行连接符"\"得到多行宏定义，进而得到具有复杂功能的宏。例如：

```
1   #define PRINTSTAR(n){\
2       int i,j; \
3       for(i=1;i<=n;i++){\
4           for(j=1;j<=i;j++) \
5               printf("*"); \
6           printf("\n"); \
7       } \
8   } \
9
```

那么 PRINTSTAR(5)宏引用的结果实际上是如下程序代码：

```
1   {
2       int i,j;
3       for(i=1;i<=5;i++) {
4           for(j=1;j<=i;j++)
5               printf("*");
6           printf("\n");
7       }
8   }
9
```

这里外加一对花括号"{}"的目的是形成一个复合语句，则"int i,j;"变量定义就是局部区域的变量，它们与外部不会有任何冲突。需要注意，宏定义的最后要连接一个空行(例如第 9 行)，这样宏替换时才会有相应的换行。PRINTSTAR(5)的运行结果为：

```
*
**
***
****
*****
```

可以用不同的参数引用宏 PRINTSTAR，得到数目不同的星号输出，例如：

```
PRINTSTAR(5)                   //宏替换为一段程序代码
PRINTSTAR(8)                   //宏替换为一段程序代码
PRINTSTAR(10)                  //宏替换为一段程序代码
```

从这个例子看出，如果善于利用宏定义，可以实现程序的简化。

带参数的宏定义的引用与函数调用在语法上比较相似，例如，在调用函数时，在函数名后的括号内写实参，要求实参与形参的顺序对应和数目相等。但它们基本含义不同，主要区别是：

(1) 函数调用时会先计算实参表达式的值，然后参数值传递给形参，程序指令会转到函数内部开始执行。而带参数的宏定义只是参数文本替换，不存在计算实参、参数传递、跳转执行等。

(2) 函数调用是在程序运行时执行的，它会为形式参数分配临时的内存单元。而宏在预处理阶段替换，不会为形式参数分配内存单元，而且也没有返回和返回值的概念。

(3) 函数调用对实参和形参都要定义类型，且要求二者的类型一致，如果不一致，会进行类型转换。而宏定义不存在类型问题，它的形式参数和引用参数都只是一个文本记号，宏替换时进行文本置换。

(4) 无参数函数调用必须包含括号，无参数宏定义引用时不需要括号。例如：

```
#define PI 3.1415926                    //宏定义
int fun();                              //函数原型
x=fun();                                //函数调用
x=PI;                                   //宏引用
```

(5) 每一次宏引用，宏替换后都会使源程序增长，相当于将宏定义的字符文本“粘贴”到源程序中一次，而函数调用代码是复用的。宏替换会占用编译时间，函数调用则会占用运行时间。

(6) 宏定义与第 4 章的内联函数非常相似。两者区别在于：宏是由预处理器对宏进行替换，它是在代码处不加任何检验的简单替换；而内联函数是通过编译器来实现的，它有函数的特性，只是在需要用到的时候，内联函数像宏一样地展开，取消了函数的参数入栈，减少了调用的开销。内联函数要做参数类型检查，这是内联函数跟宏相比的优势。

【例 5.2】 宏引用和函数调用的区别。

程序代码如下：

```
#include<stdio.h>
int M1(int y)
{
    return((y)*(y));
}
#define M2(y) ((y)*(y))
int main()
{
    int i,j;
    for(i=1,j=1;i<=5;i++) printf("%d",M1(j++));          //函数调用处理
    printf("\n");
```

```
        for(i=1,j=1;i<=5;i++) printf("%d",M2(j++));          //宏引用处理
        printf("\n");
        return 0;
    }
```

程序运行结果如下：

```
1  4   9  16  25
1  9  25  49  81
```

例子中函数 M1 计算的表达式和宏 M2 计算的表达式均为(y) * (y)，且函数调用为 M1(j++)，宏引用为 M2(j++)，形式也是相同的。从输出结果来看，却大不相同。原因是循环 5 次函数调用，使得每次 j 自增 1，故输出 1～5 的平方值。而宏引用展开为“((j++) * (j++))”，循环 5 次宏引用，使得 j 每次增加 2，故输出 1、3、5、7、9 的平方值。

从上述分析中可以看出函数调用和宏引用在形式上相似，在本质上是完全不同的。

5.1.3 ＃和＃＃预处理运算

C 语言标准为预处理命令定义了两个运算符：＃和＃＃，它们在预处理时被执行。

＃运算符的作用是文本参数“字符串化”，即出现在宏定义字符文本中的＃把跟在后面的参数转换成一个 C 语言字符串常量。例如：

```
#define PRINT_MSG1(x) printf(#x);
#define PRINT_MSG2(x) printf(x);
PRINT_MSG1(Hello World);           //正确，宏替换为 printf("Hello World");
PRINT_MSG1("Hello World");         //正确，宏替换为 printf("\"Hello World\"");
PRINT_MSG2(Hello World);           //错误，宏替换为 printf(Hello World);
PRINT_MSG2("Hello World");         //正确，宏替换为 printf("Hello World");
```

简单来说，＃参数的作用就是对这个参数替换后，再加双引号括起来，变为“参数”。

＃＃运算符的作用是将两个字符文本连接成一个字符文本，如果其中一个字符文本是宏定义的参数，连接会在参数替换后发生。例如：

```
#define SET1(arg) A##arg=arg;
#define SET2(arg) Aarg=arg;
SET1(1);                           //宏替换为 A1=1;
SET2(1);                           //宏替换为 Aarg=1;
```

A 字符与＃＃arg 参数连接在一起形成了 A1，而对于 Aarg 字符文本，不会进行 arg 替换。

5.1.4 预定义宏

C 语言标准中预先定义了一些有用的符号常量，这些符号常量主要是编译信息，如表 5.1 所示。

其中“__”为两个下划线，__DATE__和__TIME__用于指明程序编译的时间，__FILE__和__LINE__用于调试目的，__STDC__检测编译系统是否支持 C 语言标准。

表 5.1 标准预定义符号常量

符号常量	类型	说明
__DATE__	字符串常量	编译程序日期(形式为"MM DD YYYY",例如"May 4 2006")
__TIME__	字符串常量	编译程序时间(形式为"hh:mm:ss",例如"10:20:05")
__FILE__	字符串常量	编译程序文件名
__LINE__	int 型常量	当前源代码的行号
__STDC__	int 型常量	ANSI C 标志,若为 1 说明此程序兼容 ANSI C 标准

5.2 文件包含

文件包含命令的作用是把指定的文件插入到该命令所处的位置上取代该命令,然后再进行编译处理,相当于将文件的内容“嵌入”到当前的源文件中一起编译。

文件包含命令为#include,有两种命令形式:

```
#include<头文件名>
#include "头文件名"
```

说明:

(1) 一个#include 命令只能包含一个头文件,包含多个头文件要用多个#include 命令,且每个文件包含命令占一行。通常,头文件的扩展名为.h 或.hpp。

(2) 第一种形式与第二种形式的区别是编译器查找头文件的搜索路径不一样。第一种形式仅在编译器 INCLUDE 系统路径中查找头文件,第二种形式先在源文件所处的文件夹(用户路径)中查找头文件,如果找不到,再在系统路径中查找。

一般地,如果调用标准库函数或者专业库函数包含头文件时,使用第一种形式;包含程序员自己编写的头文件时,将头文件放在源文件所处的文件夹中且使用第二种形式。

(3) 头文件的内容通常是函数声明、全局性常量、数据类型声明和宏定义等信息,一般不包括定义,如函数定义和变量定义等。所起的作用就是为其他程序模块提供声明性信息,而定义、函数实现代码等应放在源文件中。

在实际编程中,如果程序是由多个源文件组成的,一般采用工程方式来集合,而不是使用文件包含命令。

1. 文件包含的路径问题

文件包含命令中的头文件名可以写成绝对路径的形式,例如:

```
#include "C:\DEV\GSL\include\gsl_linalg.h"
#include<C:\DEV\SDL\include\SDL.h>
```

这时直接按该路径打开头文件，此时第一种形式或第二种形式的命令没有区别。请注意，由于文件包含命令不属于 C 语言语法，因此"C:\DEV\GSL\include\gsl_linalg.h"不能理解为字符串，其中的“\”不要写成“\\”。

头文件名也可以写成相对路径的形式，例如：

```
#include<math.h>
#include<zlib\zlib.h>
#include "user.h"
#include "share\a.h"
```

这时的文件包含命令是相对系统 INCLUDE 路径或用户路径来查找头文件的。

假设编译器系统 INCLUDE 路径为“C:\DEV\MinGW\include”，则

```
#include<math.h>        //math.h 在 C:\DEV\MinGW\include
#include<zlib\zlib.h>   //zlib.h 在 C:\DEV\MinGW\include\zlib
```

假设用户路径为“D:\Devshop”，则

```
#include "user.h"       //user.h 在 D:\Devshop 或 C:\DEV\MinGW\include
#include "share\a.h"    //a.h 在 D:\Devshop\share 或 C:\DEV\MinGW\include\share
```

如果在上述路径中找不到头文件，会出现编译错误。

2. 文件包含的重复包含问题

头文件有时需要避免重复包含(即多次包含)，例如一些特定声明不能多次声明，而且重复包含增加了编译时间。这时可以采用以下两个办法之一。

(1) 使用条件编译。例如：

```
#if !defined(_FILE1_H_C6793AB5__INCLUDED_)
#define _FILE1_H_C6793AB5__INCLUDED_
⋮                                          //头文件内容
#endif
```

即将头文件内容放在一个条件编译块中，第 1 次编译时编译条件成立，故继续往下编译，第 2 行使编译条件为假，这样再次编译头文件时，头文件内容就不会编译了。条件中的宏定义“_FILE1_H_C6793AB5__INCLUDED_”，为了与其他编译条件相区别，故意写得很长、很怪。

(2) 使用特殊预处理命令 #pragma，例如：

```
#pragma once
…                                          //头文件内容
```

即在头文件第 1 行增加这个预处理命令，它的意思是：在编译一个源文件时，只对该文件包含(打开)一次。

5.3 条件编译

通常，源程序中的所有代码行都参与编译，如果希望部分代码只在一定条件时才参与编译，可以使用条件编译命令。

使用条件编译，可以针对不同硬件平台和软件开发环境来控制不同的代码段被编译，从而方便了程序的可维护性和可移植性，同时提高了程序的通用性。典型的条件编译是将程序编译分成调试版本“Debug”和发行版本“Release”，一些供程序员调试的代码在 Release 中没有参与编译，即在最终的程序可执行文件中不包含这些调试代码。

5.3.1 ＃define 定义条件

条件编译使用宏定义条件，其命令形式为：

```
#define  条件字段
#define  条件字段  常量表达式
```

例如：

```
1    #define DEBUG
2    #define WINVER 0x0501
```

第 1 行表示 DEBUG 已经定义，第 2 行表示 WINVER 已经定义且值为 0x0501。

主流的编译器系统也支持通过编译参数设置条件，GCC 命令行使用参数为

```
gcc -D条件字段                //等价于#define 条件字段
gcc -D条件字段=常量表达式      //等价于#define 条件字段  常量表达式
```

VC 命令行使用参数为

```
CL /D条件字段                 //等价于#define 条件字段
CL /D条件字段=常量表达式       //等价于#define 条件字段  常量表达式
```

例如：

```
gcc -DDEBUG                   //等价于#define DEBUG
gcc -DWINVER=0x0501           //等价于#define WINVER 0x0501
```

5.3.2 ＃ifdef、＃ifndef

＃ifdef 条件编译命令测试条件字段是否定义，以此选择参与编译的程序代码段，它有两种命令形式。

第一种形式：

```
#ifdef 条件字段
    程序代码段 1
#endif
```

第二种形式：

```
#ifdef 条件字段
    程序代码段 1
#else
    程序代码段 2
#endif
```

表示如果条件字段已经被＃define定义过，无论是否有值，编译器只编译程序代码段1，否则只编译程序代码段2，程序代码段可以是任意行数的程序或预处理命令。例如：

```
#ifdef DEBUG
printf("x=%d,y=%d,z=%d\n",x,y,z);
#endif
```

表示如果DEBUG已经定义则编译printf语句，否则不编译；当printf语句未参与编译时，程序可执行代码中不会有这句。

比较与此相似的if语句的含义，例如：

```
if(DEBUG)
    printf("x=%d,y=%d,z=%d\n",x,y,z);
```

无论if语句条件满足与否，程序可执行代码中是肯定有printf语句指令的，if语句条件用来决定是否执行它。

＃ifndef条件编译命令测试条件字段是否没有被定义过，以此选择参与编译的程序代码；它也有两种命令形式，形式如同＃ifdef，但作用与＃ifdef相反。

下面代码测试是否使用VC编译器且为控制台程序，如果是则编译程序代码段：

```
#ifdef _MSC_VER              //如果是 Visual C++编译器，其内部已定义
#ifndef _CONSOLE             //Visual C++编译器根据控制台编译参数内部已定义
⋮                            //程序代码段
#endif
#endif
```

5.3.3 ＃if-＃elif

＃if条件编译命令根据表达式的值选择参与编译的程序代码，其命令形式为：

```
#if 常量表达式
    程序代码段 1
#else
    程序代码段 2
#endif
```

当预处理器遇到＃if命令时，先计算常量表达式(像if语句那样)，如果表达式的值非0(即为真)，则编译程序代码段1，否则编译程序代码段2。请注意，常量表达式只能使用由＃define定义的常量，不能像if语句那样使用程序中的变量。对于没有定义过的表达

式,＃if 将其值当作 0。

条件编译命令中"＃ifdef 条件字段"与"＃if defined 条件字段"是等价的,"＃ifndef 条件字段"与"＃if !defined 条件字段"是等价的,"＃ifdef 条件字段"与"＃if define(条件字段)"是等价的。

可以使用嵌套的＃if 条件编译命令＃if-＃elif,命令形式为:

```
#if 常量表达式 1
    程序代码段 1
#elif 常量表达式 2
    程序代码段 2
#else
    程序代码段 3
#endif
```

其中＃elif 分支可以有多项。

下面的代码测试是否使用 GCC 编译器且版本大于 3.0,如果是则编译程序代码段:

```
#ifdef __GNUC__               //如果是 GCC 编译器,其内部已定义
#if(__GNUC__>=3)              //编译器是 GCC 3.0 以上
⋮                             //程序代码段
#endif
#endif
```

下面的代码根据 Windows 操作系统的版本选择相应的程序代码段进行编译:

```
#if(WINVER>=0x0501)           //在 Windows XP 及以上系统
⋮                             //程序代码段 1
#elif(WINVER==0x0500)         //在 Windows 2000 系统
⋮                             //程序代码段 2
#else                         //在 Windows 98 系统
⋮                             //程序代码段 3
#endif
```

其中 WINVER 已经在编译器内部事先定义过。

5.4 其他命令

1. ＃error

＃error 命令的作用是编译时输出错误信息,命令形式为:

```
#error 错误信息
```

如果预处理器遇到一个＃error 命令,它将显示错误信息并且停止编译过程。

实际编程中,＃error 命令一般与条件编译一起使用,用于测试正常编译中出现的异常现象。例如,当不是 32 位 Windows 操作系统时,给出编译错误的预处理命令为:

```
#ifndef _WIN32                          //未定义 32 位 Windows
#error _WIN32 must be defined
#endif
```

2. #pragma

#pragma 命令的作用是设定编译器的状态或者是指示编译器完成一些特定的动作，命令形式为：

```
#pragma token-string
```

其中 token-string 表示一条编译器要处理的命令，如果该命令存在则触发执行，否则忽略。

#pragma 命令使编译器能够在保持与 C 语言完全兼容的情况下，针对计算机或操作系统专有的特征，作出不同的编译处理。例如 #pragma once 表示文件被包含一次。

下面的代码仅用于 VC 编译器，指示连接库文件 winmm.lib。

```
#pragma comment(lib,"winmm.lib")          //VC 连接 winmm.lib 库文件
```

3. #line

#line 命令的作用是改变程序行编号的方式，命令形式为：

```
#line 常量值 "filename"
```

其中"filename"可以省略。

#line 命令强制编译器按指定的行号对源程序代码重新编号，说明行号来自文件 filename，由常量值开始。行号必须在 1～32 767 之间。

#line 命令会修改预定义宏__FILE__和__LINE__为新值。例如：

```
#line 151 "copy.c"
printf("line %d,file(%s)\n",__LINE__,__FILE__);
```

输出为：

```
line 151,file(copy.c)
```

习题

1. 将两个参数值互换定义为宏。在主函数中输入数据，输出交换后的值。

2. 将立方体体积计算公式定义为宏。在主函数中输入立方体的长、宽、高，求体积。

3. 设三角形三边长为 a、b、c，用宏表示面积公式 $\sqrt{s(s-a)(s-b)(s-c)}$，$s=(a+b+c)/2$。在主函数中输入数据，求三角形的面积。

4. 将一个浮点型数保留 $n(1\leqslant n\leqslant 5)$ 位小数（四舍五入）的算法定义为宏。在主函数

中输入数据，输出计算结果。

5. 定义若干宏，计算公制与美制单位转换。①长度：厘米/英寸、米/英尺、公里/英里；②重量：盎司/克、磅/公斤；③容积：加仑/升。在主函数中输入数据，输出计算结果。

6. 个人所得税计算公式为：应纳税所得额 s×税率－速算扣除数。税率如下表：

应纳税所得额	税率/%	速算扣除数	应纳税所得额	税率/%	速算扣除数
$s \leqslant 500$	5	0	$500 < s \leqslant 2000$	10	25
$2000 < s \leqslant 5000$	15	125	$5000 < s \leqslant 20\,000$	20	375
$20\,000 < s \leqslant 40\,000$	25	1375	$40\,000 < s \leqslant 60\,000$	30	3375
$60\,000 < s \leqslant 80\,000$	35	6375	$80\,000 < s \leqslant 100\,000$	40	10 375
$100\,000 < s$	45	15 375			

将上述计算公式定义为宏，在主函数中输入数据，计算个人所得税。

7. 将第 4 章可变参数函数的步骤写成 3 个宏，实现可变参数开始、遍历参数、可变参数结束功能。使用这些宏求多个函数参数的平均值。

8. 一个球从 100 米高度自由落下，每次落地后反弹回原高度的一半，再落下。求它在第 10 次落地时共经过多少米？第 10 次反弹多高？用“DEBUG”和“RELEASE”分别表示调试、正式版本，编写条件编译。正式版本直接计算结果，调试版本则还要输出球每次落地反弹的数据以便于调试中间过程。

第6章 数　组

首先来看这样的简单问题该如何求解：连续输入 100 个数，然后反序输出，即后输入的先输出，先输入的后输出。这个问题之所以简单是因为它根本就谈不上什么算法，但实际编写程序时会发现有两个麻烦。

麻烦之一是程序中如何定义变量？显然，定义一个变量 a 是不可以的，因为它只能记住一个数据值，如果连续给它输入 100 个数后，实际上它仅是最后一个。那么定义 100 个变量呢？例如：

```
int a1,a2,a3,…,a100
```

麻烦之二是程序中如何使用这 100 个变量？显然，ai 的循环不会得到 a1、a2、…。因为在 C 语言中 ai 是一个名字，它不会有类似数列 a(i)那样的含义，所以循环用不了，于是只能是一个一个地输出来：a100，a99，a98，…，a1。

在现实应用问题中，总会使用到大批量的数据，如果都像这样处理，编程效率是低下的。

C 语言的数组类型，用来**表示一组数据的集合**。使用数组，可以方便地**定义一个名字（数组名）来表示大批数据（数组元素）**，并且能够通过循环批处理大量数据。

6.1 一维数组的定义和引用

6.1.1 一维数组的定义

要使用数组，首先需要定义它。一维数组的定义形式为：

元素类型 数组名[常量表达式],…

其中“…”表示允许定义多个数组，或数组和变量混合在一起定义，例如：

```
int A[10];
int B[10],C[15];                    //多个数组定义
int E[10],m,n,F[15];                //数组和变量混合在一起定义
```

1. 定义说明

(1) 一维数组是由元素类型、数组名和长度组成的构造类型。元素类型指明了存放

在数组中的元素的类型,可以是内置数据类型或自定义类型。例如:

```
int A[10],B[20];                        //元素是整型
double F1[8],F2[10];                    //元素是双精度浮点型
char S1[80],S2[80];                     //元素是字符型
```

(2) 数组名必须符合C语言标识符规则。

(3) 常量表达式的值必须为整型且大于等于1,表示数组中元素的个数,称为数组长度。例如"int A[10]"表示数组有10个元素。

C语言规定数组长度在编译时必须有明确的值。因此,常量表达式只能是整型字面常量或符号常量。例如:

```
#define N 20
int A[100],B[200*5-1];                  //正确,长度是整型常量或常量表达式
int C[N];                               //正确,长度是符号常量
int E[59.5];                            //错误,长度非整型
int m=10,F[m];                          //错误,长度是变量
```

(4) 数组一经定义,数组长度就始终不变。如果希望数组能存储更多的数据,只能修改定义并重新编译。

2. 一维数组的内存形式

一维数组是指定类型元素的指定数目的数据集合,它的每个元素数据类型都相同,因而元素的内存形式也是相同的。C语言规定**数组元素是连续存放的,即在内存中一个元素紧跟着一个元素线性排列**,所以一维数组的内存形式就是多个元素内存形式连续排列的结果,如图6.1所示。

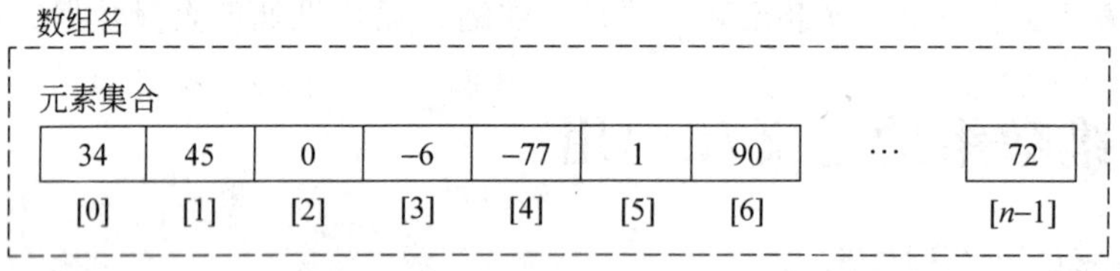

图6.1 一维数组的内存结构

虚线框表示一维数组的内存形式,实线框表示数组元素的内存形式。显然,可以将一维数组看做是内存中一个"很大的变量",简称块(block),数组名就是这个块的名字。C语言是通过数组名加相对偏移来索引元素的,实线框下面的数字就是元素索引值,表示元素在数组中的位置。最前面的元素相对数组名的偏移是0,索引值规律性递增,n个元素的数组最后一个元素的偏移是$n-1$。实线框内表示元素所存储的数据值,其内存长度由元素类型确定。

为了将数组这个特殊的"大变量"与以前的变量区别开来,我们称数组对象而不是数组变量。

6.1.2 一维数组的初始化

可以在一维数组对象定义时对它进行初始化，初始化的语法形式如下：

```
元素类型 数组名[常量表达式]={初值列表},…
```

例如：

```
int A[5]={1,2,3,4,5},B[3]={7,8,9};                //一维数组初始化
```

说明：

(1) 初值列表的大括号"{}"是必需的，初值按一维数组内存形式中的元素排列顺序一一对应初始化。例如：

```
int A[5]={1,8,9,-3,-5};
```

A

1	8	9	−3	5
[0]	[1]	[2]	[3]	[4]

(2) 初值列表提供的元素个数不能超过数组长度，但可以小于数组长度。如果初值个数小于数组长度，则只初始化前面的数组元素，剩余元素初始化为0。例如：

```
int A[5]={1,8,9};
```

A

1	8	9	0	0
[0]	[1]	[2]	[3]	[4]

(3) 在提供了初值列表的前提下，数组定义时可以不用指定数组长度，编译器会根据初值个数自动确定数组的长度。例如：

```
int A[]={1,8,9};
```

A

1	8	9
[0]	[1]	[2]

下面的表达式能够计算出数组A的长度：

```
sizeof A/sizeof(int)                //数组内存长度/元素内存长度=数组长度
```

从内存形式明显看出："int A[5]={1,8,9};"和"int A[]={1,8,9};"是不一样的。

(4) 数组初始化的规则与对象初始化的规则相同。参考第4章的介绍，若数组未进行初始化，那么在函数体外定义的静态数组对象，其元素均初始化为0；在函数体内定义的动态数组对象，其元素没有初始化，为一个随机值。

6.1.3 一维数组的引用

数组对象必须先定义后使用，且只能逐个引用数组元素的值，而不能一次引用整个数组全部元素的值。

数组元素引用是通过下标得到的，一般形式为：

```
数组名[下标表达式]
```

其中，一对方括号([])为下标引用运算符，见表6.1。

表6.1 下标引用运算符

运算符	功能	目	结合性	用法
[]	下标引用	单目	自左向右	object[expr]

下标引用运算符在所有运算符中优先级较高，其作用是引用数组对象中的指定元素，运算结果为左值(即元素本身)，因此可以对运算结果做赋值、自增自减和取地址等运算。例如：

```
int A[5]={1,2,3,4,5},x;
x=A[2];                     //x=3
A[1]=10;                    //给A[1]元素赋值，则数组A变为{1,10,3,4,5}
A[2]++;                     //A[2]元素自增运算，则数组A变为{1,10,4,4,5}
```

下标引用运算时需要注意以下几点。

(1) object必须是数组名，expr为下标表达式，表示数组元素的索引。下标表达式可以是常量、变量及其表达式，但必须是无符号整型数据，不允许为负。数组元素下标总是从0开始，与其内存形式对应。我们约定数组最前面的元素称为第0个元素，其余依次为第1个元素、第2个元素、…。

(2) 下标值不能超过数组长度，否则导致数组下标越界的严重错误。例如：

```
int A[5]={1,2,3,4,5};
A[5]=10;          //错误，没有A[5]元素
```

A

1	2	3	4	5	×
[0]	[1]	[2]	[3]	[4]	[5]

注意：数组下标越界会使数据存取超过程序合法的内存空间，这样就可能会改写其他函数栈空间的数据，进而产生很严重的异常错误，甚至引起程序崩溃。C语言编译器不会检查数组是否越界，需要程序员自己小心控制。

(3) 整个数组不允许进行赋值运算、算术运算等操作，只有元素才可以，例如：

```
int A[10],B[10],C[10];
A=B;                        //错误
A=B+C;                      //错误
A[0]=B[0];                  //正确，数组元素赋值
A[2]=B[2]+C[2];             //正确，数组元素赋值
```

从数组的内存形式来看，数组元素的下标是有序递增的，这个特点使得可以利用循环来批量处理数组元素。

(1) 遍历数组元素

【例6.1】 连续输入100个数，然后反序输出。这个例子回答了本章开始的提问。

程序代码如下：

```
#include<stdio.h>
```

```
2    int main()
3    {
4        int i,A[100];                          //定义 100 个整型
5        for(i=0;i<100;i++)                     //连续输入 100 个数存储下来
6            scanf("%d",&A[i]);
7        for(i=100-1;i>=0;i--)                  //反序输出 100 个数
8            printf("%d",A[i]);
9        return 0;
10   }
```

for 循环使得 A[i]的下标递增变化，从而能够遍历每个数组元素。第 5 行的“i<100”也可以写成“i<=99”，第 7 行的“i=100－1”也可以写成“i=99”，这个写法上的小细节体现了数组下标的使用习惯。

(2) 数组元素复制

通过两个数组的对应元素逐个赋值，可以达到两个数组间“赋值”的效果。

【例 6.2】 复制数组 B 的元素到数组 A 中。

程序代码如下：

```
#include<stdio.h>
int main()
{
    int A[5]={1,2,3,4,5},B[5],i;
    for(i=0;i<5;i++)
        B[i]=A[i];                             //元素一一复制
    return 0;
}
```

6.2 多维数组的定义和引用

6.2.1 多维数组的定义

C 语言允许定义多维数组，其中二维数组的定义形式为：

元素类型 数组名[常量表达式 1][常量表达式 2],…

例如：

```
int A[3][4];                                   //定义二维数组
```

多维数组的通用定义形式为：

元素类型 数组名[常量表达式 1][常量表达式 2]…[常量表达式 *n*],…

例如：

```
int B[3][4][5];                                //定义三维数组
```

```
int C[3][4][5][6];                    //定义四维数组
```

1. 定义说明

(1) 多维数组的元素类型、数组名和常量表达式的含义和要求完全与一维数组类似，这里不再重复。

(2) 显然，这里用方括号([])对应了维数，有多少对方括号就称多少维。我们约定多维数组越往左称为"高维"，越往右称为"低维"，最左边的称为"第1维"，往右以此类推。第1维的数组长度由常量表达式1决定，其余依此类推。

(3) 本质上，C语言的多维数组都是一维数组，这是由内存形式的线性排列决定的。因此，不能按几何中的概念来理解多维，多维数组不过是借用"维"的数学说法表示连续内存单元。多维定义实际上是反复递归一维定义：**即*N*维数组是一个集合，包含多个元素，每一个元素又是一个*N*−1维数组**。

顺着这个概念，就容易掌握多维数组元素的排列规律。例如二维数组

```
int A[3][4];
```

有：

(1) 若A是二维数组，则A[0]、A[1]、A[2]是它的元素，是一维数组，如图6.2所示。

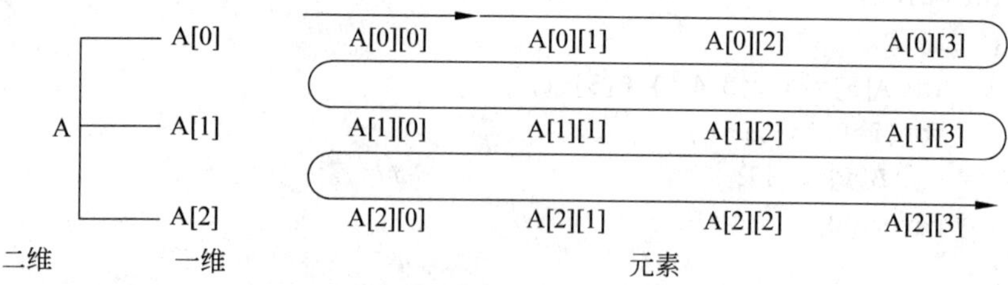

图6.2 二维数组的内存结构

(2) 若A[0]是一维数组，则A[0][0]、A[0][1]、A[0][2]、A[0][3]是它的元素。

(3) A[0]的下一个是A[1]，A[1]的下一个是A[2]，其余以此类推。

(4) A[0][0]的下一个是A[0][1]，A[0][3]的下一个是A[1][0]，其余以此类推。

2. 多维数组的内存形式

C语言在编译时会将任何多维数组的引用转化为一维数组的形式，例如：

```
int A[3][4][5];
```

实质上与

```
int A[60];
```

等价，则元素

```
A[i][j][k]
```

实质上是

```
A[i * 4 * 5+j * 5+k]
```

多维数组的内存形式就是这样的一维数组内存形式，元素也是连续存放的。

6.2.2 多维数组的初始化

可以在多维数组对象定义时对它进行初始化，这里以二维数组来说明，初始化有两种形式。

(1) 初值按多维形式给出：

类型 数组名[常量表达式 1][常量表达式 2]={{初值列表 1},{初值列表 2},…}

(2) 初值按一维形式给出：

类型 数组名[常量表达式 1][常量表达式 2]={初值列表}

例如，下面两种写法完全等价：

```
① int A[2][3]={{1,2,3},{4,5,6}};            //初值按二维形式
② int A[2][3]={1,2,3,4,5,6};                //初值按一维形式
```

说明：

(1) 可以用一维初值形式来对二维数组初始化，本质上是因为二维数组的内存形式就是一维数组的内存形式。不过一维形式的初值写法不如二维形式清晰，元素对应关系不容易直接看出。

(2) 初值列表提供的元素个数不能超过数组长度，但可以小于数组长度。如果初值个数小于数组长度，则只初始化前面的数组元素，剩余元素初始化为0。这个规则对两种初始化形式都适用，例如：

```
//只对每行的前若干个元素赋初值
int A[3][4]={{1},{1,2},{1,2,3}};
```

A

	[0]	[1]	[2]	[3]
[0]	1	0	0	0
[1]	1	2	0	0
[2]	1	2	3	0

```
//只对前若干行的前若干个元素赋初值
int A[3][4]={{1},{2}};
```

A

	[0]	[1]	[2]	[3]
[0]	1	0	0	0
[1]	2	0	0	0
[2]	0	0	0	0

```
//一维形式部分元素赋初值
int A[3][4]={1,2,3,4,5};
```

A

	[0]	[1]	[2]	[3]
[0]	1	2	3	4
[1]	5	0	0	0
[2]	0	0	0	0

(3) 在提供了初值列表的前提下，多维数组定义时可以不用指定第1维的数组长度，但其余维的长度必须指定，编译器会根据列出的元素个数自动确定第1维的长度。例如：

```
int A[][2][3]={1,2,3,4,5,6,7,8,9,10,11,12};    //正确
int B[2][][3]={1,2,3,4,5,6,7,8,9,10,11,12};    //错误,只能省略第 1 维
int C[2][2][]={1,2,3,4,5,6,7,8,9,10,11,12};    //错误,只能省略第 1 维
```

因为每个第 1 维元素(数组)的个数为 2×3,为了能存储 12 个初值,至少第 1 维长度为 2。下面的表达式能够计算出第 1 维的长度:

```
sizeof A/(sizeof(int) * 2 * 3)                 //数组内存长度/(元素内存长度 * 2 * 3)
```

这种情况下,列出的元素个数可能少于数组长度。例如:

```
int A[][2][3]={1,2,3,4,5,6,7,8,9,10};
```

第 1 维长度依然为 2。即第 1 维长度的计算原则是确保多维数组能够容纳列出的元素个数所必需的最小长度。

为什么其余维的长度必须要指定呢?那是因为编译器需要确认多维数组的结构是唯一的,例如二维数组总共有 12 个元素,那么就会有 2×6、3×4、4×3、6×2 等不同形式的结构,指定了第 2 维为 4,编译器就能确定二维数组是 3×4。

(4) 如果多维数组未进行初始化,那么在函数体外定义的静态数组对象,其元素均初始化为 0;在函数体内定义的动态数组对象,其元素没有初始化,为一个随机值。

6.2.3 多维数组的引用

多维数组元素的引用与一维数组类似,也只能逐个引用数组元素的值,而不能一次引用整个数组对象全部元素的值,引用的一般形式为:

数组名[下标表达式 1][下标表达式 2]…[下标表达式 *n*]

下标表达式用来索引元素在数组中的位置,可以是常量、变量及其表达式,但必须是无符号整型数据,不允许为负。每个维的下标总是从 0 开始,与其内存形式对应,而且相互独立。所谓相互独立是指多维数组中的多个下标表达式相互是不关联的,各自索引在本维上的元素。例如:

```
int A[3][4]={1,2,3},x;
x=A[0][1];          //x=2
A[2][2]=50;         //则数组 A 变为右图所示
```

A

	[0]	[1]	[2]	[3]
[0]	1	2	3	4
[1]	5	0	0	0
[2]	0	0	50	0

(1) 遍历二维数组元素

【例 6.3】 给一个二维数组输入数据,并以行列形式输出。

程序代码如下:

```
#include<stdio.h>
int main()
{
    int A[3][4],i,j;                        //二维数组下标应由两个独立的变量索引
```

```
    for(i=0;i<3;i++)                    //双重循环遍历二维数组元素输入
        for(j=0;j<4;j++)
            scanf("%d",&A[i][j]);
    for(i=0;i<3;i++) {                  //双重循环遍历二维数组元素输出
        for(j=0;j<4;j++)                //内循环输出一行
            printf("%d",A[i][j]);
        printf("\n");                   //每输出一行换行
    }
    return 0;
}
```

程序运行情况如下：

```
11 12 13 14 21 22 23 24 31 32 33 34↙
11 12 13 14
21 22 23 24
31 32 33 34
```

之所以要用到双重循环，原因是 A[i][j]的下标 i 和 j 各自都要在本维上遍历，彼此不关联，需要逐一枚举，从而能够遍历所有的二维数组元素。

(2) 矩阵应用

二维数组和三维数组经常用于数学的行列式、矩阵、立体几何等问题求解上。下面举两个例子。

【例 6.4】 求矩阵 $\boldsymbol{A}$ 的转置矩阵 $\boldsymbol{A}^{\mathrm{T}}$，例如：

$$\boldsymbol{A}=\begin{bmatrix}1 & 2 & 3\\4 & 5 & 6\end{bmatrix}\quad \boldsymbol{A}^{\mathrm{T}}=\begin{bmatrix}1 & 4\\2 & 5\\3 & 6\end{bmatrix}$$

程序代码如下：

```
#include<stdio.h>
int main()
{
    int A[2][3]={{1,2,3},{4,5,6}},AT[3][2],i,j;
    for(i=0;i<2;i++)                              //求矩阵 A 的转置
        for(j=0;j<3;j++)AT[j][i]=A[i][j];
    printf("A=\n");
    for(i=0;i<2;i++){                             //输出矩阵 A
        for(j=0;j<3;j++)printf("%d ",A[i][j]);
        printf("\n");
    }
    printf("AT=\n");
    for(i=0;i<3;i++){                             //输出转置矩阵 AT
        for(j=0;j<2;j++)printf("%d ",AT[i][j]);
        printf("\n");
```

```
    }
    return 0;
}
```

程序运行结果如下：

```
A=
1 2 3
4 5 6
AT=
1 4
2 5
3 6
```

【例 6.5】 已知 $\boldsymbol{A}$、$\boldsymbol{B}$ 矩阵如下，求矩阵乘法 $\boldsymbol{AB}$。

$$\boldsymbol{A}=\begin{bmatrix}3 & 2 & -1\\ 2 & -3 & 5\end{bmatrix},\quad \boldsymbol{B}=\begin{bmatrix}1 & 3\\ -5 & 4\\ 3 & 6\end{bmatrix}$$

分析：根据矩阵乘法的定义有：

$$\boldsymbol{C}_{m\times n}=\boldsymbol{A}_{m\times p}\times\boldsymbol{B}_{p\times n},\quad \boldsymbol{C}_{ij}=\sum_{k=1}^{p}\boldsymbol{A}_{ik}\boldsymbol{B}_{kj}\,(i=1,2,\cdots,m,j=1,2,\cdots,n)$$

这里，$m=2,n=2,k=3$，程序代码如下：

```
#include<stdio.h>
int main()
{
    int A[2][3]={{3,2,-1},{2,-3,5}};
    int B[3][2]={{1,3},{-5,4},{3,6}};
    int C[2][2],i,j,k;
    for(i=0;i<2;i++)                                        //求矩阵乘法
        for(j=0;j<2;j++){
            C[i][j]=0;
            for(k=0;k<3;k++)C[i][j]=C[i][j]+A[i][k]*B[k][j];
        }
    printf("C=\n");
    for(i=0;i<2;i++){                                       //输出 C 矩阵
        for(j=0;j<2;j++)printf("%3d",C[i][j]);
        printf("\n");
    }
    return 0;
}
```

程序运行结果如下：

```
C=
-10  11
 32  24
```

6.3 数组与函数

6.3.1 数组作为函数的参数

一维数组元素可以直接作为函数实参使用,其用法与变量相同。假设有函数:

```
int max(int a,int b);
```

那么:

```
int A[5]={1,2,3,4,5},c=2,x;
x=max(c,-10);                    //使用变量作为函数实参
x=max(A[2],-10);                 //使用数组元素作为函数实参
```

此时,数组元素通过值传递方式传递到函数形参,这种用法与变量完全相同。

C语言不允许数组类型作为函数类型,但可以作为函数的形参,称为形参数组。形参数组可以是一维数组,也可以是多维数组,基本形式为:

```
函数类型  函数名(元素类型  数组名[常量表达式],…)
{
    函数体
}
```

例如:

```
double average(double A[100],int n)
{
    ⋮                            //函数体
}
```

函数形参如果是数组类型时,则调用实参就不能是元素,而必须是数组对象(数组名)。因为此时的形参是一个数据集合,所以实参也应该是一个数据集合,C语言不会将基本类型隐式转换为构造类型,反之亦不成立。例如有函数原型:

```
double average(double A[100],int n);
```

则函数调用:

```
double x,y,A[100],B[2][100];
int P[100];
x=average(y,100);                //错误,double不能对应double数组
x=average(A[10],100);            //错误,double元素不能对应double数组
x=average(P,100);                //错误,int数组不能对应double数组
x=average(A,100);                //正确,double数组对应double数组
x=average(B[1],100);             //正确,double数组对应double数组
```

请注意,B是二维数组,B[1]是一维数组,与“double A[100]”类型一致。

6.3.2 数组参数的传递机制

前面讲过变量作为函数参数的传递机制是值传递，那么数组参数是否也是这样呢？例如：

```
void fun(int A[10],int n);
int main()
{
    int a[10]={1,2,3,4,5},x=5;
    fun(a,x);                               //实参分别是数组和整型变量
}
```

分析一下函数调用栈，实参的值是通过进栈方式传递到函数中去的，进栈必须有栈空间。由于数组数据较多，如果采用一一进栈的方式，将使得函数在调用时光处理大批量数据的传递就要消耗非常多的时间，这种方法显然不可取。而且为巨大的数据集合再来一个副本，内存开销太大，而且也无必要。所以数组实参不是将每个元素一一传递到函数中。

C 语言处理数组实参，实际上是将数组的首地址传到了函数形参中，如图 6.3 所示。

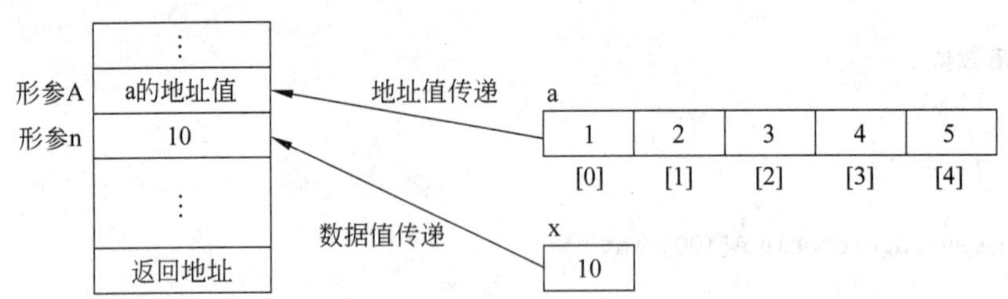

图 6.3　数组首地址传递示意

尽管数组数据很多，但它们均从一个首地址连续存放，这个首地址对应的正是数组名。如果实参使用数组名调用，**本质上是将这个数组的首地址(一个数值)像变量实参那样值传递到形参中。**

所以 C 语言传递数组时依然是通过值传递方式。

不过尽管都是通过值传递，但变量与数组实参还是有很大的不同。如图 6.3 所示，变量 x 传的值是变量的数据值(10)，这样形参 n 就是实参 x 的副本。数组实参 a 传的是数组首地址，形参 A 定义为数组形式，它现在的地址与实参数组 a 一样，则本质上形参数组对象 A 就是实参数组对象 a(内存中两个对象所处位置相同，则它们实为同一个对象)。

这样的传递机制使得当数组作为函数参数时，有下面的特殊性。

(1) 由于形参数组就是实参数组，所以**在被调函数中使用形参就是在间接使用实参**，这点与变量作为函数参数的情况是不同的。例如：

```
void fun(int A[5],int n)
{
    A[1]=100;                               //A[1]实质就是实参 a[1]
```

```
    n=10;                                    //赋值给形参 n,不影响实参 x
}
void caller()
{
    int a[5]={1,2,3,4,5},x=5;
    fun(a,x);
    printf("%d,%d\n",a[1],x);                //a[1]=100,x=5
}
```

在实际编程中,可以用数组参数将被调函数处理过的数据返回到主调函数中。

【例 6.6】 编写函数求一个二维数组中最大的元素及其下标。

分析：令 max 为元素最大值,采用枚举法逐一比较二维数组中的每一个元素 A[i][j]和 max,若 A[i][j]大于 max 说明有一个更大的值出现,则令 max＝A[i][j]且记录 r＝i 和 c＝j,遍历完所有元素,则 A[r][c]就是最大的元素。由于 max 必然是数组中的一个元素值,且先比较才有 max＝A[i][j],故设置 max 的初值为 A 中的一个元素值,例如 A[0][0]。

由于函数需要返回最大元素值及下标行、列 3 个数据,而函数返回只能是一个数据,所以使用数组 B 传递到函数中,将下标行、列值“带回”。程序代码如下：

```
#include<stdio.h>
int findmax(int A[3][4],int B[2])
{
    int i,j,max,r=0,c=0;
    max=A[r][c];                        //max 初值设为 A[0][0]
    for(i=0;i<3;i++)                    //枚举二维数组所有元素
        for(j=0;j<4;j++)
            if(A[i][j]>max){
                r=i,c=j;                //记录此时的下标
                max=A[r][c];            //新的最大元素值
            }
    B[0]=r,B[1]=c;                      //下标行、列通过 B 数组返回到主调函数中
    return max;                         //最大值通过函数值返回到主调函数中
}
int main()
{
    int A[3][4]={{7,5,-2,4},{5,1,9,7},{3,2,-1,6}},B[2],max;
    max=findmax(A,B);
    printf("max:A[%d][%d]=%d\n",B[0],B[1],max);
    return 0;
}
```

程序运行结果如下：

```
max:A[1][2]=9
```

(2) 既然形参数组对象就是实参数组对象,所以函数定义中的形参数组就不像变量那样建立一个数组副本,即函数调用时不会为形参数组分配存储空间。形参数组不过是用数组定义这样的形式来表明它是个数组,能够接收实参传来的地址,形参数组的长度说明也无实际作用。因此,**形参数组的长度与实参数组长度可以不相同,形参数组的长度可以是任意值,形参数组甚至可以不用给出长度**。

假设有以下函数调用:

```
int a[15];
f(a);
```

则以下函数定义:

```
void f(int A[100]);    //形参数组长度完全由实参数组确定,因此函数中并不能按 100 个元素处理
void f(int A[10]);     //形参数组长度完全由实参数组确定,因此函数中并不能按 10 个元素处理
void f(int A[]);       //表明形参是数组形式即可
```

均是正确的。

(3) 虽然实参数组将地址传到了被调函数中,但**被调函数并不知道实参数组的具体长度**,那么假定的大小对于实参数组来说容易数组越界。实际编程中可以采用下面两个方法来解决:

① 函数调用时再给出一个参数来表示实参数组的长度。

② 在实参数组中(一般是末尾)放上一个约定条件的数据,被调函数只要遇到这样的数据就结束对数组的遍历。

【例 6.7】 编写 average 函数求一组数据的平均值。

分析:为了让 average 函数能够适用于任意长度的数组,需要将数组的长度当作一个参数传入到函数中。

程序代码如下:

```
#include<stdio.h>
double average(double A[],int n)
{
    int i;double s=0;                          //累加初值为 0
    for(i=0;i<n;i++) s=s+A[i];                 //先累加
    return n!=0?s/n:0.0;                       //计算平均值
}
int main()
{
    double A[3]={1,2,3};
    double B[5]={1,2,3,4,5};
    printf("A=%lf\n",average(A,3));            //传递数组长度即可正确计算
    printf("B=%lf\n",average(B,5));            //传递数组长度即可正确计算
    return 0;
}
```

程序运行结果如下：

```
A=2.000000
B=3.000000
```

(4) 多维数组作为函数的参数，形参数组第1维可以与实参相同，也可以不相同；可以是任意长度，也可以不写长度；但其他维的长度需要相同。因为编译器是根据形参来检查实参调用的，它可以忽略第1维的长度大小，但其他维的长度由于决定了形参数组的结构而不能忽略。**编译器不能对不同结构的数组类型作隐式转换**。例如有如下函数调用：

```
int a[5][10]
f(a);
```

则函数定义：

```
void f(int A[5][10]);              //正确
void f(int A[2][10]);              //正确
void f(int A[][10]);               //正确
void f(int A[][]);                 //错误,第2维长度必须给出
void f(int A[5][5]);               //错误,第2维长度必须相同
void f(int A[50]);                 //错误,必须是二维数组
```

6.4 字符串

6.4.1 字符数组

用来存放字符型数据的数组称为字符数组，其元素是一个字符，定义形式为：

```
char  数组名[常量表达式],…
```

例如：

```
char s[20];                        //定义字符数组
```

显然，字符数组就是一个一维数组，其初始化、引用方法与一维数组类似。例如：

```
char s[4]={'J','a','v','a'};       //字符数组初始化
```

由于初值列表的字符通常很多，因此经常不给长度值。例如：

```
char s[]={'H','e','l','l','o','␣','W','o','r','l','d'};     //字符数组初始化
```

这样做的好处是不用人工去数字符的个数，而由编译器自动确定。

字符数组的内存形式与一维数组类似。例如，数组s初始化后内存形式如下：

s

H	e	l	l	o	␣	W	o	r	l	d
[0]	[1]	[2]	[3]	[4]	[5]	[6]	[7]	[8]	[9]	[10]

实线框表示每个字符元素的内存形式，这里用的是字符记号，实际上数据应是字符的ASCII值，形式如下：

s

72	101	108	108	111	32	87	111	114	108	100
[0]	[1]	[2]	[3]	[4]	[5]	[6]	[7]	[8]	[9]	[10]

一般在分析字符数组时，习惯采用字符记号。

字符数组在使用时，同样只能逐个引用字符元素的值而不能一次引用整个字符数组对象，如不能进行赋值、算术运算等。

```
char s1[5]={'B','a','s','i','c'},s2[5];
s2=s1;                                    //错误,数组不能赋值
s2[0]=s1[0];                              //正确,数组元素赋值
```

【例 6.8】 连续输入多个字符，直到回车为止；将这一串字符过滤“*”字符后输出，即凡是“*”字符就不输出。

程序代码如下：

```
1   #include<stdio.h>
2   int main()
3   {
4       char s[100];
5       int i,cnt=0;
6       //连续输入多个字符,直到回车'\n'为止
7       while((s[cnt]=getchar())!='\n')cnt++;
8       for(i=0;i<cnt;i++)
9           if(s[i]!='*')                     //过滤'*'字符
10              printf("%c",s[i]);
11      return 0;
12  }
```

程序运行情况如下：

```
ABC*123**DE******456↙
ABC123DE456
```

从程序运行情况来看，尽管数组 s 长度为 100，但实际输入远未到这个长度（不允许超过）。所以使用 cnt 变量来记录实际输入的字符个数，后面的程序按 cnt 长度来使用是正确的，按长度 100 来使用是错误的。第 7 行输入字符后数组 s 的内存形式如下：

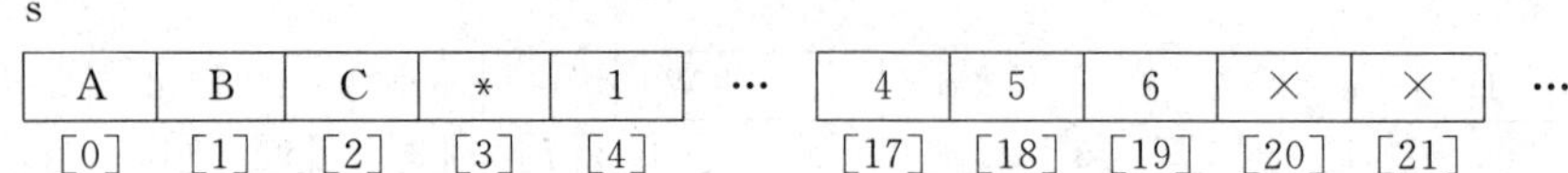

显然，数组 s 第 19 个元素是最后输入的字符'6'，输出打印到这里就要停下来。所以第 8 行是"i<cnt"而不是"i<100"。数组 s 自第 20 个元素后数据是不确定的，用"×"记号表示。

6.4.2 字符串

从例题 6.8 可以看出，在实际应用中，字符数组存储的实际字符个数未必总是数组长度，因此就要始终记录实际个数，当重新输入一串字符后，这个记录也要随之改变，这样的处理方式在很多情况下是不方便的。

1. 字符串的概念

C 语言规定**字符串是以'\0'(ASCII 值为 0)字符作为结束符的字符数组**，其中'\0'字符称为空字符(NULL 字符)或零字符(Z 字符)。

字符串概念的引入解决了字符数组使用上的不方便。它在一串字符后面放上一个空字符，就不需要记录字符个数了。因为在程序中可以**通过判断数组元素是否为空字符来判断字符串是否结束**，换言之，只要遇到数组元素是空字符，就表示字符串在此位置上结束。

字符串长度是指在第 1 个空字符之前的字符个数(不包括空字符)。特别地，如果第 1 个字符就是空字符，则称该字符串为空字符串，空字符串的字符串长度为 0。

由于字符串实际存放在字符数组中，所以定义字符数组时数组的长度至少为字符串长度加 1(空字符也要占位)。这就要求定义字符数组时充分估计实际字符串的最大长度，保证数组长度始终大于字符串的长度，才不会发生数组越界。

字符串常量是字符串的常量形式，它是以一对双引号括起来的字符序列。C 语言总是在编译时为字符串常量自动在其后增加一个空字符，例如，"Hello"的存储形式为：

H	e	l	l	o	\0
[0]	[1]	[2]	[3]	[4]	[5]

数组长度是 6，字符串长度是 5。

即使人为在后面加上空字符也是如此，例如，"Hello\0"的存储形式为：

H	e	l	l	o	\0	\0
[0]	[1]	[2]	[3]	[4]	[5]	[6]

数组长度是 7，字符串长度也是 5。

如果在字符串常量中插入空字符，则字符串常量的长度会比看到的字符数目少，例如，"ABC\0DEF"的存储形式为：

A	B	C	\0	D	E	F	\0
[0]	[1]	[2]	[3]	[4]	[5]	[6]	[7]

数组长度是 8，字符串长度是 3。字符串实际结束在第 1 个空字符的位置上，这样的现象

称为截断字符串。

空字符串尽管字符串长度是0,但它依然要占据字符数组空间,例如,空字符串""的存储形式为:

\0
[0]

由此可见,空字符是字符串处理中最重要的信息。如果一个字符数组中没有空字符而把它当作字符串使用,程序往往因为没有结束条件而数组越界。

空字符('\0')容易与字符'0'混淆,其实它们是有区别的。'\0'的 ASCII 值为 0,'0'的 ASCII 值为 48。输出时,'0'会在屏幕上显示 0 这个符号,而'\0'什么也没有。

文本信息用途非常广,无处不在。如姓名、通信地址、邮箱等,即使像邮政编码这样的数字,也属于文本信息范畴。有了字符串的概念,C 程序能方便地表示文本信息。尽管字符串不是 C 语言的内置数据类型,但应用程序通常都将它当作基本类型来用,称为**C 风格字符串(C-style string)**。

由于数组的整体操作是有限制的,例如不能赋值、运算或输入输出,所以 C 语言标准库函数中专门针对字符串定义了许多函数,可以方便地处理字符串。

2. 字符串的定义和初始化

字符串使用字符数组存放,其定义与字符数组完全相同,形式为:

```
char 字符串名[常量表达式],…
```

C 语言允许使用字符串常量初始化字符数组,例如:

```
char s[12]={"Hello World"};                    //数组长度为字符串长度加 1
```

可以不加大括号,直接写成:

```
char s[12]="Hello World";                      //字符串初始化
```

由于字符串的字符个数数起来不方便,可以直接让编译器自动去确定,例如:

```
char s[]="Hello World";                        //字符串初始化
```

这样为字符串初始化直观方便。

由于字符串常量结尾是 NULL 字符,所以上面的初始化与下面等价:

```
char s[]={'H','e','l','l','o','␣','W','o','r','l','d','\0'};
```

而

```
char s[4]={'J','a','v','a'};
```

就不能算字符串,因为它没有空字符。

如果字符数组长度值大于初值个数,按照一维数组的规定,只初始化前面的字符元素,剩余元素初始化为 0,即空字符。例如:

```
char s[8]="BASIC";
```

s

B	A	S	I	C	\0	\0	\0
[0]	[1]	[2]	[3]	[4]	[5]	[6]	[7]

6.4.3 字符串的输入和输出

字符串的输入和输出有 3 种方法。

1. 逐个字符输入输出

通过遍历数组元素,采用“%c”格式逐个字符输入输出。

2. 使用标准输入输出函数

使用格式化输入输出函数,将整个字符串一次输入或输出。例如:

```
char str[80];                       //定义字符串,即定义字符数组
scanf("%s",str);                    //使用%s 格式输入字符串,不需要 &
printf("%s",str);                   //使用%s 格式输出字符串
scanf("%s",str[0]);                 //错误,%s 格式要求字符串而非字符
printf("%s",str[0]);                //错误,%s 格式要求字符串而非字符
```

scanf 和 printf 函数允许字符串输入和输出,前提是格式必须用%s,输出项必须是字符数组名,而不能是字符元素。

说明:

(1) 使用 scanf 输入字符串时,从键盘上输入的字符个数应小于字符串定义的数组长度,否则过长的输入导致数组越界。

(2) 由于 scanf 函数将空格、Tab 和回车作为输入项的间隔,所以输入字符串时遇到这 3 个字符就结束;换言之,这种输入方式是不能输入空格、Tab 和回车的。

(3) scanf 输入完成后,在字符串末尾添加空字符。

(4) printf 函数输出字符串时,只要遇到第 1 个空字符就结束,而不管是否到了字符数组的末尾。例如

```
char str[80]="Basic\0Java\0C++";
printf("%s",str);                                  //输出字符串
```

程序运行结果如下:

```
Basic
```

如果字符串没有空字符,printf 就会引起数组越界。printf 输出的字符不包含空字符。

3. 使用字符串输入输出函数

(1) gets 函数

```
char *gets(char *s);
```

gets 函数输入一个字符串到字符数组 s 中。s 是字符数组或指向字符数组的指针，其长度应该足够大，以便能容纳输入的字符串。例如：

```
char str[80];
gets(str);                                    //输入字符串
```

从键盘上输入：

```
Computer↙
```

则字符串 str 的内存形式为：

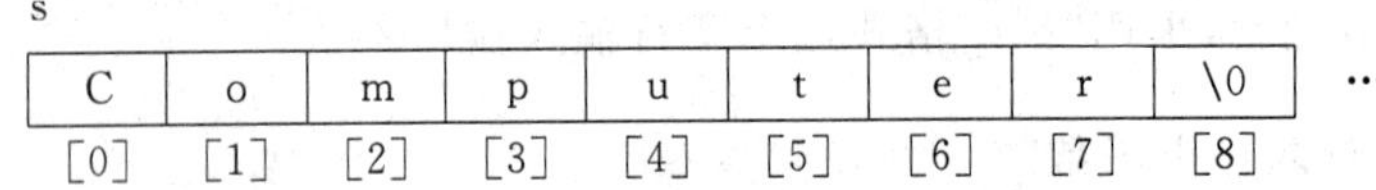

说明：

① 函数调用时用字符数组名，而不是字符元素。例如：

```
gets(str[0]);                                 //错误
```

② 使用 gets 输入字符串时，从键盘上输入的字符个数应小于字符串定义的数组长度，过长的输入将导致数组越界。

③ gets 函数可以输入空格和 Tab，但不能输入回车。

④ gets 函数输入完成后，在字符串末尾自动添加空字符。

(2) puts 函数

```
int puts(char *s);
```

puts 函数输出 s 字符串，遇到空字符结束，输完后再输出一个换行('\n')。s 是字符数组或指向字符数组的指针，返回值表示输出字符的个数。例如：

```
char str[80]="Programming";
puts(str);                                    //输出字符串
```

程序运行结果如下：

```
Programming
```

说明：

① 函数调用时用字符数组名，而不是字符元素。例如：

```
puts(str[0]);                                 //错误
```

② puts 输出字符串时，只要遇到第 1 个空字符就结束，而不管是否到了数组的末尾。如果字符串没有空字符，puts 会引起数组越界。

③ puts 输出的字符不包含空字符。

6.4.4 字符串数组

可以利用二维字符数组来定义字符串数组，定义形式为：

```
char 数组名[常量表达式 1][常量表达式 2],…
```

例如：

```
char A[3][10];                                  //定义二维字符数组
```

所谓字符串数组是指这样的一个集合，每个元素都是一个字符串。如上面的定义有 3 个元素，分别是 A[0]、A[1]和 A[2]，每个元素都是一个字符串。由于字符串是一维数组，那么字符串数组就应该是二维数组，其内存形式如图 6.4 所示。

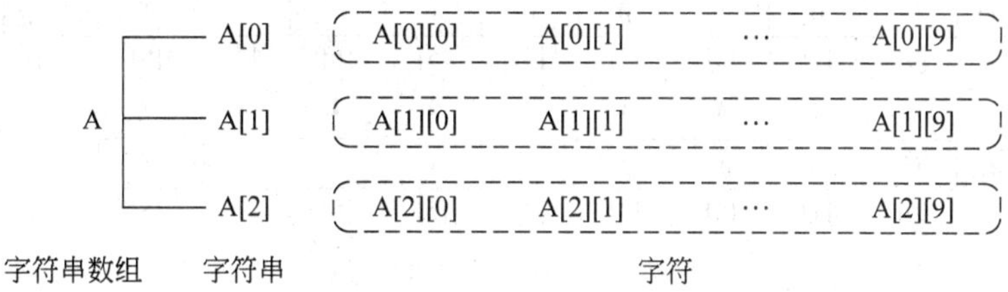

图 6.4 字符串数组的内存结构

显然，字符集合组成字符串，字符串集合组成字符串数组。如果用字符串表示一句话或一行文字的话，那么字符串数组就可以表示多行文字、一段文字或一篇文章。

字符串数组的初始化可以采用二维数组初始化的形式，但采用字符串常量形式会更简洁，例如：

```
char A[3][20]={{"C++"},{"JAVA"},{"BASIC"}};     //字符串数组二维初始化形式
```

除外面的大括号不能省略外，里面的均可省略，例如：

```
char A[3][20]={"C++","JAVA","BASIC"};           //字符串数组一维初始化形式
```

按照多维数组初始化要求，第 1 维可由编译器自动确定，其余必须给定数组长度，如：

```
char A[][20]={"C++","JAVA","BASIC"};            //字符串数组二维初始化形式
```

一般情况下，都是按估计的最大字符串长度给定的。

字符串数组的输入和输出按字符串方式来进行，例如：

```
char A[3][80];                                  //定义字符串数组,有 3 个字符串
scanf("%s",A[0]);                               //输入第 0 个字符串
gets(A[1]);                                     //输入第 1 个字符串
printf("%s",A[0]);                              //输出第 0 个字符串
puts(A[1]);                                     //输出第 1 个字符串
```

6.4.5 字符串处理函数

C 语言标准库提供了很多有用的字符串处理函数，其头文件为 string.h。

(1) 字符串复制函数 strcpy(string copy)

```
char *strcpy(char *s1,const char *s2);
```

strcpy 函数将 s2 中的字符串复制到 s1 中，包括空字符。s1 是字符数组或指向字符数组的指针，其长度应该足够大，以便能容纳被复制的字符串；s2 可以是字符串常量、字符数组或指向字符数组的指针。例如：

```
char str1[10],str2[]="Computer";
strcpy(str1,str2);                        //复制 str2 到 str1
```

运行过程如图 6.5 所示。

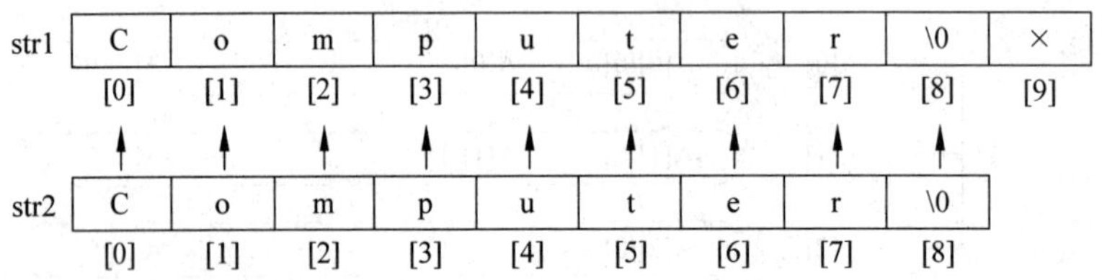

图 6.5　strcpy 函数执行过程

可以复制字符串常量。例如：

```
strcpy(str1,"Java");
```

(2) 字符串复制函数 strncpy

```
char *strncpy(char *s1,const char *s2,size_t n);
```

strncpy 将 s2 中不超过 n 个字符的字符串复制到 s1 中，其他与 strcpy 函数类似。例如：

```
char str1[10],str2[]="Computer";
strncpy(str1,str2,4);                     //复制 str2 到 str1,最多 4 个字符
```

运行过程如图 6.6 所示。

str1	C	o	m	p	\0	×	×	×	×	×
	[0]	[1]	[2]	[3]	[4]	[5]	[6]	[7]	[8]	[9]
	↑	↑	↑	↑						
str2	C	o	m	p	u	t	e	r	\0	
	[0]	[1]	[2]	[3]	[4]	[5]	[6]	[7]	[8]	

图 6.6　strncpy 函数执行过程

如果 s2 字符串长度未达到 n 个，则复制整个 s2，其余用空字符填充直到 n 个。例如

```
strncpy(str1,"Java",8);
```

执行后 str1 的存储形式为

str1

J	a	v	a	\0	\0	\0	\0	×	×
[0]	[1]	[2]	[3]	[4]	[5]	[6]	[7]	[8]	[9]

strncpy 复制后可能会使 s1 没有空字符结束。例如：

```
strncpy(str1,"Programming Language",10);
```

执行后 str1 的存储形式为

str1

P	r	o	g	r	a	m	m	i	n
[0]	[1]	[2]	[3]	[4]	[5]	[6]	[7]	[8]	[9]

strncpy 的标准用法为

```
strncpy(s1,s2,sizeof(s1)-1);                //n 最大为 s1 存储空间长度减 1
s1[sizeof(s1)-1]='\0';                      //最后放上空字符结束
```

strcpy 复制字符串时可能会由于 s1 存储空间小而导致数组越界，而 strncpy 可以避免。

（3）字符串连接函数 strcat(string catenate)

```
char *strcat(char *s1,const char *s2);
```

strcat 将 s2 字符串连接到 s1 的后面，包括空字符。s1 是字符数组或指向字符数组的指针，其长度应该足够大，以便能容纳连接的字符串；s2 可以是字符串常量、字符数组或指向字符数组的指针。例如：

```
char str1[10]="ABC",str2[]="123";
strcat(str1,str2);                          //在 str1 后面连接 str2,str2 未变化
```

运行过程如图 6.7 所示。

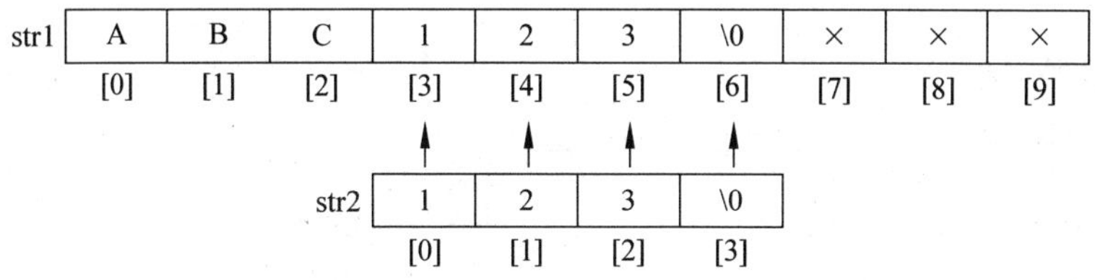

图 6.7 strcat 函数执行过程

可以连接字符串常量。例如：

```
strcat(str1,"Java");
```

（4）字符串连接函数 strncat

```
char *strncat(char *s1,const char *s2,size_t n);
```

strncat 将 s2 中不超过 n 个字符的字符串连接到 s1 的后面，其他与 strcat 函数类似。例如：

```
char str1[10]="ABC",str2[]="123456";
strncat(str1,str2,4);
```

运行过程如图 6.8 所示。

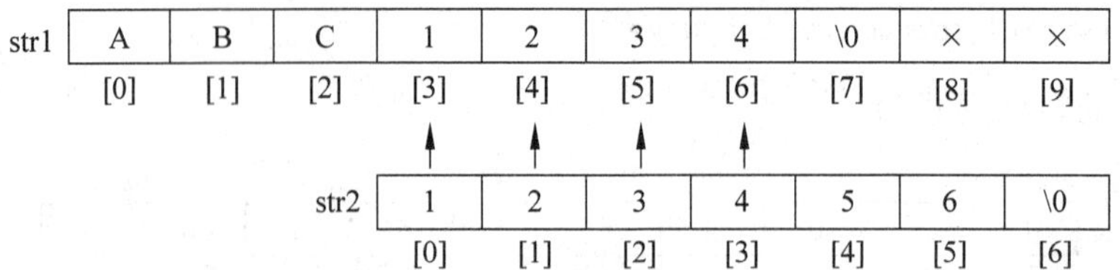

图 6.8 strncat 函数执行过程

strcat 连接字符串时可能会由于 s1 存储空间小导致数组越界，而 strncat 可以避免。

(5) 字符串比较函数 strcmp(string compare)

```
int strcmp(const char *s1,const char *s2);
```

strcmp 比较字符串 s1 和 s2 的大小。s1 和 s2 可以是字符串常量、字符数组或指向字符数组的指针，比较结果为：

① 若 s1 大于 s2，返回大于 0 的整数值。

② 若 s1 等于 s2，返回 0。

③ 若 s1 小于 s2，返回小于 0 的整数值。

字符串比较的规则是对两个字符串自左向右依次比较字符的 ASCII 数值，直到出现不同的字符或遇到空字符为止。若全部字符相同，则认为字符串相等；若出现不同的字符则以第一个不相同的字符的比较结果为准。例如："A"小于"B"，"A"小于"a"，"The"大于"This"，"31"大于"25"等，依此类推。一般地，数字字符小于字母，大写字母小于小写字母，英文小于汉字。

两个字符串比较大小时不能使用关系运算符，例如：

```
if(str1>str2)…                    //不是字符串比较的含义
```

而应该使用 strcmp 函数，例如：

```
if(strcmp(str1,str2)==0)…         //比较字符串相等
if(strcmp(str1,str2)!=0)…         //比较字符串不相等
if(strcmp(str1,str2)>0)…          //比较 str1 大于 str2
if(strcmp(str1,str2)<0)…          //比较 str1 小于 str2
```

(6) 计算字符串长度函数 strlen(string length)

```
size_t strlen(const char *s);
```

strlen 返回字符串 s 的长度。s 可以是字符串常量、字符数组或指向字符数组的指针。例如：

```
char str[20]="Visual Basic";
n=strlen("Language");             //n=8
n=strlen(str);                    //n=12
n=sizeof str;                     //n=20
```

请注意，strlen 计算的是字符串的长度，sizeof 计算的是字符数组的长度。

(7) 字符串转换成数值函数 atof 和 atoi

```
#include<stdlib.h>
double atof(const char *ns);                    //将字符串数值转换为 double 数据
int atoi(const char *ns);                       //将字符串数值转换为 int 数据
```

两个函数可以将数值内容的字符串转换为数值类型的值，atof 转换为双精度浮点型值，atoi 转换为整型值。ns 可以是字符串常量、字符数组或指向字符数组的指针，但内容必须是对应类型的合法数据。例如：

```
f=atof("123.456");                              //f=123.456
i=atoi("123");                                  //i=123
i=atoi("-456");                                 //i=-456
```

转换函数在解析字符串数值时，只要遇到不合法字符就结束转换，例如：

```
f=atof("12.3.456");                             //f=12.3
i=atoi("a123");                                 //i=0
```

(8) 数据写入字符串的格式化输出函数 sprintf

```
#include<stdio.h>
int sprintf(char *s,const char *format,…);      //"输出"格式化数据到字符数组中
```

sprintf 与 printf 功能类似，都是输出格式化的数据，但 sprintf"输出"到字符串 s 中。s 是字符数组或指向字符数组的指针，其长度应该足够大，以便能容纳输出信息。例如：

```
char str[10];
sprintf(str,"%d*%d=%d",2,3,2*3);               //输出结果不显示,存储在 str 中
```

执行后 str 的存储形式为：

str

2	*	3	=	6	\0	×	×	×	×
[0]	[1]	[2]	[3]	[4]	[5]	[6]	[7]	[8]	[9]

sprintf 输出后会在数据的后面增加空字符，使 s 成为字符串。

(9) 从字符串读入数据的格式化输入函数 sscanf

```
#include<stdio.h>
int sscanf(const char *s,const char *format,…); //从字符串中"输入"格式化数据
```

sscanf 与 scanf 功能类似，都是输入格式化的数据；但 sscanf 从字符串 s 中读取数据。s 可以是字符串常量、字符数组或指向字符数组的指针。例如：

```
int a,b;
sscanf("12␣34","%d%d",&a,&b);                  //读入 a=12,b=34
```

有了 sprintf、sscanf、atof 这些函数，就可以实现字符串文本信息与数值型数据相互

转换，这是非常实用的功能。

【例 6.9】 将 3 个字符串按由小到大的顺序输出。

程序代码如下：

```
#include<stdio.h>
#include<string.h>
int main()
{
    char s1[10]="Java",s2[10]="CPP",s3[10]="Basic";
    char t[100];
    if(strcmp(s1,s2)>0){                              //s1 大于 s2,交换
        strcpy(t,s1);strcpy(s1,s2);strcpy(s2,t);
    }
    if(strcmp(s1,s3)>0){                              //s1 大于 s3,交换
        strcpy(t,s1);strcpy(s1,s3);strcpy(s3,t);
    }
    if(strcmp(s2,s3)>0){                              //s2 大于 s3,交换
        strcpy(t,s2);strcpy(s2,s3);strcpy(s3,t);
    }
    printf("%s,%s,%s\n",s1,s2,s3);
    return 0;
}
```

程序运行结果如下：

```
Basic,CPP,Java
```

6.5 数组应用程序举例

1. 排序

排序问题是程序设计中的典型问题，它有很广泛的应用，其功能是将一个数据元素序列的无序序列调整为有序序列，下面给出相关定义。

(1) 排序：给定一组记录的序列$\{r_1, r_2, \cdots, r_n\}$，其相应的关键码分别为$\{k_1, k_2, \cdots, k_n\}$，排序是将这些记录排列成顺序为$\{r_{s1}, r_{s2}, \cdots, r_{sn}\}$的一个序列，使得相应的关键码满足 $k_{s1} \leqslant k_{s2} \leqslant \cdots \leqslant k_{sn}$(称为升序)或 $k_{s1} \geqslant k_{s2} \geqslant \cdots \geqslant k_{sn}$(称为降序)。

(2) 正序：待排序序列中的记录已按关键码排好序。

(3) 逆序(反序)：待排序序列中记录的排列顺序与排好序的顺序正好相反。

根据待排序序列的规模以及对数据处理的要求，可以采用不同的排序方法，主要有以下 3 类：

(1) 交换类排序法：是指借助数据元素之间的互相交换实现排序的方法，如冒泡排序法和快速排序法。

(2) 选择类排序法：是指从无序序列元素中依次选择最小或最大的元素组成有序序列实现排序的方法，如选择排序法和堆排序法。

(3) 插入类排序法：是指将无序序列的元素依次插入到有序序列中实现排序的方法，如插入排序法和希尔排序法。

下面通过实例对几种主要的排序法加以介绍。

(1) 冒泡排序法

冒泡排序法(bubble sort)的基本思想是通过相邻两个记录之间的比较和交换，使关键码较小的记录逐渐从底部移向顶部(上升)，关键码较大的记录逐渐从顶部移向底部(沉底)，冒泡由此得名。设有 A[1]～A[n]的 n 个数据，冒泡排序的过程可以描述为：

① 首先将相邻的 A[1]与 A[2]进行比较，如果 A[1]的值大于 A[2]的值，则交换两者的位置，使较小的上浮，较大的下沉；接着比较 A[2]与 A[3]，同样使小的上浮，大的下沉。依此类推，直到比较完 A[$n-1$]和 A[n]后，A[n]为具有最大关键码的元素，称第 1 趟排序结束。

② 然后在 A[1]～A[$n-1$]区间内进行第 2 趟排序，使剩余元素中关键码最大的元素下沉到 A[$n-1$]。重复进行 $n-1$ 趟后，整个排序过程结束，如图 6.9 所示。

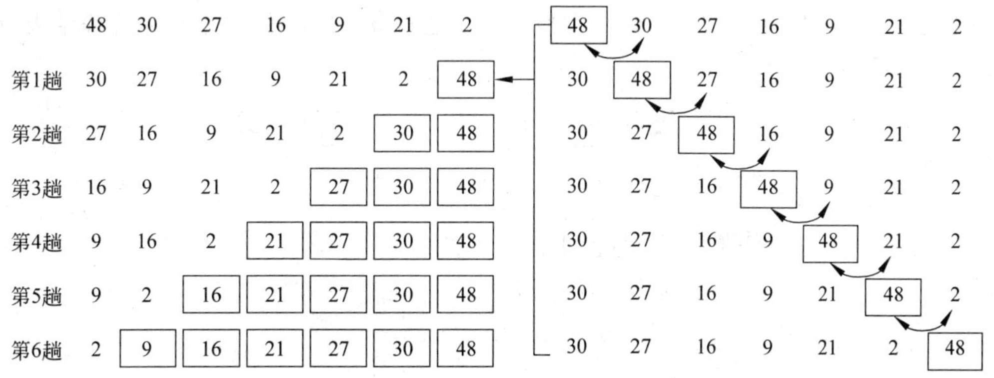

图 6.9 冒泡排序

【例 6.10】 使用冒泡排序法将一个数组由小到大排序。

程序代码如下：

```
#include<stdio.h>
#define N 10                                      //数组元素个数
int main()
{
    int A[N],i,j,t;                               //注意数组下标从 0 开始
    for(i=0;i<N;i++)scanf("%d",&A[i]);            //输入 N 个数
    for(j=0;j<N-1;j++)                            //冒泡排序法
        for(i=0;i<N-1-j;i++)                      //一趟冒泡排序
            if(A[i]>A[i+1])                       //A[i]与 A[i+1]比较<升序>降序
                t=A[i],A[i]=A[i+1],A[i+1]=t;      //交换
    for(i=0;i<N;i++)                              //输出排序结果
```

```
12            printf("%d",A[i]);
13        return 0;
14    }
```

程序运行情况如下：

```
 3   7  18  39  -1  -8  40   2   5  24↙
-8  -1   2   3   5   7  18  24  39  40
```

第2行使用符号常量的目的是：只要修改N值，程序就能适应不同数组长度的应用。第10行的比较若修改为“A[i]<A[i+1]”，则排序结果由大到小。

(2) 选择排序法

选择排序法(selection sort)的基本思想是第 i 趟选择排序通过 $n-i$ 次关键码的比较，从 $n-i+1$ 个记录中选出关键码最小的记录，并和第 i 个记录进行交换。设有A[1]～A[n]的 n 个数据，选择排序的过程可以描述为：

① 首先在A[1]～A[n]区间内进行比较，从 n 个记录中选出最小的记录A[k]，若 k 不为1则将A[1]和A[k]交换，A[1]为具有最小关键码的元素，称第1趟排序结束。

② 然后在A[i]～A[n]区间内进行第 i 趟排序，从 $n-i+1$ 个记录中选出最小的记录A[k]，若 k 不为 i 则将A[i]和A[k]交换。重复进行 $n-1$ 趟后，整个排序过程结束，如图6.10所示。

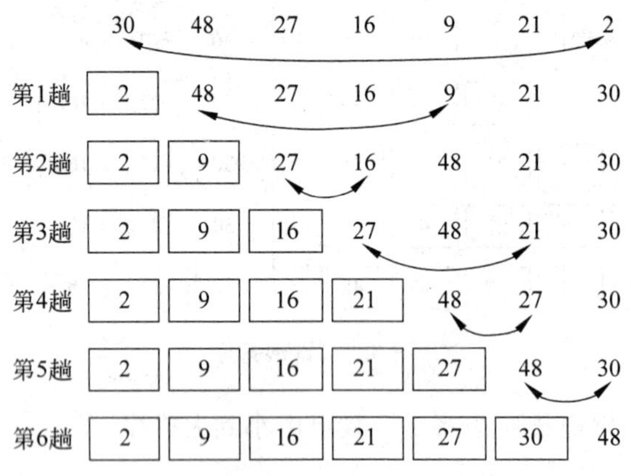

图6.10 选择排序

【例6.11】 编写选择排序函数SelectionSort，将一个数组由小到大排序。

程序代码如下：

```
#include<stdio.h>
#include<stdlib.h>
#include<time.h>
void SelectionSort(int A[],int n)                //选择排序 n为数组元素个数
{
    int i,j,k,t;
    for(i=0;i<n-1;i++){                           //选择排序法
```

```
        k=i;
        for(j=i+1;j<n;j++)                    //一趟选择排序
            if(A[j]<A[k])k=j;                 //<升序,>降序
        if(i!=k)
            t=A[i];A[i]=A[k];A[k]=t;
    }
}
#define N 10
int main()
{
    int A[N],i;
    srand((unsigned int)time(0));             //设置随机数种子
    for(i=0;i<N;i++){                         //随机产生N个数
        A[i]=rand()%100;
        printf("%d",A[i]);
    }
    SelectionSort(A,N);
    printf("\n");
    for(i=0;i<N;i++)printf("%d",A[i]);        //输出排序结果
    return 0;
}
```

程序运行结果如下(每次运行数据会随机变化):

```
32  44  40  52  94   6  64  21  37  18
 6  18  21  32  37  40  44  64  64  94
```

(3) 插入排序法

插入排序法(insertion sort)的基本思想是把新插入记录的关键码与已排好序的各记录关键码逐个比较,当找到第一个比新记录关键码大的记录时,该记录之前即为插入位置 k。然后从序列最后一个记录开始到该记录,逐个后移一个单元,将新记录插入 k 位置。如果新记录关键码比序列中所有的记录都大,则插入到最后位置。设有 A[1]~A[n]的 n 个数据,插入排序的过程可以描述为:

① 已排序列首先为 A[1]。

② 然后将 A[2]~A[n]逐个插入序列中,进行第 i 趟排序。将 A[i]与 A[1]~A[$i-1$]关键码进行比较,若找到 A[k]比 A[i]大,则 A[$i-1$]~A[k]逐个后移一个单元,将 A[i]插入到 k 位置;若 A[i]比所有元素都大,则什么也不做。重复进行 $n-1$ 趟后,整个排序过程结束,如图 6.11 所示。

【例 6.12】 编写插入排序函数 InsertionSort,将一个数组由小到大排序。

程序代码如下:

```
#include<stdio.h>
#include<stdlib.h>
#include<time.h>
```

	48	[30]	27	16	9	21	2
第1趟	30	48	[27]	16	9	21	2
第2趟	27	30	48	[16]	9	21	2
第3趟	16	27	30	48	[9]	21	2
第4趟	9	16	27	30	48	[21]	2
第5趟	9	16	21	27	30	48	[2]
第6趟	2	9	16	21	27	30	48

图 6.11　插入排序

```
void InsertionSort(int A[],int n)                //插入排序,n为数组元素个数
{
    int i,k,t;
    for(i=1;i<n;i++){                            //插入排序法
        t=A[i];k=i-1;
        while(t<A[k]){                           //一趟插入排序,<升序,>降序
            A[k+1]=A[k];k--;
            if(k==-1)break;
        }
        A[k+1]=t;
    }
}
#define N 10
int main()
{
    int A[N],i;
    srand((unsigned int)time(0));                //设置随机数种子
    for(i=0;i<N;i++){                            //随机产生N个数
        A[i]=rand()%100;
        printf("%d",A[i]);
    }
    InsertionSort(A,N);
    printf("\n");
    for(i=0;i<N;i++)printf("%d",A[i]);           //输出排序结果
    return 0;
}
```

程序运行结果如下(每次运行数据会随机变化):

```
52 57 28 30 83 20  6 95 80 33
 6 20 28 30 33 52 57 80 83 95
```

(4) 快速排序法

快速排序法(quick sort)的基本思想是：通过一趟排序将要排序的记录分割成独立的两部分，其中一部分的所有记录关键码比另外一部分的记录关键码都要小，然后再按此方法对这两部分数据分别进行递归快速排序，从而使序列成为有序序列。

设有 A[1]～A[n]的 n 个数据，选取第一个数据作为关键数据，然后将所有比它小的数据都放到它前面，所有比它大的数据都放到它后面，称为一趟快速排序。其算法是：

① 设置两个变量 i、j，排序开始的时候 i=左边界，j=右边界，令关键数据 s=A[i]。

② 从 i 开始向后搜索，直到找到大于 s 的数。

③ 从 j 开始向前搜索，直到找到小于 s 的数。

④ 如果 $i<j$，则交换 A[i]和 A[j]。

⑤ 重复第②～④步，直到 $i \geqslant j$；将关键数据与 A[j]交换，如图 6.12 所示。

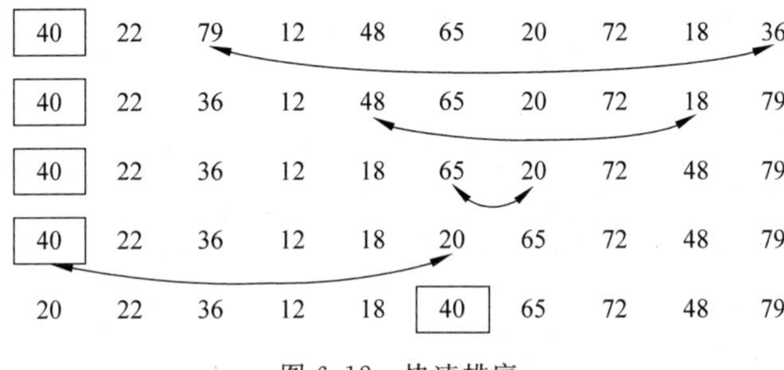

图 6.12 快速排序

【例 6.13】 编写快速排序函数 QuickSort，将一个数组由小到大排序。

程序代码如下：

```
#include<stdio.h>
#include<stdlib.h>
#include<time.h>
void QuickSort(int A[],int n,int left,int right)
{                    //快速排序,n为数组元素个数,left=数组左边界,right=数组右边界
    int i,j,t;
    if(left<right){                                 //一趟快速排序
        i=left;j=right+1;
        while(1){
            while(i+1<n && A[++i]<A[left]);         //向后搜索,<升序,>降序
            while(j-1>-1 && A[--j]>A[left]);        //向前搜索,<升序,>降序
            if(i>=j)break;
            t=A[i],A[i]=A[j],A[j]=t;                //交换
        }
        t=A[left],A[left]=A[j],A[j]=t;              //交换
        QuickSort(A,n,left,j-1);                    //关键数据左半部分递归
        QuickSort(A,n,j+1,right);                   //关键数据右半部分递归
    }
```

```
}
#define N 10
int main()
{
    int A[N],i;
    srand((unsigned int)time(0));                    //设置随机数种子
    for(i=0;i<N;i++){                                //随机产生 N个数
        A[i]=rand()%100;
        printf("%d",A[i]);
    }
    QuickSort(A,N,0,N-1);
    printf("\n");
    for(i=0;i<N;i++)printf("%d",A[i]);               //输出排序结果
    return 0;
}
```

程序运行结果如下(每次运行数据会随机变化):

```
89  45  66  84  77   1  42  32   8   8
 1   8   8  32  42  45  66  77  84  89
```

(5) 排序算法比较与选择

不同排序算法的时间和空间性能比较见表 6.2。

表 6.2　不同排序算法的性能比较

性　　能	冒泡排序	选择排序	插入排序	快速排序
时间复杂度	$O(n^2)$	$O(n^2)$	$O(n^2)$	$O(n\log n)$
空间复杂度	$O(1)$	$O(1)$	$O(1)$	$O(\log n)$
优点	稳定	稳定	快	极快
缺点	慢	慢	数据移动多	不稳定

因为不同的排序方法适应不同的应用环境和要求,所以选择合适的排序方法应综合考虑下面的因素:待排序记录数目、记录规模、关键字结构及其初始状态、稳定性要求、存储结构、时间和辅助空间复杂度等。一般建议:

① 若 n 较小(如 $n\leqslant 50$),选用插入排序或选择排序。

② 若数据集合初始状态基本有序,选用插入排序或冒泡排序。

③ 若 n 较大,选用快速排序。

2. 查找

(1) 顺序查找法

顺序查找的基本思想是让关键字与序列中的数逐个比较,直到找出与给定关键字相同的数为止或序列结束,一般应用于无序序列查找。

【例 6.14】 编写顺序查找函数 Search，从一个无序数组中查找数据的位置。

程序代码如下：

```
#include<stdio.h>
int Search(int A[],int n,int find)
{ //顺序查找,n=序列元素个数,find=欲查找数据
    int i;
    for(i=0; i<n ; i++) if(A[i]==find) return i;
    return -1;                                          //未找到
}
#define N 10
int main()
{
     int A[N]={18,-3,-12,34,101,211,12,90,77,45},i,find;
     scanf("%d",&find);
     i=Search(A,N,find);
     if(i>=0) printf("A[%d]=%d\n",i,find);
     else printf("not found\n");
     return 0;
}
```

程序运行情况如下：

```
101↙
A[4]=101
```

(2) 二分查找法

对于有序序列，可以采用二分查找法进行查找。其基本思想是：将升序排列的 n 个元素的集合 A 分成元素个数大致相同的两部分，取 $A[n/2]$ 与欲查找的 find 作比较，如果相等则表示找到 find，算法终止。如果 find$<A[n/2]$，则在 A 的前半部继续搜索 find，如果 find$>A[n/2]$，则在 A 的后半部继续搜索 find。

【例 6.15】 编写二分查找函数 BinarySearch，从一个有序数组中查找数据的位置。

程序代码如下：

```
#include<stdio.h>
int BinarySearch(int A[],int n,int find)
{ //二分查找,n=序列元素个数,find=欲查找数据
    int low,upper,mid;
    low=0,upper=n-1;                    //左右两部分
    while(low<=upper) {
        mid=low+(upper-low)/2;          //不用(upper+low)/2,避免 upper+low 溢出
        if(A[mid]<find) low=mid+1;                          //右半部分
        else if(A[mid]>find) upper=mid-1;                   //左半部分
        else return mid;                                    //找到
    }
```

```
        return -1;                                          //未找到
    }
    #define N 10
    int main()
    {
        int A[N]={8,24,30,47,62,68,83,90,92,95},i,find;
        scanf("%d",&find);
        i=BinarySearch(A,N,find);
        if(i>=0) printf("A[%d]=%d\n",i,find);
        else printf("not found\n");
        return 0;
    }
```

程序运行情况如下：

```
92↙
A[8]=92
```

3. 空间换时间

算法的执行总是需要计算机的时间和空间。由于现在计算机的内存趋向于大容量，所以空间复杂性相对于时间复杂性来说不那么重要，就出现了以消耗空间来换取时间的编程方法。

【例 6.16】 一个只能被素数 2、3、5、7 整除的数称为 Humble Number(简称丑数)，数列{1,2,3,4,5,6,7,8,9,10,12,14,15,16,18,…}是前 15 个丑数(把 1 也算作丑数)。编程输入 $n(1\leqslant n\leqslant 5842)$，输出这个数列的第 n 项。

分析：显然，可以用枚举法来求解。枚举一个自然数 H，逐一检查 H 是否只能被 2、3、5、7 整除，方法是去掉 H 所有的 2、3、5、7 因子，如果结果为 1，则 H 是丑数；例如 16/2/2/2/2=1，18/2/3/3=1，结果为 1，所以 16 和 18 是丑数，而 22/2=11，结果不为 1，所以 22 不是丑数，其余以此类推。

程序代码如下：

```
#include<stdio.h>
int main()
{
    int cnt=0,n,H=0,t;
    scanf("%d",&n);
    while(cnt<n) {  //数列第 n 项时结束
        H++;                                    //下一个自然数
        t=H;
        while(t%2==0) t=t/2;                    //去除所有的因子 2
        while(t%3==0) t=t/3;                    //去除所有的因子 3
        while(t%5==0) t=t/5;                    //去除所有的因子 5
        while(t%7==0) t=t/7;                    //去除所有的因子 7
```

```
        if(t==1) cnt++;                     //得到新的丑数
    }
    printf("%d\n",H);                       //第 n 项丑数
    return 0;
}
```

在 CodeBlocks 中运行情况如下：

```
5842↙
2000000000
Process returned 0(0x0)   execution time : 189.156 s
```

上面的程序可以将结果求解出来，但是当 n 是 5842 时，程序运行时间会很长，因为 5842 时 H 已经枚举到了 20 亿。下面换一种思路来求解。

根据丑数的定义，一个数与{2,3,5,7}的积一定也是一个丑数。例如{1×2,1×3,1×5,1×7},{2×2,2×3,2×5,2×7},{3×2,3×3,3×5,3×7},…，均为丑数。由于丑数是自然数顺序且是唯一的，需要对乘积进行优选，例如 2×3 和 3×2 结果都是 6，需要排除一个；3×2 结果大于 1×5，所以应先选 1×5。因此，假设一个集合 A 用来存储丑数，最开始的元素为{1}，按下面的方法将得到的最小丑数插入到 A 中作为新的丑数：

```
A(n)=min(A(i)×2,A(j)×3,A(k)×5,A(m)×7)
```

n>i,j,k,m，且 i,j,k,m 只有在本项被选中才向后移动。例如：

```
开始时 A 为{1},i=1,j=1,k=1,m=1
min(1×2,1×3,1×5,1×7)为 2,插入到 A 为{1,2},i=2,j=1,k=1,m=1
min(2×2,1×3,1×5,1×7)为 3,插入到 A 为{1,2,3},i=2,j=2,k=1,m=1
min(2×2,2×3,1×5,1×7)为 4,插入到 A 为{1,2,3,4},i=3,j=2,k=1,m=1
min(3×2,2×3,1×5,1×7)为 5,插入到 A 为{1,2,3,4,5},i=3,j=2,k=2,m=1
min(3×2,2×3,2×5,1×7)为 6,插入到 A 为{1,2,3,4,5,6},i=4,j=2,k=2,m=1
min(4×2,3×3,2×5,1×7)为 7,插入到 A 为{1,2,3,4,5,6,7},i=4,j=2,k=2,m=2
```

以此类推。

程序代码如下：

```
#include<stdio.h>
int min(int a,int b,int c,int d)                        //求 4 个数的最小值
{
    a=a>b ? b : a;
    c=c>d ? d : c;
    return a>c ? c : a;
}
int main()
{
    int i=1,j=1,k=1,m=1,n=1;
    int A[6000];
```

```
    A[1]=1;                                         //数列第 1 项
    for(n=2 ; n<=5842 ; n++) {
        int t1,t2,t3,t4;                            //计算{2,3,5,7}的乘积
        t1=A[i]*2,t2=A[j]*3,t3=A[k]*5,t4=A[m]*7;
        A[n]=min(t1,t2,t3,t4);                      //取最小丑数
        if(A[n]==t1) i++;                           //移动 i
        if(A[n]==t2) j++;                           //移动 j
        if(A[n]==t3) k++;                           //移动 k
        if(A[n]==t4) m++;                           //移动 m
    }
    scanf("%d",&n);
    printf("%d\n",A[n]);                            //输出第 n 项丑数
    return 0;
}
```

在 CodeBlocks 中运行情况如下：

```
5842↙
2000000000
Process returned 0(0x0)   execution time : 3.281 s
```

运行速度显著提高。

上面两个算法分别用到枚举法和动态规划法。

习题

1. 编写函数计算 m 行 n 列（m 和 n 小于 10）矩阵 $\boldsymbol{A}$ 周边元素之和。

2. 编写程序遍历 N 阶方阵对角线、反对角线的元素。

3. 在 N 阶方阵中，每行都有最大的数，求这 N 个最大数中最小的一个。

4. 判断 N 阶方阵 $\boldsymbol{A}$ 是否为对称矩阵，对称矩阵任意下标 i 和 j 的元素满足 $\boldsymbol{A}[i][j]$ 和 $\boldsymbol{A}[j][i]$ 相等。

5. 求解下列 4 阶方程组 $\boldsymbol{AX}=\boldsymbol{B}$。

$$\boldsymbol{A}=\begin{bmatrix} 1 & 3 & 2 & 13 \\ 7 & 2 & 1 & -3 \\ 9 & 15 & 3 & -2 \\ -2 & -2 & 11 & 5 \end{bmatrix},\quad \boldsymbol{B}=\begin{bmatrix} 9 & 0 \\ 6 & 4 \\ 11 & 7 \\ -2 & -1 \end{bmatrix}$$

6. 求解下列 5 阶实对称矩阵 $\boldsymbol{C}$ 的全部特征值和特征向量。

$$\boldsymbol{C}=\begin{bmatrix} 10 & 1 & 2 & 3 & 4 \\ 1 & 9 & -1 & -2 & -3 \\ 2 & -1 & 7 & 3 & -5 \\ 3 & -2 & 3 & 12 & -1 \\ 4 & -3 & -5 & -1 & 15 \end{bmatrix}$$

7. 编写函数删除一个数组的连续元素。

8. 编写函数将有序数组中相同的元素仅保留一个。

9. 编写函数将两个有序数组 A 和 B 合并成一个数组 C,合并后保持原有的有序性。

10. 编写函数在有序数组中插入一个元素。

11. 编写函数统计一个数组中不同元素出现的次数。

12. 编写程序读入 $n(n<200)$个整数(输入－9999 结束)。找出第 $1\sim n-1$ 个数中第 1 个与第 n 个数相等的那个数,并输出该数的序号(序号从 1 开始)。

13. 请将不超过 1993 的所有素数从小到大排成第一行,第二行上的每个素数都等于它右肩上的素数之差。求第二行数中是否存在这样的若干个连续的整数,它们的和恰好是 1898? 假如存在的话,又有几种这样的情况?

14. 输入 10 个正整数,且每个数均在 1000～9999 之间。要求按每个数的后 3 位进行升序排列,如果后 3 位相等,则按原 4 位数进行降序排列,输出排序后的结果。

15. 编写程序求 $N!$,其中 $N>10\,000$。(使用数组来保存非常大的 $N!$的每一位。)

16. 编写程序,在不使用标准字符串函数的情况下:

(1) 求一个字符串 S1 的长度。

(2) 将一个字符串 S1 的内容复制给另一个字符串 S2。

(3) 将两个字符串 S1 和 S2 连接起来,结果保存在 S1 字符串中。

(4) 搜索一个字符在字符串中的位置。如果没有搜索到,则位置为－1。

(5) 比较两个字符串 S1 和 S2。如果 S1＞S2,输出一个正数;如果 S1＝S2,输出 0;如果 S1＜S2,输出一个负数。

17. 编写函数去掉一个字符串首尾的空格。

18. 输入一个字符串,统计其中有多少个单词(单词用空格、逗号和小数点分隔)。

19. 编写函数判断一个字符串是否中心对称,如“AAXAA”。

20. 两个字符串可能有相同的前缀,输出这个前缀。

21. 将一个字符串以中心位置为界,左半部分按升序排列,右半部分逆序。若字符串长度是奇数,则中间字符不动。

22. 将一个整型数据(有正负号)转换成字符串。

23. 编写两个函数分别将一个数字字符串转换成整型和浮点型,需要考虑正负符号、小数点、八进制、十六进制。如果是非法的数,结果为 0。

24. 将一个无符号整型数据转换成字符串形式的二进制。

25. 输出 N 阶魔方阵。所谓 N 阶魔方阵,就是把 $1\sim n^2$ 个连续的正整数填到一个 N 行 N 列的方阵中,使得每一列、每一行以及两个对角线的元素和都相等。

26. 设 $f(x)=x-e^{-x}$,从 $x_0=0$ 开始,取步长 $h=0.1$ 的 20 个数据点,求 5 次最小二乘拟合多项式:

$$P_5(x)=a_0+a_1(x-\bar{x})+a_2(x-\bar{x})^2+\cdots+a_5(x-\bar{x})^5,$$

$$\bar{x}=\sum_{k=0}^{19}\frac{x_k}{20}=0.95\ 。$$

第7章 指　针

在计算机系统中，无论是存入或是取出数据都需要与内存单元打交道，物理器件通过地址编码寻找内存单元。地址编码是一种数据，C语言的指针类型正是为了表示这种计算机所特有的地址数据。

存取内存单元是任何程序经常性的操作，前面章节按对象（或变量）名称直接访问内存单元。本章学习通过指针间接访问内存单元，这种近乎机器指令的操作方式大大提高了存取效率。

放弃简单直观的直接访问不用，而要用难于理解的指针间接访问，绝不仅仅是为了提高效率。由于两个函数的作用域不同，因而它们的局部变量互不可见，要想让一个函数能访问另一个函数里的变量，只能使用指针的间接访问。在数据和代码都要求封装到函数的结构化程序设计中，指针成为两个函数进行数据交换必不可少的工具。

程序运行时申请到的内存空间只有地址，没有名称，因此指针成为访问动态内存的唯一工具，指针直接访问内存的形式简化了许多复杂数据结构的表示。

7.1　指针与指针变量

7.1.1　地址和指针的概念

首先来理解数据对象（或变量）在内存中是如何存储的，又是如何读取的。

程序中的数据对象总是存放在内存中，在生命期内这些对象占据一定的存储空间，有确定的存储位置。C语言将内存单元抽象为对象，就可以按名称来使用对象。

定义数据对象时，需要说明对象名称和数据类型。数据类型的作用是告诉编译器要为对象分配多大的存储空间（单位为字节），以及对象中要存储什么类型的值。对象名称的作用是对应分配到的内存单元，允许按名称来访问。例如：

```
int i,j,k;                          //定义整型变量
double f;                           //定义双精度浮点型变量
```

编译器会为变量i、j、k各分配4个字节（与计算机字长有关）的存储空间，为变量f分配8个字节的存储空间，那么在内存中，会有相应的内存单元对应这些变量，如图7.1所示。

	4000	4004	4008	
…	100	200	300	…
	i	j	k	

图 7.1 变量的内存形式

定义变量后,程序可以在变量中存储值和取出值。例如:

```
i=100;                    //按名称访问,即用 i 直接访问,存储 i 值
j=i+100;                  //按名称访问,即用 j 直接访问,取出 i 值,存储 j 值
```

数据值 100 存储到 i 对应的内存单元,表达式 i+100 的值存储到 j 对应的内存单元。

按对象名称存取对象的方式称为对象直接访问。

在容量可观的存储空间中,计算机硬件实际上是通过地址编码而非名称来寻找内存单元的。地址编码通常按无符号整型数据处理(没有负数),每个内存单元都有一个地址,以字节为单位连续编码。编译器将程序中的对象名转换成机器指令能识别的地址,通过地址来存取对象值。如图 7.1 所示,变量 i 的地址为 4000,则语句"i=100;"执行时将数据值 100 存储到地址为 4000 的内存单元中。变量 k 的地址为 4008,变量 j 的地址为 4004,则语句"k=i+j;"执行时从地址为 4000 的内存单元取出 i 值,从地址为 4004 的内存单元取出 j 值,将它们累加后再将结果值 300 存储到地址为 4008 的内存单元(即变量 k)中。

内存单元的地址(如 4000)和内存单元的内容(如 100)尽管都是数据,但它们是两个不同的概念。可以用一个生活中的例子来说明它们之间的关系。我们到银行存取款时,银行根据我们的账号去找我们的存款单,找到之后在存款单上写入存取款的金额;在这里,账号就是存款单的地址,存取款金额就是存款单的内容。

由于通过地址能寻找到对象的内存单元,因此 C 语言形象地将地址称为**"指针",即一个对象的地址称为该对象的指针**。例如整型变量 i 的地址是 4000,则 4000 就是整型变量 i 的指针。需要注意,不能简单将指针和地址划等号,指针虽是地址,但它有关联的数据类型。例如内存地址有 4000、4001、4002、4003 等编码,而由于整型数据类型存储时需要 4 个字节,所以当整型变量 i 的指针为 4000 时,意味着从 4000 内存地址开始,连续 4 个字节全都是 i 的内存单元,其他变量的指针此时是不可能为这 4 个内存地址的。

通过对象地址存取对象的方式称为指针间接访问。

7.1.2 指针变量

C 语言将专门**用来存放对象地址(即指针)的变量称为指针变量**,其数据类型为指针类型,定义形式如下:

```
指向类型 *指针变量名,…
```

即在变量名前加一个星号(*)表示该变量为指针变量。例如:

```
int *p1, *p2;                              //定义 p1 和 p2 为指针变量
```

而

```
int *p,k;                    //定义 p 为指针变量,k 为整型变量
```

需要区分指针和指针变量这两个概念。指针是地址值,指针变量是存储指针的变量,例如可以说变量 i 的指针是 4000,而不能说变量 i 的指针变量是 4000;可以说指针变量 p 的值是 4000,p 既可以存储变量 i 的指针又可以存储变量 j 的指针。

通过指针变量,可以间接访问(或间接存取)对象。如图 7.2 所示,p 是指针变量,它存储整型变量 i 的地址 4000,通过 p 知道 i 的地址,进而找到变量 i 的内存单元。

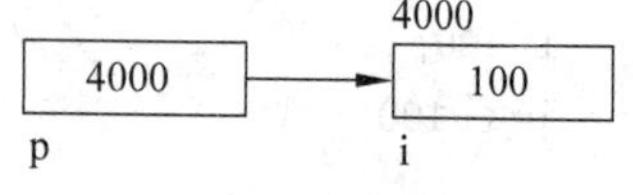

图 7.2 通过指针变量间接访问

每个指针变量都有一个与之关联的指向类型,它决定了指针所指向的对象的数据类型。例如:

```
int *p;
```

表示 p 是**指向整型对象的指针变量**,p 只能用来指向整型对象,而不能指向其他数据类型对象。或者说,p 只能存放整型对象的地址,不能存放其他数据类型对象的地址。

指向类型可以是 C 语言任意有效的内置数据类型或自定义类型。由于指针变量的主要用途是通过它间接访问别的对象的内存单元,因此指向类型的说明是很重要的。例如,假定指针变量 p 的值是 4000,则下面 3 种写法的实际含义如图 7.3 所示。

```
① char *p;
② int *p;
③ double *p;
```

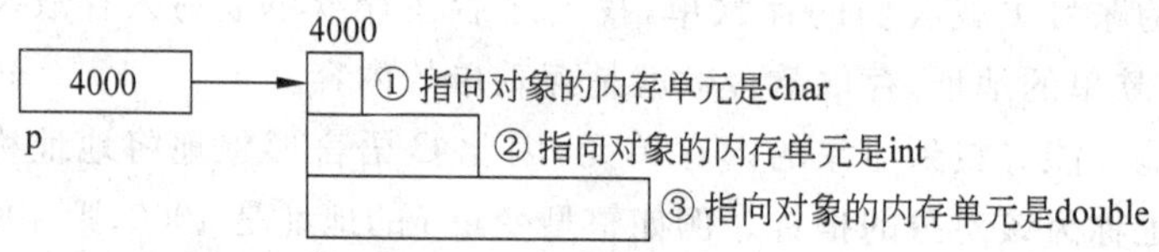

图 7.3 指向类型的含义

可以看出,char *p 表示 p 所**指向的内存单元为字符型**,该对象占用 1 个字节;int *p 表示 p 所**指向的内存单元为整型**,该对象占用 4 个字节;double *p 表示 p 所**指向的内存单元为双精度浮点型**,该对象占用 8 个字节。

指向类型的不同表示指针变量所指向的对象的类型的不同,而非指针变量的不同。**所有指针变量的内存形式均是相同的**。通常,编译器为指针变量分配 4 个字节的存储空间用来存放对象的地址,即指针变量的数据是地址的含义。由于地址值是大于等于零的,因此指针变量的数据习惯上按无符号整型数据对待。

C 语言提供一种特殊的指针类型 void *,它可以保存任何类型对象的地址,例如:

```
void *p;
```

表明指针变量 p 与地址值相关,但不明确存储在此地址上的对象的类型,有时称这样的指针为“**纯指针**”。

void * 指针变量仍然有自己的内存单元,但它的指向对象不明确。通常,void * 指针

只有几种有限的用途：①与另一个指针进行比较；②向函数传递 void＊指针或从函数返回 void＊指针；③给另一个 void＊指针赋值。

需要注意，不允许使用 void＊指针操纵它所指向的对象，即不对 void＊指针作间接引用。

7.2 指针的使用及运算

7.2.1 获取对象的地址

可以通过取地址运算(&)获取对象的地址，见表 7.1。

表 7.1 取地址运算符

运算符	功能	目	结合性	用法
&	取地址	单目	自右向左	&expr

取地址运算符在所有运算符中优先级较高，其结果是得到对象的指针(或地址)，expr 必须是变量，即有内存单元的数据对象。例如：

```
int a=20, * p;                //定义指针变量
p=&a ;                        //指针变量 p 指向 a
```

如图 7.4 所示，指针变量 p 的值为整型变量 a 的地址，称指针变量 p 指向 a。

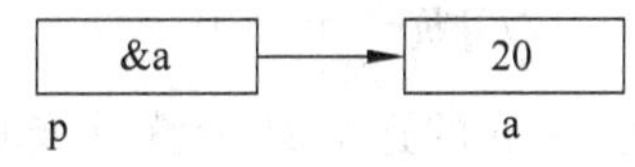

图 7.4 & 运算的含义

取地址运算得到的指针不仅值为对象的地址，而且还以对象的数据类型作为指向类型，例如：

```
int a;                        //&a 得到指向 int 型的指针
double f;                     //&f 得到指向 double 型的指针
```

【例 7.1】 输出整型变量的值和它的地址。

程序代码如下：

```
#include<stdio.h>
int main()
{
    int i=400;
    printf("i=%d,&i=%x\n",i,&i);            //输出 i 的值和 i 的地址值(指针)
    return 0;
}
```

程序运行结果如下：

```
i=400,&i=12ff7c
```

地址值一般按无符号整型输出，与 unsigned int 类似，习惯上用十六进制形式表示。

值得注意的是，&i 的值并不总是上面输出的结果。对象确切的地址值取决于系统为程序分配的进程空间、编译器对变量分配的数目和顺序等多种因素是一个复杂的存储分配机制产生的结果。但是，在实际编程中，地址和指针的应用并不需要知道地址值的具体数据，因而我们不用关心这个复杂的存储分配机制的原理和过程。

7.2.2 指针的间接访问

通过间接引用运算(*)可以访问指针所指向的对象或内存单元，见表 7.2。

表 7.2 间接引用运算符

运算符	功能	目	结合性	用法
*	间接引用	单目	自右向左	* expr

间接引用(又称解引用)运算符在所有运算符中优先级较高，其运算结果是一个左值，即 expr 所指向的对象或内存单元；expr 必须是指针(地址)的含义，可以为地址常量、指针变量或指针运算表达式。例如：

```
int a, * p=&a;
a=100;                       //直接访问 a(对象直接访问)
 * p=100;                    //* p 就是 a,间接访问 a(指针间接访问)
 * p= * p+1;                 //等价于 a=a+1
```

当指针变量 p 指向整型变量 a 时，* p 的运算结果就是变量 a 本身，而非 a 的值。例如："* p=100"先计算 * p 得到 a，于是"* p=100"等价于"a=100"，而不是"5=100"，如图 7.5 所示。

取地址运算和间接引用运算是应用指针工具的基本运算。

【例 7.2】 已知：

```
int a,b, * p1=&a, * p2;
```

则① & * p1 的含义是什么？② * &a 的含义是什么？

解：① 由于"*"和"&"优先级相同，结合性自右向左，所以 & * p1 先计算 * p1 得到变量 a，再计算 &a 得到变量 a 的地址，因此 & * p1 与 &a 相同，如图 7.6 所示。

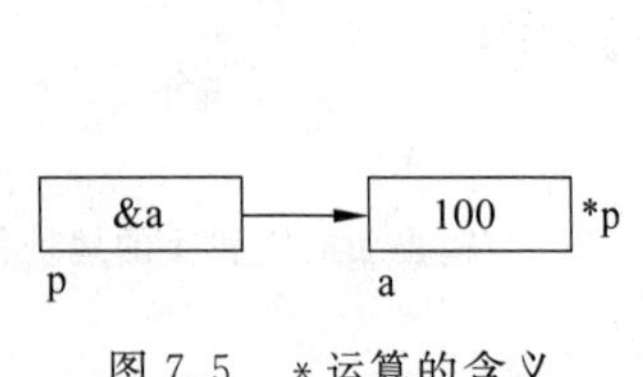

图 7.5 * 运算的含义

&a
100
*p1
p1
a
&*p1
p2

图 7.6 & * p1 的含义

```
p2=& * p1;                   //p1 和 p2 均指向 a
```

② * &a 先计算 &a 得到变量 a 的地址，再计算"*(变量 a 的地址)"得到变量 a，因

此 * &a 与 a 等价。

【例 7.3】 通过指针变量间接访问整型变量。

```
1    #include<stdio.h>
2    int main()
3    {
4        int i=100,j=200;
5        int *p1,*p2;
6        p1=&i,p2=&j;                //p1 指向 i,p2 指向 j
7        *p1=*p1+1;                  //等价于 i=i+1
8        p1=p2;                      //将 p2 的值赋值给 p1,则 p1 指向 j
9        *p1=*p1+1;                  //等价于 j=j+1
10       return 0;
11   }
```

说明：

(1) 程序第 5 行定义了两个指针变量 p1 和 p2,尚未指向任何一个整型变量,至于指向哪一个整型变量,需要在其后的程序语句中指定。程序第 6 行的作用是将 i 和 j 变量的地址分别赋给 p1 和 p2 指针变量,则 p1 指向 i,p2 指向 j。

(2) 程序第 7 行由于此时 p1 指向变量 i,因此“* p1”的结果是 i,所以“* p1＝* p1＋1”等价于“i＝i＋1”;第 8 行将 p2 的值赋给 p1,则 p1 现在指向了变量 j(原先指向 i),第 9 行的“* p1＝* p1＋1”等价于“j＝j＋1”。

(3) 这段程序中的两处“* p1＝* p1＋1”,代码形式一样但实际作用不同,取决于在执行这个语句时 p1 具体指向了哪个变量。从中可以看出,使用指针间接访问,优点是可以简化程序形式和写法,缺点是必须结合上下文分析才能判断 * p1 究竟是哪个变量。

下面举一个指针变量应用的例子。

【例 7.4】 使用指针方式将两个数按先小后大的顺序输出。

程序代码如下：

```
#include<stdio.h>
int main()
{
    int a,b,*p,*p1,*p2;
    p1=&a,                              //p1 指向 a
    p2=&b;                              //p2 指向 b
    scanf("%d%d",p1,p2);                //等价于 scanf("%d%d",&a,&b);
    if(*p1>*p2) {
        p=p1,p1=p2,p2=p;                //是指针 p1 和 p2 的值相互交换
    }
    printf("a=%d,b=%d\n",a,b);          //a 和 b 未变
    printf("min=%d,max=%d\n",*p1,*p2);
    return 0;
}
```

程序运行情况如下：

```
34 12↙
a=34,b=12
min=12,max=34
```

第 7 行的作用是输入 a 和 b，原本为 scanf("%d%d",&a,&b)，由于 p1 的值是 &a，p2 的值是 &b，所以两种写法结果相同；第 8 行"*p1>*p2"等价于"a>b"，第 9 行交换 p1 和 p2 的值，经过 8、9 行的比较交换后，p1 指向较小的数，p2 指向较大的数，因此 *p1 是较小的数，*p2 是较大的数。

这个程序比较两个数后，没有去交换 a 和 b 的值，故变量 a 和 b 的内容在交换后仍保持不变，而是交换 p1 和 p2 的值，p1 的值原为 &a(指向 a)，后来变成 &b(指向 b)；p2 的值原为 &b(指向 b)，后来变成 &a(指向 a)，因而输出 *p1 和 *p2 时，实际是输出 b 和 a 的值，如图 7.7 所示。

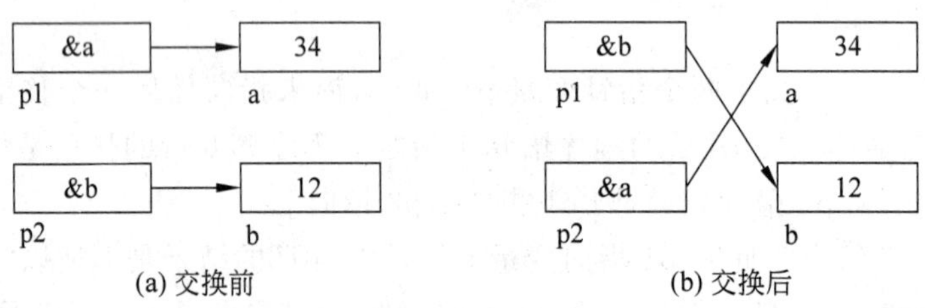

图 7.7　指针交换示意

7.2.3　指针变量的初始化与赋值

可以在定义指针变量时对其初始化，一般形式为：

指向类型 *指针变量名=地址初值,…

其中地址初值是指该值必须为地址含义，例如：

```
int a;
int *p=&a;                          //p的初值为变量a的地址
int b,*p1=&b;                       //正确,p1初始化时变量b已有地址值
```

这里的"&"不是取地址运算符，而是取地址的记号。

前面讲到赋初值时，初值应该是常量及其表达式。印象中初值不能出现变量，那这里的"&a"似乎与初始化的规则矛盾。其实不然，在定义一个对象时，编译器会自动为其分配内存单元，其存储位置(地址)也就固定下来不再变，即地址为常量值。因此 a 定义后，a 为变量，但 a 的地址值 &a 是常量，可以出现在指针变量初值中。

请注意，取变量地址一定发生在该变量定义之后(这时才有地址)，否则是错误的。例如：

```
int *p2=&c,c;                       //错误,p2初始化时尚未有c的地址值
```

指针变量初始化时，地址初值必须是与指针变量同一指向类型的地址值，例如：

```
int a,*p1=&a;                        //正确
double f,*p2=&f;                     //正确
int *p3=&f;                          //错误,&f 的指向类型是 double
```

指针变量可以进行赋值运算,例如:

```
int a,*p1,*p2;
p1=&a;                               //将 a 的地址值赋给 p1
p2=p1;                               //将 p1 的值赋给 p2
```

指针变量赋值时要求左值和右值必须是相同的指向类型,C 语言不会对不同指向类型的指针作隐式类型转换。例如:

```
int a,*p1,*p2;
double f,*p3;
p1=&a;                               //正确
p2=p1;                               //正确
p3=&a;                               //错误,&a 指向类型为 int,p3 指向类型为 double
p3=&f;                               //正确
p3=p1;                               //错误,p1 指向类型为 int,p3 指向类型为 double
```

初学指针,对给指针变量赋值和通过指针进行赋值这两种操作的差别难于分辨。应谨记区分的重要方法是:如果对左值进行间接引用,则修改的是指针所指对象;如果没有使用间接引用,则修改的是指针本身的值。例如:

```
int a,*p1;
p1=&a;                 //给指针变量赋值,则 p1 指向 a,被赋值的是 p1
*p1=100;               //通过指针变量 p1 间接访问 a,等价于 a=100,被赋值的是 a
```

由于指针数据的特殊性,其初始化和赋值运算是有约束条件的,只能使用以下 4 种值。

(1) 0 值常量表达式,即在编译时可获得 0 值的整型的 const 对象或常量 0,例如:

```
int a,z=0;
const int nul=0;
int *p1=a;             //错误,地址初值不能是变量
p1=z;                  //错误,整型变量不能作为指针,即使此整型变量的值为 0
p1=4000;               //错误,整型数据不能作为指针
p1=nul;                //正确,指针允许 0 值常量表达式
p1=0;                  //正确,指针允许 0 值常量表达式
```

除此之外,还可以使用 C 语言预定义的符号常量 NULL,该常量在多个标准函数库头文件中都有定义,其值为 0。如果在程序中使用了这个符号常量,则编译时会自动被数值 0 替换。因此,把指针初始化为 NULL 等价于初始化为 0 值,例如:

```
int *pi=NULL;          //正确,等价于 int *pi=0;
```

(2) 相同指向类型的对象的地址。例如:

```
int a,*p1;
```

```
double f, * p3;
p1=&a;                        //正确
p3=&f;                        //正确
p1=&f;                        //错误,p1 和 &f 指向类型不相同
```

(3) 对象存储空间后面下一个有效地址,如数组下一个元素的地址。

(4) 相同指向类型的另一个有效指针。例如:

```
int x, * px=&x;               //正确
int * py=px;                  //正确,相同指向类型的另一个指针
double * pz;
py=px;                        //正确,相同指向类型的另一个指针
pz=px;                        //错误,pz 和 px 指向类型不相同
```

7.2.4 指针的有效性

指针是特殊的数据,因此指针的运算和操作要注意有效性问题。

程序中的一个指针必然是以下 3 种状态之一:①指向一个已知对象;②0 值;③未初始化的、或未赋值的、或指向未知对象。

无论指针作了什么运算和处理,只要操作后指针指向程序中某个确切的对象,即指向一个有确定存储空间的对象(称为**已知对象**),则该指针是有效的;如果对该指针使用间接引用运算,总能够得到这个已知对象。

指针理论上可以为任意的地址值,若一个指针不指向程序中任何已知对象,称其指向未知对象。未知对象的指针是无效的,无效的指针使用间接引用运算几乎总会导致崩溃性的异常错误。

(1) 如果指针的值为 0,称为 0 值指针,又称**空指针**(null pointer),空指针是无效的。例如:

```
int *p=0;
 * p=2;                       //空指针间接引用将导致程序产生严重的异常错误
```

多数情况下,应该在指针间接引用之前检测它是否为空指针,从而避免异常错误。

(2) 如果指针未经初始化,或者没有赋值,或者指针运算后指向未知对象,那么该指针是无效的。

一个指针还没有初始化,称为"**野指针**"(wild pointer)。严格地说,每个指针在没有初始化之前都是"野指针",大多数的编译器都对此产生警告。例如:

```
int *p;                       //p 是野指针
 * p=2;                       //几乎总会导致程序产生严重的异常错误
```

一个指针曾经指向一个已知对象,在对象的内存空间释放后,虽然该指针仍是原来的内存地址,但指针所指已是未知对象,称为"**迷途指针**"(dangling pointer)。例如:

```
char *p=NULL;                 //p 是空指针,全局变量
void fun()
```

```
{
    char c;         //局部变量
    p=&c;           //指向局部变量 c,函数调用结束后,c 的空间释放,p 就成了迷途指针
}
void caller()
{
    fun();
    * p=2;          //p 现在是迷途指针,几乎总会导致程序产生严重的异常错误
}
```

这两种情况比起空指针更难发现,因为程序无法检测这个非0值的指针p究竟是有效的还是无效的,也无法区分这个指针所指向的对象的地址是已知对象的还是未知对象的。例如:

```
1    int a,b;
2    scanf("%d%d",a,b);                  //错误,几乎总会导致程序产生严重的异常错误
```

scanf 函数的实参要求输入变量的地址(即 &a 和 &b),以便它将输入数据按地址送到变量中,但第2行实际给出的是变量a和b的值,而a和b尚未初始化,于是实参就成了未初始化的指针,是无效指针。

在实际编程中,程序员要始终确保引用的指针是有效的,对尚未初始化或未赋值的指针一般先将其初始化为0值,引用指针之前检测它是否为0值。

7.2.5 指针运算

指针运算主要是给定范围内指针的算术运算、比较运算和类型转换等,由于指针数据的特殊性,因此需要特别注意指针运算的地址意义。

1. 指针的算术运算

指针的算术运算有指针加减整数运算、指针变量自增自减运算以及两个指针相减运算。

(1) 指针加减整数运算

设p是一个指针(常量或变量),n是一个整型(常量或变量),则p+n的结果是一个指针,指向p所指向对象向后的第n个对象;而p−n的结果是一个指针,指向p所指向对象向前的第n个对象。

例如:

```
int x,n=3, * p=&x;
p+1  //指向存储空间中变量 x 后面的第 1 个 int 型存储单元
p+n  //指向存储空间中变量 x 后面的第 n(此时为 3)个 int 型存储单元
p-1  //指向存储空间中变量 x 向前的第 1 个 int 型存储单元
p-n  //指向存储空间中变量 x 向前的第 n(此时为 3)个 int 型存储单元
```

特别地,p+0、p−0与p均指向同一个对象。

【例 7.5】 指针加减整数运算后的输出。

程序代码如下：

```
#include<stdio.h>
int main()
{
    int x,n=3,*p=&x;
    printf("p=%x,p+1=%x,",p,p+1);              //地址输出用十六进制形式
    printf("p+n=%x,p-n=%x\n",p+n,p-n);        //地址输出用十六进制形式
    return 0;
}
```

程序运行结果如下：

```
p=12ff7c,p+1=12ff80,p+n=12ff88,p-n=12ff70
```

可以看出，p+1 的地址值与 p 的地址值相差了 4，p+n 的地址值与 p 的地址值相差了 12。即 p+1 不是按数学意义来计算的，而是按指针的地址意义来计算的。p+1 就是 p 所指向的 int 型后面的那个 int 型对象的地址，由于 int 型对象在内存中占用 4 个字节，因此 p+1 的值与 p 相差 4。显然，p+1 的值究竟是多少与 p 所指向对象的类型有关。

一般地，如果指针 p 所指向对象的类型为 TYPE，那么 p±n 的值为：

p 的地址值 ± n*sizeof(TYPE)

如图 7.8 所示。

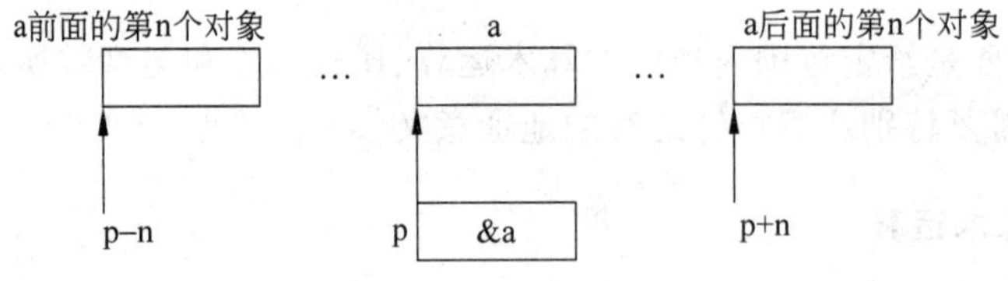

图 7.8 指针加减运算示意

(2) 指针变量自增自减运算

设 p 是一个指针变量，其自增自减运算包括 p++、++p、p--、--p 形式。

例如：

```
int x,*p=&x;
p++     //运算后表达式的值(临时指针对象)指向变量 x,p 指向变量 x 后面的第 1 个 int 型内存单元
++p     //运算后表达式的值(临时指针对象)和 p 均指向变量 x 后面的第 1 个 int 型内存单元
p--     //运算后表达式的值(临时指针对象)指向变量 x,p 指向变量 x 向前的第 1 个 int 型内存单元
--p
//运算后表达式的值(临时指针对象)和 p 均指向存储空间中变量 x 向前的第 1 个 int 型内存单元
```

【例 7.6】 指针变量自增自减运算后的输出。

程序代码如下：

```
#include<stdio.h>
int main()
{
  int x, * p1, * p;
  p=&x,p1=p++;
  printf("p++: &x=%x,p=%x,p++=%x\n",&x,p,p1);   //地址输出用十六进制形式
  p=&x,p1=++p;
  printf("++p: &x=%x,p=%x,++p=%x\n",&x,p,p1);   //地址输出用十六进制形式
  return 0;
}
```

程序运行结果如下：

```
p++: &x=12ff7c,p=12ff80,p++=12ff7c
++p: &x=12ff7c,p=12ff80,++p=12ff80
```

运算结果如图 7.9 所示。

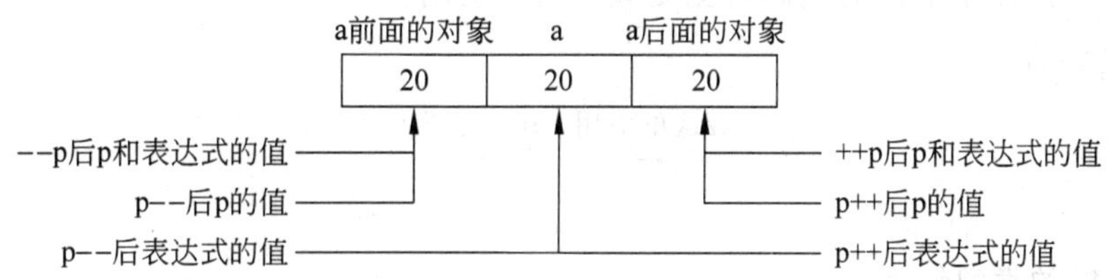

图 7.9　指针变量自增自减运算示意

另外,设有定义"int a=100, * p=&a;",需要注意以下形式的运算含义。

① (* p)++：等价于 a++,运算执行后 p 值不变。

② * p++：按照运算符优先级,等价于 * (p++),运算后表达式的值为 a,p 指向下一个 int 型内存单元。

③ * ++p：按照运算符优先级,等价于 * (++p),p 先指向下一个 int 型内存单元,表达式再引用这个内存单元的值。

(3) 两个指针相减运算

设 p1、p2 是同一个指向类型的两个指针(常量或变量),则 p2-p1 的结果为两个指针之间对象的个数,如果 p2 的地址值大于 p1 结果为正,否则为负。

指针算术运算后通常会引起地址的变化,实际编程中要考虑此时指针的有效性。例如：

```
int x, * p=&x;
p++;                        //迷途指针,指向未知对象
 * p=100;                   //几乎总会导致程序产生严重的异常错误
```

p 原先指向 x,是有效的;p++运算后 p 指向 x 的"下一个",但这里"下一个"是未知对象,故自增运算后的 p 是无效的。

指针算术运算经常用于数组、字符串或内存数据块，因为这些对象拥有连续的有效地址空间，只要在其存储空间范围内，运算后的指针都是有效的。

2. 指针的关系运算

设 p1、p2 是同一个指向类型的两个指针（常量或变量），则 p2 和 p1 可以进行关系运算，用于比较这两个地址的位置关系。

例如：

```
int x,y,*p1=&x,*p2=&y;
p2>p1                    //如果 p2 的地址值大于 p1 的地址值，则表达式为“真”，否则为“假”
p2!=p1                   //如果 p2 的地址值不等于 p1 的地址值，则表达式为“真”，否则为“假”
p2==NULL                 //如果 p2 为 0 值，则表达式为“真”，否则为“假”
```

关系运算对不同指向类型的指针之间是没有意义的。但是，一个指针可以和空指针作相等或不等的关系运算，用来判断该指针是否为 0 值，以确定是否可以间接引用该指针。

例如，通常使用下面的代码避免无效的指针引用。

```
if(p!=NULL){
    ⋮                           //这里引用*p
}
```

3. 指针的类型转换

设 p 是一个指针（常量、变量或表达式），可以对 p 进行显式类型转换，一般形式为：

```
(转换类型*)p
```

对指针进行显式类型转换的结果是产生一个临时指针对象，其指向类型为“转换类型”，地址值与 p 的地址值相同，但 p 的指向类型和地址值都不变。

【例 7.7】 输出一个 short 型数据的高、低字节。

程序代码如下：

```
#include<stdio.h>
int main()
{
    short x,*p=&x;
    unsigned char hi,lo;
    scanf("%d",&x);
    lo=*((unsigned char*)p);                    //Intel CPU 低字节存储在前
    hi=*((unsigned char*)p+1);                  //Intel CPU 高字节存储在后
    printf("HI=%x,LO=%x\n",hi,lo);
    return 0;
}
```

程序运行情况如下：

```
12345↙
HI=30,LO=39
```

指针变量 p 指向 x(2 个字节),为 x 输入 12345 后,x 数据的十六进制形式为 0x3039,其内存形式如图 7.10 所示。

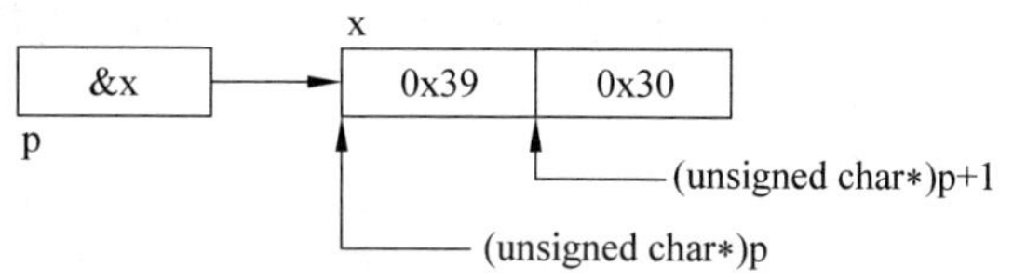

图 7.10 指针类型转换示意

执行表达式(unsigned char *)p 时,产生一个新指针指向 unsigned char 型(1 个字节),间接引用得到低字节的 0x39;而(unsigned char *)p+1 指向下一个 unsigned char 型,间接引用得到高字节的 0x30。

4. 指针的赋值运算

前面讲过,指针可以进行赋值运算,前提是赋值运算符两边的操作数必须是相同指向类型。例如:

```
int x=10, * p1=&x, * p2;
p2=p1;                              //p1 和 p2 均是 int *
p2=&x;                              //&x 和 p2 均是 int *
```

还可以进行如下的复合赋值运算:

```
int i=1, * p1=&i;
p1+=i;                              //p1 是指针变量,i 是整型(常量、变量或表达式)
p1-=i;                              //p1 是指针变量,i 是整型(常量、变量或表达式)
```

如果操作数不是相同的指向类型,则不能进行指针赋值,这时可以先进行显式类型转换再赋值。例如:

```
int a=10, * p;
double b=20, * pf=&b;
p=(int * )pf;                       //(int * )pf 和 p 均是 int *
```

需要注意,指针显式类型转换后,并没有改变指向对象的类型。例如这里的 b 变量仍然是 double 型,尽管指针变量 p2 指向了它,但 * p2 的间接引用得到的并不是 b 转换成整型的结果,而是 b 存储在内存中的低 4 个字节的整数值(b 本身为 8 个字节)。当 b 是 20 时,内存中的数据为 0x4034000000000000(浮点数格式),因此 * p2 的结果是 0(取低 4 个字节作为整型)。请比较一下 double 型显式类型转换为 int 型。

```
a=(int)b;                           //a=20
```

5. void * 指针的运算特殊性

void * 指针不能做指针算术运算,例如:

```
void *pv1;
pv1++;                                  //错误,pv1 指向类型不明确
```

原因是 void * 指针指向对象的类型不明确,因而也就无法确定指针运算后的指向。

void * 指针可以做关系运算,表示两个指针的地址值比较。void * 指针可以指向其他任何类型,无需类型转换。假定指针是有效的,可以将 void * 指针显式类型转换为其他类型,再使用间接引用。例如:

```
int x=10;
double y=20, * pf=&y;
void *pv1;
pv1=&x;                                 //无需指针类型转换
printf("%d\n", * ((int * )pv1));       //void 指针显示类型转换后再引用
pv1=pf;                                 //无需指针类型转换
printf("%lf\n", * ((double * )pv1));   //void 指针显示类型转换后再引用
```

7.2.6 指针的 const 限定

const 限定符作用在指针类型上有两种含义:指向 const 对象的指针和 const 指针。

1. 指向 const 对象的指针

一个指针变量可以指向只读型对象,称为指向 const 对象的指针,定义形式为:

```
const 指向类型 *指针变量名,…
```

即在指针变量定义前加 const 限定符,其含义是指针指向的对象是只读的,换言之,不允许通过指针来改变所指向的 const 对象的值。

例如:

```
const int *p;
```

这里的 p 是一个指向 const 的 int 类型对象的指针,const 限定了 p 指针所指向的对象类型,而并非 p 本身。也就是说,p 本身并不是只读的,在定义时不需要对它进行初始化。可以给 p 重新赋值,使其指向另一个 const 对象。但不能通过 p 修改其所指对象的值,例如:

```
const int a=10,b=20;
const int *p;
p=&a;                                   //正确,p 不是只读的
p=&b;                                   //正确,p 不是只读的
 * p=42;                                //错误,* p 是只读的
```

把一个 const 对象的地址赋给一个非 const 对象的指针变量是错误的,例如:

```
const double pi=3.14;
double *ptr=&pi;                        //错误,ptr 是非 const 指针变量
```

```
const double *cptr=&pi;                //正确,cptr 是 const 指针变量
```

不能使用 void * 指针保存 const 对象的地址,而必须使用 const void * 指针保存 const 对象的地址,例如:

```
const int x=42;
const void *cpv=&x;                    //正确,cpv 是 const 指针变量
void *pv=&x;                           //错误,x 是 const
```

允许把非 const 对象的地址赋给指向 const 对象的指针,例如:

```
const double pi=3.14;
const double *cptrf=&pi;               //正确,cptrf 是 const 指针变量
double f=3.14;                         //f 是 double 型,f 是非 const
cptrf=&f;                              //正确,允许将 f 的地址赋给 cptrf
f=1.618;                               //正确,可以修改 f 的值
*cptrf=10.1;                           //错误,不允许通过引用 cptrf 修改 f 的值
```

尽管 f 不是 const 对象,但任何企图通过指针 cptrf 修改其值的行为都会导致编译错误。cptrf 一经定义,就不允许修改其所指对象的值。如果该指针恰好指向非 const 对象时,同样必须遵循这个规则。

不能使用指向 const 对象的指针修改指向对象,然而如果该指针指向的是一个非 const 对象,可用其他方法修改其所指的对象。例如:

```
double f,*ptr=&f;
const double *cptr=&f;
f=3.14;                                //正确,f 不是 const,允许修改
*cptr=3.14;                            //错误,cptr 是 const 指针,不允许修改*cptr
*ptr=2.72;                             //正确,ptr 不是 const 指针,允许修改*ptr
```

程序中,指向 const 的指针 cptr 实际上指向了一个非 const 对象;尽管它所指的对象并非 const,但仍不能使用 cptr 修改该对象的值。本质上来说,由于没有方法分辨 cptr 所指的对象是否为 const,系统会把它所指的所有对象都视为 const。

如果指向 const 的指针所指的对象并非 const,则可直接给该对象赋值或间接地利用非 const 指针修改其值,毕竟这个值不是 const 的。重要的是要记住:**不能保证指向 const 的指针所指对象的值一定不被其他方式修改**。

在实际编程中,指向 const 的指针常用作函数的形参。将形参定义为指向 const 的指针,以此确保传递给函数的实参对象在函数中不被修改。

2. const 指针

一个指针变量可以是只读的,称为 const 指针,定义形式为:

```
指向类型 *const 指针变量名,…
```

例如:

```
int a=10,b=20;
int *const pc=&a;                    //pc是const指针
```

可以从右向左把上述定义语句理解为"pc是指向int型对象的const指针"。与其他const量一样,const指针的值不能修改,这就意味着不能使pc再被赋值指向其他对象。任何企图给const指针赋值的操作,即使给pc赋回同样的值都会导致编译错误:

```
pc=&b;                               //错误,pc是只读的
pc=pc;                               //错误,pc是只读的
pc++;                                //错误,pc是只读的
```

与任何const量一样,const指针必须在定义时初始化。

指针本身是const的并没有说明是否能使用该指针修改它所指向对象的值。指针所指对象的值能否修改完全取决于该对象的类型。例如,pc指向一个非const的int型对象a,则可通过pc间接引用修改该对象的值:

```
* pc=100 ;                           //正确,a被修改
```

3. 指向const对象的const指针

可以定义指向const对象的const指针,形式为:

const 指向类型 *const 指针变量名,…

例如:

```
const double pi=3.14159;
const double *const cpc=&pi;         //cpc为指向const对象的const指针
```

程序中,既不能修改cpc所指向对象的值,也不允许修改该指针的指向(即cpc中存放的地址值)。可以从右向左理解上述定义:"cpc首先是一个const指针,指向double类型的const对象"。

7.3 指针与数组

指针与数组有着十分密切的联系,除了用数组下标访问数组元素外,C程序员更偏爱使用指针来访问数组元素,这样做的好处是运行效率高、写法简洁。

7.3.1 指向一维数组元素的指针

一个对象占用内存单元有地址,一个数组元素占用内存单元同样有地址。

1. 一维数组元素的地址

数组由若干个元素组成,每个元素都占用内存单元,因而每个元素都有相应的地址,通过取地址运算(&)可以得到每个元素的地址。例如:

```
1    int a[10];
2    int *p=&a[0];                 //定义指向一维数组元素的指针
3    p=&a[5];                      //指向 a[5]
```

第 2 行用 a[0]的地址作为指针变量 p 的初值，则 p 指向 a[0]；第 3 行将 a[5]的地址赋值给指针变量 p，则 p 指向 a[5]。

数组对象可以看做是一个占用更大存储空间的对象，它也有地址。C 语言规定，数组名既代表数组对象，又是数组首元素的地址值，即 a 与第 0 个元素的地址 &a[0]相同。例如：

```
① p=a;
② p=&a[0];
```

是等价的。

将数组的首地址看作是数组对象的地址。例如：

```
int a[10];
int *p=a;                     //p 指向数组 a
```

数组名是地址值，是一个指针常量，因而它不能出现在左值和某些算术运算中，例如：

```
int a[10],b[10],c[10];
a=b;                          //错误,a 是常量,不能出现在左值的位置
c=a+b;                        //错误,a、b 是地址值,不允许加法运算
a++;                          //错误,a 是常量,不能使用++运算
a>b                           //正确,表示两个地址的比较,而非两个数组内容的比较
```

2. 指向一维数组元素的指针变量

定义指向一维数组元素的指针变量时，指向类型应该与数组元素类型一致，例如：

```
int a[10], * p1;
double f[10], * p2;
p1=a;                         //正确
p2=f;                         //正确
p1=f;                         //错误,指向类型不同不能赋值
```

3. 通过指针访问一维数组元素

由于数组元素是连续存储的，其内存地址是规律性增加的。根据指针算术运算规则，可以利用指针及其运算来访问数组元素。

设有如下定义：

```
int *p,a[10]={1,2,3,4,5,6,7,8,9,10};
p=a;                          //p 指向数组 a
```

p=a 使得 p 指向了数组 a[0]元素的地址，即与 p=&a[0]等价。那么，数组 a[i]元素

的地址既可以写为 &a[i],又可以写为 p+i(指向 a[0]元素后面的第 i 个元素),则 a[i]元素可以写为 *(p+i),如图 7.11 所示。

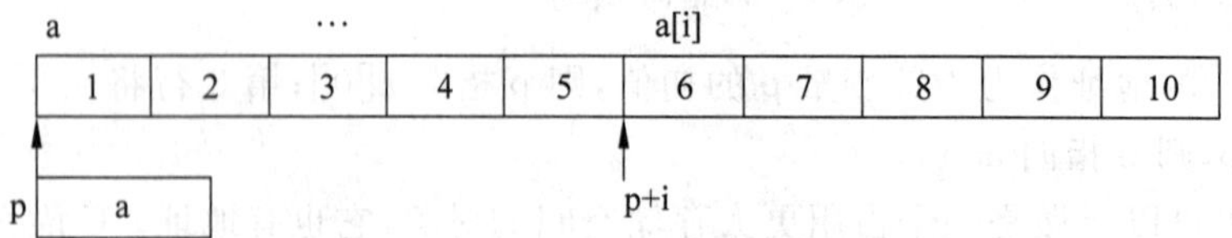

图 7.11 指向一维数组的指针

同理,由于数组名表示数组首地址,a[i]元素的地址还可以写为 a+i(a[0]元素后面的第 i 个元素的地址),则 a[i]元素可以写为 *(a+i)。

再者,重新考查 a[i]的表示法,其形式可以归纳为:

```
地址[下标]
```

因此,a[i]还可以写为 p[i]。

根据以上叙述,访问一个数组元素 a[i],可以用:

(1) 数组下标法:a[i];

(2) 指针下标法:p[i];

(3) 地址引用法:*(a+i);

(4) 指针引用法:*(p+i)。

其中 a 是一维数组名,p 是指向一维数组的指针变量,且 p=a。

【例 7.8】 用多种方法遍历一维数组元素。

① 下标法。

```
#include<stdio.h>
int main()
{
    int a[10],i;
    for(i=0;i<10;i++) scanf("%d",&a[i]);        //scanf 实参是 a[i]的地址
    for(i=0;i<10;i++) printf("%d ",a[i]);       //printf 输出 a[i]的值
    return 0;
}
```

② 通过地址间接访问数组元素。

```
#include<stdio.h>
int main()
{
    int a[10],i;
    for(i=0;i<10;i++) scanf("%d",a+i);          //scanf 实参是 a[i]的地址
    for(i=0;i<10;i++) printf("%d ",*(a+i));     //printf 输出 a[i]的值
    return 0;
}
```

③ 通过指向数组的指针变量间接访问元素。

```
1    #include<stdio.h>
2    int main()
3    {
4        int a[10], * p;
5        for(p=a;p<a+10;p++) scanf("%d",p);     //scanf 实参是 p 的值,即 a[i]的地址
6        for(p=a;p<a+10;p++) printf("%d ", * p);        //printf 输出 * p,即 a[i]的值
7        return 0;
8    }
```

以上 3 个程序的运行情况均如下:

```
1 2 3 4 5 6 7 8 9 10↙
1 2 3 4 5 6 7 8 9 10
```

第②种方法中,a+i 为 a[i]的地址,等价于 &a[i],*(a+i)等价于 a[i]。因此第①种方法和第②种方法完全一样。

第③种方法中,指针变量初始时指向数组,即第 0 个元素的地址 &a[0]通过 p++运算陆续指向其后的每个元素。scanf 函数的实参需要元素的地址,即 p 的值。printf 函数输出元素的值,即 p 所指向的元素的值。如果第 6 行换为:

```
printf("%d ",p);
```

则输出的是数组元素的地址。

第③种方法比第①、②种方法快,因为指针变量直接指向数组元素,不必每次重新计算元素地址。类似于 p++的自增运算快于加法运算,大大提高了数组元素访问效率。

在第 5 行执行完成后,p++运算后指向了"a[10]",对于数组 a 来说,"a[10]"不是已知对象,因此若继续进行 p++运算,则指针已经是无效的。所以第 6 行开始输出数组元素前,再次将 p 指向数组 a,确保 p 指针是有效的。

从这里可以看出,使用指针访问数组元素,指针本身是可以指向数组之外的,运行时一旦进行指针间接引用,往往会导致程序的严重错误(相当于数组越界使用)。由于对这样的程序编译器不会给出任何提示(语法是正确的),因此这种错误比较隐蔽,难于发现。

在实际编程中,若程序出现了崩溃性的严重错误,多数情况下是因为程序欲存取一个未知对象。例如:

```
int a[10], * p=a,i=10, * p1;
a[10]=5;                                //错误,数组 a 只有 a[0]~a[9],a[10]是未知对象
 * (p+20)=5;                            //错误,等价于 a[20],a[20]是未知对象
p--;                                    //p 指向 a[-1]
 * p=5;                                 //错误,等价于 a[-1]=5,a[-1]是未知对象
 * p1=5;                                //错误,p1 未初始化或未赋值,引用未知对象
```

4. 数组元素访问方法的比较

(1) 使用下标法访问数组元素,程序写法比较直观,能直接知道访问的是第几个元

素，例如 a[3]是数组第 3 个元素(从 0 开始计)。用地址法或指针法就不直观，需要结合程序上下文才能判断是哪一个元素。

(2) 下标法与地址引用法运行效率相同。实际上，编译器总是将 a[i]转换为 *(a+i)、&a[i]转换为 a+i 处理的，即访问元素前需要先计算元素地址。使用指针引用法，指针变量直接指向元素，不必每次都重新计算地址，能提高运行效率。

(3) a[i]和 p[i]的运行效率相同，但两者还是有本质的区别。数组名 a 是数组元素首地址，它是一个指针常量，其值在程序运行期间是固定不变的，例如：

```
a++;                                    //错误,a是常量不能作自增运算
```

而 p 是一个指针变量，可以用 p++使 p 值不断改变从而指向不同的元素。一旦p 值不再是数组首地址，则 a[i]和 p[i]就不一定是相同的元素了。例如：

```
int a[10], *p=a;
p[5]=10;                                //此时的 p[5]实际是 a[5]
p++;
p[5]=10;                                //此时的 p[5]实际是 a[6]
```

因此，指针下标法究竟是哪一个元素，需要基于指针的值来综合考虑。

(4) 将自增和自减运算用于指针变量十分有效，可以使指针变量自动向前或向后指向数组的下一个或前一个元素。例如，遍历数组的 100 个元素，程序代码如下：

```
int a[100], *p=a;
while(p<a+100) *p++=0;                  //数组每个元素都赋值为 0
```

(5) 需要注意指针变量各种运算形式的含义。

① *p++。由于++和 * 优先级相同，结合性自右向左，因此它等价于 *(p++)，其作用是表达式先得到 p 所指向的元素的值(即 *p)，然后再使 p 指向下一个。若 p 初值为 a，则 *p++的结果是 a[0]，p 指向 a[1]。

② *(p++)和 *(++p)不同。前者是先取 *p 值，然后 p 加 1；后者是先使 p 加 1，再取 *p。若 p 初值为 a，则 *(p++)的结果是 a[0]，*(++p)的结果是 a[1]，运算后 p 均指向 a[1]。

③ (*p)++表示 p 所指向的元素加 1。若 p 初值为 a，(*p)++等价于 a[0]++，运算后 p 值不变。

④ 假定 p 指向数组 a 中的第 i 个元素，即 p=&a[i]，则：

*(p++)等价于 a[i++]；

*(++p)等价于 a[++i]；

*(p--)等价于 a[i--]；

*(--p)等价于 a[--i]。

7.3.2 指向多维数组元素的指针

前面讲到，多维数组可以看做是一维数组概念上的递归延伸，其存储形式也是线性

的,即元素的内存单元是连续排列的。本质上,C语言将多维数组当成一维数组来处理。

1. 多维数组元素的地址

以二维数组为例,假设有定义 int a[3][4],可以将数组 a 理解为由 3 个一维数组组成,即 a 由 a[0]、a[1]、a[2]这 3 个元素组成,其中每个元素又是一个一维数组,包含 4 个元素,例如 a[0](一维数组)有 4 个元素 a[0][0]、a[0][1]、a[0][2]、a[0][3],如图 7.12(a)所示。

二维数组 a 的 12 个元素在内存中是连续排列的。数组 a 先按行排列,即先存放第 0 行 a[0],其次为第 1 行 a[1]、第 2 行 a[2]。在存放第 0 行 a[0]时,按一维数组形式将它的 4 个元素一一存放,以此类推,直至数组 a 的所有元素全部存放。显然,N 维数组也是这样的规律,即先将最高维当作一个一维数组,将其每个元素一一存放,而每个元素又是一个 $N-1$ 维数组,递归处理直至数组所有元素全部存放完毕。

为了得到数组 a 每个元素的地址,可以对数组元素使用取地址运算"&",例如,&a[0][0]是数组元素 a[0][0]的地址,&a[i][j]是数组元素 a[i][j]的地址,而数组名a既代表数组对象,又是数组的首地址,即 a 与 &a[0][0]等价。

从二维数组的角度来看,a 是二维数组首元素的地址,而这个首元素不是一个整型元素,而是由 4 个整型元素所组成的一维数组,因此 a+0(即 a)是第 0 行 a[0]的首地址,a+1 是第 1 行 a[1]的首地址,a+i 是第 i 行 a[i]的首地址。需要注意,a 和 a+1 的地址值相差了 4 * sizeof(int),因为两行之间间隔了 4 个整型元素。由于 a[i]表示第 i 行,则 &a[i]是第 i 行的地址,即 &a[i]与 a+i 等价,它们均指向第 i 行(一个一维数组),如图 7.12(b)所示。

a

a[0]	1	2	3	4
a[1]	5	6	7	8
a[2]	9	10	11	12

(a)

a

a+0 →	a[0]行
a+1 →	a[1]行
a+2 →	a[2]行

(b)

图 7.12 指向二维数组的指针

a[0]、a[1]、a[2]既然是一维数组,因此 a[0]既是这个"一维数组 a[0]"的数组名,又是它的首地址,而"一维数组 a[0]"第 0 个元素是 a[0][0],则 a[0]与 &a[0][0]等价;同理,a[1]与 &a[1][0]等价,a[i]与 &a[i][0]等价。

&a[i]是第 i 行的地址,a[i]是第 i 行的首元素的地址,两者的值相同,但含义不一样。&a[i]指向行,a[i]指向第 i 行的首元素(即指向第 0 列)。&a[i]+1 是下一行地址,而 a[i]+1 是第 i 行下一列(第 1 列)元素的地址。

由此可知:a[0]和 a+0 的地址值相同,a[i]和 a+i 的地址值相同。前面讨论一维数组时,给出过结论:a[i]与 *(a+i)等价,a+i 是 a[i]的地址,那这里的分析是否与此矛盾呢?其实不然,在一维数组的情形下,a+i 是地址,a[i]和 *(a+i)是元素;而在二维数组的情形下,a+i 是地址,a[i]和 *(a+i)还是地址(因为 a[i]是一个数组而非元素),

a[i][j]才是元素。

前已述及,假定有一维数组定义 int B[4],B+0 是 B[0]元素的地址,B+j 是 B[j]元素的地址。就此推理,a[0]+0(即 a[0])是 a[0][0]的地址,a[0]+j 是 a[0][j]的地址,a[i]+j 是 a[i][j]的地址。由于 B[0]和 *(B+0)等价,B[j]和 *(B+j)等价。因此 a[0]+1 与 *(a+0)+1 等价,都是 &a[0][1];a[1]+1 与 *(a+1)+1 等价,都是 &a[1][1];a[i]+j 与 *(a+i)+j 等价,都是 &a[i][j],如图 7.13 所示。请注意,不要将 *(a+1)+1 与 *(a+1+1)的写法混淆,后者是 *(a+2),相当于 a[2]。

	a[0]+0	a[0]+1	a[0]+2	a[0]+3
a+0	&a[0][0]	&a[0][1]	&a[0][2]	&a[0][3]
a+1	&a[1][0]	&a[1][1]	&a[1][2]	&a[1][3]
a+2	&a[2][0]	&a[2][1]	&a[2][2]	&a[2][3]

图 7.13 二维数组地址的含义

从上述分析中可以看出,当数组是多维时,元素地址有多种等价的形式。表 7.3 列出了二维数组的地址形式及其含义。

表 7.3 二维数组的地址形式

地址形式	含义	等价地址
a	既代表二维数组对象,又是第 0 行首地址,即指向一维数组 a[0]	&a[0][0]
a[0]、*(a+0)、*a	既代表第 0 行(一维数组),又是第 0 行第 0 列元素的地址	&a[0][0]
a[i]、*(a+i)	既代表第 i 行(一维数组),又是第 i 行第 0 列元素的地址	&a[i][0]
a+i、&a[i]	第 i 行首地址	&a[i][0]
a[i]+j、*(a+i)+j	第 i 行第 j 列元素的地址	&a[i][j]

请记住,a[i]和 *(a+i)是等价的,&a[i]和 a+i 是等价的,a[i]和 *(a+i)不一定是元素,这个结论可以推广到 N 维数组的情形。

【例 7.9】 输出二维数组各种形式的地址值。

程序代码如下:

```
#include<stdio.h>
int main()
{
    int a[3][4]={1,2,3,4,5,6,7,8,9,10,11,12},i=1,j=2;
    printf("a=%x\t*a=%x\n",a,*a);
    printf("a+0=%x\ta+1=%x\ta+2=%x\n",a+0,a+1,a+2);
    printf("&a[0]=%x\t&a[1]=%x\t&a[2]=%x\n",&a[0],&a[1],&a[2]);
    printf("a[0]=%x\ta[1]=%x\ta[2]=%x\n",a[0],a[1],a[2]);
    printf("*(a+0)=%x\t*(a+1)=%x\t*(a+2)=%x\n",*(a+0),*(a+1),*(a+2));
    printf("&a[0][0]=%x\t&a[1][0]=%x\t&a[2][0]=%x\n",&a[0][0],&a[1][0],&a
    [2][0]);
```

```
        printf("&a[i][0]=%x\t&a[i]=%x\t&a[i]+1=%x\n",&a[i][0],&a[i],&a[i]+1);
        printf("&a[i][0]=%x\ta[i]=%x\ta[i]+1=%x\n",&a[i][0],a[i],a[i]+1);
        printf("&a[i][j]=%x\ta[i]+j=%x\t*(a+i)+j=%x\n",&a[i][j],a[i]+j,
        *(a+i)+j);
        return 0;
}
```

程序运行结果如下：

```
a=12ff50            *a=12ff50
a+0=12ff50          a+1=12ff60          a+2=12ff70
&a[0]=12ff50        &a[1]=12ff60        &a[2]=12ff70
a[0]=12ff50         a[1]=12ff60         a[2]=12ff70
*(a+0)=12ff50       *(a+1)=12ff60       *(a+2)=12ff70
&a[0][0]=12ff50     &a[1][0]=12ff60     &a[2][0]=12ff70
&a[i][0]=12ff60     &a[i]=12ff60        &a[i]+1=12ff70
&a[i][0]=12ff60     a[i]=12ff60         a[i]+1=12ff64
&a[i][j]=12ff68     a[i]+j=12ff68       *(a+i)+j=12ff68
```

2. 指向多维数组元素的指针变量

定义指向多维数组元素的指针变量时，指向类型应该与数组元素类型一致，例如：

```
int a[10][10],*p1=&a[0][0];                  //指向二维数组元素的指针
double f[3][4][5],*p2=&f[0][0][0];           //指向三维数组元素的指针
```

3. 通过指针访问多维数组元素

假设有

```
int a[N][M],*p=&a[0][0];
```

访问一个二维数组元素 a[i][j]，可以用：

(1) 数组下标法：a[i][j]。

(2) 指针下标法：p[i*M+j]。

(3) 地址引用法：*(*(a+i)+j)或*(a[i]+j)。

(4) 指针引用法：*(p+i*M+j)。

由于指针变量 p 的指向类型为 int，说明 p 指向的一定是数组元素。当通过 p 来访问二维数组或多维数组时，本质上是将多维数组按一维数组来处理，因而它的访问方法与一维数组类似，只不过需要计算 a[i][j]元素在数组中的相对位置，其公式为：

$$i*M+j$$

其中 M 为二维数组第 2 维数组的长度。

【例 7.10】 通过指针变量遍历二维数组元素。

程序代码如下：

```
#include<stdio.h>
int main()
{
    int a[3][4]={1,2,3,4,5,6,7,8,9,10,11,12}, *p;
    for(p=a[0]; p<a[0]+12; p++) {
        printf("%2d ", *p);
        if((p-a[0])%4==3) printf("\n");           //每行输出 4 个元素后换行
    }
    return 0;
}
```

程序运行结果如下：

```
1  2  3  4
5  6  7  8
9  10  11  12
```

循环初始 p＝a[0]，p 指向 a[0][0]元素，p＋＋指向后面连续的元素，a[0]＋12 为最后一个元素 a[2][3]后面元素的地址，p－a[0]为 p 当前指向的元素与 a[0][0]之间的元素个数。

由于多维数组的地址形式有多种，因此指针变量初始指向存在多种写法，使得指针运算后的指向是比较复杂的。例如：

```
int a[3][4]={1,2,3,4,5,6,7,8,9,10,11,12}, *p;
p=&a[2][2];                //正确,p 指向 a[2][2]
p=a[0]+5;                  //正确,p 指向 a[1][1]
p= *(a+2)+4;               //正确,p 指向 a[2][4]
p=a;                       //错误,指向类型不相同,a 为指向第 0 行
p=&a[1];                   //错误,指向类型不相同,&a[1]为指向第 1 行
p=a+5;                     //错误,指向类型不相同,且 a+5 指向第 5 行(无效地址)
```

7.3.3 数组指针

前面的指针变量指向的是数组元素，故定义指针变量时其指向类型与数组元素的数据类型相同，C 语言可以定义一个指针变量，其指向类型是一个数组（一维或多维），称为数组指针，定义形式如下。

① 指向一维数组的指针变量定义

指向类型(*指针变量名)[常量表达式],…

② 指向多维数组的指针变量定义

指向类型(*指针变量名)[常量表达式 1][常量表达式 2]…,…

注意指针变量名必须括起来，使得 * 比[]先处理，说明定义的是一个指针。否则因为[]会比 * 优先级高，变成定义数组了。

上述语法的含义是：

① 定义一个指针变量，它指向如下形式的一维数组：

```
元素类型 数组名[常量表达式]
```

② 定义一个指针变量，它指向如下形式的多维数组：

```
元素类型 数组名[常量表达式 1][常量表达式 2]…
```

例如：

```
int(*p1)[4];                    //定义指向一维数组的指针变量 p1
int(*p2)[3][4];                 //定义指向二维数组的指针变量 p2
```

如图 7.14(a)所示，指针变量 p1 的指向类型是一个有 4 个整型元素的一维数组，指针变量 p2 的指向类型是一个有 12 个整型元素的二维数组(3 行 4 列)，即虚线对应的内存单元整体是数组指针的指向对象。

需要注意，数组指针本质上是一个指针，编译器像处理其他指针变量一样为数组指针变量分配 4 个字节的存储空间，而不是按数组长度来分配。

数组指针的实际意义是：若 p 指向一个数组，则 *p 就是该数组。假设

```
int a[3][4],(*p)[4],j=1;
p=a;                            //*p 是 a[0],及 int[4]的数组
```

则 *p 就是数组 a[0]，而不是数组 a[0]的元素。通过 p 访问数组元素 a[0][j]的写法是

```
(*p)[j]=10;                     //等价于 a[0][j]=10
*(*p+j)=10;                     //等价于 *(a[0]+j)=10;
```

注意 *p 必须包含括号，因为[]的优先级比 * 高。

假设

```
int a[3][4],(*p2)[4];
p2=a;
```

因为 p2 指向一个有 4 个整型元素的一维数组。当 p2＝a 时，p2 指向二维数组 a 的第 0 行，如图 7.14(b)所示。则 p2＋1 指向下一行，即指向二维数组 a 的第 1 行，p2＋i 指向二维数组 a 的第 i 行，那么 p2＋i 与 a＋i 是等价的。显而易见，*(p2＋i)与 *(a＋i)、p2[i]与 a[i]是等价的，它们均表示二维数组的第 i 行，而要表示元素 a[i][j]可以用 p[i][j]、*(a＋i)[j]、*(p＋i)[j]、*(*(a＋i)＋j)、*(*(p＋i)＋j)形式之一。

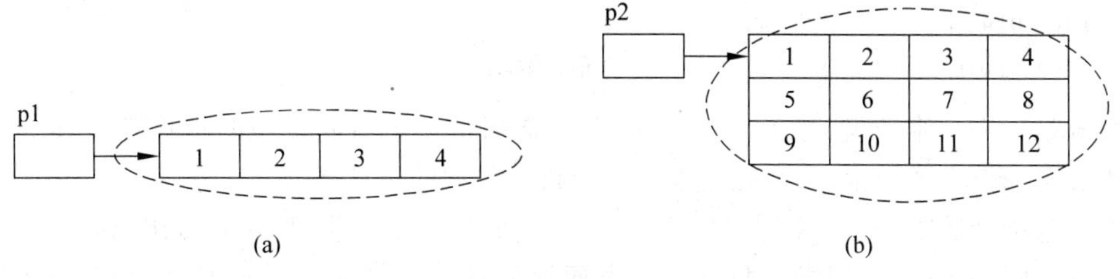

图 7.14 数组指针的含义

在实际编程中,引入数组指针可以将一个数组当作“元素”来处理,能够简化多维数组的处理。

【例 7.11】 通过指向一维数组的指针变量遍历二维数组元素。

程序代码如下:

```
#include<stdio.h>
int main()
{
    int a[3][4]={1,2,3,4,5,6,7,8,9,10,11,12},i,j;
    int(*p)[4]=a;
    for(i=0; i<3; i++) {                          //行
        for(j=0; j<4; j++) printf("%2d ",p[i][j]);
        printf("\n");                              //每行末尾输出换行
    }
    return 0;
}
```

程序运行结果如下:

```
1  2  3  4
5  6  7  8
9 10 11 12
```

7.3.4 指针数组

一个数组,若其元素为指针类型,称为指针数组,其定义的一般形式如下。

① 一维指针数组的定义

指向类型 *数组名[常量表达式],…

② 多维指针数组的定义

指向类型 *数组名[常量表达式 1][常量表达式 2]…[常量表达式 *n*],…

由于[]比*优先级高,因此先处理[],显然这是数组形式。指针数组每个元素均是一个“指向类型*”的指针类型,即每个元素相当于一个指针变量。

例如:

```
int *p[4];                    //一维指针数组
int *s[3][4];                 //二维指针数组
```

其中 p 是一个一维数组,有 4 个元素,每个元素都是一个指向整型的指针类型;s 是一个二维数组,有 12 个元素,每个元素都是一个指向整型的指针类型。

注意指针数组“int *p[4];”与“int(*p)[4];”写法的区别,后者是数组指针。

在实际编程中,使用指针数组可以方便地处理大批量的指针数据,例如若干个字符串、多个存储块的处理等。

指针数组的初始化实质就是数组的初始化，例如：

```
int a[4][4]={1,2,3,4,5,6,7,8,9,10,11,12,13,14,15,16};     //二维数组
int *s[4]={a[0],a[1],a[2],a[3]};                           //一维指针数组初始化
```

初始化后指针数组 s 的元素指向了二维数组各行的首元素，如图 7.15 所示。若指针数组未初始化，则它的每个元素都是一个“野指针”。特别地，下面的代码将指针数组元素均初始化为空指针：

```
int *s[4]={NULL,NULL,NULL,NULL};                           //一维指针数组初始化
```

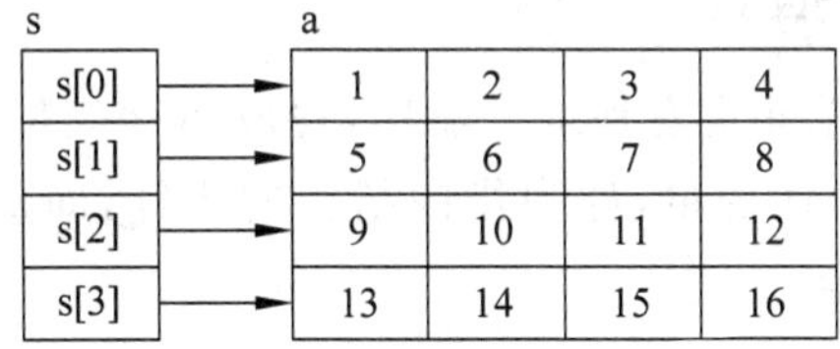

图 7.15 指针数组的含义

指针数组的每个元素既可以按数组方式来访问，又可以用指针的方式来访问。下面是通过指针数组 s 的元素访问二维数组 a 的典型形式：

(1) s[0]：指向 a[0][0]。

(2) * s[0]：等价于 a[0][0]。

(3) s[i]+j：指向 a[i][j]。

(4) *(s[i]+j)、*(*(s+i)+j)、s[i][j]：等价于 a[i][j]。

需要注意，由于 s 是数组名，因此 s 不是左值，不能做自增自减运算等。例如：

```
s=a[0];         //错误,s不能作为左值
s[0]=a[0];      //正确,s[0]元素是变量可以作为左值
s[0]=a+1;       //错误,指向类型不相同,s[0]是 int *,a+1是行指针(一维数组指针)
s[0]=a;         //错误,指向类型不相同,s[0]是 int *,a是行指针(一维数组指针)
s=s+1;          //错误,s不能作为左值
s++;            //错误,s不能做自增运算
```

【例 7.12】 通过一维指针数组遍历二维数组元素。

程序代码如下：

```
#include<stdio.h>
int main()
{
    int a[4][4]={1,2,3,4,5,6,7,8,9,10,11,12,13,14,15,16};     //二维数组
    int i,j,*s[4]={a[0],a[1],a[2],a[3]};                     //一维指针数组初始化
    for(i=0; i<4 ; i++) {
      for(j=0; j<4; j++)
        printf("%2d ",s[i][j]);                               //s[i][j]等价于 a[i][j]
      printf("\n");
    }
```

```
    return 0;
}
```

程序运行结果如下：

```
 1   2   3   4
 5   6   7   8
 9  10  11  12
13  14  15  16
```

7.3.5 指向指针的指针

作为指针变量的内存单元也有地址。显然，存放指针变量地址的变量还是一个指针变量，是指向指针类型的指针变量，称为指向指针的指针，即二级指针变量（二级指针）。其定义形式为：

```
指向类型  **指针变量名,…
```

C 语言允许定义多级指针变量，一般形式为：

```
指向类型  **…*指针变量名,…
```

例如：

```
int **pp;                    //定义二级指针变量
```

表示指针变量 pp 是一个指向整型指针的指针变量。

假定，非指针对象为普通对象，称前面述及的指针变量为一级指针变量。

普通对象、一级指针变量和二级指针变量可以同时定义，例如：

```
int a,*p,**pp;               //定义普通对象、一级指针变量和二级指针变量
```

二级指针变量或多级指针变量的使用、运算等操作与一级指针变量相同。如果没有对二级指针变量初始化，则该变量存放的地址是无效的，这时不能使用它做间接引用。下面以二级指针为例讨论其特殊点。

假设已知

```
int a=20,*p=&a,**pp=&p;
```

指针变量 p 的初值为整型变量 a 的地址，指针变量 pp 的初值为指针变量 p 的地址。则有：

(1) *p：间接引用运算的结果为 a。

(2) *pp：间接引用运算的结果为 p。

(3) **pp：等价于 *(*pp)，两次间接引用运算的结果为 a。

(4) pp 变量的值是指针变量 p 的地址。

(5) p 变量的值是整型变量 a 的地址。

如图 7.16 所示。

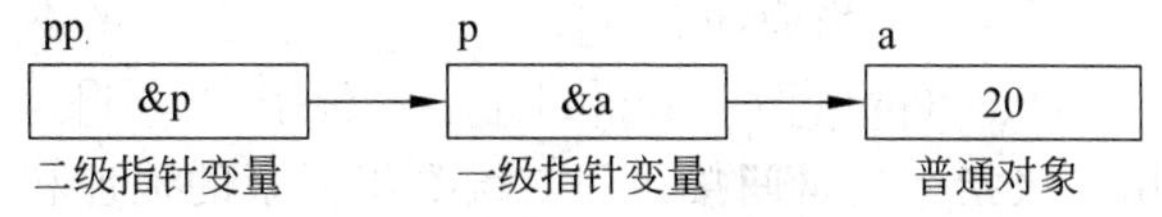

图 7.16 指针的指针的含义

【例 7.13】 输出一级指针变量、二级指针变量的地址值和间接引用值。

程序代码如下：

```
#include<stdio.h>
int main()
{
    int a=20,*p=&a,**pp=&p;
    printf("a=%d\t*p=%d\t**pp=%d\n",a,*p,**pp);
    printf("&a=%x\tp=%x\t*pp=%x\n",&a,p,*pp);
    printf("&p=%x\tpp=%x\t&pp=%x\n",&p,pp,&pp);
    return 0;
}
```

程序某次运行结果如下：

```
a=20        *p=20       **pp=20
&a=12ff7c   p=12ff7c    *pp=12ff7c
&p=12ff78   pp=12ff78   &pp=12ff74
```

为指针变量赋值或初始化时，指针级别不能混淆，即一级指针变量只能取得普通对象的地址，二级指针变量只能取得一级指针变量的地址，以此类推，否则指向类型不一致。例如：

```
int a=10,*p=&a,**pp=&a;                    //pp=&a 错误
pp=&a;                                     //错误
pp=p;                                      //错误
```

pp 的指向类型为“int *”，而 &a 和 p 的指向类型为“int”。

在实际编程中，指向指针的指针通常和指针数组结合在一起使用，一般用作函数参数。假设已知

```
int a[4][4]={1,2,3,4,5,6,7,8,9,10,11,12,13,14,15,16};    //二维数组
int *s[4]={a[0],a[1],a[2],a[3]};                         //一维指针数组初始化
int **pp=s;                                              //二级指针指向一维指针数组
```

则通过二级指针访问一维指针数组 s 的典型形式为：

① pp=s、pp=&s[0]：二级指针 pp 指向一维指针数组 s 的首元素地址。

② pp=s+i、pp=&s[i]、pp+i：二级指针 pp 指向一维指针数组 s[i]地址。

③ *(pp+i)、pp[i]：等价于 s[i]。

而通过二级指针访问一维指针数组 s 再间接访问二维数组 a 的典型形式为：

① *(pp+i)、pp[i]：指向 a[i][0]。

② **(pp+i)、*pp[i]、*(pp[i]+0)、pp[i][0]：等价于 a[i][0]。

③ *(pp+i)+j、pp[i]+j：指向 a[i][j]。

④ *(*(pp+i)+j)、*(pp[i]+j)、pp[i][j]：等价于 a[i][j]。

【例 7.14】 使用二级指针变量间接访问二维数组元素的地址和值。

程序代码如下：

```
#include<stdio.h>
int main()
{
    int a[4][4]={1,2,3,4,5,6,7,8,9,10,11,12,13,14,15,16};     //二维数组
    int *s[4]={a[0],a[1],a[2],a[3]};                         //一维指针数组初始化
    int i=2,j=3,**pp=s;                                      //二级指针指向一维指针数组
    printf("%x\t%x\t%x\n",&a[i][0],*(pp+i),pp[i]);
    printf("%d\t%d\t%d\n",a[i][0],**(pp+i),pp[i][0]);
    printf("%x\t%x\t%x\n",&a[i][j],*(pp+i)+j,pp[i]+j);
    printf("%d\t%d\t%d\n",a[i][j],*(*(pp+i)+j),pp[i][j]);
    return 0;
}
```

程序运行结果如下：

```
12ff60    12ff60    12ff60
9         9         9
12ff6c    12ff6c    12ff6c
12        12        12
```

通过指针变量间接访问对象，指针变量中存放的是目标对象的地址，称为间接寻址（简称间址），如图 7.17(a)所示。指向指针的指针称为二级间址，如图 7.17(b)所示。多级指针形成了多级间址，如图 7.17(c)所示。级数越多，间接访问就愈难理解，编程就愈复杂，产生混乱和出错的机会也多，故实际编程中很少有超过二级间址的。

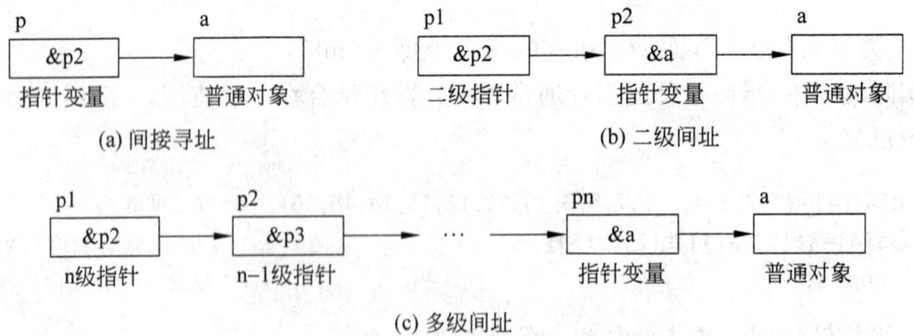

图 7.17　多级指针的含义

7.4　指针与字符串

可以利用一个指向字符型的指针处理字符数组和字符串，其过程与通过指针访问数组元素相同。使用指针可以简化字符串的处理，是程序员处理字符串常用的编程方法。

7.4.1 指向字符串的指针

可以定义一个字符数组，用字符串常量初始化它，例如：

```
char str[]="C Language";
```

系统会在内存中创建一个字符数组 str，且将字符串常量的内容复制到数组中，并在字符串末尾自动增加一个结束符'\0'，如图 7.18 所示。

str

C	␣	L	a	n	g	u	a	g	e	\0
[0]	[1]	[2]	[3]	[4]	[5]	[6]	[7]	[8]	[9]	[10]

图 7.18　字符串的数组形式

C 语言允许定义一个字符指针，初始化时指向一个字符串常量，一般形式为：

```
char *字符指针变量=字符串常量,…
```

例如：

```
char *p="C Language";
```

p 是一个指向 char 型的指针变量。

这里虽然没有定义字符数组，但在程序全局数据区中仍为字符串常量分配了存储空间，而且以数组形式并在字符串末尾自动增加一个结束符'\0'。显然，这个字符串常量是有地址的。初始化时，p 存储了这个字符串首字符地址 4000，而不是字符串常量本身，称 p 指向字符串，如图 7.19 所示。

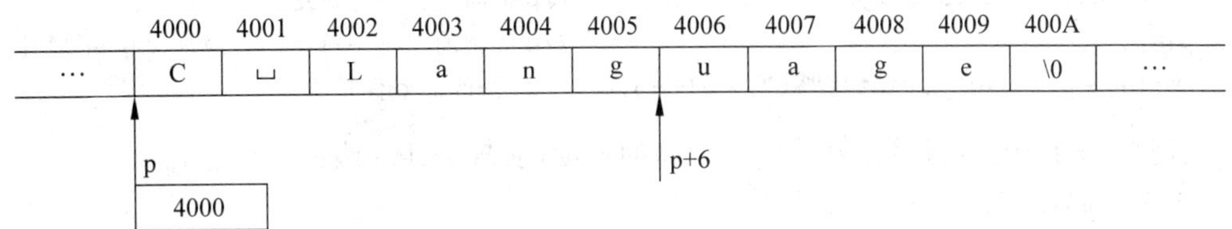

图 7.19　指向字符串的指针

还可以在程序语句中用字符串常量赋值给字符指针变量 p。例如：

```
char *p;
p="C Language";   //正确，该字符串常量既是字符数组，又表示字符串首地址，两者均是 char *
```

无论哪种形式都是为指针变量赋地址值，而不是对 * p 赋值。赋值过程中只是将字符串的首地址值存储在 p 中，而不是将字符串存储在 p 中。p 仅是一个指针变量，它不能用来存放字符串的全部字符，只能用来存放一个字符串的指针(或地址)。

字符指针变量 p 除指向字符串常量外，还可以指向字符数组。例如：

```
char str[]="C Language", * p=str;          //p 指向字符串的指针
```

通过字符指针可以访问字符串，例如通过字符指针输出字符串：

```
printf("%s",p);
```

%s 格式会将输出项当作字符串输出，输出项参数此时必须为字符串地址，printf 从该地址对应的字符开始输出，每次地址自增，直到遇到空字符为止。例如：

```
char str[]="C Language", * p=str;          //p 指向字符串的指针
printf("%s\n",p);                          //输出：C Language
printf("%s\n",p+2);                        //输出：Language
printf("%s\n",&str[7]);                    //输出：age
```

下面是通过字符指针遍历字符串的两段代码。

程序①：

```
char str[]="C Language", * p=str;          //p 指向字符串的指针
while( * p!='\0') printf("%c", * p++);
```

程序②：

```
char *p="C Language";                      //p 指向字符串常量的指针
while( * p!='\0') printf("%c", * p++);
```

两段程序的运行结果相同，但它们之间有一个重要区别：即记忆字符串首地址的方式不一样。程序①运行后若要让 p 再次指向字符串，只要 p=str 即可，因为字符串的首地址就是字符数组名。而程序②运行后若要让 p 再次指向字符串，就困难了。因为字符串的首地址开始给了 p，但运算 p++后，p 发生了变化，从而使得 p 变成了“迷途指针”。解决这个问题的办法是在程序②中另外引入一个指针变量记住字符串的首地址。例如：

```
char *p1, *p="C Language";                 //p 指向字符串的首地址
p1=p;                                      //p 变化前先将字符串的首地址保存到 p1 中
while( * p1!='\0') printf("%c", * p1++);   //p1 修改而 p 保持不变
```

【例 7.15】 编写程序计算一个字符串的长度(实现 strlen 函数的功能)。

程序代码如下：

```
#include<stdio.h>
int main()
{
    char str[100], * p=str;
    scanf("%s",str);                       //输入字符串
    while( * p) p++;                       //指针 p 指向到字符串结束符
    printf("strlen=%d\n",p-str);           //输出字符串长度
    return 0;
}
```

程序运行情况如下：

```
JavaScript↙
strlen=10
```

程序第 6 行 while 表达式的 * p 是 * p! ='\0'的简写形式,两者作为逻辑结果是完全等价的,含义是判断 p 所指向的数组元素是否为空字符'\0';如果不为空字符则 p++,使指针移向下一个元素继续判断。当 p 指向空字符时,转向第 7 行,如图 7.20 所示。p-str 的结果是两个地址间字符元素的数目,正好是字符串的长度(不计空字符)。

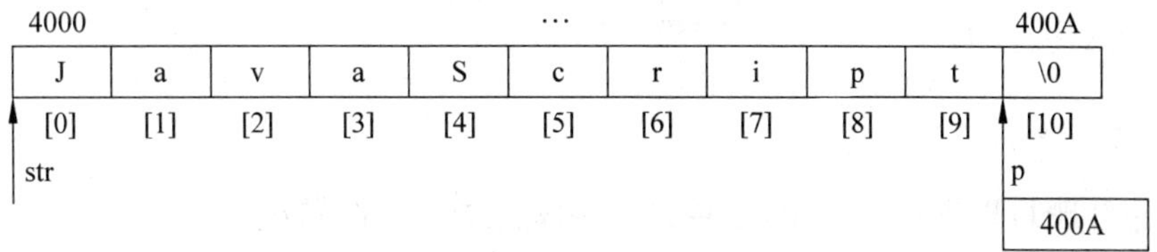

图 7.20 指针相减的含义

这个例子中,可不可以将 str 定义为“char *str”? 答案是否定的。程序输入字符串,即多个字符元素,能存储它的数据类型只能是字符数组。而字符指针只是指向字符串,并不能实际存储字符串。一旦将 str 定义为“char *str”,第 5 行就是使用了无效地址。即使 str 指向有效地址,其存储空间也没有足够的长度来接受输入,第 5 行仍然会使存储空间越界而导致严重错误。

请记住,指针可以指向数组,使得数组的访问多了一种途径,但指针并不能替代数组来存储大批量数据。

7.4.2 指针与字符数组的比较

由于数组和指针之间的密切关系,用字符数组和字符指针变量都能实现字符串的表示和运算。例如:

```
char s[100]="Computer";
char *p="Computer";
```

特别地,任何传递字符数组或字符指针的函数都接受两种方式的参数,但它们二者之间是有显著差异的。

1. 存储内容不同

字符数组能够存放字符串的所有字符和结束符,字符指针仅存放字符串的首地址。即定义字符数组,系统会为其分配指定长度的内存单元,而定义指针变量,系统只分配 4 个字节的内存单元用于存放地址。

2. 运算方式不同

字符数组 s 和字符指针 p 尽管都是字符串的首地址,但 s 是数组名,是一个指针常量,不允许做左值和自增自减运算。而 p 是一个指针变量,允许做左值和自增自减运算。

作为地址值,s 在程序运行期间不会发生变化,而 p 是可变的。

3. 赋值操作不同

字符数组 s 可以进行初始化,但不能使用赋值语句进行整体赋值,只可以按元素来赋值。例如:

```
s="C++";                //错误
s++;                    //错误
s[0]='C';               //正确
```

字符指针既可以进行初始化,也可以使用赋值语句。例如:

```
p="C++";                //正确
*p='C';                 //正确
p++;                    //正确
```

一般地,如果程序中需要可以变化的字符串,则要建立一个字符数组,通过一个指向它的字符指针变量来访问其中的字符元素。例如:

```
char str[100],*pz=str;
```

【例 7.16】 使用字符指针下标法访问字符串。

程序代码如下:

```
#include<stdio.h>
int main()
{
    char *p="VisualBasic";
    int i=0;
    while(p[i]) printf("%c",p[i++]);          //输出结束符之前的全部字符
    return 0;
}
```

程序运行结果如下:

```
VisualBasic
```

7.4.3 指向字符串数组的指针

字符串数组是一个二维字符数组,例如:

```
char sa[6][7]={"C++","Java","C","PHP","CSharp","Basic"};
```

按一维数组的角度来看,数组 sa 有 6 个元素,每个元素均是一个一维字符数组,即字符串。因此数组 sa 可以理解为包含 6 个字符串的一维数组,例子中的初值正是字符串的写法,如图 7.21 所示。

由于一个字符指针可以指向一个字符串,为了用指针表示字符串数组,需要使用指针数组。例如:

sa

sa[0]	C	+	+	\0			
sa[1]	J	a	v	a	\0		
sa[2]	C	\0					
sa[3]	P	H	P	\0			
sa[4]	C	S	h	a	r	p	\0
sa[5]	B	a	s	i	c	\0	

图 7.21 字符串数组的内存形式

```
char *pa[6]={"C++","Java","C","PHP","CSharp","Basic"};
```

其中 pa 为一维数组,有 6 个元素,每个元素均是一个字符指针。

为了通过指针方式使用指针数组 pa,还可以定义指向指针的指针。例如:

```
char **pb=pa;
```

如图 7.22 所示。

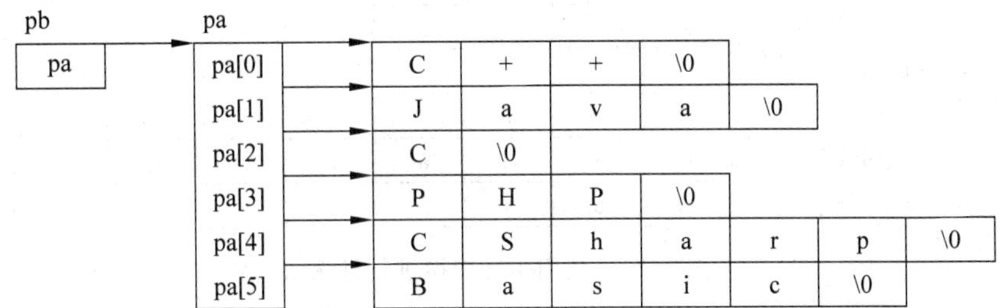

图 7.22 指向字符串数组的指针

比较图 7.21 和图 7.22 可以看出,用字符串数组存储若干个字符串时,由于二维数组每一行包含的元素个数要求相等,因此需要取最大的字符串长度作为列数。而实际应用中的各个字符串长度一般是不相等的,若按最长字符串来定义列数,必然会浪费内存单元。

若使用字符指针数组,各个字符串按实际长度存储,指针数组元素只是各个字符串的首地址,不存在浪费内存单元问题。

在计算机信息处理中,对字符串的操作是最常见的,如果使用指针方式,会大大提高处理效率。例如,对若干字符串使用冒泡法按字母排序,如果用数组方式,比较交换时会产生字符串复制的开销;若使用字符指针数组,只需交换指针值改变指向,而字符串本身无需做任何操作。

【例 7.17】 将若干字符串使用冒泡法由小到大排序。

程序代码如下:

```
#include<stdio.h>
#include<string.h>
int main()
```

```
{
    char *pa[6]={"C++","Java","C","PHP","CSharp","Basic"}, * t;
    int i,j;
    for(j=0; j<6-1; j++)
        for(i=0; i<6-1-j; i++)
            if(strcmp(pa[i],pa[i+1])>0)
                t=pa[i],pa[i]=pa[i+1],pa[i+1]=t;                //指针交换
    for(i=0; i<6; i++) printf("%s ",pa[i]);
    return 0;
}
```

程序运行结果如下：

```
Basic C C++ CSharp Java PHP
```

字符串排序前的情况如图 7.22 所示，排序后如图 7.23 所示。

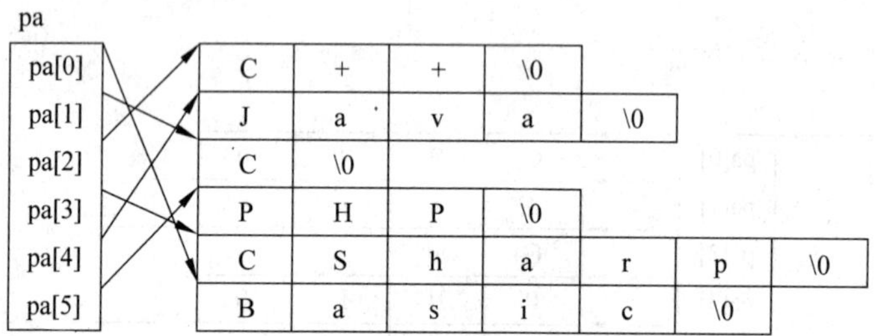

图 7.23　利用指针交换进行排序

7.5　指针与函数

在一个函数内部用指针访问代替对象直接访问、代替数组和字符串访问，实际意义并不大。指针最重要的应用是作为函数参数，它使得被调函数除了返回值之外，能够将更多的运算结果返回到主调函数中，**即指针是函数参数传递的重要工具**。

7.5.1　指针作为函数参数

函数参数不仅可以是基本类型等普通对象，还可以是数组和指针变量。

1. 指针变量作为函数形参

函数形参可以是指针类型，一般形式为：

```
返回类型 函数名(指向类型 *指针变量名,…)
{
    函数体
}
```

相应地，调用函数时必须用相同指向类型的指针（或地址）作为函数实参。

【例 7.18】 输入 a 和 b 两个整数,按从小到大的顺序输出 a、b。

程序代码如下:

```
#include<stdio.h>
void swap(int *p1,int *p2)
{
    int t;
    t=*p1,*p1=*p2,*p2=t;                          //交换*p1和*p2
}
int main()
{
    int a,b;
    scanf("%d%d",&a,&b);                          //输入
    if(a>b) swap(&a,&b);
    printf("min=%d,max=%d\n",a,b);                //输出
    return 0;
}
```

程序运行情况如下:

```
456 123↙
min=123,max=456
```

swap 函数的作用是交换 a 和 b 的值。由于 swap 函数的两个形参是指向 int 型的指针变量,因此调用 swap 函数时实参必须是指向 int 型的指针或地址,例如:

```
swap(&a,&b);                    //正确,实参&a、&b为int*,与形参要求一致
```

如果换成

```
swap(a,b);                      //错误,实参a、b为int,与形参指针类型要求不一致
```

是错误的。

请记住,即便是函数参数,C 语言也不会对任何指针类型做隐式类型转换。

下面分析 swap 函数如何交换 a 和 b 的值。

调用 swap 时,实参分别是变量 a 和 b 的地址,根据函数参数的值传递规则,swap 函数的形参指针变量 p1 得到了变量 a 的地址,p2 得到了变量 b 的地址。换句话说,此时 p1 指向变量 a,p2 指向变量 b,*p1 等价于 a,*p2 等价于 b。那么

```
t=*p1,*p1=*p2,*p2=t;
```

实际效果相当于

```
t=a,a=b,b=t;
```

结果是 a 和 b 的值交换了。

那么可不可以直接在 swap 函数写"t=a,a=b,b=t;"交换 a 和 b 呢?答案是不可以。因为 a 和 b 是 main 函数定义的局部变量,其作用域仅在 main 函数内部有效,对其他

任何函数来说不可见。

如果将 swap 函数写成

```
void swap(int p1,int p2)
{
    int t;
    t=p1,p1=p2,p2=t;
}
```

在 main 函数的调用写成

```
swap(a,b);
```

能不能实现 a 和 b 交换呢？答案是不行。因为这样写的含义是：a 和 b 的值传递给了形参 p1 和 p2，p1 和 p2 是 a 和 b 的副本，在 swap 函数中交换了 p1 和 p2 的值，当 swap 调用结束返回到 main 函数中，形参 p1 和 p2 存储空间释放，而 main 函数 a 和 b 的值始终未变。

如果将 swap 函数写成

```
void swap(int *p1,int *p2)
{
    int *t;
    t=p1,p1=p2,p2=t;                              //指针交换
}
```

能不能实现 a 和 b 交换呢？答案是不行。因为这样写的含义是：在 swap 函数中交换形参 p1 和 p2 的指针值，即交换后仅是 p1 和 p2 的指向发生了变化，而被指向的 a 和 b 的值始终未变。

从上述分析中可以看出，为了使被调函数能够改变主调函数的变量，应该用指针变量作为形参，将变量的指针(或地址)传递到被调函数中，通过指针间接引用达到修改变量的目的。当函数调用结束后，这些变量值的变化依然保留下来。换个角度看，这些变量带回了被调函数所做的修改，将运算结果返回到主调函数中。

显然，函数返回运算结果的前提有 3 个：

(1) 使用指针变量作为函数形参。

(2) 用接受运算结果的变量的指针(或地址)作为实参调用函数。

(3) 函数中通过指针间接引用修改这些变量。

第 4 章讲到函数通过返回值只能返回一个运算结果，若要返回多个，就需要使用全局变量(因为全局变量对两个函数是可见的)。但全局变量使得函数模块化程度降低，现代程序设计思想要求尽量避免全局变量的使用。

显然，通过将指针作为函数参数的方法，既可以返回多个运算结果，又避免了使用全局变量。

【例 7.19】 编写函数，计算并返回 a 和 b 的平方和、自然对数和、几何平均数以及和的平方根。

程序代码如下：

```
#include<stdio.h>
#include<math.h>
double fun(double a,double b,double *sqab,double *lnab,double *avg)
{
    *sqab=a*a+b*b;                     //*sqab 返回平方和
    *lnab=log(a)+log(b);               //*lnab 返回自然对数和
    *avg=(a+b)/2;                      //*avg 返回几何平均数
    return (sqrt(a+b));                //函数返回和的平方根
}
int main()
{
    double x=10,y=12,fsq,fln,favg,fsqr;
    fsqr=fun(x,y,&fsq,&fln,&favg);
    printf("%lf,%lf,%lf,%lf,%lf,%lf\n",x,y,fsq,fln,favg,fsqr);
    return 0;
}
```

程序运行结果如下：

```
10.000000,12.000000,244.000000,4.787492,11.000000,4.690416
```

2. 数组作为函数形参

第 6 章中介绍过(一维或多维)数组作为函数的形参，例如：

```
double average(double A[100],int n)
{
    函数体
}
```

函数调用形式如下：

```
double X[100],f;
f=average(X,100);
```

由于实参数组名 X 表示该数组的首地址，因此形参应该是一个指针变量(只有指针变量才能存放地址)，即函数定义

```
double average(double A[100],int n)
```

等价于

```
double average(double *A,int n)
```

在函数调用开始，系统会建立一个指针变量 A，用来存储从主调函数传来的实参数组首地址，则 A 指向数组 X，其后可以通过指针访问数组元素。例如：

(1) A[i]：指针下标法访问数组元素 X[i]。

(2) ＊(A+i):指针引用法访问数组元素 X[i]。

(3) &A[i]、A+i:指向数组元素 X[i]。

从应用的角度看,形参数组从实参数组那里得到了首地址,因此形参数组与实参数组本质上是同一段内存单元。在被调函数中若修改了形参数组元素的值,也就是修改了实参数组元素。因此,用数组作为函数参数,也能够使函数返回多个运算结果。

需要注意,形参数组“double A[100]”与数组定义写法一致,但含义不同。数组定义时 A 是数组名,是一个指针常量。而“double ＊A”是一个指针变量,在函数执行期间,它可以做赋值、自增自减运算等。例如:

```
double average(double A[100],int n)
{
    double B[100];
    A++;                              //正确,A是指针变量
    B++;                              //错误,B是指针常量,不能做自增自减
    A=B;                              //正确,A是指针变量,可以重新指向B
    B=A;                              //错误,B是指针常量,不能被赋值
    return 0;
}
```

当函数调用开始时,形参指针变量的值是实参传来的地址,如果在函数中修改了形参指针变量,则实参传来的地址就会“丢失”,一般要将此地址保存下来。

【例 7.20】 编写函数 average,返回数组 n 个元素的平均值。

程序代码如下:

```
#include<stdio.h>
double average(double *a,int n)          //等价于 average(double a[],int n)
{
    double avg=0.0, * p=a;
    int i;
    for(i=1; i<=n; i++,p++) avg=avg+ * p;             //等价于 avg=avg+p[i]
    return n<=0 ? 0 : avg/n;
}
int main()
{
    double x[10]={66,76.5,89,100,71.5,86,92,90.5,78,88};
    printf("average=%lf\n",average(x,10));
    return 0;
}
```

程序运行结果如下:

```
average=83.750000
```

综合前面指针变量和数组作为函数参数的结论,要想在函数中改变数组元素,实参与形参的对应关系有如下 4 种作用相同的情况。

(1) 形参和实参都用数组名,例如:

```
void fun(int x[100],int n);                    //函数原型
int a[100];
fun(a,100);                                    //函数调用
```

形参数组 x 接受了实参数组 a 的首地址,因此在函数调用期间,形参数组 x 与实参数组 a 是同一段内存单元。

(2) 形参用指针变量,实参用数组名,例如:

```
void fun(int *x,int n);                        //函数原型
int a[100];
fun(a,100);                                    //函数调用
```

形参指针变量 x 指向实参数组 a。

(3) 形参与实参都用指针变量,例如:

```
void fun(int *x,int n);                        //函数原型
int a[100],p=a;
fun(p,100);                                    //函数调用
```

实参指针变量 p 的值传递到形参指针变量 x 中,则 x 也指向实参数组 a。

(4) 形参用数组,实参用指针变量,例如:

```
void fun(int x[100],int n);                    //函数原型
int a[100],p=a;
fun(p,100);                                    //函数调用
```

形参数组 x 接受了实参指针变量传递进来的地址值,即数组 a 的首地址,因此可以理解形参数组 x 与实参数组 a 是同一段内存单元。

上述 4 种情况,在函数 fun 中,均可以使用 x[i]、*(x+i)、*x++等形式访问数组元素。

无论形参是数组或是指针变量,在函数 fun 中都无法检测到实参数组的实际长度。实际编程中,要么像本例一样将实际长度传递到函数内部,要么像字符串那样放一个结束标志,在函数中只要检测到结束标志,就结束数组元素往前访问,避免数组越界。

特别地,如果实参不是一个数组,例如:

```
void fun(int *x,int n);                        //函数原型
int b,p=&b;
fun(p,100);                                    //函数调用
```

在函数中如果把这个地址对应的内存单元当作数组来用,程序很容易出现严重错误。

3. 函数指针变量参数的 const 限定

当函数参数是指针变量时,在函数内部就有可能通过指针间接修改指向对象的值,为避免这个操作可以对指针参数进行 const 限定,一般形式如下:

```
返回类型 函数名(const 指向类型 *指针变量名,…)
{
    函数体
}
```

例如：

```
void fun1(const char *p,char m)
{
    *p=m;                                    //错误,*p是只读的
    p=&m;                                    //正确,指针变量p可以修改
}
```

函数 fun 不能通过指针变量 p 修改指向的字符串。

如下函数调用：

```
fun1("Hello",c);
```

要求第 1 个形参指针变量的间接引用是只读的，因为实参字符串常量类型是 const char * 。

如果不允许在函数内部修改形参指针变量的值，则定义形式应为：

```
返回类型 函数名(指向类型 *const 指针变量名,…)
{
    函数体
}
```

例如：

```
void fun2(char *const p,char m)
{
    *p=m;                                    //正确,*p是可以修改的
    p=&m;                                    //错误,指针变量p是只读的
}
```

4. 字符指针变量作为函数形参

将一个字符串传递到函数中，传递的是地址，则函数形参既可以用字符数组，又可以用指针变量，两种形式完全等价。在函数中可以修改字符串的内容，主调函数得到的是变化后的字符串。

在实际编程中，程序员更偏爱用字符指针变量作为函数形参，标准库中很多字符串函数都是这种方式，例如：

```
char *strcpy(char *s1,const char *s2);              //字符串复制函数
char * strcat(char *s1,const char *s2);             //字符串连接函数
int strcmp(const char *s1,const char *s2);          //字符串比较函数
int strlen(const char *s);                          //计算字符串长度函数
```

【例 7.21】　编写函数 stringcpy，实现 strcpy 函数的字符串复制功能。

程序代码如下：

```
1   #include<stdio.h>
2   char *stringcpy(char *strDest,const char *strSrc)
3   {
4       char *p1=strDest;
5       const char *p2=strSrc;
6       while(*p2!='\0')
7           *p1=*p2,p1++,p2++;
8       *p1='\0';
9       return strDest;                          //返回实参指针
10  }
11  int main()
12  {
13      char s1[80],s2[80],s3[80]="string=";
14      gets(s1);                                //输入字符串
15      stringcpy(s2,s1);                        //复制 s1 到 s2
16      printf("s2:%s\n",s2);
17      stringcpy(&s3[7],s1);                    //复制 s1 到 s3 的后面
18      printf("s3:%s\n",s3);
19      return 0;
20  }
```

程序运行结果如下：

```
Java↙
s2:Java
s3:string=Java
```

stringcpy 函数第 6、7 行是将 strSrc 字符串每个字符对应地赋值到 strDest 字符串中，直到结束符'\0'为止，第 8 行的作用是在字符复制完成后，在末尾添加一个结束符，使 strDest 成为字符串。

需要注意，新字符串生成通常都要有在其末尾添加结束符的操作，明确字符串在合适的位置结束。

由于 stringcpy 函数将 strSrc 地址开始的字符逐个赋值到 strDest 地址开始的字符串中，因此第 15 行的调用就是将 s1 整个字符串复制到 s2 中，而第 17 行的调用是将 s1 整个字符串复制到 s3[7]（即最后一个字符）地址开始的内存单元中，结果相当于 s1 增加到 s3 的后面。从这个例子可以看出，实参地址不一定非要是字符串首地址，它也可以从字符串中间开始，这正是指针应用很灵活的具体表现。

stringcpy 函数定义了两个指针 p1 和 p2 来做指针运算，避免形参指针被改变，这样就能够按函数要求返回原始的 strDest。

stringcpy 函数第 6～8 行可以写成更简洁的形式

```
while(*p1=*p2) p1++,p2++;
```

这段代码的作用是将 * p2(strSrc 字符串)的字符先赋值到 * p1(strDest 字符串),while 语句的条件表达式即是 * p2 的值,当 * p2 为结束符时逻辑值为假,则循环结束;为非结束符时逻辑值为真,继续下一个字符赋值。由于是先赋值后判断,因此循环结束后不需要再为 * p2 添加结束符。

一般地,数值 0、空字符'\0'及空指针 NULL 可以直接当作逻辑值"假"。

5. 指向数组的指针变量作为函数形参

函数形参可以是指向数组的指针变量,例如:

```
void swaprow(int(*p1)[4],int(*p2)[4])
{  //交换 p1 和 p2 指向的一维数组的元素
    int i,t;
    for(i=0; i<4; i++) t=*(*p1+i),*(*p1+i)=*(*p2+i),*(*p2+i)=t;
}
```

函数调用时实参也必须是指向数组的指针,例如:

```
int A[4][4]={{1,2,3,4},{5,6,7,8},{9,10,11,12},{13,14,15,16}};
int i=0,j=3;
while(i<j) {
    swaprow(A+i,A+j);                       //交换 A+i 和 A+j 行的元素
    i++,j--;
}
```

6. 指向指针的指针变量作为函数形参

假设主调函数中有定义

```
int a=10,b=20,*p1=&a,*p2=&b;
```

如果一个函数 fun 的功能是将两个指针的值交换,即函数调用后 p1 指向 b,p2 指向 a,那么应如何设计该函数?

根据前面的结论,若要在函数 fun 中修改 p1 和 p2 的值,函数调用就必须用 p1 和 p2 的地址作为实参,即

```
fun(&p1,&p2);
```

则函数 fun 不能是

```
void fun(int *x,int *y)
```

因为 &p1 与 int * 类型不同,&p1 的类型应是指向指针的指针,所以函数 fun 应如下定义:

```
void fun(int **x,int **y)                   //指向指针的指针变量作为函数形参
```

```
{
    int *t;                                  //指针类型
    t= * x, * x= * y, * y=t;                 // * x 和 * y 为指针类型,两个指针交换
}
```

7.5.2 函数返回指针值

函数的返回类型可以是指针类型,即函数返回指针值,其定义形式为:

```
指向类型 *函数名(形式参数列表)
{
    函数体
}
```

例如:

```
char *substring(const char *str,const char *sub)
{
    …                                          //函数体
}
```

函数返回指针值,需要考虑指针有效性的问题,例如:

```
char *substring(const char *str,const char *sub)
{
    char a='A';
    return &a;                                 //正确,返回值 &a 与返回类型 char * 匹配
}
```

这个返回就有问题,因为它返回的是函数局部变量 a 的地址值。我们知道,当函数调用结束后,函数局部变量会释放,变成未知对象。在 return 语句时,&a 还是有效的,但主调函数获得这个地址时已经是无效的。

一般地,函数应返回以下 3 种值:

(1) 由主调函数传递进去的有效指针值。

(2) 由动态分配得到的指针值(后面将要讲到)。

(3) 0 值指针,表示无效指针。

【例 7.22】 编写函数 stringstr,实现 strstr 函数的查找子字符串功能。

程序代码如下:

```
#include<stdio.h>
const char *stringstr(const char *string,const char *strCharSet)
{
    const char *p=string, * r=strCharSet;
    while( * p!='\0') {
        while( * p++== * r++) ;        //比较直到字符串结束或不相等为止
        if( * r=='\0') return p;       //包含 strCharSet,返回 string 当前指针
```

```
8           r=strCharSet;                    //重新指向 strCharSet
9           p=++string;                      //从 string 下一个字符起始
10      }
11      return NULL;                         //不包含 strCharSet,返回 NULL
12  }
13  int main()
14  {
15      char s1[80]="*A*AB*ABC*ABCD",s2[80]="ABC";
16      const char *ptr;
17      ptr=(char*)stringstr(s1,s2);
18      if(ptr!=NULL) printf("%s\n",ptr);
19      return 0;
20  }
```

程序运行结果如下：

```
ABC*ABCD
```

stringstr 函数的作用是在 string 字符串中查找有无与 strCharSet 相同的字符串，如果有，返回该字符串在 string 中的位置的指针，否则返回空指针表示没有相同的字符串，其实现方法是在 string 字符串中逐个字符起始（p 指向）比较有无与 strCharSet（r 指向）相同的字符串。

程序第 6 行是字符串比较的关键，无论 p 或是 r 指向的字符串，只要指向的字符串有不相同的字符，循环就结束。此时有 3 种情况：

（1）p 和 r 均没有指向两个字符串的结束，说明字符串中间就有字符不相等。

（2）p 指向字符串结束，r 没有指向字符串的结束，说明 r 后面还有没有比较的字符。

（3）p 尚未指向字符串结束，r 指向字符串的结束。

显然第 3 种情况说明 p 所指向的字符串包含了 strCharSet 字符串，则 r 应指向结束符。

7.5.3 函数指针

函数是实现特定功能的程序代码的集合，实际上，函数代码在内存中也要占据一段存储空间（在代码区内），这段存储空间的起始地址称为函数入口地址。C 语言规定函数入口地址为函数的指针，即函数名既代表函数，又是函数的指针（或地址）。

C 语言允许定义指向函数的指针变量，定义形式为：

```
返回类型(*函数指针变量名)(形式参数列表),…
```

它可以指向形如

```
返回类型 函数名(形式参数列表)
{
    函数体
}
```

的函数。

需要注意定义形式中的括号不能省略。例如：

```
int(*p)(int a,int b);                         //定义函数指针变量
```

与数据对象指针不同，函数指针一般只有赋值和间接引用的操作，其他运算不适用。

1. 指向函数

可以将函数的地址赋值给函数指针变量，形式为

函数指针变量=函数名;

它要求函数指针变量与指向函数必须有相同的返回类型、参数个数和参数类型。例如，假设：

```
int max(int a,int b);                         //max 函数原型
int min(int a,int b);                         //min 函数原型
int(*p)(int a,int b);                         //定义函数指针变量
```

则

```
p=max;
```

称 p 指向函数 max。它也可以指向函数 min，即可以指向所有与它有相同的返回类型、参数个数和参数类型的函数。

2. 通过函数指针调用函数

对函数指针间接引用即是通过函数指针调用函数，一般形式为：

(*函数指针)(实参)

或

函数指针(实参)

两种形式是完全相同的。通常，程序员偏爱用第二种形式。

通过函数指针调用函数，在实参、参数传递、返回值等方面与函数名调用相同。例如：

```
c=p(a,b);                                     //等价于 c=max(a,b);
```

【例 7.23】　通过函数指针调用 max 和 min 函数。

程序代码如下：

```
#include<stdio.h>
int max(int a,int b)                          //求最大值
{
    return a>b ? a:b;
}
int min(int a,int b)                          //求最小值
{
```

```
        return a<b ? a:b;
    }
    int main()
    {
        int(*p)(int a,int b);                    //定义函数指针变量
        p=max;                                   //p指向max函数
        printf("%d ",p(3,4));                    //通过p调用函数
        p=min;                                   //p指向min函数
        printf("%d ",p(3,4));                    //通过p调用函数
        return 0;
    }
```

程序运行结果如下：

```
4 3
```

从中看出，函数调用p(3,4)究竟调用max还是min，取决于调用前p指向哪个函数。

3. 函数指针的用途

指向函数的指针多用于指向不同的函数，从而可以利用指针变量调用不同函数，相当于将函数调用由静态方式（固定地调用指定函数）变为动态方式（调用哪个函数由指针值来确定）。熟练掌握函数指针的应用，有利于程序的模块化设计，提高程序的可扩展性。

在实际编程中，函数指针在菜单设计、事件驱动、动态链接库等领域得到充分的应用。

函数指针变量可以作为函数形参，此时实参要求是函数名（即函数地址）或函数指针，而形参和实参有相同的返回类型、参数个数和参数类型。

一般地，把一个函数callback的指针（地址）pf作为参数传递给另一个函数caller，并通过函数指针pf调用callback函数，称callback函数为回调函数。简而言之，回调函数就是一个通过函数指针调用的函数。

使用回调函数可以把调用者caller和被调用者callback分开，调用者中间不是固定地调用哪个函数，而是固定地通过函数指针调用函数，究竟是哪个函数由传到caller的值来决定。

【例7.24】 编写程序计算如下公式。

$$\int_a^b (1+x)\mathrm{d}x + \int_a^b \mathrm{e}^{-\frac{x^2}{2}}\mathrm{d}x + \int_a^b x^3\mathrm{d}x$$

说明：

这里用梯形法求定积分$\int_a^b f(x)\mathrm{d}x$的近似值。如图7.24所示，求$f(x)$的定积分就是求$f(x)$曲线与x轴包围图形的面积，梯形法是把所要求的面积垂直分成n个小梯形，然后对面积求和。

根据上述思想编写函数integral，由于需要计算多个不同$f(x)$的值，因此向integral传递$f(x)$的函数指针，由integral调用具体的$f(x)$求值，其函数原型为：

```
double integral(double a,double b,double(*f)(double x))            //求定积分
```

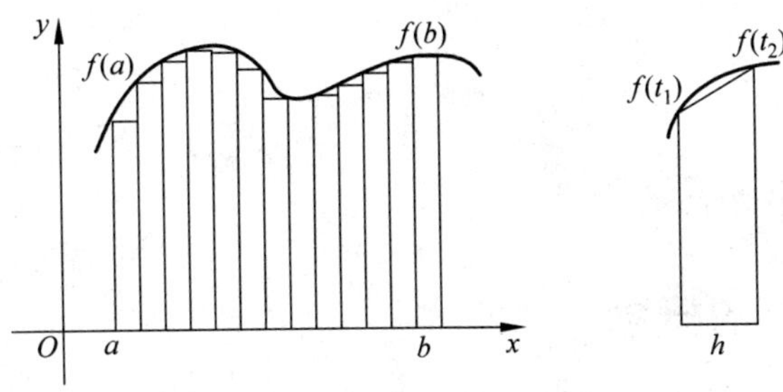

图 7.24 用梯形法求定积分

程序代码如下：

```
#include<stdio.h>
#include<math.h>
double integral(double a,double b,double(*f)(double x)) //求定积分
{
    int n=1000,i;
    double h,x,s=0.0;
    h=(b-a)/n;
    for(i=1;i<=n;i++) {
        x=a+(i-1)*h;
        s=s+(f(x)+f(x+h))*h/2;                  //调用 f 函数求 f(x)、f(x+h)
    }
    return s;
}
double f1(double x)
{ return 1+x;
}
double f2(double x)
{ return exp(-x*x/2);
}
double f3(double x)
{ return x*x*x;
}
int main()
{
    double t,a,b;
    scanf("%lf%lf",&a,&b);
    t=integral(a,b,f1)+integral(a,b,f2)+integral(a,b,f3);
    printf("%lf\n",t);
    return 0;
}
```

程序运行情况如下：

```
0 1↙
2.605625
```

7.6 动态内存

7.6.1 动态内存的概念

在使用数组的时候，总有一个问题困扰着我们：数组应该有多大？例如编写程序求 N 阶行列式的值，用数组表示行列式，需要如下定义：

```
double A[N][N];                    //NxN二维数组表示N阶行列式
```

前面讲过，数组定义时，方括号内必须是常量，因此确切的定义应如下：

```
#define N 10
double A[N][N];                    //NxN二维数组表示N阶行列式
```

而以下的定义形式

```
int n;
scanf("%d",&n);                    //输入n值
double A[n][n];                    //意图由输入n值确定数组大小
```

是错误的。

在很多情况下，并不知道实际运行时数组到底有多大，那么就要把数组定义得足够大，并且运行时要对下标值作限制。否则，当定义的数组不够大时，可能引起数组越界，导致严重错误。如果因为某种特殊原因对数组的大小有增加或减少，则必须重新去修改和编译程序。之所以出现这样的问题，是因为静态内存分配。

C语言内存分配有两种方式：静态分配和动态分配。

静态分配指在编译时为程序中的数据对象分配相应的存储空间，例如程序中所有全局变量和静态变量，函数中的非静态局部变量等，本书前面所有例子中的变量、数组和指针定义等均是静态分配方式。

由于是在编译时为数据对象分配存储空间，因此就要求在编译时空间大小必须是明确的，所以数组的长度必须是常量。而一旦编译完成，运行期间这个数组的长度就是固定不变的。

动态分配是程序运行期间根据实际需要动态地申请或释放内存的方式，它不像数组等静态内存分配方式那样需要预先分配存储空间，而是根据程序的需要适时分配，且分配的大小就是程序要求的大小。因此，动态分配方式有如下特点：

(1) 不需要预先分配存储空间。

(2) 分配的空间可以根据程序的需要扩大或缩小。

静态分配的内存在程序内存布局的数据区和栈区中(参考第4章)，动态分配的内存在程序内存布局的堆区中。堆区的存储空间上限是物理内存的上限，甚至有的操作系统在物理内存不够时用硬盘来虚拟内存，因此动态分配能得到比静态分配更大的内存。

动态分配的缺点是运行效率不如静态分配，因为它的分配和释放会产生额外的调用开销。在实际编程中，在运行时分配或内存大小需要随时调整等情况下才使用动态分配方式。

7.6.2 动态内存的分配和释放

C语言动态内存管理是通过标准库函数来实现的，其头文件为 stdlib.h。

1. 动态内存分配函数

(1) malloc 函数

malloc 用于分配一个指定大小的内存空间，函数原型为：

```
void *malloc(size_t size);
```

若分配成功，函数返回一个指向该内存空间起始地址的 void 类型指针；若分配失败，函数返回 0 值指针 NULL。参数 size 表示申请分配的字节数，类型 size_t 一般为 unsigned int。

在实际编程中，malloc 函数返回的 void 类型指针可以显式转换为其他指针类型。调用函数时，一般使用 sizeof 来计算内存空间的大小，因为不同系统中数据类型的空间大小可能不一样。需要注意，分配得到的内存空间是未初始化的，即内存中的数据是不确定的。

例如：分配一个 int 型内存空间：

```
int *p;
p=(int * ) malloc(sizeof(int));
```

若分配成功，p 指向分配得到的内存单元，* p 表示该内存单元。显然，动态分配得到的内存空间要按指针方式访问。一般情况下，p 值不能改变，否则该内存单元的起始地址就“永远是个谜”。换言之，程序再无可能使用该内存单元(因为不知指向哪里)。由程序申请的一块动态内存如果没有任何一个指针指向它，那么这块内存就泄露了。

malloc 函数分配失败的主要原因是没有足够的内存空间可以分配，所以在内存分配后，要对它的返回值进行检查，确保指针是否有效，例如下面的代码形式：

```
if(p!=NULL) {                    //分配失败时 p 为 NULL
    ⋮                            //引用 * p
}
```

(2) calloc 函数

calloc 用于分配 n 个连续的指定大小的内存空间，函数原型为：

```
void *calloc(size_t nmemb,size_t size);
```

每个内存空间的大小为 size 个字节，总字节为 n * size，并且将分配得到的内存空间的所有数据初始化为 0。若分配成功，函数返回一个指向该内存空间起始地址的 void 类型指针；若分配失败，函数返回 0 值指针 NULL。

例如，分配 50 个 int 型(相当于 int A[50]数组)内存空间：

```
int *p;
p=(int* ) calloc(50,sizeof(int));
```

等价于

```
int *p;
p=(int* ) malloc(50* sizeof(int));
```

2. 动态内存调整函数

realloc 函数用于调整已分配内存空间的大小，函数原型为：

```
void *realloc(void *ptr,size_t size);
```

realloc 将指针 ptr 所指向的动态内存空间扩大或缩小为 size 大小，无论扩大或缩小，原有内存中的内容将保持不变，缩小空间会丢失缩小的那部分内容。如果调整成功，函数返回一个指向调整后的内存空间起始地址的 void 类型指针。

例如：

```
int * p;
p=(int* )malloc(50* sizeof(int));
                                    //分配一个有 50 个 int 整型的内存空间,相当于 int A[50]
p=(int* )realloc(p,10* sizeof(int));
                                    //调整为有 10 个 int 整型的内存空间,相当于 int A[10]
p=(int* )realloc(p,100* sizeof(int));
                                    //再次调整为有 100 个整型的内存空间,相当于 int A[100]
```

3. 动态内存释放函数

free 函数用来释放动态分配的内存空间，函数原型为：

```
void free(void *ptr);
```

参数 ptr 指向已有的动态内存空间。如果 ptr 为 NULL，则 free 函数什么也不做。

在实际编程中，若某个动态分配的内存空间不再使用时，应该及时将其释放。在动态分配的内存空间释放后，就不能再通过指针去访问，否则会导致程序出现崩溃性错误。

通常，ptr 释放之后，需要设置 ptr 等于 NULL，避免产生“迷途指针”。例如：

```
p=(int* ) malloc(sizeof(int));          //分配一个整型空间,指针 p 是有效指针
 ⋮
free(p);                                //释放 p 所指向的内存空间,指针 p 变成迷途指针
p=NULL;                                 //设置 p 为 0 值指针 NULL,指针 p 不是迷途指针
```

7.6.3 动态内存的应用

虽然动态内存分配适用于所有数据类型，但通常用于数组、字符串、字符串数组、自定义类型及复杂数据结构类型。

动态内存不同于静态内存，在实际编程中，需要注意以下几点。

(1) 静态内存管理由编译器进行，程序员只做对象定义(相当于分配)；而动态内存管理按程序员人为的指令进行。

(2) 动态内存分配和释放必须对应，即有分配就必须有释放，不释放内存会产生“内存泄漏”，后果是随着程序运行多次，可以使用的内存空间越来越少；另一方面，再次释放已经释放的内存空间，会导致程序出现崩溃性错误。

(3) 静态分配内存的生命期由编译器自动确定，要么是程序运行期，要么是函数执行期。动态分配内存的生命期由程序员决定，即从分配时开始，至释放时结束。特别地，动态分配内存的生命期允许跨多个函数。

(4) 静态分配内存的对象有初始化，动态分配内存一般需要人为的指令赋初始值。

(5) 避免释放内存后出现“迷途指针”，应及时设置为空指针。

【例 7.25】 在不同函数中分配、使用、释放动态内存。

程序代码如下：

```
#include<stdio.h>
#include<stdlib.h>
int *f1(int n)
{   //分配n个整型内存,返回首地址
    int *p,i;
    p=(int *)malloc(n*sizeof(int));                          //分配
    for(i=0; i<n; i++) p[i]=i;                               //赋初始值
    return p;
}
void f2(int *p,int n)
{   //输出动态内存中的n个数据
    while(n-->0) printf("%d ",*p++);
}
void f3(int *p)
{   //释放内存
    free(p);
}
int main()
{
    int *pi;
    pi=f1(5);                                                //分配
    f2(pi,5);                                                //输出
    f3(pi);                                                  //释放
    return 0;
}
```

函数 f1 第 6 行分配 n 个整型内存单元，第 7 行给分配到的每个内存单元赋初始值。尽管函数 f1 调用结束后，局部指针变量 p 会释放，但释放前函数返回它的值，这个指针值指向分配得到的内存空间的首地址，因此 main 函数第 21 行 pi 赋值后成为有效指针。其后的函数通过指针 pi 使用分配到的内存，直到调用函数 f3 释放它为止。

1. 动态分配数组

使用动态内存，可以轻而易举地解决本节开始提出的问题：在程序运行时产生任意大小的"数组"。

动态分配一维或多维数组的方法是由指针管理数组，二维以上的数组按一维数组方式来处理，具体步骤如下。

(1) 定义指针 p。

(2) 分配数组空间，用来存储数组元素，空间大小按元素个数计算。

(3) 按一维数组方式使用这个数组(例如输入、输出等)。

若是一维数组，则元素为 p[i]；若是二维数组，则元素为 p[i * M+j]，其中 M 为列元素个数，以此类推。

(4) 释放数组空间。

【例 7.26】 计算 n 阶行列式的值(n 由键盘输入)。

程序代码如下：

```
#include<stdio.h>
#include<stdlib.h>
double HLS(double * A,int N)                           //HLS(double A[N][N],int N)
{   //计算 N 阶行列式
    int i,j,m,n,s,t,k=1;
    double f=1.0,c,x;
    for(i=0,j=0;i<N && j<N; i++,j++) {
        if(A[i * N+j]==0) {                            //A[i][j] 检查主对角线是否为 0
            for(m=i+1; m<N && A[m * N+j]==0; m++);         //A[m][j]
            if(m==N) return 0;                         //全为 0 则行列式为 0
            else
                for(n=j;n<N;n++) {                     //两行交换
                    c=A[i * N+n];                      //A[i][n]
                    A[i * N+n]=A[m * N+n];             //A[i][n]=A[m][n];
                    A[m * N+n]=c;                      //A[m][n]
                }
                k=-k;
        }
        for(s=N-1;s>i;s--) {                           //列变换化成上三角行列式
            x=A[s * N+j];                              //A[s][j]
            for(t=j;t<N;t++)                           //A[s][t]-=A[i][t] * (x/A[i][j])
```

```
                A[s*N+t]-=A[i*N+t]*(x/A[i*N+j]);
            }
        }
        for(i=0;i<N;i++) f*=A[i*N+i];          //A[i][i]
        return k*f;
}
int main()
{
        int i,j,n=4;
        double *A;
        scanf("%d",&n);
        A=malloc(n*n*sizeof(double));          //分配"数组"A[n][n]
        for(i=0;i<n;i++)
            for(j=0;j<n;j++)
                scanf("%lf",A+i*n+j);          //输入数据到 A[i][j]
        printf("detA=%lf\n",HLS(A,n));
        free(A);                               //释放"数组"
        return 0;
}
```

程序运行情况如下：

```
4↙
3 1 -1 2 -5 1 3 -4 2 0 1 -1 1 -5 3 -3↙
detA=40.000000
```

2. 动态分配字符串

在实际编程中，字符串类型表示文字信息数据，其特点是字符长度不固定。通过动态分配字符串，根据程序的需要确定字符串的实际长度。

动态分配字符串的方法是由字符指针管理字符串，具体步骤为：

① 定义字符指针。

② 分配字符串空间，用来存储字符串。

③ 使用这个字符串(如输入、输出等)。

④ 释放字符串空间。

例如：

```
#include<stdio.h>
#include<stdlib.h>
int main()
{
    char *p;                                   //字符串指针
    p=(char*)malloc(1000*sizeof(char));        //分配字符串空间
    gets(p);                                   //输入字符串
```

```
    puts(p);                                    //输出字符串
    free(p);                                    //释放字符串空间
    return 0;
}
```

3. 动态分配字符串数组

使用二维字符数组来存储字符串可能会浪费内存空间。采用指针数组和动态内存分配,可以存储多个字符串而且减少不必要的内存开销。

动态分配字符串数组的方法是由指向字符指针的指针管理多个字符指针,由每个字符指针管理字符串,具体步骤为:

(1) 定义字符指针数组的指针(即指向字符指针的指针)。

(2) 分配字符指针数组空间,用来存储若干字符串的指针。

(3) 分配字符串空间,用来存储字符串。

(4) 使用这些字符串(如输入、输出等)。

(5) 释放字符串空间。

(6) 释放字符指针数组空间。

例如:

```
#include<stdio.h>
#include<stdlib.h>
int main()
{
    int i,n;
    char **pp;
    scanf("%d",&n);                                //输入字符串数目
    pp=(char**)malloc(n*sizeof(char*));            //分配字符指针数组空间
    for(i=0; i<n; i++) {
        pp[i]=(char*)malloc(100*sizeof(char));     //分配字符串空间
        gets(pp[i]);                               //输入字符串
    }
    for(i=0; i<n; i++) puts(pp[i]);                //输出字符串
    for(i=0; i<n; i++) free(pp[i]);                //释放字符串空间
    free(pp);                                      //释放字符指针数组空间
    return 0;
}
```

7.7 带参数的 main 函数

前面涉及的 main 函数都是没有参数的。实际上,C 语言标准中的 main 函数允许带有参数,定义形式为:

```
int main(int argc,char *argv[])
{
:                       //函数体
}
```

其中,第1个参数argc表示命令行中字符串的个数,是非负整数值。第2个参数argv是一个字符串指针数组,用于指向命令行中各个字符串。

需要注意,argv[argc]是一个空指针。如果argc大于1,则argv[0]是一个指向程序名的字符串指针,argv[1]~argv[argc-1]是指向命令行参数的字符串指针。换言之,通过argv[0]可以得到程序名称,通过argv[1]~argv[argc-1]可以得到命令行参数。

一个命令行程序在系统提示符中是按如下格式的命令输入的:

```
可执行程序名 参数1 参数2 参数3…
```

其中用空格作为间隔。

按上述命令形式执行时,系统会将命令行的各个参数传递到main函数中,通过argc和argv两个参数可以让程序得到命令行上的信息,具体为:

(1) argc:命令行中字符串的个数(含可执行程序名称)。

(2) argv[0]:可执行程序名称字符串的首地址。

(3) argv[1]:参数1字符串的首地址。

(4) argv[2]:参数2字符串的首地址,其余以此类推。

【例7.27】 编写程序输出命令行信息。

程序代码如下:

```
#include<stdio.h>
int main(int argc,char *argv[])
{
    int i;
    if(argc>0) {
        printf("program:%s\n",argv[0]);            //输出程序名
        for(i=1; i<argc; i++)
            printf("%s\n",argv[i]);                //输出程序参数字符串
    }
    return 0;
}
```

假定程序取名TEST,在命令行提示符中输入以下命令

```
C:\>TEST /i /u /h /? IN.DAT OUT.DAT
```

程序运行结果如下:

```
program:TEST /i /u /h /? IN.DAT OUT.DAT
```

习题

1. 编写函数用指针法将数组 A 中 n 个整数按相反顺序存放。

2. 编写函数将数组中奇偶下标的元素分别求和并返回结果。

3. 用指针法判断数组是否为中心对称，如(1,2,3,5,3,2,1)。

4. 用一维数组指针访问二维数组，编写函数计算二维数组任意两行元素乘积之和。

5. 将一个字符串插入到另一个字符串的指定位置处。

6. 编写函数将参数 s 所指字符串中除了下标为奇数，同时 ASCII 值也为奇数的字符之外，其余所有字符都删除（例如，输入 0123456789，结果为 13579）。

7. 编写函数 strencode(char *s)，将字符串 s 中的大写字母加 3，小写字母减 3。

8. 统计一个字符串出现某子串的次数。

9. 编写函数实现通配符的匹配，其中通配符为"?"，表示匹配任意一个字符，若匹配成功返回字符串的匹配位置（起始为 0）。如"there"中"ere"匹配"? re"，返回 2。

10. 若一个字符串的一个子串的每个字符均相同，则称为等值子串。求一个字符串的最大等值子串。

11. 一个指针数组指向 10 个字符串常量，用选择排序法对指针数组按字符串排序。

12. 一个字符数组存有多个字符串（一个紧接一个），编写函数找出每一个字符串，并返回到指针 p 所指向的指针数组中。

13. 编写函数 void Traverse(void *p,int n,,void(* visit)(void *ep))，遍历 p 所指的数组的每个元素，通过调用函数 void visit(void *ep)；输出元素。设计不同的 visit，使之能够实现 char、double 和 int 等类型的输出，则调用 Traverse 函数就可以支持多种类型的数组遍历。

14. 编写函数 int Locate(int A[],int n,int e,int(* compare)(int *ep1,int *ep2))，从数组中查找满足一定关系的元素的位置。通过调用函数 int compare(int *ep1, int *ep2)判定关系是否成立，设计不同的 compare 就可以定制元素比较关系，则 Locate 可以适应不同的关系比较。

15. 编写函数 operate(int a,int b,int(* fun)(int x,int y))。每次调用 operate 函数时可以实现不同的功能，如计算 a 和 b 的最大值、和、差等。

16. 编写函数查找一维数组中的某个元素，并返回该元素的指针，主调函数输出该元素。

17. 命令行有 3 个参数，前两个为整数，第 3 个确定程序输出两个整数的最大值或最小值。设计 3 个函数，分别将类似"****ABB * DDD * FFF***"的字符串的前导 * 、中间 * 和末尾 * 删除。

18. 对任意长度的元素集合进行选择排序、插入排序和快速排序。

19. 求任意两个大小（由输入决定）的矩阵 $\boldsymbol{A}_{m\times n}$ 和 $\boldsymbol{B}_{n\times k}$ 的乘积 $\boldsymbol{C}_{m\times k}$。

20. 输入多个书号和英文书名记录，从书名中提取关键词插入到词表并建立关键词和书号的索引表。

第8章

除了内置数据类型，C 语言还支持用户**自定义类型 UDT**(user defined type)，所谓**自定义类型是根据应用程序具体需要而设计的数据类型**。

数组是一种数据形式，其特点是多个相同类型的元素集合起来；结构体是另一种重要的数据形式，其特点是不同类型的成员组合起来。数组和结构体形成了两种风格迥异的聚合(aggregate)方式，通过它们及其相互组合、相互嵌套的机制可以构造出复杂的、满足应用要求的自定义数据类型。

共用体又称联合，是一种可以共享存储空间的自定义类型，位域是以二进制位为数据形式的自定义类型，枚举类型是以整数常量聚合的自定义类型。通过 typedef，任何内置数据类型或自定义类型可以重新命名，进而简化了类型名称，方便形成可移植的、规范的应用程序数据类型体系。

8.1 结构体类型

有时需要将不同类型但又相互联系的数据组合在一起使用。例如学生信息"学号、姓名、性别、年龄、QQ 号、成绩"，这些数据项的类型是不同的，因此不能使用数组表示它们。如果分别定义为相互独立的变量，又难以反映出它们之间的内在联系，编程时数据管理工作量大且复杂。

C 语言的结构体允许将不同类型的数据元素组合在一起形成一种新的数据类型，其声明形式为：

```
struct 结构体类型名 {
    成员列表
};
```

结构体类型名与 struct 一起作为类型名称，成员列表则是该类型的数据元素的集合，数目可以任意多，由具体应用确定。一对大括号{}是成员列表边界符，后面必须用分号(;)结束。

结构体类型声明时必须给出各个数据成员的类型声明，其一般形式为：

```
成员类型  成员名列表;
```

这很像我们所熟悉的变量定义。声明时成员名列表允许为多个，用逗号(,)作为间隔。

例如，可以通过如下声明建立能表示学生信息的数据类型。

```
struct tagSTUDENT {                    //学生信息类型
    int no;                            //声明一个整型数据成员表示学号
    char name[21];                     //声明一个字符数组(字符串)数据成员表示姓名
    char sex;                          //声明一个字符数据成员表示性别
    int age;                           //声明一个整型数据成员表示年龄
    char qq[11];                       //声明一个字符数组(字符串)数据成员表示 QQ 号
    double score;                      //声明一个浮点型数据成员表示成绩
};
```

结构体类型声明一般放在程序文件开头，或者放到头文件中被程序文件包含，此时这个声明是全局的。在全局作用域内，该声明处处可见，因此同作用域内的所有函数都可以使用它。

结构体类型声明也可以放到函数内部，此时这个声明是局部的。若在函数内部有同名的结构体类型声明，则全局声明在该函数内部是无效的，有效的是局部声明的函数内部的结构体类型。例如：

```
struct tagDATE {                       //全局声明的 tagDATE
    int year,month,day;
};
void fun()
{
    struct tagDATE {                   //局部声明的 tagDATE
        int year,month,day,week;
    };
    //全局声明的 tagDATE 在函数无效,有效的是局部声明的 tagDATE
}
```

通常，结构体类型名都是大写，以便与C语言内置数据类型(都是小写)明显区别开来。本书例子中的结构体类型名除了大写外，前面均加了一个“tag”。之所以这样做是因为使用后面的 typedef 可以将结构体类型命名简化，那里的命名全用大写，结构体类型名应与它有所区别。例如：

```
struct tagDATE {                       //日期类型
    int year,month,day;                //年,月,日
};
typedef struct tagDATE DATE;
                          //将结构体类型 struct tagDATE 重新命名得到简化的 DATE 类型名
```

以下是关于结构体类型声明的补充说明。

(1) 首先，需要理解 struct 本身是一种抽象的数据类型。即 struct 笼统地代表结构体，但它究竟有哪些数据成员是不定的，因此不能直接用 struct 去定义变量。例如：

```
int a;                          //正确,int 是具体的数据类型
struct b;                       //错误,struct 是抽象的数据类型
```

所以,结构体使用前必须先声明结构体类型,有了这个具体的数据类型才谈得上使用这种类型,C 语言其他内置数据类型没有这个步骤。

(2) 结构体类型声明向编译器声明了一种新的数据类型,该数据类型有不同类型的数据成员。例如上述的 struct tagSTUDENT,它和内置数据类型名(如 int、char 和 double 等)一样是类型名称,而不是该类型的一个实体。因此尽管成员类似变量的定义,但类型声明时并不会产生该成员的实体,即为它分配存储空间。例如:

```
struct tagCOMPLEX {             //复数类型
    double r,i;                 //声明有两个浮点型数据成员,但不会产生实体(分配内存)
};
```

(3) 结构体类型声明时成员列表可以是任意数目、任意类型的成员,甚至是结构体类型成员,例如:

```
struct tagSTAFF {                       //职员信息类型
    int no;                             //工号,整型
    char name[21];                      //姓名,字符数组(字符串)
    char sex;                           //性别,字符型
    struct tagDATE birthday;            //出生日期,结构体类型
    double salary;                      //薪水,浮点型
};
```

显然,结构体类型可以将数组和结构体这两种截然不同的数据聚合方式嵌套起来使用,从而让 C 语言有了表示复杂数据结构的能力。

(4) 结构体类型的一对大括号({})可以看作是一个作用域,因此其成员名称可以与外部其他标识符相同,这个特点使得结构体类型很适合数据封装。

8.2 结构体对象

结构体类型可以表示大型结构的数据对象,数据表示形式层次更高,因此本书将结构体类型的实体称为对象,区别于以前的变量。

定义结构体对象称为结构体类型实例化(instance),实例化会根据数据类型为结构体对象分配内存单元。

8.2.1 结构体对象的定义

1. 结构体对象的定义形式

定义结构体对象有 3 种形式。

(1) 先声明结构体类型再定义对象。

假定事先已经声明了结构体类型,可以用它来定义结构体对象,即将该类型实例化。

一般形式为：

```
struct 结构体类型名 结构体对象名列表;
```

结构体对象名列表是一个或多个对象的序列，各对象之间用逗号(,)分隔，最后必须用分号(;)结束，对象取名必须遵循标识符的命名规则。例如：

```
struct tagSTUDENT a,b;                    //定义结构体对象
```

(2) 声明结构体类型的同时定义对象。

一般形式为：

```
struct 结构体类型名 {
    成员列表
} 结构体对象名列表;
```

这种形式需要注意结构体对象名列表是在右大括号(})和分号(;)之间。例如：

```
struct tagDATE {                  //日期类型
    int year,month,day;           //年,月,日,整型
} d1,d2;                          //定义结构体对象
```

(3) 直接定义结构体对象。

一般形式为：

```
struct {
    成员列表
} 结构体对象名列表;
```

这种形式显然是第二种形式的特例，即不声明结构体类型，只定义结构体对象。

第一种形式应用得最普遍和最灵活，第三种形式因为没有结构体类型名而使用较少。

2. 结构体对象的内存形式

实例化结构体对象后，对象会得到存储空间。如图 8.1 所示为 struct tagSTUDENT 对象的内存结构。

no	name	sex	age	qq	score

图 8.1 结构体对象的内存结构

从图中可以看出，结构体各成员是根据在结构体声明时出现的顺序依次分配空间的，在初始化结构体对象和使用指针操作结构体对象时尤其需要注意这个特点。

结构体对象的内存长度是各个成员内存长度之和，推荐使用 sizeof 运算，由编译器自动确定内存长度，例如：

```
sizeof(struct tagSTUDENT)             //得到结构体类型的内存长度
sizeof a                              //得到结构体对象 a 的内存长度
```

读者需要注意，在有的编译器中，sizeof 得到的结构体内存长度可能比理论值大。例

如在VC环境下，下面两个结构体类型

```
struct A {
    int a;          //4字节
    char b;         //1字节
    short c;        //2字节
};
```

```
struct B {
    char b;         //1字节
    int a;          //4字节
    short c;        //2字节
};
```

成员相同（仅顺序不同），理论上它们的内存长度应是4＋1＋2＝7。但实际上sizeof(struct A)的结果为8，sizeof(struct B)的结果为12，这是什么原因呢？

为了加快数据存取的速度，编译器默认情况下会对结构体成员和结构体本身（实际上其他数据对象也是如此）存储位置进行处理，使其存放的起始地址是一定字节数的倍数，而不是顺序存放，称为字节对齐。设对齐字节数为$n(n=1,2,4,8,16)$，每个成员内存长度为L_i，$\mathrm{Max}(L_i)$为最大的成员内存长度。字节对齐规则是：

(1) 结构体对象的起始地址能够被$\mathrm{Max}(L_i)$所整除。

(2) 结构体中每个成员相对于起始地址的偏移量，即对齐值应是$\min(n,L_i)$的倍数。若不满足对齐值的要求，编译器会在成员之间填充若干个字节（称为internal padding）。

(3) 结构体的总长度值应是$\min(n,\mathrm{Max}(L_i))$的倍数，若不满足总长度值的要求，编译器在为最后一个成员分配空间后，会在其后填充若干字节（称为trailing padding）。

例如，VC默认的对齐字节数n＝8，则struct A和struct B的内存长度分析如下。

(1) A的第一个成员a为int，对齐值min(n,sizeof(int))为4，成员a相对于结构体起始地址从0偏移开始，满足4字节对齐要求；第二个成员b为char，对齐值min(n,sizeof(char))为1，b紧接着a后面从偏移4开始，满足1字节对齐要求；第三个成员c为short，对齐值min(n,sizeof(short))为2，如果c紧接着b后面从偏移5开始就不满足2字节对齐要求，因此需要补充1个字节，从偏移6开始存储。结构体A的内存长度＝4＋1＋1(补充)＋2＝8。

(2) B的第一个成员b为char，对齐值min(n,sizeof(char))为1，成员b相对于结构体起始地址从0偏移开始，满足1字节对齐要求；第二个成员a为int，对齐值min(n,sizeof(int))为4，如果a紧接着b后面从偏移1开始，不满足4字节对齐要求，因此补充3个字节，从偏移4开始存储；第三个成员c为short，对齐值min(n,sizeof(short))为2，c紧接着a后面从偏移8开始，满足2字节对齐要求。则总的内存长度＝1＋3(补充)＋4＋2＝10。由于n大于最大的成员内存长度(4)，故结构体长度应是4的倍数，因此最后需要再补充2个字节。结构体B的内存长度＝1＋3(补充)＋4＋2＋2(补充)＝12。

如图8.2所示分别为A和B的内存结构，阴影部分是满足字节对齐要求而补充的字节。

使用预处理命令＃pragma pack(n)可以设定对齐字节数n(n＝1,2,4,8,16)。例如：

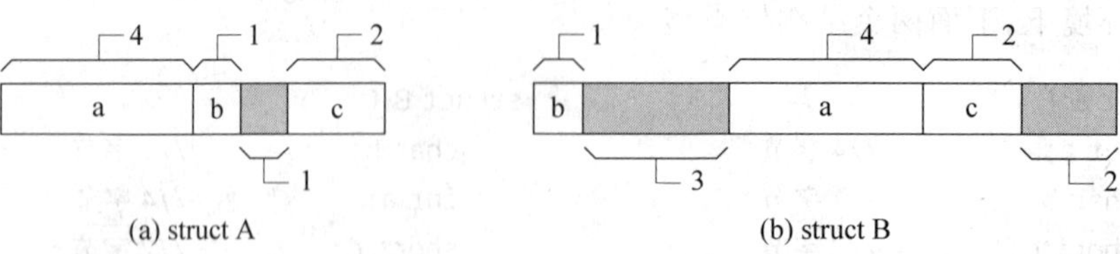

图 8.2 结构体字节对齐示意

```
#pragma pack(push) //保存对齐字节数          #pragma pack(push) //保存对齐字节数
#pragma pack(1)    //设定对齐字节数为 1      #pragma pack(1)    //设定对齐字节数为 1
struct A {                                   struct B {
    int a;         //4 字节                      char b;        //1 字节
    char b;        //1 字节                      int a;         //4 字节
    short c;       //2 字节                      short c;       //2 字节
};                                           };
#pragma pack(pop) //恢复对齐字节数           #pragma pack(pop)  //恢复对齐字节数
```

sizeof(struct A)和 sizeof(struct B)的结果均为 7。

8.2.2 结构体对象的初始化

可以在结构体对象定义时进行初始化。第一种定义初始化的一般形式为：

```
struct  结构体类型名  结构体对象名 1={初值序列 1},…;
```

第二种定义初始化的一般形式为：

```
struct 结构体类型名 {
    成员列表
} 结构体对象名 1={初值序列 1},…;
```

结构体对象的初值序列与数组一样，必须用一对大括号({})将它括起来，即使只有一个数据也是如此。如果结构体对象嵌套了结构体成员，则该成员的初值可以用或不用大括号括起来。初值的类型和次序必须与结构体类型声明时的一致。例如：

```
struct tagSTAFF s1={1001,"Li Min",'M',{1980,10,6},2700.0};
struct tagSTAFF s2={1002,"Ma Gang",'M',1978,3,22,3100.0};
```

8.2.3 结构体对象的使用

1. 结构体对象成员引用

使用结构体对象主要是引用它的成员，其一般形式为：

```
结构体对象名.成员名
```

其中，小数点(.)为对象成员引用运算符，见表 8.1。

表 8.1 对象成员引用运算符

运算符	功能	目	结合性	用法
.	对象成员引用运算	双目	自左向右	object.member

对象成员引用运算符在所有运算符中优先级较高，其作用是引用结构体对象中的指定成员，运算结果为左值(即成员本身)，因此可以对运算结果做赋值、自增自减和取地址等运算。例如：

```
struct tagSTAFF a,b;
a.no=10002;  //将 10002 赋值给 a 对象中的 no 成员，对象成员引用运算结果是左值(即成员本身)
b.salary=a.salary+500.0;        //在表达式中可以引用对象成员
a.no++;                         //按优先级等价于(a.no)++
```

对象成员引用运算时需要注意以下几点：

(1) 对象成员引用运算符(.)左边的运算对象 object 必须是结构体对象，右边的 member 必须是结构体中的成员名。

(2) 如果成员本身又是一个结构体对象，就要用成员引用运算符，一级一级地引用。例如：

```
struct tagSTAFF x;
x.birthday.year=1990,x.birthday.month=5,x.birthday.day=12;    //逐级引用成员
```

2. 结构体对象输入与输出

不能将一个结构体对象作为整体进行输入或输出，只能对结构体对象中基本类型成员逐个进行输入或输出。例如：

```
struct tagSTAFF x;
scanf("%d%c%f",&x.no,&x.sex,&x.salary);          //整型、字符型、浮点型成员输入
scanf("%d%d%d",&x.birthday.year,&x.birthday.month,&x.birthday.day);
gets(x.name);                                    //字符串成员输入
```

3. 结构体对象的运算

结构体对象可以进行赋值运算，但不能对其进行算术运算和关系运算等，例如：

```
struct tagCOMPLEX m,n,k;
m=n;                                //正确，结构体对象允许赋值
k=m+n;                              //错误，结构体对象不能做算术运算
m>n;                                //错误，结构体对象不能做关系运算
```

结构体对象赋值时，本质上是按内存形式将一个对象的全体成员完全复制到另一个对象中。如果结构体对象包含大批成员(如数组)，则赋值将耗费大量运行时间。

8.3 结构体与数组

8.3.1 结构体数组

数组元素可以是结构体类型，称为结构体数组，如一维结构体数组定义形式为：

```
struct  结构体类型名  结构体数组名[常量表达式];
```

例如，表示平面上若干个点的数据对象，可以这样定义：

```
struct tagPOINT {                          //点类型
int x,y;                                   //平面上点的 x、y 坐标
};
struct tagPOINT points[100];               //表示 100 个点的数据对象
```

结构体数组的内存形式是按数组内存形式排列每个元素，每个元素按结构体内存形式排列。如 points 数组的内存长度是 100 * sizeof(struct tagPOINT)。

与其他数组一样，可以对结构体数组进行初始化，如一维结构体数组初始化形式为：

```
struct  结构体类型名  结构体数组名[常量表达式]={初值序列};
```

其中初值序列必须按内存形式做到类型及次序一一对应。

例如，表示平面上 3 个矩形框的数据对象，可以这样定义：

```
struct tagRECT {                           //矩形框类型
    int left,top,right,bottom;             //平面上矩形框左上角和右下角的 x、y 坐标
};
struct tagRECT rects[3]={{1,1,10,10},{5,5,25,32},{100,100,105,200}};
```

初值写法中除最外面的一对大括号外，其他大括号可以省略。例如：

```
struct tagRECT _rect[3]={1,1,10,10,5,5,25,32,100,100,105,200};
```

在初始化时，数组元素个数可以不指定，而由编译器根据初值自动确定，例如：

```
struct tagRECT r[]={{1,1,10,10},{5,5,25,32},{100,100,105,200}};
```

引用结构体数组成员需要将数组下标运算和对象成员引用运算结合起来操作，其一般形式为：

```
数组对象[下标表达式].成员名
```

例如：

```
r[0].left=r[0].top=10;                     //数组对象[下标表达式]是结构体对象
```

8.3.2 结构体数组成员

结构体类型中可以包含数组成员，数组成员类型既可以是基本数据类型，又可以是指

针类型或结构体类型，例如，表示平面三角形的数据对象，可以这样定义：

```
struct tagTRIANGLE {                    //三角形类型
    struct tagPOINT p[3];               //由 3 个平面上的点描述三角形
};
```

引用结构体数组成员需要将对象成员引用运算、数组下标运算结合起来操作，其一般形式为：

结构体对象.数组成员[下标表达式]

例如：

```
struct tagTRIANGLE tri;
tri.p[0].x=10,tri.p[0].y=10;            //结构体对象.数组成员[下标表达式].成员名
```

【例 8.1】 从键盘上输入 20 个学生信息记录(包含学号、姓名、成绩)，按成绩递减排序；当成绩相同时，按学号递增排序。

程序代码如下：

```
#include<stdio.h>
#define N 20
struct tagSTUDENT {                                              //学生信息类型
    int no;                                                      //学号
    char name[21];                                               //姓名
    double score;                                                //成绩
};
int main()
{
    struct tagSTUDENT A[N], t;
    int i,j;
    for (i=0; i<N; i++)                                          //输入学生信息
        scanf("%d%s%lf",&A[i].no,A[i].name,&A[i].score);
    for (i=0; i<N-1; i++)                                        //排序
    for (j=i; j<N; j++)
        if (A[i].score<A[j].score                                //按成绩递减排序
        ||(A[i].score==A[j].score&&A[i].no>A[j].no))             //按学号递增排序
        t=A[i], A[i]=A[j], A[j]=t;
    for (i=0; i<N; i++)                                          //输出学生信息
        printf("%d,%s,%f\n",A[i].no,A[i].name,A[i].score);
    return 0;
}
```

8.4 结构体与指针

8.4.1 指向结构体的指针

可以得到结构体对象各成员的地址，方法是取地址运算(&)(或数组名即是地址)，指

向成员的指针类型应与成员类型一致。例如：

```
struct tagSTAFF m;            //结构体对象
int *p1;                      //指向 no 成员的指针类型是 int *
char *s1, *s2;                //指向 name、sex 成员的指针类型是 char *
struct tagDATE *p2;           //指向 birthday 成员的指针类型是 struct tagDATE *
p1=&m.no;                     //取 no 成员的地址
s1=m.name;                    //name 成员是数组,数组名即是地址
s2=&m.sex;                    //取 sex 成员的地址
p2=&m.birthday;               //取 birthday 成员的地址
```

也可以得到结构体对象的地址，方法是取地址运算(&)，指向结构体对象的指针类型必须是结构体类型。例如：

```
struct tagSTAFF m, * p;       //指向结构体对象的指针
p=&m;                         //取结构体对象的地址
```

指向结构体对象成员的指针值是该成员内存单元的起始地址，指向结构体对象的指针值是该对象内存单元的起始地址。显然，结构体对象的地址值(&m)与第一个成员的地址值(&m.no)相同。如图 8.3 所示显示指向结构体成员和指向结构体对象的指针。

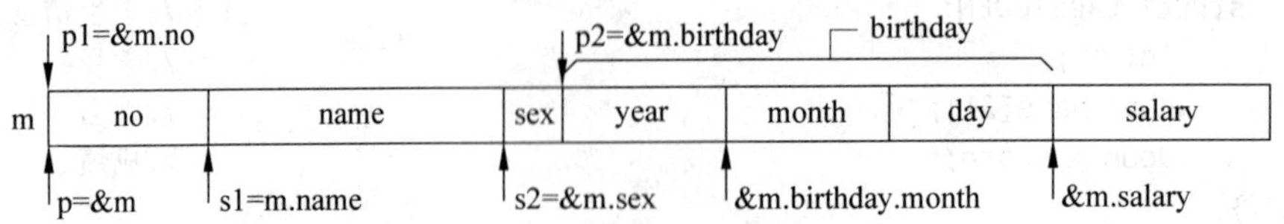

图 8.3 结构体对象及成员指针示意

假设 p 是指向结构体对象的指针，通过 p 引用结构体对象成员有两种方式：

(1) 对象法：(*p).成员名。

(2) 指针法：p->成员名。

注意：“(*p).成员名”不能写成“*p.成员名”，因为对象引用运算符(.)比间接引用运算符(*)高，这里的逻辑应该是通过 p 间接引用结构体对象，通过这个对象访问其成员，而不是相反。

箭头(->)为指针成员引用运算符，见表 8.2。

表 8.2 指针成员引用运算符

运算符	功 能	目	结合性	用 法
->	指针成员引用运算	双目	自左向右	pointer->member

指针成员引用运算符在所有运算符中优先级较高，其作用是通过结构体指针引用结构体对象中的指定成员，运算结果为左值(即成员本身)，因此可以对运算结果做赋值、自增自减和取地址等运算。例如：

```
p->no=10002;
```

```
                    //将 10002 赋值给对象中的 no 成员,指针成员引用运算结果是左值(即成员本身)
p->salary=p->salary+500.0;          //在表达式中引用指针指向的成员
p->no++;                            //按优先级等价于(p->no)++
```

指针成员引用运算时需要注意以下几点。

(1) 指针成员引用运算符(－＞)左边的运算对象 pointer 必须是指向结构体对象的指针,可以是变量或表达式,右边的 member 必须是结构体对象中的成员名。其引用形式为:

```
结构体指针->成员名
```

(2) 如果成员本身又是一个结构体对象指针,就要用指针成员引用运算符一级一级地引用成员。例如:

```
struct tagDATE d={1981,1,1};
struct tagTEACHER {                 //教师信息类型
int no;                             //工号
char name[21];                      //姓名
struct tagDATE * pbirthday;         //出生日期
} a={1001,"Li Min",&d}, * p=&a;
```

结构体对象 a 初始化时,其成员 pbirthday 是 struct tagDATE * 指针,指向结构体对象 d。结构体指针 p 指向结构体对象 a。则

```
p->no=10001;                        //通过指针 p 引用 a 的 no 成员
p->pbirthday->year=2008;            //通过指针 p->pbirthday 引用 d 的 year 成员
```

8.4.2 指向结构体数组的指针

指向结构体数组的指针本质上是数组指针,其定义的一般形式为:

```
struct  结构体类型名 结构体数组名[常量表达式], * 结构体指针;
结构体指针=结构体数组名;                                    //指向结构体数组
```

假设指向结构体数组的指针 p 指向了结构体数组首地址,通过 p 可以按下面的形式访问第 i 个数组元素(结构体对象):

(1) p[i]:数组法访问数组元素。

(2) *(p+i):指针法访问数组元素。

通过 p 还可以按下面的形式访问结构体数组成员:

(1) p[i].成员名:结合数组法与对象法访问结构体数组成员。

(2) (*(p+i)).成员名:结合指针法与对象法访问结构体数组成员,注意(*)的优先级低于(.)。

(3) (p+i)－＞成员名:指针法访问结构体数组成员。

例如:

```
int i=3,j=5;
struct tagSTAFF branch[20], * p=branch;         //指向结构体数组的指针
```

```
p[i]=p[j];                    //等价于branch[i]=branch[j],结构体对象赋值
*p=*(p+1);                    //等价于branch[0]=branch[1],结构体对象赋值
p[i].no=10003;                //给结构体对象成员赋值
printf("%d\n",(*(p+i)).no);   //输出结构体对象成员
scanf("%s",(p+i)->name);      //输入结构体对象成员
```

8.4.3 结构体指针成员

结构体成员可以是指针类型,例如:

```
struct tagDATA1 {
    int data;                 //整型成员
    char *name;               //指针成员
} a={10,"Li Min"}, b;
```

需要注意,结构体对象的指针成员存储的是地址,而不是所指向的内容。如 a.name 的值是字符串常量"Li Min"的地址,而不是字符串本身,这一点与数组成员是不同的,例如:

```
struct tagDATA2 {
    int data;                 //整型成员
    char name[10];            //数组成员
} c={10,"Li Min"}, d;
```

结构体对象 c 存储字符串"Li Min"。

上述两种结构体类型的内存长度是不一样的:

```
sizeof(struct tagDATA1)       //长度为8
sizeof(struct tagDATA2)       //长度为14
```

当这两种结构体对象赋值时,含义也是不同的,例如:

```
b=a;          //复制一个整型和一个指向"Li Min"的指针,b中name指向"Li Min"
d=c;          //复制一个整型和"Li Min",d中name为"Li Min"
```

结构体指针成员可以指向结构体类型,甚至是自身类型。例如:

```
struct tagNODE {
    int data;                     //整型成员
    struct tagNODE *next;         //指针成员,指向自身类型的指针
} a,b,c;
```

其中 next 成员指向 struct tagNODE。假设

```
a.next=&b;                        //对象a的next指向对象b
b.next=&c;                        //对象b的next指向对象c
```

那么访问 a、b、c 三个对象的 data 成员可以有如下写法:

```
a.data=1;                         //访问对象a的data成员
```

```
a.next->data=2;                    //访问对象 b 的 data 成员,等价于 b.data
a.next->next->data=3;              //访问对象 c 的 data 成员,等价于 c.data
```

即通过 next 成员可以将 3 个对象“链接”起来,形成链表结构。在这种结构中,只要知道第一个对象(如 a),不需要知道其他对象(如 b、c),就可以访问所有在链表上的对象。如果链接的对象是用动态内存分配得到的,则对象只有地址没有名称,那么这样的指针访问就显得很有意义了。

8.5 结构体与函数

8.5.1 结构体对象作为函数参数

将结构体对象作为函数实参传递到函数中,采用值传递方式。结构体对象内存单元的所有内容像赋值那样复制到函数形参中,形参必须是同类型的结构体对象。例如:

```
struct tagDATA {
    int data;                      //整型成员
    char name[10];                 //数组成员
};
void fun1(struct tagDATA x);       //函数原型
void fun2()
{
    struct tagDATA a={1,"LiMin"};
    fun1(a);                       //函数调用
}
```

函数调用时,实参对象 a 的 data 和 name 成员逐一复制到形参 x 对象中。因此这种传递方式会增加函数调用在空间和时间上的开销,特别是当结构体的长度很大时,开销会急剧增加。

采用值传递方式,形参对象仅是实参对象的一个副本,在函数中若修改了形参对象并不会影响到实参对象,即形参对象的变化不能返回到主调函数中。

在实际编程中,传递结构体对象时需要考虑结构体的规模带来的调用开销,如果开销很大时建议不要用结构体对象作为函数参数。

8.5.2 结构体数组作为函数参数

将结构体数组作为函数参数,采用地址传递方式。函数调用实参是数组名,形参必须是同类型的结构体数组。例如:

```
void fun3(struct tagDATA X[]);     //函数原型
void fun4()
{
    struct tagDATA A[3]={1,"LiMin",2,"MaGang",3,"ZhangKun"};
    fun3(A);                       //函数调用
```

```
}
```

函数调用时，无论数组有多少个元素，每个元素（结构体对象）有多大规模，传递的参数是数组的首地址，其开销非常小。

采用地址传递方式，形参数组的首地址与实参数组完全相同。在函数中若修改了形参数组元素，本质上就是修改实参数组元素，即形参数组元素的变化能反映到主调函数中。因此，使用结构体数组作为函数参数可以向主调函数传回变化后的结构体对象。

8.5.3 结构体指针作为函数参数

将结构体指针作为函数参数，采用地址传递方式。函数调用实参是结构体对象的地址，形参必须是同类型的结构体指针。例如：

```
void fun5(struct tagDATA *p);              //函数原型
void fun6()
{
    struct tagDATA a={1,"LiMin"};
    fun3(&a);                              //函数调用
}
```

函数调用时，无论结构体有多大规模，传递的参数是一个地址值，其开销非常小。

采用地址传递方式，在函数中若按间接引用方式修改了形参对象，本质上就是修改实参对象。因此，使用结构体指针作为函数参数可以向主调函数传回变化后的结构体对象。

如果希望用结构体指针减少函数调用开销而又不允许在函数中意外修改实参对象，可以将结构体指针形参作 const 限定，例如：

```
void fun7(const struct tagDATA *p)
{   p->data=100;                           //不能修改常对象成员
}
```

函数中任何试图修改形参对象的代码都会导致语法出错，进而防止意外修改。

8.5.4 函数返回结构体对象或指针

函数的返回类型可以是结构体类型，这时函数将返回一个结构体对象。例如：

```
struct tagDATA fun8()
{   struct tagDATA a={1,"LiMin"};
    return a;                              //返回结构体对象，复制到临时对象中
}
void fun9()
{
    struct tagDATA b;
    b=fun8();                              //函数返回结构体对象，并且赋值
}
```

函数返回结构体对象时，将其内存单元的所有内容复制到一个临时对象中。因此函数返回结构体对象时也会增加调用开销。例如，b＝fun8()，函数返回时复制一次到临时对象中，赋值时将临时对象又复制一次到 b 中。

函数的返回类型可以是结构体指针类型，但不要返回局部对象指针，因为它是无效的。

8.6　共用体

8.6.1　共用体概念及类型声明

共用体(union)是一种成员共享存储空间的结构体类型。共用体类型是抽象的数据类型，因此程序中需要事先声明具体的共用体类型，一般形式为：

```
union 共用体类型名 {
    成员列表
};
```

共用体类型名与 union 一起作为类型名称，成员列表是该类型数据元素的集合。一对大括号{}是成员列表边界符，后面必须用分号(;)结束。

共用体类型声明时必须给出各个成员的类型声明，其形式为：

```
成员类型  成员名列表;
```

成员名列表允许任意数目的成员，用逗号(,)作为间隔。

共用体中每个成员与其他成员之间共享内存。如有两个共用体类型

```
union A {
    int m,n;        //整型成员
    char a,b;       //字符成员
};
```

```
union B {
    int m;          //整型成员
    char a,b;       //字符成员
    short n;        //短整型成员
};
```

对于 union A，m、n、a、b 共享内存单元，其内存结构如图 8.4(a)所示。对于 union B，m、a、b、n 共享内存单元，其内存结构如图 8.4(b)所示。

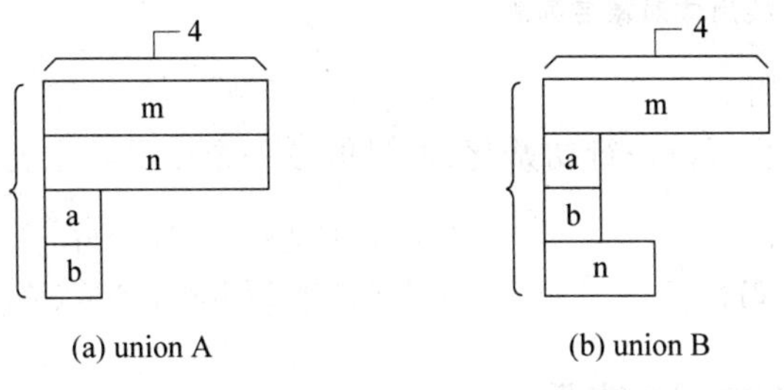

(a) union A　　(b) union B

图 8.4　共用体内存结构示意

比较以下共用体和结构体类型：

```
union tagUDATA {        //共用体类型          struct tagSDATA {        //结构体类型
    int n;              //整型成员                int n;               //整型成员
    char a;             //字符成员                char a;              //字符成员
};                                            };
```

如图8.5(a)所示为union tagUDATA类型内存结构，可以看出两个成员共享了同一段内存单元，考虑到整型有4个字节，字符型只有1个字节，相当于a是n的一部分。图8.5(b)所示为struct tagSDATA类型内存结构，可以看出两个成员n和a是各自独立的。

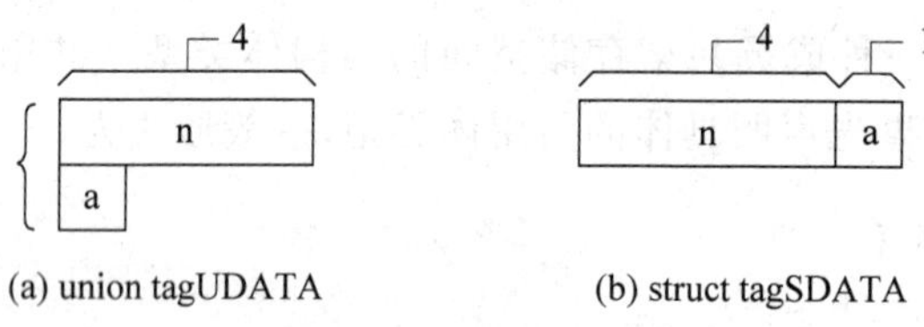

图8.5　共用体与结构体内存结构比较

显然，结构体与共用体的内存形式是截然不同的。共用体内存长度是所有成员内存长度的最大值，结构体内存长度是所有成员内存长度之和。建议用sizeof取它们的内存长度。

需要注意，共用体内存分配时仍然采用字节对齐规则。

8.6.2　共用体对象的定义

与结构体对象相似，定义共用体对象也有3种形式：

(1) 先声明共用体类型再定义共用体对象：

```
union  共用体类型名  共用体对象名列表;
```

(2) 同时声明共用体类型和定义共用体对象：

```
union  共用体类型名 {成员列表} 共用体对象名列表;
```

(3) 直接定义共用体对象：

```
union {成员列表} 共用体对象名列表;
```

其中第二种形式最常用。

定义共用体对象时可以进行初始化，但只能按一个成员给予初值，例如：

```
union A x={ 5678 };              //正确，只能给出1个初值
union A y={5,6,7,8};             //错误，试图给出4个初值(结构体做法)
```

8.6.3　共用体对象的使用

共用体对象的使用主要是引用它的成员，方法是对象成员引用运算(.)，例如：

```
1   x.m=5678;                                  //给共用体成员赋值
2   printf("%d,%d,%d,%d\n",x.m,x.n,x.a,x.b);   //输出共用体成员 5678,5678,46,46
3   scanf("%d%d%d%d",&x.m,&x.n,&x.a,&x.b);     //输入共用体成员
4   x.n++;                                     //共用体成员运算
```

在上述程序中,第1句给成员 m 赋值 5678,由于所有成员内存是共享的,因此每个成员都是这个值。第2句输出 m 和 n 为 5678,输出 a 和 b 为 46,因为 a 和 b 类型为 char,仅使用共享内存中的一部分(4个字节的低字节),即 5678(0x162E)的 0x2E(46)。同时每个成员的起始地址是相同的,当运行第3句时输入 1 2 3 4↙,x.m 得到 1,但紧接着 x.n 得到 2 时,x.m 也改变为 2 了(因为共享),依此类推,最终 x.b 得到 4 时,所有成员都是这个值。第4句当 x.n 自增运算后,所有成员的值都改变了。

显然,由于成员是共享存储空间的,使用共用体对象成员时有如下特点。

(1) 修改一个成员会使其他成员发生改变,所有成员存储的总是最后一次修改的结果。

(2) 所有成员的值是相同的,区别是不同类型决定使用这个值的全部或部分。

(3) 所有成员的起始地址值是相同的,因此通常只按一个成员输入和初始化。

不能对共用体对象整体进行输入、输出、算术运算等操作,只能对它进行赋值操作。赋值实际上就是将一个对象的内容按内存形式完全复制到另一个对象中,例如:

```
union A one,two={1234};
one=1234;                        //错误,类型不兼容
one=two;                         //正确,赋值时复制 two 的内存数据到 one 中
```

可以得到共用体对象的地址。显然,该地址与各成员的地址值相同。可以定义指向共用体对象的指针,其指向类型应与共用体类型一致。通过指向共用体对象的指针访问成员与结构体相同,方法是指针成员引用运算(->)。例如:

```
union A z={1234}, *p;            //指针类型为 union A *
p=&z;                            //指向共用体对象
printf("%d\n",p->a);             //通过指针引用成员
```

可以定义共用体数组及指向共用体数组的指针,也可以在共用体中包含数组和指针成员。例如:

```
union C {
    int n[5];                    //数组成员
    int *np;                     //指针成员
};
union C M[10], *p=M;             //定义共用体数组,指向共用体数组的指针
M[0].n[1]=1;                     //引用数组成员元素
p->np=p->n+1;                    //通过指针引用成员,等价于 M[0].np=&M[0].n[1];
```

函数的参数和返回类型可以是共用体对象或共用体指针。对象参数传递和返回时均采用复制对象方式。通过地址方式仅传递地址,调用开销小。例如:

```
union A fun1(union A a,union A *p)
{
    a.a=a.a+p->a;
    return a;
}
```

8.6.4 结构体与共用体嵌套

如何才能做到两组不同类型成员共享呢？方法是将其设计为结构体类型，再将这些结构体类型构造为共用体类型。例如：

```
struct tagDATA1 {
    int a;                      //整型成员
    double b;                   //浮点型成员
};
struct tagDATA2 {
    char name[10];              //字符串成员
};
union tagDATA12 {
    struct tagDATA1 a;
    struct tagDATA2 b;
};
```


图 8.6 共用体嵌套结构体类型的内存结构

union tagDATA12 内存形式如图 8.6 所示。

在共用体中嵌套结构体类型，可以解决复杂数据类型之间共享内存的需求。在结构体中嵌套共用体类型，可以节省存储空间。

8.7 枚举类型

8.7.1 枚举类型的声明

枚举类型是由用户自定义的由多个命名枚举常量构成的类型，其声明形式为：

```
enum 枚举类型名 {命名枚举常量列表};
```

例如：

```
enum tagDAYS {MON,TUE,WED,THU,FRI,SAT,SUN};
```

enum tagDAYS 是枚举类型，MON 等是命名枚举常量。默认时枚举常量总是从 0 开始，后续的枚举常量总是前一个的枚举常量加一。如 MON 为 0，TUE 为 1，…，SUN 为 6。

可以在(仅仅在)声明枚举类型时为命名枚举常量指定值。例如：

```
enum tagCOLORS {RED=10,GREEN=8,BLUE,BLACK,WHITE};
```

则 RED 为 10,GREEN 为 8,BLUE 为 9,BLACK 为 10,WHITE 为 11。

命名枚举常量是一个整型常量值,也称为枚举器(enumerator),在枚举类型范围内必须是唯一的。命名枚举常量是右值不是左值,例如:

```
RED=10;                                    //错误,RED不是左值,不能被赋值
GREEN++;                                   //错误,GREEN不是左值,不能自增自减
```

8.7.2 枚举类型对象

定义枚举类型对象有 3 种形式:

```
enum 枚举类型名 {命名枚举量列表} 枚举对象名列表;
enum 枚举类型名 枚举对象名列表;                //在已有枚举类型下最常用的定义形式
enum {命名枚举量列表} 枚举对象名列表;          //使用较少的定义形式
```

可以在定义对象时进行初始化,其形式为:

```
枚举对象名 1=初值 1, 枚举对象名 2=初值 2,…;
```

例如:

```
enum tagDIRECTION {LEFT,UP,RIGHT,DOWN,BEFORE,BACK} dir=LEFT;
```

本质上,枚举类型对象是其值限定在枚举值范围内的整型变量。在许多应用程序中,例如设计使用操作杆的游戏程序,代表操作方向的变量的取值就是有限集合常量,这时使用枚举类型很方便。

当给枚举类型对象赋值时,若值是除枚举值之外的其他值,编译器会给出错误信息,这样就能在编译阶段帮助程序员发现潜在的取值超出规定范围的错误。例如:

```
enum tagCOLORS color;
color=101;                                 //错误,不能类型转换
color=(enum tagCOLORS)101;                 //正确,但结果没有定义
```

8.8 位域

8.8.1 位域的声明

在声明结构体和共用体类型时,可以指定其成员占用存储空间的二进制位数,这样的成员称为位域(bit field),又称位段。其声明形式为:

```
struct/union 结构体/共用体类型名 {
    位域类型   成员名:常量表达式;             //声明位域
    成员类型   成员名;                        //数据成员列表
};
```

其中常量表达式为非负整数值,用来指明位域所占存储空间的二进制位长度;位域类型必须是 unsigned int 或 int,有的编译器如 VC 还允许 char 和 long 及其 unsigned 类型。

例如：

```
struct tagDATE {                    //日期类型
    int week  :3;                   //3位,星期
    int day   :6;                   //6位,日
    int month :5;                   //5位,月
    int year  :8;                   //8位,年
};
```

数据的内存形式如下：

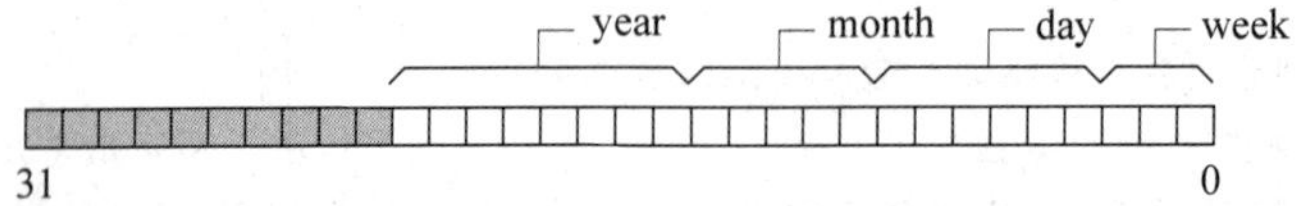

成员 week、day、month、year 分别占 3、6、5、8 位。在存储位域时，一般从存储单元的低位至高位分配位域，具体因编译器而异，使用位域时可以不关心这个细节。

本质上，位域是按其类型所对应的存储单元（如 int）存放的，即将位域存放在一个单元（int）内，若位数不够时再分配一个单元（int），直至能够容纳所有的位域。如上述位域（均为 int）共 22 位，因此需要一个 int（32 位，4 个字节）来存储。又如

```
struct tagBITDATA {    //总计 4+1+2+1 个字节,32+8+16+8 位
    int a:1;           //分配 1 个 int(4 字节,32 位)存储 a,只用其中的 1 位,其余空闲不用
    char b:2;          //分配 1 个 char(1 字节,8 位)存储 b,只用其中的 2 位,其余空闲不用
    char c:2;          //使用前面分配的 char 存储 c(归并分配),用其中的 2 位
    short d:3;         //分配 1 个 short(2 字节,16 位)存储 c,只用其中的 3 位,其余空闲不用
    unsigned char data;     //数据成员(非位域成员),unsigned char 型(1 字节,8 位)
};
```

按不同位域类型归并分配存储单元，而 data 成员不是位域，总是从另一个字节起按其类型（unsigned char）的实际大小来存放。

一般地，设 m 个类型位域的二进制位长度为 $L_i(L_i \geqslant 1), i=1,2,\cdots,m$，位域类型对应的存储单元大小为 Z_i（字节），则分配得到的存储单元数 $n=\sum_{i=1}^{m}([(L_i-1)/(Z_i*8)]+1)*Z_i$（方括号表示取整）。而非位域成员由其类型决定长度。如 struct tagBITDATA 的存储单元数 $n=([(1-1)/(4*8)]+1)*4+([(4-1)/(1*8)]+1)*1+([(1-1)/(2*8)]+1)*2+1=8$。

若存储单元位长度大于位域总长度，则多余二进制位空闲不用。如上述内存形式的阴影部分。需要注意，包含位域的结构体和共用体同样有字节对齐的问题。

位域的长度不能超过其类型对应的存储单元的大小，且必须存储在同一个存储单元中，不能跨两个单元。如果一个单元的剩余存储空间不能容纳下一个位域，则该空间闲置不用，直接从下一个单元起存储位域。例如：

```
struct tagBITDATA3 {
    int x:33;                       //错误,指定的位数超过 int 的容量
```

```
    char y:9;                          //错误,指定的位数超过 char 的容量
    unsigned char m:6;                 //6 位,剩余 2 位空闲不用
    unsigned char n:7;                 //3 位,剩余 1 位空闲不用
};
```

位域可以是匿名成员,即只指定位长度而不声明成员名称,例如:

```
struct tagBITDATA2 {                   //4 个字节(unsigned)
    unsigned a :1;                     //1 位
    unsigned   :2;                     //匿名位域成员,2 位,但空闲不用
    unsigned c :3;                     //3 位,剩余 26 位空闲不用
};
```

匿名位域占用二进制位,但空闲不用。若匿名位域的位长度为 0,则表示其后的位域成员将另起一个存储单元。例如:

```
struct tagDATE {                       //2 个 int,8 个字节
    int week  :3;                      //3 位,星期
    int day   :6;                      //6 位,日
    int       :0;                      //强制后面的位域成员从一个新的 int 开始存储
    int month :5;                      //5 位,月
    int year  :8;                      //8 位,年
};
```

数据的内存形式如下:

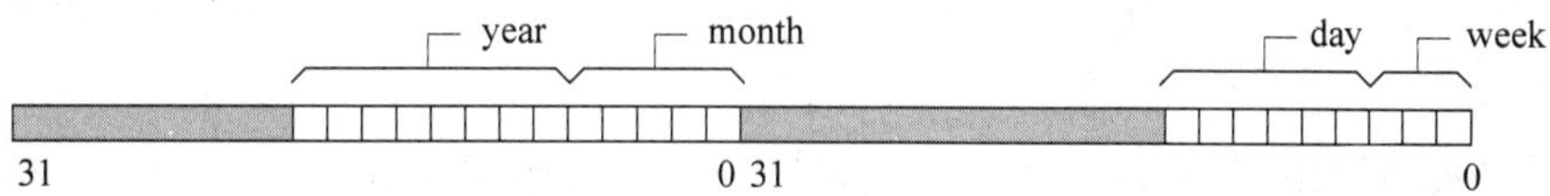

不能声明数组形式和指针形式的位域。位域只能是结构体或共用体类型的一部分,而不能单独定义。

位域适合系统编程和硬件编程,广泛地应用于操作系统、设备驱动、检测与控制、嵌入式控制系统等领域。之所以使用位域成员,原因有二:一是这些领域中某些数据往往对应硬件的物理信号线,决定了数据是二进制位形式而不是字节形式。二是以硬件为基础的系统编程中,存储容量是有限的,尽量节省存储空间是这些领域编程时的重要原则。

8.8.2　位域的使用

包含位域对象的定义形式与结构体对象的定义形式完全相同,例如:

```
struct tagC8253 {                      //8253 定时器数据类型
    unsigned char CLK:3;               //8253 时钟输入线
    unsigned char GATE:3;              //8253 门控信号
    unsigned char OUT:3;               //输出信号
    unsigned char A:2;                 //地址编码
    unsigned char CS:1;                //片选信号
```

```
    unsigned char RD:1;              //控制器读信号
    unsigned char WR:1;              //控制器写信号
} m,n={0,1,0,2,1,1,0};               //初始化
```

其使用与结构体对象相同，如整体对象可以初始化和赋值，但不能做算术运算或输入输出。

通过成员引用运算符(.)来使用位域，例如：

```
n.GATE=2;                                          //位域赋值
n.CS=m.GATE >>1 && 0x3;                            //位域运算
printf("%d,%u,%x,%o\n",m.OUT,m.GATE,m.A,m.CLK);    //输出位域
```

运算时，位域自动转换成整型。由于位域只有部分的二进制位，实际编程中需要注意其数值范围。如 m.A 只有 2 位，因此有效的数值只能是 0～3，超出这个范围的二进制位会自动被截掉。如给 m.A 赋值 8，m.A 得值 0。

由于位域是内存单元里面的一段，因而没有地址，故不能对位域取地址，如

```
scanf("%d%d",&m.GATE,&m.A);                        //错误，位域没有地址
```

也不能定义指针指向位域或函数返回位域。

8.9 用户自定义类型

用户自定义类型主要是通过构造类型实现的。构造类型中的数组能够实现同一类型的多个实体，体现了自定义类型时量的需求；构造类型中的结构体能够实现不同类型的数据组合，体现了自定义类型时质的需求。而且 C 语言构造类型是可以递归声明的，即数组元素可以是结构体和数组，结构体成员也可以是结构体和数组，无限嵌套组合的结果使 C 语言具有表示任意复杂的数据类型的能力。

在开发应用程序和软件设计过程中，经常会自定义新的数据类型，甚至会建立起一整套适应开发需要的数据类型体系。例如 Windows 为应用程序开发就建立了一套数据类型体系，称为 Win32 应用程序接口数据类型(Win32 API data types)。当程序中有大量自定义数据类型时，规范化的类型命名是建立类型体系的核心任务之一，typedef 是实现这个核心任务的重要工具。

可以用 typedef 声明一个新类型名来代替已有类型名，其形式为：

typedef 已有类型名 新类型名；

其中已有类型名必须是已存在的数据类型的名称，新类型名是标识符序列，习惯上用大写标识；如果是多个新类型名，用逗号(,)作为间隔。最后以分号(;)结束。例如：

```
typedef unsigned char BYTE;          //按计算机汇编指令习惯规定的字节型
typedef unsigned short WORD;         //按计算机汇编指令习惯规定的字类型
typedef unsigned long DWORD;         //按计算机汇编指令习惯规定的双字类型
```

BYTE 即是 unsigned char(基本数据类型)的新类型名，因此

```
unsigned char a,b,c;                    //定义无符号字符型
BYTE a,b,c;                             //定义字节型
```

两者完全是等价的。但对于熟悉计算机汇编指令的人来说,BYTE 更适应他们的习惯。

typedef 是存储类别关键字,因此不能与 auto、static、register 和 extern 同时使用。例如:

```
typedef auto int INTEGER;               //错误,不能在声明中有多个存储类别关键字
typedef static float REAL;              //错误,不能在声明中有多个存储类别关键字
typedef extern int COUNT;               //错误,不能在声明中有多个存储类别关键字
```

而且 typedef 允许递归声明,即将前一次 typedef 得到的新类型当作已有类型。例如:

```
typedef unsigned int UINT;              //无符号整型
typedef UINT WPARAM;                    //32 位消息参数类型
```

可以用 typedef 一次声明多个新类型名。例如:

```
typedef int UINT,BOOL;                  //无符号整型、逻辑型
```

使用 typedef 声明一个新类型名的方法是:

(1) 先按变量定义的方法写出定义形式,如“char *s1, *s2”,表示字符串。

(2) 将变量名换成新类型名,如“char *LPSTR, *PSTR”。

(3) 最后在前面加上 typedef,如“typedef char *LPSTR, *PSTR”,即得字符串类型。

下面针对不同数据类型列举一些 typedef 形式。

(1) 基本数据类型:

```
typedef 基本数据类型名 新类型名;          //新类型名为基本数据类型
```

(2) 数组类型:

```
typedef 元素类型 新类型名[常量];          //新类型名为一维数组类型
typedef 元素类型 新类型名[常量 1][常量 2]; //新类型名为二维数组类型
typedef char 新类型名[常量];             //新类型名为字符串类型
typedef char 新类型名[常量 1][常量 2];    //新类型名为字符串数组类型
```

(3) 指针类型:

```
typedef 指向类型 *新类型名;               //新类型名为指针类型
typedef 指向类型 *新类型名[常量];          //新类型名为指针数组类型
typedef 指向类型 (*新类型名)[常量];        //新类型名为数组指针类型
typedef char *新类型名;                  //新类型名为字符串类型
typedef char *新类型名[常量];             //新类型名为字符串数组类型
typedef 指向类型 **新类型名;              //新类型名为指针的指针类型
```

(4) 函数类型:

```
typedef 函数类型 (新类型名)(形式参数列表); //新类型名为函数类型
```

```
typedef 函数类型 (*新类型名)(形式参数列表);    //新类型名为函数指针类型
```

（5）结构体、共用体和枚举类型：

```
typedef struct/union/enum 旧类型名 新类型名;   //新类型名为结构体、共用体或枚举类型
typedef struct/union 结构体类型名 {
    成员列表
} 新类型名,*新类型名,新类型名[10];        //分别为结构体、结构体指针和结构体数组类型
```

例如，下面是 Win32 应用程序接口数据类型体系中的部分类型声明：

```
typedef long LONG;                          //32 位有符号长整型
typedef LONG LPARAM, LRESULT;               //32 位消息参数类型,有符号消息处理结果类型
typedef DWORD COLORREF;//颜色值类型
typedef unsigned__int64 ULONGLONG;          //无符号 64 位整型类型
typedef const char *LPCSTR, *PCSTR;         //常字符串类型
typedef void *HANDLE;                       //句柄类型(实为指针类型)
typedef struct tagPOINT {                   //已有类型是结构体类型
LONG x, y;
} POINT,*PPOINT,POINTS[10];
                       //POINT 为结构体,PPOINT 为结构体指针,POINTS 为结构体数组
typedef int (CALLBACK *PROC)();                                   //回调函数指针类型
typedef LRESULT (CALLBACK* WNDPROC)(HWND,UINT,WPARAM,LPARAM);     //消息处理函数类型
```

使用 typedef 重新命名一个类型名的好处有以下几点。

（1）声明易于记忆的类型名或适应具体要求的类型名，如用 COLORREF 能让人见其名知其意，比起 unsigned long 更靠近应用。

（2）使变量或对象定义变得更直观，如 LPSTR a 比 char *a 更让人容易理解。

（3）为复杂的类型声明取一个简单的别名，得到原声明的简化版，如用 WNDPROC 降低 LRESULT (CALLBACK*)(HWND,UINT,WPARAM,LPARAM)的复杂性。

（4）声明与平台无关的类型，如 GCC 的无符号 64 位整型类型为 unsigned long long，VC 的无符号 64 位整型类型为 unsigned__int64，都统一为 ULONGLONG 最方便跨平台。

（5）简化旧的 C 语言标准中的结构体类型名（struct 结构体名），这一点在最新版本的 C/C++标准中因为已经简化为（结构体名）而过时。

需要注意 typedef 和#define 两者的区别。例如：

```
typedef char *STRING1;
#define STRING2 char *
STRING1 s1, s2;  //s1 和 s2 实际为 char *类型
STRING2 s3, s4;  //s3 实际为 char *类型,s4 实际为 char 类型,因为 STRING2 替换为 char *
```

显然，就类型重命名来说，使用 typedef 要比#define 要好。

通常，在建立应用程序数据类型体系时，习惯将所有 typedef 都写在一个头文件中，凡是需要用到新类型名的源程序只要用#include 包含这个头文件即可。

习题

1. 有 30 个学生，每个学生有 3 门课的成绩，从键盘输入数据（包括学号、姓名、3 门课成绩），计算 3 门课程总平均成绩，以及最高分的学生信息。

2. 用下面的结构体类型表示复数：

```
typedef struct tagCOMPLEX { double r, i; } COMPLEX;            //实部 r、虚部 i
```

编写 4 个函数分别实现复数的和、差、积、商计算，在主函数中输入数据并调用这些函数得到复数运算结果。

3. 设计分数类型：

```
typedef struct tagFRACTION { int m, n;} FRACTION;              //m/n
```

编写 4 个函数分别实现分数的和、差、积、商计算，在主函数中输入数据并调用这些函数得到分数运算结果。

4. 假设有 100 个数，有些是整型，有些是实型，设计满足要求的自定义类型的数组，实现该数组的输入、输出和按升序排序。

5. 设有一个学校人员信息表，其中有学生和教师。学生信息包括姓名、号码、性别、班机和成绩，教师信息包括姓名、号码、性别、职称和工资。要求输入人员数据，对于学生统计不及格的人数，对于教师则统计职称为讲师的人数。

6. 设计日期类型如下：

```
typedef struct tagDATE { int year, month, day;} DATE;          //年、月、日
```

编写函数分别实现：①计算日期的星期；②比较两个日期的大小；③计算两个日期间的差（天数）；④计算一个日期加减 n 天（正为后，负为前）的日期。

7. 用下面的数据类型分别表示点、线、矩形和圆：

```
typedef struct tagPOINT {  //点
    int x, y;      //坐标值 x 和 y
} POINT;
typedef struct tagRECT {    //矩形
    POINT lt, rb;  //矩形的左上角和右下角
} RECT;
typedef struct tagLINE {     //线
    POINT s, e;              //线的两端
} LINE;
typedef struct tagCIRCLE {  //圆
    POINT c;                 //圆心
    double r;                //半径
} CIRCLE;
```

编写函数分别实现：

(1) 点的运算：①求两点距离；②判断一个点是否在矩形、圆的内部和线上；③计算一个点距一条线、矩形、圆的最近距离。

(2) 线的运算：①判断两条线是否为平行线；②判断两条线是否交叉，求交叉点位置；③判断一条线及其延长线是否会与一个矩形、圆相交，若相交，计算交叉点位置。

(3) 矩形运算：①求矩形面积；②求一个矩形在坐标系中 45°角投射的阴影区（为一

个三角形)；③判断一个矩形与另一个矩形、圆是否有交叉，若有，求交叉区域的面积；④求两个互相交叉的矩形所组成的多边形(用POINT数组表示)的面积。

(4) 圆的运算：①求圆的面积；②判断一个圆是否与另一个圆有交叉，若有，求交叉区域的面积；③若两个圆相连，求连接点的切线；④判断一个圆是否完全包含另一个圆。

在主函数中输入上述要求的点、线、矩形和圆的数据，并调用这些函数得到运算结果。

8. 用动态内存分配上题的POINT类型数组表示任意形状的多边形，输入这个多边形各顶点的坐标。判断一个点是否在这个多边形内部，若在，则以该点出发找出所有在多边形的点，但不包括多边形的边线(称为颜色填充算法)。

9. 用枚举类型表示5种水果：苹果、橘子、香蕉、葡萄和梨。从中任意选择3种不同的水果组成拼盘，输出每种拼盘的内容，求出共有多少种不同的拼盘。

10. 一副扑克有52张牌，利用随机函数rand模拟洗牌，把洗好的牌分发给4个人。

11. 参考火车时刻表，编写程序。输入一个城市名称，能求出该城市是否有直达的火车，若有(可能多个)，输出铁路距离、火车票价和车次信息。

第9章 链　表

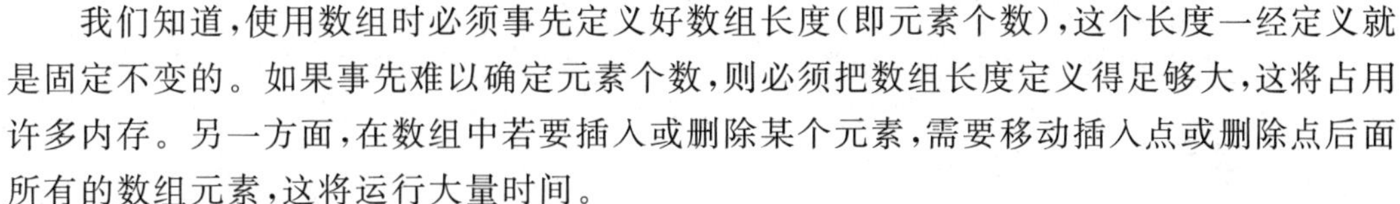

我们知道，使用数组时必须事先定义好数组长度(即元素个数)，这个长度一经定义就是固定不变的。如果事先难以确定元素个数，则必须把数组长度定义得足够大，这将占用许多内存。另一方面，在数组中若要插入或删除某个元素，需要移动插入点或删除点后面所有的数组元素，这将运行大量时间。

链表是一种存储空间能动态进行增长或缩小的数据结构。链表主要用于两个目的：一是建立不定长度的数组。二是链表可以在不重新安排整个存储结构的情况下，方便且迅速地插入和删除数据元素。由于这些原因，链表广泛地运用于数据管理中。

9.1　链表概述

9.1.1　链表的概念

首先设计一种称为结点(node)的数据类型：

```
typedef struct tagNODE {              //结点数据类型
    ElemType data;                    //数据域
    struct tagNODE * link;            //指针域
} NODE;
```

在这个结构体类型中，data成员表示数据域，代表结点的数据信息。ElemType可以是简单的内置数据类型，也可以是复杂的数据类型，如

```
typedef struct tagElemType {          //复杂的数据元素类型
⋮                                     //任意数目、任意组合、任意类型的数据成员
} ElemType;
```

数据域是链表中的信息对象(元素)，实际应用中结合具体要求设计其数据类型。为方便介绍，本书将ElemType简单设定为int型，即

```
typedef int ElemType;                 //简单的数据元素类型
```

link成员表示指针域，存放另一个结点的地址，是链表中的组织者。假定有一个NODE类型的对象指针L，将一个新结点的地址赋给L的link成员，则L可以通过它的link成员“链接”到新结点上，重复这个过程可以得到如图9.1的链表结构。

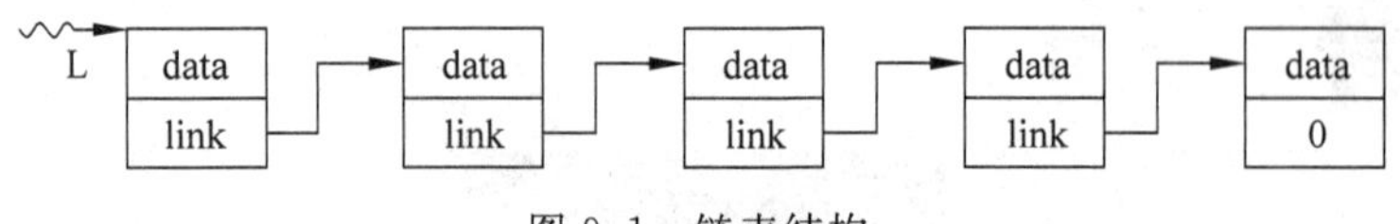

图 9.1　链表结构

可以看出，**链表是一种物理存储非连续(非顺序)的存储结构**，数据元素的逻辑顺序是通过链表中的指针域实现的。链表由一系列结点组成，结点可以在运行时动态生成，因而链表可以动态增长或缩短。同时，结点是按指针域连接起来的，插入或删除结点非常简便和迅速。通常，链表包含创建、遍历、插入和删除等运算。

9.1.2　单链表与双链表

链表分单(向)链表与双(向)链表。

1. 单链表

单链表每个结点包含一个指向直接后继结点的指针域，其形式为：

```
typedef struct tagLNode {       //单链表结点类型
    ElemType data;              //数据域
    struct tagLNode * next;     //指针域：指向直接后继结点
} LNode, * LinkList;            //LNode 为单链表结构体类型,LinkList 为单链表指针类型
```

next 指向直接后继结点，由它构成了一条链，如图 9.2 所示。

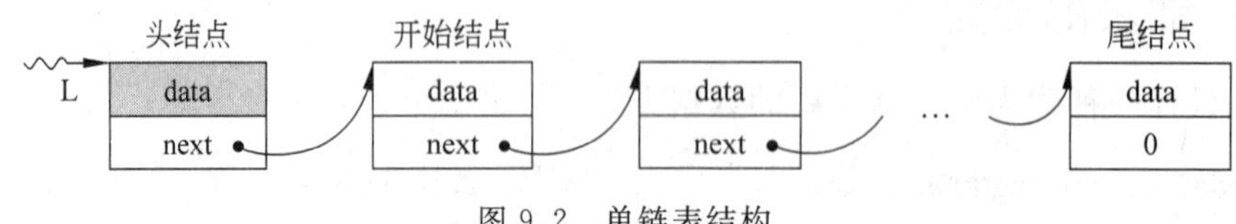

图 9.2　单链表结构

指针 L 指向单链表头结点，头结点指向开始结点，开始结点又指向下一个结点，……，直到最后一个尾结点。尾结点的 next 为 0，表示 NULL 指针，约定单链表的结点的 next 为 0 时表示尾结点。上述链表称为带头结点的单链表，若开始结点为头结点，则称这样的链表为不带头结点的单链表。本书仅讨论带头结点的链表。

2. 双链表

双链表每个结点包含指向前趋结点和指向直接后继结点的指针域，其形式为：

```
typedef struct tagDNode {               //双链表结点类型
    ElemType data;                      //数据域
    struct tagDNode * prev, * next;     //指针域：分别指向前趋结点和直接后继结点
} DNode, * DLinkList;                   //DNode 为双链表结构体类型,DLinkList 为双链表指针类型
```

next 指向直接后继结点，prev 指向直接前趋结点，由它们构成了两条链，如图 9.3 所示。

指针 L 指向双链表头结点，其每个结点分别有指向前一个结点和后一个结点的指

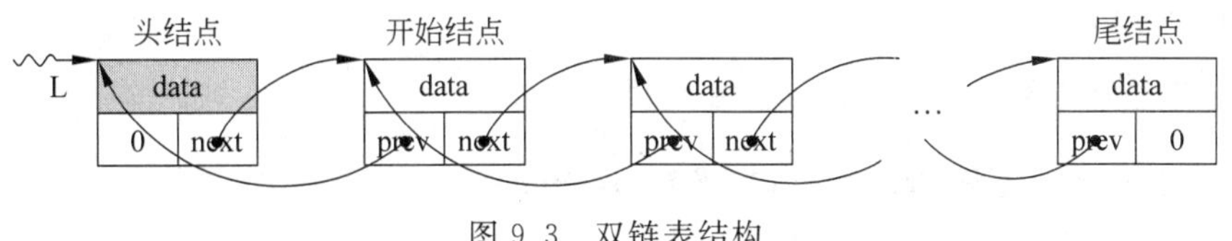

图 9.3 双链表结构

针。沿着 next 指针,头结点指向开始结点,开始结点又指向下一个结点,……,直到尾结点,尾结点的 next 为 0。沿着 prev 指针,尾结点指向前一个结点,直到头结点 head,头结点的 prev 为 0。约定双链表的结点的 next 为 0 时表示尾结点,prev 为 0 时表示头结点。双链表也有带头结点和不带头结点之分。

与单链表相比,双链表可以从前向链和后向链遍历整个链表,这样简化了链表排序方法及运算。同时,当一个链数据受损(如数据库设备故障)时可以根据另一个链来恢复它。

3. 循环链表

若单链表尾结点指向头结点而不是 0,则该链表是循环单链表,如图 9.4(a)所示。同理,若双链表尾结点 next 指向头结点而不是 0,头结点 prev 指向尾结点而不是 0,则该链表是循环双链表,如图 9.4(b)所示。

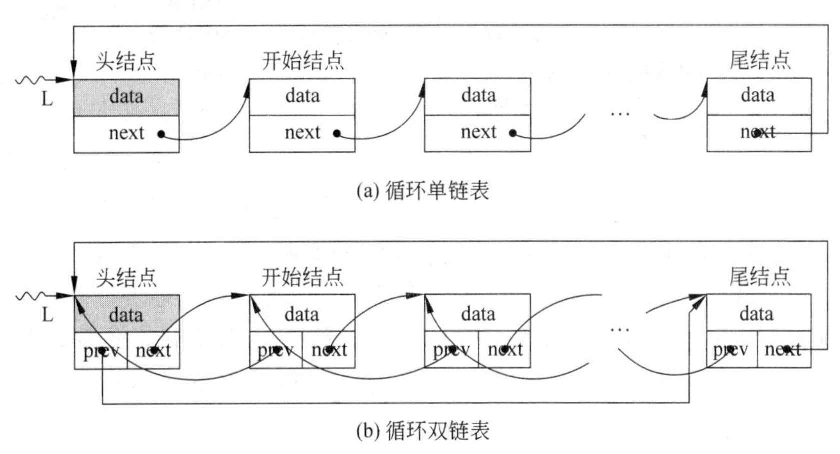

(a) 循环单链表

(b) 循环双链表

图 9.4 循环单链表和循环双链表

9.2 链表的创建

9.2.1 创建单链表

通过第 7 章介绍的内存动态分配技术可以产生新结点的内存单元,例如:

```
LinkList p;                              //链表指针
p=(LinkList)malloc(sizeof(LNode));       //分配 LNode 类型内存单元且将地址保存到 p 中
```

调用 malloc、realloc 内存分配函数或 free 释放函数时,在程序中需要文件包含命令:

```
#include<stdlib.h>
```

创建链表常用两种方法：头插法和尾插法。

1. 头插法建立链表 CreateLinkF(&L,n,input())

该方法先建立一个头结点 *L,然后产生新结点,设置新结点的数据域;再将新结点插入到当前链表的表头,直至指定数目的元素都增加到链表中为止。其步骤为：

(1) 创建头结点 *L,设置 *L 的 next 为 0。

(2) 动态分配一个结点 s,输入 s 的数据域。

(3) 将 s 插入到开始结点之前、头结点之后,即 s－＞next＝p－＞next,p－＞next＝s。

(4) 重复(2)、(3)步骤加入更多结点。

采用头插法创建单链表的算法如下：

```
void CreateLinkF(LinkList *L,int n,void(*input)(ElemType*))
{  //头插法创建单链表,调用 input 输入函数输入数据
    LinkList s;
    *L=(LinkList)malloc(sizeof(LNode));          //创建头结点
    (*L)->next=NULL;                             //初始时为空表
    for (; n>0; n--) {                           //创建 n个结点链表
        s=(LinkList)malloc(sizeof(LNode));       //创建新结点
        input(&s->data);                         //调用 input 输入数据域
        s->next=(*L)->next;                      //将 s 增加到开始结点之前
        (*L)->next=s;                            //头结点之后
    }
}
```

参数 L 表示将要创建出来的单链表指针,之所以是 LinkList 类型的指针类型(即指针的指针),其原因是需要将链表返回到调用函数中。n 表示创建链表时需要输入的元素数目,由实际应用中的具体要求确定。考虑到数据域可能是复杂的数据类型,输入不止是一个简单的 scanf。因此设计 input 函数指针,CreateLinkF 调用它实现定制的数据域输入。例如：

```
void input(ElemType *ep)        //实现数据域元素输入的定制函数
{  //在函数中可以写更加复杂、任意形式、任意数目的输入
   scanf("%d",ep);
}
```

运行时若输入 5 个元素：1、2、3、4、5,则调用

```
LinkList L;
CreateLinkF(&L,5,input);        //创建单链表 L
```

建立的单链表如图 9.5 所示。

2. 尾插法建立链表 CreateLinkR(&L,n,input())

头插法建立的链表中结点的次序与元素输入的顺序相反,若希望两者次序一致,可采

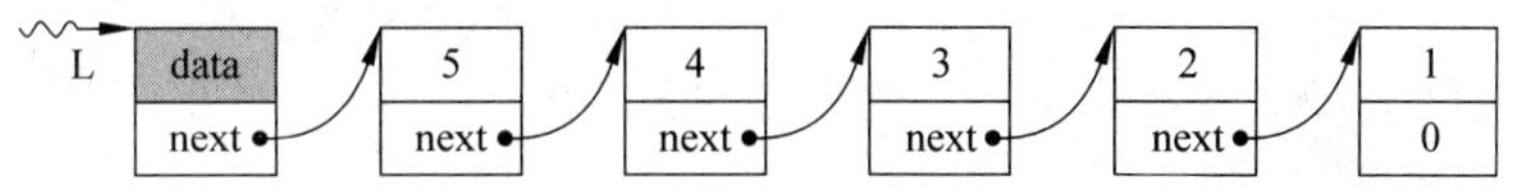

图 9.5 头插法建立的单链表 L

用尾插法建立链表。该方法是将新结点插到当前链表的末尾上，其步骤为：

(1) 创建头结点 * L，设置 * L 的 next 为 0，且令指针 p 指向 * L。

(2) 动态分配一个结点 s，输入 s 的数据域。

(3) 将 s 插入到当前链表末尾，即 p－＞next＝s，p＝s。

(4) 重复(2)、(3)步骤加入更多结点。

采用尾插法创建单链表的算法如下：

```
void CreateLinkR(LinkList *L,int n,void(*input)(ElemType*))
{ //尾插法创建单链表,调用 input 输入函数输入数据
    LinkList p,s;
    p=*L=(LinkList)malloc(sizeof(LNode));        //创建头结点
    for (; n>0; n--) {                            //创建 n 个结点链表
        s=(LinkList)malloc(sizeof(LNode));        //创建新结点
        input(&s->data);                          //调用 input 输入数据域
        p->next=s, p=s;                           //将 s 插入到当前链表末尾
    }
    p->next=NULL;                                 //尾结点
}
```

运行时若输入 5 个元素：1、2、3、4、5，则调用 CreateLinkR(&L,5,input)建立的单链表如图 9.6 所示。

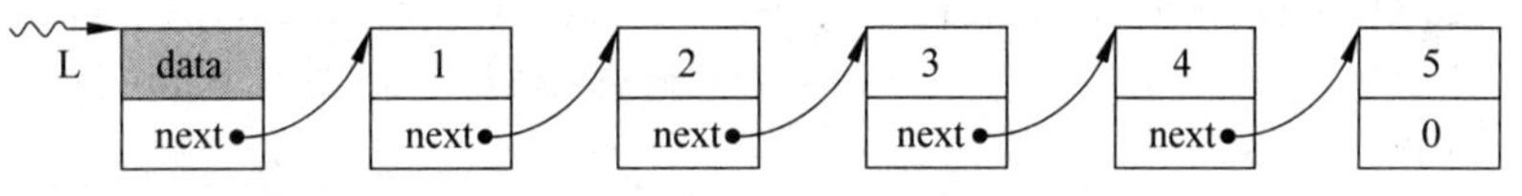

图 9.6 尾插法建立的单链表 L

3. 初始化链表 InitList(&L)

构造一个空链表(即没有数据结点)的算法如下：

```
void InitList(LinkList *L)                        //构造一个空的单链表 L
{
    *L=(LinkList)malloc(sizeof(LNode));           //创建头结点,*L 指向头结点
    (*L)->next=NULL;                              //初始时为空表
}
```

4. 判断链表是否为空表 ListEmpty(L)

检测一个链表是否为空表的算法如下：

```
int ListEmpty(LinkList L)                //检测 L 是否为空表
{   //若 L 为空表返回 TRUE,否则返回 FALSE
    return L->next==NULL;
}
```

9.2.2 创建双链表

双链表每个结点有两个指针域,next 指向直接后继结点,prev 指向前趋结点。建立双链表的过程与单链表相似,只是需要再处理 prev 指针,建立前向链即可。

采用头插法创建双链表的算法如下:

```
void CreateLinkF(DLinkList *L,int n,void(*input)(ElemType*))
{  //头插法创建双链表,调用 input 输入函数输入数据
    DLinkList s;
    *L=(DLinkList)malloc(sizeof(DNode));              //创建头结点
    (*L)->prev=(*L)->next=NULL;                       //初始时为空表
    for (; n>0; n--) {                                //创建 n 个结点链表
        s=(DLinkList)malloc(sizeof(DNode));           //创建新结点
        input(&s->data);                              //调用 input 输入数据域
        s->next=(*L)->next;                           //将 s 增加到开始结点之前
        if ((*L)->next!=NULL) (*L)->next->prev=s;     //开始结点之前是 s
        (*L)->next=s, s->prev=*L;                     //头结点之后是 s,s 之前是头结点
    }
}
```

采用尾插法创建双链表的算法如下:

```
void CreateLinkR(DLinkList *L,int n,void(*input)(ElemType*))
{                                   //尾插法创建双链表,调用 input 输入函数输入数据
    DLinkList p,s;
    p=*L=(DLinkList)malloc(sizeof(DNode));            //创建头结点
    (*L)->prev=(*L)->next=NULL;                       //初始时为空表
    for (; n>0; n--) {                                //创建 n 个结点链表
        s=(DLinkList)malloc(sizeof(DNode));           //创建新结点
        input(&s->data);                              //调用 input 输入数据域
        s->next=NULL;                                 //当前结点是尾结点
        p->next=s, s->prev=p, p=s;                    //将 s 增加到链尾
    }
}
```

构造一个空的双链表(即没有数据结点)的算法如下:

```
void InitList(DLinkList *L)                           //构造一个空的单链表 L
{
    *L=(DLinkList)malloc(sizeof(DNode));              //创建头结点,*L 指向头结点
    (*L)->prev=(*L)->next=NULL;                       //初始时为空表
```

```
}
```

9.3 链表的运算

双链表与单链表的基本运算大多数是相同的，本节仅讨论单链表的情形。

9.3.1 链表的遍历

1. 链表遍历 ListTraverse(L，visit())

与数组不同，链表不是用下标而是用指针运算查找数据元素的。通过链表的头结点 L 可以访问开始结点 p=L－＞next，令 p=p－＞next，即 p 指向直接后继结点，如此循环可以访问整个链表中的全部结点，这就是链表的遍历(traverse)。链表的输出、销毁、查找和逆序等运算都需要遍历链表。

链表遍历算法的实现步骤为：

(1) 令指针 p 指向 L 的开始结点。

(2) 若 p 为 0，表示已到链尾，遍历结束。

(3) 令 p 指向直接后继结点，即 p=p－＞next。重复步骤(2)、(3)直至遍历结束。

链表遍历的算法如下：

```
void ListTraverse(LinkList L,void( * visit)(ElemType * ))
{  //遍历 L 中的每个元素且调用函数 visit 访问它
    LinkList p=L->next;                    //p 指向开始结点
    while(p!=NULL) {                       //若不是链尾则继续
        visit(&(p->data));                 //调用函数 visit()访问结点
        p=p->next;                         //p 指向直接后继结点
    }
}
```

其中 visit 是函数指针。当调用 ListTraverse 遍历结点时，通过调用 visit()对每个结点完成定制的操作。

2. 输出链表

设计遍历结点时的 visit 函数：

```
void visit(ElemType * ep)                  //实现链表遍历时结点访问的定制函数
{  //在函数中对结点 * ep 实现定制的操作，例如输出
    printf("%d ", * ep);
}
```

调用 ListTraverse(L，visit)时扫描链表中的每个结点，并调用 visit()输出结点的数据域。

3. 计算链表长度 ListLength(L)

应用遍历算法逐个统计链表结点个数的算法如下：

```
int ListLength(LinkList L)                    //返回 L 中数据元素的个数
{
    int cnt=0;
    LinkList p=L->next;                       //p 指向开始结点
    while(p!=NULL) {                          //若不是链尾则继续
        cnt++;
        p=p->next;                            //指向直接后继结点
    }
    return cnt;                               //返回 0 表示无数据结点
}
```

4. 返回链表尾结点元素 LastElem(L, &e)

应用遍历算法移动到尾结点，返回尾结点元素的算法如下：

```
int LastElem(LinkList L,ElemType * e)         //用 e 返回尾结点元素
{
    LinkList q=NULL, p=L;                     //指向头结点
    while (p!=NULL) {                         //若不是链尾继续
        q=p;
        p=p->next;                            //指向直接后继结点
    }
    if (q!=NULL) {
        * e=q->data;
        return 1;                             //操作成功返回真(1)
    }
    return 0;                                 //操作失败返回假(0)
}
```

5. 检测是否为循环链表 LinkRing(L)

循环链表的特征是尾结点的 next 是头结点，所以应用遍历算法判断链表是否为循环链表的算法如下：

```
int LinkRing(LinkList L)                      //判断链表是否为循环链表
{
    LinkList p=L;                             //指向头结点
    while (p!=NULL) {                         //若是链尾则结束
        p=p->next;                            //指向直接后继结点
        if (p==L) return 1;                   //是循环链表返回真(1)
    }
    return 0;                                 //不是循环链表返回假(0)
}
```

6. 两个链表相连 LinkContact(L1, * L2)

通过让链表 L1 的尾结点指向 L2 的开始结点将两个链表连接起来的算法如下：

```
void LinkContact(LinkList L1,LinkList * L2)       //两个链表相连
{
    LinkList q=NULL,p=L1;                         //p指向链表1的头结点
    while (p!=NULL) {                             //若是链表1链尾则结束
        q=p;
        p=p->next;                                //指向直接后继结点
    }
    if (q!=NULL && ( * L2)!=NULL) {
        q->next=( * L2)->next;                //链表1的尾结点指向链表2的开始结点
        free( * L2);                          //释放链表2的头结点
        * L2=NULL;
    }
}
```

9.3.2 销毁链表

1. 销毁链表 DestroyList(&L)

按照动态内存的使用要求，当不再使用链表时或程序结束前，需要将创建链表时分配的所有结点的内存释放掉，即销毁链表。

销毁链表的步骤如下：

(1) 若 * L 为 0，表示已到链尾，销毁链表结束。

(2) 令指针 p 指向结点 * L 的 next，释放内存 * L。

(3) * L 置换为 p，即 * L 指向直接后继结点。

(4) 重复步骤(1)～(3)直至销毁链表结束。

应用遍历算法销毁链表的算法如下：

```
void DestroyList(LinkList * L)                //销毁单链表L
{
    LinkList q,p= * L;                        //p指向头结点
    while(p!=NULL) {                          //若不是链尾则继续
        q=p->next;                            //指向直接后继结点
        free(p);                              //释放结点的存储空间
        p=q;                                  //直接后继结点
    }
    * L=NULL;                                 //置为空表
}
```

2. 置空链表 ClearList(&L)

将一个链表重置为空表(即没有数据结点)的算法如下：

```
void ClearList(LinkList * L)             //将 L 重置为空表
{
    LinkList p,q;
    p=(* L)->next;                       //p 指向开始结点
    while(p!=NULL) {                     //若不是链尾则继续
        q=p->next;                       //指向直接后继结点
        free(p);                         //释放结点的存储空间
        p=q;                             //直接后继结点
    }
    (* L)->next=NULL;                    //初始时为空表
}
```

9.3.3 查找结点

1. 用 e 返回链表中第 i 个数据元素 GetElem(L,i,&e)

应用遍历算法可以实现链表结点的查找,找出指定位置的元素。其步骤为:

(1) 令指针 p 指向 L。

(2) 若 p 为 0,表示已到链尾,查找结束,未发现给定元素的结点。

(3) 若计数器与给定 i 相同,查找结束,找到给定元素的结点。

(4) 令 p 指向直接后继结点,即 p=p->next。

(5) 重复步骤(2)~(4)直至查找结束。

应用遍历算法定位链表结点,返回第 i 个数据元素的算法如下:

```
int GetElem(LinkList L,int i,ElemType * e)     //用 * e 返回 L 中第 i 个数据元素
{
    LinkList p=L;                               //p 指向头结点
    while(p!=NULL && i>0) {        //顺指针向后查找直到 p 指向第 i 个元素或链尾结束
        p=p->next;                              //指向直接后继结点
        i--;
    }
    if(p==NULL||p==L) return 0;                 //第 i 个元素不存在返回假(0)
    if(e!= NULL) * e=p->data;                   //用 * e 返回第 i 个元素
    return 1;                                   //操作成功返回真(1)
}
```

2. 返回链表中满足指定数据元素的位序 LocateElem(L,e,compare())

应用遍历算法查找链表结点,返回第一个满足定制关系数据元素的位序的算法如下:

```
int LocateElem(LinkList L,ElemType e,int(* compare)(ElemType * ,ElemType * ))
{                             //返回 L 中第 1 个与 e 满足关系 compare()的数据元素的位序
    int i=0;
    LinkList p=L->next;                         //p 指向开始结点
```

```
    while(p!=NULL) {                              //若不是链尾继续
        i++;
        if(compare(&(p->data),&e)) return i;      //关系成立时找到指定元素的位序
        p=p->next;                                //指向直接后继结点
    }
    return 0;                                     //关系不存在返回 0
}
```

其中 compare 是函数指针。当调用 LocateElem 遍历结点时,通过调用 compare()对每个结点与给定完成定制的关系比较,关系成立返回真,否则返回假。如相等比较为:

```
int compare(ElemType *ep1,ElemType *ep2)     //实现两个数据元素关系比较的定制函数
{   //在函数中对数据元素进行定制的关系比较,如相等,大于或小于
    if (*ep1==*ep2) return 1;                //满足相等关系返回真(1)
    return 0;                                //不满足关系返回假(0)
}
```

3. 返回链表中指定元素的前趋元素 PriorElem(L,cur_e,&pre_e)

应用遍历算法查找链表结点返回链表中指定元素的前趋元素的算法如下:

```
int PriorElem(LinkList L,ElemType cur_e,ElemType *pre_e)
{   //用 pre_e 返回 cur_e 元素的前趋
    LinkList q,p=L->next;                          //p 指向开始结点
    while(p!=NULL) {                               //若不是链尾则继续
        q=p->next;                                 //q 为 p 的直接后继结点
        if(q!=NULL && q->data==cur_e && pre_e!=NULL) {
            *pre_e=p->data;                        //*pre_e 返回前趋元素
            return 1;                              //操作成功返回真(1)
        }
        p=q;                                       //p 指向直接后继结点
    }
    return 0;                                      //不存在 cur_e 返回假(0)
}
```

4. 返回链表中指定元素的后继元素 NextElem(L,cur_e,&next_e)

应用遍历算法查找链表结点返回链表中指定元素的后继元素的算法如下:

```
int NextElem(LinkList L,ElemType cur_e,ElemType *next_e)
{   //用 next_e 返回 cur_e 元素的后继
    LinkList p=L->next;                            //p 指向开始结点
    while(p!=NULL) {                               //若不是链尾则继续
        if(p->data==cur_e) {
            if (p->next!=NULL && next_e!=NULL)
                *next_e=p->next->data;             //*next_e 返回后继元素
```

```
                return 1;                             //操作成功返回真(1)
            }
            p=p->next;                                //p指向直接后继结点
        }
        return 0;                                     //不存在 cur_e 返回假(0)
    }
```

9.3.4 链表的逆序

链表的逆序是指将原始链表中开始结点变为尾结点,尾结点变为开始结点。如图 9.7 所示显示了单链表的逆序,其中虚线是逆序操作。逆序的实现是从链表开始结点建立前向链 p,移动前向链判断是否到链尾,移动中建立后向链 q,最后修改头结点指向后向链。如果是循环链表,则逆序实现起来要方便一些。

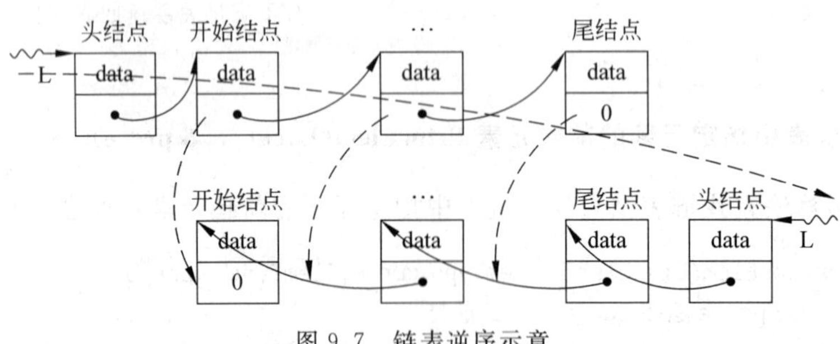

图 9.7 链表逆序示意

9.4 结点的插入与删除

链表中每个结点都有指针域指向其前后结点,在进行结点插入和删除时,不能仅仅只对该结点进行操作,还要考虑其前后结点。

9.4.1 单链表插入结点

插入结点操作是指将一个新结点插入到已知的链表中。插入位置可能在头结点、尾结点或者链表中间,插入操作前需要定位插入元素的位置和动态分配产生新结点。

假设将新结点 s 插入到单链表的第 i 个结点位置上。方法是先在单链表中找到第 i－1 个结点 p,在其后插入新结点 s,如图 9.8(a)所示。为了插入结点 s,先让结点 s 的指针域指向结点 p 的后一个结点(即 p－＞next),如图 9.8(b)所示;然后修改结点 p 的指针域,令其指向结点 s,如图 9.8(c)所示,从而实现 3 个结点指向关系的变化。

实现上述步骤的 C 语言语句如下:

```
s->next=p->next, p->next=s;                    //结点插入算法
```

请注意,这两个表达式的顺序不能颠倒。因为若先修改结点 p 的指针域指向向结点

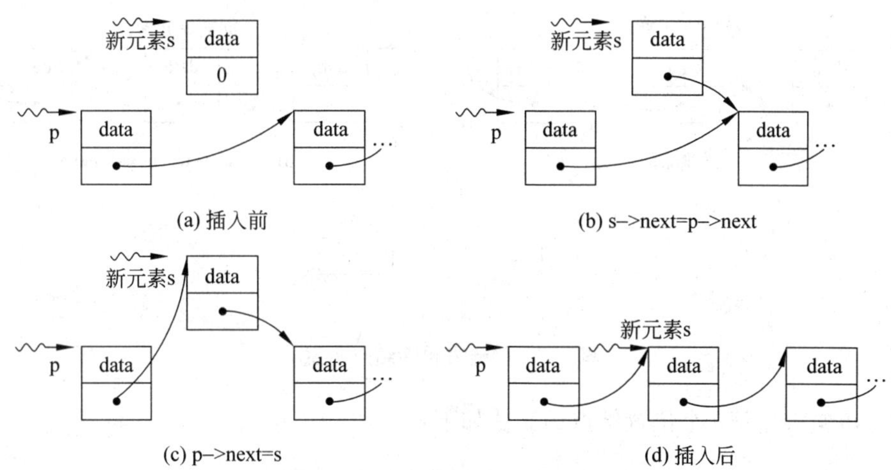

(a) 插入前　(b) s–>next=p–>next

(c) p–>next=s　(d) 插入后

图 9.8　单链表插入结点示意

s,结点 p 的后一个结点(p－＞next)就此从链表中断开,再让结点 s 的指针域指向结点 p 的后一个结点即是错误的。

在单链表中第 i 个位置上插入元素 e 的新结点 s 的算法如下：

```
int ListInsert(LinkList * L,int i,ElemType e)
{  //在第 i 个位置之前插入元素 e
    LinkList s,p= * L;                          //p 指向头结点
    while(p!=NULL && i>1) {                     //寻找第 i-1 个结点
        p=p->next;                              //p 指向直接后继结点
        i--;
    }
    if(p==NULL||i<1) return 0;                  //i 值不合法返回假(0)
    s=(LinkList)malloc(sizeof(LNode));          //创建新结点
    s->data=e;                                  //插入 L 中
    s->next=p->next, p->next=s;                 //结点插入算法
    return 1;                                   //操作成功返回真(1)
}
```

9.4.2　单链表删除结点

结点删除操作是指将链表中的某个结点从链表中删除。删除位置可能在头结点、尾结点或者链表中间,删除操作后需要释放删除结点的内存空间。

将链表中第 i 个结点删除的方法是先在单链表中找到第 i－1 个结点 p,再删除其后的结点,如图 9.9(a)所示。若要删除结点 p 的后一个结点(即 p－＞next),只需要将 p 的指针域指向 p－＞next 的后一个结点(即 p－＞next－＞next),如图 9.9(b)所示。

实现上述步骤的 C 语言语句如下：

```
p->next=p->next->next;                          //结点删除算法
```

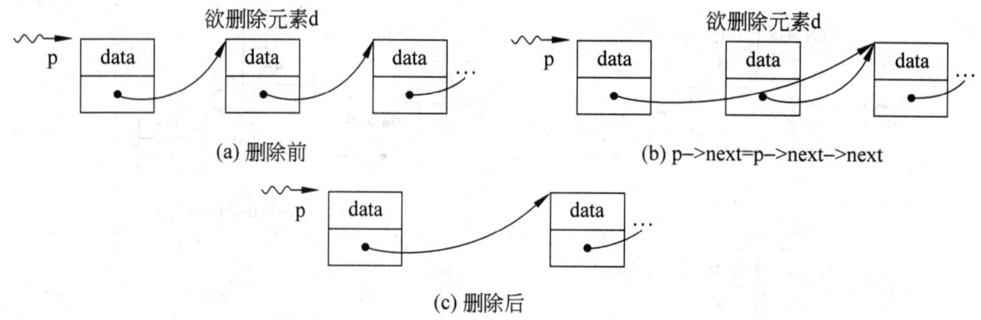

图 9.9　单链表删除结点示意

删除单链表中第 i 个位置结点的算法如下：

```
int ListDelete(LinkList *L,int i,ElemType *ep)
{  //删除第 i 个结点,并由 *ep 返回其值
    LinkList p=NULL,q= *L;                     //q 指向头结点
    while(q!=NULL && i>=1) {                   //直到第 i 个结点
        p=q;                                   //p 是 q 的前趋
        q=q->next;                             //q 指向直接后继结点
        i--;
    }
    if(p==NULL||q==NULL) return 0;//i 值不合法返回假(0)
    p->next=q->next;                           //结点删除算法
    if(ep!= NULL) *ep=q->data;                 //删除结点由 *ep 返回其值
    free(q);                                   //释放结点
    return 1;                                  //操作成功返回真(1)
}
```

9.4.3　双链表插入结点

双向链表的插入结点与单向链表类似，不过需要要维护两条链的指针域变化，即前向链 next 和后向链 prev。

假设在双向链表中结点 p 之后插入新结点 s，其指针域的变化过程如图 9.10 所示。实现其步骤的 C 语言语句如下：

```
s->next=p->next, p->next->prev=s;          //结点插入算法
s->prev=p, p->next=s;
```

在双链表中第 i 个位置上插入元素 e 的新结点 s 的算法如下：

```
int ListInsert(DLinkList *L,int i,ElemType e)
{  //在第 i 个位置之前插入元素 e
    DLinkList s,p= *L;                         //p 指向头结点
    while(p!=NULL && i>1) {                    //寻找第 i-1 个结点
        p=p->next;                             //p 指向直接后继结点
```

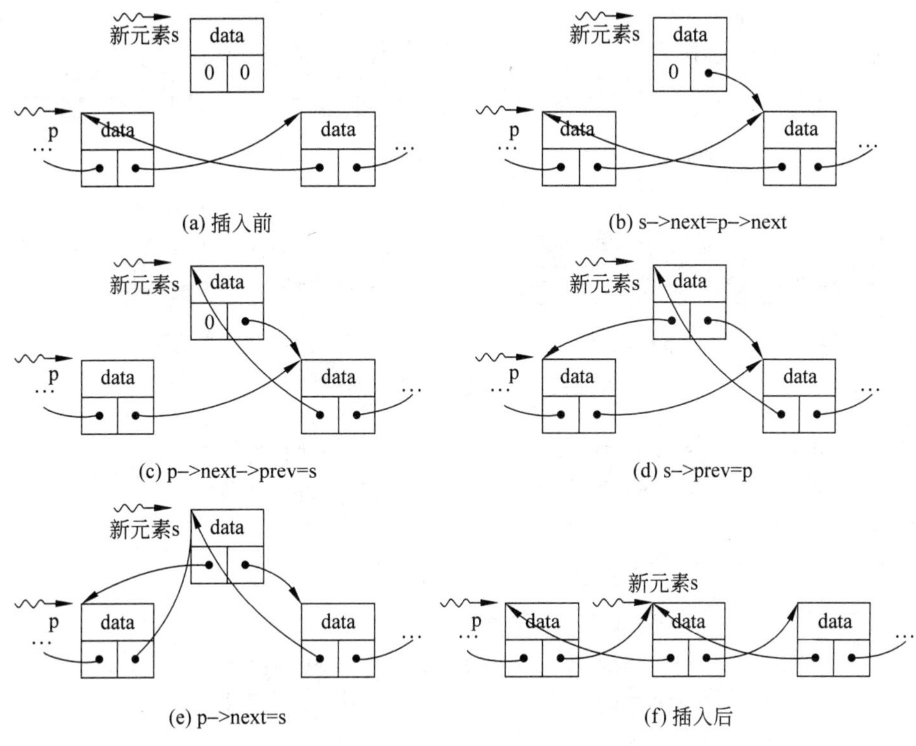

图 9.10　双链表插入结点示意

```
        i--;
        }
        if(p==NULL||i<1) return 0;                  //i值不合法返回假(0)
        s=(DLinkList)malloc(sizeof(DNode));         //创建新结点
        s->data=e;                                  //插入 L 中
        s->next=p->next;                            //结点插入算法
        if (p->next!=NULL) p->next->prev=s;
        s->prev=p, p->next=s;
        return 1;                                   //操作成功返回真(1)
    }
```

9.4.4　双链表删除结点

假设删除双向链表中结点 p 的后续结点，其指针域的变化过程如图 9.11 所示。实现其步骤的 C 语言语句如下：

```
p->next=q->next;                                    //结点删除算法
q->next->prev=p;
```

删除双链表中第 i 个位置结点的算法如下：

```
    int ListDelete(DLinkList *L,int i,ElemType *ep)
    {  //删除第 i 个结点,并由 *ep 返回其值
```

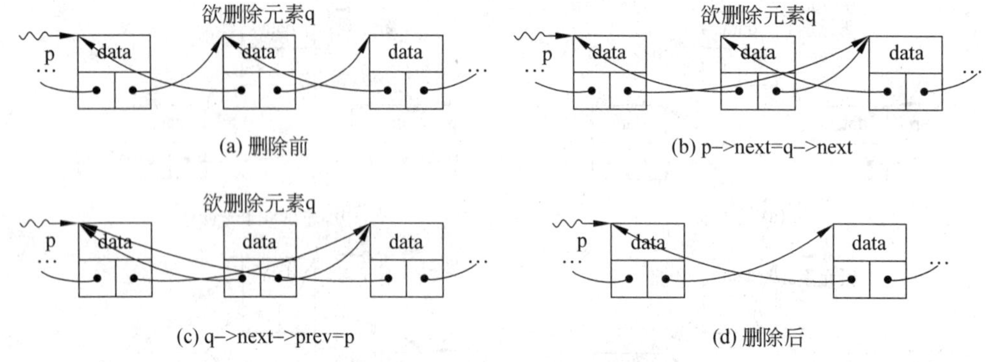

图 9.11　双链表删除结点示意

```
    DLinkList p=NULL,q= * L;                //q 指向头结点
    while(q!=NULL && i>=1) {                //直到第 i 个结点
        p=q;                                //p 是 q 的前趋
        q=q->next;                          //q 指向直接后继结点
        i--;
    }
    if(p==NULL||q==NULL) return 0;//i 值不合法返回假(0)
    p->next=q->next;                        //结点删除算法
    if (q->next!=NULL) q->next->prev=p;
    if(ep!= NULL) * ep=q->data;             //删除结点由 * ep 返回其值
    free(q);                                //释放结点
    return 1;                               //操作成功返回真(1)
}
```

习题

1. 参照本章例题，编写程序实现不带头结点单链表的各种运算。

2. 参照本章例题，编写程序实现不带头结点双链表的各种运算。

3. 参照本章例题，编写程序实现循环单链表和双链表的各种运算。

4. 设计算法实现带头结点的单链表和双链表的逆序。

5. 有一个带头结点的单链表 L，设计算法 SortLink(LinkList L)使其元素递增有序排列。

6. 有一个带头结点的双链表 L，设计算法 SortLink(DLinkList L)使其元素递减有序排列。

7. 将两个带头结点的递增有序的单链表 LA 和 LB 合并为一个有序链表 LC。

8. 已知一个带头结点的单链表类型定义如下：

```
typedef struct tagLNode {                   //单链表结点类型
    ElemType data;                          //数据域
    struct tagLNode * next;                 //指针域：指向直接后继结点
```

```
} LNode, * Link, * Position;
typedef struct tagLinkList {                  //单链表类型
    Link head,tail;                           //分别指向链表中的头结点和尾结点
    int len;                                  //链表中数据元素的个数
} LinkList;                                   //LinkList 为结构体类型
```

编写程序实现下列算法：

```
void MakeNode(Link * p,ElemType e);              //分配由 p 指向的值为 e 的结点
void FreeNode(Link * p);                         //释放 p 所指结点
int InitList(LinkList * L);                      //构造一个空的链表 L
void ClearList(LinkList * L);                    //将链表 L 重置为空表
void DestroyList(LinkList * L);                  //销毁链表 L
void InsFirst(LinkList * L,Link h,Link s);       //将 s 所指结点插入在第一个结点之前
void DelFirst(LinkList * L,Link h,Link * q);     //删除链表中的第一个结点并以 q 返回
void Append(LinkList * L,Link s);                //一串结点链接在链表 L 的最后一个结点之后
Position PriorPos(LinkList L,Link p);            //返回 p 所指结点的直接前趋的位置
int Remove(LinkList * L,Link * q);               //删除链表 L 中的尾结点并以 q 返回
void InsBefore(LinkList * L,Link * p,Link s);    //将 s 所指结点插入在 p 所指结点之前
void InsAfter(LinkList * L,Link * p,Link s);     //将 s 所指结点插入在 p 所指结点之后
void SetCurElem(Link p,ElemType e);              //用 e 更新 p 所指结点中数据元素的值
ElemType GetCurElem(Link p);                     //返回 p 所指结点中数据元素的值
int ListEmpty(LinkList L);                       //检测 L 是否为空表
int ListLength(LinkList L);                      //返回 L 中数据元素的个数
Position GetHead(LinkList L);                    //返回链表 L 中头结点的位置
Position GetLast(LinkList L);                    //返回线性链表 L 中最后一个结点的位置
Position NextPos(Link p);                        //返回 p 所指结点的直接后继的位置
int LocatePos(LinkList L,int i,Link * p);        //返回 p 指示线性链表 L 中第 i 个结点的位置
//返回线性链表 L 中第 1 个与 e 满足函数 compare()判定关系的元素的位置
Position LocateElem(LinkList L,ElemType e,int( * compare)(ElemType,ElemType));
//遍历 L 中的每个元素且调用函数 visit 访问它
void ListTraverse(LinkList L,void( * visit)(ElemType));
//已知 L 为有序链表,将元素 e 按非降序插入在 L 中
void OrderInsert(LinkList * L,ElemType e,int ( * compare)(ElemType,ElemType));
//q 返回升序链表 L 中第一个值为 e 的结点的位置
int LocateElemP ( LinkList  L, ElemType  e, Position  * q, int ( * comp ) ( ElemType,
ElemType));
```

9. 编写程序判断一个带头结点的单链表 L 是否存在环。所谓环是指链表的数据元素呈现环状，例如 N1－>N2－>N3－>N4－>N5－>N2 就是一个有环的链表，环的开始结点是 N5。

10. 有两个长度不同的集合 A 和 B，编写程序实现 $(A-B)\cup(B-A)$ 集合运算，即集合 A 中删除 B 中相同的元素，集合 B 中删除 A 中相同的元素，然后求运算后两个集合的并集。

11. 建立一个单链表,结点数据包括学号、姓名、性别和年龄。输入一个年龄,如果链表中的结点所包含的年龄等于此年龄,则将此结点删去。

12. 已知一个通讯记录是由学号、姓名、性别、出生日期、邮编、通讯地址、QQ 号和电话等数据项组成,利用单链表编写管理通讯簿(多个通讯记录)的程序,要求实现添加、删除、查找和打印通讯记录的功能。

13. 编写程序实现中国省市电话区号查询,输入省市名称,输出是对应的电话区号;若输入的省市名称查询不到,则可以向程序添加此项记录。

14. 用双链表实现稀疏数组,表示类似 Excel 的电子表格,并且可以用类似 A2、B 的写法表示单元格和整列,程序可以累加以及对选中的区域求平均值。

第10章 文件

计算机信息根据存储时间可以分为**临时性信息**和**永久性信息**。临时性信息存储于计算机系统临时存储设备(如内存)中,在程序运行结束或系统断电时数据信息会消失。永久性信息存储于计算机系统持久性存储设备(如磁盘)中,在这些设备上的数据信息可以长久地保存下来。

程序常常需要将一些数据信息(如运行结果)永久性地保存下来,或者从永久性信息中读取有用的数据(如历史记录),这些都需要进行文件操作。C语言文件操作是通过函数实现的。

10.1 文件概述

10.1.1 文件系统

文件是指存放在磁盘上的数据的集合。操作系统以文件为单位对这些数据进行管理。也就是说,如果想得到存在磁盘上的数据,必须先按文件名找到指定的文件,然后再从该文件中读取数据。要向磁盘上存放数据,也必须先以文件名为标识创建建一个文件,才能向它输出数据。

1. 缓冲文件系统

缓冲文件系统是指系统自动地在内存中为每一个正在使用的文件开辟一个缓冲区。从内存向磁盘输出数据时先存放到这个缓冲区,装满缓冲区或发出强制写入指令后才将数据存储到磁盘上。如果从磁盘向内存读入数据,则是一次从磁盘文件中读入一批数据到内存缓冲区中充满,然后再从缓冲区逐个将数据送到程序中。内存缓冲区的大小可以调节,一般为1024字节(1KB)。

缓冲文件系统的优点是存取效率高;缺点是当输出数据时,在缓冲区尚未装满且发生系统断电等情况,数据会丢失,因此需要程序有特别的处理策略。

C语言标准文件处理采用缓冲文件系统。

2. 非缓冲文件系统

非缓冲文件系统是指系统不使用缓冲区作为程序数据和磁盘文件数据的交换区,写入数据时直接存放到磁盘文件上，读入数据时也是直接从磁盘文件上取出。

非缓冲文件系统的优点是不会发生数据丢失，缺点是存取效率低。

3. 文本文件

文本(text)文件中的每个字节存放的是一个 ASCII 码，表示一个字符；对于像汉字、日韩文字等字符集而言，使用双字节存放字符。文本文件有 UTF-8、UTF-16、UNICODE 等编码格式。本书不讨论复杂编码格式，仅以 ASCII 文本文件(又称 DOS 格式文本文件)为例。

例如，字符型数据 123 输出到文本文件中，存放的是"123"的 ASCII 码序列，即 31H、32H、33H(十六进制)，占用文件 3 个字节。

ASCII 文本文件，数据以字符形式表示，因而便于按字符方式逐个处理，也便于打印输出字符。但 ASCII 文本文件一般占用存储空间较多，且存在编码转换的运行开销。

4. 二进制文件

二进制文件是将数据以内存中的存储形式直接存放到磁盘上。用二进制形式输出数据，可以节省存储空间和避免编码转换。由于一个字节并不对应一个字符，所以不能直接打印输出或编辑二进制文件。

例如，字符型数据 123 输出到二进制文件中，存放的是 123 的值，即 7BH(十六进制)，占用文件 1 个字节。

10.1.2 流式文件

流是磁盘或其他外围设备存取数据的逻辑接口，它提供或存储数据。提供数据的流称为输入流，存储数据的流称为输出流。

C 语言在处理文件时并不区分文件类型，都将其看作是一个字符流，按字符进行处理。即文件由一个一个字符(或字节)的数据顺序组成。输入输出字符流的开始和结束只由程序控制而不受物理符号(如回车符)的控制，因此也把这种文件称作流式文件。

10.1.3 文件指针

在 C 语言中用一个指针指向一个文件，称为文件指针(或文件句柄)。文件指针是一个指向结构体类型的指针，其类型声明在头文件 stdio.h 中，一般形式为：

```
typedef struct _iobuf {
    char *_ptr;                         //文件位置指针
    int _cnt;                           //缓冲区剩余字符数
    char *_base;                        //缓冲区首地址
    int _flag;                          //文件状态标志
    int _file;                          //文件有效性检查
    int _charbuf;                       //若无缓冲区则不读取字符
    int _bufsiz;                        //缓冲区大小
    char *_tmpfname;                    //临时文件名
} FILE;
```

对于每个正在使用的文件，都有一个已分配内存的文件结构用来存放文件的状态、当前位置、缓冲区大小等相关信息。一般情况下，程序很少直接使用这些信息，但文件操作的各种函数都需要它们(通过文件指针引用)。

例如定义一个文件指针变量：

```
FILE *fp;                    //定义一个文件指针变量
```

一旦通过函数打开或创建一个文件时，fp 就指向这个文件，通过 fp 就可以对文件进行各种操作。也就是说，通过文件指针变量能够找到与之关联的文件。

显然，程序若要使用多个文件，就应定义多个文件指针变量指向这些文件，且通过关联的文件指针变量来操作具体的一个文件。

C 语言文件操作函数定义在标准输入输出库中，其头文件为 stdio. h。

10. 2 文件打开与关闭

文件操作之前需要打开该文件，在使用结束之后需要关闭该文件。所谓打开文件，实际上是建立文件的各种信息，使文件指针指向该文件，以便进行其他操作。关闭文件则断开文件指针与文件之间的联系，也就禁止再对该文件进行操作。

10. 2. 1 文件打开

fopen 函数用来打开或创建一个文件，其函数原型为：

```
FILE * fopen(const char * filename, const char * mode);
```

参数 filename 表示文件名，可以是相对路径，如"A. TXT"(当前目录下的 A. TXT 文件)、"SUB\\A. TXT"(SUB 子目录下的 A. TXT 文件)、"..\\A. TXT"(上一级目录下的 A. TXT 文件)，也可以是绝对路径，如"C:\\A. TXT"(C 盘根目录下的 A. TXT 文件)、"D:A. TXT"(D 盘当前目录下的 A. TXT 文件)等。请注意，文件系统路径表示的反斜线(\)写成字符串时应该用转义字符(\\)。参数 filename 可以是字符串常量，也可以是字符串变量。参数 mode 表示操作模式，只能是表 10. 1 所列的模式字符串。

表 10. 1 文件工作模式

模式字符串		含 义
文 本 文 件	二进制文件	
"r"或"rt"	"rb"	打开一个文件用于只读数据，文件不存在时打开失败
"r+"或"rt+"或"r+t"	"rb+"或"r+b"	打开一个文件用于读写数据，文件不存在时打开失败
"w"或"wt"	"wb"	创建一个新文件用于只写数据，新文件会覆盖旧文件
"w+"或"wt+"或"w+t"	"wb+"或"w+b"	创建一个新文件用于读写数据，新文件会覆盖旧文件
"a"或"at"	"ab"	打开一个文件用于追加数据，文件不存在时创建新文件
"a+"或"at+"或"a+t"	"ab+"或"a+b"	打开一个文件用于追加和读数据，文件不存在时创建新文件

fopen 函数根据操作模式，打开或创建指定文件名的文件，返回与之关联的文件指针。如果打开或创建文件成功，则返回有效指针，否则返回 NULL 指针。程序可以根据该指针是否有效(非 NULL)决定后续操作。

例如：

```
FILE *fp1, *fp2;                        //定义文件指针变量
fp1=fopen("IN.TXT","r");                //打开一个(已存在的)文本文件 IN.TXT
fp2=fopen("OUT.DAT","wb");              //创建一个新二进制文件 OUT.DAT
```

关于操作模式的说明如下。

(1) 将文件打开只读和读写时，如果文件不存在时会失败，函数返回 NULL 指针，后续不能对这个文件作任何操作。文件不存在的原因有：①文件名是错误的；②按文件名中的路径找不到该文件；③磁盘设备不存在或物理损坏。

(2) 通常，创建新文件总是成功的，除非存储设备物理异常。例如，向系统不存在的 F 盘里写文件，向只读设备里写文件。创建新文件时若磁盘上已有同名文件，则旧文件会被删除，重建一个新文件。

(3) 追加数据是指打开文件将文件位置指针移动到文件末尾，向文件新增数据。

通常，系统会为每个程序自动定义并打开 3 个标准文件，分别是标准输入文件 stdin(键盘)、标准输出文件 stdout(显示器)、标准出错输出 stderr(显示器)，程序可直接使用它们。例如，从文件指针 stdin 中读取数据就是从键盘上输入数据。

10.2.2 文件关闭

fclose 函数用来关闭已打开的文件，其函数原型为：

```
int fclose(FILE *stream);
```

参数 stream 是已打开的文件指针。当文件关闭后，就不能再通过 stream 指针对原来关联的文件进行操作。除非再次打开，使该指针重新指向该文件。

应该使用 fclose 函数对不再操作的文件进行关闭。对缓冲文件系统来说，如果没有关闭文件而程序结束时，缓冲区的数据并没有实际写到文件中从而丢失。

标准输入输出库还提供了_fcloseall 函数，可以将程序中所有打开的文件一次性关闭，其函数原型为：

```
int _fcloseall(void);
```

几乎所有文件应用中的打开与关闭的程序形式是相同的，为此给出通用的文件打开与关闭的步骤：

(1) 定义文件指针变量。

(2) 调用 fopen 打开文件(或创建文件)。

(3) 打开文件失败时中断文件处理。

(4) 继续进行文件的各种操作。

(5) 处理结束时关闭文件。

其代码形式为：

```
FILE *fp;                             //定义文件指针变量
fp=fopen(文件名,操作模式);               //打开文件或创建文件
if (fp!=NULL) {                       //打开或创建成功则继续操作
    ⋮                                 //文件各种操作
    fclose(fp);                       //处理结束时关闭文件
}
```

10.2.3 文件状态

1. 文件末尾检测

读取文件时需要检测是否已经到了文件末尾，以此判断文件读取工作是否应该结束。标准 C 语言提供了一个 feof 函数来判断是否已到文件末尾，其函数原型为：

```
int feof(FILE *stream);
```

参数 stream 是待检测的文件指针。如果文件已到末尾则函数返回真(1)，否则返回假(0)。

2. 出错检测

在对文件进行各种操作时，可以用 ferror 函数检测操作是否出现错误，其函数原型为：

```
int ferror(FILE *stream);
```

参数 stream 是待检测的文件指针。如果函数返回 0 表示操作未出错，如果返回非零值表示出错。

对文件的每一次读写操作都会产生一个 ferror 函数值，通过立即检查 ferror 函数值就可以判断刚才调用的读写操作是否正确，并形成读写错误的程序处理策略。

clearerr 函数可以是文件错误标志和文件结束标志置为 0，其函数原型为：

```
void clearerr(FILE *stream);
```

其中参数 stream 是文件指针。

只要出现文件错误标志，就始终保留，直到新的错误标志值出现。如果程序处理了这个错误，从策略上来说就需要消除这个错误标志，以便正常的文件处理继续工作。

3. 错误类型

如果文件操作时出现错误，那么如何知道它是什么原因引起的呢？标准 C 语言为程序自动定义了一个全局整型变量 errno 来记录系统操作(包含文件输入输出)时发生的错误代码，其定义在头文件 stdlib. h 中，程序使用 errno 的形式为：

```
extern int errno;    //声明全局错误变量(已由标准 C 语言自动在别处定义),引入到自己的程序中
```

根据 errno 值(操作系统设置)可以判断错误原因。

【例 10.1】 检测文件操作失败原因。

程序代码如下：

```
#include<stdio.h>
#include<stdlib.h>
extern int errno;                                     //声明全局错误变量
int main()
{
    FILE *fp;                                         //定义文件指针变量
    fp=fopen("test.dat","w");                         //创建文件
    if (fp!=NULL) {                                   //创建成功继续操作
 ⋮                                                    //文件各种操作
        fclose(fp);                                   //结束时关闭文件
    }
    else
        switch (errno) {                              //根据错误值给出错误原因
            case 13: printf("存取权限限制!"); break;   //文件只读
            case 17: printf("文件已存在!"); break;
            case 24: printf("打开太多文件!"); break;
            case 2: printf("没有文件或目录!"); break;
        }
    return 0;
}
```

程序运行前在当前目录中新建文件 test.dat，并且设置文件属性为只读，则程序运行结果为：

```
存取权限限制!
```

如果编写的是 Windows 程序，还可以调用 GetLastError 函数获取更详细的错误代码。

10.2.4 文件缓冲

文件操作时，有时需要清空缓冲区的数据，以便直接读入来自设备的数据。标准 C 语言提供了两个函数清空缓冲区，其函数原型为：

```
int fflush(FILE * stream);              //清除指定文件 stream 的缓冲区
int _flushall(void);                    //清除所有文件的缓冲区
```

例如，在 scanf("%d",&a); 后面紧接着执行 getchar 时，getchar 不会等待字符输入，原因是 scanf 时输入的回车直接给了 getchar。如果希望 getchar 等待输入，就需要在之前将键盘缓冲区清空，代码如下：

```
scanf("%d",&a);                         //键盘输入一个整型(以回车结束)
```

```
fflush(stdin);                    //清空标准输入文件(即键盘)缓冲区
ch=getchar();                     //等待输入
```

10.3 文件读写操作

10.3.1 文件读写操作的基本形式

通常，只要文件创建或打开后，数据就能顺利地写入到文件中，而文件读入前需要判断是否还有数据可以读入(即文件是否到末尾)。

文件读写操作过程基本上是通用的，写操作可以直接调用文件写函数，而读操作的基本形式为：

```
while (!feof(fp)) {               //fp文件是否到末尾
⋮                                 //调用文件读函数
}
```

feof 函数为真表示已到文件末尾，逻辑取反使 while 语句的条件为：如果文件没有到末尾则继续执行循环。当有多个文件操作时，循环条件应是多个 feof 函数的组合逻辑。

10.3.2 读写字符数据

fgetc 函数从文件中读入一个字符数据，其函数原型为：

```
int fgetc(FILE *stream);          //读文件字符数据函数
```

参数 stream 是已打开的文件指针，该文件必须是以读或读写方式打开的。fgetc 函数返回读取从文件中得到的字符数据(低8位)，如果在文件末尾则返回 EOF。EOF 是在头文件 stdio.h 中定义的符号常量，值为−1。

fputc 函数将一个字符数据写入文件中，其函数原型为：

```
int fputc(int c, FILE *stream);   //写文件字符数据函数
```

参数 stream 是已打开的文件指针，该文件必须是以写、读写或追加方式打开的。参数 c 是输出字符，使用低8位。如果写入成功函数返回非零值，否则返回 EOF。

使用 fgetc 和 fputc 函数可以处理文本文件和二进制文件。

【例10.2】 复制源文件到目的文件，支持命令行文件名输入。

程序代码如下：

```
#include<stdio.h>
#include<string.h>
int main(int argc, char *argv[])   //使用带参数的main函数版本获取命令行信息
{
    char src[260],dest[260];
    FILE *in, *out;
    if (argc<2) gets(src);          //若无命令行参数,输入源文件名
```

```
    else strcpy(src,argv[1]);          //否则第 1 个命令行参数为源文件名
    if (argc<3) gets(dest);            //若只有 1 个命令行参数,输入目的文件名
    else strcpy(dest,argv[2]);         //否则第 2 个命令行参数为目的文件名
    in=fopen(src,"rb");                //打开源文件读
    if (in!=NULL) {
        out=fopen(dest,"wb");          //创建目的文件写
        while (!feof(in))              //是否到源文件末尾
            fputc(fgetc(in),out);      //从源文件读一个字符写入到目的文件
        fclose(out);                   //关闭目的文件
        fclose(in);                    //关闭源文件
    }
    return 0;
}
```

程序支持从命令行输入源文件名(第 1 个参数)和目的文件名(第 2 个参数),若未提供相应的命令行参数,程序运行时会要求输入。假定程序取名为 dup,则命令行形式为:

```
C:\>dup src.dat dest.dat
```

程序运行后将源文件 src.dat 复制得到目的文件 dest.dat。

10.3.3 读写字符串数据

fgets 函数从文件中读入一行字符串,其函数原型为:

```
char *fgets(char *string, int n, FILE *stream);          //读文件字符串函数
```

参数 stream 是已打开的文件指针,该文件必须是以读或读写方式打开的。string 是字符数组或能容纳字符串的内存区起始地址(如动态分配得到的内存区),用于存储读取到的字符串。参数 n 表示最大读取多少个字符,一般由 string 内存长度决定。fgets 函数将文件中的一行字符串读入到 string 所指的内存区存放,文件中字符串按\n 和\r 分行,实际读入的字符串长度小于等于 n,且读进来的字符串自动在末尾增加一个空字符(\0)作为结束标记。如果读取成功,fgets 函数返回 string 指针,否则返回 NULL 指针。例如:

```
char str[100], A[3][80], *p;
fgets(str,sizeof(str)-1,fp);                //读 1 个字符串,需要为空字符(\0)留下位置
fgets(A[0],80-1,fp);                        //读 1 个字符串,参数 string 为字符串数组元素(地址)
p=(char *)malloc(1000*sizeof(char));        //动态分配能容纳 1000 个字符的字符串
fgets(p,1000-1,fp);                         //读 1 个字符串,参数 string 为指针值(地址)
```

如果 string 参数实际内存长度不足以存储读入数据时,fgets 函数会导致崩溃性错误。

fputs 函数将一行字符串写入文件中,其函数原型为:

```
int fputs(const char *string, FILE *stream);          //写文件字符串函数
```

参数 stream 是已打开的文件指针,该文件必须是以写、读写或追加方式打开的。参

数 string 是输出字符串，输出到文件后自动增加一个换行(\r)。如果写入成功 fputs 函数返回非零值，否则返回 EOF。

使用 fgets 和 fputs 函数处理由一行一行字符串组成的文本文件最方便。

【例 10.3】 将源文件每行文本前添加一个行号输出到目的文件中。

程序代码如下：

```
#include<stdio.h>
int main()
{
    char s1[100],s2[110];
    int cnt=0;
    FILE *in, *out;
    in=fopen("a.c","r");                          //打开源文件读
    if (in!=NULL) {
        out=fopen("b.c","w");                     //创建目的文件写
        while (!feof(in)) {                       //是否到源文件末尾
            if (fgets(s1,sizeof(s1)-1,in)==NULL) continue;
                                                  //读源文件字符串
            sprintf(s2,"%04d %s",++cnt,s1);       //读取成功将字符串添加行号
            fputs(s2,out);                        //输出到目的文件
        }
        fclose(out);                              //关闭目的文件
        fclose(in);                               //关闭源文件
    }
    return 0;
}
```

程序运行前提供 a.c 文件，运行后产生 b.c 新文件，两个文件的内容如下：

假定 a.c 内容：

```
#include<stdio.h>
int main()
{
    printf("hello,world\n");
    return 0;
}
```

则输出 b.c 内容：

```
0001 #include<stdio.h>
0002 int main()
0003 {
0004 printf("hello,world\n");
0005 return 0;
0006 }
```

10.3.4 读写格式数据

fscanf 函数从文件中读入格式化数据，其函数原型为：

```
int fscanf(FILE *stream, const char *format [,argument ]...);    //读格式化数据函数
```

参数 stream 是已打开的文件指针，该文件必须是以读或读写方式打开的。format 是格式字符串，用于指明输入数据的格式。后面参数是输入项，可以是任意数目，均按地址

形式提供。fscanf 函数与 scanf 函数很相似，只不过 fscanf 函数从文件读取输入数据，scanf 函数从键盘设备读取输入数据，因此 scanf 函数实质上就是

```
int fscanf(stdin, const char *format [,argument ]…);
```

fscanf 函数返回成功读取到的输入项个数，非读取到的字符数，如果有错误发生（如文件读入错误、按格式得不到输入项）则返回 EOF。

fprintf 函数将格式化数据写入文件中，其函数原型为：

```
int fprintf(FILE *stream, const char *format [,argument ]…);  //写格式化数据函数
```

参数 stream 是已打开的文件指针，该文件必须是以写、读写或追加方式打开的。format 是格式字符串，用于指明输出数据的格式。fprintf 函数与 printf 函数很相似，只不过 fprintf 函数向文件写入输出数据，printf 函数向显示器设备写入输出数据，因此 printf 函数就是

```
int fprintf(stdout, const char *format [,argument ]…);
```

如果写入成功，fprintf 函数返回写入的总字节数，否则返回负值。

使用 fscanf 和 fprintf 函数处理格式化数据的文本文件最方便。

【例 10.4】 已知文件 book.dat 中有 100 个书籍销售记录，每个销售记录由代码（字符串 4 位）、书名（字符串 10 位）、单价（整型）和数量（整型）、金额（整型）5 个部分组成。文件每行包含代码、书名、单价和数量数据，用 Tab 间隔，格式如下：

```
1001 软件世界    5    100
1002 计算机工程  6    120
⋮
```

其中金额＝单价×数量。读取这 100 个销售记录，按金额从大到小进行排列，若金额相等，则按代码从小到大排列，将最终结果输出到 out.dat 中。

分析：根据题意先设计结构体类型描述书籍销售记录，100 个书籍销售记录用结构体数组表示。程序代码如下：

```
#include<stdio.h>
#include<string.h>
typedef struct tagBOOK {                    //书籍销售记录类型
    char c[5];                              //产品代码
    char n[11];                             //产品名称
    int p;                                  //单价
    int q;                                  //数量
    int t;                                  //金额
} BOOK;
int main()
{
    FILE *fp;
    BOOK A[100],t;                          //书籍销售记录数组
```

```
    int i,j,cnt=0;
    fp=fopen("BOOK.dat","r");                  //打开文件读
    if (fp==NULL) return -1;                   //文件打开失败则退出运行
    while(!feof(fp)) {                         //是否读到文件末尾
        fscanf(fp,"%s%s%d%d",A[cnt].c,A[cnt].n,&A[cnt].p,&A[cnt].q);
        A[cnt].t=A[cnt].p*A[cnt].q;            //计算金额
        cnt++;
    }
    fclose(fp);                                                    //关闭文件
    for (i=0; i<cnt-1; i++)                                        //冒泡法排序
    for (j=i+1; j<cnt; j++)
        if ( (A[i].t<A[j].t) ||                                    //按金额由大到小
          (A[i].t==A[j].t && strcmp(A[i].c,A[j].c)>0) )            //按代码由小到大
            t=A[i], A[i]=A[j], A[j]=t;
    fp=fopen("out.dat", "w");                                      //创建文件写
    for(i=0; i<100; i++)                                           //输出排序后的结果
        fprintf(fp,"%s %s %d %d %d\n",A[i].c,A[i].n,A[i].p,A[i].q,A[i].t);
    fclose(fp);                                                    //关闭文件
    return 0;
}
```

10.3.5　读写数据块

fread 函数从文件中读入指定数目和指定记录大小的数据块，其函数原型为：

```
size_t fread(void *buffer, size_t size, size_t count, FILE *stream);
```

参数 stream 是已打开的文件指针，该文件必须是以读或读写方式打开的。buffer 是数组或能容纳成批数据的内存区起始地址（如动态分配得到的内存区），用于存储读取到的数据。参数 size 表示所读记录的大小，如读字节数据时，记录为字节，大小为 1；又比如读结构体数据时，记录为结构体，大小为结构体长度。参数 count 表示欲读取多少个记录，如为单个记录，则 count 为 1；如为一批记录（数组），则 count 为记录数或数组长度。因此，使用 fread 函数读到的总字节数等于 size * count 。例如：

```
int m, *p;
unsigned char array[100];
struct tagDATA a, B[10];
fread(&m,sizeof(int),1,fp);                //读 1 个整型，参数 buffer 是整型变量的地址
fread(array,sizeof(unsigned char),100,fp);
                                           //读 100 个字节，参数 buffer 是数组名(地址)
fread(&a,sizeof(struct tagDATA),1,fp);     //读结构体，参数 buffer 是结构体对象的地址
fread(B,sizeof(struct tagDATA),10,fp);     //读结构体数组，参数 buffer 是数组名(地址)
p=(int*)malloc(100*sizeof(int));           //动态分配能容纳 100 个整型的内存区
fread(p,sizeof(int),100,fp);               //读 100 个整型，参数 buffer 是指针值(地址)
```

size_t 类型本质上是 unsigned int 型，函数返回实际读入的记录总数。由于读入错误或实际数据量的原因，返回值总是小于等于 count。如果 buffer 参数的实际内存长度不足以存储读入数据时，fread 函数会导致崩溃性错误。

fwrite 函数将指定数目和指定记录大小的数据块写入文件中，其函数原型为：

```
size_t fwrite(const void *buffer, size_t size, size_t count, FILE *stream);
```

fwrite 函数参数含义与 fread 相同，fwrite 函数输出时不会进行任何编码转换、插入数据等操作，即直接将内存数据送到文件中。

使用 fread 和 fwrite 函数处理成批数据、数组和结构体等记录形式数据的二进制文件最方便，被广泛地应用于图形图像、音频视频、科学计算以及格式文档文件应用中。在处理成批数据二进制文件时，比 fgetc 和 fputc 函数有效率。但 fread 和 fwrite 函数不适合处理文本文件，因为它将空字符(\0)、换行符(\n)和回车符(\r)都一视同仁，读写数据不容易分辨出字符串信息。

【例 10.5】 显示 24 位位图文件信息。

分析：24 位位图文件由文件头、位图信息头和图形数据 3 部分组成。文件头主要包含文件大小、文件类型、图像数据偏离文件头的长度等信息；位图信息头包含图像尺寸信息、图像像素字节数、是否压缩、图像所用颜色数等信息(http://www.wotsit.org 网站上有各种图形图像、音频视频和文档文件格式的说明)。根据位图文件格式定义文件头、位图信息头结构体类型，从位图文件读取结构体数据从而得到位图文件信息。程序代码如下：

```
#include<stdio.h>
#pragma pack(1)                                  //结构体按 1 个字节对齐
typedef struct tagBITMAPFILEHEADER {             //文件头
    unsigned short bfType;                       //文件类型,固定为 BM
    unsigned int bfSize;                         //文件大小(字节)
    unsigned short bfReserved1;                  //保留
    unsigned short bfReserved2;                  //保留
    unsigned int bfOffBits;                      //位图数据到文件头的偏移位置
} BITMAPFILEHEADER;
typedef struct tagBITMAPINFOHEADER{              //位图信息头
    unsigned int biSize;                         //位图信息头的长度
    long biWidth;                                //位图的宽度,以像素为单位
    long biHeight;                               //位图的高度,以像素为单位
    unsigned short biPlanes;                     //位图的位面数
    unsigned short biBitCount;                   //每个像素的位数
    unsigned int biCompression;                  //数据压缩类型
    unsigned int biSizeImage;                    //位图数据大小(字节)
    long biXPelsPerMeter;                        //水平分辨率(像素/米)
    long biYPelsPerMeter;                        //垂直分辨率(像素/米)
    unsigned int biClrUsed;                      //位图使用的颜色数
    unsigned int biClrImportant;                 //调色板规范
```

```
} BITMAPINFOHEADER;
int main()
{
    BITMAPFILEHEADER bmfh;
    BITMAPINFOHEADER bmih;
    FILE * bmp;
    printf("%d,%d\n",sizeof(BITMAPFILEHEADER),sizeof(BITMAPINFOHEADER));
    bmp=fopen("car.bmp","rb");
    if (bmp!=NULL) {
        fread(&bmfh,sizeof(BITMAPFILEHEADER),1,bmp);      //读文件头
        fread(&bmih,sizeof(BITMAPINFOHEADER),1,bmp);      //读位图信息头
        printf("位图宽=%d,高=%d\n",bmih.biWidth,bmih.biHeight);
        fclose(bmp);
    }
    return 0;
}
```

【例 10.6】 使用加大缓冲方式复制源文件为目的文件，支持命令行文件名输入。

程序代码如下：

```
#include<stdio.h>
#include<string.h>
int main(int argc, char *argv[])      //使用带参数的 main 函数版本获取命令行信息
{
    char src[260],dest[260],buff[16384];  //读写缓冲达到 16K
    FILE *in, *out;
    unsigned int rs;
    if (argc<2) gets(src);              //若无命令行参数,输入源文件名
    else strcpy(src,argv[1]);           //否则第 1 个命令行参数为源文件名
    if (argc<3) gets(dest);             //若只有 1 个命令行参数,输入目的文件名
    else strcpy(dest,argv[2]);          //否则第 2 个命令行参数为目的文件名
    in=fopen(src,"rb");                 //打开源文件读
    if (in!=NULL) {
        out=fopen(dest,"wb");           //创建目的文件写
        while (!feof(in)) {             //是否到源文件末尾
          rs=fread(buff,sizeof(char),sizeof(buff),in);    //读 16KB 数据
          fwrite(buff,sizeof(char),rs,out);       //按实际读到的字节数写入
        }
        fclose(out);                              //关闭目的文件
        fclose(in);                               //关闭源文件
    }
    return 0;
}
```

这个程序与例 10.2 相比，每次读写缓冲达到 16KB，比起单个字符处理速度显著加快。

10.4 文件定位

前面提到的文件操作都是顺序读写，即每次读写完数据后，文件当前读写位置就自动移动到下一个数据位置。如果想改变这种顺序读写，使文件能够随机读写，就需要在文件读写前定位文件位置。

1. 重置文件头

rewind 函数使文件位置重新回到文件开头，其函数原型为：

```
void rewind(FILE *stream);
```

参数 stream 是已打开的文件指针。

2. 文件随机读写

fseek 函数使文件位置移到任意位置，其函数原型为：

```
int fseek(FILE *stream, long offset, int origin);
```

参数 stream 是已打开的文件指针。参数 origin 表示移动时的相对初始点，它必须是如下几个符号常量之一：

```
#define SEEK_SET 0                  //移动时相对初始点为文件开头
#define SEEK_CUR 1                  //移动时相对初始点为文件当前位置
#define SEEK_END 2                  //移动时相对初始点为文件末尾
```

参数 offset 表示移动的偏移量（相对于初始点），以字节为单位，如果为正值表示文件位置向后（远离文件头），为负值表示文件位置向前（趋向文件头）。例如：

```
fseek(fp,10,SEEK_SET);              //文件位置设置为文件开头后第 10 个字节处
fseek(fp,10,SEEK_CUR);              //文件位置设置为当前位置后第 10 个字节处
fseek(fp,-10,SEEK_CUR);             //文件位置设置为当前位置前第 10 个字节处
fseek(fp,-10,SEEK_END);             //文件位置设置为文件末尾前第 10 个字节处
fseek(fp,-10,SEEK_SET);             //错误,origin 为 SEEK_SET 时参数 offset 不能为负
fseek(fp,10,SEEK_END);              //错误,origin 为 SEEK_END 时参数 offset 不能为正
```

【例 10.7】 实现对一个文本文件内容的反向显示。

程序代码如下：

```
#include<stdio.h>
int main()
{
    FILE *fp;
    char ch;
    fp=fopen("in.dat","r");       //打开文件读
    if (fp!=NULL) {
```

```
        fseek(fp,0L,2);          //定位文件末尾,即文件最后1个字符之后的位置
        while ((fseek(fp, -1L, 1))!=-1) {       //相对于当前位置退后1个字节
            ch=fgetc(fp);       //读取当前字符,文件指针会自动移到下一字符位置
            putchar(ch);                    //显示
            if (ch=='\n')                   //若读入是换行
                fseek(fp,-2L,1);            //换行为\r和\a,故要向前移动2个字节
            else fseek (fp,-1L,1);          //向前移动1个字节
        }
        fclose(fp);                         //关闭文件
    }
    return 0;
}
```

3. 文件当前位置

ftell函数返回当前文件位置,其函数原型为:

```
long ftell(FILE *stream);
```

参数stream是已打开的文件指针。

例如,一个求文件大小的函数getFileSize代码如下:

```
long getFileSize(const char *filename)
{
    long ret=-1;
    FILE *fp;
    fp=fopen(filename,"rb");          //打开文件读
    if (fp!=NULL) {
        fseek(fp,0,SEEK_END);         //文件位置移到文件末尾
        ret=ftell(fp);                //此时文件位置即是文件大小
        fclose(fp);                   //关闭文件
    }
    return ret;                       //返回负值表示文件不存在等错误
}
```

函数通过移动文件指针到达文件末尾,显然,此时文件位置也就是该文件的长度值。

习题

1. 输出九九乘法表到文件中。
2. 将一个文本文件的每一行添加行号显示出来。
3. 从键盘上输入字符串数组,按升序排列后输出到文件中。
4. 统计一批文件(文件名为data*NN*.txt,*NN*为0～99)的行数和字符数。
5. 在一个文件的末尾追加另一个文件的内容。

6. 将一个单链表保存到文件中，再从文件中读入数据创建一个新的单链表。

7. 打开两个文件，屏幕上一行左右分别显示两个文件中每一行的信息。

8. 以十六进制数据形式显示一个二进制文件(如可执行文件)。

9. 有 30 个学生，每个学生有 3 门课的成绩，从键盘输入数据(包括学号、姓名和 3 课成绩)，计算出平均成绩，将原有数据和计算出的平均分数存放在文件中。

10. 管理职员记录文件，包括增加、插入和删除职员记录。职员信息包含职工号、姓名、性别、出生日期、邮箱地址和工资等。

11. 编写程序检索一个文件中出现 C 语言关键字的频度。

12. 利用文件和链表实现学生信息的录入、浏览。查询、添加和删除的管理操作。

13. 删除一个 C 语言源文件中的注释。

14. 编写程序解析出 HTML 网页文件中的各个网页元素。

15. 利用文件和链表读取 XML 格式文件。

16. 显示 BMP、PNG 和 JPEG 图形格式文件的图形信息。

17. 设生成多项式 $g(x)=x^{32}+x^{26}+x^{23}+x^{22}+x^{16}+x^{12}+x^{11}+x^{10}+x^{8}+x^{7}+x^{5}+x^{4}+x^{2}+x+1$，计算一个二进制文件的 32 位循环冗余校验码 CRC32。

18. 统计一个文本文件 ASCII 码出现的频率，构建一个哈夫曼树得到一个编码表，使用这个编码表替换文件中 ASCII 码即可实现文件的压缩。

第11章 算法

算法是问题求解的方法、思路和过程，程序是采用计算机语言所描述的算法，是算法的实现形式。每一个具体问题都有多种求解方法，也就有多种编程方法。尽管人们的思维模式不同，分析和解决问题的方法不同，但算法设计仍有一些基本规律可循。一个算法设计好后，需要对其进行分析，确定算法的优劣，包括设计目标评估、算法效率和空间分析等。

11.1 算法基本概念

11.1.1 什么是算法

算法是在一个抽象计算机模型的基础上对特定问题求解步骤的一般描述，它是若干合法指令构成的能实现特定问题求解的有限序列，其中每一条指令表示一个或多个操作。**算法设计主要的研究对象是在数据结构基础上进行程序设计的一般方法**，包括算法的表示、算法特性和算法分析等。

对于一个问题，如果可以通过一个计算机程序在有限的存储空间内运行有限长的时间而得到正确的结果，则称这个问题是算法可解的。但算法不等于程序，也不是计算方法。

11.1.2 算法基本要素

算法由3种基本要素组成：一是对数据对象的运算和操作，二是算法的控制结构，三是数据结构。

1. 对数据对象的运算和操作

每个算法实际上是按解题要求从环境能进行的所有操作中选择合适的操作所组成的一组指令序列。因此，计算机算法是计算机能处理的操作所组成的指令序列。在一般的计算机系统中，基本的运算和操作有以下4类：

(1) 算术运算：主要包括加、减、乘、除等运算。

(2) 逻辑运算：主要包括“与”、“或”、“非”等运算。

(3) 关系运算：主要包括“小于”、“大于”、“等于”、“不等于”等运算。

(4) 数据传输：主要包括赋值、输入、输出等操作。

计算机算法设计一般应从上述 4 种基本操作考虑，按解题要求从这些基本操作中选择合适的操作组成求解问题的操作序列。算法的主要特征着重于算法的动态执行，区别于传统的着重于静态描述或按演绎方式求解问题的过程。传统的演绎数学是以公理系统为基础的，问题的求解过程是通过有限次推理演绎来完成的，每次推演都将对问题作进一步的描述，如此不断推演，直到将解描述出来为止。而计算机算法则是使用一些最基本的操作，通过对已知条件一步一步地加工和变换，从而实现求解目标。

2. 算法的控制结构

一个算法的功能不仅取决于所选用的操作，而且还与各种操作之间的顺序有关。算法中各种操作之间的执行顺序称为算法的控制结构。

算法的控制结构给出了算法的基本框架，它不仅决定了算法中各种操作的执行顺序，而且直接反映了算法的设计是否符合结构化原则。计算机算法一般可以用顺序、选择、循环和模块调用基本控制结构组合而成。

3. 数据结构

算法的处理对象是数据，数据之间的逻辑关系、数据的存储方式与处理方式就是数据结构。

11.1.3 算法求解过程

算法求解过程一般包含算法设计、算法确认和算法分析 3 个阶段。

算法思想最终以某种方式记录下来，就是抽象的伪代码程序。伪代码能和设计语言一样详细记录算法的所有细节，但是伪代码的目的不是交给计算机执行，而是为了适应算法确认和算法分析过程。在确认算法和分析算法时，我们主要关心算法的正确性和高效性，一切与这个问题无关的细节都忽略不计，伪代码就是适合算法分析的一个与设计语言、硬件平台和操作系统无关的计算过程抽象描述工具。

算法的确认过程在于证明算法的正确性。算法证明使用一些基本的逻辑推理方法，如直接法、实例法，反证法，归纳法和循环不变式法则等。

(1) 直接证明法

要证明命题"如果 Q 真，则 P 真"，从假设 Q 出发，直接导出结果 P，则证明了命题为真。例如，要证明命题"如果 n 为偶数，则 n^2 也是偶数"，先假设 n 是偶数，得到 $n=2k$，则 $n*n=2k*2k=2*(2k*k)$，所以命题得证。

(2) 实例法

有些判定具有一般形式："集合 s 中存在一个元素 x，具有性质 P。"为了证明它，只需找出某个 s 中的 X，具有性质 P。要证明"集合 s 中所有元素都具有性质 P"为假，则只需找出一个 x，不具有性质 P。

(3) 反证法

反证法使用逆否命题，证明原来的问题。如果问题是证明："如果 P 为真，则 Q 为真”,则逆否命题为:“如果 P 不为真,则 Q 也不为真”。

另一种方法是为了证明真命题 Q,假定 Q 为假,然后可以由此导出矛盾的结果,则可以证明 Q 一定为真。例如,要证明命题“如果 ab 为奇数,那么 a 和 b 是奇数”,假设 a 是偶数,b 无论奇偶,都有 $a=2i$,$ab=2(ib)$,所以 ab 是偶数,与条件矛盾。因此,a 和 b 是奇数。

(4) 归纳法

在估算算法运行时间或者空间资源时,大多数判断都是关于一个整形参数 n 的声明,这是对一个无限集合的判定,无法直接举证。这时可以使用归纳法。这些命题大都类似于:对于所有 $m \geqslant 1$,某些声明 $q(m)$ 为真。分为两个步骤完成,一个是归纳基础,一个是归纳步骤。

(5) 循环不变式法则

为了证明声明 S 关于一个循环是正确的,根据一系列小的声明 $S_0, S_1, \cdots, S_k$ 定义 S,则如果声明 S_0 在循环之前为真,考虑声明 S_{i-1} 在第 i 次迭代开始之前为真,那么证明声明 S_i 在第 i 次迭代结束之后也为真。则最终声明 S_k 蕴含着声明 S 为真。

11.2 算法分析

算法分析的主要目的在于通过分析算法执行的逻辑,统计算法执行的基本操作花费的时间和操作占用的存储空间。从直觉上可以知道基本操作和算法执行的时间是多少,但是这个统计结果和具体的机器硬件技术水平有关,也和使用的程序设计语言和操作系统有关,也可能因为输入的数据统计特征不同而结果不同。我们希望能够给出算法执行时间代价和算法执行空间代价的一个可度量的独立标准,这个标准应该只反映算法本身的复杂程度,不受其他因素的影响。即使进步的技术改良了硬件和软件,这个度量也不会发生任何变化,这样才可以分析比较不同的算法执行的效率,确定一个算法的良好程度。

11.2.1 时间复杂度

算法的时间复杂度是指执行算法所需要的计算工作量。

为了能够比较客观地反映出一个算法的效率,在度量算法工作量时,不仅应该与所使用的计算机、程序设计语言以及编程者无关,而且还应该与算法实现过程中的许多细节无关。为此,可以用算法在执行过程中所需基本运算的执行次数来度量算法的工作量。基本运算反映了算法运算的主要特征,因此用基本运算的次数来度量算法工作量是客观的,也是现实可行的,有利于比较同一问题的几种算法的优劣。

例如,在考虑两个矩阵相乘时,可以将两个实数之间的乘法运算作为基本运算,而对于所用的加减法运算忽略不计。又如在一个数组排序时,可以将两个元素之间的比较作为基本运算。

算法所执行的基本运算次数还与问题的规模有关。例如两个 10 阶矩阵相乘与两个 5 阶矩阵相乘,所需要的基本运算次数是明显不同的。因此,在分析算法工作量时,还必须对问题的规模进行度量。

算法中基本运算次数 $T(n)$是问题规模 n 的某个函数 $f(n)$，记做：

$$T(n)=O(f(n)) \tag{11-1}$$

记号 O 是 Order 的简写，意指数量级。它表示随问题规模 n 的增大，算法执行时间的增长率和 $f(n)$的增长率相同。

O 的形式定义为：若 $f(n)$是正整数 n 的一个函数，则 $T(n)=O(f(n))$表示存在一个正的常数 M，使得当 $n\geqslant n_0$ 时都满足 $|T(n)|\leqslant M|f(n)|$，也就是只要求出 $T(n)$的最高阶，忽略其低阶项和常系数。这样既可简化 $T(n)$的计算，又能比较客观地反映出当 n 很大时算法的时间性能。

一个没有循环的算法中基本运算次数与问题规模 n 无关，记为 $O(1)$，也称常数阶。一个只有一重循环的算法中基本运算次数与问题规模 n 的增长呈线性增大关系，记为 $O(n)$，也称线性阶。其他还有平方阶 $O(n^2)$、立方阶 $O(n^3)$、对数阶 $O(\log_2 n)$等，统称为多项式算法时间。而指数阶 $O(2^n)$、阶乘 $O(n!)$、乘方阶 $O(n^n)$等统称为指数算法时间。各种不同数量级对应的值存在着如下关系：

$$O(1)<O(\log_2 n)<O(n)<O(n\log_2 n)<O(n^2)<O(n^3)<O(2^n)<O(n!)<O(n^n) \tag{11-2}$$

一般地，当问题规模 n 取值充分大时，在计算机上实现指数时间算法是不可能的，就是比 $O(n\log_2 n)$时间复杂度高的多项式算法时间运行起来也很困难。

【例 11.1】 已知求两个 n 阶方阵加法 $C=A+B$ 的算法如下，分析其时间复杂度。

```
#define N 10
void matadd(int A[N][N],int B[N][N],int C[N][N],int n)  //矩阵相加函数
{
    int i,j;
    for (i=0; i<n; i++)                                   //语句①
        for (j=0; j<n; j++)                               //语句②
            C[i][j]=A[i][j]+B[i][j];                      //语句③
}
```

解：该算法包括 3 个可执行语句①、②和③。其中语句①变量 i 从 0 增加到 n，故它的频度为 $n+1$；语句②作为语句①循环体内的语句应该执行 n 次，但语句②本身也要执行 $n+1$ 次，故语句②的频度为 $n(n+1)$。同理，语句③的频度为 n^2。因此该算法中所有频度之和为：

$$T(n)=n+1+n(n+1)+n^2=2n^2+2n+1=O(n^2)$$

另外，分析该算法两重循环最深的语句③的频度为：

$$T(n)=n^2=O(n^2)$$

显然，以两种方式得出算法的时间复杂度均为 $O(n^2)$，而后者计算过程很简单，所以以后总是采用后者的方式分析算法的时间复杂度。

【例 11.2】 分析用顺序查找法在一维数组 $A[n]$中查找给定值 k 的时间复杂度。

解：通过循环语句顺序查找 k 值的频度不仅与问题规模 n 有关，还与数组 A 各元素的取值以及 k 的取值相关。若数组 A 没有与 k 相等的元素，则执行频度为 n；若数组中开

始元素 $A[0]$等于 k,则执行频度为 0。在这种情况下,可用最坏情况下的时间复杂度作为算法的时间复杂度,即为 $O(n)$。因为最坏情况下的时间复杂度是任何 k 值运行时间的上界。

有时,可以选择算法的平均时间复杂度。所谓平均时间复杂度是指所有可能的输入以等概率出现的情况下算法的期望运行时间与问题规模 n 的数量级的关系。此例中,k 值出现在任何位置的概率相同,均为 $1/n$,则平均执行频度为

$$\frac{0+1+2+\cdots+(n-1)}{n}=\frac{n-1}{2}$$

即平均时间复杂度为 $O(n)$。

【例 11.3】 分析用如下递归法和非递归法求 Fibonacci 数列的时间复杂度。

```
//递归法求 Fibonacci 数列
int fib(int n)
{   int s;
    if (n==0 || n==1) return n;
    s=fib(n-1)+fib(n-2);
    return s;
}
```

```
//非递归法求 Fibonacci 数列
int fib2(int n)
{   int i,s1=0,s2=1,s=0;
    for(i=2;i<=n;i++)
        s=s1+s2, s1=s2 , s2=s;
    return s;
}
```

解:Fibonacci 数列母函数为 $\mathrm{fib}(n)=\left[\left(\frac{1+\sqrt{5}}{2}\right)^n-\left(\frac{1-\sqrt{5}}{2}\right)^n\right]\Big/\sqrt{5}=\left(\frac{1+\sqrt{5}}{2}\right)^n\Big/\sqrt{5}$,

因此得递归法 Fibonacci 数列的时间复杂度为 $T(n)=O\left(\left[\frac{1+\sqrt{5}}{2}\right]^n\right)$。

非递归法 Fibonacci 数列,最大频度由循环次数控制,故其时间复杂度为 $T(n)=O(n)$。

显然,用非递归法求 Fibonacci 数列比用递归法效率高。

一般情况下,计算一个算法的基本运算次数是相当困难的,甚至是不可能的。因为一个算法的不同输入往往产生不同的运算次数,而一个算法的所有不同输入的数目可能十分庞大。因此,一种可行的方法是计算算法的平均运算次数。

设一个算法的输入规模为 n,D_n 是所有输入的集合,任一输入 $I\in D_n$,$P(I)$ 是 I 出现的概率,有 $\sum_{I\in D_n}P(I)=1$,$T(I)$ 是算法在输入 I 时执行的基本运算次数,则该算法的平均复杂度为

$$E(n)=\sum_{I\in D_n}\{P(I)*T(I)\} \tag{11-3}$$

该算法的最坏复杂度为

$$W(n)=\max_{I\in D_n}\{T(I)\} \tag{11-4}$$

【例 11.4】 设计一个算法,求有 n 个整数元素的序列中前 $i(1\leqslant i\leqslant n)$个元素的最大值,并分析算法的平均时间复杂度。

解:设计的算法如下:

```
int max(int A[],int n,int i)
{
    int j,m=A[0];
    for(j=1; j<=i-1; j++)
        if (A[j]>m) m=A[j];
    return m;
}
```

分析算法可知，i 的取值范围为 $1\sim n$；求前 i 个元素的最大值时需要进行 $i-1$ 次元素比较，在相等概率下

$$T(n)=\sum_{i=1}^{n}\frac{1}{n}\times(i-1)=\frac{n-1}{2}=O(n)$$

则该算法的平均时间复杂度为 $O(n)$。

11.2.2 空间复杂度

算法的空间复杂度是指执行算法所需要的内存空间。

一个算法所占用的存储空间包括算法程序所占的空间、输入初始数据所占的空间以及算法执行过程中所需要的额外空间。其中额外空间包括算法程序执行过程中的内存单元以及某种数据结构所需要的附加存储空间。如果额外空间量相对问题规模来说是常数，则称该算法是原地(in place)工作的。如果所需存储量依赖于特定的输入，则按最坏情况考虑。在许多实际问题中，为了减少算法所占的存储空间，常采用压缩存储技术。

空间复杂度是问题规模 n 的函数，记做

$$S(n)=O(g(n)) \tag{11-5}$$

【例 11.5】 分析例 11.3 算法的空间复杂度。

分析

对于例 11.3 的递归程序，定义了一个变量 s，设递归函数 fib(n)的临时空间大小为 $S(k)$，则有

$$S(k)=\begin{cases}1 & k=1\\ 1+S(k-1) & k>1\end{cases}$$

所以调用递归函数 fib(n)的空间复杂度为 $O(n)$。

从计算机的发展实际来看，运算速度在不断增加，存储容量在不断扩大。从应用的角度看，因空间所限影响算法运行的情形极为少见。所以，在设计算法时把降低算法的时间复杂度作为首要的考虑因素。在后面分析算法时，如果其空间复杂度不高，不至于因所占有的内存空间而影响算法实现时，通常不涉及对该算法的空间复杂度的讨论。

11.3 常用算法

11.3.1 分治法

1. 基本思想

分治法(divide and conquer)的基本思想是将一个规模为 n 的问题分解为 k（$1<k\leqslant$

n)个规模较小的子问题,这些子问题互相独立且与原问题相同。递归地解这些子问题,然后将各子问题的解合并得到原问题的解。它的算法设计模式为:

```
divide-and-conquer(P)
{
    if (|P|<=n0) adhoc(P);
    divide P into smaller subinstaces P1,P2,…,Pk;
    for (i=1,i<=k,i++)
        yi=divide-and-conquer(Pi);
    return merge(y1,y2,…,yk);
}
```

其中,$|P|$表示问题P的规模。n_0为一个阈值,表示当问题P的规模不超过n_0时问题已容易解出,不必再继续分解。adhoc(P)是该分治法中的基本子算法,用于直接解小规模的问题P。当P的规模不超过n_0时,直接用算法adhoc(P)求解。算法merge(y_1,y_2,…,y_k)是合并子算法,用于将P的子问题P_1,P_2,…,P_k的解y_1,y_2,…,y_k合并为P的解。

根据分治法的分割原则,原问题应该分为多少个子问题才较适宜?每个子问题的规模应该怎样才为适当?这些问题很难予以肯定的回答。但人们从大量实践中发现,在用分治法设计算法时,最好使子问题的规模大致相同。换言之,将一个问题分成大小相等的k个子问题的处理方法是行之有效的。许多问题可以取$k=2$。这种使子问题规模大致相等的做法是出自一种平衡子问题的思想,它几乎总是比子问题规模不等的做法要好。

用分治法设计的算法一般是递归算法。因此,分治法的计算效率通常用递归方程来进行分析。一个分治法将规模为n的问题分成k个规模为n/m的子问题求解。设分解阈值$n_0=1$,且adhoc解规模为1的问题耗费1个单位时间,再设将原问题分解为k个子问题以及用merge将k个子问题的解合并为原问题的解需要$f(n)$个单位时间。则该分治法所需的计算时间为

$$T(n)=\begin{cases}O(1) & n=1\\ kT(n/m)+f(n) & n>1\end{cases}$$

通常可以用展开递归式的方法来解这类递归方程,反复代入求解得

$$T(n)=n^{\log_m k}+\sum_{j=0}^{\log_m n-1}k^j f(n/m^j)$$

注意:递归方程及其解只给出n等于m的方幂时$T(n)$的值,如果$T(n)$足够平滑,由n等于m的方幂时$T(n)$的值可以估计$T(n)$的增长速度。一般地,假定$T(n)$是单调上升的。

2. 基本步骤

分治法在每一层递归上都有3个步骤:

(1) 分解:将原问题分解为若干个规模较小、相互独立、与原问题形式相同的子问题。

(2) 解决：若子问题规模较小而容易被解决则直接解，否则递归地解各个子问题。

(3) 合并：将各个子问题的解合并为原问题的解。

3. 应用举例

【例 11.6】 设计一个算法求 n 个元素数组中的最大值和最小值。

分析：算法设计步骤如下。

(1) 当 $n=1$ 时，不用比较，最大值和最小值都是这个数。

(2) 当 $n=2$ 时，一次比较就可以找出两个数据元素的最大值和最小值。

(3) 当 $n>2$ 时，可以把 n 个元素分为大致相等的两个集合，每个集合有 $n/2$ 个数据元素。先分别找出各自集合中的最大值和最小值，然后将两个最大值进行比较，就可得 n 个元素的最大值；将两个最小值进行比较，就可得 n 个元素的最小值。

算法的时间复杂度为：

$$T(n)=\begin{cases}0 & n=1\\ 1 & n=2\\ 2T(n/2)+2 & n>2\end{cases}$$

令 $n=2^k$，则 $n/2=2^{k-1}$

$$\begin{aligned}T(n) &= T(2^k)=2T(2^{k-1})+2=2(2T(2^{k-2})+2)+2\\ &= 2^2T(2^{k-2})+2^2+2\\ &= 2^3T(2^{k-3})+2^3+2^2+2\\ &= \cdots\\ &= 2^{k-1}T(2)+2^{k-1}+2^{k-2}+\cdots+2\end{aligned}$$

由于 $T(2)=1$，因此

$$T(n)=2^{k-1}+2^{k-1}+2^{k-2}+\cdots+2=2^{k-1}+2^k-2=n/2+n-2=3n/2-2$$

算法与测试程序代码如下：

```
#include<stdio.h>
void MaxMin(int a[],int left,int right,int *max,int *min)  //分治法算法
{   //left 当前分治段的开始,right 当前分治段的结束
    int x1, x2, y1, y2,mid;
    if ((right-left)<=1)                    //相等或相邻,获取局部解并更新全局解
        if (a[right]>a[left])
            *max=a[right] , *min=a[left];
        else
            *max=a[left], *min=a[right];
    else {
        mid=left+(right-left)/2;            //不是子问题则继续分治
        MaxMin(a,left,mid,&x1,&y1);         //把数组分成两个规模相当的子数组
        MaxMin(a,mid+1,right,&x2,&y2);
        *max=(x1>x2) ? x1 : x2;             //两部分之最大值
        *min=(y1<y2) ? y1 : y2;             //两部分之最小值
```

```
    }
}
int main()
{
    int max,min,A[10]={1,2,3,4,5,6,7,8,9,0};
    MaxMin(A,0,9,&max,&min);
    printf("max=%d,min=%d\n",max,min);
    return 0;
}
```

程序运行结果如下：

```
max=9,min=0
```

11.3.2 动态规划

1. 基本思想

动态规划(dynamic programming)通常用于求解具有某种最优性质的问题。在这类问题中,可能会有许多可行解。每一个解都对应于一个值,我们希望找到具有最优值的解。动态规划算法与分治法类似,其基本思想也是将待求解问题分解成若干个子问题,先求解子问题,然后从这些子问题的解得到原问题的解。与分治法不同的是,适合于用动态规划求解的问题经分解得到的子问题往往不是互相独立的。若用分治法来解这类问题,则分解得到的子问题数目太多,有些子问题被重复计算了很多次。如果我们能够保存已解决的子问题的答案,而在需要时再找出已求得的答案,这样就可以避免大量的重复计算,节省时间。我们可以用一个表来记录所有已解的子问题的答案。不管该子问题以后是否被用到,只要它被计算过,就将其结果填入表中,这就是动态规划法的基本思路。具体的动态规划算法多种多样,但它们具有相同的填表格式。

动态规划算法的有效性依赖于问题本身所具有的两个重要性质。

(1) 最优子结构性质。当问题的最优解包含了其子问题的最优解时,称该问题具有最优子结构性质。

(2) 子问题重叠性质。在用递归算法自顶向下解问题时,每次产生的子问题并不总是新问题,有些子问题被反复计算多次。动态规划算法正是利用了这种子问题的重叠性质,对每一个子问题只解一次,而后将其解保存在一个表格中,在以后尽可能多地利用这些子问题的解。

2. 基本步骤

(1) 找出最优解的性质,并刻画其结构特征。

(2) 递归地定义最优值(写出动态规划方程)。

(3) 以自底向上的方式计算出最优值。

(4) 根据计算最优值时得到的信息构造一个最优解。

步骤(1)～(3)是动态规划算法的基本步骤。在只需要求出最优值的情形下，步骤(4)可以省略，步骤(3)中记录的信息也较少；若需要求出问题的一个最优解，则必须执行步骤(4)，步骤(3)中记录的信息必须足够多，以便构造最优解。

3．应用举例

【例 11.7】 设计一个算法求解 0-1 背包问题：已知 n 种物品和物品 i 的重量为 ω_i，价值为 v_i，背包容量为 c。在装包物品时物品 i 可以装入，也可以不装入，但不可拆开装。即物品 i 可产生的价值为 x_iv_i，这里 $x_i\in\{0,1\}$，$c,\omega_i,p_i\in N^+$。问如何装包能使得装包总价值最大。

分析：采用动态规划进行算法设计。

0-1 背包的最优解具有最优子结构特性。设$(x_1,x_2,\cdots,x_n)$，$x_i\in\{0,1\}$是 0-1 背包的最优解，那么$(x_2,x_3,\cdots,x_n)$必然是 0-1 背包子问题的最优解：背包重量 $c-x_1\omega_1$，共有 $n-1$ 件物品，物品 i 的重量为 ω_i，价值为 v_i，$2\leqslant i\leqslant n$。否则设$(z_2,z_3,\cdots,z_n)$是该子问题的最优解，而$(x_2,x_3,\cdots,x_n)$不是该子问题的最优解，由此可知

$$\sum_{2\leqslant i\leqslant n} z_iv_i > \sum_{2\leqslant i\leqslant n} x_iv_i \quad 且 \quad x_1\omega_1+\sum_{2\leqslant i\leqslant n} z_i\omega_i\leqslant c$$

因此

$$x_1v_1+\sum_{2\leqslant i\leqslant n} z_iv_i > \sum_{1\leqslant i\leqslant n} x_iv_i \quad 且 \quad x_1\omega_1+\sum_{2\leqslant i\leqslant n} z_i\omega_i\leqslant c$$

显然$(x_1,z_2,z_3,\cdots,z_n)$比$(x_1,x_2,\cdots,x_n)$的价值更高，$(x_1,x_2,\cdots,x_n)$不是背包问题的最优解，与假设矛盾。因此$(x_2,x_3,\cdots,x_n)$必然是 0-1 背包问题的一个最优解。最优子结构性质对 0-1 背包问题成立。

0-1 背包问题要求 $x_i\in\{0,1\}$，即物品 i 不能拆开，要么整体装入，要么不装入。当约定每件物品的重量与价值均为整数时，可用动态规划求解。

算法设计步骤如下。

(1) 建立递推关系。

设 0-1 背包问题的子问题

$$\max\sum_{k=i}^{n} x_kv_k$$

$$\sum_{k=i}^{n} x_k\omega_k\leqslant j,\quad x_k\in\{0,1\},\quad k,\omega_k,v_k\in N^+,\quad i\leqslant k\leqslant n$$

设 $m(i,j)$为背包容量 j，可取物品范围为 $i,i+1,\cdots,n$ 的最大价值，则当 $0\leqslant j\leqslant\omega(i)$ 时，物品 i 不可能装入。最大价值与 $m(i+1,j)$相同。而当 $j\geqslant\omega(i)$时，有两个选择：

① 不装入物品 i，这时最大价值为 $m(i+1,j)$。

② 装入物品 i，这时会产生价值 $v(i)$，背包剩余容积为 $j-\omega(i)$，可以选择物品 $i+1$、…、n 来装，最大价值为 $m(i+1,j-\omega(i))+v(i)$。

我们期望的最大价值是两者中的最大的，于是有递推关系式：

$$m(i,j)=\begin{cases}m(i+1,j) & 0\leqslant j<\omega(i)\\ \max\,(m(i+1,j),m(i+1,j-\omega(i))+v(i) & j\geqslant\omega(i)\end{cases}$$

其中 $\omega(i)$ 和 $v(i)$ 均为整数，$x_i \in \{0,1\}$，$i=1,2,\cdots,n$。

边界条件为

$$m(n,j)\begin{cases} v(n) & j \geqslant \omega(i) \\ 0 & j \leqslant \omega(i) \end{cases}$$

所求最大价值即最优值为 $m(1,c)$。

(2) 设计动态规划算法 knapsack 递推计算最优值。

(3) 设计 traceback 算法构造最优解。

如果 $m[1][c]=m[2][c]$，则 $x_1=0$；否则 $x_1=1$；当 $x_1=0$ 时，由 $m[2][c]$ 继续构成最优解。当 $x_1=1$ 时，由 $m[2][c-\omega_1]$ 继续构成最优解。依此类推，可以构造出最优解 $(x_1, x_2, \cdots, x_n)$。

以上动态规划算法的时间复杂度为 $O(nk)$，空间复杂度也为 $O(nk)$。通常 $k>n$，因此时间复杂度和空间复杂度均高于 $O(n^2)$。

算法与测试程序代码如下：

```
#include<stdio.h>
#define N 50
#define max(a,b) (a)>(b)? (a):(b)
#define min(a,b) (a)>(b)? (b):(a)
void knapsack(int n,int v[N],int w[N],int c,int m[N][10*N])
{   //0-1 背包问题动态规划算法
    //v、w、c 为价值、重量和容量,m[i][j]表示有 i~n 个物品,容量为 j 的最大价值
    int i, j, jMax;
    jMax =min(w[n]-1, c);
    for (j=0; j<=jMax; j++)
        m[n][j]=0;                      //当 w[n]>j 有 m[n][j]=0
    //m[n][j]表示只有 n 物品,容量为 j 的最大价值
    for(j=w[n]; j<=c; j++)
        m[n][j]=v[n];                   //当 w[n]<=j 时,有 m[n][j]=v[n]
    for(i=n-1; i>1; i--) {              //求出 m[i][j]其他值,直到求出 m[1][c]
        jMax=min(w[i]-1,c);
        for (j=0;j<=jMax;j++) m[i][j]=m[i+1][j];
        for (j=w[i];j<=c;j++) m[i][j]=max(m[i+1][j],m[i+1][j-w[i]]+v[i]);
    }
    m[1][c]=m[2][c];
    if (c>=w[1]) m[1][c]=max(m[1][c], m[2][c-w[1]]+v[1]);
}
void traceback(int n,int x[N],int w[N],int c,int m[N][10*N])
{   //根据最优值求出最优解
    int i;
    for(i=1; i<n; i++)
        if (m[i][c]==m[i+1][c]) x[i]=0;  //表示对应背包未装载
        else {
```

```
            x[i]=1;                     //表示对应背包已装载
            c=c-w[i];
        }
    x[n]=(m[n][c]>0) ? 1 : 0;
}
int main()
{   //v,w,m长度为n+1,m长度为nxw(i)
    int i,n,c,v[N],w[N],m[N][10 * N],x[N];
    scanf("%d%d",&n,&c);                //输入物品种类n和背包容量c
    for (i=1;i<=n;i++)
        scanf("%d%d",&w[i],&v[i]);      //输入重量和价值
    knapsack(n,v,w,c,m);                //求解最优值vmax
    printf("vmax=%d\n",m[1][c]);        //输出最大价值
    traceback(n,x,w,c,m);               //构造最优解
    printf("i\tw(i)\tv(i)\n");          //输出最优解
    for (i=1;i<=n;i++)                  //输出背包所装物品及其重量、价值
        if (x[i]) printf("%d\t%d\t%4d\n",i,w[i],v[i]);
    return 0;
}
```

已知6种物品和一个可容纳60重量的背包，物品重量$\omega=\{15,17,20,12,9,14\}$，价值为$v=\{32,37,46,26,21,30\}$，程序运行情况如下：

```
6 60↙
15 32 17 37 20 46 12 26 9 21 14 30↙
vmax=134
i       w(i)    v(i)
2       17        37
3       20        46
5       9         21
6       14        30
```

11.3.3 贪心算法

1. 基本思想

在求最优解问题的过程中，依据某种贪心标准，从问题的初始状态出发，直接去求每一步的最优解，通过若干次的贪心选择，最终得出整个问题的最优解，这种求解方法就是贪心算法(greedy algorithm)。

从贪心算法定义可以看出，贪心算法并不是从整体上考虑问题，它所做出的选择只是在某种意义上的局部最优解，而由问题自身的特性决定了运用贪心算法可以得到最优解。

可以用贪心算法求解的问题一般具有两个重要的性质。

(1) 贪心选择性质。

所谓贪心选择性质是指所求问题的整体最优解可以通过一系列局部最优的选择，即

贪心选择来达到。这是贪心算法可行的第一个基本要素,也是贪心算法与动态规划算法的主要区别。动态规划算法通常以自底向上的方式解各子问题,而贪心算法则通常以自顶向下的方式进行,以迭代的方式作出相继的贪心选择,每作一次贪心选择就将所求问题简化为规模更小的子问题。

对于一个具体问题,要确定它是否具有贪心选择性质,必须证明每一步所作的贪心选择最终导致问题的整体最优解。

(2) 最优子结构性质。

当一个问题的最优解包含其子问题的最优解时,称此问题具有最优子结构性质。问题的最优子结构性质是该问题可用动态规划算法或贪心算法求解的关键特征。

2. 基本步骤

(1) 将优化问题转化成这样的一个问题,即先做出选择,再解决剩下的一个子问题。

(2) 证明原问题总是有有一个最优解是做贪心选择得到的,从而说明贪心选择的安全。

(3) 说明在做出贪心选择后,剩余的子问题具有这样的一个性质。即如果将子问题的最优解和我们所做的贪心选择联合起来,可以得出原问题的一个最优解。

3. 应用举例

【例 11.8】 设计一个算法将一个真分数表示为埃及分数之和的形式。所谓埃及分数,是指分子为 1 的分数形式,如 7/8=1/2+1/3+1/24。

分析:本例采用贪心算法设计。

对于给定的分数,如何快速寻求其埃及分数式?应用贪心选择,每次选择分母最小的最大埃及分数是可行的思路。

例如要寻求分数 7/8 的埃及分数式,作以下贪心选择:

$$\frac{7}{8}>\frac{1}{2},\quad \frac{7}{8}-\frac{1}{2}=\frac{3}{8}>\frac{1}{3},\quad \frac{7}{8}-\frac{1}{2}-\frac{1}{3}=\frac{1}{24}$$

即首选小于 7/8 的最大埃及分数 1/2,然后选小于 3/8 的最大埃及分数 1/3,最后所得的 1/24 也为埃及分数。因而 7/8 的埃及分数式为 7/8=1/2+1/3+1/24。

一般地,对于给定的真分数 $a/b(a\neq 1)$,设 $d=[b/a]$(表示取 b/a 的整数),考虑到 $d<\frac{b}{a}<d+1$,有

$$\frac{a}{b}=\frac{1}{d+1}+\frac{a(d+1)-b}{b(d+1)}$$

这个公式就是贪心选择最大埃及分数的依据。即取埃及分数的分母为 $c=d+1$,正分数 $(ac-b)/bc$ 去除公因数后,同以上 a/b 的考虑。

贪心算法设计步骤如下。

(1) 对给定的真分数 $a/b(a\neq 1)$,求得 $c=[b/a]+1$。

(2) 若分母不大于上限,则存储各埃及分数的分母:$f[k]=c$。否则退出循环。

(3) 给 a 和 b 实施迭代:$a=ac-b, b=bc$,为探索下一个埃及分数的分母作准备。

(4) 去除 a、b 的公因数。

(5) 若 $a \neq 1$，继续循环；否则 $a=1$，$f[k]=b$，退出循环，输出结果。

算法与测试程序代码如下：

```
#include<stdio.h>
int EgyptianFraction(int a,int b,int D[20])
{   //贪心算法求 a/b 的埃及分数,求解结果放在 D 中
    int n=0,j,u,c;
    j=b;
    for(;;) {  //反复循环求解
        c=b/a+1;
        if (c>1000000000||c<0) return 0;  //分母超过上限,无解
        if (c==b) c++;                    //分母与给定分数的分母不同
        D[++n]=c;                         //得到第 n 个分母
        a=a*c-b;                          //准备下一次计算
        b=b*c;
        for (u=2;u<=a;u++)                //试商去除 a、b 公因数
            while (a%u==0&&b%u==0)
                a=a/u , b=b/u;
        if (a==1 && b!=j) {               //结束求解
            D[++n]=b;
            break;
        }
    }
    return n;                             //有解返回分式项数
}
int main()
{
    int a,b,n,i,D[20];
    scanf("%d%d",&a,&b);                  //输入分子、分母
    n=EgyptianFraction(a,b,D);
    if (n>0) {                            //输出埃及分数式
        printf("%d/%d=1/%d",a,b,D[1]);
        for (i=2;i<=n;i++)
            printf("+1/%d",D[i]);
        printf("\n");
    }
    return 0;
}
```

程序运行情况如下：

```
5 11↙
5/11=1/3+1/9+1/99
```

11.3.4 回溯法

1. 基本思想

回溯法(backtracking)是一个既带有系统性又带有跳跃性的搜索算法。它在包含问题的所有解的解空间树中,按照深度优先的策略,从根结点出发搜索解空间树。算法搜索至解空间树的任一结点时,总是先判断该结点是否肯定不包含问题的解。如果肯定不包含,则跳过对以该结点为根的子树的系统搜索,逐层向其祖先结点回溯。否则,进入该子树,继续按深度优先的策略进行搜索。回溯法求问题的所有解时,要回溯到根,且根结点的所有子树都已被搜索遍才结束。回溯法求问题的任一解时,只要搜索到问题的一个解就可以结束。这种以深度优先的方式系统地搜索问题的解的算法称为回溯法,它适用于求解组合数较大的问题。

应用回溯法解问题时,首先应明确定义问题的解空间,问题的解空间至少应包含问题的一个(最优)解。

确定了解空间的组织结构后,回溯法就从开始结点(根结点)出发,以深度优先的方式搜索整个解空间。这个开始结点就成为一个活结点,同时也成为当前的扩展结点。在当前的扩展结点处,搜索向纵深方向移至一个新结点。这个新结点就成为一个新的活结点,并成为当前的扩展结点。如果在当前的扩展结点处不能再向纵深方向移动,则当前的扩展结点就成为死结点。此时,应往回移动(回溯)至最近的一个活结点处,并使这个活结点成为当前的扩展结点。回溯法以这种工作方式递归地在解空间中搜索,直至找到所要求的解或解空间中已无活结点时为止。

2. 基本步骤

(1) 针对所给的问题,定义问题的解空间。

(2) 确定易于搜索的解空间结构。

(3) 以深度优先方式搜索解空间,并在搜索过程中用剪枝函数避免无效搜索。

由于回溯法是对解空间的深度优先搜索,因此可用递归函数来实现回溯法。

3. 应用举例

【例 11.9】 设计一个算法求 n 皇后问题。在 $n\times n$ 格棋盘上放置 n 个皇后,使其不能互相攻击,即任意两个皇后不放在同一行、同一列或同一斜线上,问有多少种摆法。

分析:本例应用回溯算法设计。

用 n 元组 $x[1:n]$表示 n 皇后问题的解,其中 $x[i]$表示皇后 i 放在棋盘的第 i 行的第 $x[i]$列。由于不允许将两个皇后放在同一列上,所以解向量中的 $x[i]$互不相同。将 $n\times n$ 格棋盘看做是二维方阵,其行号从上到下,列号从左到右依次为 1、2、…、n。从棋盘左上角到右下角的主对角线及其平行线(即斜率为 -1 的各斜线)上,两个下标值的差(行号减去列号)值相等。同理,斜率为 $+1$ 的每条斜线上,两个下标值的和(行号加上列号)值相等。因此,若两个皇后放置的位置分别是(i,j)和(k,l),且 $i-j=k-l$ 或 $i+j=k+l$,则

说明这两个皇后处于同一条斜线上。前面两个方程等价于 $i-k=j-l$ 和 $i-k=l-j$。由此可知，只要 $|i-k|=|j-l|$ 成立，就表明两个皇后位于同一条斜线上。

用回溯法解 n 皇后问题时，用完全 n 叉树表示解空间，用可行性约束剪去不满足行、列和斜线约束的子树即可求解。

算法设计步骤如下。

下面的解 n 皇后问题的回溯法中，递归方法 backtack(1)实现对整个解空间的回溯搜索，backtack(i)搜索解空间中的第 i 层子树，sum 记录当前已找到的可行方案数目。

在算法 backtack 中，当 $i>n$ 时算法搜索至叶结点，得到一个新的 n 皇后放置方案，则当前已找到的可行方案数 sum 加 1。当 $i\leqslant n$ 时，当前扩展结点 K 是解空间中的内部结点。该结点有 $x[i]=1,2,\cdots,n$，共 n 个子结点。对当前扩展结点 K 的每个子结点，由 place 约束检查可行性，并以深度优先的方式递归对可行子树搜索，或剪去不可行子树。

算法与测试程序代码如下：

```
#include<stdio.h>
#include<math.h>
int place(int k,int x[])
{   //检测可行性
    int i;
    for(i=1; i<k; i++)
        if (abs(k-i)==abs(x[i]-x[k]) || x[i]==x[k]) return 0;
    return 1;
}
void backtrack(int t,int n,int x[],int * sum)
{   //回溯法求 n 皇后问题,x 为排列方法,sum 为解总数
    int i;
    if (t>n) ( * sum)++;              //得到新的解,可以在此输出 x 得到排列方法
    else
        for(i=1; i<=n; i++) {
            x[t]=i;
            if (place(t,x)) backtrack(t+1,n,x,sum);
        }
}
int main()
{
    int i,sum=0,x[100],n=8;      //8 皇后
    for(i=0; i<=n; i++) x[i]=0;
    backtrack(1,n,x,&sum);       //计算 8 皇后问题的解数目
    printf("%d\n",sum);
    return 0;
}
```

程序运行情况如下：

```
92
```

习题

1. 分析下面两个程序段的执行频度。

```
程序段 1   x=x+1; s=s+x;
程序段 2   for (k=1; k<=n; k++)
               x=x+y,y=x+y,s=x+y;
```

2. 分析下面 3 个程序段的时间复杂度。

```
程序段 1   for(k=1; k<=n; k++)
               for(j=1; j<=k; j++) x=k+j ,  s=s+x;
程序段 2   for(t=1,m=0,k=1; k<=n; k++) {
               t=t * 2;
               for(j=t; j,=n; j++) m++;
           }
程序段 3   for(d=0, k=1; k<=n; k++)
               for(j=k * k; j<=n; j++) d++;
```

3. 分析下面 3 个程序段的时间复杂度。

```
程序段 1   for(i=s=0; s<n; i++) s+=i;
程序段 2   for(i=1; i<n;) i=i * 3;
程序段 3   for(s=0,i=0; i<n; i++)
               for(j=0; j<n; j++) s=s+A[i][j];
```

4. 下面是 3 个算法中的变量定义,分析这 3 个算法的空间复杂度。

```
算法 1     int i, j, k;
算法 2     int a, b, A[1000], B[2000];
算法 3     int a, b, A[100][1000];
```

5. 试分析第 6 章的冒泡排序、选择排序、插入排序、快速排序、顺序查找和二分查找的时间复杂度。

6. 试分析第 4 章求解 Hanoi 塔的算法的时间复杂度。

7. 用分治法求一元三次方程 $ax^3+bx^2+cx+d=0$ 的解,约定该方程存在 3 个不同实根(根的范围为-100~100),且根与根之差的绝对值大于等于 1。

8. 用分治法实现对 n 个元素进行合并排序算法,其基本思想是:将元素分成大小大致相同的两个子集合,分别对两个子集合进行排序,最终将排好序的子集合合并起来。

9. 有一个装有 16 个硬币的袋子,其中有一个硬币是伪造的,并且那个伪造的硬币比真的硬币要轻一些。用分治法找出这个伪造的硬币。

10. 有一批共 n 个集装箱要装上两艘载重量分别为 $c1$ 和 $c2$ 的轮船。其中集装箱 i 的重量为 ω_i,且 $\sum_{i=1}^{n} \omega_i \leqslant c1+c2$。用动态规划法确定是否有一个合理的装载方案可将这

n 个集装箱装船。如果有，找出一种装载方案。

11. 设计算法求给定平面上 n 个点，找其中的一对点，使得在 n 个点的所有点对中，该点对的距离最小。

12. 设有 $2^n(n \leqslant 6)$ 个球队进行单循环比赛，计划在 2^n-1 天内完成，每个队每天进行一场比赛，设计算法安排比赛，使在 2^n-1 天内每个队都与不同的对手比赛。例如，$n=2$ 时的比赛安排为：第 1 天(1－2，3－4)、第 2 天(1－3，2－4)、第 3 天(1－4，2－3)。

13. 设计一个 $O(n+\lceil \log_2 n \rceil-2)$ 时间的算法，求 n 个元素数组中的最大值和次最大值。

14. 设计一个 $O(n^2)$ 时间的算法，找出由 n 个数组成的序列的最长单调递增子序列。

15. 对于给定的金额，用面值 100、50、20、10、5、2、1 的纸币找零，设计算法要求所用纸币总数最少。

16. 给定 n 位正整数 a，任意删除其中 $k \leqslant n$ 个数字，设计一个算法找出余下数字组成的数最小的删数方案。

17. 关于整数 i 的变换 f 和 g 定义为：$f(i)=3i$；$g(i)=\lfloor i/2 \rfloor$。设计一个算法，对于给定的两个整数 n 和 m，用次数最少的 f 变换和 g 变换将 n 变为 m。

18. 假设有 n 个任务由 k 个可并行工作的机器完成。完成任务 i 需要的时间为 t_i，设计算法找出完成这 n 个任务的最佳调度，使得完成全部任务的时间最早。

第12章 数据结构

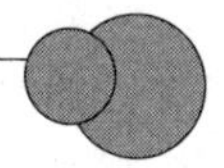

随着求解问题的规模和应用领域的不断扩大,简单的数据类型已经远远不能满足需要了,各数据元素之间的复杂联系已经不是传统数学方程式所能表达的,无论设计系统软件或应用软件都会用到各种复杂的数据结构。本质上,设计优秀的程序无非是选择合理的数据结构和好的算法,而好的算法的选择在很大程度上也取决于描述实际问题所采用的数据结构。因此,数据结构是设计应用程序的重要基础。

12.1 数据结构基本概念

12.1.1 什么是数据结构

数据(data)是对客观事物的符号表示。从计算机的角度看,数据是所有能输入到计算机中并能被计算机处理的符号的集合。它是计算机操作对象的总称,也是计算机处理信息的某种特定的符号表示形式。

数据元素(data element)是数据的基本单位,在计算机中通常作为一个整体进行考虑和处理。有时,一个数据元素可由若干个数据项(data item)组成,如图书信息为一个数据项。数据项是数据不可分割的最小单位,也称为字段或域。**数据对象**(data object)是性质相同的数据元素的集合,是数据的一个子集,如整数数据对象是自然数的集合。

数据结构(data structure)是相互之间存在一种或多种特定关系的数据元素的集合。在任何问题中,数据元素都不是孤立存在的,在它们之间存在着某种关系,这种数据元素相互之间的关系称为结构(structure)。

数据结构包括以下几个方面:

(1) 数据元素之间的逻辑关系,称为**数据的逻辑结构**。

(2) 数据元素及其关系在计算机中的表示(又称映像),称为**数据的存储结构**。

(3) 对该数据的操作,即**数据的运算**。

数据的逻辑结构是从逻辑关系(主要为相邻关系)上描述数据的,它与数据的存储无关。因此,数据的逻辑结构可以看做是从具体问题抽象出来的数学模型。

数据的存储结构是逻辑结构用程序语言(如 C/C++)的实现或在计算机中的表示,也就是逻辑结构在计算机中的存储方式。

数据的逻辑结构和物理结构是密切相关的两个方面,以后我们会看到,任何一个算法的设计取决于选定的数据逻辑结构，而算法的实现依赖于采用的存储结构。

数据的运算是定义在数据的逻辑结构上的，每种逻辑结构都有一组相应的运算，且在对应的存储结构上用算法实现。常用的运算有插入、删除、更新、查找、排序、合并、分解和复制等。

12.1.2 逻辑结构与存储结构

根据数据元素之间关系的不同特性，通常有下列4类基本逻辑结构：

(1) 集合：结构中的数据元素之间除了“同属于一个集合”的关系外，别无其他关系。

(2) 线性结构：结构中的数据元素之间存在一个对一个的关系。

(3) 树形结构：结构中的数据元素之间存在一个对多个的关系。

(4) 图形结构或网状结构：结构中的数据元素之间存在多个对多个的关系。

树形结构和图形结构统称为非线性结构，该结构中的元素之间存在一对多或多对多的关系。线性结构是树形结构的特例，而树形结构又是图形结构的特例。

数据元素之间的关系在计算机中有两种不同的表示方法：顺序映像和非顺序映像，并由此得到4种常用的存储结构。

(1) 顺序存储结构。

顺序存储结构把逻辑上相邻的元素存储在物理位置上相邻的存储单元中，元素之间的逻辑关系由存储空间的邻接关系直接体现。通常，顺序存储结构借助于程序语言的数组来描述。其优点是节省存储空间，缺点是不便于对元素进行插入和删除运算。

(2) 链式存储结构。

采用链式存储结构，逻辑上相邻的元素在物理上并不要求相邻，元素之间的逻辑关系由附加的指针域表示。通常，链式存储结构借助于程序语言的指针来描述。其主要优点是便于插入和删除运算，缺点是需要额外的指针空间，且不能对元素进行随机访问(如按下标访问)。

(3) 索引存储结构。

索引存储结构在存储元素信息的同时还建立附加的索引表，索引表由关键字和指向元素的指针组成。这种结构大大提高了数据查找的速度，可以对元素进行随机访问，在进行插入、删除运算时速度也很快。缺点是需要额外的空间来存储索引表。

(4) 哈希存储结构。

哈希存储结构是根据关键字通过哈希函数计算出元素的位置，其优点是查找速度快，适合快速查找和插入元素的场合。与前3种存储结构不同，哈希存储结构只存储元素的数据，不存储元素之间的逻辑关系。

12.1.3 数据结构与数据类型

数据结构是计算机处理数据元素的组织形式和相互关系，**数据类型**则是程序语言(如C/C++)中已实现的数据结构，是数据结构和该结构所允许的运算集合，两者的概念不能混淆。在程序语言的数据类型支持下，根据从求解问题中抽象出来的各种数据模型，构造出描述这些数据模型的各种数据结构。

抽象数据类型 ADT(abstract data type)是指一个数学模型以及定义在该模型上的一组操作。抽象数据类型的定义仅取决于它的一组逻辑特性,而与计算机内部如何表示和实现无关,即不论其内部结构如何变化,只要它的数学特性不变,都不影响其外部的使用。

抽象数据类型不局限于计算机中已定义并实现的数据类型,还包括在设计软件时自定义的数据类型。为了提高软件的复用率,**在现代程序设计方法学中指出,一个软件系统的框架应建立在数据之上,而不是建立在操作之上**(后者是传统的软件设计方法所为)。即在构成软件系统的每个相对独立的模块上,定义一组数据和施于这些数据上的一组操作,并在模块内部给出这些数据的表示及其操作的细节,而在模块外部使用的只是抽象的数据和抽象的操作。显然,所定义的数据类型的抽象层次越高,含有该抽象数据类型的软件模块的复用程度也就越高。

抽象数据类型的基本格式如下:

```
ADT 抽象数据类型名 {
    数据对象:数据对象的定义
    数据关系:数据关系的定义
    基本运算:基本运算的定义
} ADT 抽象数据类型名
```

其中基本运算的定义格式为:

```
基本运算名(参数表) 初始条件:描述初始条件
    操作结果:描述运算功能和操作结果
```

12.2 线性表

12.2.1 线性表的基本概念

1. 线性表的定义

线性表(linear list)是最常用且最简单的一种数据结构,是一个具有相同特性的数据元素的有限序列。序列中所含元素的个数 $n(n\geqslant 0)$ 称为线性表的长度。当 $n=0$ 时,表示线性表是一个空表,即表中不包含任何元素。设序列中第 i 个元素为 $a_i(1\leqslant i\leqslant n)$,则线性表 L 的一般表示为 $L=(a_1,a_2,\cdots,a_{i-1},a_i,a_{i+1},\cdots,a_n)$,其中 a_1 为第一个元素,又称表头元素;a_n 为最后一个元素,又称表尾元素;称 i 为数据元素 a_i 在线性表中的位序。表中 a_{i-1} 领先于 a_i,a_i 领先于 a_{i+1},称 a_{i-1} 是 a_i 的直接前趋元素,称 a_{i+1} 是 a_i 的直接后继元素。当 $i=1,2,\cdots,n-1$ 时,a_i 有且仅有一个直接后继;当 $i=2,3,\cdots,n$ 时,a_i 有且仅有一个直接前趋。

线性表是一个相当灵活的数据结构,它的长度可根据需要增长或缩短,即对线性表的数据元素不仅可以进行访问,还可方便地进行插入和删除等。

线性表的数据元素可以是一个数或一个符号,也可以是由若干数据项组成的信息,记为 ElemType 类型。如

```
typedef struct tagElemType { //复杂的数据元素类型
    …                         //任意数目、任意组合、任意类型的数据成员
} ElemType;
```

为方便介绍,本书将 ElemType 简单设定为 int 型,即

```
typedef int ElemType;        //简单的数据元素类型
```

2. 线性表的抽象数据类型描述

抽象数据类型线性表的定义如下:

```
ADT List {
    数据对象: D={ a_i |1≤i≤n,n≥0,a_i 为 ElemType类型}//ElemType是自定义的类型标
                                                    //识符
    数据关系: R={<a_i ,a_{i+1}>|a_i ,a_{i+1}∈D,i=1,2,…,n-1}
    基本运算:
        CreateList(*L,n,input())
            操作结果:创建一个线性表 L。
        InitList(*L)
            操作结果:构造一个空的线性表 L。
        DestroyList(*L)
            初始条件:线性表 L 已存在。
            操作结果:销毁线性表 L。
        ClearList(*L)
            初始条件:线性表 L 已存在。
            操作结果:将 L 置为空表。
        ListEmpty(L)
            初始条件:线性表 L 已存在。
            操作结果:若 L 为空表返回真,否则返回假。
        ListLength(L)
            初始条件:线性表 L 已存在。
            操作结果:返回 L 中数据元素的个数,即 L 的长度。
        GetElem(L,i,*e)
            初始条件:线性表 L 已存在,1≤i≤ListLength(L)。
            操作结果:用*e 返回 L 中第 i 个数据元素的值。
        LocateElem(L,e,compare())
            初始条件:线性表 L 已存在,compare()是关系判定函数。
            操作结果:返回 L 中第 1 个与 e 满足关系 compare()的数据元素的位序。若这样
                     的数据元素不存在,则返回 0。
        PriorElem(L,cur_e,*pre_e)
            初始条件:线性表 L 已存在。
            操作结果:若 cur_e 是 L 的数据元素,且不是第一个,则用*pre_e 返回它的前趋;
                     否则操作失败,*pre_e 无定义。
        NextElem(L,cur_e,*next_e)
```

```
        初始条件：线性表 L 已存在。
        操作结果：若 cur_e 是 L 的数据元素，且不是最后一个，则用 * next_e 返回它的后
                  继；否则操作失败，* next_e 无定义。
    ListInsert( * L,i,e)
        初始条件：线性表 * L 已存在，1≤i≤ListLength(L)+1。
        操作结果：在 * L 中第 i 个位置之前插入新的数据元素 e，* L 的长度加 1。
    ListDelete( * L,i, * e)
        初始条件：线性表 * L 已存在且非空，1≤i≤ListLength(L)。
        操作结果：删除 * L 的第 i 个数据元素，并用 * e 返回其值，* L 的长度减 1。
    ListTraverse(L,visit())
        初始条件：线性表 L 已存在。
        操作结果：依次对 L 的每个数据元素调用函数 visit()，一旦 visit()失败则操作
                  失败。
} ADT List
```

对上述定义的抽象数据类型线性表，还可进行一些更复杂的操作，例如，将两个或两个以上的线性表合并成一个线性表，把一个线性表拆开成两个或两个以上的线性表，重新复制一个线性表等。

【例 12.1】 有一个线性表 L＝('h','e','l','l','o')，求 ListLength(L)、ListEmpty(L)、GetElem(L,1,&e)、LocateElem(L,'e',compare)、ListInsert(&L,3,'-')、ListDelete(&L,6,&e)等基本运算的执行结果。

解：各种运算执行结果如下：

```
ListLength(L)                5
ListEmpty(L)                 假(0)
GetElem(L,1,&e)              e='h'
LocateElem(L,'e',compare)    2
ListInsert(&L,3,'-')         执行后 L=('h','e','-','l','l','o')
ListDelete(&L,6,&e)          执行后 L=('h','e','-','l','l')
```

【例 12.2】 假设有两个线性表 La 和 Lb 分表表示两个集合 A 和 B，编写一个算法求新集合 A＝A∪B，即将两个集合的并集放到线性表 La 中。

解：扩大线性表 La，遍历线性表 Lb，将存在于 Lb 中但不存在于 La 中的数据元素插入到 La 中，并集算法如下：

```
void unionlist(List * LA,List * LB)
{   //将所有在线性表 * LB 中但不在 * LA 中的数据元素插入到 * LA
    int LA_len,LB_len,i;
    ElemType e;
    LA_len=ListLength( * LA), LB_len=ListLength( * LB);   //求线性表的长度
    for(i=1;i<=LB_len;i++) {                              //遍历线性表 * LB
        GetElem( * LB,i,&e);                              //取 * LB 中第 i 个数据元素 e
        if(LocateElem( * LA,e,compare))
            ListInsert(LA,++LA_len,e);                    //若 * LA 不存在 e 则插入之
```

```
    }
}
```

由于 LocateElem(La,e)运算的时间复杂度为 O(ListLength(La)),所以算法的时间复杂度为 O(ListLength(La) * ListLength(Lb))。

【例 12.3】 已知两个线性表 La 和 Lb 中的数据元素升序排列,现要求将 La 和 Lb 归并为一个新的线性表 Lc,且 Lc 中的数据元素也是升序排列。

解：先置 Lc 为空表,然后将 La 或 Lb 中的元素逐个插入到 Lc 中。为使 Lc 中的数据元素也升序排列,可以用 i 和 j 分别表示 La 和 Lb 当前的位序。设 La 当前数据元素为 a,Lb 当前数据元素为 b,则插入到 Lc 中的元素是 a 和 b 的最小值。归并算法如下：

```
void MergeList(List La,List Lb,List * Lc)
{   //顺序线性表 La 和 Lb 升序排列。归并 La 和 Lb 得到 Lc 且升序排列
    int i=1,j=1,k=0,la_len,lb_len;
    ElemType a,b;
    InitList(Lc);                                  //先置 Lc 为空表
    la_len=ListLength(La) , lb_len=ListLength(Lb);  //求线性表的长度
    while (i<=la_len && j<=lb_len ) {              //表 La 和表 Lb 均非空
        GetElem(La,i,&a), GetElem(Lb,j,&b);        //取 La 元素 a,取 Lb 元素 b
        if (a<=b) { ListInsert(Lc,++k,a); i++; }   //插入 a 到 Lc 中
        else { ListInsert(Lc,++k,b); j++; }        //插入 b 到 Lc 中
    }
    while (i<=la_len)                              //表 La 非空且表 Lb 空
        GetElem(La,i++,&a), ListInsert(Lc,++k,a);//插入 La 的剩余元素
    while (j<=lb_len)                              //表 Lb 非空且表 La 空
        GetElem(Lb,j++,&b), ListInsert(Lc,++k,b);//插入 Lb 的剩余元素
}
```

尽管算法有 3 个 while 语句,但只有当 i 和 j 对应的数据元素存在时,才取得数据进行比较,第 1 个循环结束时至少有一个线性表的数据元素已加入到 Lc 中;接下来将另一个线性表剩余的数据元素加入到 Lc 中,即后面的两个 while 语句,实际上只执行一个。所以算法的时间复杂度为 O(ListLength(La)+ListLength(Lb))。

12.2.2 线性顺序表及其运算

1. 线性表的顺序存储结构

线性表的顺序表示指的是用一组地址连续的存储单元依次存储线性表的数据元素。假设线性表的每个元素需占用 k 个存储单元,并以第 1 个元素的存储地址作为数据元素的存储位置。则线性表中第 $i+1$ 个数据元素的存储位置 $\mathrm{LOC}(a_{i+1})$和第 i 个数据元素的存储位置 $\mathrm{LOC}(a_i)$之间满足

$$\mathrm{LOC}(a_{i+1}) = \mathrm{LOC}(a_i) + k$$

线性表第 i 个数据元素的存储位置为

$$LOC(a_i) = LOC(a_1) + (i-1) \times k$$

其中 $LOC(a_1)$为第 1 个元素的存储位置,称为线性表的起始位置或基地址。

将这种线性表的表示称为线性表的顺序存储结构或顺序映像,具有这种存储结构的线性表称为顺序表。它的特点是第 $i+1$ 个元素($1 \leqslant i \leqslant n-1$)的存储位置紧接在第 i 个元素的存储位置的后面。由此,只要确定了存储线性表的起始位置,线性表中任一数据元素都可随机存取,所以线性表的顺序存储结构是一种随机存取的存储结构。

由于 C 语言中的数组类型具有随机存取的特性,因此,通常都用数组来描述数据结构中的顺序存储结构。在此,希望线性表的长度可变,且所需的最大存储空间随应用要求的不同而不同,故用指针 base(可使用动态分配)来表示这样的一维数组。定义如下:

```
#define LIST_INIT_SIZE 100          //顺序表数据元素存储空间的初始分配量
#define LIST_INCREMENT 10           //顺序表数据元素存储空间的分配增量
typedef struct tagList {            //线性顺序表类型
    ElemType * base;                //数据元素存储空间基地址
    int length;                     //顺序表长度
    int size;                       //当前存储空间容量(以 sizeof(ElemType)为单位)
} List;                             //List 为结构体类型
```

在上述定义中,数组指针 base 指向线性表的基地址,length 为线性表的当前长度。顺序表的初始化操作就是为顺序表分配一个预定义大小的数组空间,并将线性表的当前长度设为 0。size 为顺序表当前分配的存储空间大小,一旦因插入元素而空间不足时,可利用动态内存分配技术进行再分配,即为顺序表再增加 LIST_INCREMENT 个数据元素的空间。

2. 顺序表基本运算的实现

(1) 建立线性表 CreateList(&L,n,input())

其方法是调用函数 input 输入 n 个元素依次存放到顺序表中,并设置顺序表长度为 n。input 函数指针指向如下形式的输入函数:

```
void input(ElemType * ep)          //实现数据域元素输入的定制函数
{   //在函数中可以写更加复杂、任意形式、任意数目的输入
    scanf("%d",ep);
}
```

建立顺序表的算法实现如下:

```
void CreateList(List * L,int n,void( * input)(ElemType * ))  //创建顺序表
{   //算法时间复杂度 O(1)
    ElemType s, * p;
    p=L->base=(ElemType * )malloc(LIST_INIT_SIZE * sizeof(ElemType));
                                                              //分配空间
    L->length=n;                    //初始化顺序表长度为 n
    L->size=LIST_INIT_SIZE;         //初始存储容量
```

```
    for (; n>0; n--) {                  //创建 n 个结点链表
        input(&s);                      //调用 input 输入数据元素
        * p++=s;                        //依次存入到顺序表中
    }
}
```

(2) 线性表查找 LocateElem(L,e,compare())

返回顺序表中第 1 个与 e 满足关系 compare()的数据元素的位序。若这样的数据元素不存在,则返回 0。其中 compare 函数指针指向如下形式的比较函数:

```
int compare(ElemType * ep1,ElemType * ep2)//实现两个数据元素关系比较的定制函数
{   //在函数中对数据元素进行定制的关系比较,如相等、大于或小于
    if ( * ep1== * ep2) return 1;       //满足相等关系,返回真(1)
    return 0;                           //不满足关系,返回假(0)
}
```

查找数据元素的算法实现如下:

```
int LocateElem(List L,ElemType e,int( * compare)(ElemType * ,ElemType * ))
{   //返回 L 中第 1 个与 e 满足关系 compare()的数据元素的位序
    int i=1;
    ElemType * p=L.base;
    while (i<=L.length && !compare(p,&e)) i++ ,p++ ;
    if (i>L.length) return 0;           //关系不成立,返回 0
    return i;                           //返回位序,算法时间复杂度 O(L.length)
}
```

(3) 线性表插入 ListInsert(&L,i,e)

线性表的插入运算是指在 L 中第 i 个位置之前插入新的数据元素 e。一般情况下,在第 $i(1\leqslant i\leqslant n)$个元素之前插入一个元素时,需将第 n 至第 i(共 $n-i+1$)个元素向后移动一个位置。其算法实现如下:

```
int ListInsert(List * L,int i,ElemType e)  //第 i 个位置之前插入元素 e
{   //算法平均时间复杂度 O(L.length)
    ElemType * base, * q, * p;
    if(i<1||i>L->length+1) return 0;        //i 值不合法,返回假(0)
    if(L->length>=L->size) {                //当前存储空间已满,增加分配
        L->size +=LIST_INCREMENT;           //增加存储容量
        base=(ElemType * )realloc(L->base,L->size * sizeof(ElemType));
        L->base=base;                       //新基址
    }
    q=L->base+i-1;                          //q 为插入位置
    for(p=L->base+L->length-1;p>=q;--p) * (p+1)= * p;
                                            //插入位置及之后的元素右移
    * q=e;                                  //插入 e
```

```
    ++(L->length);                        //线性表长度增 1
    return 1;                             //操作成功,返回真(1)
}
```

本算法先判断当前存储空间是否已满,若是,则增加空间,以便能存储后面插入的元素。

(4) 线性表删除 ListDelete(&L,i,&e)

线性表的删除运算是指删除 L 的第 i 个数据元素,线性表的长度减 1。一般情况下,删除第 $i(1\leqslant i\leqslant n)$个元素时需将从第 $i+1$ 至第 n(共 $n-i$)个元素依次向前移动一个位置。其算法实现如下:

```
int ListDelete(List *L,int i,ElemType *e)
{   //算法平均时间复杂度 O(L.length)
    ElemType *p, *q;
    if(i<1||i>L->length) return 0;          //i 值不合法,返回假(0)
    p=L->base+i-1;                          //p 为被删除元素的位置
    if (e!=NULL) *e= *p;                    //删除结点由 *e 返回其值
    q=L->base+L->length-1;                  //表尾元素的位置
    for(++p; p<=q; ++p) *(p-1)= *p;         //被删除元素之后的元素左移
    (L->length)--;                          //线性表长度减 1
    return 1;                               //操作成功,返回真(1)
}
```

(5) 线性表遍历 ListTraverse(L,visit())

依次对线性表的每个数据元素调用函数 visit(),一旦 visit()失败,则操作失败。其中 visit 函数指针指向如下形式的访问函数:

```
void visit(ElemType *ep)  //实现链表遍历时结点访问的定制函数
{   //在函数中对结点 *ep 实现定制的操作,例如输出
    printf("%d ", *ep);
}
```

线性表遍历的算法实现如下:

```
void ListTraverse(List L,void(*visit)(ElemType*))
{   //遍历 L 的每个元素调用函数 visit,算法时间复杂度 O(L.length)
    int i;
    ElemType *p=L.base;
    for(i=1;i<=L.length;i++) visit(p++);  //对每个函数调用 visit
}
```

线性表其他运算的算法实现如下:

```
void InitList(List *L)                        //构造一个空的顺序表 L
{   //分配数据元素存储空间
    L->base=(ElemType*)malloc(LIST_INIT_SIZE*sizeof(ElemType));
    L->length=0;                              //空表长度为 0
```

```
    L->size=LIST_INIT_SIZE;                    //初始存储容量
}
void DestroyList(List *L)                      //销毁顺序表 L
{
    free(L->base);                             //释放数据元素存储空间
    L->base=NULL;
    L->length=L->size=0;
}
void ClearList(List *L)                        //将 L 重置为空表
{
    L->length=0;
}
int ListEmpty(List L)                          //检测 L 是否为空表
{   //若 L 为空表返回 TRUE,否则返回 FALSE
    return L.length==0;
}
int ListLength(List L)                         //返回 L 中的数据元素个数,即 L 的长度
{
    return L.length;
}
int GetElem(List L,int i,ElemType *e)          //用*e 返回 L 中第 i 个数据元素
{
    if (i<1 || i>L.length) return 0;           //i 值不合法,返回假(0)
    if (e!=NULL) *e=*(L.base+i-1);             //取第 i 个元素到*e
    return 1;                                  //操作成功,返回真(1)
}
int PriorElem(List L,ElemType cur_e,ElemType *pre_e)
{   //返回 cur_e 元素的前趋
    int i=2;
    ElemType *p=L.base+1;
    while (i<=L.length && *p!=cur_e) i++,p++;
    if(i>L.length) return 0;                   //不存在 cur_e,返回假(0)
    if (pre_e!=NULL) *pre_e=*(--p);
    return 1;                                  //操作成功,返回真(1)
}
int NextElem(List L,ElemType cur_e,ElemType *next_e)
{   //返回 cur_e 元素的后继
    int i=1;
    ElemType *p=L.base;
    while (i<L.length && *p!=cur_e) i++,p++;
    if(i==L.length) return 0;                  //不存在 cur_e,返回假(0)
    if (next_e!=NULL) *next_e=*(++p);
    return 1;                                  //操作成功,返回真(1)
}
```

12.2.3　线性链式表及其运算

线性顺序表的特点是逻辑关系上相邻的两个元素在物理位置上也是相邻的，因此可以随机存取表中任一元素，它的存储位置可用一个简单、直观的公式来表示。但这样的特点也使得线性顺序表在插入或删除操作时需移动大量元素。

线性表还可以采用链式存储结构方式，形成链表。由于它不要求逻辑上相邻的元素在物理位置上也相邻，因此它没有线性顺序表所具有的弱点，但同时也失去了线性顺序表可随机存取的优点。

在链式存储中，每个存储结点不仅包含有元素的信息(称为数据域)，还包含有元素之间逻辑关系的信息，即另一个结点的地址信息(称为指针域)。这样可以通过一个结点的指针域方便地找到前驱结点或后继结点的位置。

关于链表，本书第 9 章已经给出，这里不再重复。

12.3　栈和队列

从数据结构角度看，栈和队列是也是线性表，其特殊性在于栈和队列的基本运算是线性表运算的子集，其插入、删除运算均受特殊限制。

12.3.1　栈的定义

栈(stack)是限定仅在表尾进行插入或删除运算的线性表。因此，对栈来说表尾有其特殊含义，称为栈顶(top)，相应地，表头称为栈底(bottom)。不含元素的空表称为空栈。

假设栈 $S=(a_1, a_2, \cdots, a_n)$，则称 a_1 为栈底元素，a_n 为栈顶元素。栈中元素按 a_1，a_2，…，a_n 的次序进栈(push)，出栈(pop)的第一个元素应为栈顶元素。换言之，栈是后进先出 LIFO(last in first out)的线性表。图 12.1 是一个栈的动态示意图。

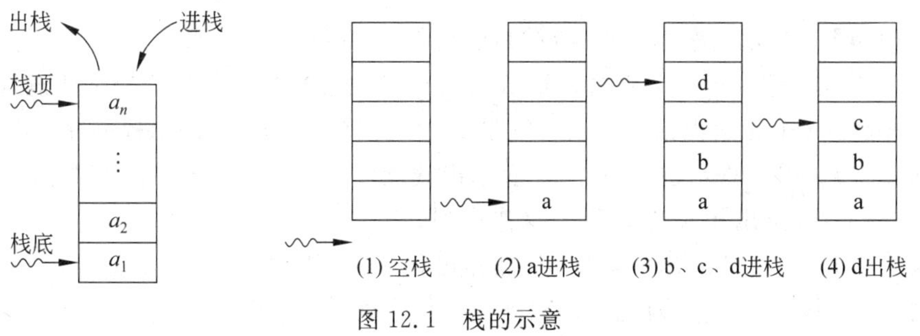

图 12.1　栈的示意

抽象数据类型栈的定义如下：

```
ADT Stack {
    数据对象：D={ai|1≤i≤n,n≥0,ai 为 ElemType 类型}//ElemType 是自定义的类型标
                                                    //识符
    数据关系：R={<ai-1,ai>|ai-1,ai∈D,i=1,2,…,n}
    基本运算：
```

```
    InitStack(*S)
        操作结果：构造一个空栈 S。
    DestroyStack(*S)
        初始条件：栈 S 已存在。
        操作结果：销毁栈 S。
    ClearStack(*S)
        初始条件：栈 S 已存在。
        操作结果：将栈 S 置为空栈。
    StackEmpty(S)
        初始条件：栈 S 已存在。
        操作结果：若栈 S 为空栈则返回真，否则返回假。
    StackLength(S)
        初始条件：栈 S 已存在。
        操作结果：返回栈 S 中数据元素的个数，即栈的长度。
    GetTop(S,*e)
        初始条件：栈 S 已存在且非空。
        操作结果：用*e 返回 S 的栈顶元素。
    Push(*S,e)
        初始条件：栈 S 已存在。
        操作结果：插入元素 e 为 S 新的栈顶元素。
    Pop(*S,*e)
        初始条件：栈 S 已存在且非空。
        操作结果：删除 S 的栈顶元素，并用*e 返回其值。
    StackTraverse(S,visit())
        初始条件：栈 S 已存在且非空。
        操作结果：从栈底到栈顶依次对 S 的每个元素调用函数 visit，一旦 visit()失败
                  则操作失败。
} ADT Stack
```

【例 12.4】 若元素进栈顺序为 1234，能否得到 3142 的出栈顺序？

解：为了让 3 作为第 1 个出栈元素，1、2 先进栈，此时要么 2 出栈，要么 4 进栈后接着出栈，出栈的第 2 个元素无论如何不可能是 1。因此得不到 3142 的出栈顺序。

【例 12.5】 用 P 表示进栈操作，X 表示出栈操作，若元素进栈顺序为 1234，为了得到 1342 的出栈顺序，给出相应的 P 和 X 操作序列。

解：为了得到 1342 的出栈顺序，其操作过程是：1 进栈，1 出栈，2 进栈，3 进栈，3 出栈，4 进栈，4 出栈，2 出栈。因此进栈和出栈操作序列是 PXPPXPXX。

12.3.2 栈的顺序存储及基本运算

栈的顺序存储结构与线性表的顺序存储结构相似，采用指针 base 表示数据元素存储空间（这样可以动态增长），定义一个指针 top 指向栈顶，具有这样结构的栈称为顺序栈。描述如下：

```
#define STACK_INIT_SIZE 100          //顺序栈数据元素存储空间的初始分配量
```

```
#define STACK_INCREMENT 10            //顺序栈数据元素存储空间的分配增量
typedef struct tagStack {             //顺序栈类型
    ElemType * base;                  //数据元素存储空间基地址
    ElemType * top;                   //栈顶指针
    int size;                         //当前存储空间容量(以 sizeof(ElemType)为单位)
} Stack;                              //Stack 为结构体类型
```

顺序栈各种运算的算法实现如下：

```
void InitStack(Stack * S)             //构造一个空栈 S
{
    S->base=(ElemType * )malloc(STACK_INIT_SIZE * sizeof(ElemType));
    S->top=S->base;                   //初始时栈顶位置
    S->size=STACK_INIT_SIZE;
}
void DestroyStack(Stack * S)          //销毁栈 S
{
    free(S->base);
    S->base=S->top=NULL;
    S->size=0;
}
void ClearStack(Stack * S)            //将 S 置为空栈
{
    if (S!=NULL) S->top=S->base;
}
int StackEmpty(Stack S)               //检测 S 是否为空栈
{   //若 S 为空栈返回 TRUE,否则返回 FALSE
    return S.top==S.base;
}
int StackLength(Stack S)
{   //返回 S 中数据元素个数,即栈的长度
    return S.top-S.base;
}
int GetTop(Stack S,ElemType * e)      //用 e 返回 S 的栈顶元素
{
    if(S.top>S.base && e!=NULL) {
        * e= * (S.top-1);             //若栈不空,返回 S 的栈顶元素
        return 1;                     //操作成功,返回真(1)
    }
    return 0;                         //栈空,返回假(0)
}
void Push(Stack *S,ElemType e)        //将 e 进栈
{   //插入元素 e 为新的栈顶元素
    if(S->top-S->base>=S->size) {     //若栈空间满则追加存储空间
        S->size +=STACK_INCREMENT;
```

```
        S->base=(ElemType * )realloc(S->base,S->size * sizeof(ElemType));
        S->top=S->base+S->size;
    }
    * (S->top)++=e;                     //e入栈
}
void Pop(Stack *S,ElemType *e)          //将 * e 出栈
{   //若栈不空,则用 * e 返回 S 的栈顶元素
    if(S->top==S->base && e!=NULL)  //栈空,直接返回
        * e= * (--S->top);          //出栈到 * e
}
void StackTraverse(Stack S,void( * visit)(ElemType * ))
{   //从栈底到栈顶依次对栈中每个元素调用函数 visit 访问它
    while(S.top>S.base) visit(S.base++);
}
```

12.3.3 栈的链式存储及基本运算

采用链式存储结构的栈称为链栈,使用单链表实现。其中链表开始结点为栈顶元素,尾结点为栈底元素。描述如下:

```
typedef struct tagLNode {     //单链表结点类型
    ElemType data;            //数据域
    struct tagLNode * next;   //指针域:指向直接后继结点
} LNode, * LinkStack;         //LNode 为单链表结构体类型,LinkStack 为单链表指针类型
```

使用链栈的优点是不存在栈满溢出的情况。由于栈的运算是线性表运算的特例,链栈基本运算的实现与链表基本运算相似,在此不作详细讨论。

12.3.4 队列的定义

和栈相反,队列(queue)是一种先进先出 FIFO(first in first out)的线性表。它只允许在表的一端插入元素,而在另一端删除元素,最早进入队列的元素最早离开。在队列中,允许插入的一端叫做队尾(rear),允许删除的一端称为队头(front)。假设队列为 $q=(a_1,a_2,\cdots,a_n)$,那么,a_1 就是队头元素,a_n 就是队尾元素。队列中的元素按照 a_1、a_2、…、a_n 的顺序进入的,退出队列也只能按照这个次序依次退出。

抽象数据类型队列的定义如下:

```
ADT Queue {
    数据对象: D={ a_i |1≤i≤n,n≥0,a_i 为 ElemType 类型}//ElemType 是自定义的类型标识符
    数据关系: R={<a_{i-1},a_i>|a_{i-1},a_i∈D,i=1,2,…,n},约定 a_1 为队首元素,a_n 为队尾元素。
    基本运算:
        InitQueue( * Q)
            操作结果:构造一个空队列 Q。
        DestroyQueue( * Q)
            初始条件:队列 Q 已存在。
```

```
        操作结果：销毁队列 Q。
    ClearQueue( * Q)
        初始条件：队列 Q 已存在。
        操作结果：将 Q 置为空队列。
    QueueEmpty(Q)
        初始条件：队列 Q 已存在。
        操作结果：若 Q 为空队列则返回真，否则返回假。
    QueueLength(Q)
        初始条件：队列 Q 已存在。
        操作结果：返回 Q 中数据元素的个数，即队列的长度。
    GetHead(Q, * e)
        初始条件：Q 为非空队列。
        操作结果：用 * e 返回 Q 的队首元素。
    EnQueue( * Q,e)
        初始条件：队列 Q 已存在且队不满。
        操作结果：插入元素 e 为 Q 新的队尾元素。
    DeQueue( * Q, * e)
        初始条件：Q 为非空队列。
        操作结果：删除 Q 的队首元素，并用 * e 返回其值。
    QueueTraverse(Q,visit())
        初始条件：Q 为非空队列。
        操作结果：从队首到队尾依次对 Q 的每个元素调用函数 visit，一旦 visit()失败
                  则操作失败。
} ADT Queue
```

【例 12.6】 若元素进队顺序为 1234，能否得到 3142 的出队顺序？

解：进队顺序为 1234，则出队顺序也为 1234(先进先出)，得不到 3142 的出队顺序。

12.3.5 队列的顺序存储及基本运算

队列的顺序存储结构与线性表的顺序存储结构相似，采用指针 base 表示数据元素存储空间(这样可以动态增长)，用两个整型变量记录队首指针和队尾指针。描述如下：

```
#define MAX_QSIZE 100          //最大队列长度
typedef struct tagQueue {      //顺序队列类型
    ElemType * base;           //数据元素存储空间基地址
    int front;                 //队首指针，若队列不空，指向队首元素
    int rear;                  //队尾指针，若队列不空，指向队尾元素的下一个位置
} Queue;                       //Queue 为结构体类型
```

由于队首指针在出队时和队尾指针在进队时均是指针加 1，在数组 base 的边界容易产生溢出。为了能够充分利用数组的存储空间，可以将数组最开始和最末端连接起来，形成环形队列。即当指针在 MAX_QSIZE－1 时，再前进一个位置就自动到 0。其算法为：

```
front=(front+1)%MAX_QSIZE;  //队首指针进 1
rear=(rear+1)%MAX_QSIZE;    //队尾指针进 1
```

如果出队时 front 赶上 rear，即 front＝＝rear 时，表示队列为空；如果进队时 rear 赶上 front，即 rear＝＝front 时，表示队满。显然这两个标志不容易区分。为此约定进队时少用一个元素空间，即当(rear＋1)％MAX_QSIZE＝＝front 时表示队满。

环形队列基本运算的算法实现如下：

```
void InitQueue(Queue *Q)                          //构造一个空队列 Q
{
    Q->base=(ElemType *)malloc(MAX_QSIZE*sizeof(ElemType));
    Q->front=Q->rear=0;
}
void DestroyQueue(Queue *Q)                       //销毁队列 Q
{
    if(Q->base) free(Q->base);
    Q->base=NULL;
    Q->front=Q->rear=0;
}
void ClearQueue(Queue *Q)                         //将 Q 清为空队列
{
    Q->front=Q->rear=0;                           //队空的标志
}
int QueueEmpty(Queue Q)                           //检测 Q 是否为队空
{   //若 Q 为队空返回 TRUE,否则返回 FALSE
    return Q.front==Q.rear;                       //队空的标志
}
int QueueLength(Queue Q)                          //返回 Q 的元素个数,即队列的长度
{
    return Q.rear-Q.front;
}
int GetHead(Queue Q,ElemType *e)                  //用 e 返回 Q 的队首元素
{
    if (Q.front==Q.rear) return 0;                //队空,直接返回假(0)
    if (e!=NULL) *e=Q.base[Q.front];
    return 1;                                     //操作成功,返回真(1)
}
int EnQueue(Queue *Q,ElemType e)                  //进队
{   //插入元素 e 为 Q 的新队尾元素
    if ((Q->rear+1)%MAX_QSIZE==Q->front) return 0;  //若队满,返回假(0)
    Q->rear=(Q->rear+1)%MAX_QSIZE;                //队尾指针进 1
    Q->base[Q->rear]=e;                           //插入 e
    return 1;                                     //操作成功,返回真(1)
}
int DeQueue(Queue *Q,ElemType *e)                 //出队
{   //删除 Q 的队首元素,且用 *e 返回其值
    if(Q->front==Q->rear) return 0;//若队空,返回假(0)
```

```
        Q->front=(Q->front+1)%MAX_QSIZE;            //队首指针进 1
        if (e!=NULL) *e=Q->base[Q->front];          //用*e 返回其值
        return 1;                                   //操作成功,返回真(1)
    }
    void QueueTraverse(Queue Q,void(*visit)(ElemType*))  //遍历
    {   //从队首到队尾依次对队列 Q 中的每个元素调用函数 visit
        int i=Q.front;                              //从队头开始
        while(i!=Q.rear) {                          //直到队尾结束
            visit(Q.base+i);
            i=(i+1)%MAX_QSIZE;                      //队首进 1
        }
    }
```

12.3.6 队列的链式存储及基本运算

采用链式存储结构的队列称为链队,使用单链表实现。此时只允许对链表的开始结点进行删除操作和对链尾进行插入操作,因此定义队首指针 front 指向链表开始结点,队尾指针 rear 指向队尾结点。描述如下:

```
typedef struct tagLNode {       //单链表结点类型
    ElemType data;              //数据域
    struct tagLNode *next;      //指针域:指向直接后继结点
} LNode, *QueuePtr;             //LNode 为单链表结构体类型,QueuePtr 为单链表指针类型
typedef struct tagLinkQueue {   //链队类型
    QueuePtr front,rear;        //队首和队尾指针
} LinkQueue;
```

链队基本运算的实现与链表基本运算相似,在此不作详细讨论。

12.4 树和二叉树

12.4.1 树的基本概念

树形结构是一种典型的非线性结构,常用的树形结构有树和二叉树。树形结构中由于一个结点与多个结点相对应,因此树形结构可以用来表示层次关系的数据结构。

1. 树的定义

树(tree)是由 $n(n\geq 0)$ 个结点组成的有限集合,记为 T。当 $n=0$ 时,它是一棵空树。如果 $n>0$,这 n 个结点中有且只有一个结点作为树的根(root)结点,其余结点可分为 m $(m>0)$ 个互不相交的有限集合 $T_1, T_2, \cdots, T_m$,其中每一个子集本身又是一棵树,称为根的子树(subtree)。树的每一个结点可以有零个或多个直接后继,但有且仅有一个直接前趋(根结点除外)。

2. 树的逻辑表示

树常见的逻辑表示方法有以下 4 种。

(1) 树形表示法。用一个圆圈表示一个结点,圆圈内的符号代表该结点的数据信息,结点之间的关系用不带箭头的连线(但隐含从上到下的方向)表示,如图 12.2(a)所示。

(2) 文氏图表示法。每棵树对应一个圆圈,圆圈内包含根结点和子树的圆圈,同一个结点下的各子树对应的圆圈不能相交,如图 12.2(b)所示。

(3) 凹入表示法。每棵树的根对应一个条形,子树的根对应一个较短的条形,同一个根下的各子树的条形长度相同,如图 12.2(c)所示。

(4) 括号表示法。每棵树对应一个由根作为名字的表,表名放在表的左边,表由一个括号里的各子树对应的表组成,表之间用逗号分隔。图 12.2(a)的树的括号表示法为 $A(B(E,F),C(G(J)),D(H,I(K,L,M)))$。

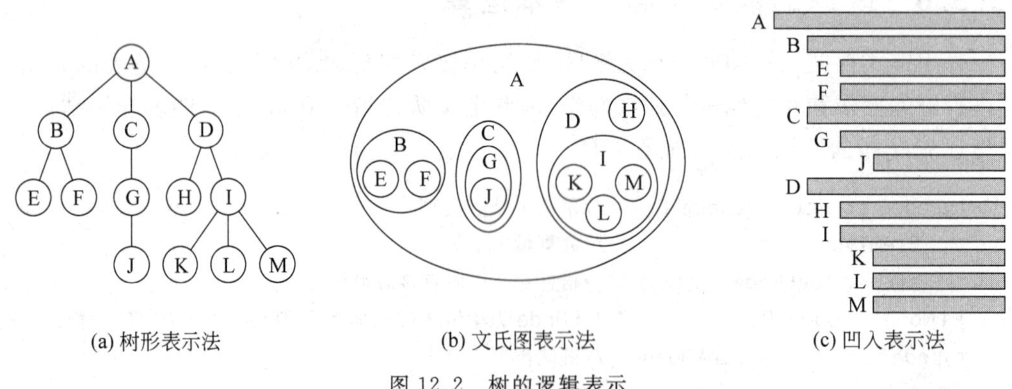

(a) 树形表示法　(b) 文氏图表示法　(c) 凹入表示法

图 12.2　树的逻辑表示

3. 树的基本术语

下面列出树的一些基本术语。

(1) 树中某个结点的子树的个数称为该结点的度。树内各结点的度的最大值称为树的度(degree),通常将度为 m 的树称为 m 次树。如图 12.2(a)是一棵 3 次树,A 的度为 3,C 的度为 1,F 的度为 0。

(2) 度不为 0 的结点称为非终端结点或分支结点。度为 0 的结点称为叶子或终端结点。在分支结点中,每个结点的分支数就是该结点的度。如结点 E、F、J、K、L、M 都是树的叶子。

(3) 在一棵树中,每个结点的直接后继称为该结点的孩子(child)。相应地,该结点称为孩子的双亲(parent)。同一个双亲的孩子之间互称兄弟(sibling)。如 D 为 A 的子树 T3 的根,则 D 是 A 的孩子,而 A 是 D 的双亲,又如 K、L 和 M 互为兄弟。将这些关系进一步推广,可认为 D 是 M 的祖父。结点的祖先是从根到该结点所经分支上的所有结点。如 M 的祖先为 A、D 和 I。反之,以某结点为根的子树中的任一结点都称为该结点的子孙。如 B 的子孙为 E 和 F。

(4) 对于任意两个结点 k_i 和 k_j，从 k_i 出发由上至下到达 k_j 所通过的树中结点序列称为 k_i 到 k_j 的一条路径。路径的长度等于路径所通过的结点数减 1(即路径上的分支数目)。

(5) 树中的每个结点都处在一定的层次上。结点的层次(level)从根开始定义，根为第 1 层，根的孩子为第 2 层。若某结点在第 l 层，则其子树的根就在第 $l+1$ 层。其双亲在同一层的结点互为堂兄弟。如结点 G 与 E、F、H、I 互为堂兄弟。树中结点的最大层次称为树的深度(depth)或高度。如图 12.2(a)所示的树的深度为 4。

(6) 若将树中结点的子树看成从左至右是有次序的(即不能互换)，则称该树为有序树，否则称为无序树。在有序树中最左边的子树的根称为第一个孩子，最右边的称为最后一个孩子。

(7) 森林(forest)是 $m(m\geqslant 0)$ 棵互不相交的树的集合。对树中每个结点而言，其子树的集合即为森林。由此，也可以森林和树相互递归的定义来描述树。

4. 树的基本性质

性质 1 树中的结点数等于所有结点的度数加 1。

性质 2 度为 m 的树中第 i 层($i\geqslant 1$)上至多有 m^{i-1} 个结点。

性质 3 深度为 h 的 m 次树至多有 $\dfrac{m^h-1}{m-1}$ 个结点。

性质 4 具有 n 个结点的 m 次树的最小深度为 $\lceil \log_m(n(m-1)+1)\rceil$。(本书用 $\lfloor x \rfloor$ 表示不大于 x 的最大整数，$\lceil x \rceil$ 表示不小于 x 的最小整数)

【例 12.7】 n 个叶子结点的 3 次树的最小深度是多少？

解：设最小深度是 h。

根据性质 2，当为满 3 次数时，该树的第 h 层为满时，叶子结点个数为 3^{h-1}(结点总数最多的情形)；当该树的第 $h-1$ 层为满，且第 h 层只有 1 个结点时，叶子结点个数为 $3^{h-2}-1+1=3^{h-2}$(结点总数最少的情形)。因此

$$3^{h-2}\leqslant n\leqslant 3^{h-1}$$

$$\log_3 n+1\leqslant h\leqslant \log_3 n+2$$

所以 $h=\lfloor \log_3 n \rfloor+2$ 或 $\lceil \log_3 n \rceil+1$。

【例 12.8】 若一棵 3 次树中度为 3 的结点有 2 个，度为 2 的结点有 1 个，度为 1 的结点有 2 个，则该树中总的结点个数和度为 0 的结点个数分别是多少？

解：设树中结点总数为 n，度为 0 的结点个数为 n_0，度为 1 的结点个数为 n_1，度为 2 的结点个数为 n_2，度为 3 的结点个数为 n_3，其中 $n_1=2,n_2=1,n_3=2$。

根据性质 1 可知 $n=0\times n_0+1\times n_1+2\times n_2+3\times n_3+1=11$，又 $n=n_0+n_1+n_2+n_3$，得 $n_0=6$。所以树中总的结点个数是 11，度为 0 的结点个数是 6。

5. 树的存储结构

树的存储既要存储结点的数据元素，又要存储结点之间的逻辑关系。下面介绍 3 种常用的存储结构。

(1) 双亲存储结构

双亲存储结构是一种顺序存储结构，用一组连续空间存储树的所有结点，每个结点有其双亲结点的位置，其数据类型定义如下：

```
typedef struct tagPTree {   //双亲树类型
    ElemType data;          //结点数据元素
    int parent;             //双亲的位置
} PTree[MAXSIZE];           //PTree 为结构体数组类型
```

这种结构求某个结点的双亲结点十分容易，但求某个结点的孩子结点时需要遍历整个结构(即找出那些双亲结点为该结点的结点)。

(2) 孩子链式存储结构

孩子链式存储结构是一种链式存储结构，每个结点包括指向所有孩子结点的指针，其数据类型定义如下：

```
typedef struct tagTSonNode {                  //孩子链式类型
    ElemType data;                            //结点数据元素
    struct tagTSonNode * sons[MAXSIZE];       //所有孩子结点指针数组
} TSonNode;                                   //TSonNode 为结构体类型
```

这种结构求某个结点的孩子结点十分容易，但求某个结点的双亲结点时需要从根开始逐个查找(即找出那些孩子结点指针指向该结点的结点)。

(3) 孩子兄弟链式存储结构

孩子兄弟链式存储结构是一种链式存储结构，每个结点包括指向孩子结点的指针域和指向兄弟结点的指针域，形成孩子结点链和兄弟结点链，其数据类型定义如下：

```
typedef struct tagTNode {              //孩子兄弟树类型
    ElemType data;                     //结点数据元素
    struct tagTNode * bp;              //指向兄弟结点
    struct tagTNode * sp;              //指向孩子结点
} TNode;                               //TNode 为结构体类型
```

这种结构求某个结点的孩子和兄弟结点十分容易，但与孩子链式存储结构的缺点相同，求某个结点的双亲结点比较麻烦，需要从根开始逐个查找。

12.4.2 二叉树及其基本性质

1. 二叉树的概念

二叉树(binary tree)是另一种树型结构，它的每个结点至多只有两棵子树(即二叉树中不存在度大于 2 的结点)，并且，二叉树的子树有左右之分，其次序不能任意颠倒。

二叉树由于结构简单，存储效率高，其运算算法也相对简单，而且任何 m 次树都可以转化为二叉树。因此，二叉树在实际应用中具有重要的地位。

抽象数据类型二叉树的定义如下：

```
ADT BinaryTree {
    数据对象：D：D是具有相同特性的数据元素的集合。
    数据关系：R：若 D=Φ,则 R=Φ；若 D≠Φ,则 R={H}。
    基本运算：
        InitBiTree( * T)
            操作结果：构造一个空二叉树 T。
        DestroyBiTree( * T)
            初始条件：二叉树 T 已存在。
            操作结果：销毁二叉树 T。
        CreateBiTree( * T,definition())
            初始条件：definition 给出二叉树 T 的定义。
            操作结果：按 definition 构造二叉树 T。
        ClearBiTree( * T)
            初始条件：二叉树 T 已存在。
            操作结果：将二叉树 T 置为空树。
        BiTreeEmpty(L)
            初始条件：二叉树 T 已存在。
            操作结果：若 T 为空二叉树则返回真,否则返回假。
        BiTreeDepth(T)
            初始条件：二叉树 T 已存在。
            操作结果：返回二叉树 T 的深度。
        Root(T)
            初始条件：二叉树 T 已存在。
            操作结果：返回二叉树 T 的根。
        Value(T, * e)
            初始条件：二叉树 T 已存在,e 是 T 中的某个结点。
            操作结果：用 * e 返回值。
        Assign(T, * e,value)
            初始条件：二叉树 T 已存在,e 是 T 中的某个结点。
            操作结果：结点 * e 复制为 value。
        Parent(T,e)
            初始条件：二叉树 T 已存在,e 是 T 中的某个结点。
            操作结果：若 e 是 T 的非根结点则返回它的双亲结点,否则返回 NULL。
        LeftChild(T,e)
            初始条件：二叉树 T 已存在,e 是 T 中的某个结点。
            操作结果：返回 e 的左孩子,若没有左孩子返回 NULL。
        RightChild(T,e)
            初始条件：二叉树 T 已存在,e 是 T 中的某个结点。
            操作结果：返回 e 的右孩子,若没有右孩子则返回 NULL。
        LeftSibling(T,e)
            初始条件：二叉树 T 已存在,e 是 T 中的某个结点。
            操作结果：返回 e 的左兄弟,若 e 是 T 的左孩子或无左兄弟则返回 NULL。
        RightSibling(T,e)
            初始条件：二叉树 T 已存在,e 是 T 中的某个结点。
```

操作结果：返回e的右兄弟，若e是T的右孩子或无右兄弟则返回NULL。

InsertChild(T,p,LR,c)

初始条件：二叉树T已存在，p指向T中的某个结点，LR为0或1，非空二叉树c与T不相交且右子树为空。

操作结果：根据LR为0或1插入c为T中p所指结点的左或右子树，p所指结点原有左或右子树成为c的右子树。

DeleteChild(T,p,LR)

初始条件：二叉树T已存在，p指向T中的某个结点，LR为0或1。

操作结果：根据LR为0或1删除T中p所指结点的左或右子树。

PreOrderTraverse(*T,visit())

初始条件：二叉树T已存在，visit是结点访问函数。

操作结果：先序遍历T，对每个结点调用函数visit仅一次。

InOrderTraverse(*T,visit())

初始条件：二叉树T已存在，visit是结点访问函数。

操作结果：中序遍历T，对每个结点调用函数visit仅一次。

PostOrderTraverse(*T,visit())

初始条件：二叉树T已存在，visit是结点访问函数。

操作结果：后序遍历T，对每个结点调用函数visit仅一次。

} ADT BinaryTree

二叉树有5种基本形态，任何复杂的二叉树都是这些基本形态的组合。图12.3(a)是空二叉树，图12.3(b)是单结点的二叉树，图12.3(c)是右子树为空的二叉树，图12.3(d)是左子树为空的二叉树，图12.3(e)是左右子树都不为空的二叉树。

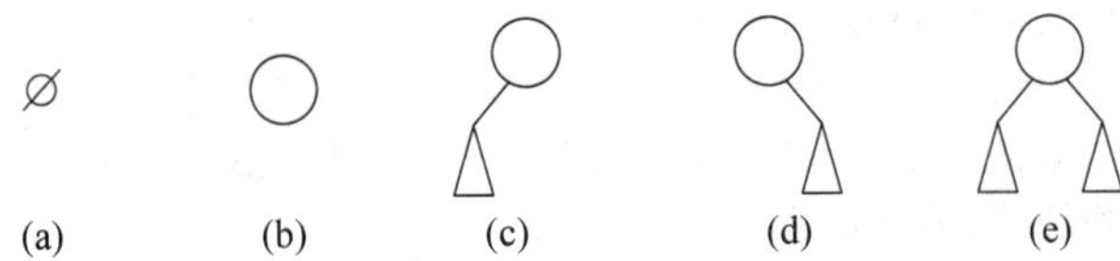

图12.3　二叉树的基本形态

在一棵二叉树中，如果所有分支结点都有左右孩子结点，并且叶子结点都在二叉树的最下一层，则这样的二叉树称为满二叉树，如图12.4(a)所示。若二叉树中最多只有最下面两层的结点的度可以小于2，并且最下面一层的叶子结点都依次排列在该层最左边的位置上，则这样的二叉树称为完全二叉树，如图12.4(b)所示。

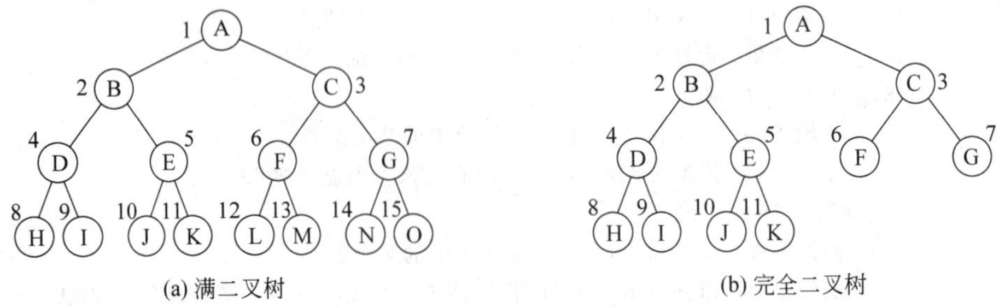

图12.4　满二叉树和完全二叉树

2. 二叉树的性质

性质 1 二叉树的第 i 层($i\geqslant 1$)上至多有 2^{i-1} 个结点。

性质 2 深度为 $h(h\geqslant 1)$的二叉树至多有 2^h-1 个结点。

性质 3 对任何一棵二叉树 T,如果其终端结点数为 n_0,度为 2,结点数为 n_2,则 $n_0=n_2+1$。

性质 4 具有 n 个结点的完全二叉树的深度为 $\lfloor \log_2 n \rfloor+1$。

性质 5 如果对一棵有 n 个结点的完全二叉树的结点按层序编号(从第 1 层到第 $\lfloor \log_2 n \rfloor+1$ 层,每层从左到右),则对任一结点 $i(1\leqslant i\leqslant n)$有:

(1) 如果 $i=1$,则结点 i 是二叉树的根,无双亲;如果 $i>1$,则其双亲 PARENT(i)是结点 $\lfloor i/2 \rfloor$。

(2) 如果 $2i>n$,则结点 i 无左孩子(结点 i 为叶子结点);否则其左孩子 LCHILD(i)是结点 $2i$。

(3) 如果 $2i+1>n$,则结点 i 无右孩子;否则其右孩子 RCHILD(i)是结点 $2i+1$。

【例 12.9】 在一棵完全二叉树中,结点总数为 n,则编号最大的分支结点编号是多少?

解:由性质 3 可知:$n_0=n_2+1$,而二叉树的所有度为 $2n_2+n_1$,因此

$$n_2=\frac{n-n_1+1}{2}$$

在完全二叉树中 n_1 只能为 0 或 1。当 $n_1=0$ 时,二叉树只有度为 2 的结点和叶子结点,所以最大分支结点编号就是 $n_2=\lfloor n/2 \rfloor$。当 $n_1=1$ 时,二叉树中只有度为 1 的结点,此时最大分支结点编号为 $n_2+1=n/2$。

所以编号最大的分支结点编号为$\lfloor n/2 \rfloor$。

12.4.3 二叉树的存储结构

1. 二叉树的顺序存储

二叉树的顺序存储结构是用一组连续的空间来存放二叉树的数据元素。其结点的存放次序是对该树中每个结点进行编号,其编号递增顺序就是结点存放在连续空间的先后次序。树中每个结点的编号与同深度的完全二叉树中对应位置的结点的编号相同。其编号过程是:首先把树根结点的编号定为 1,然后按层次从上到下、每层按从左到右的顺序对每一结点编号。当它是编号为 i 的双亲结点的左孩子结点时,则它的编号为 $2i$;当它是右孩子结点时,则它的编号为 $2i+1$。

若用 C 语言数组表示时,对于编号为 i 的结点(下标为 i),其双亲结点的编号(下标)为 $\lfloor i/2 \rfloor$;若存在左孩子结点,则它的编号(下标)为 $2i$;若存在右孩子结点,则它的编号(下标)为 $2i+1$。因此访问一个结点的双亲、左右孩子(如果有的话)很方便。

二叉树的顺序存储结构数据类型定义如下:

```
typedef ElemType SQBTree[MAXSIZE];   //顺序二叉树类型,为数组类型
```

2. 二叉树的链式存储

二叉树的链式存储结构称为二叉链，使用一个链表来存储一棵二叉树，如图 12.5 所示。

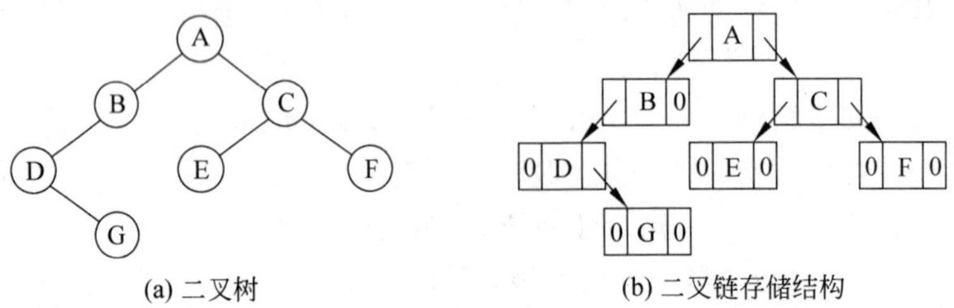

图 12.5　二叉树及二叉链存储结构

其类型定义如下：

```
typedef struct tagBTNode {          //二叉链类型
    ElemType data;                  //结点数据元素
    struct tagBTNode * lchild;      //指向左孩子结点
    struct tagBTNode * rchild;      //指向右孩子结点
} BTNode;                           //BTNode 为结构体类型
```

12.4.4　二叉树的遍历

二叉树的遍历是指按照一定顺序访问二叉树中的所有结点，并且每个结点仅被访问一次的过程。遍历对于线性结构来说是一个很容易解决的问题，但对二叉树则不然。由于二叉树是一种非线性结构，每个结点都可能有两棵子树，因此需要设计特殊的算法遍历其每个结点。

1. 递归遍历算法

由二叉树定义可知，二叉树由 3 个基本单元组成：根结点、左子树和右子树。因此，若能依次遍历这 3 部分，便是遍历了整个二叉树。假如以 L、D、R 分别表示遍历左子树、访问根结点和遍历右子树，则有 DLR、LDR、LRD、DRL、RDL、RLD 共 6 种遍历二叉树的方案。若限定先左后右，则只有前 3 种，分别称之为先(根)序遍历、中(根)序遍历和后(根)序遍历。基于二叉树的递归定义，可得到如下 3 种遍历二叉树的递归算法。

1) 先序遍历

先序遍历二叉树的操作定义为：若二叉树为空，则空操作；否则

(1) 访问根结点。

(2) 先序遍历左子树。

(3) 先序遍历右子树。

例如，图 12.5(a)所示的二叉树的先序序列为：ABDGCEF。显然，在一棵二叉树的先序序列中，第一个元素为根结点对应的结点值。

2）中序遍历

中序遍历二叉树的操作定义为：若二叉树为空，则空操作；否则

(1) 中序遍历左子树。

(2) 访问根结点。

(3) 中序遍历右子树。

例如，图 12.5(a)所示的二叉树的中序序列为：DGBAECF。显然，在一棵二叉树的中序序列中，根结点值将其序列分为前后两部分，前部分为左子树的中序序列，后部分为右子树的中序序列。

3）后序遍历

后序遍历二叉树的操作定义为：若二叉树为空，则空操作；否则

(1) 后序遍历左子树。

(2) 后序遍历右子树。

(3) 访问根结点。

例如，图 12.5(a)所示的二叉树的后序序列为：GDBEFCA。显然，在一棵二叉树的后序序列中，最后一个元素为根结点对应的结点值。

下面给出二叉树递归算法的实现。

```
void PreOrderTraverse(BTNode *T,void(*visit)(ElemType*))
{   //先序遍历二叉树 T 中的每个元素且调用函数 visit 访问它
    visit(&(T->data));                        //访问根结点
    PreOrderTraverse(T->lchild,visit);        //先序遍历左子树
    PreOrderTraverse(T->rchild,visit);        //先序遍历右子树
}
void InOrderTraverse(BTNode *T,void(*visit)(ElemType*))
{   //中序遍历二叉树 T 中的每个元素且调用函数 visit 访问它
    InOrderTraverse(T->lchild,visit);         //中序遍历左子树
    visit(&(T->data));                        //访问根结点
    InOrderTraverse(T->rchild,visit);         //中序遍历右子树
}
void PostOrderTraverse(BTNode *T,void(*visit)(ElemType*))
{   //后序遍历二叉树 T 中的每个元素且调用函数 visit 访问它
    PostOrderTraverse(T->lchild,visit);       //后序遍历左子树
    PostOrderTraverse(T->rchild,visit);       //后序遍历右子树
    visit(&(T->data));                        //访问根结点
}
```

2. 非递归遍历算法

1）先序遍历

由先序遍历过程可知，先访问根结点，再访问左子树，最后访问右子树。因此，先将根结点进栈，在栈非空时执行以下循环：

(1) 出栈 p，访问 p 结点。

(2) 若右孩子不空，将右孩子进栈；若左孩子不空，将左孩子进栈。

2) 中序遍历

由中序遍历过程可知，中序序列的开始结点是一棵二叉树的最左下结点，因此先找到二叉树的开始结点，访问它，再处理其右子树。算法过程是：令指针 p 指向当前要处理的结点。先扫描(非访问)根结点的所有左结点并将它们进栈。当结点 *p 的所有左下结点进栈后，这时的栈顶结点要么没有左子树，要么其左子树已经访问过，将这个栈顶结点出栈并访问它。将 p 指向刚出栈的结点的右孩子，对右子树进行相同的处理。循环直到栈空为止。

3) 后序遍历

与中序遍历类似，后序遍历中第一个访问的结点是二叉树的最左下结点。由于先访问左、右子树再访问结点本身，因此需要判断结点的左、右子树是否访问过。

采用一个栈记录需要返回的结点指针，先扫描(非访问)根结点的所有左结点并进栈，出栈一个结点 *r 作为当前结点，然后扫描该结点的右子树。当一个结点的左右孩子结点均访问后再访问该结点。循环直到栈空为止。

这里的难点是如何判断一个结点 *r 的右子树已经访问过。为此令指针 p 保存刚刚访问过的结点(初始时为 NULL)。由于在后序遍历中，*r 的右孩子一定刚好在 *r 之前访问，所以当 p==r->rchild 成立时，说明 *r 的左右子树均已访问，现在应访问 *r。

3. 层次遍历算法

层次遍历二叉树的操作定义为：若二叉树为空，则空操作；否则假定其深度为 k。

(1) 访问第 1 层的根结点。

(2) 从左到右访问第 2 层的所有结点。

(3) 从左到右访问第 3 层的所有结点，……，访问第 k 层的所有结点。

在进行层次遍历时，对某一层的结点访问完成后，再按照它们的访问次序对各个结点的左、右孩子顺序访问，这样的操作与队列的操作吻合，因此层次遍历二叉树算法采用环形队列来实现。

层次遍历的过程是：

(1) 先将根结点进队。

(2) 队列不空时循环步骤(2)～(4)，直到队列空为止。

(3) 从队列中出队一个结点 *p，访问它。

(4) 若 *p 有左孩子结点，将左孩子结点进队；若 *p 有右孩子结点，将右孩子结点进队。

习题

1. 设计算法将元素 e 插入到一个已升序排列的顺序表中，并保持升序不变。

2. 设计算法从给定的顺序表 L 中删除元素值在 x 到 $y(x\geqslant y)$之间的所有元素。

3. 设计算法从顺序表 L 中删除重复的元素，并使剩余元素间的相对次序保持不变。

4. 一元 n 项式 $P_n(x)=p_0+p_1x+p_2x^2+\cdots+p_nx^n$ 是由 $n+1$ 个系数确定的，设计表示该系数集合的线性表，能够完成两个多项式 $P_n(x)$ 和 $Q_m(x)$ 的相加、相减、相乘等运算。

5. 用单链表表示集合，设计算法实现两个集合的差。

6. 设计算法实现链栈的基本运算。

7. 有 5 个元素，其进栈次序为 A、B、C、D、E，在各种可能的出栈次序中，以元素 C、D 最先出栈的次序有哪几个？

8. 假定以 I 和 O 表示进栈和出栈操作，栈的初态和终态均为空栈。设计一个算法判定输入的进栈出栈操作序列（如 IOIIOIOO、IOOIOIIO、IIIOIOIO、IIIOOIOO）是否合法。

9. 应用栈设计一个算法判断输入的表达式字符串中()、[ ]和{ }括号是否匹配。

10. 应用栈设计一个算法实现对输入的表达式字符串求值，例如 10+3*(1+2)。

11. 某火车站进出列车只有一个方向（即火车离站时只能原路返回），假定 4 辆火车进站的时间顺序依次是 A、B、C、D（即 A 最先抵达，D 最后抵达），编写程序实现 4 辆火车的调度管理。

12. 设计算法实现链队的基本运算。

13. 已知有 n 个人站成一圈，编号为 $1,2,\cdots,n$。现在从编号 s 的人开始报数，数到 m 的人出列。应用队列设计算法求解所有人的出列顺序。

14. 给定一个 $M\times N$ 的迷宫图（用二维数组表示），用 0 表示通道，用 1 表示墙。应用队列设计一条从指定入口到出口的路径。所求路径必须是简单路径，即求得的路径上不能重复出现同一通道。

15. 设计算法创建二叉树的二叉链表存储。

16. 设计算法实现二叉树的基本运算。

17. 设计算法实现二叉树先序非递归遍历。

18. 设计算法实现二叉树中序非递归遍历。

19. 设计算法实现二叉树后序非递归遍历。

20. 设计算法在动态表中进行查找。

21. 给定 n 个权值作为 n 个叶子结点，构造一棵二叉树。若带权路径长度达到最小，称这样的二叉树为最优二叉树，也称为哈夫曼树（Huffman tree）。设计算法创建哈夫曼树。

22. 用二叉树实现表示一个家谱关系，用括号表示法输入家谱，查找某人所有的儿子和祖先。

第13章 高级编程技术

实现应用程序开发，除需要**大量的 C 语言编程训练、掌握必要的算法和数据结构理论知识**之外，还要**学习高级编程技术**。

高级编程技术有很强的专业性，涉及内容广泛。通常可以分为系统编程、界面编程、多媒体编程、网络编程、数据库编程和硬件编程 6 个领域。本章将介绍在 Windows 系统下利用 C 语言进行应用程序开发的基本知识。

在 C 语言的发展进程中，无数科学家和程序员开发出数量众多、性能卓越的专业函数库，**充分利用好这些函数库是编写应用程序的重要技巧**。

13.1 配置开发环境

C 语言开发工具在安装后一般会自动配置好标准函数库的使用环境。因此使用标准库函数的 C 程序可以直接编译和连接。但如果是使用其他的专业函数库，如 GSL 科学计算函数库，就需要配置开发环境。

本节针对 Visual C++ 和 CodeBlocks，介绍在 Windows 系统下专业函数库的配置。

13.1.1 开发环境的路径参数

假设 Visual C++ 的安装文件夹为＜VC＞(如 C:\DEV\MSVS6\VC98)，CodeBlocks 的安装文件夹为＜CodeBlocks＞(如 C:\DEV\CodeBlocks\MinGW)。由于需要经常使用开发工具的命令行实用程序，所以安装时文件夹名称最好不要有空格，比如“C:\Program Files”。如图 13.1 所示为 Visual C++ 和 CodeBlocks 安装文件夹的目录结构。

可以看到在＜VC＞和＜CodeBlocks＞文件夹中都有 include 和 lib 两个文件夹，大多数 C 语言开发工具均如此。

1. 系统 INCLUDE 路径

include 文件夹存放开发工具默认安装的全部头文件，称为**系统 INCLUDE 路径**。可以在这个文件夹中找到我们所熟悉的 stdio.h 和 math.h 文件。**系统 INCLUDE 路径**是开发工具查找头文件的基础路径，例如 math.h 头文件的包含命令如下：

```
#include <math.h>
```

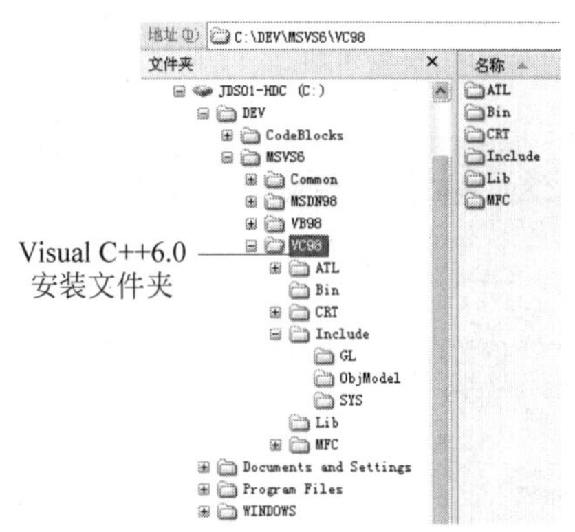

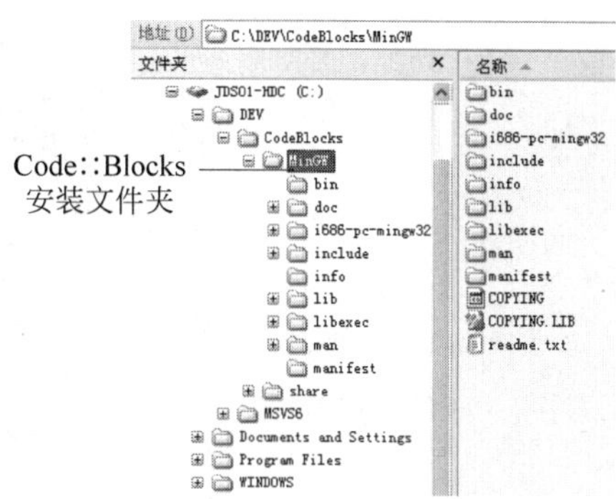

图 13.1 Visual C++ 和 CodeBlocks 安装文件夹目录结构

尖括号内的头文件使用相对路径写法(相对于系统 INCLUDE 路径)。由于 math.h 在系统 INCLUDE 路径中,所以文件名前面不用写路径。

如果程序中欲包含＜VC＞\include\gl\gl.h 头文件,由于 gl.h 文件是在**系统 INCLUDE 路径**的 gl 子文件夹中,因此文件包含命令应为:

```
#include<gl\gl.h>
```

2. 系统 LIB 路径

lib 文件夹存放开发工具默认安装的全部库文件,称为**系统 LIB 路径**。Visual C++ 的库文件扩展名为.lib,GCC 的库文件扩展名为.a。**系统 LIB 路径**是开发工具连接库文件的基础路径,同样使用相对路径来查找库文件。

3. 搜索路径

在 Windows 操作系统中,在“控制面板/系统/高级/环境变量”中有一项“PATH”参数,它是 Windows 的**系统 PATH 路径**。当一个程序运行时,如果需要用到附加的动态链接库 DLL(dynamic linking library)文件,则 Windows 规定该 DLL 文件要么与程序同处一个文件夹,要么在**系统 PATH 路径**中,否则程序不能运行。我们将程序所处的文件夹和 PATH 路径统称为**搜索路径**,即查找运行时文件的路径范围,它可以是多个文件夹的集合。

显然,通过编辑**系统 PATH 路径**,可以更改**搜索路径**。一般地,**Windows 系统文件夹**(如 C:\WINDOWS 或 C:\WINDOWS\system32)是搜索路径之一。如果将 DLL 文件复制到这个文件夹中,程序运行时能够找到它。

13.1.2 开发环境的路径设置

开发工具的图形界面通常允许程序员设置**系统 INCLUDE 路径**和**系统 LIB 路径**。

在 CodeBlocks 中,单击 Settings/Compiler and debugger…(设置/编译器和调试器…)菜单,打开 Compiler and debugger settings(编译器和调试器设置)对话框,如

图 13.2 所示。单击 Search directories(搜索路径)标签,选择 Compiler 或 Linker(编译器或链接器)选项卡可以设置 CodeBlocks 的**系统 INCLUDE 路径和系统 LIB 路径**。

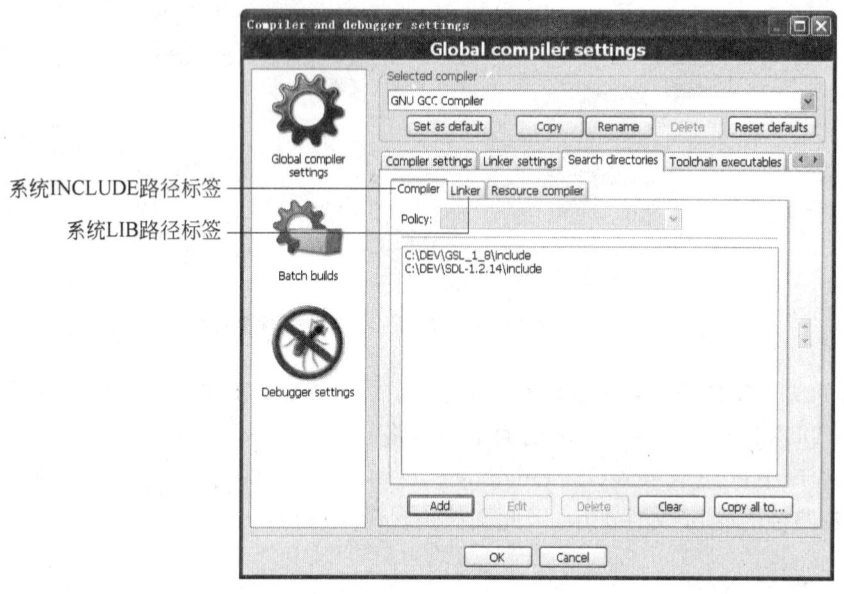

图 13.2　CodeBlocks 的系统 INCLUDE 路径和系统 LIB 路径

在 Search directories 标签中可以任意添加、删除和修改 CodeBlocks 的**系统 INCLUDE 路径和系统 LIB 路径**。

需要注意,上述路径设置对开发工具而言是全局性的,即路径设置对每个程序和项目工程都是有效的。

在 Visual C++ 中,单击 Tools/Options…菜单打开 Options 对话框,如图 13.3 所示。单击 Directories 标签,选择 Show directories for:可以看到 Visual C++ 的**系统 INCLUDE 路径**和**系统 LIB 路径**。

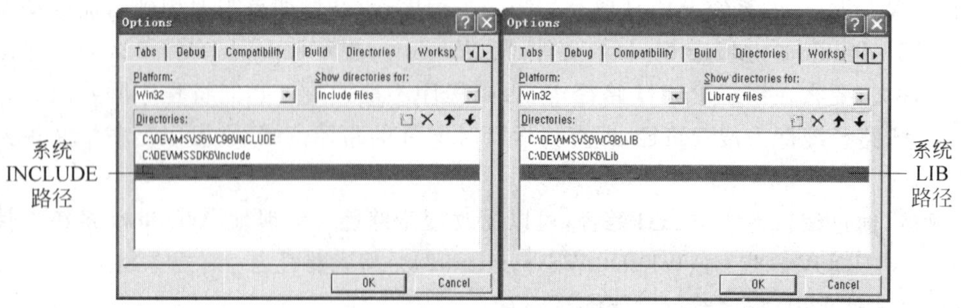

图 13.3　Visual C++ 的系统 INCLUDE 路径和系统 LIB 路径

图中显示 Visual C++ 的**系统 INCLUDE 路径**有两个:C:\DEV\MSVS6\VC98\include 和 C:\DEV\MSSDK6\include。如果一个头文件 ctype.h 存放在这两个文件夹之一,则文件包含命令为:

```
#include<ctype.h>
```

在 Directories 标签中可以任意添加、删除和修改 Visual C++ 的**系统 INCLUDE 路径**和**系统 LIB 路径**。

13.1.3 开发环境的配置

通常，一个提供给程序员使用的专业函数库有 4 部分内容：头文件(header)、库文件(library)、运行时文件(runtime)以及使用手册文档。

头文件的作用是让程序有函数原型、数据结构和宏常量等声明。一般情况下，编译程序时如果出现类似"某某函数未定义或数据未定义"的错误，说明专业函数库的头文件路径没有配置好。

库文件的作用是让程序能够连接函数的二进制目标代码。一般情况下，连接程序时如果出现类似"某某函数未找到"的错误，说明专业函数库的库文件路径没有配置好。

有的专业函数库需要运行时文件(如动态链接库)，通常要将这些文件存放到**搜索路径**上，使用专业函数库的程序运行时才能找到它们。典型的做法是将这些文件复制到 **Windows 系统文件夹**中。

专业函数库的使用手册文档使程序员能够正确调用库函数，包含函数原型、函数功能、参数要求和数据含义等说明。

专业函数库头文件和库文件的配置一般有 3 种方法。

(1) 复制文件法。

可以将专业函数库的头文件和库文件全部复制到开发工具的**系统 INCLUDE 路径和系统 LIB 路径**中，例如<VC>\include 和<VC>\lib 文件夹、<CodeBlocks>\include 和<CodeBlocks>\lib 文件夹。如果专业函数库的头文件比较多或者为了与标准库的头文件存放时有所区别，可以将头文件复制到**系统 INCLUDE 路径**的一个子文件夹中，但此时 #include 命令要包含相应的子文件夹路径。

复制文件的方法操作简单，操作一次后，开发工具能持久地支持专业函数库，如同标准函数库一般。该方法的缺点是开发工具系统路径中的文件会越来越多，而且专业函数库新版本的升级控制有一定的难度，各版本之间的文件容易混淆，给库连接带来潜在冲突。

(2) 添加路径法。

利用开发工具的图形界面可以将专业函数库头文件和库文件所处的文件夹分别添加到开发工具的**系统 INCLUDE 路径和系统 LIB 路径**中，即类似于如图 13.2 和图 13.3 所示的操作。

添加路径的方法操作简单，操作一次后也能使开发工具持久地支持专业函数库，而且有便于控制函数库版本升级的优点。当获得了专业函数库新版本时，只需要将原先添加的路径指向新版本的文件夹路径即可。

(3) 搜索路径法。

如果使用开发工具命令行版本的编译程序和连接程序，例如 Visual C++ 的 CL.exe 和 CodeBlocks 的 gcc.exe，可以用搜索路径来设置系统 INCLUDE 路径和系统 LIB 路径。

方法是在 Windows 中选择控制面板/系统/高级/环境变量，在其中设置环境变量参数。表 13.1 为 Visual C++ 和 GCC 对应的环境变量参数。

表 13.1　开发工具环境变量参数

类　　别	Visual C++	Code::Blocks
系统 INCLUDE 路径	INCLUDE	C_INCLUDE_PATH（C 语言），CPLUS_INCLUDE_PATH（C++）
系统 LIB 路径	LIB	LIBRARY_PATH

当使用命令行开发工具进行 C 程序编译和连接时，会将环境变量 INCLUDE 和 LIB 作为查找路径去搜索头文件和库文件。

此外，命令行 CL.exe 和 gcc.exe 程序本身有定位头文件和库文件的命令参数，形式分别如下：

```
CL /idir              指明编译时头文件的查找文件夹 dir
CL /link libfile      指明连接库 libfile
gcc -idir             指明编译时头文件的查找文件夹 dir
gcc -Ldir             指明库文件的查找文件夹 dir
gcc -llibfile         指明连接库 libfile
```

具体细节可以参考 CL 和 gcc 的使用手册。

设置搜索路径的方法操作烦琐，一般适用于命令行编译和连接方式，初学程序者掌握起来有一定难度。本质上，所有的开发工具都使用命令行方式编译和连接程序，如 Visual C++ 或 CodeBlocks，它们的图形界面只不过是命令行方式的一个“外壳”。

13.1.4　函数库的包含和连接

应用程序包含库是指包含它的头文件，使用 #include 预处理命令，例如：

```
#include<gsl\gsl_linalg.h>//GSL 线性代数函数
```

包含库的头文件后，程序就可以调用库函数和使用它的数据类型、数据结构、宏定义和特殊常量等。

应用程序连接库是指在程序可执行文件中嵌入库的二进制目标代码或导入库（import library）。嵌入目标代码方式称为静态连接，它将库的目标代码嵌入到程序可执行文件中。其优点是可执行文件包含库的实现代码，不需要额外的运行时文件就能够运行；缺点是可执行文件体积增大，库代码不能被共享使用。导入库方式称为动态链接，它仅将库调用信息存放在可执行文件中，而库代码存放在动态链接库 DLL 文件中。其优点是可执行文件体积小，一个 DLL 可以被多个应用程序动态加载共享使用；缺点是程序运行时必须有 DLL 文件（即在搜索路径中能找到），否则就不能运行。

在程序连接阶段，专业函数库的库文件（*.lib 或 *.a）必须添加到开发环境中。

在 Visual C++ 中添加库文件的方法是在 Workspace 程序项目的右键菜单中选择“Settings…”菜单命令，或者单击主菜单“Project/Settings…”，打开 Project Settings 对话框，如图 13.4 所示。在对话框中单击 Link 标签，在“Object/library modules:”后面增加库文件，如 libgsl. lib 和 libgslcblas. lib，使用空格分隔多个库文件，单击 OK 按钮确定添加、删除或修改库文件操作。这样的操作方式称为 Visual C++ 程序项目添加库。

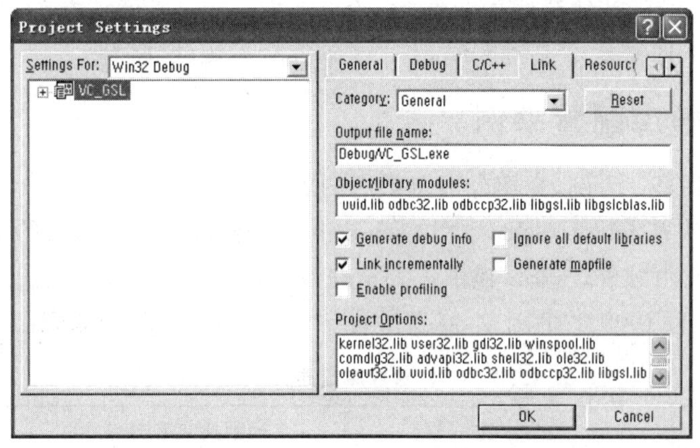

图 13.4　Visual C++ 工程项目添加库文件示意

Visual C++ 还提供了另一种等效的添加方式，操作更简单。在源程序文件中，编写连接库预处理命令，形式如下：

```
#pragma comment(lib,"库文件名")                    //Visual C++连接库文件
```

其中库文件名允许包含绝对路径或相对路径（相对于 Visual C++ **系统 LIB 路径**）。例如：

```
#pragma comment(lib,"libgsl.lib")                  //Visual C++连接 GSL 函数库
#pragma comment(lib,"libgslcblas.lib")             //Visual C++连接 GSL 基础线性代数库
```

这种方式称为 Visual C++ 连接库预处理。

在 CodeBlocks 中添加库文件的方法是在 Workspace（工作空间）右击程序项目（project），在弹出菜单中选择 Build options（构建选项）菜单命令。如图 13.5 所示，在

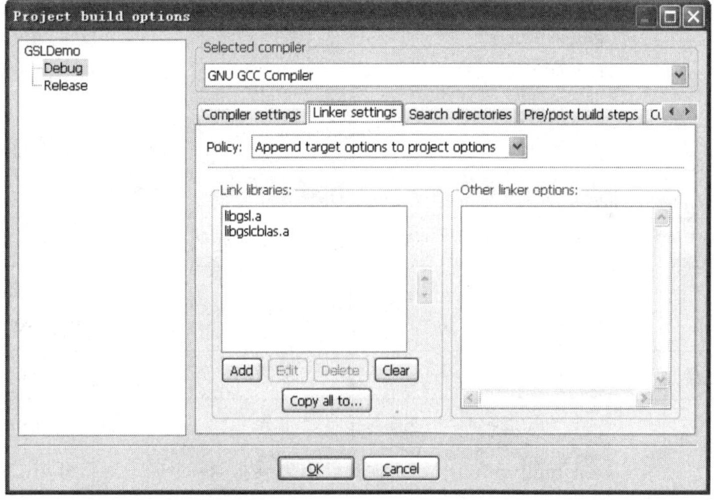

图 13.5　CodeBlocks 工程项目添加库文件示意

Project build options(项目 build 选项)对话框中单击 Linker settings(连接器设置)标签,单击 Add(添加)按钮增加库文件,例如 libgsl.a 和 libgslcblas.a,单击 Edit(编辑)按钮修改、单击 Delete(删除)按钮删除库文件。

请注意,CodeBlocks 不支持 Visual C++ 的连接库预处理命令。

13.1.5 函数库配置举例

下面以使用 GSL 为例,介绍专业函数库的配置。

GNU 科学计算函数库 GSL(GNU scientific library)是一个强大的 C/C++ 数值计算函数库,是开源自由软件。GSL 提供了大量的数值计算函数,如线性代数和特殊函数等。整个函数库大约有 1000 多个函数,涵盖了科学计算的各个方面,如表 13.2 所示。

表 13.2 GSL 函数库目录及对应的头文件

函数库名称	头 文 件	函数库名称	头 文 件
异常错误捕获	gsl_errno.h	数学函数	gsl_math.h
复数	gsl_complex_math.h	多项式	gsl_poly.h
特殊函数	gsl_sf.h 或 每个函数各自的头文件	向量和矩阵	gsl_block.h gsl_vector.h gsl_matrix.h
排列	gsl_permutation.h	组合	gsl_combination.h
集合	gsl_multiset.h	排序	gsl_sort.h gsl_sort_vector.h
BLAS	gsl_blas.h	CBLAS	gsl_cblas.h
线性代数	gsl_linalg.h	特征值	gsl_eigen.h
N 元组	gsl_ntuple.h	数值积分	gsl_integration.h
随机数发生器	gsl_rng.h	拟随机序列	gsl_qrng.h
随机数的分布	gsl_randist.h gsl_cdf.h	统计	gsl_statistics_double.h gsl_statistics_int.h
直方图	gsl_histogram.h gsl_histogram2d.h	快速傅立叶变换	gsl_fft_complex.h gsl_fft_real.h
常微分方程	gsl_odeiv.h	序列加速	gsl_sum.h
数值微分	gsl_deriv.h	Chebyshev 近似	gsl_chebyshev.h
插值	gsl_interp.h gsl_spline.h	小波转换	gsl_wavelet.h gsl_wavelet2d.h
离散 Hankel 变换	gsl_dht.h	一维求根	gsl_roots.h
一维最小化	gsl_min.h	多维求根	gsl_multiroots.h
多维最小化	gsl_multimin.h	最小二乘拟合	gsl_fit.h
非线性最小二乘拟合	sl_multifit_nlin.h	基础样条	gsl_bspline.h

续表

函数库名称	头 文 件	函数库名称	头 文 件
蒙特卡洛积分	gsl_monte_plain.h gsl_monte_miser.h gsl_monte_vegas	物理常数	gsl_const_mksa.h gsl_const_cgsm.h gsl_const_num.h
模拟退火	gsl_siman.h	IEEE 浮点算法	gsl_ieee_utils.h

在 Windows 操作系统上使用 GSL，首先需要从互联网(http://www.gnu.org/software/gsl/)上下载 GSL for Windows 版本，将下载文件解压到临时文件夹 TEMP 中；然后将 TEMP\BIN 文件夹中的两个动态链接库 libgsl.dll 和 libgslcblas.dll 文件复制到 Windows 系统文件夹下，使用 GSL 的应用程序运行时需要这两个文件。

1. 在 Code::Blocks 环境下使用 GSL

由于 GSL 提供的是 GCC 形式的库文件，而 CodeBlocks 环境默认使用 GCC 编译器，因此在 CodeBlocks 中可以直接使用 GSL。

使用前面的“复制文件法”，将 TEMP 下 INCLUDE 和 LIB 文件夹分别复制到 CodeBlocks 的**系统 INCLUDE 路径**和**系统 LIB 路径**中，这两个文件夹分别包含了 GSL 函数库的头文件和库文件(以.a 为扩展名)。

在程序源文件中包含相应的 GSL 头文件，在程序项目中添加连接库 libgsl.a 和 libgslcblas.a，应用程序就能够调用 GSL 函数。

【例 13.1】 使用 LU 分解法求解如下线性方程组。

$$\begin{bmatrix} 0.18 & 0.60 & 0.57 & 0.96 \\ 0.41 & 0.24 & 0.99 & 0.58 \\ 0.14 & 0.30 & 0.97 & 0.66 \\ 0.51 & 0.13 & 0.19 & 0.85 \end{bmatrix} \begin{bmatrix} x_0 \\ x_1 \\ x_2 \\ x_3 \end{bmatrix} = \begin{bmatrix} 1.0 \\ 2.0 \\ 3.0 \\ 4.0 \end{bmatrix}$$

程序代码如下：

```
#include<stdio.h>
#include<gsl\gsl_linalg.h>                    //GSL 线性代数函数
int main()
{
    int s;
    double A[]={0.18,0.60,0.57,0.96,0.41,0.24,0.99,0.58,0.14,0.30,0.97,0.66,0.
            51,0.13,0.19,0.85};
    double B[]={1.0,2.0,3.0,4.0};
    gsl_matrix_view m;
    gsl_vector_view b;
    gsl_vector *x;
    gsl_permutation *p;
    m=gsl_matrix_view_array(A, 4, 4);        //关联矩阵视图
    b=gsl_vector_view_array(B, 4);           //关联向量视图
    x=gsl_vector_alloc(4);                   //建立求解向量空间
```

```
    p=gsl_permutation_alloc(4);                //分配临时空间
    gsl_linalg_LU_decomp(&m.matrix, p, &s);//LU 分解
    gsl_linalg_LU_solve(&m.matrix, p, &b.vector, x);  //方程求解
    printf("x= \n");
    gsl_vector_fprintf(stdout,x, "%lf");   //向量输出
    gsl_permutation_free(p);                   //释放临时空间
    gsl_vector_free(x);                        //分配向量空间
    return 0;
}
```

程序运行结果如下：

```
x=
-4.052050
-12.605611
1.660912
8.693767
```

2. 在 Visual C++ 环境下使用 GSL

在 Visual C++ 使用 GSL 之前，需要将 GSL 的 GCC 库(.a)转换为 Visual C++ 库文件(.lib)，方法是使用 Visual C++ 的 lib.exe 库管理命令行工具，命令形式为：

```
lib /machine:i386 /def:libgsl.def
lib /machine:i386 /def:libgslcblas.def
```

lib 命令会在 TEMP\LIB 文件夹中产生 libgsl.lib 和 libgslcblas.lib 库文件。

使用前面的添加路径法，将 TEMP\INCLUDE 文件夹添加到 Visual C++ **系统 INCLUDE 路径**中，将 TEMP\LIB 文件夹添加到 Visual C++ **系统 LIB 路径**中。

在程序源文件中包含相应的 GSL 头文件和连接库预处理命令，就能调用 GSL 函数。

【例 13.2】 求贝塞尔函数在 5.0 的值。

程序代码如下：

```
#include<stdio.h>
#include<gsl\gsl_sf_bessel.h>                  //GSL 特殊函数——贝塞尔函数
#pragma comment(lib,"libgsl.lib")              //VC 连接 GSL 函数库
#pragma comment(lib,"libgslcblas.lib")         //VC 连接 GSL 基础线性代数库
int main()
{
    double x=5.0 , y;
    y=gsl_sf_bessel_J0(x);                     //贝塞尔函数
    printf("J0(5.0)=%.18f\n", y);
    return 0;
}
```

程序运行结果如下：

```
J0(5.0)=-0.177596771314338260
```

13.2 界面编程

人机界面 HCI(human-computer interface)又称用户界面 UI(user interface),是人与计算机之间传递和交换信息的媒介和对话接口,是计算机系统的重要组成部分。由于大多数应用程序是以用户界面为框架的,因此界面编程是软件开发的核心编程之一。

用户界面的设计与操作系统平台有关,操作系统界面一般有两种:

(1) 命令行界面 CLI(command line user interface),如 DOS。

(2) 图形用户界面 GUI(graphical user interface),如 Windows。

早期的计算机普遍使用命令行界面,人机操作的特点是文本显示和命令输入。时至今日,命令行界面主要用在系统管理、远程维护、语言处理等系统软件中,因而命令行界面也称为控制台界面,本书前面章节的程序都是命令行程序。

图形用户界面是目前操作系统广泛使用的人机界面。人机操作的特点是图形显示和交互图形化,与命令行界面相比,图形用户界面对于使用者来说在视觉上更易于接受,操作上更简便。

本节介绍 Windows 系统下的图形用户界面编程技术。

13.2.1 Windows 编程的基本概念

Windows 应用程序的一个突出特点是它有一个美观的图形用户界面——窗口。窗口中可以包含标题栏、菜单、工具条、状态栏和滚动条等,对话框中还包含类型不同的子控件,如按钮、复选框、列表框、组合框和编辑框等。窗口、对话框、图形元素与键盘和鼠标的配合,方便了用户对应用程序的操作。

Windows 应用程序的界面编程即是设计满足要求的窗口程序。简单的 Windows 应用程序只有一个窗口,而复杂的 Windows 应用程序有多个窗口。

Windows 运行机制的核心是动态链接,应用程序在运行时使用动态链接库,调用 Windows 提供的系统功能。Windows 为程序员提供了几千个函数,称为 Windows API 函数,用于实现用户界面和显示文字和图形等。

Windows 编程有多种技术,其中使用 C 语言和调用 Windows API 函数被称作 SDK 编程方法,它今天依然是编写 Windows 程序的有效方法。自从出现面向对象程序设计方法以来,Windows 程序结构和开发工具发生了巨大的变化,如 MFC(Microsoft foundation classes)、Visual Basic 和 C# 等。由于这些面向对象且可视化的开发工具能大幅度地提高 Windows 程序的开发效率,因而得到了广泛应用。但无论如何,掌握 SDK 编程方法是必要的。

编写 Windows 程序,需要在程序源文件开始位置包含头文件:

```
#include <windows.h>    //Windows 头文件
```

windows.h 是主要的包含文件,它包含了其他 Windows 头文件。这些头文件定义了

Windows 的函数原型、数据类型、数据结构、宏定义和预定义符号常量，是 Windows 程序开发文件中的重要组成部分。有兴趣的读者可以阅读这些头文件的细节，对提高 Windows 编程水平有很大帮助。

Windows 编程涉及大量 API 技术文档信息，可以通过安装 MSDN 得到联机帮助。初学 Windows 编程的人面对 Windows 庞大的知识系统往往茫然不知所措，实际上它是非常有规律的。

(1) 通过掌握 Windows 的基本数据定义和数据类型奠定编程基础。

(2) 通过详细分析 Windows 编程结构了解其编程规律。

(3) 通过构造和使用通用的编程框架形成编程模板，尽快上手。

(4) 通过研究 API 文档的分类特点学会快速查阅需要的信息。

(5) 了解、熟悉和模仿 Windows 的重要编程习惯，如命名时的“见其名知其意”。

13.2.2 数据定义与数据类型

Windows 定义了若干实用的宏，例如：

```
#define TRUE          1
#define FALSE         0
#define CALLBACK      __stdcall
#define WINAPI        __stdcall
#define APIENTRY      WINAPI
#define FAR           far
#define CONST         const
#define LOWORD(x)     ((WORD)(x))
#define HIWORD(x)     ((WORD)(((DWORD)(x) >>16) & 0xFFFF))
```

其中__stdcall 表示 Pascal 调用约定，被调函数采用自左向右的顺序参数入栈，函数自己在退出时清空堆栈；非__stdcall 声明为 C 调用约定，被调函数采用自右向左的顺序参数入栈，由调用者清空堆栈；CALLBACK 表示回调函数，WINAPI 表示 Windows API 函数；FAR 表示 32 位远指针；LOWORD(x)取 x 的低 16 位值，HIWORD(x)取 x 的高 16 位值。

为了提高程序的可读性和兼容性，Windows 建立了完整的数据类型体系，称为 Win32 应用程序接口数据类型。常用的 Windows 数据类型见表 13.3 所示。

表 13.3 常用的 Windows 数据类型

Windows 数据类型	C 语言类型	含 义
BOOL	int	逻辑类型(取值为 TRUE 或 FALSE)
BYTE	unsigned char	字节型
CHAR	char	ANSI 字符
COLORREF	unsigned long	颜色值，分红、绿、蓝(RGB)字节
DWORD	unsigned long	无符号长整型
INT	int	32 位整型

续表

Windows 数据类型	C 语言类型	含　义
LONG	long	32 位长整型
LPARAM	long	LONG 型消息参数
LPCSTR	CONST CHAR *	只读型 8 位 ANSI 字符串的指针
LPCTSTR	LPCWSTR/LPCSTR	LPCWSTR 或 LPCSTR
LPCWSTR	CONST WCHAR *	只读型 16 位 Unicode 字符串的指针
LPDWORD	DWORD *	DWORD 的指针
LPSTR	CHAR *	8 位 ANSI 字符串的指针
LPTSTR	LPWSTR/LPSTR	LPWSTR 或 LPSTR
LPWSTR	WCHAR *	16 位 ANSI 字符串的指针
LPVOID	void *	void 的指针
LRESULT	long	消息处理结果值
TCHAR	WCHAR/CHAR	WCHAR 或 CHAR
UINT	unsigned int	无符号 INT
VOID	void	void
WCHAR	wchar_t	16 位 Unicode 字符
WORD	unsigned short	16 位无符号整型
WPARAM	unsigned int	WORD 型消息参数

在 Windows 应用程序中，会有许多诸如窗口、按钮、滚动条、设备、控件或文件等复杂数据结构的不同对象和同类对象中的不同实例。为了在程序中区分和使用它们，需要对它们进行标识。Windows 将这些有别于普通变量的对象的标识称为句柄(handle)。句柄是 Windows 编程的基础，一个句柄能够唯一区别 Windows 正在使用的对象或实例。应用程序几乎总是通过调用一个 API 函数来获得一个句柄，之后其他的 API 函数就可以使用该句柄，以引用相应的对象的信息。常用的 Windows 句柄类型见表 13.4 所示。

表 13.4　常用的 Windows 句柄类型

Windows 句柄类型	C 语言类型	含　义
HANDLE	void *	通用对象句柄
HACCEL	HACCEL__结构体指针	快捷键列表句柄
HBITMAP	HBITMAP__结构体指针	位图句柄
HBRUSH	HBRUSH__结构体指针	画刷句柄
HCURSOR	HICON__结构体指针	光标句柄
HDC	HDC__结构体指针	设备场境(DC)句柄

续表

Windows 句柄类型	C 语言类型	含　义
HFILE	int	文件句柄
HFONT	HFONT__结构体指针	字体句柄
HGDIOBJ	void near *	GDI 对象句柄
HGLOBAL	void *	全局内存块句柄
HICON	HICON__结构体指针	图标句柄
HINSTANCE	HINSTANCE__结构体指针	实例句柄
HMENU	HMENU__结构体指针	菜单句柄
HMODULE	HINSTANCE__结构体指针	模块句柄。
HPALETTE	HPALETTE__结构体指针	调色板句柄
HPEN	HPEN__结构体指针	画笔句柄
HRGN	HRGN__结构体指针	区域句柄
HRSRC	HRSRC__结构体指针	资源句柄
HWND	HWND__结构体指针	窗口句柄

Windows 还定义了一些有用的结构体及结构体指针类型，例如点的坐标：

```
typedef struct tagPOINT
{
    LONG  x;
    LONG  y;
} POINT, *PPOINT, FAR *LPPOINT;
```

宽度和高度：

```
typedef struct tagSIZE
{
    LONG  cx;
    LONG  cy;
} SIZE, *PSIZE, *LPSIZE;
```

矩形框：

```
typedef struct tagRECT
{
    LONG  left;
    LONG  top;
    LONG  right;
    LONG  bottom;
} RECT, *PRECT, FAR *LPRECT;
typedef const RECT FAR* LPCRECT;
```

一般地，Windows 自定义数据类型、句柄类型和宏定义的关键字都是大写。编写 Windows 应用程序时，程序员偏爱使用“匈牙利表示法”的变量命名约定，即变量名以一个或多个小写字母为前缀，这些字母表示变量的数据类型。表 13.5 列出了在本书中经常使用的变量前缀。

表 13.5 常用变量前缀

前缀	数据类型	前缀	数据类型	前缀	数据类型
c	char	n	short	i	int
x,y	x 和 y 坐标	cx,cy	x 长度和 y 长度	b	BOOL
f	int，代表 flag	w	WORD	l	LONG
dw	DWORD	fn	function 函数	s	string
sz	以'\0'结尾的字符串	h	句柄	p,lp	指针

例如，定义 C 语言字符串，在 Windows 程序中会这样写：

```
char szMessage[200];
```

13.2.3 消息与消息循环

1. 事件与消息

命令行界面程序是过程式的，即程序按顺序调用函数直至运行结束。图形用户界面程序是事件驱动式的，即程序启动并创建程序窗口之后，随即进入一个等待状态(称为消息循环)，直到接收到一个事件(称为消息)，如键盘输入、鼠标单击等，程序脱离等待状态对事件进行相应的处理(称为消息处理或响应消息)，处理完成后又进入等待状态。

为了描述事件的各种信息，Windows 定义了一个消息(message)类型如下：

```
typedef struct tagMSG {
    HWND    hwnd;       //产生消息的窗口句柄
    UINT    message;    //消息的标识码
    WPARAM  wParam;     //消息附加信息 1
    LPARAM  lParam;     //消息附加信息 2
    DWORD   time;       //消息进入消息队列的时刻
    POINT   pt;         //发送该消息时光标的屏幕位置
} MSG, * PMSG, FAR * LPMSG;
```

当 Windows 发生某个事件时，Windows 系统会把该事件的相关信息填写到 MSG 结构的各个成员中，并设法把这个消息发送到应用程序中。应用程序根据消息中的窗口句柄 hwnd 和消息识别码 message 来确定由哪个窗口中的哪一段消息处理代码响应这个消息。

Windows 系统预先定义了绝大多数的消息，如 WM_CREATE、WM_DESTROY 等。

2. 消息循环处理机制

Windows 系统为每个应用程序都建立了一个消息队列(message queues)。在程序运行过程中如果发生了一个事件,Windows 会把这个事件所对应的消息送入消息队列等待使用。应用程序通过 GetMessage 函数从消息队列中获取消息,并利用 GetMessage 函数的返回值形成一个消息循环,从而可以不断地从消息队列中获取消息。

Windows 系统会根据消息中的 hwnd 找到应该接收消息的程序窗口,并根据窗口句柄找到该窗口的窗口过程 WndProc(window procedure),以消息作为参数调用该函数。在 WndProc 函数中,根据消息标识 message 执行该消息所对应的代码,对消息进行处理。处理完成后,只要该消息不是终止应用程序消息,就会立即返回到消息循环,以等待获取下一个消息。Windows 应用程序就是这样周而复始地进行消息循环,直到发出终止应用程序的 WM_QUIT 消息为止,如单击窗口的关闭按钮。

从上述消息处理机制可以看到,Windows 程序分为两部分:一个是以消息循环为主的获取和发送消息;另一个是专门处理消息的 WndProc 函数。

Windows 消息处理流程如图 13.6 所示。由于 Windows 是多任务操作系统,因此 Windows 会根据实际的消息性质来调度消息究竟发送到哪个程序进程的哪个窗口上。

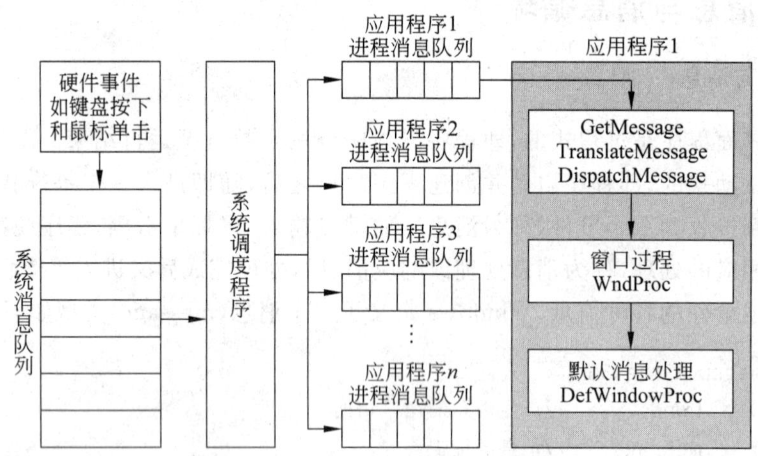

图 13.6 Windows 消息处理流程

3. 消息源

Windows 程序的消息来源有 4 种,如图 13.7 所示。

(1) 硬件事件:包括键盘和鼠标的输入。这类消息首先放在系统消息队列中,然后由 Windows 将它们送入应用程序消息队列中,由应用程序来处理消息。

(2) 控件消息:用来与 Windows 的控件对象,如列表框、按钮和复选框等,进行双向通信,当用户在列表框中改动当前选择或改变了复选框的状态时发出此类消息。这类消息一般不经过应用程序消息队列,而是直接发送到控件对象上去。

(3) 系统消息：对程序化的事件或系统时钟中断作出反应。一些系统消息，如 DDE 消息(动态数据交换消息)，要通过 Windows 的系统消息队列，而有的则不通过系统消息队列而直接送入应用程序消息队列，如创建窗口 WM_CREATE 消息。

(4) 用户消息：程序员使用 RegisterWindowMessage 函数自定义并在应用程序中主动发出的消息，一般由应用程序的某一部分内部处理。

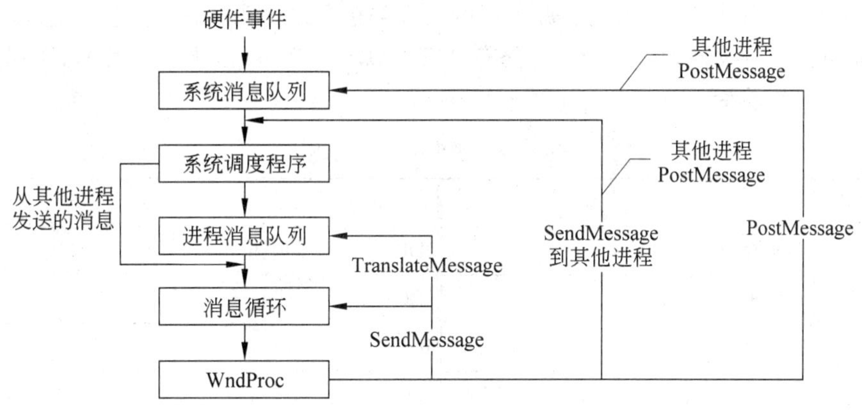

图 13.7 Windows 消息源

进程发送消息有两个 API 函数：PostMessage 和 SendMessage。PostMessage 函数将消息存放在消息队列中，该消息不一定立刻处理；SendMessage 直接发送消息到消息循环中并及时处理。

13.2.4 资源与资源文件

在 Windows 应用程序中有一些特殊数据，如用户界面上的菜单、图标和位图等。这些数据具有一定的独立性，程序不是在任何时候都要用到它们；它们存放在可执行文件中，能够避免程序拥有大量分散文件。Windows 将这些数据称为资源。

简单地说，资源就是一种可供 Windows 应用程序使用，可单独编辑并动态加载的数据。所谓单独编辑是指利用软件工具可以直接编辑可执行文件里面的资源数据，无需重新编译程序就能够修改程序用到的诸如菜单之类的内容；所谓动态加载是指资源不像程序中的静态数据(如全局变量)那样在程序刚开始运行即装入到内存中，而是在必需时才加载到内存中。

Windows 资源有菜单、图标、位图、光标、对话框、工具栏、快捷键、字符串和自定义资源等类型。资源是由 RC 资源描述文件定义的，经编译后转换成二进制数据存储在可执行文件中。应用程序通过 API 函数将其动态加载，通过资源标识区分不同的资源。

1. 资源头文件

为了区分不同的资源，一个应用程序中相同类型的资源必须有唯一的标识。这些标识实际上是符号常量，其定义形式为：

```
#define 资源标识符 资源标识值
```

例如 1000 可以同时作为菜单和图标的资源标识值,但两个菜单的资源标识值不能相同。

由于资源标识既出现在资源描述文件中(定义资源必须有标识),又出现在程序文件中(加载资源必须指明标识),因此在程序的工程项目中一般将所有资源标识定义在资源头文件 resource. h 中,凡是用到资源标识的地方都包含这个头文件。

为提高程序可读性,Windows 编程有一套资源标识符命名规则。表 13.6 列出了常用的资源标识符前缀。

表 13.6 资源标识符前缀

标识前缀	用　　途	标识前缀	用　　途
IDM_	菜单命令	IDB_	位图
ID_或 IDC_	对话框中的控件	IDC_	光标
IDD_	对话框	IDI_	图标
IDR_	菜单、快捷键、工具栏和自定义资源	IDS_	字符串

例如:

```
#define IDI_APP           100    //主窗口图标资源标识符
#define IDR_APP           102    //主窗口菜单快捷键资源标识符
#define IDD_APP           102    //主对话框资源标识符
#define IDS_APP_TITLE     1000   //应用程序标题资源标识符
#define IDC_BUTTON1       1201   //按钮资源标识符
#define IDB_CARPICTUE     1202   //位图资源标识符
```

2. 资源描述文件

资源描述文件定义了 Windows 应用程序中的各种资源,其扩展名为. rc,文件名通常与程序的工程项目名称相同。对于位图、图标和光标等资源,资源描述文件只是说明它们的标识和存储路径,其图形数据是以文件形式存放在项目的 res 子文件夹下。

可以将资源描述文件添加到项目中随程序一起编译,资源描述文件会生成二进制形式的资源文件,其扩展名为. res。连接器将程序目标代码文件. obj、库文件. lib(或. a)和资源文件. res 连接起来产生可执行文件. exe。

图 13.8 给出了 Windows 应用程序工程项目中各种文件之间的关系。

3. 资源可视化设计

Visual C++ 可以对资源进行可视化编辑。所谓可视化设计是指用"所见即所得"的方式进行资源定义,例如用鼠标拖动来布置对话框上的控件等。如图 13.9 所示是一个对话框资源的可视化编辑界面。由于资源大多数是图形元素,因此可视化设计能够快速建立资源描述文件。

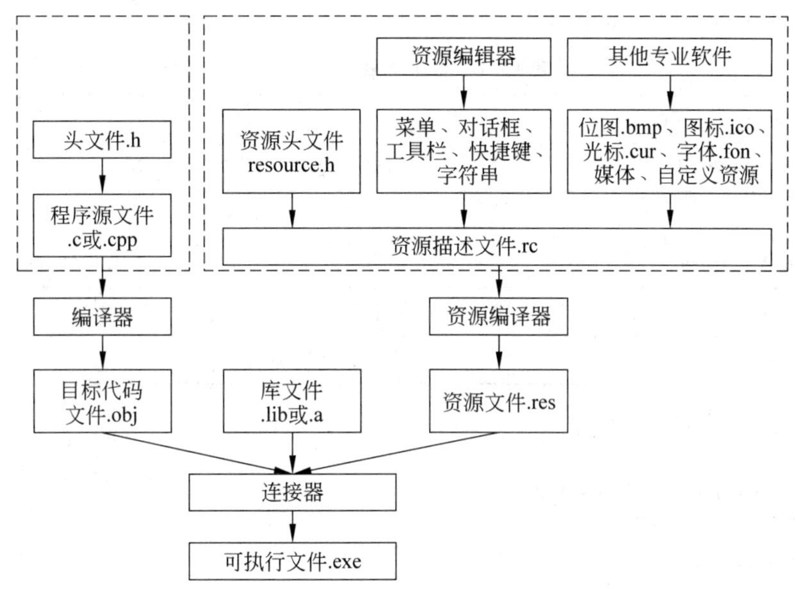

图 13.8 Windows 应用程序工程项目框架

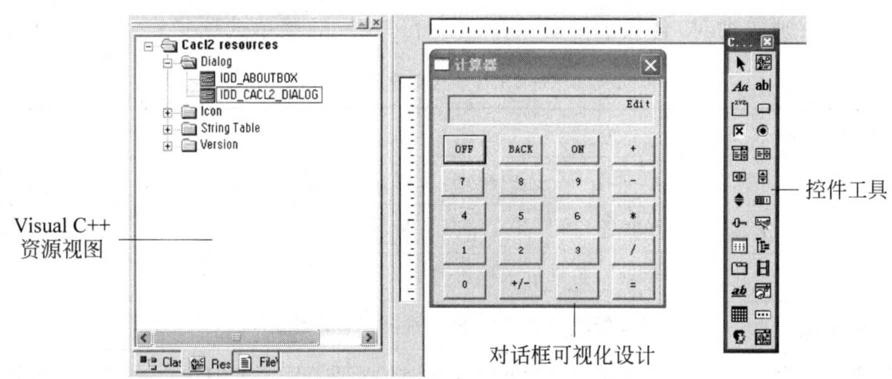

图 13.9 对话框可视化编辑

4. 资源描述语句

资源描述文件是一个文本文件，通过编写资源描述语句在文件中定义资源。

(1) 菜单资源

一个菜单资源一般由菜单、弹出菜单和菜单项 3 个层次组成，其定义语句形式为：

```
菜单标识符 MENU [加载特性选项]
BEGIN
    弹出菜单定义语句
END
```

MENU 语句定义了一个菜单资源的内容。菜单资源是一个信息集合，这些信息定义应用程序的菜单的表现形式及其功能。MENU 语句定义菜单时，可以使用表 13.7 所列的加载特性选项值来声明菜单被载入时的特性。

表 13.7 资源加载特性选项

加载特性选项	说　　明
DISCARDABLE	如果资源不再需要可被放弃
FIXED	资源保留在一个固定的内存位置
MOVEABLE	资源在必要时可被移动以便节省内存
LOADONCALL	资源在调用时被加载(默认选项)
PRELOAD	资源被立即加载

弹出菜单定义语句形式为：

```
POPUP 弹出菜单标题 [菜单选项]
BEGIN
    菜单项定义语句
END
```

POPUP 语句标记一个弹出菜单定义的开始。弹出菜单(也称下拉菜单)是一个特殊的菜单项,当它被选中时,会显示其子菜单项。表 13.8 的菜单选项指定了菜单项的外观。

表 13.8 菜单选项

菜 单 选 项	说　　明
CHECKED	菜单项有一个选中标记,顶层菜单此选项无效
GRAYED	菜单项不可用,其文字颜色为灰
INACTIVE	菜单项名正常显示但不可选
MENUBARBREAK	将菜单新的一列与旧的一列用一垂直线分开
MENUBREAK	将菜单项放在新的一行;或将弹出菜单放在新的一列,列之间没有分割线

菜单项定义语句形式为：

```
MENUITEM 菜单项名称,菜单项标识符 [,菜单选项]
```

其中菜单项名称字符串可以包含转义字符\t 和\a。\t 字符使菜单文字按列对齐,\a 字符使所有后面的文字与菜单栏或弹出菜单右对齐。在字符前如果有 &,则该字符将有一条下划线且作为菜单快捷字母键。菜单项标识符是一个整数值,当该菜单项被单击时,这个菜单项标识值将随消息 WM_COMMAND 传递到窗口过程 WndProc 中。

特殊菜单项"MENUITEM SEPARATOR"的作用是在菜单上形成一条横向的分割线,便于对菜单项进行分类。

例如,设计一个如图 13.10 所示的菜单界面。

文件(F)　帮助(H)
新建(N)　Ctrl+N
打开(O)...　Ctrl+O
退出(X)

图 13.10 菜单界面

其菜单资源定义为：

```
IDR_APP MENU DISCARDABLE   //主窗口菜单资源
BEGIN
    POPUP "文件(&F)"
    BEGIN
        MENUITEM "新建(&N)\tCtrl+N",      IDM_FILE_NEW
        MENUITEM "打开(&O)...\tCtrl+O",  IDM_FILE_OPEN
        MENUITEM SEPARATOR
        MENUITEM "退出(&X)",             IDM_EXIT
    END
    POPUP "帮助(&H)"
    BEGIN
        MENUITEM "软件简介(&A)...",       IDM_ABOUT
    END
END
```

(2) 对话框资源

对话框资源定义语句形式为：

```
对话框资源标识符 DIALOG [加载特性选项] x, y, width, height
对话框风格语句
BEGIN
    控件语句
END
```

DIALOG 语句定义了一个对话框模板。加载特性选项可以使用表 13.7 的值，x、y、width 和 height 表示对话框左上角在屏幕上的位置和对话框的宽度及高度值，对话框风格语句定义对话框的外观风格，参见表 13.9 所示。

表 13.9　对话框风格语句

对话框风格语句	说　明
STYLE styles	指定对话框的窗口风格。styles 可以使用"|"位或运算组合多种预定义值
EXSTYLE=ext-styles	指定对话框的扩展窗口风格。ext-styles 可以使用"|"位或运算组合多种预定义值
CAPTION text	指定对话框标题，text 为字符串
FONT pointsize, typeface	指定对话框中文字的大小 pointsize 和字体名称 typeface，字体名称为字符串
CLASS class	指定对话框的窗口类，如果没有此语句则使用 Windows 标准对话框类
MENU menuname	指定对话框的菜单资源标识，如果没有此语句则对话框没有菜单

控件语句定义在对话框上出现的一个或多个控件，包含控件文本(text)、控件在对话框上的位置(x、y)、控件宽度(width)和高度(height)、控件风格(style)等属性。DIALOG 语句可以使用的控件见表 13.10 所示。

表 13.10 对话框控件

控　　件	控件语句
默认按钮	DEFPUSHBUTTON text,id,x,y,width,height [,style]
按钮	PUSHBUTTON text,id,x,y,width,height [,style]
单选按钮	RADIOBUTTON text,id,x,y,width,height [,style]
复选框	CHECKBOX text,id,x,y,width,height [,style]
矩形框	GROUPBOX text,id,x,y,width,height [,style]
列表框	LISTBOX id,x,y,width,height [,style]
组合框	COMBOBOX id,x,y,width,height [,style]
编辑框	EDITTEXT id,x,y,width,height [,style]
文字居中控件	CTEXT text,id,x,y,width,height [,style]
文字左对齐控件	LTEXT text,id,x,y,width,height [,style]
文字右对齐控件	RTEXT text,id,x,y,width,height [,style]
滚动条	SCROLLBAR id,x,y,width,height [,style]
指定类控件	CONTROL text,id,class,style,x,y,width,height [,extended-style] 预定义的 class 有 BUTTON、COMBOBOX、EDIT、LISTBOX、SCROLLBAR、STATIC

例如，设计一个如图 13.11 所示的对话框界面。

图 13.11　对话框界面

其对话框资源定义为：

```
IDD_APP DIALOG 0, 0, 305, 102
STYLE DS_MODALFRAME|WS_POPUP|WS_VISIBLE|WS_CAPTION|WS_SYSMENU
CAPTION "对话框"
FONT 9, "宋体"
BEGIN
    DEFPUSHBUTTON     "默认按钮",IDC_BUTTON1,158,73,50,17
    LTEXT             "编辑框",IDC_STATIC,7,7,133,9
    EDITTEXT          IDC_EDIT1,7,21,133,14
    GROUPBOX          "矩形框",IDC_STATIC,229,7,64,43
    PUSHBUTTON        "按钮",IDC_BUTTON2,220,73,50,17
    CHECKBOX          "复选框",IDC_CHECK1,234,21,56,10
```

```
    RADIOBUTTON       "单选按钮",IDC_RADIO1,234,35,48,10
    COMBOBOX          IDC_COMBO1,149,21,72,30,CBS_DROPDOWN|CBS_SORT
    LISTBOX           IDC_LIST1,7,56,133,33
    LTEXT             "列表框",IDC_STATIC,7,43,133,9
    LTEXT             "组合框",IDC_STATIC,149,7,72,9
END
```

(3) 快捷键资源

快捷键总是和菜单项配合使用的。在资源描述文件中,用快捷键表来描述菜单项的快捷键,其语句形式为:

```
快捷键标识符 ACCELERATORS [加载特性选项]
BEGIN
    event,id[,type][option]
    ⋮
END
```

快捷键表为应用程序定义了一个或多个快捷键,通过 TranslateAccelerator 函数可以将消息队列中的快捷键消息翻译成 WM_COMMAND 或 WM_SYSCOMMAND 消息。当按下快捷键时,程序执行快捷键命令标识对应的消息处理,使用户能够快速执行一个任务。

event 参数指定用作快捷键的按键,可以是表 13.11 中的任意一个值。

表 13.11 快捷键资源按键类型

按键值	含　义
"字符"	单个 ASCII 字符。字符前面可以加上插入符^,表示该字符是一个控制字符
整数值	数值对应的 ASCII 字符。type 参数必须是 ASCII
虚键值	虚键值是 Windows 预先定义好的整数值,为字母数字的虚键可以用双引号加大写字母或数字来表示。type 参数必须是 VIRTKEY

id 参数指定一个快捷键命令标识,该值用来选择消息处理任务,option 参数指定快捷键选项,可以是表 13.12 中的一个值或使用位或"|"运算的多个值组合。

表 13.12 快捷键选项

NOINVERT	表示当快捷键被用到时所有顶层菜单项都不高亮
ALT	使快捷键只能在同时按下 Alt 键时才被激活
SHIFT	使快捷键只能在同时按下 Shift 键时才被激活
CONTROL	使快捷键只能在同时按下 Ctrl 键时才被激活。与控制字符效果相同

如下是一个快捷键表资源定义示例。

```
IDR_APP ACCELERATORS MOVEABLE PURE              //主窗口快捷键资源
BEGIN
```

```
    "^N", IDM_FILE_NEW                           //按 Ctrl+N 执行 IDM_FILE_NEW
    "O",  IDM_FILE_OPEN,  VIRTKEY, CONTROL  //按 Ctrl+O 执行 IDM_FILE_OPEN
    "X",  IDM_EXIT,       VIRTKEY, ALT      //按 Alt+X 执行 IDM_EXIT
    VK_F1,IDM_ABOUT,      VIRTKEY           //按 F1 执行 IDM_ABOUT
END
```

(4) 位图、图标、光标和字体资源

位图资源描述语句形式为:

```
位图资源标识符 BITMAP [加载特性选项] filename
```

例如:

```
IDB_CARPICTURE BITMAP MOVEABLE "res\\car.bmp"
```

BITMAP 语句定义一个位图,该位图可被应用程序显示出来。filename 为位图文件,允许使用绝对路径和相对路径(相对于程序项目路径)的写法,一般存放在项目路径的 res 子文件夹中。

图标资源描述语句形式为:

```
图标资源标识符 ICON [加载特性选项] filename
```

例如:

```
IDI_APP ICON DISCARDABLE "res\\app.ico" //主窗口图标资源
```

光标资源描述语句形式为:

```
光标资源标识符 CURSOR [加载特性选项] filename
```

例如:

```
IDC_APP CURSOR DISCARDABLE "res\\app.cur"
```

字体资源描述语句形式为:

```
字体资源标识符 FONT [加载特性选项] filename
```

例如:

```
IDR_FONT FONT DISCARDABLE "res\\cmroman.fnt"
```

(5) 字符串资源

字符串表资源描述语句形式为:

```
STRINGTABLE [加载特性选项]
BEGIN
    字符串资源标识符 字符串
    ⋮
END
```

字符串表语句定义了一个或多个字符串资源。例如:

```
STRINGTABLE DISCARDABLE
BEGIN
    IDS_APP_TITLE          "MainWindow" //应用程序标题资源
    IDS_HELLO              "Hello World!"
END
```

(6) 自定义资源

自定义资源类型可以是图形格式数据、多媒体数据和文件数据等，其描述语句形式为：

```
自定义资源标识符 资源类型标识符 [加载特性选项] filename
```

例如：

```
IDR_JPG JPEG DISCARDABLE "res\\flag.jpg"
```

其中资源类型标识符是大于 255 的整数值，用作预定义的资源类型标识。

5. 资源加载

资源是通过 Windows API 函数加载到程序中的。

(1) 菜单和对话框资源加载

菜单资源的加载一般在窗口初始化阶段进行，例如调用 RegisterClassEx 和 CreateWindow 函数时。对话框资源的加载是在创建对话框时进行的。

(2) 内置资源类型加载

快捷键、位图、光标、图标和字符串资源可以使用如下的 API 函数加载：

```
HACCEL LoadAccelerators(HINSTANCE hInstance,LPCTSTR lpTableName); //加载快捷键
HBITMAP LoadBitmap(HINSTANCE hInstance,LPCTSTR lpBitmapName);     //加载位图
HCURSOR LoadCursor(HINSTANCE hInstance,LPCTSTR lpCursorName);     //加载光标
HICON LoadIcon(HINSTANCE hInstance,LPCTSTR lpIconName);           //加载图标
//其中第 1 个参数 hInstance 为包含资源的应用实例句柄,第 2 个参数为资源标识名称
int LoadString(HINSTANCE hInstance,UINT uID,LPTSTR lpBuffer,int nBufferMax);
                                                                  //加载字符串
//其中第 1 个参数 hInstance 为包含资源的应用实例句柄,第 2 个参数为资源标识名称
//第 3 个参数为指向字符串的指针,一般为字符数组,第 4 个参数指定最多容纳的字符个数
```

调用资源加载函数时，资源标识使用字符串形式，因此需要将整数值形式的资源标识转换成字符串形式的资源标识，方法是：①将资源标识值强制转换为类型 LPCTSTR。②使用 MAKEINTRESOURCE 宏将资源标识值转换成资源标识字符串，其宏定义如下：

```
#define MAKEINTRESOURCE(i)  (LPTSTR)((DWORD)((WORD)(i)))
```

以下是资源加载函数的示例：

```
HACCEL hAccelTable;
```

```
HBITMAP hBitmap;
char szHello[200];
hAccelTable=LoadAccelerators(hInstance,(LPCTSTR)IDR_APP); //加载快捷键资源 IDR_APP
wcex.hIcon=LoadIcon(hInstance,(LPCTSTR)IDI_APP);          //加载图标资源 IDI_APP
wcex.hCursor=LoadCursor(hInstance,(LPCTSTR)IDC_APP);      //加载光标资源 IDC_APP
LoadString(hInstance,IDS_HELLO,szHello,sizeof(szHello));  //加载字符串资源 IDS
                                                          _HELLO
hBitmap=LoadBitmap(hInstance,(LPCTSTR)IDB_CAR);           //加载位图资源 IDB_CAR
```

(3) 自定义资源类型加载

通过使用如下的 API 函数可以加载自定义资源类型：

```
HRSRC FindResource(           //查找资源
    HMODULE hModule,          //包含资源的应用实例句柄,如果是程序本身则置为 NULL
    LPCTSTR lpName,           //资源标识名称
    LPCTSTR lpType            //资源类型标识名称
);
HGLOBAL LoadResource(         //加载资源
    HMODULE hModule,          //包含资源的应用实例句柄,如果是程序本身则置为 NULL
    HRSRC hResInfo            //资源句柄,FindResource 返回值
);
LPVOID LockResource(          //锁定资源数据块,以便程序能存取数据块
    HGLOBAL hResData          //资源内存句柄,LoadResource 返回值
);
DWORD SizeofResource(         //获取资源数据大小
    HMODULE hModule,          //包含资源的应用实例句柄,如果是程序本身则置为 NULL
    HRSRC hResInfo            //资源句柄,FindResource 返回值
);
```

先调用 FindResource 在一个指定的应用实例 hModule 中找到指定类型 lpType 的指定资源 lpName，函数返回值为该资源的句柄 hResInfo；其次用 LoadResource 将 hResInfo 加载到内存中，再调用 LockResource 用来锁定内存中的资源数据块；LockResource 返回值为指向资源数据的内存指针，通过该指针就可以访问资源数据，通过调用 SizeofResource 可以确定资源数据的大小，避免访问越界。

13.2.5 Windows 应用程序结构

一个 Windows 应用程序项目(project)一般由头文件、源文件和资源描述文件等组成。

1. 主函数

与命令行 C 语言程序的主函数 main 不同，Windows 程序的主函数是 WinMain(注意大小写)，函数原型为：

```
int APIENTRY WinMain(
    HINSTANCE hInstance,        //当前应用程序的实例句柄
    HINSTANCE hPrevInstance,    //本程序前一个实例句柄,32 位 Windows 版本以后总是 0
    LPSTR lpCmdLine,            //指向本程序命令行字符串的指针
    int nCmdShow                //本程序窗口显示方式的标志
);
```

函数名前的 APIENTRY 关键字表明这个主函数是一个由 Windows 系统调用的函数,在 Windows 中系统调用用户自定义函数的过程称为回调,被 Windows 系统调用的函数称为回调函数。关键字 APIENTRY 等价于 WINAPI 和 CALLBACK。

主函数的主要任务是创建应用程序窗口和建立消息循环,至少需要调用 7 个 API 函数,其中 4 个用来创建并显示应用程序窗口,3 个用来建立消息循环。

2. 注册窗口类

在创建窗口之前,需要用窗口类注册函数将定义好的窗口属性进行注册。Windows 规定窗口属性,如窗口样式、背景颜色和消息处理函数指针等,需要填写在窗口类的结构体变量中,该结构体类型声明为:

```
typedef struct _WNDCLASSEX {
    UINT cbSize;                //本结构大小,一般是 sizeof(WNDCLASSEX)
    UINT style;                 //窗口样式
    WNDPROC lpfnWndProc;        //窗口过程函数指针
    int cbClsExtra;             //窗口类结构后的附加字节数,一般设置为 0
    int cbWndExtra;             //窗口实例后的附加字节数,一般设置为 0
    HANDLE hInstance;           //应用程序实例句柄
    HICON hIcon;                //窗口图标句柄
    HCURSOR hCursor;            //窗口光标句柄
    HBRUSH hbrBackground;       //窗口背景画刷句柄
    LPCTSTR lpszMenuName;       //窗口菜单资源标识
    LPCTSTR lpszClassName;      //窗口类型名称(字符串)
    HICON hIconSm;              //窗口小图标句柄,如果设为 NULL,则使用 hIcon
} WNDCLASSEX;
```

WNDCLASSEX 类型是 WNDCLASS 类型的扩展版本,两个结构类型相似。例如,在函数中定义一个 WNDCLASSEX 类型变量:

```
WNDCLASSEX wcex;
```

下面给出 WNDCLASSEX 结构各数据成员的说明。

style 指明窗口的样式,在头文件 winuser.h 中已定义了一组以 CS_为前缀的符号常量。可以使用位或"|"运算组合两种以上的窗口样式,大多数情况下只使用如下 4 种样式:

(1) CS_HREDRAW:一旦移动或尺寸调整使客户区的宽度发生变化,就重新绘制窗口。

(2) CS_VREDRAW：一旦移动或尺寸调整使客户区的高度发生变化，就重新绘制窗口。

(3) CS_OWNDC：为该类中的每一个窗口分配一个唯一的设备描述表。

(4) CS_DBLCLKS：当用户双击鼠标时向窗口过程发送双击消息。

例如：

```
wcex.style =CS_HREDRAW | CS_VREDRAW | CS_DBLCLKS;
```

lpfnWndProc 是窗口过程 WndProc 的函数指针，Windows 系统在获得消息后就是根据这个指针去调用窗口过程来处理消息的，换言之，应用程序的窗口就是依据这个指针与消息处理建立起联系。一个窗口只能有一个窗口过程，多个窗口既可以有各自独立的窗口过程，也可以共用一个窗口过程。

hInstance 存放应用程序实例句柄，即 WinMain 函数的第 1 个参数。例如：

```
wcex.hInstance = hInstance;
```

hIcon 为所有依据这个窗口类建立的窗口设置图标，将出现在 Windows 标题栏上。通常调用 LoadIcon 函数加载。LoadIcon 的第 1 个参数如果是 NULL，表示使用系统图标，则第 2 个参数是以 IDI_开头的预定义符号常量；如果想要使用应用程序的图标资源，则第 1 个参数是应用程序实例句柄，第 2 个参数是图标资源标识。例如：

```
wcex.hIcon =  LoadIcon(NULL,IDI_APPLICATION);        //系统预定义图标
```

或

```
wcex.hIcon =  LoadIcon(hInstance,(LPCTSTR)IDI_APP);  //应用程序 IDI_APP 资源图标
```

其中 IDI_APP 图标必须在应用程序资源中。

hCursor 与 hIcon 类似，用来设置窗口的光标。既可以使用系统预定义光标，又可以使用应用程序的光标资源，例如：

```
wcex.hCursor =  LoadCursor(NULL,IDC_ARROW);          //窗口光标为箭头形状
```

hbrBackground 指定依据这个窗口类建立的窗口的背景画刷句柄。画刷是 Windows 绘图对象，用来填充一个区域的着色样式。这个数据既可以使用通过 GetStockObject 调用得到的 Windows 预定义画刷，又可以使用自定义画刷。GetStockObject 函数的原型为：

```
HGDIOBJ GetStockObject(int fnObject);
```

参数 fnObject 指明标准画刷类型，可以是 BLACK_BRUSH、DKGRAY_BRUSH、GRAY_BRUSH、LTGRAY_BRUSH 和 WHITE_BRUSH 等。例如：

```
wcex.hbrBackground = (HBRUSH)GetStockObject(WHITE_BRUSH);  //白色背景
```

或

```
wcex.hbrBackground = (HBRUSH)(COLOR_WINDOW+1);         //与窗口框架颜色相同的背景
```

lpszMenuName 指定窗口的菜单,如果窗口没有菜单则必须为 NULL,否则为应用程序的菜单资源标识。例如:

```
wcex.lpszMenuName = NULL;                //窗口没有菜单
```

或

```
wcex.lpszMenuName = (LPCSTR)IDR_APP;     //窗口菜单为资源中的 IDR_APP
```

lpszClassName 指定窗口类名(字符串)。例如:

```
wndclass.lpszClassName = szWindowClass; //类型名为 szWindowClass 变量中的字符串
```

填写完窗口类结构变量后,调用 API 函数 RegisterClassEx 来注册这个窗口类。该函数只有一个参数,即指向 WNDCLASSEX 结构的指针。例如:

```
RegisterClassEx(&wcex);                  //wcex 为 WNDCLASSEX 类型
```

或

```
RegisterClass(&wndclass);                //wndclass 为 WNDCLASS 类型
```

一个 Windows 应用程序可以按照上述过程注册多个窗口类,通过窗口类名来区分。

窗口类不光指窗口本身,也包括窗口控件。可以注册自己定制的窗口控件,也可以使用 Windows 预定义的若干窗口控件类,如按钮(BUTTON)、编辑框(EDIT)、列表框(LISTBOX)、组合框(COMBOBOX)、文本串(STATIC)、滚动条(SCROLLBAR)、多文档客户子窗口(MDICLIENT)和 Rich 编辑框(RICHEDIT_CLASS)等,括号内的字符串即是这些窗口控件类的类名。

3. 创建窗口

窗口类定义了窗口的一般特征,可以使用同一窗口类创建许多不同的窗口(称为窗口实例)。程序通过调用 API 函数 CreateWindow 建立窗口实例,窗口创建时可以指定更详细的窗口信息。

请注意窗口类和窗口实例之间的区别。例如,所有的按钮都可以依据同样的窗口类来建立,与这个窗口类相关的窗口过程位于 Windows 内部,由窗口类来负责处理按钮的键盘按键和鼠标单击。从这一点看来,所有的按钮都是以同样的方式工作的,故应为同一窗口类。但是并非所有的按钮外观都是一样的,它们可以有不同的大小、不同的屏幕位置以及不同的按钮文字。这些特征是窗口实例定义的一部分,而不是窗口类定义的。

CreateWindow 函数原型为:

```
HWND CreateWindow(
    LPCTSTR lpClassName,     //已注册或预定义的窗口类名称
    LPCTSTR lpWindowName,    //标题文本
    DWORD dwStyle,           //窗口风格
    int x,                   //窗口左上角坐标 x 值
    int y,                   //窗口左上角坐标 y 值
```

```
    int nWidth,               //窗口宽度
    int nHeight,              //窗口高度
    HWND hWndParent,          //父窗口或属主窗口句柄
    HMENU hMenu,              //菜单句柄
    HANDLE hInstance,         //应用程序实例句柄
    LPVOID lpParam            //传递到 WM_CREATE 消息中的初始参数指针,一般为 NULL
);
```

CreateWindow 函数返回新创建窗口的句柄,需要将它保存下来,应用程序总是通过这个句柄对窗口进行操作。

下面给出 CreateWindow 函数调用参数的说明。

lpClassName 是使用前面 RegisterClassEx 注册的窗口类名或 Windows 预定义的窗口控件类名。

lpWindowName 为标题文本字符串,将出现在窗口标题栏上。

dwStyle 表示窗口风格,在头文件 winuser.h 中已定义了一组以 WS_为前缀的符号常量。如果是预定义的窗口控件类还可以使用相应的控件风格,具体可以查询 CreateWindow 函数的帮助信息。可以使用位或"|"运算组合两种以上的风格。

x、y、nWidth、nHeight 分别设置新建窗口的位置和大小,如果设为 CW_USEDEFAULT 表示使用 Windows 默认值。

hWndParent 为新建窗口的父窗口句柄,一般应用程序的窗口是"最顶级"的,因此父窗口句柄设为 NULL(表示应用程序窗口无父窗口),在应用程序的窗口之下或之内创建的窗口或控件就需要设置相应的父窗口句柄。通常,如果窗口之间存在父子关系,则子窗口总是出现在父窗口的上面。

hMenu 为窗口菜单句柄。如果设置为 NULL,则该窗口继承窗口类的菜单;如果窗口类菜单也是 NULL,则新建窗口无菜单;如果 hMenu 设置为非 NULL,则新建窗口的菜单由 hMenu 决定;如果创建的是子窗口,则 hMenu 应该是该子窗口的标识,子窗口发生事件时会将这个标识作为通知消息传到父窗口上。

hInstance 存放对应窗口的应用程序的实例句柄。

4. 显示窗口

CreateWindow 函数创建窗口只是在内存中建立了窗口,还需要调用 API 函数将窗口显示出来。即:

```
BOOL ShowWindow(HWND hWnd,int nCmdShow);
```

和

```
BOOL UpdateWindow(HWND hWnd);
```

ShowWindow 函数的作用是显示窗口,参数 hWnd 是刚刚用 CreateWindow 函数创建的窗口句柄(即返回值),参数 nCmdShow 决定该窗口最初在屏幕上显示时的状态,可以是最小化(SW_SHOWMINIMIZED)、最大化(SW_SHOWMAXIMIZED)或常规(SW_

SHOWNORMAL)等。

UpdateWindow 函数通过向窗口发送 WM_PAINT 消息，使得窗口客户区重新被绘制，其效果就是窗口立即在屏幕上显示出来。

5. 消息循环

窗口一旦创建并显示出来，应用程序的初始化工作即告完成，其后进入消息循环。

```
MSG msg;
while(GetMessage(&msg,NULL,0,0)) {  //消息循环处理
    TranslateMessage(&msg);         //将键盘事件转化成字符消息
    DispatchMessage(&msg);          //分发消息到窗口的消息处理函数去执行
}
```

在主函数中定义一个 MSG 类型的变量 msg，GetMessage 函数参数的写法基本是固定的，表示程序接收它自己创建的所有窗口的所有消息。当关闭窗口时产生消息 WM_QUIT 使 GetMessage 函数返回 0，从而结束消息循环，应用程序运行结束。

6. 窗口过程 WndProc

Windows 应用程序必须要有窗口过程 WndProc 来处理各种消息，它是 Windows 编程中需要编写大量代码的地方，是完成应用程序任务的核心。函数原型为：

```
LRESULT CALLBACK WndProc(
    HWND hwnd,              //发送消息的窗口句柄
    UINT uMsg,              //系统传递来的消息识别码
    WPARAM wParam,          //消息附加参数 1
    LPARAM lParam           //消息附加参数 2
);
```

CALLBACK 关键字说明消息处理函数是个回调函数，即该函数是由 Windows 系统调用的，不应该由应用程序调用。

从函数的参数中可以看到，函数 DispatchMessage 把消息发送到系统后，消息信息会传递到 WndProc 中，进而在 WndProc 中处理消息。为使系统可以正确地调用 WndProc，在注册窗口类时必须将 WNDCLASSEX 结构的函数指针 lpfnWndProc 指向 WndProc。因为当窗口响应消息时，Windows 系统总是按 lpfnWndProc 指针去调用窗口过程的。

以下是一个最简单的窗口过程 WndProc 的代码：

```
LRESULT CALLBACK WndProc(HWND hWnd,UINT message,WPARAM wParam,LPARAM lParam)
{
    switch (message) {
        case WM_DESTROY:  //响应销毁窗口消息
            PostQuitMessage(0);
            break;
        default:
```

```
            return DefWindowProc(hWnd,message,wParam,lParam);  //默认消息处理
        }
        return 0;
    }
```

窗口过程 WndProc 主要是一个 switch 多分支选择结构，每个 case 分支对应一个消息处理。WM_DESTROY 消息是单击窗口关闭按钮或选择系统菜单"关闭"命令产生的消息，它一般调用 API 函数 PostQuitMessage 在关闭窗口前做一些清理工作（例如销毁窗口对象等），然后发出 WM_QUIT 使 GetMessage 为 0，从而终止应用程序。这个消息处理几乎是所以 Windows 应用程序都必须做的。

API 函数 DefWindowProc 是 Windows 消息的默认处理过程。对于应用程序不予处理的所有消息，即 switch 结构的 default 分支，需要调用 DefWindowProc 函数将消息交由 Windows 处理。否则该消息既没有被应用程序处理，又没有被 Windows 系统处理，严重时会导致整个窗口无法工作。

可以在这段代码基础上添加各种消息处理 case 分支，以使应用程序能响应更多的消息，完成更多的任务。

13.2.6 Windows 编程框架

为使 Windows 应用程序的代码结构更加清晰和易于编写，可以利用 C 语言模块化的特点，对 Windows 程序结构进行函数封装，得到通用的 Windows 应用程序编程框架 WAF（windows application framework）。

首先将窗口过程 WndProc 中各个消息处理代码封装到函数中，得到如下形式的消息处理函数：

```
LRESULT 消息处理函数名(HWND hWnd,UINT message,WPARAM wParam,LPARAM lParam)
{   …                        //消息处理代码
    return 0;                //处理了该消息后必须返回 0
}
```

消息处理函数名一般以"On"为前缀，与消息名称对应。需要注意，Windows 系统规定：如果程序处理了某条消息，则消息处理函数必须返回 0。例如，WM_DESTROY 消息处理函数如下：

```
LRESULT OnDestroy(HWND hWnd,UINT message,WPARAM wParam,LPARAM lParam)
{   //窗口销毁消息处理
    PostQuitMessage(0);  //发出 WM_QUIT 消息，结束应用程序
    return 0;            //处理了这条消息必须返回 0
}
```

其次建立消息码 message 与消息处理函数的对应关系，称为消息映射。可以用一个结构体来表示消息映射数据，例如：

```
struct WIN_MSGMAP_ENTRY {//消息映射表结构
```

```
    UINT nMessage;          //消息码
    LRESULT (*pfn)(HWND hWnd,UINT message,WPARAM wParam,LPARAM lParam);
};
```

其中 nMessage 存储消息码,pfn 存储消息处理函数指针。

这样应用程序处理的所有消息就可以定义为一个结构体数组,称为消息映射表。例如:

```
const struct WIN_MSGMAP_ENTRY _messageEntries[]={  //消息映射表
    {WM_DESTROY, OnDestroy},
    {WM_PAINT, OnPaint},
    {0, NULL}
};
```

数组中最后一个元素固定为"{0, NULL}",目的是给消息映射表放一个结束元素。

进一步设计消息映射宏定义如下:

```
#define BEGIN_MESSAGE_MAP() const struct WIN_MSGMAP_ENTRY _messageEntries[]={
#define ON_MSG(nMessage,pfn) { nMessage, pfn},
#define END_MESSAGE_MAP() {0, NULL} };
```

则消息映射表就可以很简洁、清晰地表示出来,例如:

```
BEGIN_MESSAGE_MAP()                //消息映射表宏定义
    ON_MSG(WM_PAINT, OnPaint)   //重绘消息映射
END_MESSAGE_MAP()
```

于是窗口过程 WndProc 可以设计为:

```
LRESULT CALLBACK WndProc(HWND hWnd,UINT message,WPARAM wParam,LPARAM lParam)
{
    WORD i;
    for(i=0;_messageEntries[i].nMessage; i++) {  //nMessage 为 0 结束循环
        //如果消息映射表中有该消息,则调用对应的消息处理函数
        if (message==_messageEntries[i].nMessage) {
            if (message!=WM_DESTROY)      //如果是非 WM_DESTROY 消息,处理后立即返回
                return (*_messageEntries[i].pfn)(hWnd,message,wParam,lParam);
            //如果是 WM_DESTROY 消息,则处理但不返回,继续 WM_DESTROY 的后处理
            (*_messageEntries[i].pfn)(hWnd,message,wParam,lParam);
            break;
        }
    }
    if (message==WM_DESTROY) {              //WM_DESTROY 的后处理
        PostQuitMessage(0);                 //发出 WM_QUIT 消息,结束应用程序
        return 0;                           //处理了这条消息后必须返回 0
    }
    return DefWindowProc(hWnd,message,wParam,lParam);  //其他消息调用默认处理
```

```
}
```

这个 WndProc 没有使用 switch 结构而是用了循环。如果程序需要增加一个消息处理,不用变动 WndProc,只要在消息映射表中增加消息码和消息处理函数指针,即在消息映射表中增加一条 ON_MSG。显然,无论处理多少消息,WndProc 都是固定结构。

这个 WndProc 默认处理了 WM_DESTROY 消息。如果消息映射表有这个消息,那它将先调用处理函数,而后处理 PostQuitMessage 结束应用程序。这样设计的目的是即使在 WM_DESTROY 消息中没有调用 PostQuitMessage,也要确保应用程序进程正确结束。

将消息循环封装成如下函数形式:

```
int Run()  //消息循环
{
    MSG msg;
    HACCEL hAccelTable;
    hAccelTable=LoadAccelerators(hInst,(LPCTSTR)IDR_APP); //加载快捷键资源
    while(GetMessage(&msg,NULL,0,0)) {                    //消息循环处理
        //将快捷键转换为相应的菜单命令
        if (!TranslateAccelerator(msg.hwnd,hAccelTable,&msg)) {
            TranslateMessage(&msg);        //将键盘事件转化成字符消息
            DispatchMessage(&msg);         //分发消息到窗口的消息处理函数去执行
        }
    }
    return msg.wParam;                     //结束消息循环
}
```

最后对注册窗口类、初始化窗口等过程也进行类似的封装,得到下面的编程框架。

【例 13.3】 编写基本的 Windows 窗口程序。

(1) 定义资源头文件 resource.h 如下:

```
#define IDI_APP          100  //主窗口图标资源标识符
#define IDI_APPSMALL     101  //主窗口小图标资源标识符
#define IDR_APP          102  //主窗口菜单快捷键资源标识符
#define IDS_APP_TITLE    1000 //应用程序标题资源标识符
//以下为其他资源标识符定义
#define IDM_FILE_NEW     1101
#define IDM_FILE_OPEN    1102
#define IDM_EXIT         1103
#define IDM_ABOUT        1104
```

(2) 定义资源描述文件如下:

```
#include <windows.h>
#include "resource.h"
IDI_APP        ICON DISCARDABLE "res\\app.ico"      //主窗口图标资源
IDI_APPSMALL   ICON DISCARDABLE "res\\appsmall.ico" //主窗口小图标资源
```

```
IDR_APP MENU        DISCARDABLE                       //主窗口菜单资源
BEGIN
    POPUP "文件(&F)"
    BEGIN
        MENUITEM "新建(&N)\tCtrl+N",     IDM_FILE_NEW
        MENUITEM "打开(&O)...\tCtrl+O", IDM_FILE_OPEN
        MENUITEM SEPARATOR
        MENUITEM "退出(&X)",             IDM_EXIT
    END
    POPUP "帮助(&H)"
    BEGIN
        MENUITEM "软件简介(&A)...",       IDM_ABOUT
    END
END
IDR_APP ACCELERATORS MOVEABLE PURE                    //主窗口快捷键资源
BEGIN
    "^N", IDM_FILE_NEW                          //按 Ctrl+N 执行 IDM_FILE_NEW
    "O",  IDM_FILE_OPEN,   VIRTKEY, CONTROL     //按 Ctrl+O 执行 IDM_FILE_OPEN
    "X",  IDM_EXIT,        VIRTKEY, ALT         //按 Alt+X 执行 IDM_EXIT
    VK_F1,IDM_ABOUT,       VIRTKEY              //按 F1 执行 IDM_ABOUT
END
STRINGTABLE DISCARDABLE                         //字符串资源
BEGIN
    IDS_APP_TITLE    "MainWindow"               //应用程序标题资源
END
```

(3) 编写程序代码如下：

```
//头文件-------------------------------------------------------------------
#include <windows.h>                            //Windows 头文件
#include "resource.h"                           //资源头文件
//全局定义-----------------------------------------------------------------
HINSTANCE hInst;                                //应用程序实例句柄
HWND hMainWnd;                                  //主窗口句柄
char szWindowTitle[]="MainWindow";              //主窗口标题
char szWindowClass[]="SDKWIN32APP";             //主窗口类名
struct WIN_MSGMAP_ENTRY {                       //消息映射表结构
    UINT nMessage;                              //消息码
    LRESULT (*pfn)(HWND hWnd,UINT message,WPARAM wParam,LPARAM lParam);
};
#define BEGIN_MESSAGE_MAP() const struct WIN_MSGMAP_ENTRY _messageEntries[]={
#define ON_MSG(nMessage,pfn) { nMessage, pfn},
#define END_MESSAGE_MAP() {0, NULL} };
//消息处理函数原型---------------------------------------------------------
```

```
//消息映射表宏定义----------------------------------------------------------------------
BEGIN_MESSAGE_MAP()
//    ON_MSG…
END_MESSAGE_MAP()
//窗口过程----------------------------------------------------------------------------
LRESULT CALLBACK WndProc(HWND hWnd,UINT message,WPARAM wParam,LPARAM lParam)
{
    WORD i;
    for(i=0;_messageEntries[i].nMessage; i++) {  //nMessage为0结束循环
        //如果消息映射表中有该消息,则调用对应的消息处理函数
        if (message==_messageEntries[i].nMessage) {
            if (message!=WM_DESTROY)  //如果是非WM_DESTROY消息,处理后立即返回
                return (*_messageEntries[i].pfn)(hWnd,message,wParam,lParam);
            //如果是WM_DESTROY消息,则处理但不返回,继续WM_DESTROY的后处理
            (*_messageEntries[i].pfn)(hWnd,message,wParam,lParam);
            break;
        }
    }
    if (message==WM_DESTROY) {  //WM_DESTROY的后处理
        PostQuitMessage(0);     //发出WM_QUIT消息,结束应用程序
        return 0;               //处理了这条消息后必须返回0
    }
    return DefWindowProc(hWnd,message,wParam,lParam);  //其他消息调用默认处理
}
//注册窗口类--------------------------------------------------------------------------
ATOM MyRegisterClass(HINSTANCE hInstance)
{
    WNDCLASSEX wcex;
    wcex.cbSize        =sizeof(WNDCLASSEX);
    wcex.style         =CS_HREDRAW|CS_VREDRAW|CS_DBLCLKS;
    wcex.lpfnWndProc   =(WNDPROC)WndProc;                              //设置主窗口过程
    wcex.cbClsExtra    =0;
    wcex.cbWndExtra    =0;
    wcex.hInstance     =hInstance;                                     //应用程序实例
    wcex.hIcon         =LoadIcon(hInstance,(LPCTSTR)IDI_APP);          //主窗口图标
    wcex.hCursor       =LoadCursor(NULL,IDC_ARROW);                    //主窗口光标
    wcex.hbrBackground=(HBRUSH)GetStockObject(WHITE_BRUSH);            //主窗口背景色
    wcex.lpszMenuName  =(LPCSTR)IDR_APP;                               //主窗口主菜单
    wcex.lpszClassName=szWindowClass;                                  //主窗口类名
    wcex.hIconSm       =LoadIcon(hInstance,(LPCTSTR)IDI_APPSMALL);     //小图标
    return RegisterClassEx(&wcex);                                     //注册窗口类
}
//初始化窗口--------------------------------------------------------------------------
BOOL InitInstance(HINSTANCE hInstance, int nCmdShow)
```

```
{
    DWORD ds=WS_OVERLAPPEDWINDOW|WS_CLIPCHILDREN;        //主框架风格,剪切子控件
    hInst=hInstance;                                     //保存应用程序实例
    hMainWnd=CreateWindow(szWindowClass,szWindowTitle,ds,
        CW_USEDEFAULT,0,CW_USEDEFAULT,0,NULL,NULL,hInstance,NULL);//创建主窗口
    if (!hMainWnd) return FALSE;
    ShowWindow(hMainWnd, nCmdShow);                      //显示主窗口
    UpdateWindow(hMainWnd);                              //更新主窗口
    return TRUE;
}
//消息循环--------------------------------------------------------------------
int Run()                                                //消息循环
{
    MSG msg;
    HACCEL hAccelTable;
    hAccelTable=LoadAccelerators(hInst,(LPCTSTR)IDR_APP); //加载快捷键资源
    while(GetMessage(&msg,NULL,0,0)) {            //消息循环处理
        //将快捷键转换为相应的菜单命令
        if (!TranslateAccelerator(msg.hwnd,hAccelTable,&msg)) {
            TranslateMessage(&msg);               //将键盘事件转化成字符消息
            DispatchMessage(&msg);                //分发消息到窗口的消息处理函数去执行
        }
    }
    return msg.wParam;                            //结束消息循环
}
//主函数----------------------------------------------------------------------
int APIENTRY WinMain(HINSTANCE hInstance,HINSTANCE hPrevInstance,
                     LPSTR lpCmdLine,int nCmdShow)
{
    MyRegisterClass(hInstance);                   //注册窗口类
    if (!InitInstance(hInstance,nCmdShow)) return 0;  //初始化窗口失败,退出程序
    return Run();                                 //进入消息循环
}
//消息处理函数实现-------------------------------------------------------------
```

程序运行结果如图 13.12 所示。

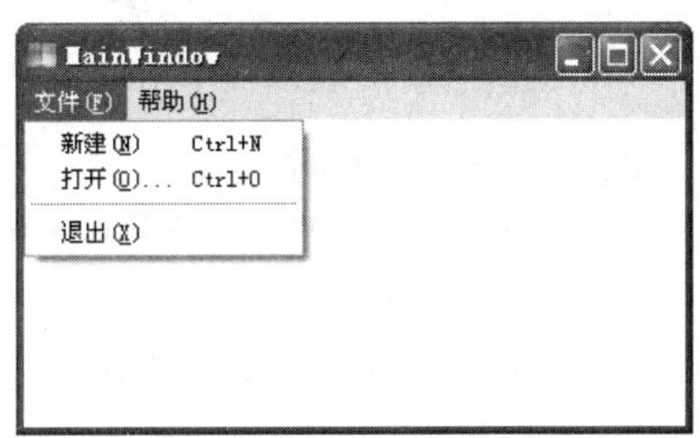

图 13.12 标准 Windows 窗口界面

这是一个标准的 Windows 窗口程序,它有窗口、图标、菜单、资源、窗口过程和消息处理等主要元素,是 SDK 编程方法的程序模板,称为基于窗口的 Windows 应用程序编程框架,它的程序模块如表 13.13 所示。

这个编程框架是进行 Windows SDK 编程的基础结构,其项目文件有:①程序文件(一般

与项目同名)；②资源头文件 resource. h；③资源描述文件(一般与项目同名)；④存放在 res 子文件夹下的资源数据文件。

表 13.13 Windows 编程框架模块

程序结构模块	作　用
头文件	包含所有头文件或连接库文件
全局定义	应用实例、主窗口变量、数据结构等全局定义，固定不变
消息处理函数原型	给出所有消息处理函数的原型，增加/删除消息处理时变动
消息映射表宏定义	定义消息映射表，增加/删除消息处理时变动
窗口过程	窗口过程函数的实现，固定不变
注册窗口类	注册窗口类函数的实现，除非修改窗口属性，一般不用变动
初始化窗口	初始化窗口函数的实现，除非修改窗口初始化值，一般不用变动
消息循环	Windows 应用程序主消息循环，一般不用变动
主函数	Windows 应用程序基本结构，一般不用变动
消息处理函数实现	在此处编写消息处理函数

这个编程框架的使用方法是：

(1) 首先编写资源头文件 resource. h，定义资源标识符。

(2) 编写或可视化设计资源描述文件，定义资源。

(3) 按框架结构编写程序，主要工作是增加消息处理。

如果应用程序需要增加新的消息处理，编写步骤如下：

(1) 在消息处理函数原型模块中增加该消息处理函数原型。

(2) 在消息映射表模块中增加该消息映射 ON_MSG。

(3) 在消息处理函数实现模块中给出该消息处理函数的实现。

(4) 如果消息处理函数之间有共享使用的变量，则将它定义为全局变量。如果消息处理函数需要保持数据，则将它定义为静态局部变量。

例如，增加 WM_COMMAND 菜单消息处理的步骤如下。

(1) 在消息处理函数原型模块中增加函数原型，例如：

```
LRESULT OnCommand(HWND hWnd,UINT message,WPARAM wParam,LPARAM lParam);
```

(2) 在消息映射表模块中增加消息映射，例如：

```
BEGIN_MESSAGE_MAP()
    ON_MSG(WM_COMMAND, OnCommand)              //命令消息映射
END_MESSAGE_MAP()
```

(3) 在消息处理函数实现模块中定义 OnCommand 函数，例如：

```
LRESULT OnCommand(HWND hWnd,UINT message,WPARAM wParam,LPARAM lParam)
{                                                //命令消息处理
```

```
    TODO: //                           在这里添加菜单/快捷键命令的处理代码
    return TRUE;                       //未处理这条消息必须返回非 0
}
```

本书作者开发了 Visual C++ 环境下的 SDK 编程框架模板，新建工程时选择 Win32SDKApp，直接得到上述代码。如图 13.13 所示，方便 Windows 界面程序的开发。

图 13.13　SDK 编程框架模板

13.2.7　图形输出

Windows 应用程序不支持标准输出函数(如 printf)，应用程序输出包括文字在内的所有数据均是以图形方式“绘制”到窗口上的。

Windows 通过图形设备接口 GDI 对图形输出进行支持。GDI 为应用程序提供了与显示器和打印机等输出设备无关的图形输出接口，使得程序员从各种显示和打印设备的直接处理中解脱出来。

GDI 由几百个函数和与此相关的数据类型、宏定义和结构体组成。主要有获取和释放(或创建和删除)设备描述表函数、获取设备信息函数、使用 GDI 绘图对象函数、绘图函数、设置和获取设备参数函数等，其显示的图形类型(简称图元)有直线、曲线、填充、位图和文本等。

1. 设备场境

Windows 对图形显示设备进行了封装，形成了一个统一的虚拟图形显示设备。应用程序可以在这个虚拟设备上进行绘图，而虚拟设备图形转换为物理设备图形的任务则由设备驱动程序去完成。这个虚拟图形设备用一个包含各种设备属性的数据结构来表示，称为设备场境 DC(device content)，又称设备上下文。如图 13.14 所示，设备场境是指可以用来输出图形的对象，如显示器、打印机或某个窗口等，设备场境句柄 HDC 是指向某个设备场境的类似指针的数据类型。

也就是说，从应用程序的角度来看，设备场境就是 Windows 提供的一个“画板”，程序

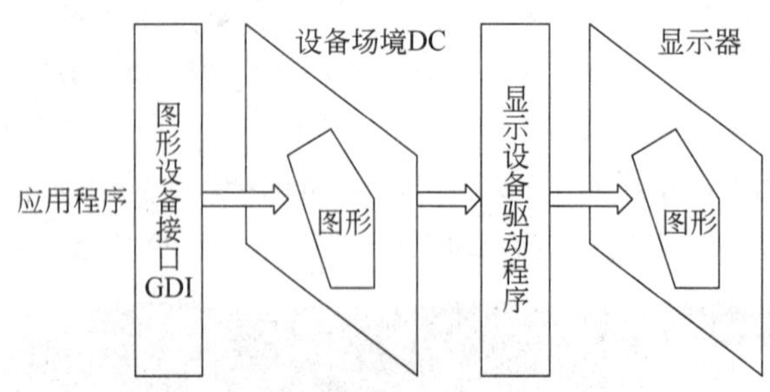

图 13.14　设备场景 DC 示意

在其上绘图。当程序员想在一个图形输出设备(如显示器或打印机)上绘图时,必须首先获得设备场境句柄,然后以此为参数调用 GDI 函数绘图。

Windows 提供了几种获取设备场境句柄的方法。如果在处理一条消息时获取了设备场境句柄,那么应该在退出窗口过程 WndProc 之前释放它或者删除它。一旦释放了 DC 句柄,它就不能再使用了。

最常用的获取设备场境句柄的方法是在处理 WM_PAINT 消息时,使用 BeginPaint 和 EndPaint 调用:

```
hdc=BeginPaint(hWnd, &ps);          //客户区准备绘图
    …                               //GDI 绘图调用
EndPaint(hWnd,&ps);                 //客户区绘图结束
```

其中 ps、hdc 定义如下:

```
PAINTSTRUCT ps;
HDC hdc;
```

变量 hdc 是设备场境句柄类型 HDC 变量,变量 ps 是类型 PAINTSTRUCT 的结构体变量,该结构包含一个名为 rcPaint 的 RECT 矩形结构成员,rcPaint 定义一个包围窗口客户区无效范围的矩形。使用从 BeginPaint 获得的 DC 句柄,只能在这个区域内绘图。只要使用了 BeginPaint 就必须要用且只能用 EndPaint 释放 DC 句柄。

WM_PAINT 消息是当窗口客户区域的一部分或全部变为"无效",以至于必须"刷新"时发生。例如,新建窗口、窗口大小的调整、窗口移动、被覆盖部分的恢复都会产生刷新请求。如图 13.15 所示,窗口 A 被另一个窗口 B 覆盖的区域称为"无效"区域,因为当窗口 B 从覆盖区域移走后,图中阴影部分对于窗口 A 来说必须要刷新,否则它是窗口 B 的图形。

应用程序还可以在处理非 WM_PAINT 消息时获取设备场境句柄,例如:

```
hdc=GetDC(hWnd);                    //hdc 得到客户区 DC 句柄
    …                               //GDI 绘图调用
ReleaseDC(hWnd,hdc);                //释放客户区 DC 句柄
```

GetDC 得到的设备场境句柄是窗口 hWnd 客户区的句柄。这组调用与 BeginPaint 和 EndPaint 的区别是利用从 GetDC 返回的句柄可以在整个客户区上绘图,然而 GetDC

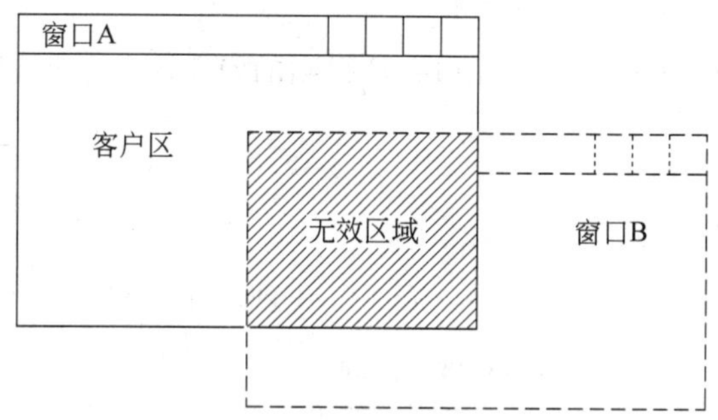

图 13.15 需要重画的无效区域

不会使客户区中任何区域可能的无效区域变成有效，从显示效果上来看，GetDC 的绘图结果将会在下次 WM_PAINT 消息刷新后“消失”了。

应用程序还可以获取整个窗口的设备场境句柄，例如：

```
hdc=GetWindowDC(hWnd);              //hdc 得到窗口 DC 句柄
    …                               //GDI 绘图调用
ReleaseDC(hWnd,hdc);                //释放窗口 DC 句柄
```

GetWindowDC 得到的设备场境句柄，除客户区之外，还包括窗口的标题栏、菜单、滚动条和外框。

使用 GetDC 和 GetWindowDC 得到的设备场境句柄只能调用 ReleaseDC 释放。

BeginPaint、GetDC 和 GetWindowDC 获得的设备场境句柄与显示器的窗口是相关的，获取设备场境句柄的另一个更通用的函数是 CreateDC，例如：

```
hdc=CreateDC(lpszDriver,lpszDevice,lpszOutput,lpInitData);//hdc 得到设备 DC 句柄
    …                               //GDI 绘图调用
DeleteDC(hdc);                      //删除设备 DC 句柄
```

其中 lpszDriver 参数指定设备驱动名称，lpszDevice 指定设备名称，lpszOutput 和 lpInitData 一般设为 NULL。例如：

```
hdc=CreateDC("DISPLAY",NULL,NULL,NULL);
```

得到整个屏幕的设备场境句柄，而：

```
hdc=CreateDC(NULL,lpszDevice,NULL,NULL);
```

得到打印机的设备场境句柄，其中 lpszDevice 是打印机设备的名称。

当使用位图时，需要创建一个内存设备场境，例如：

```
hdcMem=CreateCompatibleDC(hdc);//hdcMem 得到内存 DC
    …                               //GDI 绘图调用
DeleteDC(hdcMem);                   //删除内存 DC 句柄
```

创建了一个基于 hdc 设备特性的内存设备场境句柄 hdcMem。在 hdcMem 句柄上绘制的图形不会显示出来，它只是在内存中“绘图”，因此一般需要调用 GDI 位图函数将它复制

到可显示 DC 句柄上才能看到绘图结果。

使用 CreateDC 和 CreateCompatibleDC 得到的设备场境句柄，只能调用 DeleteDC 删除。

2. GDI 绘图对象

GDI 绘图对象是绘制图形的工具。表 13.14 列出了常用的 Windows 绘图工具。

表 13.14 Windows 绘图工具

工具类型	说明
画笔(Pen)	画笔工具定义了绘制图形和文字所使用的宽度、颜色和线条类型
画刷(Brush)	画刷工具定义了用于填充形状的图案和颜色
字体(Font)	字体工具定义了绘制文本所使用的字体
调色板(Palette)	调色板工具定义了在给定设备上绘制图形的颜色系统
裁剪区(Region)	裁剪区工具定义了用于绘制复杂图形的裁剪区域
位图(Bitmap)	位图工具定义了输出图形的图像数据

GDI 绘图对象的使用必须按如下步骤进行：

(1) 创建绘图对象或调用 GetStockObject 获取预定义绘图对象。

(2) 调用 SelectObject 将绘图对象选进设备场境中。

(3) 调用 DeleteObject 删除绘图对象(GetStockObject 获取的对象除外)。

创建和删除绘图对象一般有两个时机。一个时机是在 WM_CREATE 消息处理中创建绘图对象，在 WM_DESTROY 消息处理中删除绘图对象，即在窗口建立时创建对象，窗口销毁时删除对象。这样得到的绘图对象在整个窗口运行期间一直有效，优点是不用频繁地创建和删除对象，缺点是绘图对象始终占用内存，存储开销大。另一个时机是在设备场境句柄有效期间，例如在 BeginPaint、GetDC、GetWindowDC、CreateDC、CreateCompatibleDC 之后创建绘图对象，在 EndPaint、ReleaseDC、DeleteDC 之后删除绘图对象。Windows 规定不能删除设备场境当前选择的绘图对象。

表 13.15 列出了各种 GDI 绘图对象的创建函数。

表 13.15 GDI 绘图对象创建函数

创建函数	功能
CreatePen	创建逻辑画笔
CreatePenIndirect	用给定的 LOGPEN 结构创建逻辑画笔
CreateSolidBrush	创建逻辑画刷
CreatePatternBrush	用给定的位图句柄创建画刷
CreateHatchBrush	创建有阴影线的画刷
CreateDIBPatternBrushPt	用给定的设备无关位图创建画刷

续表

创 建 函 数	功 能
CreateBrushIndirect	用给定的 LOGBRUSH 结构创建画刷
CreateBitmapIndirect	创建以 BITMAP 结构数据为基础的位图
CreateBitmap	创建以颜色值组成的数据块为基础的位图
CreateCompatibleBitmap	创建与设备兼容的内存位图
CreateFont	创建逻辑字体
CreateFontIndirect	用给定的 LOGFONT 结构创建字体
CreatePalette	创建逻辑调色板
CreateHalftonePalette	创建半色调调色板
CreateRectRgn	创建矩形裁剪区
CreateEllipticRgn	创建椭圆形裁剪区
CreateEllipticRgnIndirect	用给定的 RECT 结构创建椭圆形裁剪区
CreatePolygonRgn	创建多边形裁剪区
CreatePolyPolygonRgn	在多边形基础上创建裁剪区
CreateRectRgnIndirect	用给定的 RECT 结构创建矩形裁剪区
CreateRoundRectRgn	创建带圆角的矩形裁剪区

Windows 系统在应用程序初始化时提供了一套默认的绘图工具，例如默认的画笔工具颜色是黑色，所以这时绘制出来的线条都是黑色的。如果应用程序认为默认绘图工具不合适，则需要另行创建绘图对象，并将其选进设备场境中，函数原型为：

```
HGDIOBJ SelectObject(HDC hdc,HGDIOBJ hgdiobj);
```

参数 hdc 是欲使用绘图对象的 DC 句柄，hgdiobj 是绘图对象句柄，即绘图对象创建函数的返回值。SelectObject 的返回值是前一个绘图对象句柄，绘制图形时安全的做法是将默认绘图对象句柄保存下来，在释放或删除 DC 句柄前将默认绘图对象选进 DC 句柄。

3. GDI 坐标系统

大多数 GDI 绘图函数需要坐标值或尺寸，使用逻辑单位；在输出实际图形时，Windows 将逻辑单位转换为设备单位，即像素。这种转换是由映射方式、窗口和视口的原点及其范围控制的。

(1) 映射方式

Windows 定义了 8 种映射方式，它们的标识符和含义见表 13.16 所示。

可以调用 SetMapMode 为 DC 设置映射方式，函数原型为：

```
int SetMapMode(HDC hdc,int fnMapMode);
```

表 13.16 映射方式

映射方式	逻辑单位	x轴方向	y轴方向
MM_TEXT	像素	向右	向下
MM_LOMETRIC	0.1mm	向右	向上
MM_HIMETRIC	0.01mm	向右	向上
MM_LOENGLISH	0.01in	向右	向上
MM_HIENGLISH	0.001in	向右	向上
MM_TWIPS	1/1440in	向右	向上
MM_ISOTROPIC	任意(x=y)	可变	可变
MM_ANISOTROPIC	任意(x!=y)	可变	可变

参数 fnMapMode 是 8 种映射方式之一。可以获取当前 DC 的映射方式,函数原型为:

```
int GetMapMode(HDC hdc);
```

设备场境默认的映射方式为 MM_TEXT。在这种映射方式下,逻辑单位与物理单位相同,都是以像素为单位。例如:

```
TextOut(hdc,-8,-16,"Hello",5);
```

会在距离客户区左端 8 像素、上端 16 像素的位置开始输出"Hello"。

如果映射方式设置为 MM_LOMETRIC,例如:

```
SetMapMode(hdc,MM_LOMETRIC);
```

则逻辑单位是 0.1mm,那么

```
TextOut(hdc,-50,-10,"Hello",5);
```

会在距离客户区左端 5mm、上端 1mm 的位置开始输出字符串,这样的映射方式更适合打印机。

(2) 设备坐标系

Windows 对所有非 GDI 函数,甚至一部分 GDI 函数使用设备坐标,以像素为单位。从显示设备来看,存在 3 种不同的设备坐标系。如图 13.16 所示是 3 种设备坐标系。

整个屏幕是一个"屏幕坐标",屏幕的左上角为(0,0)点;如果使用 CreateDC 创建屏幕设备场境句柄时,默认情况下逻辑坐标将被映射为屏幕坐标。整个窗口是一个"窗口坐标",包括标题栏、窗口外框、菜单和滚动条等,(0,0)点是窗口的左上角;如果用 GetWindowDC 获取窗口设备场境句柄,则逻辑坐标会转换成客户区坐标。最常使用的设备坐标是"客户区坐标",(0,0)点是客户区的左上角,当使用 GetDC 或 BeginPaint 获得设备场境句柄时,逻辑坐标默认会转换为客户区坐标。

用函数 ClientToScreen 和 ScreenToClient 可以将客户区坐标转换成屏幕坐标,或者反过来将屏幕坐标转换成客户区坐标,可以使用 GetWindowRect 函数获取屏幕坐标下的

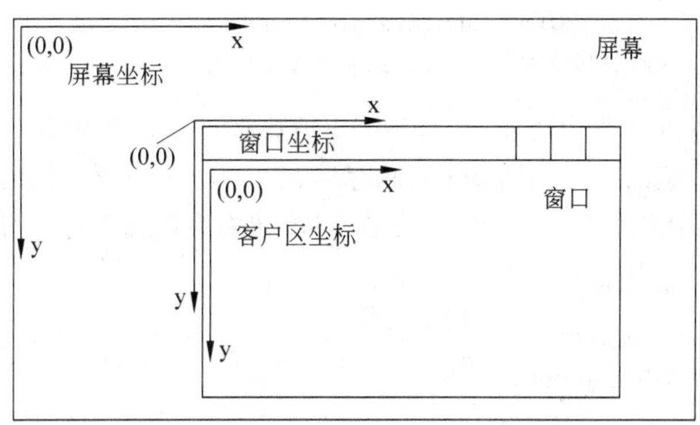

图 13.16 3 种设备坐标系

窗口位置和大小。

(3) 视口和窗口

视口(viewport)是计算机屏幕上一块显示区域,随着在 GDI 中所使用的设备场境句柄的不同,该区域可以是客户区、整个窗口或整个屏幕。视口是基于设备坐标(像素)的。通常视口和客户区相同,(0,0)点在客户区左上角,x 的值向右增加,y 的值向下增加。

与视口中显示的图形相对应的原始图形区域称为窗口。注意,在这里使用的术语“窗口”不是指屏幕上显示的窗口对象,而是从现实世界角度所看到的图形。窗口是基于逻辑坐标的,逻辑坐标可以是像素、毫米、英寸或者任何其他单位。图 13.17 说明了窗口和视口的关系。

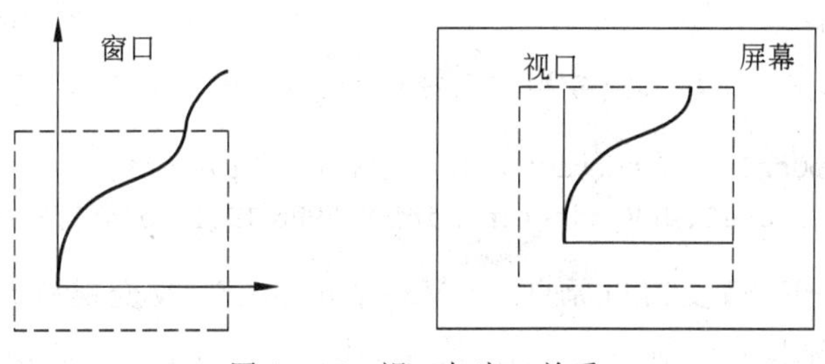

图 13.17 视口与窗口关系

对于所有的映射方式,利用下面两个公式可以将窗口坐标转换为视口坐标:

$$\text{xViewport}=(\text{xWindow}-\text{xWinOrg})\times\frac{\text{xViewExt}}{\text{xWinExt}}+\text{xViewOrg}$$

$$\text{yViewport}=(\text{yWindow}-\text{yWinOrg})\times\frac{\text{yViewExt}}{\text{yWinExt}}+\text{yViewOrg}$$

其中(xWindow,yWindow)是待转换的逻辑点,(xViewport,yViewport)是转换后的设备坐标点,(xWinOrg,yWinOrg)是逻辑坐标的窗口原点,(xViewOrg,yViewOrg)是设备坐标的视口原点,(xWinExt,yWinExt)是逻辑坐标的窗口范围,(xViewExt,yViewExt)是设备坐标的视口范围。上面的公式意味着逻辑窗口原点总被映射为设备视口原点。

Windows 提供了两个函数将设备点与逻辑点相互转换,函数原型为:

```
BOOL DPtoLP(HDC hdc,LPPOINT lpPoints,int nCount);
BOOL LPtoDP(HDC hdc,LPPOINT lpPoints,int nCount);
```

DPtoLP 函数将设备点转换为逻辑点，LPtoDP 函数将逻辑点转换为设备点，lpPoints 是指向 POINT 结构数组的指针，nCount 表示存储在 lpPoints 中要转换的点的个数。例如，可将 GetClientRect 获取的客户区大小(设备单位)转换为逻辑坐标，代码如下：

```
RECT &rect;
GetClientRect(hWnd,&rect);
DPtoLP(hdc,(LPPOINT)&rect,2);
```

(4) 处理 MM_TEXT

对于 MM_TEXT 映射方式，默认的原点和范围如下：

窗口原点：(0,0)，可以改变；

视口原点：(0,0)，可以改变；

窗口范围：(1,1)，不可改变；

视口范围：(1,1)，不可改变。

由于视口范围与窗口范围的比例为 1，所以不用在逻辑坐标与设备坐标之间进行缩放，上述两式可以简化为：

$$xViewport = xWindow - xWinOrg + xViewOrg$$
$$yViewport = yWindow - yWinOrg + yViewOrg$$

这种映射方式称为“文本”映射方式，即与人们阅读文本从左至右、从上至下的习惯相同，如图 13.18(a)所示。

Windows 提供函数可用来改变视口和窗口的原点，原型如下：

```
BOOL SetWindowOrgEx(HDC hdc,int X,int Y,LPPOINT lpPoint);
BOOL SetViewportOrgEx(HDC hdc,int X,int Y,LPPOINT lpPoint);
```

SetWindowOrgEx 改变窗口原点，SetViewportOrgEx 改变视口原点，(x，y)为新的原点值，lpPoint 用来接收先前的原点值，设为 NULL 表示不用接收。一般情况下，很少同时使用这两个函数，因为窗口和视口原点同时改变会使坐标变换的计算复杂化。

例如，假定客户区宽为 cxClient、高为 cyClient，如果想将逻辑原点定义为客户区的中心，可进行如下调用：

```
SetViewportOrgEx(hdc,cxClient/2,cyClient/2,NULL);
```

SetViewportOrgEx 的参数总是使用设备单位。现在逻辑原点从(0,0)将映射为设备点(cxClient/2，cyClient/2)，客户区坐标系变成如图 13.18(b)所示。

逻辑 x 轴的范围从 −cxClient/2 到 +cxClient/2，逻辑 y 轴的范围从 −cyClient/2 到 +cyClient/2。例如，想从客户区的左上角开始显示字符串，则需要负坐标：

```
TextOut(hdc,-cxClient/2,-cyClient/2,"Hello",5);
```

用下面的 SetWindowOrgEx 调用可以获得与上面相同的效果：

```
SetWindowOrgEx(hdc,-cxClient/2,-cyClient/2,NULL);
```

SetWindowOrgEx 的参数总是使用逻辑单位。在这个调用之后，逻辑点(－cxClient/2，－cyClient/2)映射为设备点(0,0)，即客户区的左上角。而下面同时调用：

```
SetViewportOrgEx(hdc,cxClient/2,cyClient/2,NULL);
SetWindowOrgEx(hdc,-cxClient/2,-cyClient/2,NULL);
```

的结果是逻辑点(－cxClient/2，－cyClient/2)将映射为设备点(cxClient/2,cyClient/2)，客户区坐标系变成如图 13.18(c)所示。

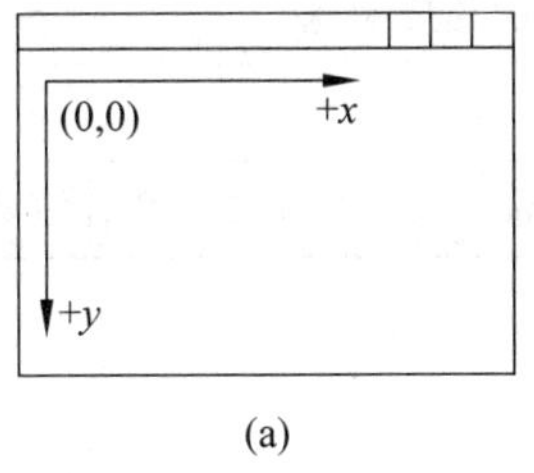

(a)

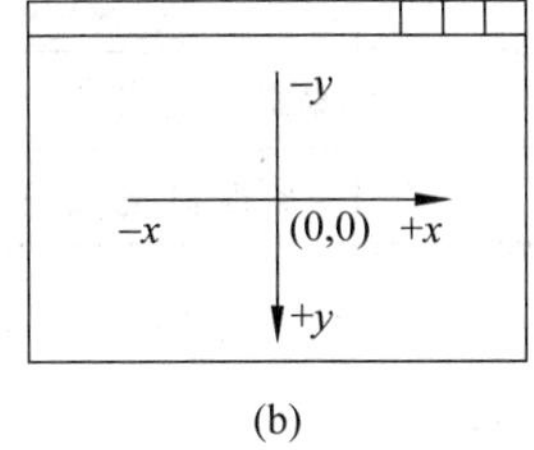

(b)

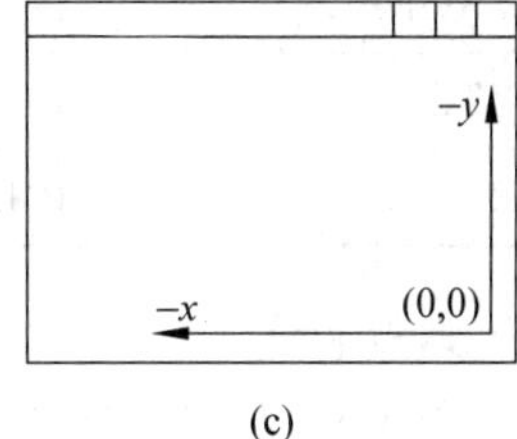

(c)

图 13.18 视口与窗口坐标转换

4. GDI 绘图

(1) 绘图方式

在 Windows 中，绘图的最终结果可以通过设定不同的绘图方式来控制，其函数原型为：

```
int SetROP2(HDC hdc,int fnDrawMode);
```

参数 fnDrawMode 为绘图模式，返回值为先前的绘图模式。常用的绘图模式见表 13.17。当 Windows 使用画笔画线时，它实际上执行画笔像素颜色值与目标位置处原来像素颜色值的位运算，称为“光栅运算”。

表 13.17 绘图方式

fnDrawMode	运算(画笔 P、目标 D)	说明
R2_BLACK	0	像素总是黑色
R2_COPYPEN	P	像素是画笔颜色(默认绘图方式)
R2_MASKNOTPEN	～P|D	像素是目标和画笔的相反颜色所共有的颜色的组合
R2_MASKPEN	P&D	像素是画笔和目标所共有的颜色的组合
R2_MASKPENNOT	P&～D	像素是画笔和目标的相反颜色所共有的颜色的组合
R2_MERGENOTPEN	～P|D	像素是目标颜色和画笔的相反颜色的组合
R2_MERGEPEN	P|D	像素是画笔颜色和目标颜色的组合
R2_MERGEPENNOT	P|～D	像素是画笔颜色和目标的相反颜色的组合

续表

fnDrawMode	运算(画笔 P、目标 D)	说　明
R2_NOP	D	像素保持不变,即仍是目标颜色
R2_NOT	~D	像素是目标的相反颜色
R2_NOTCOPYPEN	~P	像素是画笔的相反颜色
R2_NOTMASKPEN	~(P&D)	像素是 R2_MASKPEN 的相反颜色
R2_NOTMERGEPEN	~(P|D)	像素是 R2_MERGEPEN 的相反颜色
R2_NOTXORPEN	~(P^D)	像素是 R2_XORPEN 的相反颜色
R2_WHITE	1	像素总是白色
R2_XORPEN	P^D	像素是画笔颜色和目标颜色进行异或运算后的颜色

(2) 画点和线

以下是 GDI 画点和线的绘图函数。

```
//画点
COLORREF SetPixel(HDC hdc,int X,int Y,COLORREF crColor);
//移动画笔到指定位置
BOOL MoveToEx(HDC hdc,int X,int Y,LPPOINT lpPoint);
//画直线
BOOL LineTo(HDC hdc,int nXEnd,int nYEnd);
//画由一系列点相连的直线
BOOL Polyline(HDC hdc,CONST POINT * lppt,int cPoints);
BOOL PolylineTo(HDC hdc,CONST POINT * lppt,DWORD cCount);
//画多组相连的直线
BOOL PolyPolyline(HDC hdc,CONST POINT * lppt,CONST DWORD * lpdwPolyPoints,DWORD
cCount);
//画圆弧
BOOL Arc(HDC hdc,int nLeftRect,int nTopRect,int nRightRect,int nBottomRect,int
nXStartArc,int nYStartArc,int nXEndArc,int nYEndArc);
//画贝塞尔样条曲线
BOOL PolyBezier(HDC hdc,CONST POINT * lppt,DWORD cPoints);
BOOL PolyBezierTo(HDC hdc,CONST POINT * lppt,DWORD cCount);
```

例如:

```
SetPixel(hdc,20,20,RGB(255,0,0));
```

在点(20,20)处画一个红点,COLORREF 类型用于指定颜色值。颜色值由红、绿、蓝 3 个颜色分量组成,每种颜色分量的值为 0~255,0 表示无此颜色,255 表示此颜色的最大值。一般使用 RGB 宏定义产生颜色值,定义如下:

```
#define RGB(r,g,b)  ((COLORREF)(((BYTE)(r)|((WORD)((BYTE)(g))<<8))|(((DWORD)
                    (BYTE)(b))<<16)))
```

例如：

```
MoveToEx(hdc,100,100,NULL);
LineTo(hdc,200,200);
```

从(100,100)到(200,200)画一条直线。MoveToEx 用于将画笔移动到画线起点，LineTo 从当前的起点画线到终点。

如果希望用别的线条颜色或者线宽画线，那么需要创建不同的画笔对象，例如：

```
hPen=CreatePen(PS_SOLID,4,RGB(255,0,255)); //创建紫色画笔
hOldPen=SelectObject(hdc,hPen);            //将画笔选进 DC 中,此后画线均用此画笔,
                                             直到另选画笔为止
LineTo(hdc,300,100);                       //画紫色线
```

(3) 画矩形框、圆和多边形

以下是 GDI 画封闭形状的绘图函数，封闭形状用画笔画线，用画刷填充形状。

```
//画椭圆
BOOL Ellipse(HDC hdc,int nLeftRect,int nTopRect,int nRightRect,int nBottomRect);
//画矩形框
BOOL Rectangle ( HDC hdc, int nLeftRect, int nTopRect, int nRightRect, int
nBottomRect);
//画带圆角的矩形框
BOOL RoundRect ( HDC hdc, int nLeftRect, int nTopRect, int nRightRect, int
nBottomRect, int nWidth,int nHeight);
//画饼图
BOOL Pie(HDC hdc,int nLeftRect,int nTopRect,int nRightRect,int nBottomRect,int
nXRadial1,int nYRadial1,int nXRadial2,int nYRadial2);
//画弦
BOOL Chord(HDC hdc,int nLeftRect,int nTopRect,int nRightRect,int nBottomRect,
int nXRadial1,int nYRadial1,int nXRadial2,int nYRadial2);
//填充矩形
int FillRect(HDC hDC,CONST RECT * lprc,HBRUSH hbr);
//画矩形边界
int FrameRect(HDC hDC,CONST RECT * lprc,HBRUSH hbr);
//画封闭的多边形
BOOL Polygon(HDC hdc,CONST POINT * lpPoints,int nCount);
//画多组封闭的多边形
BOOL PolyPolygon(HDC hdc,CONST POINT * lpPoints,CONST INT * lpPolyCounts,int
nCount);
```

如果希望用别的填充颜色或填充图案，则需要创建不同的画刷对象，例如：

```
hbr=CreateSolidBrush(RGB(255,0,0));        //创建红色画刷
hOldBrush=SelectObject(hdc,hbr);           //将画刷选进 DC 中,此后填充均用此画刷,
                                             直到另选画刷为止
Rectangle(hdc,300,100,400,200);            //画矩形框且填充红色
```

（4）画文字

以下是 GDI 文字输出的绘图函数。

```
//在指定坐标开始输出 cbString 个字符,如果输出全部字符串,cbString 设为-1
BOOL TextOut(HDC hdc,int nXStart,int nYStart,LPCTSTR lpString,int cbString);
//在一个矩形范围内输出字符串,uFormat 值表示使用对齐等格式
int DrawText(HDC hDC,LPCTSTR lpString,int nCount,LPRECT lpRect,UINT uFormat);
//设置文本颜色
COLORREF SetTextColor(HDC hdc,COLORREF crColor);
//设置文本背景颜色
COLORREF SetBkColor(HDC hdc,COLORREF crColor);
//设置文本字符间距
int SetTextCharacterExtra(HDC hdc,int nCharExtra);
//设置文本对齐方式
UINT SetTextAlign(HDC hdc,UINT fMode);
//设置背景色模式,iBkMode=OPAQUE 使用背景色,iBkMode=TRANSPARENT 背景是透明的
int SetBkMode(HDC hdc,int iBkMode);
```

例如：

```
TextOut(hdc,8,16,"Hello",5);                        //输出文字
SetTextColor(hdc,RGB(255,255,255));                 //设置文字颜色
SetBkColor(hdc,RGB(0,0,0));                         //设置文字背景颜色
GetClientRect(hWnd, &rt);                           //获取客户区大小
DrawText(hdc,szHello,-1,&rt,DT_SINGLELINE|DT_CENTER|DT_VCENTER);
                                                    //在客户区中央输出
```

如果希望在窗口中实现类似 printf 的格式化输出，可以先调用 sprintf 将数据“输出”到字符数组中，再调用 GDI 函数绘制出来。例如：

```
char buf[100];
sprintf(buf,"s=%f",3.1415926*13.2*13.2); //输出圆面积 s=π*r*r
TextOut(hdc,300,20,buf,strlen(buf));
```

GDI 文字输出比标准输出流的输出效果更美观，因为它可以设置文字颜色、背景色、按像素单位设置字符间距、使用字体以及设置字号等。

（5）画位图和图标

GDI 可以直接输出位图图像，步骤如下。

首先调用 LoadBitmap 函数加载位图资源，例如：

```
hBmp=LoadBitmap(hInst,MAKEINTRESOURCE(IDB_PICTURE));  //加载位图资源
```

调用 GetObject 可以得到位图的宽和高，例如：

```
GetObject(hBmp,sizeof(BITMAP),&bm);        //bm.bmWidth,bm.bmHeight 分别为宽和高
```

其次，为便于在内存中对位图进行绘图操作，位图对象不是直接选进显示设备 DC 中，而是创建一个内存 DC，将位图对象选进内存 DC 中。例如：

```
hdcMem=CreateCompatibleDC (hdc);                          //创建内存 DC
hOldBmp=(HBITMAP)SelectObject(hdcMem,hBmp);               //位图选进内存 DC
```

为了将内存 DC 的图形结果显示出来，可以调用位图像素复制函数，原型为：

```
//等比复制 hdcSrc 的图形到 hdcDest 中,dwRop 表示像素光栅运算模式
BOOL BitBlt (HDC hdcDest, int nXDest, int nYDest, int nWidth, int nHeight, HDC
hdcSrc,int nXSrc,int nYSrc,DWORD dwRop);
//拉伸复制 hdcSrc 的图形到 hdcDest 中,dwRop 表示像素光栅运算模式
BOOL StretchBlt(HDC hdcDest,int nXOriginDest,int nYOriginDest,int nWidthDest,
int nHeightDest,HDC hdcSrc,int nXOriginSrc,int nYOriginSrc,int nWidthSrc,int
nHeightSrc,DWORD dwRop);
```

例如：

```
//将位图复制到显示设备(420,0)处
BitBlt(hdc,420,0,bm.bmWidth,bm.bmHeight,hdcMem,0,0,SRCCOPY);  //复制到 hdc
```

可以调用 DrawIcon 函数输出图标，其函数原型为：

```
BOOL DrawIcon(HDC hDC,int X,int Y,HICON hIcon);
```

例如：

```
hIcon=LoadIcon(hInst,MAKEINTRESOURCE(IDI_APP)); //从资源加载图标
DrawIcon(hdc,200,200,hIcon);                    //画图标
```

（6）双缓冲技术

GDI 将图形直接绘制在显示设备上时，如果绘制内容较多或者绘制时间较长，会出现显示闪烁。为解决这个问题，可采用双缓冲技术(double buffering)。如图 13.19 所示，双缓冲原理是在内存中创建一个与屏幕绘图区域一致的内存 DC，然后在其上绘制图形，由于闪烁是在内存中，因此不可见。绘制完成后采用 BitBlt 快速将图形送到显示设备上，从而避免显示闪烁。利用双缓冲技术，可以编写动画和游戏所要求的画面。但 GDI 绘图过程本身是比较慢的，如果需要编写快速显示的动画或游戏场景时，最好采用专业图形开发库，如 DirectX 和 OpenGL 等。

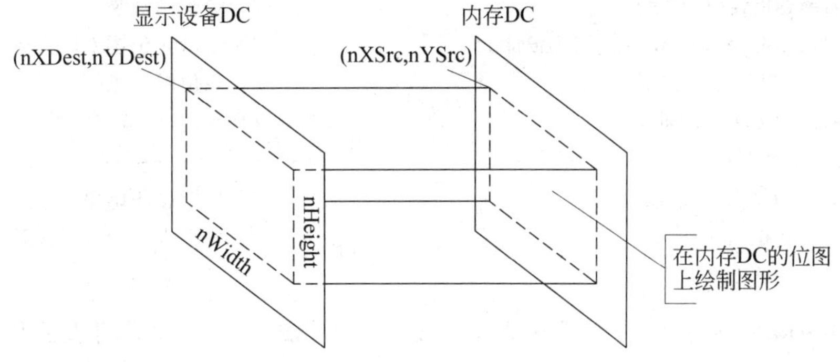

图 13.19 双缓冲绘图示意

Windows 窗口调整时会产生 WM_ERASEBKGND 消息，这个消息的作用是通知窗口用背景画刷填充背景，结果也会导致显示闪烁。因此应用程序可以增加 OnEraseBkgnd 消息处理，用来禁止背景填充，其代码如下：

```
LRESULT OnEraseBkgnd(HWND hWnd,UINT message,WPARAM wParam,LPARAM lParam)
{   //擦除背景消息处理
    return FALSE;                                       //不擦除背景
}
```

双缓冲技术实现代码如下：

```
LRESULT OnPaint(HWND hWnd,UINT message,WPARAM wParam,LPARAM lParam)
{   //重绘消息处理
    PAINTSTRUCT ps;
    HDC hdc, hdcMem;
    HBITMAP hBmp, hOldBmp;
    HBRUSH hbr;
    RECT rt;
    COLORREF cr;
    int nWidth,nHeight;
    hdc=BeginPaint(hWnd,&ps);                          //客户区绘图开始
//双缓冲开始---------------------------------------------------------------------
    GetClientRect(hWnd,&rt);                           //获取客户区大小
    hdcMem=CreateCompatibleDC(hdc);                    //创建内存 DC,建立双缓冲内存区域
    nWidth =rt.right-rt.left;
    nHeight =rt.bottom-rt.top;
    hBmp=CreateCompatibleBitmap(hdc,nWidth,nHeight);//创建与显示区域相同的位图对象
    hOldBmp=(HBITMAP)SelectObject(hdcMem,hBmp);//位图对象选进内存 DC
    cr =GetBkColor(hdc);                               //获取背景色
    hbr =CreateSolidBrush(cr);                         //创建背景色实体画刷
    FillRect(hdcMem,&rt,hbr);                          //使用背景色填充内存 DC
    OnBufferPaint(hWnd,hdcMem);                        //开始双缓冲绘图
    //快速复制内存 DC 到显示 DC 设备上
    BitBlt(hdc,rt.left,rt.top,nWidth,nHeight,hdcMem,rt.left,rt.top,SRCCOPY);
    DeleteObject(hbr);                                 //删除画刷对象
    SelectObject(hdcMem,hOldBmp);                      //恢复默认位图对象
    DeleteObject(hBmp);                                //删除位图对象
    DeleteDC(hdcMem);                                  //删除内存 DC
//双缓冲结束---------------------------------------------------------------------
    EndPaint(hWnd,&ps);                                //客户区绘图结束
    return 0;                                          //处理了这条消息必须返回 0
}
```

OnBufferPaint 函数中的绘图就是在双缓冲 DC 上进行的。如果将上面代码中的双缓冲开始至结束间的代码替换为：

```
OnBufferPaint(hWnd,hdc);
```

可以看到用与不用双缓冲技术，绘图效果区别是很大的。

【例 13.4】 编写使用 GDI 绘图的程序。

程序基于 SDK 编程框架(参考例 13.3)编写，增加 WM_PAINT 消息处理。程序需要定义一个位图资源 IDB_CAR，增加的代码如下：

```
#define PI 3.1415926
LRESULT OnPaint(HWND hWnd,UINT message,WPARAM wParam,LPARAM lParam)
{   //重绘消息处理
    PAINTSTRUCT ps;
    HBRUSH hbr,hOldbr;
    HPEN hPen,hOldPen;
    HBITMAP hBmp,hOldBmp;
    BITMAP bm;
    HDC hdc,hdcMem;
    RECT rt;
    int i,mx,my,r=100;
    int lnstyle[]={PS_SOLID,PS_DASH,PS_DOT,PS_DASHDOT,PS_DASHDOTDOT};
    int brstyle[]={HS_BDIAGONAL,HS_CROSS,HS_DIAGCROSS,HS_FDIAGONAL,
        HS_HORIZONTAL,HS_VERTICAL};
    POINT apoint[6];
    const char szTitle[]="GDI 绘图演示";
    hdc=BeginPaint(hWnd,&ps);                           //客户区绘图开始
    GetClientRect(hWnd, &rt);                           //获取客户区大小
    mx=(rt.right+rt.left)/2;
    my=(rt.bottom+rt.top)/2;                            //客户区中心点
    //文字输出
    TextOut(hdc,8,16,szTitle,strlen(szTitle));
    //画坐标
    MoveToEx(hdc,0,my,NULL); LineTo(hdc,mx,my);                 //x 轴
    MoveToEx(hdc,mx/2,0,NULL); LineTo(hdc,mx/2,rt.bottom);  //y 轴
    //画 sin 曲线
    MoveToEx(hdc,-180+mx/2,my,NULL);
    for (i=-180;i<180;i++)
        LineTo(hdc,i+mx/2,50*sin(i*PI/180)+my);
    for (i=0;i<5;i++) {                                 //画笔属性
        hPen=CreatePen(lnstyle[i],1,RGB(i*50,200-i*40,255-i*30)); //创建画笔
        hOldPen=(HPEN)SelectObject(hdc,hPen);           //画笔选进 DC
        MoveToEx(hdc,10,my+20+i*20,NULL);
        LineTo(hdc,mx/2-10,my+20+i*20);
        SelectObject(hdc,hOldPen);                      //还原画笔
        DeleteObject(hPen);                             //删除画笔对象
    }
```

```
    for (i=0;i<6;i++) {                                              //画刷属性
        hbr=CreateHatchBrush(brstyle[i],RGB(255-i*50,i*40,i*30)); //创建画刷
        hOldbr=(HBRUSH)SelectObject(hdc,hbr);                        //画刷选进 DC
        Rectangle(hdc,mx/2+10,0+i*20,mx-20,15+i*20);
        SelectObject(hdc,hOldbr);                                    //还原画刷
        DeleteObject(hbr);                                           //删除画刷对象
    }
    //画五角星(多边形)
    hbr=CreateSolidBrush(RGB(255,0,0));                              //创建红色实体画刷
    hOldbr=(HBRUSH)SelectObject(hdc,hbr);                            //画刷选进 DC
    apoint[0].x=mx/2-r*sin(2*PI/5), apoint[0].y=my-r*cos(2*PI/5);  //左上点
    apoint[1].x=mx/2+r*sin(2*PI/5), apoint[1].y=my-r*cos(2*PI/5);  //右上点
    apoint[2].x=mx/2-r*sin(PI/5), apoint[2].y=my+r*cos(PI/5);      //左下点
    apoint[3].x=mx/2, apoint[3].y=my-r;                              //正上点
    apoint[4].x=mx/2+r*sin(PI/5), apoint[4].y=my+r*cos(PI/5);      //右下点
    apoint[5]=apoint[0];                                             //回到起点,封闭曲线
    Polygon(hdc,apoint,6);
    SelectObject(hdc,hOldbr);                                        //还原画刷
    DeleteObject(hbr);                                               //删除画刷对象
    //画位图
    hdcMem=CreateCompatibleDC(hdc);                                  //创建内存 DC
    hBmp=LoadBitmap(hInst,MAKEINTRESOURCE(IDB_CAR)); //加载位图资源
    GetObject(hBmp,sizeof(BITMAP),&bm);
    hOldBmp=(HBITMAP)SelectObject(hdcMem,hBmp);                      //位图选进内存 DC
    StretchBlt(hdc,mx,0,mx,my*2,hdcMem,0,0,bm.bmWidth,bm.bmHeight,SRCCOPY);
    SelectObject(hdcMem,hOldBmp);                                    //位图选进内存 DC
    DeleteDC(hdcMem);                                                //删除内存 DC
    DeleteObject(hBmp);                                              //删除位图对象
    EndPaint(hWnd,&ps);                                              //客户区绘图结束
    return 0;                                                        //处理了这条消息必须返回 0
}
```

程序运行结果如图 13.20 所示。

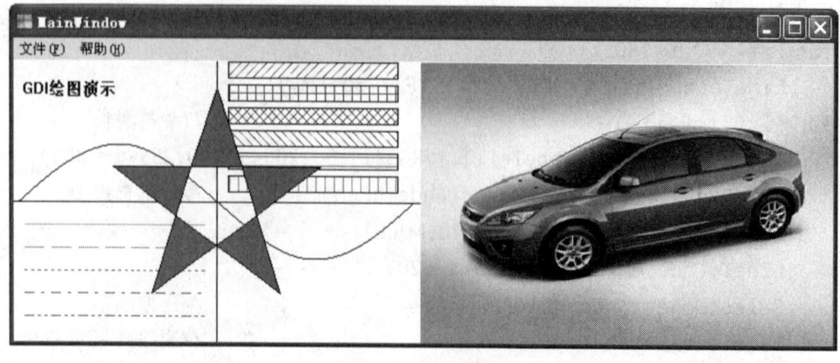

图 13.20 窗口绘图程序

13.2.8 事件处理

一个 Windows 应用程序，经常需要处理菜单、鼠标和键盘事件，这些事件实现人机交互的输入功能。

(1) 菜单

菜单命令既可以使用按键选项，又可以使用鼠标选项，还可以使用快捷键来操作。无论何种操作方式，一旦执行菜单命令就产生 WM_COMMAND 消息，随消息传来的 wParam 参数低 16 位值，即 LOWORD(wParam)为菜单项或快捷键资源标识。

菜单事件响应需要增加 WM_COMMAND 消息处理，其函数结构如下：

```
LRESULT OnCommand(HWND hWnd,UINT message,WPARAM wParam,LPARAM lParam)
{   //命令消息处理
    WORD wID;
    wID = LOWORD(wParam);                          //菜单项标识或快捷键命令标识
    switch (wID) {
        case IDM_ABOUT:                            //软件简介
            MessageBox(hWnd,"菜单消息演示\n 版本: 1.01","软件简介",MB_OK);
            break;
        case IDM_EXIT:                             //退出
            DestroyWindow(hWnd);
            break;
        default:                                   //其他菜单调用默认处理
            return DefWindowProc(hWnd,message,wParam,lParam);
    }
    return 0;                                      //处理了这条消息后必须返回 0
}
```

显然，OnCommand 是一个 switch 结构，程序通过增加相应的 case 分支来处理更多的菜单命令或快捷键。需要注意，其他菜单消息应交给 DefWindowProc 处理。

上述例子中 DestroyWindow 的作用是销毁一个窗口，函数原型为：

```
BOOL DestroyWindow(HWND hWnd);                     //hWnd 为欲销毁的窗口句柄
```

程序资源描述文件有如下定义：

```
 ⋮
   MENUITEM "退出(&X)",          IDM_EXIT
 ⋮
   MENUITEM "软件简介(&A)...", IDM_ABOUT
 ⋮
   "X",  IDM_EXIT,        VIRTKEY, ALT  //按 Alt+X 执行 IDM_EXIT
   VK_F1,IDM_ABOUT,       VIRTKEY       //按 F1 执行 IDM_ABOUT
 ⋮
```

因此，当执行“退出”菜单命令或按快捷键 Alt＋X 时，IDM_EXIT 响应，消息处理的结果就是关闭窗口并退出应用程序。

MessageBox 调用显示一个信息对话框，函数原型为：

```
int MessageBox(
    HWND hWnd,              //对话框的属主窗口句柄，一般为调用者窗口
    LPCTSTR lpText,         //欲显示的文字信息(字符串)
    LPCTSTR lpCaption,      //对话框标题
    UINT uType              //信息对话框的风格
);
```

参数 lpText 允许多行文字信息，用"\n"换行，如果想要输出浮点型等数据，应该调用 sprintf 将格式化数据"输出"到字符串上再显示。uType 指明信息对话框的风格，可以使用位或"|"运算组合出现的按钮、图标显示、默认按钮设置、对话框模式等风格值，函数返回值表示单击了哪一个按钮。

MessageBox 通常用来执行提示、询问、选择和信息显示等交互操作。例如：

```
char buf[200];
int rc;
sprintf(buf,"计算结果等于%f\n是否继续?",sqrt(2.0)/2);
rc=MessageBox(hWnd,buf,"提示",MB_YESNO|MB_ICONINFORMATION|MB_DEFBUTTON2);
if (rc==IDYES) {
    …//如果单击"是"按钮
}
else {
    …//如果单击"否"按钮
}
```

如图 13.21 所示，显示一个信息对话框，包含"是"和"否"按钮、图标为提示形状且默认按钮是"否"的按钮。程序可以根据返回值判断用户做了何种选择来确定下一步的动作。

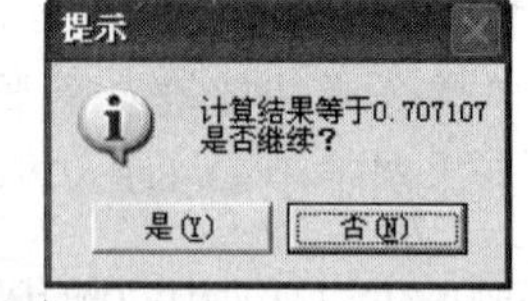

图 13.21　MessageBox 对话框

(2) 鼠标

当用户移动鼠标或按动鼠标时会产生鼠标事件。鼠标在屏幕上显示为光标，光标有一个指向屏幕上某个位置的单个像素的"热点"，通常将热点的位置作为鼠标在屏幕上的位置。

根据鼠标消息发生时鼠标所处的位置，鼠标消息分为客户区鼠标消息和非客户区鼠标消息，非客户区是指窗口标题栏、窗口外框、菜单和滚动条等所组成的区域。

表 13.18 列出了客户区鼠标消息。

如果希望应用程序能够响应鼠标双击事件，在注册窗口类时必须设置 CS_DBLCLKS 风格值，例如：

```
wcex.style = CS_HREDRAW | CS_VREDRAW | CS_DBLCLKS;
```

表 13.18 客户区鼠标消息

鼠标消息	说明	鼠标消息	说明
WM_LBUTTONDOWN	按下鼠标左键	WM_RBUTTONDOWN	按下鼠标右键
WM_LBUTTONUP	释放鼠标左键	WM_RBUTTONUP	释放鼠标右键
WM_LBUTTONDBLCLK	双击鼠标左键	WM_RBUTTONDBLCLK	双击鼠标右键
WM_MOUSEMOVE	移动鼠标	WM_MOUSEWHEEL	鼠标滑轮转动

对于所有客户区鼠标消息，随消息传来的 lParam 和 wParam 参数有如下的含义：

```
fwKeys =wParam;              //按键标志
xPos =LOWORD(lParam);        //鼠标位置 x(客户区坐标)
yPos =HIWORD(lParam);        //鼠标位置 y(客户区坐标)
```

其中按键标志指明鼠标键和键盘的 Shift、Ctrl 键的状态，Windows 已经预定义的标志常数如下：

```
MK_LBUTTON   按下鼠标左键
MK_MBUTTON   按下鼠标中键
MK_RBUTTON   按下鼠标右键
MK_CONTROL   鼠标事件发生时同时按下 Ctrl 键
MK_SHIFT     鼠标事件发生时同时按下 Shift 键
```

通过位与“&”运算可以检测鼠标事件发生时是否按下键盘的 Shift 或 Ctrl 键。例如，收到了 WM_LBUTTONDOWN 消息时，而且值

```
wParam & MK_CONTROL
```

是 TRUE，则表示鼠标左键按下，同时也按下了 Ctrl 键。

通常，鼠标单击会先产生按下消息，再产生释放消息。鼠标滑轮转动消息发生时，LOWORD(wParam)值是按键标志的含义，而 HIWORD(wParam)值是滑轮转动的量值，一般是常数 WHEEL_DELTA(120)的倍数，正数表示滑轮向前转动(即远离用户的方向)，负数表示滑轮向后转动(即接近用户的方向)。

编写程序时，对鼠标消息处理的操作要遵循公共用户界面操作习惯，不要随意定义一些与此相反的操作。鼠标消息处理函数的一般形式为：

```
LRESULT OnLButtonDown(HWND hWnd,UINT message,WPARAM wParam,LPARAM lParam)
{  …//鼠标左键按下消息处理
}
```

当鼠标在窗口非客户区域中，如标题栏上，应用程序也会接收到鼠标消息。表 13.19 列出了非客户区鼠标消息。由于非客户区具有窗口的共同特征和共同行为，因此非客户区鼠标消息通常由 DefWindowProc 默认处理，应用程序往往是基于特殊要求才响应这些消息，如设计一个外观可变、漂亮的、与众不同的窗口(称为“换肤”窗口)。

表 13.19 非客户区鼠标消息

鼠标消息	说明	鼠标消息	说明
WM_NCLBUTTONDOWN	按下鼠标左键	WM_NCRBUTTONDOWN	按下鼠标右键
WM_NCLBUTTONUP	释放鼠标左键	WM_NCRBUTTONUP	释放鼠标右键
WM_NCLBUTTONDBLCLK	双击鼠标左键	WM_NCRBUTTONDBLCLK	双击鼠标右键
WM_NCMOUSEMOVE	移动鼠标	WM_NCHITTEST	命中测试消息

对于非客户区鼠标消息，随消息传来的 lParam 和 wParam 参数有如下的含义：

```
nHittest =(INT) wParam;                          //命中测试值
pts =MAKEPOINTS(lParam);                         //鼠标位置(POINT 结构,屏幕坐标)
```

一般情况下，应用程序窗口不会接收窗口之外的鼠标消息。但在使用鼠标拖动工作时，经常会出现鼠标移出到窗口外的情况，如果这时应用程序不能接收到鼠标消息，则拖动工作就不能进行。Windows 为此提供了专门用来捕获鼠标消息的函数，原型如下：

```
HWND SetCapture(HWND hWnd);                      //设定 hWnd 窗口捕获鼠标消息
BOOL ReleaseCapture(VOID);                       //释放鼠标消息捕获
HWND GetCapture(VOID);                           //返回正捕获鼠标消息的窗口
```

函数 SetCapture 一旦调用，hWnd 窗口就是 Windows 系统发送鼠标消息的唯一目的地，别的应用程序窗口再也接收不到鼠标消息了。因此在捕获鼠标消息并完成所需要的工作之后，应该及时调用 ReleaseCapture 释放鼠标捕获。

【例 13.5】 编写使用鼠标实现"手绘"线段的程序。

程序基于 SDK 编程框架（参考例 13.3）编写，增加 WM_MOUSEMOVE、WM_LBUTTONDOWN、WM_LBUTTONDBLCLK 和 WM_RBUTTONUP 消息处理。增加的代码如下：

```
int bDraw=0;                                     //是否落笔。0为抬笔,1为落笔
LRESULT OnLButtonDown(HWND hWnd,UINT message,WPARAM wParam,LPARAM lParam)
{   //鼠标左键按下消息处理
    static int x,y;                              //静态变量保持前次坐标数据
    if (bDraw) {
        HDC hdc;
        hdc=GetDC(hWnd);
        MoveToEx(hdc,x,y,NULL);                  //画线起点是上次落笔位置
        x=LOWORD(lParam), y=HIWORD(lParam);      //画线终点
        LineTo(hdc,x,y);                         //从鼠标上次位置画线到当前位置
        ReleaseDC(hWnd,hdc);
    }
    else {
        x=LOWORD(lParam), y=HIWORD(lParam);      //保存落笔位置
        bDraw=1;                                 //设置落笔标志,准备画线
```

```
    }
    return 0;                                    //处理了这条消息必须返回 0
}
LRESULT OnLButtonDblClk(HWND hWnd,UINT message,WPARAM wParam,LPARAM lParam)
{   //鼠标左键双击消息处理
    bDraw=0;                                     //设置抬笔标志
    return 0;                                    //处理了这条消息必须返回 0
}
LRESULT OnRButtonUp(HWND hWnd,UINT message,WPARAM wParam,LPARAM lParam)
{   //鼠标右键释放消息处理
    InvalidateRect(hWnd,NULL,TRUE);              //重新绘制窗口
    bDraw=0;                                     //设置抬笔标志
    return 0;                                    //处理了这条消息必须返回 0
}
LRESULT OnMouseMove(HWND hWnd,UINT message,WPARAM wParam,LPARAM lParam)
{   //鼠标移动消息处理
    char buf[200];
    HDC hdc;
    hdc=GetDC(hWnd);
    sprintf(buf,"MOUSEMOVE  X:%d Y:%d",LOWORD(lParam),HIWORD(lParam));
    TextOut(hdc,10,10,buf,strlen(buf));
    ReleaseDC(hWnd,hdc);
    return 0;                                    //处理了这条消息必须返回 0
}
```

程序运行结果如图 13.22 所示。当在窗口客户区移动鼠标时显示“MOUSEMOVE……”信息，单击鼠标左键时从前次位置画线到当前位置，单击鼠标右键时清除所有显示。

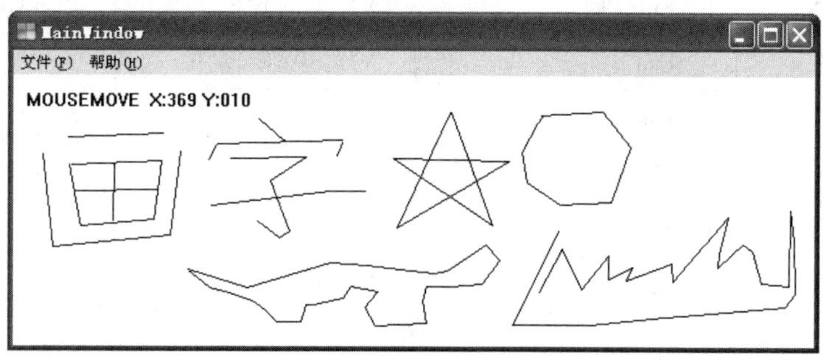

图 13.22 鼠标事件处理程序

例子中调用了 InvalidateRect 函数，原型如下：

```
BOOL InvalidateRect(HWND hWnd,CONST RECT * lpRect,BOOL bErase);
```

InvalidateRect 函数的作用是使指定区域为无效区域。lpRect 参数为区域坐标，如果为 NULL 表示整个窗口客户区，bErase 指明是否擦除背景，为 TRUE 表示在 BeginPaint 函数中擦除背景，为 FALSE 表示背景保持不变。

为什么 InvalidateRect(hWnd,NULL,TRUE)调用会将例子中所有画线和文字清除呢？原因是 InvalidateRect 使整个客户区成为无效区域。当发生 WM_PAINT 消息时由于例子中没有这个消息的处理，而是交由 DefWindowProc 处理，默认的 WM_PAINT 处理根据此时 bErase 设为 TRUE 会用窗口背景画刷将整个客户区填充为背景色，显示效果呈现出来的就是所有画线和文字被清除。

从这个例子中可以看出，不在 WM_PAINT 消息处理函数中的绘图是不能“保持”的。

(3) 键盘

当用户按下键盘键时会向应用程序发送消息，与鼠标消息不一样的是键盘消息总是发送到获得输入焦点的窗口上，即当前活动的窗口，其特征为标题栏是高亮的，而不是灰色的。

当按下键盘上的某个按键时，键盘硬件会产生与该键对应的扫描码。由于扫描码与键盘设备有关，不同的键盘设备某个按键的扫描码有可能不同，因此 Windows 对每个按键定义了与设备无关的编码，称为虚键码。表 13.20 是常用按键的虚键码。

表 13.20 常用按键的虚键码

虚 键 码	按 键	虚 键 码	按 键
VK_PAUSE	Pause	VK_CANCEL	Ctrl+Break
VK_PRINT	PrintScreen	VK_SCROLL	ScrollLock
VK_NUMLOCK	NumLock	VK_CAPITAL	CapsLock
VK_TAB	Tab	VK_SHIFT	Shift
VK_CONTROL	Ctrl	VK_MENU	Alt
VK_RETURN	Enter 回车	VK_BACK	Backspace
VK_ESCAPE	Esc	VK_SPACE	空格
VK_PRIOR	PageUp	VK_NEXT	PageDown
VK_HOME	Home	VK_END	End
VK_LEFT	←	VK_UP	↑
VK_RIGHT	→	VK_DOWN	↓
VK_INSERT	Insert	VK_DELETE	Del
VK_ADD	数字小键盘+	VK_SEPARATOR	数字小键盘 Enter
VK_SUBTRACT	数字小键盘-	VK_DECIMAL	数字小键盘.
VK_DIVIDE	数字小键盘 /	VK_MULTIPLY	数字小键盘 *
VK_NUMPAD0～9	数字小键盘 0～9	VK_F1～12	F1～12

键盘消息包含一般按键消息和系统按键消息，见表 13.21 所示。系统按键消息是同时按下 Alt 和其他键产生的消息，这类按键一般不由应用程序处理，而是由 Windows 直

接处理。如果应用程序处理了这些系统按键，通常还要在消息处理中调用 DefWindowProc，不影响 Windows 对它们的处理。

表 13.21　键盘消息

键盘消息	说　明	键盘消息	说　明
WM_CHAR	按下非系统字符健	WM_KEYDOWN	按下键盘
WM_KEYUP	放开键盘	WM_SYSCHAR	按下系统字符健
WM_SYSKEYDOWN	按下系统字符键盘	WM_SYSKEYUP	放开系统字符键盘

随键盘消息传来的 lParam 和 wParam 参数有如下的含义：

```
KeyData = lParam;                  //键盘数据
nVirtKey = (int) wParam;           //虚键码
```

或

```
chCharCode = (TCHAR) wParam;       //字符 ASCII 码
```

如果按下的是字符键，则参数 wParam 返回对应的 ASCII 码，否则是对应表 13.21 的虚键码。键盘数据 KeyData 是一个 32 位的值，其中每一位的含义见表 13.22 所示。

表 13.22　键盘数据二进制位的含义

位	含　义
0～15	按键的重复次数
16～23	按键的扫描码
24	扩展键标志(0：非扩展键，1：扩展键，如功能键或数字小键盘上的键)
25～28	Windows 保留
29	Alt 键标志(0：没有按下 Alt 键，1：按下 Alt 键)
30	前次按键的状态(0：一次按键，1：重复按键)
31	键被按下或放开的标志(0：键被按下，1：键被放开)

如下是键盘消息处理函数的一般形式：

```
LRESULT OnKeyDown(HWND hWnd,UINT message,WPARAM wParam,LPARAM lParam)
{   //键盘按下消息处理
    int nVirtKey;
    nVirtKey = (int)wParam; //虚键码
    switch (nVirtKey) {
        case VK_LEFT:          //←键
            MessageBox(hWnd,"按下左方向键","信息",MB_OK);
            break;
        case VK_RIGHT:         //→键
            MessageBox(hWnd,"按下右方向键","信息",MB_OK);
```

```
            break;
        }
        return 0;                                   //处理了这条消息必须返回 0
    }
```

这个结构与菜单消息处理函数结构相似，一个 case 分支处理一个按键。多数情况下，其他按键也应由应用程序处理，只不过什么也不做，因此键盘消息处理不用 DefWindowProc 调用。

【例 13.6】 编写用方向键控制一个圆上下左右移动的程序。

程序基于 SDK 编程框架(参考例 13.3)编写，增加 WM_PAINT 和 WM_KEYDOWN 消息处理，增加的代码如下：

```
int x=200,y=200,r=50;                           //圆心坐标,半径 r=50
LRESULT OnPaint(HWND hWnd,UINT message,WPARAM wParam,LPARAM lParam)
{   //重绘消息处理
    PAINTSTRUCT ps;
    HDC hdc;
    hdc=BeginPaint(hWnd,&ps);                   //客户区绘图开始
    Arc(hdc,x-r,y-r,x+r,y+r,x-r,y,x-r,y);       //以(x,y)为圆心、r 为半径画圆
    EndPaint(hWnd,&ps);                         //客户区绘图结束
    return 0;                                   //处理了这条消息必须返回 0
}
LRESULT OnKeyDown(HWND hWnd,UINT message,WPARAM wParam,LPARAM lParam)
{   //键盘按下消息处理
    int nVirtKey;
    nVirtKey =(int) wParam;                     //虚键码
    switch (nVirtKey) {
        case VK_LEFT : x--; break;              //将圆水平向左移动一个像素
        case VK_RIGHT: x++; break;              //将圆水平向右移动一个像素
        case VK_UP   : y--; break;              //将圆垂直向上移动一个像素
        case VK_DOWN : y++; break;              //将圆垂直向下移动一个像素
        default:
            return 0;                           //其他按键不处理重新绘制
    }
    InvalidateRect(hWnd,NULL,TRUE);             //重新绘制窗口
    return 0;                                   //处理了这条消息必须返回 0
}
```

当按下←、→、↑、↓键时，圆心坐标在原值基础上增量或减量。运算完成后新的圆不会立即画出来，还需要调用 InvalidateRect 迫使窗口重新绘制才显示新圆，旧的圆和新的圆画面交替时间很短，因而视觉上产生出圆在移动的效果。另外，圆心坐标被定义为全局变量，其目的是让多个消息处理函数共享这些变量。

当窗口获得输入焦点时，会接收到 WM_SETFOCUS 消息；当窗口失去输入焦点时，会接收到 WM_KILLFOCUS 消息。通常通过对这两个消息的处理来为输入作准备。

(4) 定时器

Windows 还有定时器事件，它由计算机内部时钟产生。利用定时器事件，可以让应用程序定时地自动完成某些操作。

使用定时器时需按 3 个步骤进行：

(1) 调用 SetTimer 开启定时器。

(2) 每个定时间隔到时产生 WM_TIMER 消息。

(3) 不再使用定时器时需要调用 KillTimer 关闭定时器。

一般地，开启定时器在窗口创建时或者响应菜单、事件时进行，关闭定时器在窗口销毁时或者响应菜单、事件时进行，它们的函数原型为：

```
UINT SetTimer(HWND hWnd,UINT nIDEvent,UINT uElapse,TIMERPROC lpTimerFunc);
BOOL KillTimer(HWND hWnd,UINT uIDEvent);
```

参数 nIDEvent 表示定时器识别码，Windows 允许有多个定时间隔不一样的定时器同时工作，区分它们靠 nIDEvent 值。uElapse 表示定时间隔，单位为毫秒，最小间隔为 50 毫秒。lpTimerFunc 表示定时达到后通过该函数指针调用定时过程，如果 lpTimerFunc 为 NULL，系统发送 WM_TIMER 消息到 hWnd 窗口中。

以下是 WM_TIMER 消息处理函数的一般形式：

```
LRESULT OnTimer(HWND hWnd,UINT message,WPARAM wParam,LPARAM lParam)
{   //定时器消息处理
    int wTimerID;
    wTimerID =wParam;                           //定时器识别码
    …  //定时处理
    return 0;                                   //处理了这条消息必须返回 0
}
```

如果是多个定时器，定时处理根据随事件传来的 wParam 参数区别它们。

【例 13.7】 编写显示数字时钟和一个圆在水平方向来回运动的程序。

程序基于 SDK 编程框架（参考例 13.3）编写，增加 WM_CREATE、WM_DESTROY、WM_PAINT 和 WM_TIMER 消息处理。增加的代码如下：

```
#define TIMER_ID 1001                           //定时器 ID 值
int x=200,y=200,r=50,dir=1;                     //圆心坐标，半径 r=50，dir 为移动方向
LRESULT OnDestroy(HWND hWnd,UINT message,WPARAM wParam,LPARAM lParam)
{   //窗口销毁消息处理
    KillTimer(hWnd,TIMER_ID);                   //关闭定时器
    return 0;                                   //处理了这条消息必须返回 0
}
LRESULT OnCreate(HWND hWnd,UINT message,WPARAM wParam,LPARAM lParam)
{   //窗口创建消息处理
    SetTimer(hWnd,TIMER_ID,50,NULL);            //启动定时器
    return 0;                                   //处理了这条消息必须返回 0
}
```

```
LRESULT OnPaint(HWND hWnd,UINT message,WPARAM wParam,LPARAM lParam)
{   //重绘消息处理
    PAINTSTRUCT ps;
    HDC hdc;
    char buf[200];
    time_t ltime;
    struct tm * pn;
    hdc=BeginPaint(hWnd,&ps);                    //客户区绘图开始
    TODO:…                                       //在这里增加重新绘制的处理代码
    time(&ltime);                     //获取当前系统时间,需要包含<time.h>头文件
    pn=localtime(&ltime);                        //将系统时间转换为本地时间
    sprintf(buf,"%04d-%02d-%02d %02d:%02d:%02d",pn->tm_year+1900,
        pn->tm_mon+1,pn->tm_mday,pn->tm_hour,pn->tm_min,pn->tm_sec);
    TextOut(hdc,100,100,buf,strlen(buf));  //输出数字时钟
    Arc(hdc,x-r,y-r,x+r,y+r,x-r,y,x-r,y); //以(x,y)为圆心、r为半径画圆
    EndPaint(hWnd,&ps);                          //客户区绘图结束
    return 0;                                    //处理了这条消息必须返回0
}
LRESULT OnTimer(HWND hWnd,UINT message,WPARAM wParam,LPARAM lParam)
{   //定时器消息处理
    RECT rt;
    GetClientRect(hWnd,&rt);
    if (dir==1) {                                //圆向左移动
        x++;
        if (x+r>=rt.right) dir=-1;               //移到窗口右边时转向左移
    }
    else {                                       //圆向右移动
        x--;
        if (x-r<=rt.left) dir=1;                 //移到窗口左边时转向右移
    }
    InvalidateRect(hWnd,NULL,TRUE);              //重新绘制窗口
    return 0;                                    //处理了这条消息必须返回0
}
```

程序调用了 time 和 localtime 标准库函数(头文件 time.h)得到计算机系统当前时间,由于只使用了一个定时器,OnTimer 没有去判断定时器标识值,当窗口创建时启动定时器,当窗口销毁时关闭定时器。

13.2.9 控件与对话框

1. 控件

一个窗口除包含标题栏、客户区、菜单和滚动条等图形元素外,还可以使用控件,如按钮和编辑框等。通常窗口将其内部的控件看做是其子窗口,控件对窗口的作用主要是作

为人机交互中的输入和输出元素。

窗口上的控件是通过调用 CreateWindow 函数创建的，一般在窗口 WM_CREATE 消息中进行，这样控件会随窗口立即显示出来。如果在其他地方创建，则需要再调用 ShowWindow 和 UpdateWindow 将控件显示出来。得到的控件窗口句柄一般需要保存下来，以便能够通过该句柄访问控件。

控件一般是独立的，它能够自己绘制自己的形状，在窗口移动时控件也会随之移动，能够处理自身支持的许多事件等。控件一旦被触发事件，通常会发送 WM_COMMAND 消息到父窗口，随消息而来的参数含义如下：

```
wNotifyCode=HIWORD(wParam);                       //子控件通知码
wId=LOWORD(wParam);                               //子控件标识
hwndCtl=(HWND)lParam;                             //子控件句柄
```

实际上，控件通知消息处理与菜单消息处理是完全一样的。

【例 13.8】 在窗口中创建一个按钮和编辑框，在编辑框中输入半径 r，单击按钮计算圆周长并显示出来。

程序基于 SDK 编程框架（参考例 13.3）编写，增加 WM_CREATE、WM_PAINT 和 WM_COMMAND 消息处理。增加的代码如下：

```
#define IDC_BUTTON1     2000                       //按钮子控件标识
#define IDC_EDIT1        2001                      //编辑框子控件标识
HWND hWndBtn , hWndEd;
double r=0.0;
LRESULT OnCreate(HWND hWnd,UINT message,WPARAM wParam,LPARAM lParam)
{   //窗口创建消息处理
    hWndBtn=CreateWindow("BUTTON","确定",WS_CHILD|WS_VISIBLE|BS_PUSHBUTTON,
        10,10,100,30,hWnd,(HMENU)IDC_BUTTON1,hInst,NULL);   //创建按钮控件
    hWndEd=CreateWindow("EDIT","text",WS_CHILD|WS_VISIBLE|WS_BORDER|ES_LEFT,
        130,10,400,30,hWnd,(HMENU)IDC_EDIT1,hInst,NULL);    //创建编辑框控件
    return 0;                                     //处理了这条消息必须返回 0
}
LRESULT OnPaint(HWND hWnd,UINT message,WPARAM wParam,LPARAM lParam)
{   //重绘消息处理
    PAINTSTRUCT ps;
    HDC hdc;
    char buf[200];
    hdc=BeginPaint(hWnd,&ps);                     //客户区绘图开始
    sprintf(buf,"圆周长：%lf",2*3.1415926*r);     //计算圆周长且转换为文本
    TextOut(hdc,10,60,buf,strlen(buf));           //显示结果文本
    EndPaint(hWnd,&ps);                           //客户区绘图结束
    return 0;                                     //处理了这条消息必须返回 0
}
LRESULT OnCommand(HWND hWnd,UINT message,WPARAM wParam,LPARAM lParam)
```

```
{   //命令消息处理
    char buf[200];
    DWORD wNotifyCode,wID;
    HWND hwndCtl;
    wNotifyCode =HIWORD(wParam);                         //子控件通知码
    wID =LOWORD(wParam);                                 //子控件标识
    hwndCtl =(HWND) lParam;                              //子控件句柄
    switch (wID) {
        case IDC_BUTTON1:                                //单击按钮
            GetWindowText(hWndEd,buf,sizeof(buf)-1);//得到编辑框中的文字
            r=atof(buf);                                 //将文本转换为浮点型数据
            InvalidateRect(hWnd,NULL,TRUE);              //重新绘制窗口
            break;
    }
    return 0;                                            //处理了这条消息后必须返回 0
}
```

程序运行结果如图 13.23 所示。

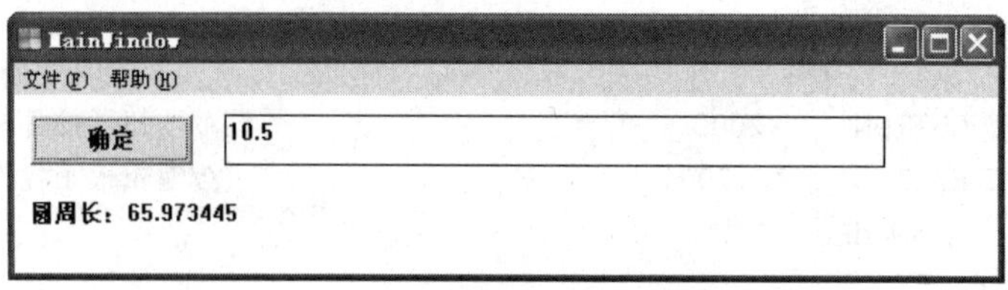

图 13.23 通过文本控件实现输入

2. 对话框

对话框是用来进行人机交互的独特窗口，一般应用于数据输入、操作控制、参数选择和信息显示等。对话框分为两类：模式对话框和非模式对话框。当程序显示模式对话框时，使用者不能在对话框与同一个程序的另一个窗口之间进行切换，必须结束该对话框才可以切换，甚至系统模式对话框连程序之间的切换都不允许。非模式对话框本质上就是一个普通的窗口，模式对话框比非模式对话框应用得更多。

(1) 设计对话框

对话框模板是 Windows 应用程序的资源，因此可以利用资源编辑器进行对话框可视化设计，或者用资源描述语句定义对话框。

(2) 对话框过程 DlgProc

对话框过程与窗口过程 WndProc 相似，用来处理对话框中的消息，一般形式为：

```
LRESULT CALLBACK DlgProc(HWND hDlg,UINT message,WPARAM wParam,LPARAM lParam)
{   //对话框过程
    switch (message) {
        case WM_INITDIALOG:
```

```
            return TRUE;
        case WM_COMMAND:
            if (LOWORD(wParam)==IDOK || LOWORD(wParam)==IDCANCEL) {
                EndDialog(hDlg, LOWORD(wParam));
                return TRUE;
            }
            break;
    }
    return FALSE;                        //未处理消息必须返回 FALSE
}
```

对话框本质上是 Windows 在窗口基础上再封装的对象，因此对话框过程一般不需要处理 WM_PAINT、WM_DESTROY 和 WM_CREATE 等窗口消息。如果希望在对话框创建初期执行初始化操作，在 WM_INITDIALOG 消息中处理。

对话框过程通常只处理 WM_COMMAND 消息。当对话框中的控件被触发事件后，通常会发送该消息到对话框过程，随消息传来的参数给出了控件标识，程序可以据此判断是哪个控件发来的消息。

(3) 创建对话框

创建对话框时，通过指定对话框模板资源标识将对话框模板加载到内存中，Windows 系统会根据这个模板建立起对话框窗口。如下 4 个 API 函数可以创建对话框：

```
int DialogBox(                           //创建模式对话框函数
    HINSTANCE hInstance,                 //包含对话框资源的应用实例句柄
    LPCTSTR lpTemplate,                  //对话框资源标识名称
    HWND hWndParent,                     //该对话框的父窗口
    DLGPROC lpDialogFunc                 //对话框窗口过程函数指针
);
int DialogBoxParam(                      //创建模式对话框函数
    HINSTANCE hInstance,                 //包含对话框资源的应用实例句柄
    LPCTSTR lpTemplateName,              //对话框资源标识名称
    HWND hWndParent,                     //该对话框的父窗口
    DLGPROC lpDialogFunc,                //对话框窗口过程函数指针
    LPARAM dwInitParam                   //对话框初始化参数值.
);
HWND CreateDialog(                       //创建非模式对话框函数
    HINSTANCE hInstance,                 //包含对话框资源的应用实例句柄
    LPCTSTR lpTemplate,                  //对话框资源标识名称
    HWND hWndParent,                     //该对话框的父窗口
    DLGPROC lpDialogFunc                 //对话框窗口过程函数指针
);
HWND CreateDialogParam(                  //创建非模式对话框函数
    HINSTANCE hInstance,                 //包含对话框资源的应用实例句柄
    LPCTSTR lpTemplateName,              //对话框资源标识名称
    HWND hWndParent,                     //该对话框的父窗口
```

```
    DLGPROC lpDialogFunc,              //对话框窗口过程函数指针
    LPARAM dwInitParam                 //对话框初始化参数值
);
```

DialogBox 函数调用后将会自动显示对话框，应用程序等待它执行完成才继续下一步。CreateDialog 函数调用后，需要再调用 ShowWindow 才能显示对话框，应用程序不等待，直接到下一步。DialogBox 打开的对话框调用 EndDialog 关闭对话框，CreateDialog 打开的对话框调用 DestroyWindow 关闭对话框。

(4) 数据交换

通常，调用函数创建对话框，会要求将数据传递到对话框中以控件形式显示出来；用户对控件的操作可形象化地进行数据编辑，然后对话框再将编辑过的数据传回到调用函数中，这就需要与对话框进行数据交换，也是应用程序使用对话框的目的所在。

调用函数是通过调用带参数的对话框创建函数 DialogBoxParam 和 CreateDialogParam 与对话框进行数据交换的，即这两个函数的最后一个函数参数 dwInitParam。dwInitParam 将传递到 WM_INITDIALOG 消息的 lParam 参数中，对话框在此消息中有机会获得该数据。如果只是希望将数据向对话框传递，那么 dwInitParam 可以设计为变量，如果希望返回被对话框修改过的数据，那么 dwInitParam 应设计为指针。dwInitParam 可以只是一个简单的 C 语言内置数据类型，也可以是对应复杂数据结构的构造类型，例如结构体。

(5) 对话框返回值

模式对话框能够从 DialogBox 函数返回值，这个返回值是由模式对话框结束函数返回的，其函数原型为：

```
BOOL EndDialog(HWND hDlg,int nResult);
```

参数 nResult 给出了 DialogBox 函数返回值。

Windows 窗口程序不能使用标准输入函数(如 scanf)来输入数据，它是通过文本控件和对话框的使用来实现输入的。例 13.8 是在窗口中输入数据的一个示例，但输入操作更多是借助于对话框实现的。

【例 13.9】 利用 Heron 公式，编写计算三角形面积的窗口程序。

(1) 定义资源头文件 resource.h 如下：

```
#define IDI_APP          100  //主窗口图标资源标识符
#define IDI_APPSMALL     101  //主窗口小图标资源标识符
#define IDR_APP          102  //主窗口菜单快捷键资源标识符
#define IDS_APP_TITLE    1000 //应用程序标题资源标识符
//以下为其他资源标识符定义
#define IDM_RUN          1101
#define IDM_EXIT         1103
#define IDD_INPUT        110
#define IDC_STATIC       -1
#define IDC_EDIT1        1301
#define IDC_EDIT2        1302
```

```
#define IDC_EDIT3       1303
```

(2) 设计菜单和包含三个编辑框的对话框,资源描述文件定义如下:

```
#include <windows.h>
#include "resource.h"
IDI_APP         ICON DISCARDABLE "res\\app.ico"      //主窗口图标资源
IDI_APPSMALL    ICON DISCARDABLE "res\\appsmall.ico" //主窗口小图标资源
IDR_APP MENU DISCARDABLE                             //主窗口菜单资源
BEGIN
    POPUP "运行(&F)"
    BEGIN
        MENUITEM "计算",        IDM_RUN
        MENUITEM "退出(&X)",    IDM_EXIT
    END
END
IDR_APP ACCELERATORS MOVEABLE PURE                   //主窗口快捷键资源
BEGIN
    "X",  IDM_EXIT,        VIRTKEY, ALT              //按 Alt+X 执行 IDM_EXIT
END
STRINGTABLE DISCARDABLE                              //字符串资源
BEGIN
    IDS_APP_TITLE     "MainWindow"                   //应用程序标题资源
END
IDD_INPUT DIALOG DISCARDABLE  0, 0, 181, 88          //输入对话框资源
STYLE DS_MODALFRAME | WS_POPUP | WS_VISIBLE | WS_CAPTION | WS_SYSMENU
CAPTION "输入对话框"
FONT 9, "宋体"
BEGIN
    DEFPUSHBUTTON   "确定",IDOK,30,64,50,17
    LTEXT           "a:",  IDC_STATIC,8,7,9,9
    LTEXT           "b:",  IDC_STATIC,8,23,9,9
    LTEXT           "c:",  IDC_STATIC,8,41,9,9
    EDITTEXT               IDC_EDIT1,25,5,133,14
    EDITTEXT               IDC_EDIT2,25,22,133,14
    EDITTEXT               IDC_EDIT3,25,39,133,14
    PUSHBUTTON      "取消",IDCANCEL,101,64,50,17
END
```

(3) 程序基于 SDK 编程框架(参考例 13.3)编写,增加 WM_COMMAND、WM_PAINT 消息处理和对话框过程 DlgProc。增加的代码如下:

```
struct TRIANGLE {
    double a,b,c;
} x={0,0,0};                                         //三角形三边长
LRESULT CALLBACK DlgProc(HWND hDlg,UINT message,WPARAM wParam,LPARAM lParam)
```

```
{   //对话框过程
    static struct TRIANGLE *px;           //静态变量保持传递来的结构体指针
    char buf[200];
    switch (message) {
        case WM_INITDIALOG:               //对话框初始化过程中接收传来的三角形三边长
            px=(struct TRIANGLE *)lParam;             //获取传来的三角形结构体指针
            sprintf(buf,"%lf",px->a);                 //a值转换为文本
            SetDlgItemText(hDlg,IDC_EDIT1,buf);       //设置第1个编辑框为a值
            sprintf(buf,"%lf",px->b);                 //b值转换为文本
            SetDlgItemText(hDlg,IDC_EDIT2,buf);       //设置第2个编辑框为b值
            sprintf(buf,"%lf",px->c);                 //c值转换为文本
            SetDlgItemText(hDlg,IDC_EDIT3,buf);       //设置第3个编辑框为c值
            return TRUE;                              //处理了该消息后必须返回TRUE
        case WM_COMMAND:
            switch (LOWORD(wParam)) {
                case IDOK:                //如果单击"确定"按钮则从编辑框中获取新数据
                    GetDlgItemText(hDlg,IDC_EDIT1,buf,sizeof(buf));
                    px->a=atof(buf);                  //设置新的a值
                    GetDlgItemText(hDlg,IDC_EDIT2,buf,sizeof(buf));
                    px->b=atof(buf);                  //设置新的b值
                    GetDlgItemText(hDlg,IDC_EDIT3,buf,sizeof(buf));
                    px->c=atof(buf);                  //设置新的c值
                case IDCANCEL:                        //如果单击"取消"按钮则什么也不做
                    EndDialog(hDlg,LOWORD(wParam));
                    return TRUE;                      //处理了该消息后必须返回TRUE
            }
    }
    return FALSE;                                     //未处理消息必须返回FALSE
}
LRESULT OnPaint(HWND hWnd,UINT message,WPARAM wParam,LPARAM lParam)
{   //重绘消息处理
    PAINTSTRUCT ps;
    HDC hdc;
    char buf[200];
    hdc=BeginPaint(hWnd,&ps);                         //客户区绘图开始
    if (x.a+x.b>x.c && x.b+x.c>x.a && x.c+x.a>x.b) {
        double s,t;
        t=(x.a+x.b+x.c)/2.0;
        s=sqrt(t*(t-x.a)*(t-x.b)*(t-x.c));            //Heron公式计算三角形面积
        sprintf(buf,"三角形面积为%lf",s);
    }
    else
        sprintf(buf,"三边长为%.2lf,%.2lf,%.2lf,构不成三角形",x.a,x.b,x.c);
    TextOut(hdc,100,30,buf,strlen(buf));              //显示计算结果
```

```
        EndPaint(hWnd,&ps);                          //客户区绘图结束
        return 0;                                    //处理了这条消息必须返回 0
    }
    LRESULT OnCommand(HWND hWnd,UINT message,WPARAM wParam,LPARAM lParam)
    {   //命令消息处理
        int r;
        switch (LOWORD(wParam)) {                    //菜单项标识或快捷键命令标识
            case IDM_RUN:                            //计算菜单
                r=DialogBoxParam(hInst,(LPCTSTR)IDD_INPUT,hWnd,DlgProc,(LPARAM)&x);
                if (r==IDOK)
                    InvalidateRect(hWnd,NULL,TRUE);  //重新绘制窗口
                break;
            case IDM_EXIT:                           //退出
                DestroyWindow(hWnd);
                break;
            default:                                 //其他菜单调用默认处理
                return DefWindowProc(hWnd,message,wParam,lParam);
        }
        return 0;                                    //处理了这条消息后必须返回 0
    }
```

程序运行情况如图 13.24 所示。单击菜单“运行/计算”，在对话框中输入 a、b、c 的值，如果单击“确定”按钮，则程序用新的三边长计算三角形的面积并显示出来，否则什么也不做。

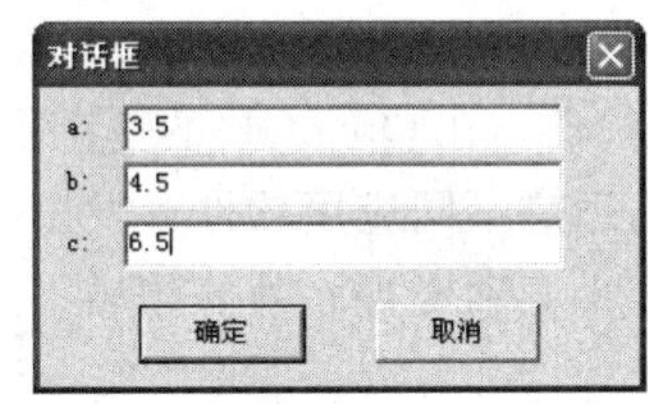

图 13.24 通过对话框实现输入

13.3 图形编程

13.3.1 图形编程概述

计算机图形学是利用计算机技术创建和处理图像的理论、方法和技术，其研究领域和内容包括以下一些方面。

(1) 建模：对形状和外观性质进行数学定义，并且能够存储在计算机中。

(2) 渲染(rendering)：根据三维计算机模型生成带阴影的图像。

(3) 动画：利用图像序列产生物体运动的视觉效果的技术。

(4) 人机交互：在输入设备、应用程序和以图形或者其他感官方式向用户发送的反

馈之间建立接口。

(5) 虚拟现实：让用户置身于三维虚拟世界。

(6) 可视化：通过视觉显示技术实现图形化显示。

(7) 图像处理：对二维图形进行处理。

(8) 三维扫描：利用测距技术建立三维测量模型。

(9) 矢量图形：基于数学模型描述图形。

本节介绍图形学应用程序接口(又称图形库)，它是计算机图形学的编程基础。常用的图形库有 GDI+、DirectX、OpenGL、SDL 和 OpenCV 等。

(1) GDI+

图形设备接口 GDI 是 Windows 操作系统绘图基础，主要任务是处理所有 Windows 窗口程序的图形输出。GDI+是 GDI 的继承者，它是一组通过 C++ 类实现的编程接口。GDI+新增了许多功能，例如渐变画刷、样条曲线、独立路径对象、矩阵和矩阵变换、Alpha 通道合成运算、多图片格式支持等。GDI+函数不使用设备场境句柄，而是以面向对象的编程方式通过图形对象调用的。

(2) DirectX

GDI 的特点是通用性，缺点是图形输出效率低下。Microsoft 开发了新的多媒体编程接口 DirectX，它由 C++ 编程语言实现，遵循 COM 技术。DirectX 不是一个单纯的图形库，它包含有 Direct Graphics(Direct 3D+Direct Draw)、Direct Input、Direct Play、Direct Sound、Direct Show、Direct Setup、Direct Media Objects 等多个组件，提供了一整套多媒体接口方案，尤其在三维图形方面表现优秀。

(3) OpenGL

开放图形库 OpenGL(open graphics library)是一个专业的二维、三维图形程序接口，是开源自由软件。在 OpenGL 的基础上还有 Open Inventor、Cosmo3D、Optimizer 等多种高级图形库，适应不同应用软件开发。OpenGL 完全可移植且速度很快，适用于 CAD、三维建模、三维动画和影视软件等领域。

(4) SDL

简易直控媒体层 SDL(simple direct media layer)是一个跨平台的多媒体库，是开源自由软件。SDL 直接控制底层的多媒体硬件，包括视频、音频、事件和线程等多媒体功能，适用于图形、演示软件、游戏、模拟器、播放器等应用软件开发。

(5) OpenCV

开源计算机视觉库 OpenCV(open source computer vision library)是由 Intel 发起并参与开发的计算机图形开发库，是开源自由软件。OpenCV 实现了很多图像处理和计算机视觉方面的通用算法，可以开发实时的图像处理、计算机视觉以及模式识别程序，适用于人机互动、图像分割、物体识别、人脸识别、运动识别、运动跟踪和机器人等领域。

13.3.2 OpenGL 简介

OpenGL 的主要功能如下。

(1) 建模。OpenGL 图形库除了提供基本的点、线、多边形的绘制函数外，还提供了复杂的三维物体(球、锥、多面体等)以及复杂曲线和曲面绘制函数。

(2) 变换。OpenGL 图形库的变换包括基本变换和投影变换。基本变换有平移、旋转、变比和镜像 4 种,投影变换有平行投影(又称正射投影)和透视投影两种。其变换方法有利于减少算法的运行时间,提高三维图形的显示速度。

(3) 颜色模式。OpenGL 颜色模式有两种,即 RGBA 模式和颜色索引。

(4) 光照和材质。OpenGL 光有辐射光(emitted light)、环境光(ambient light)、漫反射光(diffuse light)和镜面光(specular light)。材质用光反射率来表示。场景(scene)中的物体最终反映到人眼的颜色是光的红绿蓝分量与材质的红绿蓝分量的反射率相乘后形成的颜色。

(5) 纹理映射(texture mapping)。利用 OpenGL 纹理映射功能可以十分逼真地表达物体表面的细节。

(6) 位图显示和图像增强。除了基本的复制和像素读写外,还提供融合(blending)、反走样(antialiasing)和雾(fog)的特殊图像效果处理。使被仿真物体更具真实感,增强图形显示的效果。

(7) 双缓存动画。双缓存即前台缓存和后台缓存,简言之,后台缓存计算场景,生成画面;前台缓存显示后台缓存已画好的画面,避免画面闪烁。

(8) 消隐算法。OpenGL 可以实现深度暗示(depth cue)和运动模糊(motion blur)等特殊效果。

OpenGL 是一个图形开发的标准库,它有许多实现版本,例如由 Microsoft、SGI、Mesa 和其他显卡硬件厂商提供的 OpenGL SDK。在 Windows 操作系统中,Microsoft 的 OpenGL 实现在 opengl32. dll 和 glu32. dll 动态链接库中,SGI 的实现在 opengl. dll 和 glu. dll 动态链接库中,运行 OpenGL 的程序需要这些动态链接库。

OpenGL 主要包含 3 个函数库:

(1) 核心库。包含 OpenGL 基本函数、宏定义、数据类型和结构,函数以 gl 为前缀。

(2) 实用库。包含比核心库更高一层的实用函数,函数以 glu 为前缀。

(3) 辅助库。提供基本的窗口管理和事件处理函数,函数以 aux 为前缀。

Visual C++ 和 CodeBlocks 内置 OpenGL 的开发支持。应用程序使用 OpenGL 需要包含以下头文件:

```
#include<gl\gl.h>     //OpenGL 核心库头文件
#include<gl\glu.h>    //OpenGL 实用库头文件
#include<gl\glaux.h> //Visual C++  OpenGL 辅助库头文件
#include<gl\glext.h> //CodeBlocks OpenGL 辅助库头文件
```

并且添加连接库:

```
VC 连接库文件              opengl32.lib      glu32.lib    glaux.lib
CodeBlocks 连接库文件      libopengl32.a     libglu32.a   libglaux.a
```

OpenGL 辅助库已经被 GLUT 替代。OpenGL 实用程序软件包 GLUT(OpenGL utility toolkit)用于隐藏不同图形界面系统接口的复杂性,提供了 GUI 功能,包括窗口、菜单、输入设备和事件处理等。换言之,使用 GLUT 后,程序就有了统一的图形界面支持,而无论是命令行程序或是图形界面程序,无论是 Windows 或是 Linux。GLUT 函数以 glut 为前缀。

GLUT 需要从互联网上下载安装,解压后得到文件 glut32. dll、glut. h 和 glut32. lib。将 dll 文件复制到 Windows 系统文件夹中,将头文件复制到 Visual C++ 的**系统 INCLUDE 路径** gl 子文件夹中,将库文件复制到 Visual C++ 的**系统 LIB 路径**中。CodeBlocks 已内置 GLUT。

OpenGL 及 GLUT 参考手册有详细的函数说明,由于其内容较多,本书不再赘述。

13.3.3 GLUT 编程模式

GLUT 可以作为 OpenGL 编程框架之一,它能编写带窗口的 OpenGL 应用程序。

1. 头文件和连接库

GLUT 是以 OpenGL 为基础的,由于在 GLUT 的头文件 glut. h 已经包含 OpenGL 的头文件 gl. h 和 glu. h,因此应用程序只需要 GLUT 的头文件:

```
#include<gl\glut.h>  //GLUT、GL、GLU 库头文件
```

并且添加连接库:

```
glut32.lib
```

2. OpenGL 数据类型

表 13.23 列出了 OpenGL 数据类型及对应的 C 语言数据类型。

表 13.23 OpenGL 数据类型

OpenGL 数据类型	C 语言数据类型	OpenGL 数据类型	C 语言数据类型
GLbyte	signed char	GLshort	short
GLint、GLsizet	long	GLfloat、GLclampf	float
GLdouble、GLclampd	double	GLubyte、GLboolean	unsigned char
GLushort	unsigned short	GLuint、GLenum、GLbitfield	unsigned long

3. GLUT 窗口管理

为了完成初始化和创建窗口的任务,需要调用 5 个 GLUT 函数。

(1) glutInit 函数

```
void glutInit(int * argcp, char * * argv);
```

glutInit 用于初始化 GLUT 库,其参数与主函数 main 的参数相同,必须在调用所有其他 GLUT 函数之前调用 glutInit。

(2) glutInitDisplayMode 函数

```
void glutInitDisplayMode(unsigned int mode);
```

glutInitDisplayMode 设定 GLUT 窗口的显示模式。mode 参数是表 13.24 中的模式值,可以使用位或"|"运算将多个值组合,例如,GLUT_DOUBLE | GLUT_RGBA 表示创建一个使用双缓冲和 RGBA 颜色模式的窗口。

表 13.24 GLUT 窗口显示模式

模 式 值	含 义	模 式 值	含 义
GLUT_SINGLE	指定一个单缓冲窗口	GLUT_DOUBLE	指定一个双缓冲窗口
GLUT_RGBA	指定一个 RGBA 颜色模式	GLUT_INDEX	指定一个颜色索引模式
GLUT_DEPTH	指定一个 32 位深度缓冲区	GLUT_STENCIL	指定一个蜡纸缓冲区
GLUT_ACCUM	指定一个累计缓冲区	GLUT_ALPHA	指定一个目标 alhpa 缓冲区

(3) glutInitWindowPosition 函数

```
void glutInitWindowPosition(int x, int y);
```

glutInitWindowPosition 指定窗口左上角在屏幕上的位置。

(4) glutInitWindowSize 函数

```
void glutInitWindowSize(int width, int height);
```

glutInitWindowSize 以像素为单位指定窗口大小。

(5) glutCreateWindow 函数

```
int glutCreateWindow(const char * title);
```

glutCreateWindow 使用一个 OpenGL 场境创建窗口,并设置为当前窗口。函数返回一个唯一标识新建窗口的标识值。在调用 glutMainLoop 函数之前,窗口不会被显示出来。

4. 显示回调函数

glutDisplayFunc 是 GLUT 最重要的事件回调函数,其函数原型为:

```
void glutDisplayFunc(void (* func)(void));
```

参数 func 为回调函数指针。每当 GLUT 认为需要重新显示窗口内容时,都将调用由 glutDisplayFunc 注册的显示回调函数。因此,应用程序应将 OpenGL 绘制场境的处理都放到显示回调函数中。

如果程序修改了窗口的内容,可能需要调用 glutPostRedisplay 函数,其函数原型为:

```
void glutPostRedisplay(void);
```

它提醒 glutMainLoop 调用已注册的显示回调函数。

5. 处理事件输入

可以使用下列函数注册当指定事件发生时应调用的回调函数：

```
void glutReshapeFunc(void (*func)(int width, int height));
void glutKeyboardFunc(void (*func)(unsigned char key, int x, int y));
void glutMouseFunc(void (*func)(int button, int state, int x, int y));
void glutMotionFunc(void (*func)(int x, int y));
void glutSpecialFunc(void (*func)(int key, int x, int y));
void glutTimerFunc(unsigned int millis, void (*func)(int value), int value);
void glutIdleFunc(void (*func)(void));
```

glutReshapeFunc 注册窗口大小改变时调用的回调函数，width、height 为窗口新的宽度和高度。glutKeyboardFunc 注册当按下一个键时调用的按键处理函数，key 为 ASCII 生成键，x 和 y 为鼠标当前位置。glutMouseFunc 注册当按下或释放鼠标按键时调用的鼠标处理函数，button 为 GLUT_LEFT_BUTTON、GLUT_MIDDLE_BUTTON 和 GLUT_RIGHT_BUTTON 三个值之一，state 不是 GLUT_DOWN 就是 GLUT_UP，x 和 y 为鼠标当前位置。glutMotionFunc 注册当鼠标移动时调用的回调函数，x 和 y 为鼠标当前位置。glutSpecialFunc 与 glutKeyboardFunc 类似，不同的是 key 为非 ASCII 生成键，见表 13.25 所示。glutTimerFunc 注册一个定时器回调函数，经过 millis 毫秒后调用该回调函数，value 可以传递到回调函数中。glutIdleFunc 注册一个在事件循环空闲时执行的回调函数，如果注册 NULL 函数指针，则注销空闲时执行的函数。

表 13.25 非 ASCII 生成键

模式值	含义	模式值	含义
GLUT_KEY_F1～F12	F1～F12 键	GLUT_KEY_INSERT	Insert 键
GLUT_KEY_LEFT	←键	GLUT_KEY_UP	↑键
GLUT_KEY_RIGHT	→键	GLUT_KEY_DOWN	↓键
GLUT_KEY_PAGE_UP	PageUp 键	GLUT_KEY_PAGE_DOWN	PageDown 键
GLUT_KEY_HOME	Home 键	GLUT_KEY_END	End 键

6. GLUT 事件循环

最后需要做的是调用 glutMainLoop 函数，原型为：

```
void glutMainLoop(void);
```

glutMainLoop 开始 GLUT 主事件处理循环。此时，所有创建好的 GLUT 窗口都将显示出来，被渲染到这些窗口中的内容也会显示出来。程序开始处理键盘、鼠标、定时器、空闲操作、重新绘制和其他窗口事件。进入该循环后，函数不会退出，直到程序终止才返回。

7. 绘制三维物体

GLUT 提供了三维物体的绘制函数，包括圆锥体、立方体、球体、圆环体、正四面体、正八面体、正十二面体、正二十面体和茶壶等。可以以线框或实体方式绘制这些物体，如果是实体方式需要指定面法线。

```
void glutWireSphere(GLdouble radius, GLint slices, GLint stacks);  //线框球体
void glutSolidSphere(GLdouble radius, GLint slices, GLint stacks); //实心球体
void glutWireCone(GLdouble base, GLdouble height, GLint slices,
                  GLint stacks);                               //线框圆锥体
void glutSolidCone(GLdouble base, GLdouble height, GLint slices,
                   GLint stacks);                              //实心圆锥体
void glutWireCube(GLdouble size);                              //线框立方体
void glutSolidCube(GLdouble size);                             //实心立方体
void glutWireTorus(GLdouble innerRadius, GLdouble outerRadius,
                   GLint sides, GLint rings);                  //线框圆环体
void glutSolidTorus(GLdouble innerRadius, GLdouble outerRadius,
                    GLint sides, GLint rings);                 //实心圆环体
void glutWireDodecahedron(void);                               //线框正十二面体
void glutSolidDodecahedron(void);                              //实心正十二面体
void glutWireTeapot(GLdouble size);                            //线框茶壶
void glutSolidTeapot(GLdouble size);                           //实心茶壶
void glutWireOctahedron(void);                                 //线框正八面体
void glutSolidOctahedron(void);                                //实心正八面体
void glutWireTetrahedron(void);                                //线框正四面体
void glutSolidTetrahedron(void);                               //实心正四面体
void glutWireIcosahedron(void);                                //线框正二十面体
void glutSolidIcosahedron(void);                               //实心正二十面体
```

【例 13.10】 利用 OpenGL 制作茶壶旋转动画的程序。

程序代码如下：

```
#include<stdio.h>
#include<stdlib.h>
#include<gl\glut.h>                                            //GLUT、GL、GLU 库头文件
float red=0.0, blue=0.0, green=0.0;                            //绘制颜色
void InitScene()
{   //初始化 OpenGL 显示场景
}
void ChangeSize(int w, int h)
{   //OpenGL 视区缩放
    GLfloat fAspect;
    fAspect =(h==0) ? 1.0f : (GLfloat)w/h;
    glViewport(0,0,w,h);                                       //定义视区
```

```
    glMatrixMode(GL_PROJECTION);                             //指定投影矩阵定义修剪空间
    glLoadIdentity();                                        //加载单位矩阵
    gluPerspective(45,fAspect,1,1000);                       //定义透视投影矩阵
    glMatrixMode(GL_MODELVIEW);                              //指定模型视图矩阵
    glLoadIdentity();                                        //加载单位矩阵
    gluLookAt(0.0,0.0,5.0,0.0,0.0,-1.0,0.0f,1.0f,0.0f);  //视图变换
}
void RenderScene(void)
{   //显示 OpenGL 场景
    static float angle=0.0;                                  //旋转角度
    glClearColor(1.0,1.0,1.0,1.0);                          //设置清除缓冲区的颜色为白色
    glClear(GL_COLOR_BUFFER_BIT|GL_DEPTH_BUFFER_BIT); //清除缓冲区
    glPushMatrix();                                          //将当前矩阵压入堆栈
    glRotatef(angle,0.0,1.0,0.0);                            //旋转矩阵
    glColor3f(red,green,blue);                               //设置绘图颜色
    glutWireTeapot(1.5);                                     //绘制线框茶壶
    glPopMatrix();                                           //将当前矩阵弹出堆栈
    glutSwapBuffers();                                       //交换缓冲区
    angle++;                                                 //旋转角度自增
}
void NormalKeysProc(unsigned char key, int x, int y)
{   //处理 ASCII 生成键
    if (key==27) exit(0);                                    //按 Esc 键退出程序
}
void SpecialKeysProc(int key, int x, int y)
{   //处理非 ASCII 生成键
    switch(key) {                                           //按 F1、F2、F3 键调整茶壶颜色
        case GLUT_KEY_F1:red=1.0;green=0.0;blue=0.0;break;  //红
        case GLUT_KEY_F2:red=0.0;green=1.0;blue=0.0;break;  //绿
        case GLUT_KEY_F3:red=0.0;green=0.0;blue=1.0;break;  //蓝
    }
}
int main(int argc, char * * argv)
{   printf("start glut\n");
    glutInit(&argc, argv);                                       //初始化 GLUT 库
    glutInitDisplayMode(GLUT_DEPTH|GLUT_DOUBLE|GLUT_RGBA);  //初始化显示模式
    glutInitWindowPosition(100,100);                             //初始化窗口的位置
    glutInitWindowSize(500,240);                       //创建一个大小为 500x240 的窗口
    glutCreateWindow("Teapot 3D");                     //创建一个窗口
    glutDisplayFunc(RenderScene);                      //注册显示响应函数
    glutIdleFunc(RenderScene);                         //注册空闲响应函数,产生动画
    glutReshapeFunc(ChangeSize);                       //注册窗口大小变化响应函数
    glutKeyboardFunc(NormalKeysProc);                  //注册 ASCII 按键响应函数
    glutSpecialFunc(SpecialKeysProc);                  //注册非 ASCII 按键响应函数
```

```
    InitScene();                          //初始化 OpenGL 显示场景
    glutMainLoop();                       //主循环处理
    return 0;
}
```

ChangeSize 函数在窗口大小改变时被调用，重新调整视图区域大小，使绘图适应窗口变化。RenderScene 函数绘制线框茶壶，每调用一次 angle 会自增，空闲处理连续调用 RenderScene 的结果是茶壶在旋转；NormalKeysProc 处理 ASCII 生成键 Esc，用来结束程序。SpecialKeysProc 处理非 ASCII 生成键，用来设置茶壶颜色。程序运行结果如图 13.25 所示。

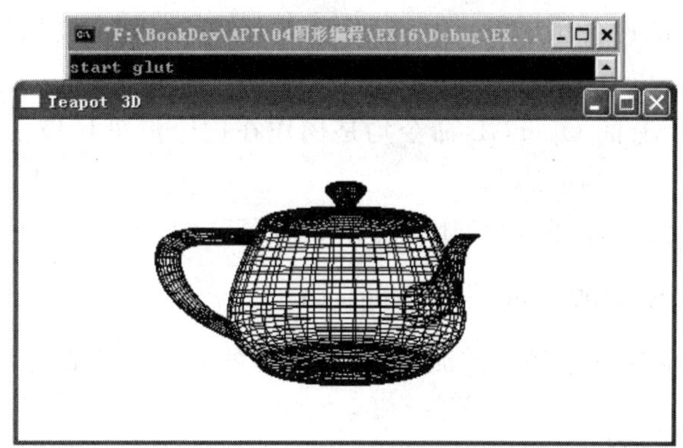

图 13.25 GLUT 图形动画程序

13.3.4 Win32 编程模式

OpenGL 可以将图形渲染到 Windows 应用程序窗口上，它是通过渲染场境实现的。利用前面的 SDK 编程框架，结合 OpenGL 的相关 API 调用，可以编写支持窗口的 OpenGL 应用程序，称为 Win32 编程模式。Windows 实现的 OpenGL 函数以 wgl 为前缀。

1. 头文件和连接库

在 SDK 编程框架基础上使用 OpenGL，需要包含头以下文件：

```
#include<windows.h>  //Windows 头文件
#include "resource.h" //资源头文件
#include<gl\gl.h>     //OpenGL 核心库头文件
#include<gl\glu.h>    //OpenGL 实用库头文件
```

并且添加连接库：

```
opengl32.lib
glu32.lib
```

2. 渲染场境

与 GDI 的设备场境 DC 类似，OpenGL 提供了渲染场境 RC(rendering context)来存储 OpenGL 的属性和命令，以确定渲染到哪个窗口上。渲染场境的数据类型为 HGLRC，通常定义一个全局变量 hRC，便于其他函数可以使用。形式如下：

```
HGLRC hRC;                //OpenGL 渲染场境
```

可以调用 wglCreateContext 函数创建渲染场境，函数原型为：

```
HGLRC wglCreateContext(HDC hdc);
```

参数 hdc 为渲染窗口的设备场境 DC 句柄，返回值为该窗口的渲染场境。

在应用程序中，可以有多个渲染场境。然而在任意时刻，每个应用程序仅有一个渲染场境处于活动状态，所有的 OpenGL 命令均是操作在这个渲染场境上。当渲染场境处于活动状态时，就把它称为"当前态"。

要使渲染场境变为当前态，而且让它与指定的窗口相关联，那么应该调用：

```
BOOL wglMakeCurrent(HDC hdc, HGLRC hglrc);
```

该函数指定 hglrc 为应用程序的当前渲染场境，其后的 OpenGL 命令均渲染到 hdc 上。

3. OpenGL 处理框架

可以将 OpenGL 渲染处理设计成 4 个过程：初始化、视区调整、绘图和清理资源，函数原型如下：

```
void InitScene();                  //初始化 OpenGL 显示场景
void ChangeSize(int w,int h);      //OpenGL 视区缩放
void RenderScene();                //显示 OpenGL 场景
void CleanupScene();               //清理 OpenGL 场景
```

InitScene 在创建渲染场境后调用，用来设置 OpenGL 初始化状态，ChangeSize 调整 OpenGL 视图区域，RenderScene 用来处理 OpenGL 绘图，CleanupScene 在渲染场境删除前处理资源的释放和清理。

4. 创建并初始化渲染场境

一般在窗口建立时，即 WM_CREATE 消息处理中创建渲染场境并初始化它，OpenGL 要求在创建渲染场境之前需要为设备场境设置像素格式，消息处理函数代码如下：

```
LRESULT OnCreate(HWND hWnd,UINT message,WPARAM wParam,LPARAM lParam)
{   //窗口创建消息处理
    PIXELFORMATDESCRIPTOR pfd;
    int nPixelFormat;
    HDC hdc;
```

```
    //定义像素格式
    ZeroMemory(&pfd,sizeof(pfd));                      //全部数据设为 0
    pfd.nSize      =sizeof(pfd);
    pfd.nVersion   =1;
    pfd.dwFlags    =PFD_DRAW_TO_WINDOW|PFD_SUPPORT_OPENGL|PFD_DOUBLEBUFFER;
    pfd.iPixelType =PFD_TYPE_RGBA;
    pfd.cColorBits =24;
    pfd.cDepthBits =16;
    pfd.iLayerType =PFD_MAIN_PLANE;
    hdc=GetDC(hWnd);                                   //客户区 DC
    nPixelFormat=ChoosePixelFormat(hdc,&pfd);          //检索 DC 匹配的像素格式
    SetPixelFormat(hdc,nPixelFormat,&pfd);             //设置像素格式
    hRC=wglCreateContext(hdc);                         //创建 OpenGL 渲染场境
    wglMakeCurrent(hdc,hRC);                           //设置当前态
    InitScene();                                       //初始化 OpenGL 显示场景
    wglMakeCurrent(0,0);                               //取消当前态
    ReleaseDC(hWnd,hdc);                               //释放 DC
    return 0;                                          //处理了这条消息必须返回 0
}
```

5. 删除渲染场境

在窗口 WM_DESTROY 消息处理中，一定要删除渲染场境。在使用 wglDeleteContext 函数删除渲染场境之前，调用 CleanupScene 清理显示表、纹理对象或其他已分配内存的 OpenGL 对象，同时必须调用 wglMakeCurrent 取消当前态。消息处理函数代码如下：

```
LRESULT OnDestroy(HWND hWnd,UINT message,WPARAM wParam,LPARAM lParam)
{   //窗口销毁消息处理
    HDC hdc;
    hdc=GetDC(hWnd);                                   //客户区 DC
    wglMakeCurrent(hdc,hRC);                           //设置当前态
    CleanupScene();                                    //清理释放场景
    wglMakeCurrent(0,0);                               //取消当前态
    wglDeleteContext(hRC);                             //删除渲染场境
    ReleaseDC(hWnd,hdc);                               //释放 DC
    return 0;                                          //处理了这条消息必须返回 0
}
```

6. 绘图与视区调节

当窗口更改大小时，收到 WM_SIZE 消息，必须调用 ChangeSize 处理 OpenGL 视区缩放，使绘图适应变化后的窗口尺寸。消息处理函数代码如下：

```
LRESULT OnSize(HWND hWnd,UINT message,WPARAM wParam,LPARAM lParam)
{   //窗口大小变化消息处理
```

```
    HDC hdc;
    int cx, cy;
    cx =LOWORD(lParam), cy =HIWORD(lParam);      //宽度值和高度值
    if(cx==0 || cy==0) return 0;
    hdc=GetDC(hWnd);                             //客户区 DC
    wglMakeCurrent(hdc,hRC);                     //设置当前态
    ChangeSize(cx,cy);                           //OpenGL 视区缩放
    wglMakeCurrent(0,0);                         //取消当前态
    ReleaseDC(hWnd,hdc);                         //释放 DC
    return 0;                                    //处理了这条消息必须返回 0
}
```

RenderScene 绘图处理是在 WM_PAINT 消息中被调用的，消息处理函数代码如下：

```
LRESULT OnPaint(HWND hWnd,UINT message,WPARAM wParam,LPARAM lParam)
{   //重绘消息处理
    PAINTSTRUCT ps;
    HDC hdc;
    hdc=BeginPaint(hWnd,&ps);                    //客户区准备绘图
    wglMakeCurrent(hdc,hRC);                     //设置当前态
    RenderScene();                               //显示 OpenGL 场景
    SwapBuffers(hdc);                            //交换缓冲区
    wglMakeCurrent(0,0);                         //取消当前态
    EndPaint(hWnd,&ps);                          //客户区绘图结束
    return 0;                                    //处理了这条消息必须返回 0
}
```

上述程序代码构成了 OpenGL 的 Win32 编程框架，具体的 OpenGL 应用程序需要编写 InitScene、ChangeSize、RenderScene 和 CleanupScene 函数，以及动画和交互处理。

7. 动画实现

要实现 OpenGL 动画，就需要不停地调用渲染过程，但这样一来，就形成了阻塞模式的函数调用。所谓阻塞模式是指函数一旦运行就长时间不返回，对于以消息循环为中心的应用程序来说，阻塞模式实际上中断了消息循环，从现象上来看就是窗口“不动了”。因此可以考虑在 Windows 消息循环时，先检查队列中有无消息，如果有则处理消息，如果没有消息则“趁机”渲染一次绘画，连续多次的“趁机执行”就会产生动画效果，同时也保证窗口程序能处理其他消息。当然，Windows 系统提供了比这样做更好的处理方案：进程和线程控制，有兴趣的读者可以查阅相关资料来了解。

下面是按上述思想修改过的消息循环代码：

```
int Run()                                        //消息循环
{
    MSG msg;
    HACCEL hAccelTable;
```

```
    hAccelTable=LoadAccelerators(hInst,(LPCTSTR)IDR_APP);  //加载快捷键资源
    while(TRUE) {                                   //消息循环处理
        if (PeekMessage(&msg,NULL,0,0,PM_NOREMOVE)) {  //检测队列有无消息
            if (!GetMessage(&msg,NULL,0,0)) break;      //WM_QUIT 结束消息循环
                                                    //将快捷键转换为相应的菜单命令
            if (!TranslateAccelerator(msg.hwnd,hAccelTable,&msg)) {
                TranslateMessage(&msg);             //将键盘事件转化成字符消息
                DispatchMessage(&msg);              //分发消息到窗口的消息处理函数去执行
            }
        }
        else OnIdle();                              //无消息时处理空闲过程
    }
    return msg.wParam;                              //结束消息循环
}
```

PeekMessage 函数的作用是检测消息队列否有消息，如果有返回 TRUE，否则返回 FALSE。如此设计的含义是先检测消息队列中是否有消息等待处理，如果有则调用 GetMessage 取出消息；如果该消息是 WM_QUIT，则结束消息循环，否则交由应用程序窗口过程 WndProc 处理。如果 PeekMessage 检测队列中没有消息，则调用 OnIdle 函数。于是在应用程序没有消息，也即“空闲”状态时去处理空闲过程。OnIdle 函数的原型为：

```
void OnIdle(void)
{   //应用程序空闲过程处理
    TODO: …      //在这里添加程序空闲时的处理代码
}
```

OnIdle 函数称为空闲过程，它使应用程序在无消息时有机会处理某些“后台”事务，像屏幕保护那样。可以在 OnIdle 里“渲染一次”绘画，只要没有产生新的消息，OnIdle 会被不停地调用，结果就是动画效果。OnIdle 函数运行时间越短，动画效果就越好，因此复杂的动画需要分拆为多个步骤实现，每次 OnIdle 调用完成一个步骤。

8. 其他 Windows 消息

可以增加菜单和对话框消息处理来设置 OpenGL 绘图参数，如物体的颜色、大小、形状和光照等，可以增加键盘和鼠标消息处理来交互 OpenGL 绘图，例如，移动和旋转物体、更改透视和投影等。

【例 13.11】 利用 OpenGL 在窗口中绘制三维球体且能够交互旋转和动画。

程序基于 SDK 编程框架(参考例 13.3)编写，增加 WM_DESTROY、WM_CREATE、WM_SIZE 和 WM_PAINT 消息处理，处理代码如前所述。OpenGL 处理框架程序代码如下：

```
int bAnimate=0;                                    //是否动画
GLfloat xRotation=0.0 , yRotation=0.0;             //x,y 轴旋转
void InitScene()
```

```
{   //初始化 OpenGL 显示场景,设置灯光,材质属性
    GLfloat    ambientProperties[]={0.7f, 0.7f, 0.7f, 1.0f};
    GLfloat    diffuseProperties[]={0.8f, 0.8f, 0.8f, 1.0f};
    GLfloat    specularProperties[]={1.0f, 1.0f, 1.0f, 1.0f};
    glPolygonMode(GL_FRONT,GL_LINE);                       //设置多边形正面为轮廓线
    glPolygonMode(GL_BACK,GL_LINE);                        //设置多边形背面为轮廓线
    glShadeModel(GL_FLAT);                                 //设置平直明暗处理模型
    glEnable(GL_NORMALIZE);                                //设置单位法线
    glClearDepth(1.0);                                     //深度缓冲清除值
    glLightfv(GL_LIGHT0,GL_AMBIENT,ambientProperties);     //设置环境光参数
    glLightfv(GL_LIGHT0,GL_DIFFUSE,diffuseProperties);     //设置散射光参数
    glLightfv(GL_LIGHT0,GL_SPECULAR,specularProperties);   //设置镜面光参数
    glLightModelf(GL_LIGHT_MODEL_TWO_SIDE,1.0);            //设置光照模型
    glEnable(GL_LIGHT0);                                   //使用光源
    glEnable(GL_LIGHTING);                                 //允许光照
}
void ChangeSize(int w,int h)
{   //OpenGL 视区缩放
    GLfloat fAspect;
    fAspect =(h==0) ? 1.0f : (GLfloat)w/h;
    glViewport(0,0,w,h);                                   //定义视区
    glMatrixMode(GL_PROJECTION);                           //指定投影矩阵定义修剪空间
    glLoadIdentity();                                      //加载单位矩阵
    gluPerspective(30,fAspect,1,15.0);                     //定义透视投影矩阵
    glMatrixMode(GL_MODELVIEW);                            //指定模型视图矩阵
    glLoadIdentity();                                      //加载单位矩阵
    glDrawBuffer(GL_BACK);                                 //使用后台缓冲绘图
    glEnable(GL_DEPTH_TEST);                               //启用深度测试
}
void RenderScene()
{   //显示 OpenGL 场景
    GLUquadricObj * q;
    glClearColor(1.0,1.0,1.0,1.0);                         //设置清除缓冲区的颜色为白色
    glClear(GL_COLOR_BUFFER_BIT|GL_DEPTH_BUFFER_BIT);      //清除缓冲区
    glPushMatrix();                                        //将当前矩阵压入堆栈
    glTranslated(0.0,0.0,-5.0);                            //乘以平移矩阵
    glRotatef(xRotation, 1.0, 0.0, 0.0);                   //旋转矩阵
    glRotatef(yRotation, 0.0, 1.0, 0.0);                   //旋转矩阵
    glScalef(1.0,1.0,1.0);                                 //缩放矩阵
    glColor3ub(255,255,255);                               //设置绘图颜色
    q =gluNewQuadric();                                    //创建二次曲面对象
    gluQuadricDrawStyle(q,GLU_FILL);                       //多边形和三角条状图元填充曲面
    gluQuadricNormals(q,GLU_SMOOTH);                       //为每个顶点生成光照标准
    gluSphere(q,1.0,16,16);                                //绘制球体
```

```
    gluDeleteQuadric(q);                        //删除二次曲面对象
    glPopMatrix();                              //将当前矩阵弹出堆栈
}
void CleanupScene()
{   //清理 OpenGL 场景
}
```

InitScene 为绘制球体设置灯光和材质参数，ChangeSize 调节显示比例，RenderScene 绘制三维球体。RenderScene 有两个变量 xRotation 和 yRotation，用来确定球体两个方向上的旋转量，将它们设计成全局变量，目的是让其他消息处理函数可以修改旋转量值。

然后增加空闲过程 OnIdle 以及 WM_COMMAND 和 WM_MOUSEMOVE 消息处理，以便交互设置球体旋转量和动画，程序代码如下：

```
LRESULT OnMouseMove(HWND hWnd,UINT message,WPARAM wParam,LPARAM lParam)
{   //鼠标移动消息处理
    static int lx,ly,x,y;
    if (!bAnimate) {                            //当球体不在动画时，鼠标移动会旋转物体
        x=LOWORD(lParam), y=HIWORD(lParam);
        yRotation -=(float)(lx -x)/3.0f;        //计算 x 旋转量
        xRotation -=(float)(ly -y)/3.0f;        //计算 y 旋转量
        lx=x , ly=y;
        InvalidateRect(hWnd,NULL,FALSE);        //重新绘制客户区
    }
    return 0;                                   //处理了这条消息必须返回 0
}
void OnIdle(void)
{   //应用程序空闲过程处理
    HDC hdc;
    if (!bAnimate) return ;
    yRotation +=1.0;
    hdc=GetDC(hMainWnd);                        //客户区 DC
    if (hdc) {
        wglMakeCurrent(hdc,hRC);                //设置当前态
        RenderScene();                          //显示 OpenGL 场景
        SwapBuffers(hdc);                       //交换缓冲区
        wglMakeCurrent(0,0);                    //取消当前态
    }
    ReleaseDC(hMainWnd,hdc);                    //释放 DC
}
LRESULT OnCommand(HWND hWnd,UINT message,WPARAM wParam,LPARAM lParam)
{   //命令消息处理
    WORD wID;
    wID =LOWORD(wParam);                        //菜单项标识或快捷键命令标识
    switch (wID) {
```

```
            case IDM_FILE_NEW:
                bAnimate = !bAnimate;               //允许/禁止动画的切换
                break;
            case IDM_EXIT:                          //退出
                DestroyWindow(hWnd);
                break;
            default:                                //其他菜单调用默认处理
                return DefWindowProc(hWnd,message,wParam,lParam);
        }
        return 0;                                   //处理了这条消息后必须返回 0
    }
```

单击菜单命令可以切换球体是否旋转动画，在客户区中移动鼠标会让球体随之旋转。程序运行结果如图 13.26 所示。

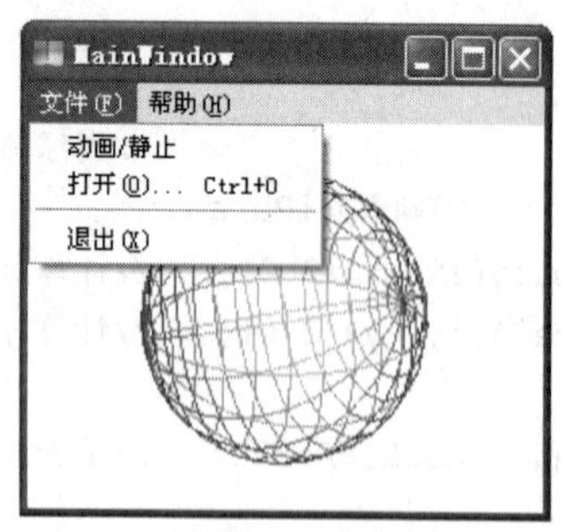

图 13.26 OpenGL 动画窗口程序

13.4 多媒体编程

本节介绍 Windows 多媒体编程的两种接口——高层的 MCI 和底层的 MMAPI，主要内容是 MCI 的命令串、命令消息方式编程和 MMAPI 的 MIDI 编程。

13.4.1 MCI 编程

媒体控制接口 MCI(media control interface)是 Windows 中控制多媒体设备的高层命令接口，用于事件协调及与 MCI 设备驱动程序的通信。MCI 的设备驱动程序用于解释和执行 MCI 的命令，其功能可以分为以下 3 方面。

(1) 直接控制媒体设备硬件，如 CD 音乐播放设备或影碟机；

(2) 通过低层 MMAPI 间接控制目标设备，如 MIDI、WAV；

(3) 提供高层接口，如 AVI/MPEG 影片播放器。

表 13.26 为常见的 MCI 设备名和类型。

1. 头文件和库

应用程序使用 MCI 需要包含多媒体头文件：

表 13.26　MCI 设备名

MCI 设备名	MCI 设备类型	说　　明
cdaudio	MCI_DEVTYPE_CD_AUDIO	CD 音乐播放设备
dat	MCI_DEVTYPE_DAT	数字音频磁带机
digitalvideo	MCI_DEVTYPE_DIGITAL_VIDEO	数字视频设备
mmmovie	MCI_DEVTYPE_ANIMATION	多媒体影片播放设备
overlay	MCI_DEVTYPE_OVERLAY	窗口中的模拟视频接口
scanner	MCI_DEVTYPE_SCANNER	图像扫描仪
sequencer	MCI_DEVTYPE_SEQUENCER	MIDI 音序器
vcr	MCI_DEVTYPE_VCR	盒式磁带录像机
videodisc	MCI_DEVTYPE_VIDEODISC	影视播放设备
waveaudio	MCI_DEVTYPE_WAVEFORM_AUDIO	波形音频设备

```
#include<windows.h>     //Windows 头文件
#include<mmsystem.h>    //多媒体头文件
```

其中 windows. h 必须在 mmsystem. h 前面，并且添加连接库：

```
winmm.lib
```

Visual C++ 和 CodeBlocks 内置 MCI 的开发支持。

2. MCI 函数

多媒体应用程序通过发送命令来控制多媒体设备，MCI 有串和消息两种功能等价的命令接口方式。这些命令接口又由若干 MCI 函数来具体实现。

1）mciSendString 函数

mciSendString 函数以命令串方式控制多媒体设备，原型为：

```
MCIERROR mciSendString(
    LPCTSTR lpszCommand,        //指向以 NULL 结尾的命令字符串
    LPTSTR lpszReturnString,    //指向接收返回信息的缓冲区,为 NULL 时不返回信息
    UINT cchReturn,             //缓冲区的大小
    HANDLE hwndCallback         //通知事件的回调函数句柄,一般为 NULL
);
```

lpszCommand 参数为命令字符串，当发送的命令带有 notify，即 MCI 产生通知消息时，需指定 hwndCallback 回调函数来处理通知消息。如果 MCI 命令是为了返回信息，则应提供字符串缓冲区 lpszReturnString 来接收信息，否则设为 NULL。

2）mciSendCommand 函数

mciSendCommand 函数以命令消息方式控制多媒体设备，原型为：

```
MCIERROR mciSendCommand(
    MCIDEVICEID IDDevice,        //接收命令消息的 MCI 设备 ID
    UINT uMsg,                   //命令消息
    DWORD fdwCommand,            //命令消息附加标志
    DWORD dwParam                //命令消息各种参数结构体的指针
);
```

IDDevice 参数为 MCI 设备 ID，当命令消息为 MCI_OPEN 时为 NULL。uMsg 为命令消息，可以分为如下 4 类：

(1) 系统命令：直接由 MCI 系统解释和处理，不传送到 MCI 设备。

(2) 通用命令：所有 MCI 设备都支持的命令。

(3) 可选命令：MCI 设备可选择使用的命令。

(4) 专用命令：为某类 MCI 设备专有，如 list 或 MCI_LIST(DV/VCR)。

前 3 类的部分命令参见表 13.27 所示。

表 13.27　MCI 命令

命令消息	命令字符串	说明	命令类型
MCI_SYSINFO	sysinfo	返回 MCI 设备的系统信息	系统命令
MCI_BREAK	break	为一个指定的 MCI 设备设置一个终止键	
MCI_CLOSE	close	关闭 MCI 设备	通用命令
MCI_GETDEVCAPS	getdevcaps	获得一个 MCI 设备的性能参数	
MCI_INFO	info	从一个 MCI 设备得到相关信息	
MCI_OPEN	open	初始化一个 MCI 设备	
MCI_STATUS	status	从 MCI 设备返回状态信息	
MCI_LOAD	load	从磁盘文件中加载多媒体数据	可选命令
MCI_PAUSE	pause	暂停播放	
MCI_PLAY	play	开始播放	
MCI_RECORD	record	开始记录数据	
MCI_RESUME	resume	重新开始播放或录音	
MCI_SAVE	save	将数据存储到磁盘文件中	
MCI_SEEK	seek	向前或向后搜索	
MCI_SET	set	设置 MCI 设备信息	
MCI_STOP	stop	停止播放或记录	
MCI_NOTIFY	notify	MCI 命令执行完后发送 MM_MCINOTIFY 消息	标志
MCI_WAIT	wait	MCI 命令执行完后才返回	
MCI_TEST	test	查询 MCI 设备是否支持该命令	

fdwCommand 参数为命令标志，多数命令都支持 MCI_NOTIFY、MCI_WAIT 和 MCI_TEST 标志。复杂的命令消息还有独特的附加标志，用位或"|"运算组合这些标志。MCI_NOTIFY 标志表示执行命令并立即返回函数，媒体设备操作结束时发送通知消息，MCI_WAIT 标志表示执行命令直到媒体设备操作结束时函数才返回。例如播放一首歌曲，MCI_NOTIFY 设置使 mciSendCommand 开始播放且函数返回，当音乐播放完成后发送通知消息，MCI_WAIT 设置使 mciSendCommand 开始播放，直到播放结束时函数才返回。

3）MCI 实用函数

```
BOOL mciGetErrorString(          //由错误代码返回错误信息
    DWORD fdwError,              //错误代码 mciSendCommand 或 mciSendString 的返回值
    LPTSTR lpszErrorText,        //指向接收错误信息字符数组的指针
    UINT cchErrorText            //字符数组的长度
);
MCIDEVICEID mciGetDeviceID(      //返回指定 MCI 设备名的 ID
    LPCTSTR lpszDevice           //MCI 设备名
);
UINT mciSetYieldProc(            //设置 MCI 命令(含 MCI_WAIT 标志)执行后的回调函数
    MCIDEVICEID IDDevice,        //MCI 设备 ID
    YIELDPROC yp,                //回调函数,如果为 NULL 取消已有的回调函数
    DWORD dwYieldData            //发送到回调函数的数据
);
```

3. MCI 编程

下面以播放 CD 音乐、波形音频文件和录音为例，介绍 MCI 的多媒体编程。

1）播放 CD

播放 CD 的步骤是：

(1) 打开 CD 设备并检测有无错误。

(2) 获取 CD 相关信息，播放指定曲目。

(3) 最后停止播放和关闭 CD 设备。

【例 13.12】 编写播放 CD 音乐程序。

程序代码如下：

```
#include<windows.h>   //Windows 头文件
#include<mmsystem.h> //多媒体系统头文件
#include<stdio.h>
int main()
{
    char buf[256];
    int m,n;
    mciSendString("open cdaudio",NULL,0,NULL);  //打开 CD 设备
```

```
9        mciSendString("status cdaudio number of tracks",buf,256,NULL);//曲目总数
10       printf("total tracks:%d\ninput from to\n",atoi(buf));  //显示曲目总数
11       scanf("%d%d",&m,&n);  //输入播放 CD 的起始曲目 m 和结束曲目 n-1
12       mciSendString("set cdaudio time format TMSF",NULL,0,NULL);//设置时间格式
13       printf("track #%d-#%d playing...\n",m,n);
14       sprintf(buf,"play cdaudio from %d to %d",m,n);
15       mciSendString(buf,NULL,0,NULL);                    //从曲目 m 播放到曲目 n-1
16       scanf("%c%c",&m,&n);                               //输入回车继续
17       mciSendString("stop cdaudio",NULL,0,NULL);         //停止播放
18       mciSendString("close cdaudio",NULL,0,NULL);        //关闭 CD 设备
19       return 0;
20   }
```

程序执行到第 15 行时开始播放曲目，然后立即转到第 16 行，如果没有 scanf 形成的等待，那么继续执行第 17 行，则执行效果是曲目刚一播放就停止。如果将第 14 行的播放命令写成下面的形式：

```
sprintf(buf,"play cdaudio from %d to %d wait",m,n);
```

则程序执行到第 15 行时会一直等待播放完毕才转到第 16 行。

其他常用命令还有：

```
mciSendString("set cdaudio door open",NULL,0,NULL);          //打开光驱
mciSendString("set cdaudio door closed",NULL,0,NULL);        //关闭光驱
mciSendString("pause cdaudio",NULL,0,NULL);                  //暂停播放
mciSendString("resume cdaudio",NULL,0,NULL);                 //恢复播放
mciSendString("status cdaudio length",buf,256,NULL);         //获得 CD 音轨总长度
mciSendString("status cdaudio length track 5",buf,256,NULL);//获得第 5 个音轨长度
mciSendString("status cdaudio current track",buf,256,NULL); //获得当前音轨号
mciSendString("play cdaudio from m",NULL,0,NULL);            //从 m 音轨播放到 CD 末尾
mciSendString("play cdaudio to n",NULL,0,NULL);              //从当前位置播放到 n-1
mciSendString("play cdaudio",NULL,0,NULL);                   //从当前位置播放到 CD 末尾
```

2）播放 WAV

播放 WAV 与播放 CD 类似，不过由于 WAV 是媒体文件，因而打开 WAV 文件时通常会设置设备别名，形式如下：

```
char buf[256],filename[256];
gets(filename);                                   //输入 WAV 文件名，允许包含路径
sprintf(buf,"open \"%s\" alias sound type waveaudio",filename);
mciSendString(buf,NULL,0,NULL);                   //打开 WAV 文件
```

打开命令：

```
open "WAV 文件名" alias sound type waveaudio
```

alias sound 表示为这个 WAV 文件取一个设备别名 sound，后面的 MCI 调用可以将别名

当作设备名。下面是播放、停止和关闭 WAV 命令：

```
mciSendString("play sound wait",NULL,0,NULL);  //开始播放直到结束
mciSendString("stop sound",NULL,0,NULL);       //停止播放
mciSendString("close sound",NULL,0,NULL);      //关闭 WAV 文件
```

3) WAV 录音

下面通过编写一个 WAV 录音程序，演示使用 mciSendCommand 函数打开设备、录音、保存音频以及播放等命令操作的方法。

【例 13.13】 编写录音程序。

程序代码如下：

```
#include<windows.h>                              //Windows 头文件
#include<mmsystem.h>                             //多媒体头文件
DWORD RecordWaveFile(DWORD dwMS,LPTSTR filename)
{
    MCIDEVICEID wID;
    DWORD ret;
    MCI_OPEN_PARMS mciOP;
    MCI_RECORD_PARMS mciRP;
    MCI_SAVE_PARMS mciSP;
    MCI_PLAY_PARMS mciPP;
    //打开 WAV 设备
    mciOP.lpstrDeviceType  ="waveaudio";
    mciOP.lpstrElementName ="";
    ret= mciSendCommand(0,MCI_OPEN,MCI_OPEN_ELEMENT|MCI_OPEN_TYPE,(DWORD)
&mciOP);
    if (ret) return ret;
    wID =mciOP.wDeviceID;                        //保存设备号
    MessageBox(NULL,"开始录音","提示",MB_OK);    //提示开始录音
    //开始从麦克风录音,直到录音完成
    mciRP.dwTo =dwMS;                            //录音时长(默认单位为毫秒)
    if (ret=mciSendCommand(wID,MCI_RECORD,MCI_TO|MCI_WAIT,(DWORD)&mciRP)) {
        mciSendCommand(wID,MCI_CLOSE,0,0);
        return ret;
    }
    MessageBox(NULL,"录音结束","提示",MB_OK);    //提示录音结束
    //保存录音到 filename 文件中
    mciSP.lpfilename =filename;
    if (ret = mciSendCommand (wID, MCI_SAVE, MCI_SAVE_FILE | MCI_WAIT, (DWORD)
&mciSP)) {
        mciSendCommand(wID,MCI_CLOSE,0,0);
        return    ret;
    }
    //播放刚才的录音
```

```
    mciPP.dwFrom = 0L;
    if (ret=mciSendCommand(wID,MCI_PLAY,MCI_FROM|MCI_WAIT,(DWORD)&mciPP)) {
        mciSendCommand(wID,MCI_CLOSE,0,0);
        return ret;
    }
    return 0;
}
int main()
{
    char * fn="record.wav";
    RecordWaveFile(10000,fn);          //参数 1 设置录音时长(毫秒),参数 2 为存储文件名
    return 0;
}
```

13.4.2 MCIWnd 编程

MCI 提供了一个媒体窗口类 MCIWnd,它是一个集成了 MCI 功能的 Windows 窗口,应用程序可以在主窗口内创建一个 MCI 子窗口,从而以基于窗口的方式使用 MCI。

1. 头文件和库

应用程序中使用 MCIWnd,需要包含文件:

```
#include <vfw.h>                                              //数字视频头文件
```

并且添加连接库:

```
vfw32.lib
```

Visual C++ 和 CodeBlocks 内置 MCIWnd 的开发支持。

2. MCIWnd 函数

(1) 创建 MCI 窗口

使用 MCIWnd 需要创建一个 MCI 子窗口,通常在主窗口的 WM_CREATE 消息处理中进行,函数原型为:

```
HWND MCIWndCreate (HWND hwndParent, HINSTANCE hInstance, DWORD dwStyle, LPSTR
szFile);
```

hwndParent 为 MCI 窗口的父窗口句柄,即主窗口句柄。hInstance 为应用程序实例,dwStyle 参数为表 13.28 所列的 MCI 窗口风格值,szFile 为表 13.26 的 MCI 设备名或媒体数据文件名。函数返回值为创建后的 MCI 窗口句柄,需要保存这个句柄,后面所有操作都用到它。

MCIWNDF_NOTIFYPOS 标志表示当媒体位置改变时向父窗口发送通知消息 MCIWNDM_NOTIFYPOS,随消息来的 lParam 参数为新位置值,这个标志使父窗口有

机会了解媒体所处的播放位置。

表 13.28 MCIWnd 窗口风格值

风格值	含义	风格值	含义
MCIWNDF_NOAUTOSIZEWINDOW	不随媒体框改变窗口	MCIWNDF_NOERRORDLG	不使用错误提示
MCIWNDF_NOAUTOSIZEMOVIE	不随窗口改变媒体框	MCIWNDF_NOMENU	隐藏菜单按钮
MCIWNDF_NOPLAYBAR	隐藏播放控制条	MCIWNDF_NOOPEN	隐藏打开菜单项
MCIWNDF_NOTIFYANSI	改用 ANSI 时通知	MCIWNDF_NOTIFYMODE	状态改变时通知
MCIWNDF_NOTIFYPOS	位置改变时通知	MCIWNDF_NOTIFYMEDIA	打开关闭时通知
MCIWNDF_NOTIFYSIZE	尺寸改变时通知	MCIWNDF_NOTIFYERROR	错误时通知
MCIWNDF_NOTIFYALL	允许所有类型通知	MCIWNDF_RECORD	添加录音按钮
MCIWNDF_SHOWALL	全部显示	MCIWNDF_SHOWMODE	显示 MCI 状态
MCIWNDF_SHOWNAME	显示设备名或媒体名	MCIWNDF_SHOWPOS	显示媒体位置

MCIWNDF_NOTIFYSIZE 标志表示当媒体播放框(如影片)大小改变时向父窗口发送通知消息 MCIWNDM_NOTIFYSIZE,这个标志使父窗口有机会根据媒体尺寸调整窗口尺寸。

MCIWNDF_NOTIFYMEDIA 标志表示当媒体打开或关闭时向父窗口发送通知消息 MCIWNDM_NOTIFYMEDIA,随消息来的 lParam 参数为新媒体文件名(打开时),这个标志使父窗口有机会处理播放列表。

MCIWNDF_NOTIFYMODE 标志表示当媒体操作模式变化时向父窗口发送通知消息 MCIWNDM_NOTIFYMODE,随消息来的 lParam 参数为新模式值,这个标志使父窗口有机会根据如下的模式值了解媒体的状态。

```
MCI_MODE_STOP     停止    MCI_MODE_PLAY    播放
MCI_MODE_RECORD   录音    MCI_MODE_SEEK    控制移动
MCI_MODE_PAUSE    暂停    MCI_MODE_OPEN    打开
```

(2) 销毁 MCI 窗口

通常在主窗口的 WM_DESTROY 消息处理中销毁已创建的 MCI 窗口,函数原型为:

```
VOID MCIWndDestroy(hwnd);                          //销毁 MCI 窗口 hwnd
```

(3) 媒体操作

```
LONG MCIWndOpen(hwnd,szFile,wFlags);               //打开 szFile 媒体文件
```

```
LONG MCIWndClose(hwnd);                          //关闭媒体
LONG MCIWndPlay(hwnd);                           //从当前位置播放到结尾
LONG MCIWndPlayFrom(hwnd,lPos);                  //从 lPos 开始播放到结束位置
LONG MCIWndPlayFromTo(hwnd,lStart,lEnd);         //从 lStart 播放到 lEnd
LONG MCIWndPlayReverse(hwnd);                    //倒放
LONG MCIWndPlayTo(hwnd,lPos);                    //从当前位置播放到 lPos
LONG MCIWndPause(hwnd);                          //暂停播放或录音
LONG MCIWndResume(hwnd);                         //暂停后继续
LONG MCIWndStep(hwnd,n);                         //步进,n 为负值向后,正值向前
LONG MCIWndStop(hwnd);                           //停止播放或录音
LONG MCIWndSeek(hwnd,lPos);                      //寻道 lPos 位置
LONG MCIWndHome(hwnd);                           //移到开头位置
LONG MCIWndEnd(hwnd);                            //移到结束位置
LONG MCIWndNew(hwnd,lp);                         //创建新音频多媒体文件
LONG MCIWndRecord(hwnd);                         //开始录音
LONG MCIWndSave(hwnd,szFile);                    //保存媒体数据到 szFile 文件中
LONG MCIWndSetVolume(hwnd,iVol);                 //设置音量值 iVol
VOID MCIWndSetRepeat(hwnd,f);                    //设置是否重复播放,f=TRUE 重复
LONG MCIWndSetSpeed(hwnd,iSpeed);                //设置播放速度
VOID MCIWndSetZoom(hwnd,iZoom);                  //设置播放比例 iZoom=100 为原尺寸
```

(4) 获取 MCI 信息

```
LONG MCIWndGetDest(hwnd,prc);                    //获取播放框尺寸
UINT MCIWndGetDeviceID(hwnd);                    //获取媒体设备 ID
LONG MCIWndGetEnd(hwnd);                         //得到媒体结束位置
LONG MCIWndGetLength(hwnd);                      //得到媒体长度
LONG MCIWndGetMode(hwnd,lp,len);                 //得到媒体状态
LONG MCIWndGetPosition(hwnd);                    //得到当前位置
LONG MCIWndGetSource(hwnd,prc);                  //得到媒体原尺寸
LONG MCIWndGetStart(hwnd);                       //得到媒体开始位置
LONG MCIWndGetVolume(hwnd);                      //得到当前音量值
UINT MCIWndGetZoom(hwnd);                        //得到播放比例
```

【例 13.14】 编写媒体播放器程序。

程序基于 SDK 编程框架(参考例 13.3)编写,增加 WM_DESTROY、WM_CREATE、WM_COMMAND、MCIWNDM_NOTIFYSIZE 和 MCIWNDM_NOTIFYMODE 消息处理。增加的代码如下:

```
#define N 5                                      //自动播放的歌曲数目
HWND hmciWnd=NULL;                               //MCI 窗口句柄
char szPlayList[N][20]={"01.mp3","02.mp3","03.mp3","04.mp3","05.mp3"};
int nPos=0 , bAutoList=FALSE;
LRESULT OnDestroy(HWND hWnd,UINT message,WPARAM wParam,LPARAM lParam)
{   //窗口销毁消息处理
```

```
    MCIWndDestroy(hmciWnd);                          //销毁 MCI 窗口
    return 0;                                        //处理了这条消息必须返回 0
}
LRESULT OnCreate(HWND hWnd,UINT message,WPARAM wParam,LPARAM lParam)
{   //窗口创建消息处理
    hmciWnd=MCIWndCreate(hWnd,hInst,MCIWNDF_NOTIFYALL,NULL); //创建 MCI 窗口
    return 0;                                        //处理了这条消息必须返回 0
}
int OpenFileDialog(HWND hWnd,char * pFileName,int nSize)
{
    OPENFILENAME ofn;
    char *pfl="所有文件(*.*)\0*.*\0AVI(*.avi)\0*.AVI\0MP3(*.mp3)\0*.MP3\0";
    ZeroMemory(&ofn,sizeof(ofn));                    //数据全部清 0
    ofn.lStructSize     =sizeof(ofn);
    ofn.hwndOwner       =hWnd;                       //对话框父窗口
    ofn.lpstrFile       =pFileName;                  //得到的文件名
    ofn.lpstrFile[0]='\0', ofn.nMaxFile=nSize;       //字符接收最大长度
    ofn.lpstrFilter     =pfl;                        //文件类型筛选
    ofn.nFilterIndex    =1;                          //首选第 1 个筛选
    ofn.lpstrFileTitle =NULL; ofn.nMaxFileTitle=0; ofn.lpstrInitialDir=NULL;
    ofn.Flags          =OFN_PATHMUSTEXIST|OFN_FILEMUSTEXIST;
    return GetOpenFileName(&ofn);                    //打开文件对话框
}
LRESULT OnCommand(HWND hWnd,UINT message,WPARAM wParam,LPARAM lParam)
{   //命令消息处理
    char szFile[300];
    switch (LOWORD(wParam)) {                        //菜单项标识或快捷键命令标识
        case IDM_FILE_OPEN:                          //打开
            if (OpenFileDialog(hWnd,szFile,sizeof(szFile))) {
                MCIWndClose(hmciWnd);                //关闭前次打开的媒体
                MCIWndOpen(hmciWnd,szFile,NULL);     //打开新媒体
                MCIWndPlay(hmciWnd);                 //立即播放
                nPos=0;                              //回到播放列表开始处
                bAutoList=FALSE;                     //非自动播放
            }
            break;
        case IDM_AUTOPLAY:                           //自动播放
            if (nPos==0) {
                MCIWndClose(hmciWnd);                //关闭前次打开的媒体
                MCIWndOpen(hmciWnd,szPlayList[nPos],NULL);  //打开新媒体
                MCIWndPlay(hmciWnd);                 //立即播放
                bAutoList=TRUE;                      //正处在自动播放
            }
            break;
```

```
        case IDM_EXIT:                                        //退出
            DestroyWindow(hWnd);
            break;
        default:                                              //其他菜单调用默认处理
            return DefWindowProc(hWnd,message,wParam,lParam);
    }
    return 0;                                                 //处理了这条消息后必须返回 0
}
LRESULT OnNotifySize(HWND hWnd,UINT message,WPARAM wParam,LPARAM lParam)
{   //媒体子窗口大小变化通知事件
    RECT rt;
    DWORD d1,d2,w,h;
    if (hmciWnd) {                                            //调整窗口大小适应媒体大小
        GetWindowRect(hmciWnd,&rt);
        d1=(DWORD)GetWindowLong(hWnd,GWL_STYLE);
        d2=(DWORD)GetWindowLong(hWnd,GWL_EXSTYLE);
        AdjustWindowRectEx(&rt,d1,TRUE,d2 & ~ WS_EX_CLIENTEDGE);
        w=rt.right-rt.left , h=rt.bottom-rt.top;
        if (d2&WS_EX_CLIENTEDGE) w+=4 , h+=4;                 //增加窗口 3D 边框
         SetWindowPos (hWnd, NULL, 0, 0, w, h, SWP_NOZORDER | SWP_NOACTIVATE | SWP_
                    NOMOVE);
    }
    return 0;                                                 //处理了该消息后必须返回 0
}
LRESULT OnNotifyMode(HWND hWnd,UINT message,WPARAM wParam,LPARAM lParam)
{   //媒体模式变化通知事件
    if (bAutoList && (long)lParam==MCI_MODE_STOP) { //自动播放才处理播放结束事件
        nPos++;
        if (nPos>=N) {                                        //已经播完 N 首 mp3
            nPos=0;                                           //回到播放列表开始处
            bAutoList=FALSE;                                  //结束自动播放
        }
        else {                                                //继续播放列表中的下一首
            MCIWndOpen(hmciWnd,szPlayList[nPos],NULL); //打开新媒体
            MCIWndPlay(hmciWnd);                              //立即播放
        }
    }
    return 0;                                                 //处理了该消息后必须返回 0
}
```

创建 MCI 子窗口时使用了 MCIWNDF_NOTIFYALL 值，表示 MCI 子窗口会向主窗口发出所有的通知消息。当媒体窗口大小改变时产生 MCIWNDM_NOTIFYSIZE 消息，主窗口捕获后执行 OnNotifySize，调整主窗口尺寸适应媒体子窗口大小；当媒体播放模式（如播放、暂停或停止）变化时将产生 MCIWNDM_NOTIFYMODE 消息，主窗口捕

获后执行 OnNotifyMode,判断是否播放结束且处在自动播放状态时,将播放列表中下一首 MP3。函数 OpenFileDialog 调用 GetOpenFileName 出现"文件打开"对话框,查找要播放的媒体文件。程序运行结果如图 13.27 所示。

图 13.27 媒体播放器程序

13.4.3 MMAPI 编程

MMAPI(multimedia application programming interface)是 Windows 的底层多媒体编程接口,包括波形音频处理、MIDI 操作、多媒体计时器管理、操作杆控制和多媒体文件 I/O 函数。

MMAPI 与 MCI 一样,要求包含 mmsystem.h 头文件和连接 winmm.lib 库文件。

1. 播放系统事件声音

```
BOOL MessageBeep(UINT uType);
```

例如:

```
MessageBeep(MB_ICONASTERISK);   //发出"星号"声音(见控制面板/声音/程序事件)
```

2. 播放 WAV

```
BOOL PlaySound(LPCSTR pszSound,HMODULE hmod,DWORD fdwSound);
```

例如:

```
PlaySound("demo.wav",NULL,SND_FILENAME|SND_SYNC);   //播放 demo.wav
```

3. 播放 MIDI

(1) MIDI 函数

使用 MIDI 设备之前,一般需要查询当前系统的 MIDI 设备和性能,函数原型为:

```
UINT midiOutGetNumDevs(VOID);   //返回 MIDI 输出设备的数目(非 0 表示支持 MIDI)
```

```
//检查 MIDI 输出设备的性能
MMRESULT midiOutGetDevCaps(UINT uID,LPMIDIOUTCAPS lpMidiCaps,UINT cbMidiCaps);
```

为了播放 MIDI，必须首先调用 midiOutOpen 函数打开指定序号的 MIDI 设备，利用它所返回的设备句柄来调用其他函数。在播放 MIDI 的过程中，可以调用 midiOutReset 函数停止播放，调用 midiOutClose 函数关闭 MIDI 设备。3 个函数原型为：

```
UINT midiOutOpen(                              //打开 MIDI 设备
    LPHMIDIOUT lphmo,                          //MIDI 设备句柄
    UINT uDeviceID,                            //设备 ID,一般为 MIDI_MAPPER
    DWORD dwCallback,                          //回调函数,一般为 NULL
    DWORD dwCallbackInstance,                  //回调函数使用的数据,一般为 NULL
    DWORD dwFlags                              //打开设备标志
);
MMRESULT midiOutReset(HMIDIOUT hmo);           //停止 MIDI 播放
MMRESULT midiOutClose(HMIDIOUT hmo);           //关闭 hmo 设备
```

例如：

```
HMIDIOUT hMidiOut;                             //MIDI 设备句柄
midiOutOpen(&hMidiOut,MIDI_MAPPER,0,0,0);      //打开 MIDI 设备
 ⋮
midiOutReset(hMidiOut);                        //停止 MIDI 播放
midiOutClose(hMidiOut);                        //关闭 MIDI 设备
```

在打开 MIDI 设备后，可以调用 midiOutShortMsg 函数来发送 MIDI 短消息，从而能够动态控制 MIDI 设备和播放音符。函数原型为：

```
MMRESULT midiOutShortMsg(HMIDIOUT hmo,DWORD dwMsg); //发送短消息到指定的 MIDI 设备
```

其中 dwMsg 参数表示 MIDI 消息，为 4 字节无符号整数。其高字的高位字节保留为 0；低位字节为 MIDI 数据的第 2 个字节；低字的高位字节为 MIDI 数据的第 1 个字节；低位字节为 MIDI 的状态。因为在 Intel CPU 中，多字节整数的低位字节在前，所以实际的 MIDI 短消息的字节顺序如下：

```
字节序号：  0       1       2       3
字节内容：  状态值  数据 1  数据 2  保留为 0
```

可定义一个函数来完成将 MIDI 数据转换成 MIDI 短消息输出，例如：

```
DWORD MidiOutMsg(HMIDIOUT hMidi,int nStatus,int nChannel,int nData1,int nData2)
{   //MIDI 数据转换成 MIDI 短消息输出
    DWORD dwMessage;
    dwMessage =nStatus|nChannel|(nData1 <<8)|(nData2 <<16); //组合成短消息
    return midiOutShortMsg(hMidi,dwMessage);                 //输出 MIDI 短消息
}
```

还可以设置或获取 MIDI 音量，函数原型为：

```
//设置 MIDI 音量，低/高字为左（或单）/右声道音量，值为 0~0xFFFF
MMRESULT midiOutSetVolume(HMIDIOUT hmo,DWORD dwVolume);
MMRESULT midiOutGetVolume(HMIDIOUT hmo,LPDWORD lpdwVolume); //获取 MIDI 当前音量
```

(2) MIDI 短消息

MIDI 短消息由若干（2～3 个）字节组成，第一个字节为状态字节，后跟 1～2 个数据字节。为了能区分状态字节和数据字节，MIDI 规定状态字节的高位为 1（即值≥128），而各数据字节的高位为 0（即值<128）。表 13.29 为 MIDI 通道短消息的状态字节类型和所对应的数据字节的个数和含义。

表 13.29　MIDI 短消息

功能描述	状态字节（n=0～F）	数据字节数量	数据字节含义
Note Off（音符关）	0x8n	2	字节 1 为音高，字节 2 为速率（音量）
Note On（音符开）	0x9n	2	字节 1 为音高，字节 2 为速率（音量）
Key Pressure（按键力度）	0xAn	2	字节 1 为音高，字节 2 为速率（音量）
Control Change（控制改变）	0xBn	2	字节 1 为控制器编号，字节 2 为控制值
Program Change（程序改变）	0xCn	1	程序编号（音色/乐器种类）
Channel Pressure（通道力度）	0xDn	1	压力值
Pitch Bend（音高弯度）	0xEn	2	字节 1 为粗调，字节 2 为微调

例如：

0x9n 状态表示音符开（发出乐音），让 MIDI 通道 n 中的乐器发出指定音高和音强的乐音。其中通道序号 n 为 0～F，每个通道可设置一种当前音色；音高 pitch＝0（C_3＝8.16Hz）～127（g^6＝12543.84Hz），采用 12 平均律，步长为半音阶，如中音的 1～7 对应于 60（c^1）、62（d^1）、64（e^1）、65（f^1）、67（g^1）、69（a^1）、71（b^1）。音强是指键被按下的速率，对应于音符的强度为 0（无声）～127（最强声）。

0x8n 状态表示音符关（停止乐音），停止 MIDI 通道 n 中的乐器所发出的指定音高和音强的乐音。

0xCn 状态表示程序改变（选择音色），设置 MIDI 通道 n 中的乐器为指定的乐器种类（音色）。状态字节后跟的单个数据字节为音色/乐器种类，默认乐器序号为 0（三角钢琴）。表 13.30 定义了 128 种标准的音色/乐器（patch /timbre /voice）。

表 13.30　标准音色/乐器编号

分　　组	序号范围	乐器名称
钢琴	0～7	三角钢琴、明亮钢琴、电三角钢琴、酒吧钢琴、柔和电钢琴、合唱电钢琴、拨弦古钢琴、击弦古钢琴
非电声击打乐器	8～15	钢片琴、钟琴、八音盒、颤音琴、马林巴琴、木琴、管钟、洋琴

续表

分　组	序号范围	乐器名称
风琴	16～23	拉杆式管风琴、敲击式管风琴、摇滚管风琴、教堂管风琴、簧风琴、手风琴、口琴、探戈口琴
吉他	24～31	尼龙弦吉他、钢弦吉他、电爵士吉他、电清音吉他、电闷音吉他、过激吉他、失真吉他、吉他和声
贝司	32～39	贝司、指弹电贝司、拨片电贝司、无品贝司、击弦贝司1、击弦贝司2、合成贝司1、合成贝司2
独奏弦乐器	40～47	小提琴、中提琴、大提琴、低音大提琴、颤音琴弦、弹拨琴弦、竖琴、定音鼓
合奏合唱	48～55	弦乐合奏1、弦乐合奏2、合成弦乐1、合成弦乐2、合唱啊、人声u:、合成人声、管弦乐齐奏
铜管乐器	56～63	小号、长号、大号、弱音小号、法国号(圆号)、铜管乐合奏、合成铜管乐1、合成铜管乐2
簧片乐器	64～71	高音萨克斯、中音萨克斯、次中音萨克斯、低音萨克斯、双簧管、英国号、巴松(大管)、单簧管(黑管)
木管乐器	72～79	短笛、长笛、竖笛、排箫、吹瓶、日本笛、口哨、洋埙
合成导音	80～87	方波、锯齿波、汽笛风琴、夜莺、精灵、人声、平行五度、低音导音
合成垫音	88～95	新时代、温暖、复音合成、合唱、弓弦、金属、光环、风声
合成效果	96～103	雨声、音轨、水晶、大气、明亮、诡异、回声、科幻
民族乐器	104～111	印度西班达、美洲班卓琴、日本三昧线、日本十三弦筝、非洲卡林巴、苏格兰风笛、提琴、山奈
打击乐器	112～119	叮当铃、摇摆舞铃、钢鼓、木鱼、太科鼓、通通鼓、合成鼓、铜钹
声效	120～127	吉他换把、呼吸、海浪、鸟鸣、电话铃、直升机、掌声、枪声

例如：

```
MidiOutMsg(hMidiOut,0x90,0,pitch,nVel);      //通道0播放pitch音符,音强为nVel
MidiOutMsg(hMidiOut,0x80,0,pitch,nVel);      //通道0停止pitch音符
MidiOutMsg(hMidiOut,0xC0,0,40,0);            //40设置乐器为小提琴
```

【例13.15】 编写键盘电子琴程序。

程序基于SDK编程框架(参考例13.3)编写,增加WM_DESTROY、WM_CREATE、WM_KEYDOWN和WM_KEYUP消息处理。增加的代码如下：

```
UINT nMID;                                        //MIDI输出设备数目
HMIDIOUT hMidiOut;                                //MIDI设备句柄
int nChannel=0,nVoice=0,nVel=127;                 //通道,音色/乐器(默认为三角钢琴),音强
LRESULT OnDestroy(HWND hWnd,UINT message,WPARAM wParam,LPARAM lParam)
{   //窗口销毁消息处理
    if (nMID>0) {
```

```
        midiOutReset(hMidiOut);                //停止 MIDI 播放
        midiOutClose(hMidiOut);                //关闭 MIDI 设备
    }
    return 0;                                  //处理了这条消息必须返回 0
}
LRESULT OnCreate(HWND hWnd,UINT message,WPARAM wParam,LPARAM lParam)
{   //窗口创建消息处理
    nMID=midiOutGetNumDevs();                  //获取 MIDI 设备数目
    if (nMID>0) midiOutOpen(&hMidiOut,MIDI_MAPPER,0,0,0);  //打开 MIDI 设备
    else MessageBox(hWnd,"No MIDI device!","错误",MB_OK|MB_ICONERROR);
    return 0;                                  //处理了这条消息必须返回 0
}
DWORD MidiOutMsg(HMIDIOUT hMidi,int nStatus,int nChannel,int nData1,int nData2)
{   //MIDI 数据转换成 MIDI 短消息输出
    DWORD dwMessage;
    dwMessage =nStatus|nChannel|(nData1 <<8)|(nData2 <<16);  //组合成短消息
    return midiOutShortMsg(hMidi,dwMessage);  //输出 MIDI 短消息
}
void PlayStopPitch(int nStatus,UINT nChar)
{   //播放/停止 MIDI 音符
    const int C_PITCHS[7]={0,2,4,5,7,9,11}; //8 度音阶,12 个半音
    int pitch=60;                              //初始音高,c1=中音 1
    if (nChar>='1' && nChar<='7') {            //处理音阶
        if (GetKeyState(VK_TAB) & 1<<15) pitch+=24;          //高 16 度
        else if (GetKeyState(VK_SHIFT) & 1<<15) pitch+=12;   //高 8 度
        else if(GetKeyState(VK_CONTROL) & 1<<15) pitch-=12;  //低 8 度
        else if(GetKeyState(VK_CAPITAL) & 1<<15) pitch-=24;  //低 16 度
        pitch +=C_PITCHS[nChar-0x31];                        //加上音符
        MidiOutMsg(hMidiOut,nStatus,nChannel,pitch,nVel);
    }
}
LRESULT CALLBACK DlgProc(HWND hDlg, UINT message, WPARAM wParam, LPARAM lParam)
{   //对话框过程
    if (message==WM_COMMAND && LOWORD(wParam)==IDOK) {
        char buf[200];
        GetDlgItemText(hDlg,IDC_EDIT1,buf,sizeof(buf)); //获取编辑框输入值
        nVoice=atoi(buf);                                //转换成数值
        if (nVoice>=0 && nVoice<=127)                    //必须是有效的乐器值 0~127
            MidiOutMsg(hMidiOut,0xC0,nChannel,nVoice,0); //设置新的音色/乐器
        EndDialog(hDlg,nVoice);
        return TRUE;
    }
    return FALSE;
}
```

```
LRESULT OnKeyDown(HWND hWnd,UINT message,WPARAM wParam,LPARAM lParam)
{   //键盘按下消息处理,播放音符
    UINT nChar,nFlags;
    nChar=(int)wParam , nFlags=lParam;                    //按键 ASCII 码和标志
    PlayStopPitch(0x90,nChar);                            //开始播放 MIDI 音符
    return 0;                                             //处理了该消息后必须返回 0
}
LRESULT OnKeyUp(HWND hWnd,UINT message,WPARAM wParam,LPARAM lParam)
{   //按键放开消息处理,停止播放
    UINT nChar,nFlags;
    nChar=(int)wParam , nFlags=lParam;                    //按键 ASCII 码和标志
    if (nChar==VK_F2)                                     //按 F2 键设置音色/乐器
        DialogBox(hInst,(LPCTSTR)IDD_INPUT,hWnd,(DLGPROC)DlgProc);
    else
        PlayStopPitch(0x80,nChar);                        //停止播放 MIDI 音符
    return 0;                                             //处理了该消息后必须返回 0
}
```

程序运行时,键盘按键与弹奏出的音符的对照如表 13.31 所示。按 F2 键可以设置表 13.30 所列的乐器。

表 13.31　键盘按键与音符的关系

键盘按键	超低音	低音	中音 C	高音	超高音
数字键	1234567	1234567	1234567	1234567	1234567
同时按状态键	Capslock	Ctrl		Shift	Tab

13.5　网络编程

本节介绍 Windows 网络编程接口 Winsock 以及如何进行计算机网络通信。

13.5.1　Winsock 简介

为了能够方便地开发各种网络应用程序,美国伯克利加州大学(UC,berkeley)为 UNIX 操作系统开发了一种网络编程接口,它是一种使应用程序可以访问通信协议的系统调用,称为套接字(sockets)。套接字消除了底层通信软件和操作系统的差异,使任何两台安装 TCP/IP 协议软件的计算机之间可以相互通信。

Winsock 是 TCP/IP 协议在 Windows 系统中的封装。Winsock 不仅提供 Berkeley sockets 功能的调用集,而且针对 Windows 系统的特点进行了必要的扩充。通过调用 Winsock 的函数可以实现基本的套接字功能,如 socket、bind、listen、send 与 recv 等函数。扩充的功能调用以 WSA(Windows sockets asynchronous)为前缀,表明它们支持采用异步模式的 I/O 操作,并采用符合 Windows 消息机制的网络事件异步选择机制。

Winsock 规范主要有 1.1 版和 2.x 版。两者的最重要区别是：1.1 版只支持 TCP/IP 协议，2.x 版可以支持多协议和异步机制。2.x 版有良好的兼容性，任何使用 1.1 版的应用程序都可以不加修改地在 2.x 规范下使用。

Winsock 提供了两种 I/O 模式：阻塞模式与非阻塞模式。在阻塞模式下，用于收发数据的 Socket 函数被调用后，直到传输完毕或出错后才完成。也就是说，在函数调用返回之前，这个套接字不能进行任何其他操作，调用它的进程也会处于挂起的状态。例如，应用程序在调用 send 函数后，需要花费一段时间来等待响应数据返回，该进程在这段时间中无法继续执行。Berkeley sockets 中的很多函数都是阻塞模式的。

Winsock 2 通过异步选择机制实现非阻塞模式。在非阻塞模式下，收发数据的 Socket 函数被调用后，该函数将会立即返回，调用该函数的进程可以继续执行。当 Socket 函数要执行的功能完成后，Winsock 发送一个事先约定的消息，进程根据这个消息做出相应的处理。非阻塞模式充分利用了 Windows 系统的消息驱动机制。Winsock 提供两种异步接收方式：Berkeley sockets 的 select 函数与 Winsock 的 WSAAsynSelect 函数。

13.5.2 Winsock 编程

应用程序使用 Winsock 1.1 进行网络编程时，需要包含头文件：

```
#include <winsock.h>  //Winsock 1.1 头文件
```

并且添加连接库：

```
winsock.lib
```

需要注意，Winsock 1.1 的程序运行时需要 WSSOCK32.DLL。

应用程序使用 Winsock 2 进行网络编程时，需要包含头文件：

```
#include <winsock2.h> //Winsock 2 头文件
```

其中 winsock2.h 头文件也包含了 winsock.h，并且添加连接库：

```
ws2_32.lib
```

需要注意，Winsock 2 的程序运行时需要 WS2-32.DLL。

Visual C++ 和 CodeBlocks 均内置了 Winsock 1.1 和 Winsock 2 的开发支持。

(1) 初始化 Winsock 和卸载 Winsock

在使用 Winsock 前，必须调用 WSAStartup 函数为应用程序加载 Winsock 动态链接库，初始化 Winsock 环境。WSAStartup 函数原型为：

```
int WSAStartup(WORD wVersionRequested,LPWSADATA lpWSAData); //初始化 Winsock DLL
```

其中，wVersionRequested 用来指定 Winsock 版本，高位字节为副版本，低位字节为主版本，例如，对于 Winsock 1.1 和 2.2 版本，该参数分别为 0x0101 或 0x0202；lpWSAData 用来返回 Winsock 版本信息，这是一个 WSADATA 结构变量的指针。WSAStartup 函数执行成功后返回 0，失败后返回 SOCKET_ERROR。

应用程序不再使用 Winsock 时，需要调用 WSACleanup 函数来卸载 Winsock 动态链接库，释放动态链接库占用的系统资源。WSACleanup 函数原型为：

```
int WSACleanup();                    //卸载 Winsock DLL
```

对于每个成功的 WSAStartup 调用，最后都应该调用 WSACleanup。

(2) 创建和关闭套接字

需要调用 socket 函数创建一个可用的套接字，为套接字分配所需的系统资源，才能使用后面的套接字函数。socket 函数原型为：

```
SOCKET socket(int af,int type,int protocol); //创建套接字
```

其中 af 用来指定使用的地址族，TCP/IP 协议为 AF_INET、UNIX 协议为 AF_UNIX、Xerox 协议为 AF_NS，通常设为 AF_INET。type 用来指定创建的套接字类型，流式套接字为 SOCK_STREAM、数据报套接字为 SOCK_DGRAM、原始套接字为 SOCK_RAW。protocol 依赖于第二个参数，用来指定使用的具体协议，根据地址格式和 socket 类型自动选择，IP 协议为 IPPROTO_IP，TCP 协议为 IPPROTO_TCP，UDP 协议为 IPPROTO_UDP。

socket 函数执行成功后返回套接字句柄，失败后返回 INVALID_SOCKET 错误。套接字句柄是一个整数类型的值，每个程序进程中都有一个套接字句柄表，该表存放套接字句柄和套接字数据结构的对应关系。需要保存套接字句柄，其他套接字函数要用到它。

完成网络通信任务后，需要关闭打开的套接字，释放相应的资源，其函数原型为：

```
int closesocket(SOCKET s);           //关闭套接字
```

(3) 地址转换

Winsock 有两个处理 IP 地址值与字符串形式的地址相互转换的函数：

```
//将一个用十进制点分表示的字符串 IP 地址(x.x.x.x)转换成 IP 地址值
unsigned long inet_addr(const char FAR * cp);
//将一个 IP 地址值转换成一个十进制点分表示的字符串 IP 地址(x.x.x.x)
char FAR * inet_ntoa(struct in_addr in);
```

(4) 字节顺序转换

网络中存在多种类型的计算机，不同类型的计算机表示数据的字节顺序是不同的。例如，整数有两种存储方式：高位字节在前与低位字节在前。如果计算机之间传输的数据没有统一，即使接收方得到正确的数据，也可能因字节顺序的处理不同而出现错误。

网络协议中的数据采用统一的网络字节顺序，因此需要将计算机的数据字节顺序与它相互转换，Winsock 提供了以下 4 种字节顺序转换函数：

```
u_long htonl(u_long hostlong);      //将一个 32 位数从主机字节顺序转换为网络字节顺序
u_short htons(u_short hostshort);//将一个 16 位数从主机字节顺序转换为网络字节顺序
u_long ntohl(u_long netlong);       //将一个 32 位数从网络字节顺序转换为主机字节顺序
u_short ntohs(u_short netshort); //将一个 16 位数从网络字节顺序转换为主机字节顺序
```

（5）绑定

绑定的作用是把特定的地址和端口号与 socket 套接字关联起来，这样外部的网络数据按一定的地址和端口传输到计算机后，通过绑定的套接字句柄即可获取。一般情况下，客户机 socket 是不需要绑定的，因为在客户/服务器通信过程中，客户机主动访问服务器，所以客户机是按已知的服务器地址和端口进行数据传输的。而服务器的 socket 需要绑定，因为它处在等待访问的守候状态。绑定函数原型为：

```
//给未命名套接字关联地址和协议端口
int bind(SOCKET s,const struct sockaddr FAR * name,int namelen);
```

其中 s 用来指定要绑定的套接字。name 用来指定绑定的本机地址，它是一个指向 sockaddr 结构变量的指针，其结构随着使用的协议不同而变化。namelen 用来指定本机地址结构的长度。基于 TCP/IP 协议需要使用 sockaddr_in 结构来代替 sockaddr。

（6）监听

listen 函数用来监听端口上的连接建立请求。这个函数用于流式套接字的面向连接的 TCP 服务。一般在服务器端程序中调用该函数使流式套接字处于监听状态，原型为：

```
int listen(SOCKET s,int backlog); //在指定套接字上监听外来连接
```

（7）连接

connect 函数用来请求与服务器建立连接。这个函数用于流式套接字的面向连接的 TCP 服务。一般在客户端程序中调用该函数向服务器端套接字发出连接建立请求，原型为：

```
//在指定套接字上请求连接
int connect(SOCKET s,const struct sockaddr FAR * name,int namelen);
```

（8）接收连接请求

accept 函数用来接收客户端的连接建立请求。这个函数用于流式套接字的面向连接的 TCP 服务。一般在服务器端程序中调用该函数从处于监听状态的客户连接请求队列中取出最前面的一个客户请求，并且创建一个新的临时套接字来与客户端套接字建立连接，函数原型为：

```
//确认外来连接，并将它与一个新建立的套接字关联
SOCKET accept(SOCKET s,struct sockaddr FAR * addr,int FAR * addrlen);
```

（9）收发数据

Winsock 提供了以下 4 个接收和发送数据函数：

```
//从一个连接的套接字上接收数据
int recv(SOCKET s,char FAR * buf,int len,int flags);
//从一个连接或未连接的套接字上接收数据
int recvfrom(SOCKET s,char FAR * buf,int len,int flags,struct sockaddr FAR *
from,int FAR * fromlen);
//给一个连接套接字发送数据
```

```
int send(SOCKET s,const char FAR * buf,int len,int flags);
//给一个连接或未连接套接字发送数据
int sendto(SOCKET s,const char FAR * buf,int len,int flags,const struct sockaddr
FAR * to,int tolen);
int shutdown(SOCKET s,int how);   //禁止套接字发送或接收
```

(10) 获取信息

Winsock 编程中经常需要调用获取 IP 地址、主机名、套接字等信息函数：

```
//根据网络地址获得域名和 IP 地址
struct HOSTENT FAR * gethostbyaddr(const char FAR * addr,int len,int type);
//根据主机名获得域名和 IP 地址
struct hostent FAR * gethostbyname(const char FAR * name);
//获得本地主机域名
int gethostname(char FAR * name,int namelen);
//根据协议名获得协议信息
struct PROTOENT FAR * getprotobyname(const char FAR * name);
//根据协议号获得协议信息
struct PROTOENT FAR * getprotobynumber(int number);
//通过服务器名获得对应的协议端口等信息
struct servent FAR * getservbyname(const char FAR * name,const char FAR * proto);
//通过协议端口获得服务名
struct servent FAR * getservbyport(int port,const char FAR * proto);
```

(11) 套接字处理

Winsock 编程中，有时需要获得或设置套接字的相关信息，如套接字句柄、类型、当前状态和操作模式等。Winsock 提供了以下 5 个套接字处理函数：

```
//获取指定套接字的相关选项
int getsockopt (SOCKET s, int level, int optname, char FAR * optval, int FAR *
optlen);
//为套接字提供控制
int ioctlsocket(SOCKET s,long cmd,u_long FAR * argp);
//设置指定套接字的相关选项
int setsockopt (SOCKET s, int level, int optname, const char FAR * optval, int
optlen);
//获取指定套接字的对等方名字
int getpeername(SOCKET s,struct sockaddr FAR * name,int FAR * namelen);
//获取指定套接字的当前名字
int getsockname(SOCKET s,struct sockaddr FAR * name,int FAR * namelen);
```

13.5.3 TCP 编程模式

TCP 编程模式针对面向连接的网络应用，这类应用在传输层采用的是 TCP 协议。通信双方在传输数据前需要建立连接，在传输数据结束后需要释放连接。服务器是提供

网络服务的应用进程，它通过协议端口向客户机提供服务。其协议端口始终处于监听状态，不断检查是否有客户机发送连接请求。客户机与服务器在建立连接时经过 3 次握手：客户机首先向服务器发送连接请求，服务器接收连接请求并向客户机返回响应，客户机再向服务器发送对该响应的确认。

TCP 编程模式基本固定。客户机与服务器之间要进行通信，需要依次调用 Socket 接口提供的不同函数。但是，服务器编程比客户机编程要复杂得多，这是因为服务器需要并发处理多个服务请求。图 13.28 给出了 TCP 编程模式的工作流程。

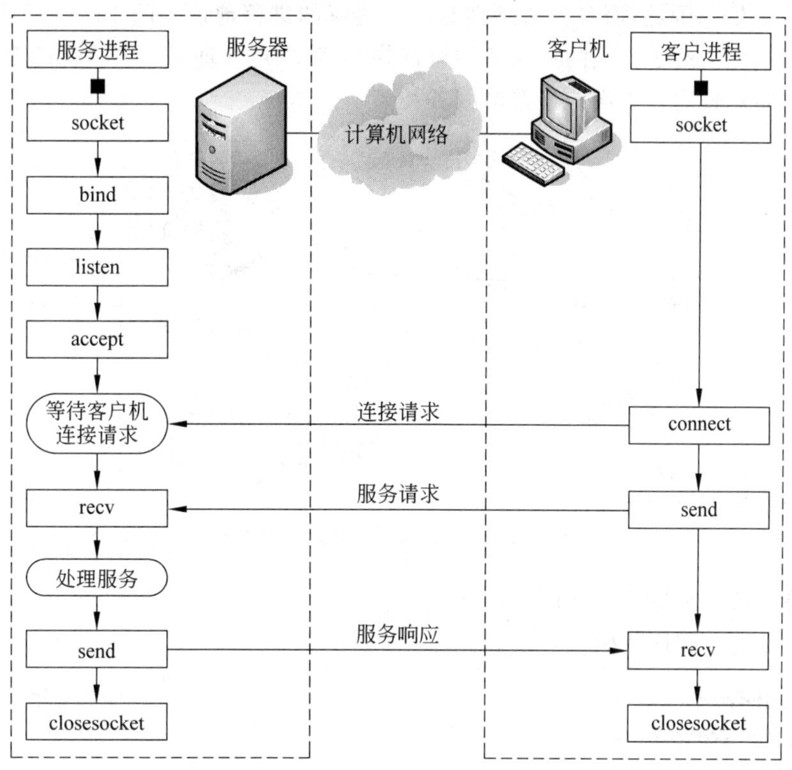

图 13.28　TCP 模式的工作流程

其中，客户机首先调用 socket 函数建立套接字，然后调用 connect 函数请求与服务器建立连接，在连接建立后可以调用 send 与 recv 函数分别发送与接收数据，最后调用 closesocket 函数关闭套接字。

服务器首先调用 socket 函数建立套接字，然后调用 bind 函数将某个端口与套接字绑定，再调用 listen 函数在绑定的端口上监听连接建立请求。当服务器监听到有连接建立请求到达时，调用 accept 函数创建新的临时套接字与客户机建立连接，同时服务器使原有的套接字返回监听状态。服务器使用新创建的子线程与客户机建立连接，在连接建立后可以调用 send 与 recv 函数分别发送与接收数据，最后调用 closesocket 函数关闭临时套接字与原有套接字。

客户机向服务器发送服务请求完全是随机的，并且可能有多个客户机同时发送请求。服务器需要随时通过协议端口来监听服务请求，并且要具备同时处理多个并发请求的能力，这是服务器与客户机编程中的最大区别。服务器并发处理的解决方案基本分为两种：并发服务器与重复服务器。这两种方案分别适合于不同的服务类型。其中，并发服务器(concurrent server)采用的是工作在后台的守护进程(daemon)，当有服务请求到达时将会激活该进程来进行处理。

并发服务器本身始终要处于等待并监听的状态。当服务器接收到客户机发送的服务请求时，它根据该请求的进程号去激活子进程提供服务，而服务器自身会回到等待状态继续监听请求。在这里，并发服务器自身被称为主(master)服务器，它激活的子进程被称为从(slave)服务器。因此，服务器必须拥有一个协议的进程地址。图 13.29 给出了并发服务器的工作原理。由于不同的从服务器可以并发、独立地处理不同客户机的服务请求，因此并发服务器比较适合于面向连接的服务类型。

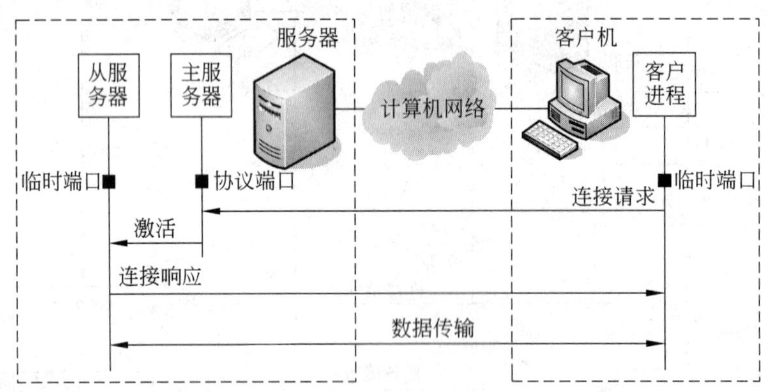

图 13.29　并发服务器的工作原理

【例 13.16】 编写 TCP 网络通信程序。

(1) 服务器端程序代码如下：

```
#include<winsock2.h>                                    //Winsock 2 头文件
#include<stdio.h>
int main()
{
    WSADATA wsaData;
    PHOSTENT hostinfo;
    SOCKET server, accSock;                             //服务器 TCP 套接字、连接套接字
    SOCKADDR_IN addr, addrout;
    int port, len=sizeof(SOCKADDR), count=0;
    char buf[128], *ip;
    if( WSAStartup(0x202,&wsaData)!=0 ) {               //初始化 Winsock DLL
        printf("initiate Winsock DLL error\n");
        return -1;
    }
    //1.创建服务器 TCP 套接字
    server=socket(AF_INET,SOCK_STREAM,IPPROTO_TCP); //Internet 域、流式套接字 TCP
    //2.绑定关联地址和协议端口
```

```
    addr.sin_family =AF_INET;                          //使用 TCP/IP 协议
    addr.sin_addr.s_addr =  htonl(INADDR_ANY);
    addr.sin_port =htons(6666);                        //服务器端口
    bind(server,(SOCKADDR * )&addr,sizeof(addr));
    gethostname(buf,sizeof(buf));                      //获取本机(服务器)主机名
    hostinfo=gethostbyname(buf);                       //获取主机信息
    ip =inet_ntoa( * (IN_ADDR * ) * hostinfo->h_addr_list); //服务器 IP 地址
    //3.监听外来连接
    listen(server,1);
    printf("server %s waiting for connection...\n",ip);
    //4.等待客户机连接请求,建立连接套接字
    accSock =accept(server,(SOCKADDR * )&addrout,&len);
    ip =inet_ntoa(addrout.sin_addr);                   //客户机 IP 地址
    port =htons(addrout.sin_port);                     //客户机临时端口
    printf("[S] accept client %s:%d\n",ip,port);
    //5.接收服务请求、处理服务、发送服务响应
    while(1) {
        recv(accSock,buf,sizeof(buf),0);               //从客户机接收服务请求
        printf("[C] %s\n",buf);
        if (strcmp(buf,"quit")==0) break ;             //如果接收到 quit 则退出
        sprintf(buf,"echo %d",++count);
        send(accSock,buf,strlen(buf)+1,0);             //向客户机发送服务响应
    }
    //6.关闭套接字
    closesocket(accSock);                              //关闭连接套接字
    closesocket(server);                               //关闭服务器 TCP 套接字
    WSACleanup();                                      //卸载 Winsock DLL
    return 0;
}
```

(2) 客户机端程序代码如下：

```
#include <winsock2.h>                                  //Winsock 2 头文件
#include <stdio.h>
int main()
{
    WSADATA wsaData;
    SOCKET client;                                     //客户机 TCP 套接字
    SOCKADDR_IN addr;
    char buf[128];
    if( WSAStartup(0x202,&wsaData)!=0 ) {              //初始化 Winsock DLL
        printf("initiate Winsock DLL error\n");
        return -1;
    }
    //1.创建客户机 TCP 套接字
```

```
    client =socket(AF_INET,SOCK_STREAM,IPPROTO_TCP);
    printf("[I]  server: ");
    gets(buf);                                          //输入服务器 IP 地址
    addr.sin_family =AF_INET;                           //使用 TCP/IP 协议
    addr.sin_addr.s_addr =inet_addr(buf);               //服务器 IP 地址
    addr.sin_port =htons(6666);                         //服务器协议端口
    //2.初始化连接,连接请求
    if(connect(client,(SOCKADDR * )&addr,sizeof(addr))==SOCKET_ERROR) {
        printf("connect failed:%d\n",WSAGetLastError());
        WSACleanup();                                   //卸载 Winsock DLL
        return -1;
    }
    //3.发送服务请求、接收服务响应
    while (1) {
        printf("[I] message: ");
        gets(buf);
        send(client,buf,strlen(buf)+1,0);               //向服务器发送服务请求
        if (strcmp(buf,"quit")==0) break ;              //如果输入 quit,则退出
        recv(client,buf,sizeof(buf),0);                 //从服务器接收服务响应
        printf("[S] %s\n",buf);
    }
    //4.关闭套接字
    closesocket(client);                                //关闭客户机 TCP 套接字
    WSACleanup();                                       //终止 WinSock DLL
    return 0;
}
```

在 A 计算机上先运行服务器端程序,在 B 计算机上运行客户机端程序。客户机端输入服务器的 IP 地址后与服务器连接,客户机输入信息发送到服务器上,服务器反馈信息到客户机上,直到输入“quit”结束客户机和服务器的程序。

13.5.4 UDP 编程模式

UDP 编程模式针对无连接的网络应用,这类应用在传输层采用的是 UDP 协议,通信双方在传输数据前不需要建立连接。服务器是提供某种网络服务的应用进程,它通过协议端口向客户机提供服务。服务器的协议端口始终处于监听状态,不断检查是否有客户机发送的连接请求。服务器采用重复服务器方式处理多个服务请求。

UDP 编程模式也基本固定。客户机与服务器之间进行通信,需要依次调用 Socket 接口提供的不同函数。但是,服务器编程比客户机编程要复杂得多。图 13.30 给出了 UDP 编程模式的工作流程。

客户机与服务器都首先调用 socket 函数建立套接字,然后调用 sendto 与 recvfrom 函数分别发送或接收数据,最后调用 closesocket 函数关闭套接字。服务器在发送与接收数据之前调用 bind 函数将某个端口与套接字绑定。

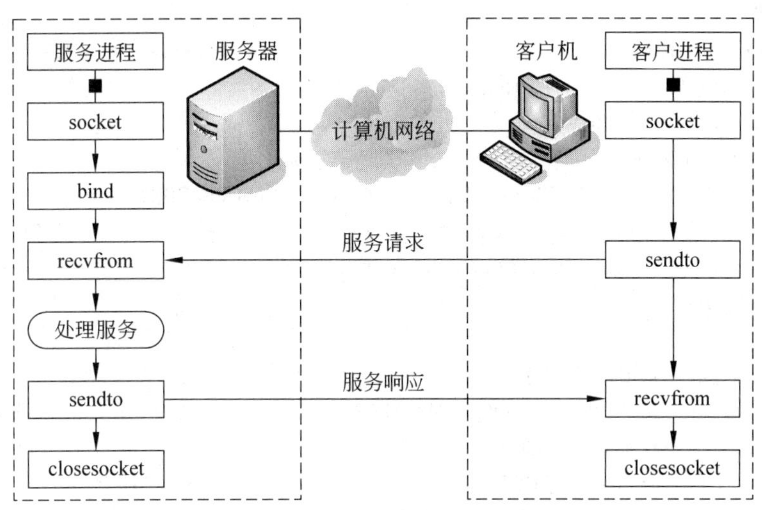

图 13.30　UDP 模式的工作流程

重复服务器(interactive server)采用请求队列来存储到达的服务请求,并根据先到先服务的原则顺序处理服务请求。重复服务器处理客户机请求的数量受队列长度的限制,但是可以有效控制对服务请求的处理时间,因此它比较适合于无连接的服务类型。图 13.31 给出了重复服务器的工作原理。客户机与服务器首先形成自己的半相关的三元组,客户机根据服务器的协议端口建立全相关的五元组。

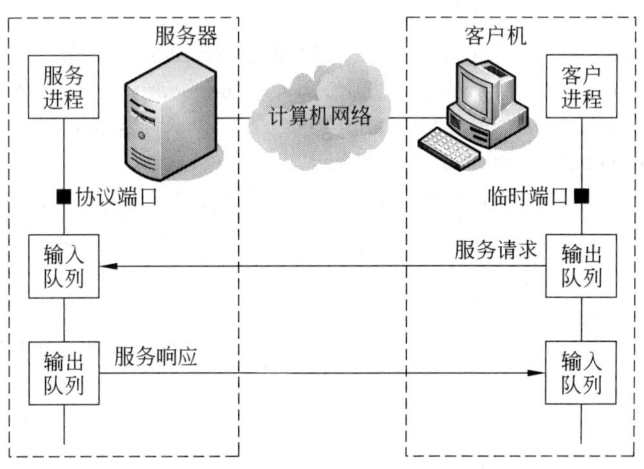

图 13.31　重复服务器的工作原理

【例 13.17】　编写 UDP 网络通信程序。

(1) 服务器端程序代码如下:

```
#include <winsock2.h>                              //WinSock 头文件(版本 2)
#include <stdio.h>
int main()
{
```

```
    WSADATA wsaData;
    SOCKET server;                                      //服务器 UDP 套接字
    SOCKADDR_IN addr,addrin;
    PHOSTENT hostinfo;
    char buf[128], *ip;
    int fromLen=sizeof(SOCKADDR), toLen=sizeof(SOCKADDR), cnt=0;
    if( WSAStartup(0x202,&wsaData)!=0 ) {              //初始化 Winsock DLL
        printf("initiate Winsock DLL error\n");
        return -1;
    }
    //1.创建服务器 UDP 套接字
    server=socket(AF_INET,SOCK_DGRAM,IPPROTO_UDP); //Internet 域、数据报套接字 UDP
    //2.绑定关联地址和协议端口
    addr.sin_family =AF_INET;                           //使用 TCP/IP 协议
    addr.sin_addr.s_addr =htonl(INADDR_ANY);
    addr.sin_port =htons(7777);                         //服务器端口
    bind(server,(SOCKADDR*)&addr,sizeof(addr));
    gethostname(buf,sizeof(buf));                       //获取本机(服务器)主机名
    hostinfo =gethostbyname(buf);                       //获取主机信息
    ip =inet_ntoa(*(IN_ADDR*)*hostinfo->h_addr_list);   //服务器 IP 地址
    printf("server %s waiting for datagram...\n", ip);
    //3.接收服务请求、处理服务、发送服务响应
    while (1) {
        recvfrom(server,buf,sizeof(buf),0,(SOCKADDR*)&addrin,&fromLen);//接收
        printf("[C] %s from %s\n",buf,inet_ntoa(addrin.sin_addr));
        if (strcmp(buf,"quit")==0) break ;              //如果接收到 quit 则退出
        sprintf(buf,"echo %d",++cnt);
        sendto(server,buf,sizeof(buf),0,(SOCKADDR*)&addrin,toLen);//发送
    }
    //4.关闭套接字
    closesocket(server);                                //关闭服务器 UDP 套接字
    WSACleanup();                                       //卸载 Winsock DLL
    return 0;
}
```

(2) 客户机端程序代码如下：

```
#include <winsock2.h>                                   //WinSock 头文件(版本 2)
#include <stdio.h>
int main()
{
    WSADATA wsaData;
    SOCKET client;                                      //客户机 UDP 套接字
    SOCKADDR_IN addr,addrin;
    int fromLen=sizeof(SOCKADDR),toLen=sizeof(SOCKADDR);
```

```
        char buf[128];
        if( WSAStartup(0x202,&wsaData)!=0 ) {          //初始化 Winsock DLL
            printf("initiate Winsock DLL error\n");
            return -1;
        }
        //1.创建客户机 UDP 套接字
        client=socket(AF_INET,SOCK_DGRAM,IPPROTO_UDP);
        printf("[I]  server: ");
        gets(buf);                                     //输入服务器 IP 地址
        addr.sin_family =AF_INET;                      //使用 TCP/IP 协议
        addr.sin_addr.s_addr =inet_addr(buf);          //服务器 IP 地址
        addr.sin_port =htons(7777);                    //服务器协议端口
        //2.发送服务请求、接收服务响应
        while (1) {
            printf("[I] message: ");
            gets(buf);
            sendto(client,buf,sizeof(buf),0,(SOCKADDR * )&addr,toLen);      //发送
            if (strcmp(buf,"quit")==0) break ;         //如果输入 quit 则退出
            recvfrom(client,buf,sizeof(buf),0,(SOCKADDR * )&addrin,&fromLen);  //接收
            printf("[S] %s\n",buf);
        }
        //3.关闭套接字
        closesocket(client);                           //关闭客户机 UDP 套接字
        WSACleanup();                                  //终止 WinSock DLL
        return 0;
    }
```

在 A 计算机上先运行服务器端程序，在 B 计算机上运行客户机端程序。输入服务器的 IP 地址，客户机输入信息发送到服务器上，服务器接收到后反馈信息到客户机上，直到输入“quit”结束客户机和服务器的程序。

13.6 数据库编程

13.6.1 数据库编程概述

在 Windows 操作系统上，从功能简单的数据库到复杂的大型数据库系统，如 Access、SQLServer、MySQL 和 Oracle 等，有 5 种主要的编程接口可以使用。

(1) ODBC

开放式数据库连接 ODBC(open database connectivity)为不同的数据库资源提供一个标准接口，是目前 Windows 程序中应用最广泛的底层数据库接口，已经成为工业标准。

(2) DAO

数据访问对象 DAO(data access objects)是 Microsoft 为自己的 Jet 数据库 Access 所设计的一种专用数据库编程接口，可提供比 ODBC 更丰富的功能和更快捷的访问，例如

支持数据库定义语言、可访问表与列结构等。

(3) OLE/DB

对象链接和嵌入数据库 OLE/DB(object linking and embedding database)是一个独立于数据库的、基于 COM 的网络数据库底层接口,其功能强大、访问灵活、应用广泛。OLE/DB 框架定义了 3 个基本对象:数据提供者(data provider)、消费者(consumer)和服务提供者(service provider)。

(4) ADO 和 ADO. NET

由于 OLE/DB 太底层,不容易使用。为了满足日常数据库开发的需要,并且作为 ODBC 和 DAO 的逻辑扩展,Microsoft 推出了建立在 OLE/DB 基础上的高层数据库接口:ActiveX 数据对象 ADO(activex data object)和 ADO. NET,特别适用于 Web 应用开发。

(5) JDBC

Java 数据库连接 JDBC(Java database connectivity)是用于执行 SQL 语句的 Java 编程接口,可以为多种关系数据库提供统一访问,它由一组用 Java 语言编写的类和接口组成。

如果使用 C/C++ 语言进行数据库编程,有多种数据库接口供选择:标准的 ODBC 最通用;DAO 适合于 Microsoft 的 Access 数据库;OLE/DB 功能强大,但是编写繁琐;ADO 或 ADO. NET 不仅功能强大,而且使用方便。数据库编程框架如图 13.32 所示。

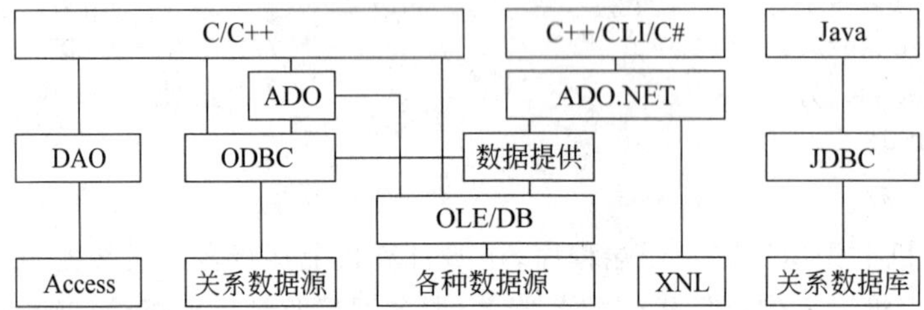

图 13.32 数据库编程框架

13.6.2 ODBC 简介

ODBC 是 Microsoft 提出的数据库访问接口标准,它定义了访问数据库的接口规范,独立于不同厂商的数据库管理系统 DBMS(database management system),也独立于具体的编程语言。ODBC 规范后来被 X/OPEN 和 ISO/IEC 采纳,作为 SQL 标准的一部分。

ODBC 的设计目的是允许访问多种数据库,它为数据库供应商提供了一致的 ODBC 驱动程序标准,遵循这个标准开发的数据库驱动程序,都可以被程序员通过 ODBC API 透明地访问,而不必关心实际的数据库是什么。在这里,ODBC 所做的就是接收程序员的数据库操作指令,调用相应的 ODBC 驱动程序,向一个数据库或多个数据库发送数据,或者接收来自数据库的数据。

ODBC API 是一个内容丰富的数据库编程接口,包括 60 多个函数、SQL 数据类型以及常量的声明。ODBC API 是独立于 DBMS 和操作系统的,涉及数据源连接与管理、结果集检索、数据库管理、数据绑定和事务操作等内容。

1. SQL 语言

SQL(structured query language)是目前关系数据库领域中主流查询语言,它不仅能够提供对数据库的各种操作访问,而且还作为一种分布式数据库语言用于客户机/服务器模式数据库应用的开发。专业的 SQL 知识可以参考别的书籍,这里仅给出基本内容。

SQL 语句由命令、从句、运算符和合计函数构成,用于创建、更新和操作数据库。SQL 有定义(definition)、操作(manipulation)、查询(query)和控制(control)4 种功能,包含以下 4 个部分。

(1) 数据定义语言 DDL(data definition language),如 CREATE(创建)、DROP(删除)、ALTER(修改)等语句。

(2) 数据操作语言 DML(data manipulation language),如 INSERT(插入)、UPDATE(更新)、DELETE(删除)语句。

(3) 数据查询语言 DQL(data query language),如 SELECT(查询)语句。

(4) 数据控制语言 DCL(data control language),如 GRANT(授权权限)、REVOKE(撤销权限)、COMMIT(提交)、ROLLBACK(回退)等语句。

下面是常用的 SQL 语句。

查询语句:

```
SELECT [ALL|DISTINCT] 目标列 FROM 表名
    [WHERE 条件表达式]
    [GROUP BY 列名 HAVING 过滤表达式]
    [ORDER BY 列名 [ASC|DESC]]
```

数据插入语句:

```
INSERT INTO 表名 [(列名 1,列名 2,…,列名 n)] VALUES(常量 1,常量 2,…,常量 n)
```

数据更新语句:

```
UPDATE 表名 SET 列名 1=表达式 1,…,列名 n=表达式 n [WHERE 条件表达式]
```

数据删除语句:

```
DELETE FROM 表名 [WHERE 条件]
```

2. 数据类型

在 ODBC 中存在下面 3 种类型数据:

(1) 数据库中 SQL 语言表达数据的类型,称为 SQL 数据类型。

(2) ODBC 中表达数据的类型,称为 ODBC 数据类型。

(3) C 语言程序中表达数据的类型,称为 C 类型。

SQL 数据类型面向数据库,C 类型面向应用程序。在开发过程中数据需要经历两次转换:C 类型与 ODBC 数据类型的转换,ODBC 数据类型与 SQL 数据类型的转换。设计数据库时主要关注 SQL 数据类型和 ODBC 数据类型之间的转换关系，见表 13.32 所示。数据库编程时主要关注 C 类型和 ODBC 数据类型之间的转换关系，见表 13.33 所示。

表 13.32　ODBC 的常用 SQL 数据类型

ODBC 数据类型	SQL 语言数据类型	ODBC 数据类型	SQL 语言数据类型
SQL_CHAR	CHAR(n)	SQL_VARCHAR	VARCHAR(n)
SQL_LONGVARCHAR	LONG VARCHAR	SQL_DECIMAL	DECIMAL(p,s)
SQL_NUMERIC	NUMERIC(p,s)	SQL_SMALLINT	SMALLINT
SQL_INTEGER	INTEGER	SQL_REAL	REAL
SQL_FLOAT	FLOAT(p)	SQL_DOUBLE	DOUBLE PRECISION
SQL_BIT	BIT	SQL_TINYINT	TINYINT
SQL_BIGINT	BIGINT	SQL_BINARY	BINARY(n)
SQL_VARBINARY	VARBINARY(n)	SQL_LONGVARBINARY	LONG VARBINARY
SQL_TYPE_DATE	DATE	SQL_TYPE_TIME	TIME(p)
SQL_TYPE_TIMESTAMP	TIMESTAMP(p)		

表 13.33　ODBC 的 C 语言类型

C 类型标识	ODBC 数据类型定义	C 类型标识	ODBC 数据类型定义
SQL_C_CHAR	SQLCHAR *	SQL_C_SSHORT	SQLSMALLINT
SQL_C_USHORT	SQLUSMALLINT	SQL_C_SLONG	SQLINTEGER
SQL_C_ULONG	SQLUINTEGER	SQL_C_FLOAT	SQLREAL
SQL_C_BIT	SQLCHAR	SQL_C_DOUBLE	SQLDOUBLE, SQLFLOAT
SQL_C_STINYINT	SQLSCHAR	SQL_C_TYPE_TIME	SQL_TIME_STRUCT
SQL_C_SBIGINT	SQLBIGINT	SQL_C_NUMERIC	SQL_NUMERIC_STRUCT
SQL_C_BINARY	SQLCHAR *	SQL_C_TYPE_DATE	SQL_DATE_STRUCT
SQL_C_UBIGINT	SQLUBIGINT	SQL_C_TYPE_TIMESTAMP	SQL_TIMESTAMP_STRUCT
SQL_C_UTINYINT	SQLCHAR		

实际上 C 类型标识是 ODBC 数据类型的宏定义，ODBC 数据类型定义是基于 C 语言类型的自定义类型(typedef)。

3. 句柄

在 ODBC 中，使用不同的句柄来表示环境(ENVIRONMENT)、连接(CONNECTION)、语句(STATEMENT)和描述器(DESCRIPTOR)等。ODBC 句柄就是一个对象变量，系统用它来存储数据库驱动相关信息(简称为上下文)，与 Windows 的句柄概念类似。

(1) 环境句柄

环境句柄是ODBC中整个上下文的句柄,使用ODBC的每个应用程序从创建环境句柄开始,以释放环境句柄结束。所有其他的句柄,如连接句柄和语句句柄,都由环境句柄中的上下文来管理。环境句柄在每个应用程序中只能创建一个。

(2) 连接句柄

连接句柄管理有关连接的所有信息。连接句柄可以分配多个,但不要生成不必要的连接句柄以免资源的浪费。不同的驱动程序支持的连接情况有所不同,有的驱动程序在一个应用程序中仅支持一个连接句柄,有的驱动程序仅支持一个语句句柄。在应用程序中,可以在任何适当的时候连接或断开数据库,但不要轻易地建立或释放连接。

(3) 语句句柄

语句句柄被用来处理SQL语句及目录函数,每个语句句柄只与一个连接有关。当驱动程序接收一个来自应用程序的函数调用指令而该指令包含一个语句句柄时,驱动程序管理器将使用存储在语句句柄中的连接句柄来将这一函数调用发送给合适的驱动程序。

(4) 描述器句柄

描述器句柄是元数据的集合,这些元数据描述了SQL语句的参数、记录集的列等信息。当有语句被分配内存之后,描述器自动生成,称为自动分配描述器。在程序中也可调用SQLAllocHandle函数分配描述器,此时驱动管理器或ODBC驱动程序将为所声明的句柄类型分配内部结构,返回句柄值。

13.6.3 ODBC编程

使用ODBC编程前需要通过数据库管理系统DBMS(database management system)设计数据库和建立ODBC数据源,关于数据库设计请参考相关书籍。建立ODBC数据源是在WindowsODBC数据源管理器对话框中(控制面板/管理工具/数据源)进行的。

1. 头文件和连接库

Visual C++和CodeBlocks内置ODBC的开发支持。在程序中使用ODBC,需要包含头文件:

```
#include <windows.h>   //Windows 头文件
#include <sql.h>       //ODBC 核心函数头文件
#include <sqlext.h>    //Microsoft SQL 扩展头文件
```

其中windows.h必须在其他头文件的前面,并且添加连接库:odbc32.lib。

2. SQL语句执行方式

在ODBC中SQL语句的执行方式分为两种:直接执行和准备执行。

直接执行是指由C程序直接提供SQL语句,例如“SELECT * from student”,调用SQLExecDirect执行。准备执行是指调用SQLPrepare先提供SQL语句,然后当所有语句准备好后调用SQLExecute执行。准备执行多用于数据更新、数据插入和数据删除,在进行准备时由 ODBC 驱动程序对语句进行分析，在实际执行时可以避免进行 SQL 语句分析的时间消耗，所以在进行大批量数据操作时速度会比直接执行有明显改善。

对于 SQL 查询语句，ODBC 会返回一个游标，与游标对应的是一个结果集(可以理解为一个表格)。利用游标可以浏览所有的查询结果，例如调用 SQLFetch 函数移动游标，调用 SQLGetData 函数获取当前游标指向的行的列字段的数值。此外还可以通过游标来对游标当前所指向的数据进行修改，而修改会直接反映到数据库中。对于数据更新语句，例如插入、删除和修改，在执行后可以得到当前操作所影响的数据的行数。

如图 13.33 所示为 ODBC 应用程序的基本流程图。

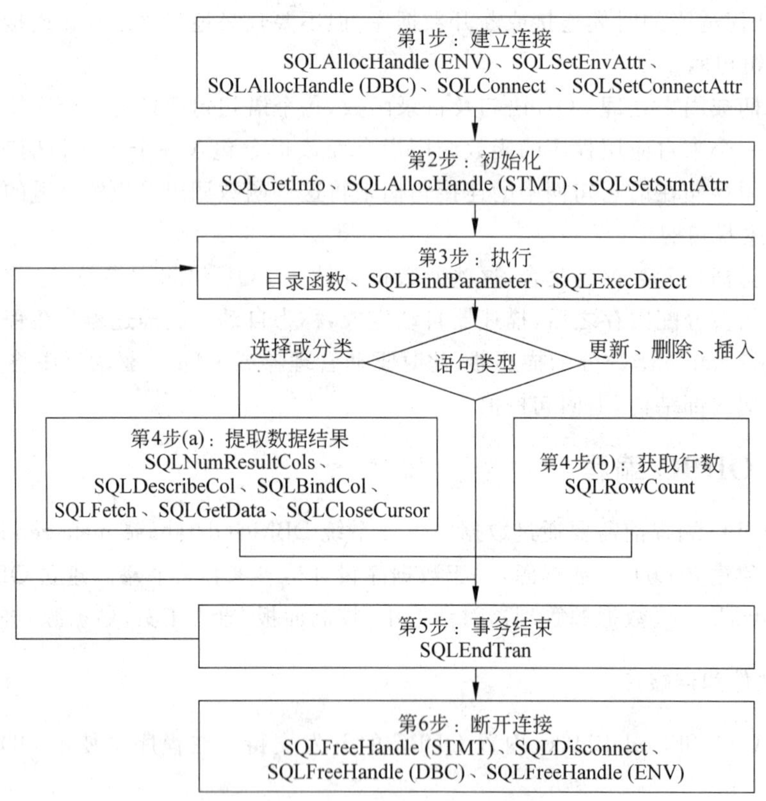

图 13.33　ODBC 程序的基本流程图

3. ODBC API 函数

(1) 创建和释放 ODBC 句柄

分配句柄函数原型为：

```
SQLRETURN SQLAllocHandle(SQLSMALLINT HandleType,SQLHANDLE InputHandle,
SQLHANDLE * OutputHandlePtr);
```

HandleType 参数指明句柄类型，可以是下面的值之一：

```
SQL_HANDLE_ENV    分配环境句柄
```

```
SQL_HANDLE_DBC     分配数据库连接句柄
SQL_HANDLE_STMT    分配 SQL 语句句柄
SQL_HANDLE_DESC    分配应用描述器句柄
```

InputHandle 参数为输入句柄，OutputHandlePtr 参数为分配得到的句柄。根据前述的说明，使用 ODBC 时必须先创建环境句柄，然后在环境句柄的基础上创建数据库连接，最后在数据连接的基础上执行 SQL 语句。所以可能的 SQLAllocHandle 调用方式有 3 种：

```
HENV   hEnv;                                           //环境句柄变量
HDBC   hDBC;                                           //数据库连接句柄变量
HSTMT hSTMT;                                           //SQL 语句句柄变量
SQLAllocHandle(SQL_HANDLE_ENV, NULL, &hEnv);           //分配环境句柄
SQLAllocHandle(SQL_HANDLE_DBC, hEnv, &hDBC);           //分配数据库连接句柄
SQLAllocHandle(SQL_HANDLE_STMT, hDBC, &hSTMT);         //分配 SQL 语句句柄
```

需要注意，在创建环境句柄后务必调用 SQLSetEnvAttr 函数将 ODBC 设置为 3.0 版本，否则某些 ODBC API 函数不被支持，SQLSetEnvAttr 函数原型为：

```
SQLRETURN SQLSetEnvAttr(SQLHENVEnvironment Handle,SQLINTEGER Attribute,
      SQLPOINTER ValuePtr,SQLINTEGER StringLength);
```

Attribute 参数指明环境属性，ValuePtr 参数为设置属性的值，StringLength 参数为 ValuePtr 的数据长度或类型。例如：

```
SQLSetEnvAttr (hEnv,SQL_ATTR_ODBC_VERSION,(SQLPOINTER)SQL_OV_ODBC3, SQL_IS_
              INTEGER);                               //设置 ODBC 版本 3.0
```

释放句柄函数原型为：

```
SQLRETURN SQLFreeHandle(SQLSMALLINT HandleType,SQLHANDLE Handle);
```

HandleType 参数的含义与 SQLAllocHandle 的相同，Handle 参数为将要释放的句柄。例如：

```
SQLFreeHandle(SQL_HANDLE_STMT, hSTMT);   //释放 SQL 语句句柄
SQLFreeHandle(SQL_HANDLE_DBC, hDBC);     //释放数据库连接句柄
SQLFreeHandle(SQL_HANDLE_ENV, hEnv);     //释放环境句柄
```

(2) 连接和断开数据库

分配数据库连接句柄后，可以将句柄连接到由数据源说明的数据库上，函数原型为：

```
SQLRETURN SQLConnect(
    SQLHDBCConnection Handle,          //DBC 句柄
    SQLCHAR * ServerName,              //ODBC 数据源名称
    SQLSMALLINT NameLength1,           //指明参数 ServerName 字符数据的长度
    SQLCHAR * UserName,                //数据库用户名
    SQLSMALLINT NameLength2,           //指明参数 UserName 字符数据的长度
    SQLCHAR * Authentication,          //数据库密码
```

```
    SQLSMALLINT NameLength3              //指明参数 Authentication 字符数据的长度
);
```

其中 ServerName、UserName、Authentication 参数长度可以为 SQL_NTS，表明参数是以 NULL 字符结尾的字符串。

在数据库连接与断开之间的任何时候都可以设置它的连接属性，函数原型为：

```
SQLRETURN SQLSetConnectAttr(SQLHDBCConnection Handle,SQLINTEGER Attribute,
      SQLPOINTER ValuePtr,SQLINTEGER StringLength);
```

Attribute 参数指明连接属性，ValuePtr 参数为设置属性的值，StringLength 参数为 ValuePtr 的数据长度或类型。例如：

```
SQLSetConnectAttr(hDBC,SQL_ATTR_TRACEFILE,"trace.txt",SQL_NTS);
SQLSetConnectAttr(hDBC,SQL_ATTR_TRACE,(SQLPOINTER)SQL_OPT_TRACE_ON,SQL_IS_
INTEGER);
```

设置记录数据库连接的跟踪日志到 trace. txt 文件中。

可以调用 SQLGetInfo 函数获取关于 ODBC 驱动程序和数据源的信息，函数原型为：

```
SQLRETURN SQLGetInfo(
    SQLHDBCConnection Handle,            //数据库连接句柄
    SQLUSMALLINT InfoType,               //信息类型
    SQLPOINTER InfoValuePtr,             //返回信息存储区指针
    SQLSMALLINT BufferLength,            //信息存储区的长度
    SQLSMALLINT * StringLengthPtr        //返回信息的长度
);
```

当一个数据库不再需要时，应该将其连接断开，函数原型为：

```
SQLRETURN SQLDisconnect(SQLHDBCConnection Handle);
```

(3) SQL 语句执行

下面为执行 ODBC SQL 语句的函数原型：

```
//直接执行 SQL 语句
SQLRETURN SQLExecDirect (SQLHSTMTStatement Handle, SQLCHAR * StatementText,
SQLINTEGER TextLength);
//准备执行 SQL 语句
SQLRETURN SQLPrepare (SQLHSTMTStatement Handle, SQLCHAR * StatementText,
SQLINTEGER TextLength);
//执行前面设置的所有准备语句
SQLRETURN SQLExecute(SQLHSTMTStatement Handle);
//取消异步的 SQL 语句执行
SQLRETURN SQLCancel(SQLHSTMTStatement Handle);
```

SQLPrepare 函数准备但不立即执行 SQL 语句，在调用 SQLExecute 时这些准备好的 SQL 语句才会执行。

(4) 结果集和游标控制

无论执行何种 SQL 语句,执行完成后 ODBC 会产生操作后的数据,称为结果集。通过结果集,可以获取查询结果、记录信息等数据。下面为结果集相关的函数原型:

```
//返回结果集的行数
SQLRETURN SQLRowCount(SQLHSTMTStatement Handle,SQLINTEGER * RowCountPtr);
//返回结果集的列字段数
SQLRETURN SQLNumResultCols(SQLHSTMTStatement Handle,SQLSMALLINT
                            * ColumnCountPtr);
//返回结果集的指定列字段描述
SQLRETURN SQLDescribeCol(
    SQLHSTMTStatement Handle,           //SQL 语句句柄
    SQLSMALLINT ColumnNumber,           //指定列字段,起始为 1 列,0 列标识书签列
    SQLCHAR * ColumnName,               //返回列字段名存储区的指针
    SQLSMALLINT BufferLength,           //列字段名存储区的长度
    SQLSMALLINT * NameLengthPtr,        //接收返回列字段名的实际长度的指针
    SQLSMALLINT * DataTypePtr,          //接收列字段的 SQL 数据类型的指针
    SQLUINTEGER * ColumnSizePtr,        //接收列字段的存储大小的指针
    SQLSMALLINT * DecimalDigitsPtr,     //接收列字段的十进制小数位的指针
    SQLSMALLINT * NullablePtr           //接收列字段空值标志的指针
);
//移动游标
SQLRETURN SQLFetch(SQLHSTMTStatement Handle);
//得到当前游标处(某行)某列字段的值
SQLRETURN SQLGetData(
    SQLHSTMTStatement Handle,           //SQL 语句句柄
    SQLUSMALLINT ColumnNumber,          //指定列字段
    SQLSMALLINT TargetType,             //接收数据的 C 类型标识
    SQLPOINTER TargetValuePtr,          //接收数据的缓冲区指针
    SQLINTEGER BufferLength,            //接收数据的缓冲区的长度
    SQLINTEGER * StrLen_or_IndPtr       //接收数据的实际长度的指针
);
//将程序的数据变量绑定到结果集的列字段
SQLRETURN SQLBindCol(
    SQLHSTMTStatement Handle,           //SQL 语句句柄
    SQLUSMALLINT ColumnNumber,          //结果集里要绑定的列字段
    SQLSMALLINT TargetType,             //TargetValuePtr 所指缓冲区的 C 类型标识
    SQLPOINTER TargetValuePtr,          //用来绑定列字段的数据缓冲区的指针
    SQLINTEGER BufferLength,            //缓冲区的字节数
    SQLINTEGER * StrLen_or_IndPtr       //指向绑定列的长度
);
//确定结果集是否还有可用的记录
SQLRETURN SQLMoreResults(SQLHSTMTStatement Handle);
//关闭游标
```

```
SQLRETURN SQLCloseCursor(SQLHSTMTStatement Handle);
```

当结果集有很多行记录时，可以通过使用 SQLFetch 和 SQLGetData 来逐行获取数据，一般形式为：

```
while (SQLFetch(hSTMT)==SQL_SUCCESS) {   //移动游标到下一行
    … //调用 SQLGetData 获得指定列字段的值
}
```

SQLBindCol 函数将结果集的某个字段列与程序中的变量绑定在一起，绑定后程序若要访问这个字段列就不需要再调用 SQLGetData，而是直接使用绑定变量。

程序中还可以设置 SQL 语句句柄的属性，函数原型为：

```
SQLRETURN SQLSetStmtAttr(SQLHSTMTStatement Handle,SQLINTEGER Attribute,
        SQLPOINTER ValuePtr,SQLINTEGER StringLength);
```

Attribute 参数指明语句句柄属性，ValuePtr 参数为设置属性的值，StringLength 参数为 ValuePtr 的数据长度或类型。常用的 SQL 语句句柄属性设置有：

```
Attribute                     ValuePtr
SQL_ATTR_CURSOR_TYPE          SQL_CURSOR_FORWARD_ONLY
                              SQL_CURSOR_STATIC
                              SQL_CURSOR_KEYSET_DRIVEN
                              SQL_CURSOR_DYNAMIC
SQL_ATTR_CURSOR_SCROLLABLE    SQL_NONSCROLLABLE
                              SQL_SCROLLABLE
```

属性 SQL_ATTR_CURSOR_SCROLLABLE 设置结果集游标类型。

值 SQL_CURSOR_FORWARD_ONLY 表示游标类型为“向前游标”，即游标只向前滚动。

值 SQL_CURSOR_STATIC 表示游标类型为“静态游标”，结果集的数据是静态的。这就是说在执行查询后，返回的结果集的数据不会再改变，即使此时有其他程序更新了数据库中的记录，结果集中的记录也不会发生改变。

值 SQL_CURSOR_DYNAMIC 表示游标类型为“动态游标”，所对应的结果集在数据发生变化时会被重建。在动态游标打开以后，当结果集中的行所对应的数据值发生变化时，其变化能够反映到游标所对应的结果集上，这些变化包括字段的修改、添加以及结果集中行的顺序变化，但不包括行删除。

值 SQL_CURSOR_KEYSET_DRIVEN 表示游标类型为“键集游标”。和上面的动态游标所不同的是键集游标能够检测到行的删除和修改，但是无法检测到行的添加和结果集的顺序变化。因为在游标创建时就创建了整个结果集，结果集中的记录和顺序已经被固定，这一点和静态游标一样。所以键集游标是一种介于静态游标和动态游标之间的游标类型。

前面介绍的 SQLFetch 函数只能够让游标向前移动，但在很多时候需要游标能够前后移动，这需要首先设置属性 SQL_ATTR_CURSOR_SCROLLABLE 为 SQL_

SCROLLABLE 值，然后调用 SQLFetchScroll 函数，其原型如下：

```
SQLRETURN SQLFetchScroll(SQLHSTMTStatement Handle,SQLSMALLINT FetchOrientation,
        SQLINTEGER FetchOffset);
```

FetchOrientation 和 FetchOffset 参数的含义如下：

SQL_FETCH_NEXT	滚动到下一行，这时候相当于 SQLFetch，忽略 FetchOffset
SQL_FETCH_PRIOR	滚动到上一行，忽略 FetchOffset
SQL_FETCH_FIRST	滚动到第一行，忽略 FetchOffset
SQL_FETCH_LAST	滚动到最后一行，忽略 FetchOffset
SQL_FETCH_ABSOLUTE	滚动到 FetchOffset 参数指定的绝对行
SQL_FETCH_RELATIVE	由当前位置滚动到参数 FetchOffset 指定的相对行，FetchOffset 大于 0 表示向前滚动，FetchOffset 小于 0 表示向后滚动

（5）存储过程和参数绑定

在 ODBC 中调用存储过程的 SQL 语句格式为：

```
{[? =]call 存储过程名[([参数 1][,参数 2]…)]}
```

这里的问号在 SQL 语句中代表参数的含义，这个参数可以是输入，也可以是输出或者既是输入又是输出，参数在 SQL 语句执行后进行指定。其中第 1 个问号的作用是取得存储过程的返回值，在执行过程中必须将此参数绑定到某一个程序变量，在执行结束后被绑定的变量中就会被赋值。后面的参数可以在 SQL 语句中直接指定，例如：

```
{ call do_insert ( 1 , 'myName' ) }
```

也可以利用参数来指定，例如：

```
{ call do_insert ( 1 , ? ) }
```

参数的值会在 SQL 语句执行的过程中进行指定。

执行存储过程直接调用 SQLExecDirect 函数就可以了。但是存储过程中很多时候会返回结果，这些结果必须用参数的形式才能够得到，所以需要利用参数绑定的方法来得到存储过程的返回值，而且参数绑定还可以动态地向存储过程提供参数，其函数原型为：

```
SQLRETURN SQLBindParameter(
    SQLHSTMTStatement Handle,        //SQL 语句句柄
    SQLUSMALLINT ParameterNumber,    //指明将变量与第几个参数绑定，从 1 开始
    SQLSMALLINT InputOutputType,     //指明是输入还是输出参数
    SQLSMALLINT ValueType,           //指明用于和参数绑定的 C 类型标识
    SQLSMALLINT ParameterType,       //指明在存储过程中的 ODBC 数据类型
    SQLUINTEGER ColumnSize,          //指明接收数据的宽度
    SQLSMALLINT DecimalDigits,       //指明小数点位数
    SQLPOINTER ParameterValuePtr,    //作为输入参数时存储区的指针
    SQLINTEGER BufferLength,         //作为输入参数时存储区的字节大小
    SQLINTEGER * StrLen_or_IndPtr    //作为输入参数时指明数据的字节大小
```

```
);
```

(6) 结束事务

在 ODBC 中支持自动提交模式和人工提交模式。当使用自动提交模式时，每执行一次 SQL 语句，ODBC 会自动提交本次进行的修改；当使用人工提交模式时，必须显式地提交或回滚当前的操作才能够使修改生效。

可以使用 SQLSetConnectAttr 设置 ODBC 调用的事务特性，例如，设置为自动提交模式调用以下函数：

```
SQLSetConnectAttr(hDBC,SQL_ATTR_AUTOCOMMIT,(SQLPOINTER)SQL_AUTOCOMMIT_ON,
                  SQL_IS_POINTER);
```

设置为人工提交模式则调用以下函数：

```
SQLSetConnectAttr(hDBC,SQL_ATTR_AUTOCOMMIT,(SQLPOINTER)SQL_AUTOCOMMIT_OFF,
                  SQL_IS_POINTER);
```

在人工提交模式下，需要使用 SQLEndTran 来提交或回滚当前事务，函数原型为：

```
SQLRETURN SQLEndTran(SQLSMALLINT HandleType, SQLHANDLE Handle, SQLSMALLINT
CompletionType);
```

Handle 参数为句柄，可以是环境句柄或数据库连接句柄，HandleType 参数表示 Handle 的句柄类型。CompletionType 参数为 SQL_COMMIT 表示提交，SQL_ROLLBACK 表示回滚。提交使对数据库的操作完成，回滚则取消操作。

13.6.4 数据库编程举例

首先使用 Microsoft Office Access 建立一个学生数据库 student.mdb，新建一个数据表 student，按如下要求设计表结构：

字段名称	数据类型	长度	说明
sid	文本	10	学号
sname	文本	50	姓名
sex	文本	2	性别(男/女)
cname	文本	8	班级
qmath	数字	整型	数学成绩
qcpp	数字	整型	C语言成绩

给 student 表输入原始数据：

sid	sname	sex	cname	qmath	qcpp
2006301201	刘强	男	10030601	86	88
2006301202	王萍	女	10030601	77	92
2006301203	周华华	男	10030601	50	63
2006301205	宁静	女	10030601	96	85

这里不用 Windows 的 ODBC 数据源管理器来建立 student.mdb 的数据源，而是调用以

下函数：

```
BOOL SQLConfigDataSource(HWND hwndParent, WORD fRequest, LPCSTR lpszDriver,
                         LPCSTR lpszAttributes);
```

其中 hwndParent 参数是父窗口句柄，如果为 NULL 将不显示有关的对话框。fRequest 参数可以设置为下面的数值之一：

```
ODBC_ADD_DSN            增加一个新的用户数据源
ODBC_CONFIG_DSN         修改一个已有的用户数据源
ODBC_REMOVE_DSN         删除一个已有的用户数据源
ODBC_ADD_SYS_DSN        增加一个新的系统数据源
ODBC_CONFIG_SYS_DSN     修改一个已有的系统数据源
ODBC_REMOVE_SYS_DSN     删除一个已有的系统数据源
```

lpszDriver 参数为 ODBC 驱动程序名称，lpszAttributes 是数据源属性字串，常用数据库的驱动程序名称和属性字串如下：

```
Access      Microsoft Access Driver (*.mdb)
            DBQ为数据库文件路径;UID为用户名;PWD为密码
SQLServer   SQL Server
            SERVER为服务器地址;DATABASE为数据库名;UID为用户名;PWD为密码
Oracle      Microsoft ODBC for Oracle
            SERVER为服务器名;UID为用户名;PWD为密码
MySQL       MySQL ODBC 3.51 Driver
            SERVER为服务器名;DATABASE为数据库名;PORT为端口;USER为用户名;
            PASSWORD为密码
```

lpszAttributes 参数的数据格式为：

```
DSN=数据源名称\0属性字串
```

需要注意，数据源名称后面必须是'\0'，即 NULL 字符。例如：

```
SQLConfigDataSource(NULL,ODBC_ADD_DSN,"Microsoft Access Driver (*.mdb)",
                    "DSN=MYDS\0DBQ=student.mdb;");
```

这里假定 student.mdb 存放在当前目录中，数据源取名 MYDS。

调用 SQLConfigDataSource 函数需要包含头文件：

```
#include <odbcinst.h>       //ODBC安装工具头文件
```

并且添加连接库 odbccp32.lib。

【例 13.18】 编写查询、删除、插入和更新学生信息表的程序。

程序代码如下：

```
#include <windows.h>        //Windows头文件
#include <sql.h>            //ODBC核心函数头文件
```

```
#include <sqlext.h>        //Microsoft SQL 扩展头文件
#include <odbcinst.h>      //ODBC 安装工具头文件
#include <stdio.h>
#include <time.h>
const char szDriver[] ="Microsoft Access Driver (*.mdb)"; //Access 数据库驱动
const char szAttributes[] ="DSN=MYDS\0DBQ=student.mdb;"; //MYDS 数据源字串
void doSelect(HDBC hDBC)
{
    SQLCHAR sid[15],sname[100],sex[5],cname[10];
    SQLINTEGER qmath,qcpp,size;
    HSTMT hSTMT;
    //4a.查询提取数据
    SQLAllocHandle(SQL_HANDLE_STMT, hDBC, &hSTMT);          //分配 SQL 语句句柄
    SQLExecDirect(hSTMT,(SQLCHAR *)"SELECT * FROM student",SQL_NTS);//查询全部数据
    printf("学号\t 姓名\t 性别\t 班级\t 数学成绩\tC 语言成绩\n");
    while (SQLFetch(hSTMT)==SQL_SUCCESS) {                   //移动游标到下一行
        SQLGetData(hSTMT,1,SQL_C_CHAR,sid,sizeof(sid),&size);       //学号
        SQLGetData(hSTMT,2,SQL_C_CHAR,sname,sizeof(sname),&size);   //姓名
        SQLGetData(hSTMT,3,SQL_C_CHAR,sex,sizeof(sex),&size);       //性别
        SQLGetData(hSTMT,4,SQL_C_CHAR,cname,sizeof(cname),&size);   //班级
        SQLGetData(hSTMT,5,SQL_C_LONG,&qmath,sizeof(qmath),&size); //数学成绩
        SQLGetData(hSTMT,6,SQL_C_LONG,&qcpp,sizeof(qcpp),&size);   //C 语言成绩
        printf("%s\t%s\t%s\t%s\t%d\t%d\t\n",sid,sname,sex,cname,qmath,qcpp);
    }
    SQLFreeHandle(SQL_HANDLE_STMT, hSTMT);                   //释放 SQL 语句句柄
}
void doSQL(HDBC hDBC,char *szSQLStatement)
{
    HSTMT hSTMT;
    //4b.UPDATE/DELETE/INSERT
    SQLAllocHandle(SQL_HANDLE_STMT, hDBC, &hSTMT);          //分配 SQL 语句句柄
    SQLExecDirect(hSTMT,(SQLCHAR *)szSQLStatement,SQL_NTS);
    SQLFreeHandle(SQL_HANDLE_STMT, hSTMT);                   //释放 SQL 语句句柄
}
int main()
{
    HENV hEnv;
    HDBC hDBC;
    char buf[300];
    //1.建立连接
    SQLAllocHandle(SQL_HANDLE_ENV, NULL, &hEnv);             //分配环境句柄
    SQLSetEnvAttr(hEnv,SQL_ATTR_ODBC_VERSION,(SQLPOINTER)SQL_OV_ODBC3,
    SQL_IS_INTEGER);                                         //设置 ODBC 版本 3.0
    SQLAllocHandle(SQL_HANDLE_DBC, hEnv, &hDBC);             //分配数据库连接句柄
```

```
    SQLConfigDataSource(NULL,ODBC_ADD_DSN,szDriver,szAttributes); //添加数据源
    SQLConnect(hDBC,(SQLCHAR * )"MYDS",SQL_NTS,NULL,0,NULL,0);  //建立数据库连接
    //2.初始化
    //3.执行 SQL 语句,完成查询、删除、插入和更新数据库事务
    doSelect(hDBC);                                        //查询数据表全部数据
    srand((unsigned)time(NULL));                           //随机设定一个成绩
    sprintf(buf,"UPDATE student SET qmath=%d WHERE sname=\'周华华\'",rand()%100);
    doSQL(hDBC,buf);
    doSQL(hDBC,"DELETE FROM student WHERE sid=\'2006301204\'");
    doSelect(hDBC);                               //查询数据表全部数据,比较操作后的结果
    doSQL(hDBC,"INSERT INTO student VALUES(\'2006301204\',\'张萌萌\',\'男\',"
          "\'10030601\',80,80)");
    //5.事务结束
    SQLEndTran(SQL_HANDLE_DBC, hDBC, SQL_COMMIT);          //提交事务
    //6.断开连接
    SQLDisconnect(hDBC);                                   //断开数据库连接
    SQLFreeHandle(SQL_HANDLE_DBC, hDBC);                   //释放数据库连接句柄
    SQLFreeHandle(SQL_HANDLE_ENV, hEnv);                   //释放环境句柄
    return 0;
}
```

程序运行时先显示 student 表中的全部数据,然后用随机值更新姓名为“周华华”的数学成绩,删除学号为“2006301204”的学生记录,再显示全部数据,最后插入一个新记录。

习题

1. 使用 GSL 科学计算函数库求解下列 4 阶方程组 $\boldsymbol{AX}=\boldsymbol{B}$。

$$\boldsymbol{A}=\begin{bmatrix}1 & 3 & 2 & 13\\ 7 & 2 & 1 & -3\\ 9 & 15 & 3 & -2\\ -2 & -2 & 11 & 5\end{bmatrix},\quad \boldsymbol{B}=\begin{bmatrix}9 & 0\\ 6 & 4\\ 11 & 7\\ -2 & -1\end{bmatrix}$$

2. 使用 GSL 科学计算函数库求解下列 5 阶实对称矩阵 $\boldsymbol{C}$ 的全部特征值和特征向量。

$$\boldsymbol{C}=\begin{bmatrix}10 & 1 & 2 & 3 & 4\\ 1 & 9 & -1 & -2 & -3\\ 2 & -1 & 7 & 3 & -5\\ 3 & -2 & 3 & 12 & -1\\ 4 & -3 & -5 & -1 & 15\end{bmatrix}$$

3. 编写窗口程序,实现绘图功能,要求能画线、画框、画圆、设置线段粗细以及选择颜色。

4. 编写窗口程序,实现两幅位图合成,即 A 图里某个颜色“透明”显示背景的 B 图。

5. 编写窗口程序，实现"贪吃蛇"游戏，要求能用键盘控制"蛇"的方向，且窗口客户区为一个背景位图。

6. 编写窗口程序，单击菜单命令，弹出对话框，输入一串数据(用空格分隔)。程序从这个字符串中逐个解析出浮点型数据存入数组中(不超过 20 个)，将数组元素按由小到大的顺序显示到窗口中。

7. 编写窗口程序，在对话框中输入 a、b、c 的值，求 $ax^2+bx+c=0$ 的根并通过 MessageBox 对话框显示出来。

8. 编写窗口程序，利用 sprintf 函数在窗口中输出一个行列形式的二维数组。

9. 编写窗口程序，实现时、分、秒的时钟(提示：使用定时器)。

10. 编写窗口程序，实现计算器。

11. 读取和解码 BMP 文件，转换成灰度图像显示到窗口中。

12. 读取并显示 PNG 文件到窗口中。

13. 用 OpenGL 实现一个立方体的三维空间变换。

14. 用 OpenGL 实现旋转圆筒。

15. 用 OpenGL 绘制一个三维球体，且有光照和阴影。

16. 用 OpenGL 模拟太阳系行星运动。

17. 用 OpenGL 实现茶壶的半透明效果。

18. 用 OpenGL 绘制三维立体图形并实现立体图形的变换及视角变换。支持鼠标选择立方体、支持对选中立方体的平移、旋转、放缩变换和视点变换。

19. 用 OpenGL 绘制一个三维飞机模型，允许用方向键控制飞机沿着模拟地形飞行。

20. 从互联网上了解 SDL(http://www.libsdl.org)，并配置它的开发环境。

21. 从互联网上了解 OpenCV(http://opencv.willowgarage.com)，并配置它的开发环境。

22. 编写窗口程序，实现媒体播放器，通过菜单控制打开、播放、暂停、停止、步进、倒放、快放和慢放等操作。

23. 编写窗口程序，显示和播放波形 WAV 音频文件。

24. 编写窗口程序，实现虚拟电子琴。

25. 编写控制台程序，实现两台计算机之间进行文字聊天。

26. 编写控制台程序，实现多台计算机之间进行文字聊天，要求有统一的服务器端，所有客户机均先连接服务器得到用户地址信息，再进行点对点聊天。

27. 编写控制台程序，实现两台计算机之间的文件传输。

28. 编写控制台程序，实现简单的 HTTP 服务器。

29. 编写控制台程序，模拟 FTP 服务器。

30. 编写控制台程序，实现向局域网内所有机器广播信息。

31. 编写数据库程序，实现个人电话簿的管理。

32. 编写数据库程序，实现学生成绩管理系统。

33. 编写数据库程序，通过存储过程完成数据库的简单操作。

34. 编写数据库程序，连接 MySQL 数据库，完成数据库的基本操作。

附录A

ASCII码对照表

DEC	HEX	字符	控制字符	DEC	HEX	字符	DEC	HEX	字符	DEC	HEX	字符	DEC	HEX	字符	DEC	HEX	字符	DEC	HEX	字符	DEC	HEX	字符
0	00	(null)	NUL	32	20	空格	64	40	@	96	60	`	128	80	Ç	160	A0	á	192	C0	└	224	E0	α
1	01	☺	SOH	33	21	!	65	41	A	97	61	a	129	81	ü	161	A1	í	193	C1	┴	225	E1	ß
2	02	☻	STX	34	22	"	66	42	B	98	62	b	130	82	é	162	A2	ó	194	C2	┬	226	E2	Γ
3	03	♥	ETX	35	23	#	67	43	C	99	63	c	131	83	â	163	A3	ú	195	C3	├	227	E3	π
4	04	♦	EOT	36	24	$	68	44	D	100	64	d	132	84	ä	164	A4	ñ	196	C4	─	228	E4	Σ
5	05	♣	ENQ	37	25	%	69	45	E	101	65	e	133	85	à	165	A5	Ñ	197	C5	┼	229	E5	σ
6	06	♠	ACK	38	26	&	70	46	F	102	66	f	134	86	å	166	A6	ª	198	C6	╞	230	E6	μ
7	07	•	BEL	39	27	'	71	47	G	103	67	g	135	87	ç	167	A7	º	199	C7	╟	231	E7	τ
8	08	◘	BS	40	28	(	72	48	H	104	68	h	136	88	ê	168	A8	¿	200	C8	╚	232	E8	Φ
9	09	○	TAB	41	29	)	73	49	I	105	69	i	137	89	ë	169	A9	⌐	201	C9	╔	233	E9	θ
10	0A	◙	LF	42	2A	*	74	4A	J	106	6A	j	138	8A	è	170	AA	¬	202	CA	╩	234	EA	Ω
11	0B	♂	VT	43	2B	+	75	4B	K	107	6B	k	139	8B	ï	171	AB	½	203	CB	╦	235	EB	δ
12	0C	♀	FF	44	2C	,	76	4C	L	108	6C	l	140	8C	î	172	AC	¼	204	CC	╠	236	EC	∞
13	0D	♪	CR	45	2D	-	77	4D	M	109	6D	m	141	8D	ì	173	AD	¡	205	CD	═	237	ED	ø
14	0E	♫	SO	46	2E	.	78	4E	N	110	6E	n	142	8E	Ä	174	AE	«	206	CE	╬	238	EE	∈
15	0F	☼	SI	47	2F	/	79	4F	O	111	6F	o	143	8F	Å	175	AF	»	207	CF	╧	239	EF	∩
16	10	►	DLE	48	30	0	80	50	P	112	70	p	144	90	É	176	B0	░	208	D0	╨	240	F0	≡
17	11	◄	DC1	49	31	1	81	51	Q	113	71	q	145	91	æ	177	B1	▒	209	D1	╤	241	F1	±
18	12	↕	DC2	50	32	2	82	52	R	114	72	r	146	92	Æ	178	B2	▓	210	D2	╥	242	F2	≥
19	13	‼	DC3	51	33	3	83	53	S	115	73	s	147	93	ô	179	B3	│	211	D3	╙	243	F3	≤
20	14	¶	DC4	52	34	4	84	54	T	116	74	t	148	94	ö	180	B4	┤	212	D4	╘	244	F4	⌠
21	15	§	NAK	53	35	5	85	55	U	117	75	u	149	95	ò	181	B5	╡	213	D5	╒	245	F5	⌡
22	16	▬	SYN	54	36	6	86	56	V	118	76	v	150	96	û	182	B6	╢	214	D6	╓	246	F6	÷
23	17	↨	ETB	55	37	7	87	57	W	119	77	w	151	97	ù	183	B7	╖	215	D7	╫	247	F7	≈
24	18	↑	CAN	56	38	8	88	58	X	120	78	x	152	98	ÿ	184	B8	╕	216	D8	╪	248	F8	°
25	19	↓	EM	57	39	9	89	59	Y	121	79	y	153	99	Ö	185	B9	╣	217	D9	┘	249	F9	•
26	1A	→	SUB	58	3A	:	90	5A	Z	122	7A	z	154	9A	Ü	186	BA	║	218	DA	┌	250	FA	•
27	1B	←	ESC	59	3B	;	91	5B	[	123	7B	{	155	9B	¢	187	BB	╗	219	DB	█	251	FB	√
28	1C	∟	FS	60	3C	<	92	5C	\	124	7C	|	156	9C	£	188	BC	╝	220	DC	▄	252	FC	ⁿ
29	1D	↔	GS	61	3D	=	93	5D	]	125	7D	}	157	9D	¥	189	BD	╜	221	DD	▌	253	FD	²
30	1E	▲	RS	62	3E	>	94	5E	^	126	7E	~	158	9E	₧	190	BE	╛	222	DE	▐	254	FE	■
31	1F	▼	US	63	3F	?	95	5F	_	127	7F	⌂	159	9F	ƒ	191	BF	┐	223	DF	▀	255	FF	

DEC：十进制ASCII值；HEX：十六进制ASCII值；128～255为扩展ASCII码。

附录B

C语言关键字

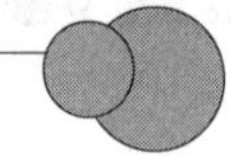

关键字	含义	章节	关键字	含义	章节
auto	自动存储类别	4.6.5	break	终止 switch 或循环	3.5.4
case	switch 语句分支	3.4.2	char	字符类型	2.1.3
const	只读类型限定	2.3.5	continue	继续循环	3.5.5
default	switch 语句默认分支	3.4.2	do	do 语句	3.5.2
double	双精度浮点型	2.1.2	else	if 语句分支	3.4.1
enum	枚举类型	8.7.1	extern	外部存储类别	4.6.3
float	单精度浮点型	2.1.2	for	for 语句	3.5.3
goto	直接跳转	3.3.2	if	if 语句	3.4.1
inline	内联函数	4.4	int	整型	2.1.1
long	长整型	2.1.1	register	寄存器存储类别	4.6.5
restrict *	指针限定		return	函数返回语句	4.1.2
short	短整型	2.1.1	signed	有符号类型	2.1.1
sizeof	取长度运算符	2.4.9	static	静态存储类别	4.6.5
struct	结构体类型	8.1	switch	switch 语句	3.4.2
typedef	类型重命名	8.9	union	共用体类型	8.6.1
unsigned	无符号类型	2.1.1	void	空类型	2.1
volatile	易变类型限定	2.3.5	while	while 语句	3.5.1
_Bool *	逻辑型		_Complex *	复数类型	
_Imaginary *	虚数类型				

说明：

这里的关键字来自 ISO/IEC 9899:1999 C 语言标准(C99)。该标准目前尚未得到广泛支持，像 GCC、Visual C++ 等主流编译器并没有完全实现 C99 的所有特性。

C99 新增的关键字有_Complex、_Imaginary、_Bool 和 restrict。

_Complex 对应数学中的复数，有 3 种复数类型：float_Complex、double_Complex 和

long double_Complex；对于 float_Complex 类型的变量来说，它包含两个 float 类型的值，一个表示复数的实部；另一个表示复数的虚部，其余以此类推。_Imaginary 对应复数的虚数，有 3 种虚数类型：float_Imaginary、double_Imaginary 和 long double_Imaginary；虚数类型只有虚部，没有实部。_Bool 表示逻辑型，因为 C++ 已经使用了 bool，所以选了这个关键字。restrict 仅用于限定指针定义，告知编译器所有修改指针所指向内容的操作全部都是基于该指针的，不存在其他修改操作途径；这样的结果是帮助编译器更好地进行代码优化，生成更有效率的目标代码。

附录C

C语言运算符及其优先级、结合性

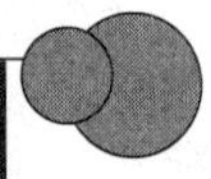

优先级	运算符	目	结合性	含　义	用　法	章节
1	()	单目	自左向右	1. 圆括号 2. 函数调用	(expr) name(exprlist)	2.4.11 4.3.1
	[]	双目		下标引用	object[expr]	6.1.3
	->			指针成员引用	pointer->member	8.4.1
	.			对象成员引用	object. member	8.2.3
	++	单目		后置自增	lvalue++	2.4.3
	--			后置自减	lvalue--	2.4.3
2	!	单目	自右向左	逻辑非	!expr	2.4.5
	~			按位取反	~expr	2.4.7
	++			前置自增	++lvalue	2.4.3
	--			前置自减	--lvalue	2.4.3
	+			取正值	+expr	2.4.2
	-			取负值	-expr	2.4.2
	*			间接引用	* expr	7.2.2
	&			取地址	&expr	7.2.1
	(类型)			类型转换	(type)expr	2.5.2
	sizeof			取长度	sizeof(type), sizeof(expr) sizeof expr	2.4.9
3	*	双目	自左向右	乘法	expr1 * expr2	2.4.2
	/			除法	expr1/expr2	
	%			整数求余/模数	expr1%expr2	
4	+	双目	自左向右	加法	expr1+expr2	2.4.2
	-			减法	expr1-expr2	

续表

<table>
<tr><th>优先级</th><th>运算符</th><th>目</th><th>结合性</th><th>含　义</th><th>用　法</th><th>章节</th></tr>
<tr><td rowspan="2">5</td><td><<</td><td rowspan="2">双目</td><td rowspan="2">自左向右</td><td>按位左移</td><td>expr1<<expr2</td><td rowspan="2">2.4.7</td></tr>
<tr><td>>></td><td>按位右移</td><td>expr1>>expr2</td></tr>
<tr><td rowspan="4">6</td><td><</td><td rowspan="4">双目</td><td rowspan="4">自左向右</td><td>小于关系</td><td>expr1<expr2</td><td rowspan="4">2.4.4</td></tr>
<tr><td><=</td><td>小于等于关系</td><td>expr1<=expr2</td></tr>
<tr><td>></td><td>大于关系</td><td>expr1>expr2</td></tr>
<tr><td>>=</td><td>大于等于关系</td><td>expr1>=expr2</td></tr>
<tr><td rowspan="2">7</td><td>==</td><td rowspan="2">双目</td><td rowspan="2">自左向右</td><td>等于关系</td><td>expr1==expr2</td><td rowspan="2">2.4.4</td></tr>
<tr><td>!</td><td>不等于关系</td><td>expr1!=expr2</td></tr>
<tr><td>8</td><td>&</td><td>双目</td><td>自左向右</td><td>按位与</td><td>expr1&expr2</td><td>2.4.7</td></tr>
<tr><td>9</td><td>^</td><td>双目</td><td>自左向右</td><td>按位异或</td><td>expr1^expr2</td><td>2.4.7</td></tr>
<tr><td>10</td><td>|</td><td>双目</td><td>自左向右</td><td>按位或</td><td>expr1|expr2</td><td>2.4.7</td></tr>
<tr><td>11</td><td>&&</td><td>双目</td><td>自左向右</td><td>逻辑与</td><td>expr1&&expr2</td><td>2.4.5</td></tr>
<tr><td>12</td><td>||</td><td>双目</td><td>自左向右</td><td>逻辑或</td><td>expr1||expr2</td><td>2.4.5</td></tr>
<tr><td>13</td><td>? :</td><td>三目</td><td>自右向左</td><td>条件</td><td>expr1? expr2:expr3</td><td>2.4.6</td></tr>
<tr><td rowspan="2">14</td><td>=</td><td rowspan="2">双目</td><td rowspan="2">自右向左</td><td>赋值</td><td>lvalue=expr</td><td rowspan="2">2.4.8</td></tr>
<tr><td>+= -=
*= /=
%= &=
^= |=
<<=
>>=</td><td>复合赋值</td><td>lvalue+=expr,lvalue-=expr
lvalue *=expr,lvalue/=expr
lvalue%=expr,lvalue&=expr
lvalue^=expr,lvalue|=expr
lvalue<<=expr,lvalue>>=expr</td></tr>
<tr><td>15</td><td>,</td><td>双目</td><td>自左向右</td><td>逗号</td><td>expr1,expr2</td><td>2.4.10</td></tr>
</table>

说明：

(1) 用法中 expr 表示表达式，type 表示类型，exprlist 表示表达式列表，varible 表示变量，pointer 表示指针，member 表示成员，lvalue 表示左值。

(2) 表格中每行运算符的优先级相同，上一行的运算符比下一行的运算符优先级高。例如，“*、/、%”的优先级相同，“*”的优先级比“+”高，因此 a+b*c 的含义是 a+(b*c)；类似地，*p++的含义是*(p++)而不是(*p)++。

参 考 文 献

1. ISO/IEC/ANSI/ITI. ISO-IEC 9899-1999 Programming languages - C. 2nd edition. 1999.
2. Brian W. Kernighan, Dennis M. Ritchie. The C Programming Language. 2nd Ed. Prentice-Hall, 1988.
3. 谭浩强. C程序设计.3版. 北京：清华大学出版社,2005.
4. Stanley B. Lippman, Josee Lajoie. 潘爱民译. C++ Primer. 3rd Ed. 北京：中国电力出版社,2002.
5. Michael Vine. C Programming for the Absolute Beginner. 2nd Ed. Course Technology PTR,2007.
6. Samuel P. Harbison, Guy L. Steele. C：A Reference Manual. 5th Ed. Prentice Hall,2002.
7. Dan Gookin. C for Dummies. 2nd Ed. Wiley Publishing, Inc,2004.
8. Stephen Prata. C Primer Plus. 5th Ed. Sams Publishing,2004.
9. H. M. Deitel, P. J. Deitel. 薛万鹏译. C程序设计教程. 北京：机械工业出版社,2000.
10. Al Kelley, Ira Pohl. C语言教程. 4版. 北京：机械工业出版社,2006.
11. Herbert Schildt. 王子恢,戴健鹏,等译. C语言大全.4版. 北京：电子工业出版社,2004.
12. Gary J. Bronson. 单先余,陈芳,张蓉,译. 标准C语言基础教程.4版. 北京：电子工业出版社,2006.
13. 高克宁,等. 程序设计基础(C语言). 北京：清华大学出版社,2009.
14. 谭浩强. C程序设计题解与上机指导.3版. 北京：清华大学出版社,2005.
15. Timothy S. Ramteke. 施平安译. C和C++基础教程与题解.2版. 北京：清华大学出版社,2005.
16. 陈慧南. 算法设计与分析(C++语言描述). 北京：电子工业出版社,2006.
17. 吴文虎,王建德. 实用算法的分析与程序设计. 北京：电子工业出版社,1998.
18. 教育部考试中心. 全国计算机等级考试二级教程(2008年版). 北京：高等教育出版社,2007.
19. Mark Allen Weiss. 冯舜玺译. 数据结构与算法分析C语言描述. 2版. 北京：机械工业出版社,2004.
20. 严蔚敏,吴伟民. 数据结构(C语言版). 北京：清华大学出版社,2007.
21. 严蔚敏,吴伟民. 数据结构题集(C语言版). 北京：清华大学出版社,2007.
22. 李春葆,等. 数据结构教程. 北京：清华大学出版社,2009.
23. 王晓东. 算法设计与分析. 2版. 北京：清华大学出版社,2008.
24. 徐士良. 常用算法程序集(C语言描述).3版. 北京：清华大学出版社,2004.
25. Richard J. Simon. 潇湘工作室译. Windows 2000 API超级宝典. 北京：人民邮电出版社,2001.
26. Charles Petzold. 北京博彦科技发展有限公司译. Windows程序设计. 北京：北京大学出版社,1999.
27. Richard S. Wright, Jr. Michael Sweet. 潇湘工作室译. OpenGL超级宝典.2版. 北京：人民邮电出版社,2001.

大学计算机基础教育规划教材

近 期 书 目

- 大学计算机基础(第 4 版)(“国家精品课程”、“高等教育国家级教学成果奖”配套教材、普通高等教育“十一五”国家级规划教材)
- 大学计算机基础实验指导书(“国家精品课程”、“高等教育国家级教学成果奖”配套教材)
- 大学计算机应用基础(第 2 版)(“国家精品课程”、“高等教育国家级教学成果奖”配套教材、教育部普通高等教育精品教材、普通高等教育“十一五”国家级规划教材)
- 大学计算机应用基础实验指导(“国家精品课程”、“高等教育国家级教学成果奖”配套教材)
- 计算机程序设计基础——精讲多练 C/C ++ 语言(“国家精品课程”、“高等教育国家级教学成果奖”配套教材、教育部普通高等教育精品教材、普通高等教育“十一五”国家级规划教材)
- C/C ++ 语言程序设计案例教程(“国家精品课程”、“高等教育国家级教学成果奖”配套教材)
- C 程序设计(“陕西省精品课程”主讲教材、陕西普通高校优秀教材一等奖)
- C ++ 程序设计
- C# 程序设计
- Visual Basic 2005 程序设计(“国家精品课程”、“高等教育国家级教学成果奖”配套教材、普通高等教育“十一五”国家级规划教材)
- Visual Basic 程序设计语言
- Java 语言程序设计基础(第 2 版)(普通高等教育“十一五”国家级规划教材)
- Java 语言应用开发基础(普通高等教育“十一五”国家级规划教材)
- 微机原理及接口技术(第 2 版)
- 单片机及嵌入式系统(第 2 版)
- 数据库技术及应用——Access
- SQL Server 数据库应用教程(第 2 版)(普通高等教育“十一五”国家级规划教材)
- Visual FoxPro 8.0 程序设计
- 多媒体技术及应用(“高等教育国家级教学成果奖”配套教材、普通高等教育“十一五”国家级规划教材)
- 多媒体文化基础(北京市高等教育精品教材立项项目)
- 网络应用基础(“高等教育国家级教学成果奖”配套教材)
- 计算机网络技术及应用(第 2 版)
- 计算机网络基本原理与 Internet 实践
- 可视化计算(“高等教育国家级教学成果奖”配套教材)
- Web 应用程序设计基础(第 2 版)
- Web 标准网页设计与 ASP
- MATLAB 基础教程